La Grande Stratégie de l'Empire byzantin

EDWARD N. LUTTWAK

La Grande Stratégie de l'Empire byzantin

Traduit de l'anglais (États-Unis)
par Pierre Laederich

Ce livre a paru sous le titre *The Grand Strategy of the Byzantine Empire*
chez The Belknap Press of Harvard University Press.

© 2009, by the President and Fellows of Harvard College

Pour la traduction française :

© Odile Jacob, octobre 2010
15, rue Soufflot, 75005 Paris

www.odilejacob.fr

ISBN : 978-2-7381-2521-7

CARTES

PRÉFACE

Autrefois largement négligée, comme si l'Empire romain tout entier s'était éteint en 476, la moitié orientale que l'usage moderne appelle byzantine est devenue l'objet d'attentions si grandes qu'on en a même fait le cadre de romans historiques à succès. On s'intéresse beaucoup à la culture de Byzance, mais c'est surtout sa lutte épique pour défendre son empire pendant des siècles et des siècles, contre les incessantes vagues d'assauts de ses ennemis, qui semble éveiller des résonances profondes – tout particulièrement à notre époque. Ce livre est consacré à un volet de l'histoire byzantine : l'application d'une méthode et l'ingéniosité avec laquelle Byzance a employé à la fois la persuasion et la force – c'est-à-dire la stratégie dans tous ses aspects, depuis les niveaux les plus élevés de l'habileté politique jusqu'aux tactiques militaires.

Quand j'ai commencé à étudier de manière approfondie la stratégie byzantine, je venais de terminer un ouvrage sur la stratégie de l'Empire romain jusqu'au IIIe siècle, qui suscite encore aujourd'hui éloges immodérés comme critiques acharnées. Ma première intention se limitait à couvrir, dans un second volume, les siècles suivants. Mais j'ai découvert une matière stratégique d'une richesse à tout point de vue supérieure à celle des Romains des siècles antérieurs, exigeant un effort de recherche et de composition sans commune mesure. En fin de compte, ce travail s'étendit sur plus de vingt années, en comptant certes de nombreuses interruptions – je me suis notamment consacré à la mise en œuvre de la stratégie militaire sur le terrain, ce qui n'était pas tout à fait sans rapport avec le sujet. Ce retard excessif eut au moins un avantage : plusieurs textes byzantins d'une importance essentielle qui n'étaient longtemps disponibles que sous forme de manuscrits guère accessibles, ou en éditions désuètes fourmillant d'erreurs, ont, dans l'intervalle, fait l'objet de publications de qualité. Un nombre considérable de nouveaux travaux, importants, ont également été publiés en relation directe avec la stratégie byzantine depuis l'époque lointaine où j'ai engagé ma recherche.

Ces dernières années ont en effet vu fleurir les études byzantines comme jamais auparavant. Une série de travaux d'érudition de très grande valeur ont permis d'éclairer de nombreux points d'histoire byzantine et mondiale jusqu'alors restés obscurs, tout en créant au sein de la discipline une communauté de praticiens passionnée, bienveillante et généreuse. Je n'étais en ce domaine que simple étudiant, et non spécialiste ; je peux pourtant témoigner de cette générosité pour en avoir très largement bénéficié.

Ainsi, quand je commençais à réunir la documentation nécessaire à ce livre, vers 1982, George Dennis, dont la traduction du *Strategikon* reste le texte le plus lu parmi les traités militaires byzantins, m'a donné une épreuve dactylographiée de son ouvrage depuis lors publié sous le titre *Three Byzantine Military Treatises*. Vingt-six années plus tard, il m'a envoyé une partie de la *Tactique* de Léon, dont il prépare l'édition – nous l'attendons d'ailleurs avec impatience ! Cette épreuve m'était indispensable pour achever ce livre ; la générosité est une habitude pour George T. Dennis, membre de la Compagnie de Jésus, qui a répondu à mon appel urgent. Walter E. Kaegi Jr, dont les travaux lumineux sur Byzance sont bien connus, m'a également donné de précieux conseils dès le début de mes recherches.

D'autres m'ont accueilli comme si nous étions de vieux amis ou collègues d'université ; je ne les avais pourtant jamais même rencontrés et ne bénéficiais d'aucune recommandation particulière quand je suis allé les importuner. Peter B. Golden, l'éminent spécialiste des Turcs que je cite maintes fois dans ce livre, m'a apporté de nombreuses réponses, fait de précieuses suggestions et prêté deux ouvrages épuisés et introuvables. John Wortley m'a confié le seul et unique exemplaire de son épreuve dactylographiée de *Skylitzès*, avec ses annotations personnelles. Peter Brennan et Salvatore Cosentino m'ont donné d'excellents conseils. Eric McGeer, Paul Stephenson et Dennis F. Sullivan, dont les travaux ont inspiré maints passages de ce livre, en ont lu les ébauches et corrigé diverses erreurs, tout en me donnant eux aussi d'importants conseils. John F. Haldon, dont les ouvrages forment à eux seuls une belle bibliothèque d'études byzantines, ne me connaissait pas quand je suis venu abuser de sa bonne volonté en lui soumettant une toute première ébauche ; il m'a accueilli avec bienveillance et m'en a fait une critique détaillée.

Ce livre s'adresse à un public plus large que les seuls spécialistes de Byzance. C'est pourquoi j'ai demandé à Anthony Harley et Kent Karlock – qui n'en font pas partie – de me donner leurs commentaires sur sa version intégrale. Cette longue relecture leur a demandé un travail considérable, dont je leur suis reconnaissant. J'ai tenu compte de leurs appréciations et corrections. À mon troisième lecteur, Hans Rausing, qui n'était pas un spécialiste de Byzance mais un étudiant en histoire érudit et polyglotte, je dois de précieuses observations. Stephen P. Glick m'a fait bénéficier de son savoir encyclopédique en historiographie militaire et de son attention la plus méticuleuse dans la relecture de ce texte ; le livre porte sa marque. Nicolo Miscioscia m'a assisté de ses compétences pendant quelque temps. Christine Col et Joseph E. Luttwak se sont chargés de la préparation de l'ensemble des cartes – recherches de fond et présentation graphique –, ce qui n'était pas tâche aisée en pleine révision des épreuves. Michael Aronson, *senior editor* pour les sciences sociales aux Harvard University Press, défenseur zélé, à l'époque, de mon livre sur la grande stratégie romaine, n'a cessé de m'encourager à poursuivre mes travaux avec des trésors de patience pendant les vingt années nécessaires à ce deuxième ouvrage ; de son enthousiasme à toute épreuve témoigne également la qualité de l'édition elle-même, résultat d'un travail mené avec l'assistance experte de Hilary S. Jacqmin (Harvard University Press). Ils ont eu l'heureuse initiative de confier à Wendy Nelson (de Bryan, Texas) la supervision de l'édition du manuscrit. Le soin extrême avec lequel elle relut le texte, son talent et son intelligence pénétrante lui permirent de traquer de nombreuses erreurs qui s'y dissimulaient ; avec indulgence, elle m'indiqua les défauts de rédaction et expressions malheureuses à corriger. L'édition corrigée doit beaucoup à Vasilis D. Christaras, d'Athènes. Sa grande culture et sa lecture attentive ont mis au jour diverses erreurs qui avaient échappé à tous les examens antérieurs, pourtant méticuleux. Enfin, j'ai le plaisir de remercier Alice-Mary Talbot, directrice de la Dumbarton Oaks Research Library and Collection, que je cite elle aussi dans ce livre, ainsi que Deb Brown Stewart, bibliothécaire au département des études byzantines de Dumbarton Oaks, qui m'a sans relâche apporté son aide. Et si je n'avais pas rencontré Peter James MacDonald Hall, qui n'a cessé de me réclamer l'ouvrage en balayant toutes les excuses de mes retards – liées à mes autres travaux –, je crois que je me serais dispersé en vain sans jamais en achever la rédaction.

NOTE :

Pour la transcription des termes grecs, j'ai suivi l'*Oxford Dictionary of Byzantium*, édité par Alexandra P. Kazhdan et Alice-Mary Talbot, avec l'assistance d'Anthony Cutler, de Timothy E. Gregory et de Nancy P. Sevcenko (trois volumes, Oxford, 1991).

Première partie

L'INVENTION
D'UNE NOUVELLE STRATÉGIE

En 395, lorsque l'administration de l'Empire romain fut partagée entre les deux fils de Théodose Ier, la partie occidentale revenant à Honorius et l'orientale à son frère Arcadius, bien peu auraient pu prédire les destinées profondément différentes qu'allaient connaître les deux moitiés de l'Empire.

Défendue sur le terrain par des chefs germains, puis dominée par des seigneurs de guerre germains, ses frontières de plus en plus fréquemment et largement pénétrées par des vagues de populations en migration d'origine principalement germanique, avec ou sans le consentement impérial, puis morcelée sous l'effet d'invasions ouvertes, la partie occidentale de l'Empire perdit progressivement ses rentrées fiscales, le contrôle de ses territoires et son identité politique romaine, étape après étape, dans un enchaînement qui aboutit – comme à une pure formalité – à la destitution du dernier empereur fantoche Romulus Augustus le 4 septembre 476. Il y eut bien, ici ou là, des arrangements locaux avec les envahisseurs, il y eut même quelques épisodes d'intégration culturelle, mais la dernière vision à la mode d'une immigration à peu près pacifique et d'une transformation progressive vers une Antiquité tardive douce et paisible se heurte aux multiples preuves de violences et de destructions, ainsi qu'au recul catastrophique de la qualité de vie, de l'éducation et des connaissances. Un recul qui ne fut effacé qu'au bout de mille ans, au bas mot[1].

Bien différente fut la destinée de la partie orientale de l'Empire romain, gouvernée depuis Constantinople. C'est l'Empire que l'usage moderne appelle byzantin. Ses gouvernants et leurs sujets se considéraient comme romains, *romaioi* ; ils n'auraient guère pu s'identifier à l'ancienne Byzantion, la modeste cité provinciale grecque dont Constantin fit sa capitale impériale et la Nouvelle Rome en l'an 330. Après avoir soumis ses propres seigneurs de guerre germains et déjoué les plans des Huns conduits par Attila lors de la crise majeure, au Ve siècle, qui mit fin à l'Empire d'Occident, l'Empire byzantin acquit la méthode stratégique avec laquelle il résista aux vagues d'invasions successives pendant plus de huit cents ans – en comptant au plus strict.

L'Empire d'Orient était l'objet d'attaques répétées de la part d'ennemis nouveaux et anciens qui lançaient leurs offensives depuis l'immense steppe eurasienne, depuis le plateau iranien qui avait vu naître plusieurs empires, depuis les côtes méditerranéennes et la Mésopotamie, qui passa sous domination islamique au VIIe siècle, et même, finalement, depuis les régions occidentales qui avaient entre-temps retrouvé leur vigueur. Et pourtant, l'Empire d'Orient ne s'effondra sous le coup de ses ennemis qu'en 1204 avec la conquête de Constantinople, au nom de la quatrième croisade ; une défaite qui ne l'empêcha pas de renaître, bien qu'amoindri, jusqu'à la victoire finale des Ottomans en 1453.

La simple force militaire suffisait à garantir un haut niveau de sécurité à l'Empire romain lorsqu'il constituait encore un seul bloc prospère, couvrant dans son périmètre l'ensemble des territoires bordant la Méditerranée et s'étendant bien au-delà. Une fiscalité raisonnable et un recrutement fondé sur le volontariat suffisaient à maintenir en permanence plusieurs flottes et quelque trois cent mille hommes prêts à intervenir, stationnés dans des forts sur les frontières ainsi qu'en garnisons légionnaires ; des détachements (*vexillationes*) permettaient de réunir des armées mobiles de campagne pour mater les rébellions internes, qui étaient rares, ou repousser des envahisseurs extérieurs[2]. Mais jusqu'au IIIe siècle, les Romains ont généralement obtenu sans combattre les avantages que leur procurait leur force militaire.

Chaque province frontalière comprenait de florissantes cités et des greniers impériaux qui pouvaient tenter les voisins de l'Empire ; ces derniers préféraient toutefois, le plus souvent, une paix le ventre vide à la certitude de terribles représailles romaines, voire d'une extermination pure et simple.

À la tête d'une force de combat supérieure à celle de leurs voisins, les Romains à l'apogée de l'Empire pouvaient en toute liberté choisir de mettre en œuvre une stratégie de pure dissuasion comprenant si nécessaire des représailles, ce qui n'exigeait que des armées mobiles de campagne, ou une défense active des frontières vers l'avant qui imposait d'installer partout des garnisons ; les deux stratégies ont été successivement mises à l'épreuve durant les deux premiers siècles de notre ère. Plus tard, nouveaux et anciens ennemis de l'Empire au-delà du Rhin et du Danube s'unirent pour former de puissantes confédérations de guerriers, tandis qu'à l'est, les redoutables Perses sassanides remplacèrent les Parthes arsacides, bien plus faibles ; même alors, les armées romaines furent encore capables de contenir des ennemis aussi puissants par une nouvelle stratégie de défense en profondeur[3].

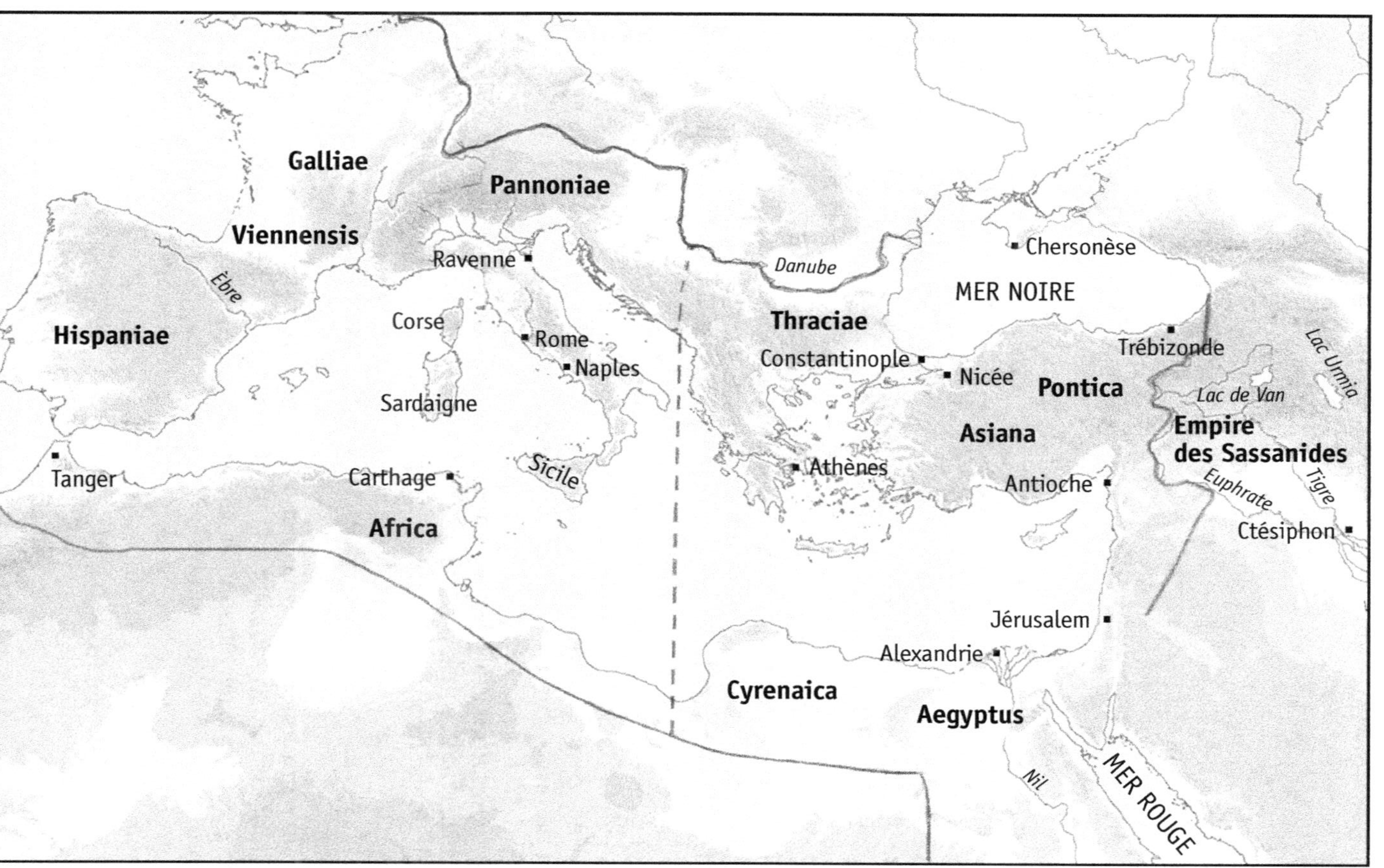

Carte 1. La division de l'Empire après la mort de Théodose Ier en 395.

Les Byzantins n'ont jamais disposé d'une telle abondance de forces. En 395, la division administrative de l'Empire – qui n'était pas encore une division politique, les deux frères gouvernant ensemble les deux parties – respecta la ligne de démarcation entre l'Orient et l'Occident remontant à Dioclétien (284-305) et séparant le bassin méditerranéen en deux parties à peu près égales. Une division simple et habile, mais qui laissait dans la partie orientale de l'Empire romain trois régions séparées sur trois continents différents. En Europe, la ligne séparant l'Est de l'Ouest était marquée par les provinces de Mésie première et de Prévalitaine, aujourd'hui en Serbie et en Albanie ; elle englobait également les territoires actuels de Macédoine et de Bulgarie, la côte de la mer Noire en Roumanie, la Grèce, Chypre et la partie européenne de la Turquie – l'ancienne Thrace –, avec Constantinople elle-même. En Asie, le territoire impérial était constitué de la vaste péninsule anatolienne, aujourd'hui partie asiatique de la Turquie, ainsi que de la Syrie, de la Jordanie, d'Israël et d'une portion du nord de l'Irak, dans les provinces de Mésopotamie et d'Osrhoène. En Afrique du Nord, l'Empire comptait les provinces d'Égypte, qui s'étendaient en remontant le Nil jusqu'à la Thébaïde, ainsi que la moitié orientale de l'actuelle Libye, composée des provinces de Libye supérieure et de Libye inférieure, l'ancienne Cyrénaïque.

Ces différentes régions représentaient un riche héritage en termes de capacités de production et de revenus fiscaux pour le premier souverain de l'Empire d'Orient, Arcadius (395-408). En particulier l'Égypte et ses réserves de blé, qu'elle exportait, ainsi que les plaines fertiles de la côte anatolienne. Seuls les Balkans avaient récemment subi de sérieux dommages liés aux raids et invasions des Goths, des Gépides et des Huns.

Mais d'un point de vue stratégique, l'Empire d'Orient était grandement désavantagé au regard de l'Empire d'Occident[4].

Sur sa longue frontière orientale, soit quelque cinq cents milles du Caucase à l'Euphrate, il avait toujours en face de lui l'empire des Sassanides en Iran, constamment prêt à l'offensive. Les Sassanides étaient depuis longtemps déjà l'ennemi le plus dangereux de l'Empire romain, alors encore d'un seul bloc ; l'Empire d'Orient, désormais séparé, ne pourrait plus compter sur les renforts des armées occidentales pour leur résister.

On a récemment fait valoir que les Romains éprouvaient un complexe à l'égard de l'Iran, remontant à l'humiliante défaite de Carrhae en 53 avant notre ère, et que les Sassanides, en réalité, n'étaient pas particulièrement désireux d'étendre leur empire[5]. Peut-être, mais leurs souverains se désignaient eux-mêmes « Roi des Rois d'Eran et de non-Eran » (*Šahan Šah Eran ud Aneran*), et la seule partie iranienne de leur empire englobait la Perse, la Parthie, le Khouzistan, la Mésène, l'Assyrie, l'Adiabène, l'Arabie, l'Azerbaïdjan, l'Arménie, la Géorgie, l'Albanie du Caucase, le Balasagan, le Patishkhwagar, la Médie, le Gorgan, Merv, Herat, Abarshah, la Carmanie, le Sakastan, le Touran, le Makran, le Pays kouchan, la Sogdiane et les montagnes de Tachkent, ainsi qu'Oman de l'autre côté du golfe. L'empire des Sassanides incluait ainsi certains territoires qui étaient en réalité possession des Byzantins, d'importantes régions sous vassalité byzantine dans le Caucase, des États clients arméniens et des zones d'Asie centrale que les Byzantins n'ont certainement jamais gouvernées, mais qui comprenaient pour eux des enjeux stratégiques décisifs, notamment parce qu'il s'y trouvait depuis longtemps des alliés fidèles et valeureux[6].

La situation du Nord-Est était presque aussi mauvaise. Les Byzantins devaient y défendre la frontière du Danube contre des invasions successives de peuples provenant de la grande steppe d'Eurasie – les Huns, les Avars, les Onogours-Bulgars, les Magyars, les Petchenègues et, enfin, les Cumans. Tous ces peuples alignaient des archers montés, ce qui les rendait plus dangereux que les peuples de Germanie affrontés par l'Empire d'Occident sur les frontières du Rhin. Les Goths eux-mêmes, par ailleurs si redoutables, ont pris la fuite, terrorisés par l'avance des Huns – et c'était avant qu'Attila n'eût réuni leurs clans et accru leurs forces de nombreuses peuplades étrangères soumises, Alains, Gépides, Hérules, Ruges, Scires et Suèves.

L'Empire d'Orient ne disposait pas non plus de régions sûres, à l'intérieur du pays, sur lesquelles s'appuyer. L'Empire d'Occident avait les côtes d'Afrique du Nord, alors fertile et grande exportatrice de blé, l'entière péninsule Ibérique protégée par les Pyrénées, les provinces de Gaule méridionale suffisamment éloignées des périls provenant du Rhin, ainsi que l'Italie, protégée par la barrière naturelle des Alpes. La géographie de l'Empire d'Orient était très différente : à l'exception de l'Égypte et de la Libye orientale, la plus grande partie de ses territoires se trouvait trop proche d'une frontière menacée pour disposer d'une profondeur stratégique suffisante. L'Anatolie protégeait sans doute Constantinople d'une invasion terrestre en provenance de l'est, mais elle concentrait ses ressources urbaines et ses capacités de production sur deux étroites bandes côtières, le long de la Méditerranée et de la mer Noire, toutes deux exposées aux attaques venant de la mer.

Avec des ennemis plus puissants et une géographie moins favorable, l'Empire d'Orient était certainement le plus vulnérable des deux.

Ce fut pourtant l'Empire d'Occident qui dépérit et disparut durant le Ve siècle. La raison essentielle pour laquelle l'Empire d'Orient (ou Empire byzantin) survécut si longtemps à l'Empire d'Occident tient à la capacité d'adaptation stratégique de ses gouvernants : leur puissance diminuée, ils surent inventer de nouvelles manières de tenir tête à leurs ennemis, anciens comme nouveaux. L'armée et la marine, ainsi que la bureaucratie chargée du recouvrement des impôts, qui jouait un rôle de premier plan en leur apportant à toutes les deux les ressources nécessaires ainsi qu'à l'empereur et à tous les personnels officiels, ont sans doute connu de considérables changements au cours des siècles, mais la conduite globale des affaires stratégiques révèle une continuité bien déterminée : à la différence de l'ancien Empire romain avant sa division, l'Empire byzantin s'appuyait moins sur la force militaire et davantage sur toutes les formes imaginables de persuasion – qu'il s'agît de recruter des alliés, de dissuader des ennemis ou encore d'amener des ennemis potentiels à s'attaquer entre eux. De plus, quand ils devaient combattre, les Byzantins étaient moins enclins à détruire leurs ennemis qu'à les contenir, pour conserver leur propre force intacte, mais aussi parce qu'ils savaient que leur ennemi d'aujourd'hui pourrait être leur allié de demain.

Il en alla ainsi au début du Ve siècle, lorsque le flot dévastateur des Huns conduits par Attila fut détourné avec un recours minimal à la force et maximal à la persuasion ; les Huns tournèrent leur offensive vers l'ouest. Il en alla encore de même huit cents ans plus tard : en 1282, lorsque le puissant Charles d'Anjou préparait une invasion, depuis l'Italie, avec la claire intention de conquérir Constantinople, il se trouva soudain immobilisé par l'explosion d'une révolte qui embrasa la Sicile ; c'était le résultat heureux d'une conspiration impliquant l'empereur Michel VIII Paléologue (1259-1282), le roi Pierre III du lointain Aragon et le maître comploteur Giovanni da Procida. « Si nous disions que c'est Dieu qui donna aux Siciliens la liberté dont ils jouissent aujourd'hui, écrivit Michel dans ses Mémoires, mais en nous confiant le soin de la ménager, nous ne dirions que la stricte vérité[7]. »

L'Empire romain d'Orient parvint ainsi à assurer sa survie, épique, grâce à un succès sans équivalent dans le domaine de la stratégie. Cela ne pouvait être du seul ressort de batailles remportées sur le terrain – aucune suite de victoires heureuses n'aurait en effet pu durer huit siècles. En réalité, l'Empire subit de nombreuses défaites, certaines en apparence catastrophiques. Une très grande partie du territoire impérial se trouva plus d'une fois envahie. Constantinople elle-même dut subir plusieurs sièges depuis sa fondation en 330 jusqu'à sa prise désastreuse, en 1204, par les catholiques durant la quatrième croisade ; après quoi l'Empire se réduisit au seul royaume des Grecs, qui expira finalement en 1453.

Le succès de l'Empire byzantin dans le domaine de la stratégie fut d'un autre ordre que n'importe quelle série de victoires ou de défaites tactiques : l'Empire se montra capable en toutes circonstances, siècle après siècle, de se doter d'une capacité d'action hors de proportion avec sa seule force militaire, même en réunissant toutes ses troupes disponibles ; pour accroître cette capacité, il mobilisa l'ensemble des artifices de la persuasion et sa supériorité dans le domaine de l'information.

En utilisant un vocabulaire actuel, on pourrait parler de *diplomatie* et du *renseignement*, mais en faisant abstraction de leur dimension largement bureaucratique à l'époque moderne – le recours à ces termes, dans la suite, doit être compris comme « entre guillemets ». L'Empire byzantin n'avait ni ministère des Affaires étrangères, ni service du renseignement en tant que tels ; il n'avait donc ni diplomates professionnels, dédiés à cette seule fonction, ni officiers de renseignement, mais des officiels de toutes sortes qui pouvaient exercer ces fonctions de manière temporaire entre deux autres missions, ou bien parmi d'autres attributions. Persuader les souverains et les nations étrangères de combattre les ennemis de l'Empire était une tâche très difficile, notamment dans les périodes de faiblesse qui rendaient des plus nécessaires ce type de manœuvre ; ce n'était pourtant, malgré son importance essentielle, que la plus élémentaire des applications de la stratégie byzantine.

En ce qui concerne le renseignement, dans l'état actuel de nos connaissances, l'empereur et ses officiels n'étaient pas même en mesure de conserver d'une manière systématique les dossiers ; l'espionnage, avec les limites que l'exercice a toujours connues, était à peu près le seul moyen dont ils disposaient pour recueillir les renseignements nécessaires. Et pourtant, malgré une information que nous jugerions aujourd'hui déficiente, les souverains byzantins en savaient toujours bien davantage que la plupart de leurs contemporains. Ne serait-ce que sur un point : même s'ils ne disposaient pas de cartes géographiques précises – on a fait valoir que le système de pensée romain n'était pas même en capacité de concevoir l'espace sous une forme cartographique –, les routes qu'ils ont construites prouvent l'excellence de leurs informations sur les itinéraires et la mesure des distances par voie terrestre[8]. Et c'était déjà bien suffisant pour manipuler des étrangers moins bien informés, tout particulièrement des chefs de clans à peine arrivés de leur steppe orientale[9]. Ménandre le Protecteur rapporte ainsi, peu après les faits, l'amertume d'un chef turc en 577 :

> Vous autres Romains, pourquoi conduire mes envoyés par les passes du Caucase vers Byzance au motif qu'il n'existerait pas d'autre route qu'ils puissent emprunter ? Vous vous imaginez que je vais me laisser décourager d'attaquer l'Empire romain par les difficultés du terrain [de hautes montagnes pénibles à franchir à cheval]. Mais je connais parfaitement le cours du Danapris [Dniepr], ainsi que ceux de l'Istros [Danube] et de l'Hèbre [Maritsa, Meric].

C'était une menace directe, car les trois fleuves indiquent l'itinéraire à suivre vers Constantinople en suivant le couloir de steppe qui s'étend au nord de la mer Noire[10].

Parfois, l'Empire pouvait mobiliser assez de forces militaires pour autoriser d'importantes offensives et ainsi conquérir de vastes étendues de territoires ; l'essentiel de la diplomatie consistait alors à en tirer des concessions auprès d'autres puissances que les victoires byzantines intimidaient – ou bien, à tout le moins, à les empêcher d'intervenir. Parfois, l'armée et la marine byzantines étaient si faibles – ou leurs ennemis si forts – que la survie même de l'Empire ne reposait plus que sur des peuples étrangers entrés dans ses jeux d'alliances longtemps auparavant, ou juste à temps : plus d'une fois surgirent des bandes de guerriers venant de nations environnantes ou lointaines pour renverser le cours d'une bataille et assurer la victoire.

Entre ces deux extrêmes, on voyait généralement un équilibre parfait et une synergie entre la diplomatie et la force militaire : la diplomatie, éclairée par sa supériorité dans le domaine du renseignement, s'appuyait sur l'existence d'unités militaires de qualité pour renforcer sa puissance ; la force militaire était elle-même fortement accrue par une action diplomatique bien renseignée. Il fallait bien tout cela, et aussi l'aide de la fortune, pour maintenir un Empire romain d'Orient dont les conditions de sécurité étaient bien inférieures à celles de l'Empire romain d'Occident, auquel il devait pourtant survivre si longtemps.

En règle générale, on commençait par user de persuasion, mais la force militaire était toujours mise au service de l'habileté politique des Byzantins, l'indispensable instrument dont tout découlait. On ne pouvait certainement pas compter sur des pots-de-vin pour éloigner les risques d'attaques ennemies, le seul résultat qu'on en pût tirer étant d'aiguiser les appétits dans les situations de faiblesse. L'entretien d'une force militaire suffisante constituait donc pour l'État byzantin le défi permanent et complexe qu'il devait absolument relever jour après jour, année après année, siècle après siècle. Cela ne fut possible – parfois dans des conditions très difficiles – que par le maintien de deux dispositifs d'une importance essentielle issus de l'Empire romain avant sa division, que les Byzantins réussirent à conserver longtemps, à la différence de l'Empire d'Occident.

Le premier était un système de collecte d'impôt d'une efficacité sans équivalent à l'époque. Aucun des ennemis de l'Empire ne pouvait disposer d'un système fiscal s'en approchant.

Une fois établi un budget global – ce qui constituait déjà, en soi, une invention aux conséquences considérables –, le montant des recettes à recouvrer au titre de l'impôt principal, l'impôt foncier (*annona*), était réparti par étapes province par province, puis, au sein de chaque province, district urbain par district urbain, pour descendre enfin jusqu'aux parcelles individuelles en proportion de la valeur estimée de leurs productions[11]. Ce mode de répartition d'un budget impérial général jusqu'à la plus petite parcelle semble avoir été abandonné durant le VIIe siècle, mais la collecte de l'impôt foncier évaluée terrain par terrain s'est poursuivie avec une remontée du produit de l'impôt vers l'État[12].

Les problèmes ne manquaient pas. Les salaires des évaluateurs, percepteurs, comptables, contrôleurs, inspecteurs et autres superviseurs représentaient déjà une charge financière considérable – ces personnels officiels constituaient en effet la plus grande partie de la bureaucratie impériale. En outre, ils acceptaient des pots-de-vin, pratiquaient l'extorsion de fonds et détournaient au passage une partie des revenus fiscaux à leur profit, à en juger par les lois promulguées par de nombreux empereurs pour lutter contre ces pratiques. Certaines lois avaient également pour objet de protéger les intérêts des petits propriétaires. Parce qu'ils pensaient pouvoir trouver parmi les petits propriétaires ou leurs fils le plus grand nombre de recrues pour l'armée, les empereurs favorisaient tout particulièrement cette classe. Ce qui nous apprend aussi que les riches propriétaires terriens exerçaient leur influence pour détourner la collecte d'impôt de leurs vastes exploitations vers les parcelles des petits propriétaires, voire des simples cultivateurs en fermage.

En dépit de tous ses défauts, l'appareil fiscal dont avaient hérité les Byzantins avait une vertu capitale : celle de fonctionner, année après année, d'une manière plus ou moins automatique, et de faire ainsi remonter vers le budget de l'État de considérables flux de revenus, pour l'essentiel composés d'or. Ces revenus assuraient le financement de la cour impériale et de toute la bureaucratie civile, et permettaient surtout d'entretenir les armées et les flottes. Dans le même temps, la circulation d'or qui en résultait stimulait le développement de l'économie byzantine : en dépensant leur traitement, les personnels officiels, soldats et autres marins assuraient la liquidité du marché au bénéfice des exploitants agricoles, artisans et autres professions de toutes sortes, qui payaient leurs

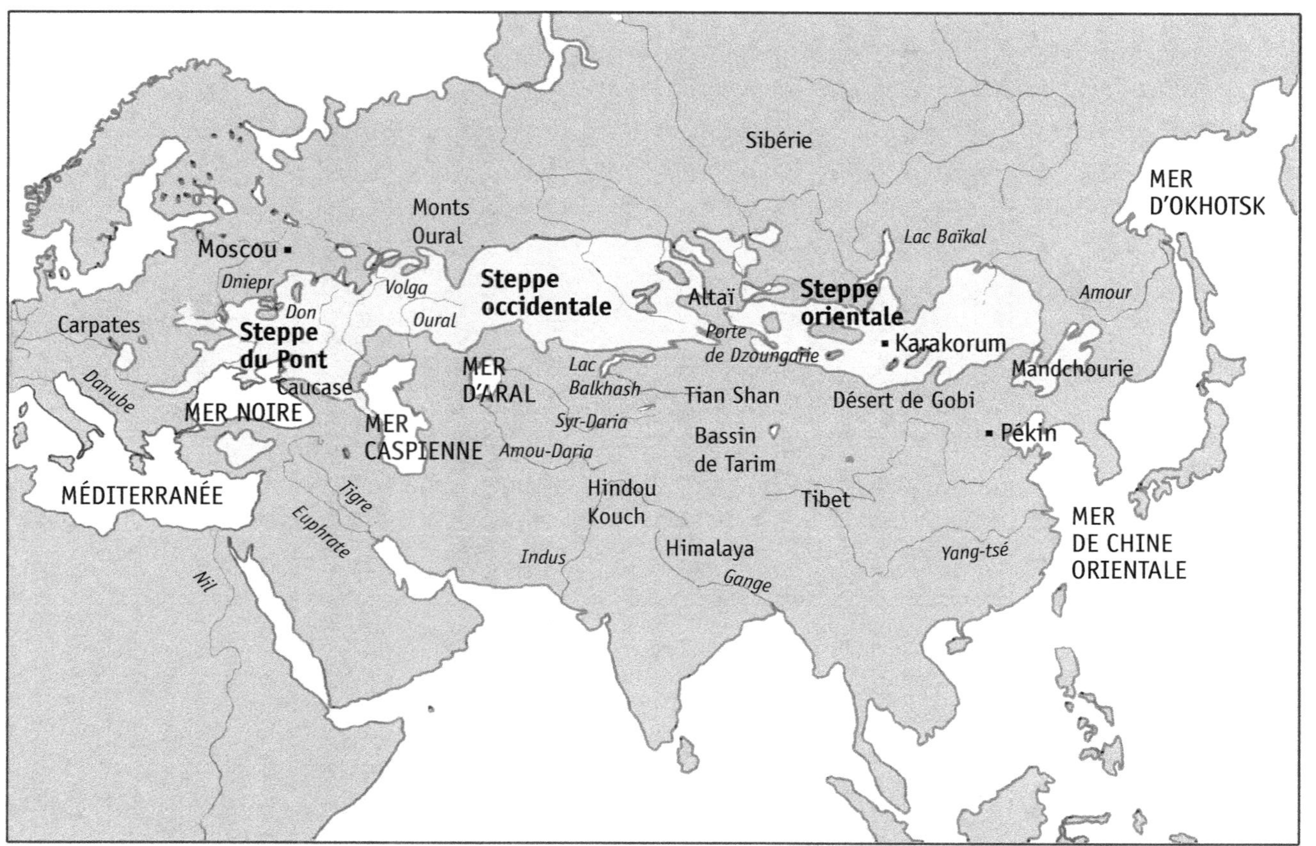

Carte 2. La grande steppe d'Eurasie.

impôts tout en finançant leurs propres besoins avec l'or qu'ils gagnaient dans ces échanges[13].

Du point de vue stratégique, la principale conséquence de cette imposition régulière était l'entretien d'une armée régulière. Alors que la plupart de leurs adversaires ne devaient compter que sur des levées de soldats dans leurs tribus, des volontaires, des maraudeurs ou encore des paysans enrôlés de force, laissés à eux-mêmes pour trouver ici et là de quoi se ravitailler, les Byzantins avaient la possibilité de maintenir des soldats et des marins en service tout au long de l'année, grâce à leur traitement sur budget impérial ; ce qui ne les empêchait pas de conserver des réservistes à temps partiel susceptibles d'être rappelés.

Cela eut également pour conséquence une vigoureuse renaissance du second dispositif d'importance que les Byzantins héritèrent de l'Empire romain, après un déclin progressif, dès le Ve siècle : une instruction militaire systématique, permettant de former chaque nouvelle recrue et d'entretenir régulièrement les unités par l'exercice et les manœuvres tactiques. Rien que de très normal pour n'importe quelle armée, sans doute – à quoi d'autre des soldats permanents pourraient-ils occuper leur temps ? Mais la plupart de ceux qui affrontèrent les Byzantins n'étaient pas des soldats permanents. On les levait en masse pour les envoyer au combat sans entraînement militaire sérieux ; certains d'entre eux avaient de redoutables aptitudes à telle ou telle forme précise de combat issue d'une longue tradition, d'autres n'en avaient aucune. De plus, pratiquer l'entraînement de manière continue n'exige pas seulement des forces permanentes, mais aussi un haut degré de professionnalisme.

La plupart des quelque cent cinquante armées qui existent encore aujourd'hui, quelle que soit leur taille, ne donnent qu'un minimum d'entraînement à leurs recrues : généralement pas plus de deux semaines d'instruction sous l'uniforme, un peu d'exercice dans la cour de la caserne et de tir à l'arme légère. Envoyées ensuite dans leurs unités, les recrues se plient de temps en temps au rite des exercices qu'on leur impose, très rarement en formations associant d'autres unités pour leur apprendre à manœuvrer. Du reste, soyons réalistes, les manœuvres ne feraient que mettre au grand jour les lacunes dans l'entraînement des troupes ; alors on préfère les grandes parades militaires théâtrales, bien alignées sur terrain plat (je me rappelle avoir ainsi vu défiler, sur un kilomètre, un bataillon de quarante-deux chars qui réussirent à conserver leur formation au centimètre près ; on avait perdu des semaines d'entraînement à préparer ce spectacle dépourvu de tout intérêt tactique...).

Les siècles virent se succéder des cycles de déclin et de renaissance de l'armée et de la marine byzantines, liés aux institutions elles-mêmes, mais l'Empire byzantin n'aurait jamais pu survivre aux guerres qu'il dut constamment livrer, souvent contre des ennemis supérieurs en nombre, sans un niveau d'entraînement militaire standard déjà élevé. Un exemple caractéristique : en l'an 626, les forces convergentes des Perses sassanides et des Avars, alors tous deux au sommet de leur puissance, firent peser sur l'Empire byzantin une menace extrêmement grave et immédiate ; l'empereur Héraclius (610-641) y répondit par une contre-offensive des plus audacieuses, préparée par un entraînement vigoureux de son armée :

> [Héraclius] rassembla ses armées et les accrut de nouveaux contingents. Il commença à les entraîner et à leur donner toute l'instruction militaire nécessaire. Il divisa l'armée en deux corps et leur ordonna, en ligne de bataille, de combattre l'un contre l'autre sans effusion de sang ; il leur apprit le cri de guerre, les chants et autres clameurs de bataille ; il leur apprit aussi à rester en alerte, afin qu'ils ne tremblent pas même en conditions de guerre réelle, mais, bien au contraire, avancent avec courage contre l'ennemi comme s'il s'agissait d'un jeu[14].

Comme leurs équivalents modernes, et à la différence de guerriers traditionnels, les soldats de l'Empire byzantin étaient normalement entraînés à différents modes de combat, en fonction de tactiques spécifiques adaptées au terrain et à l'ennemi qui se présentaient. Cette faculté constitue à elle seule l'un des secrets de sa survie. Leurs niveaux de compétences étaient bien sûr très variés, mais les soldats byzantins ne livraient bataille qu'après avoir *appris* à combattre ; et leurs aptitudes, ainsi développées, pouvaient encore être adaptées par un surcroît d'entraînement pour affronter des circonstances particulières. Cet entraînement et cette capacité d'adaptation rendaient les soldats, les unités et les armées byzantines bien plus souples et polyvalentes que leurs adversaires, dont les compétences militaires se limitaient aux traditions de leur nation ou tribu – des manières de combattre imitées des anciens qu'il leur était difficile de modifier.

Dans sa description de la bataille de la Nedao en 454, qui vit la défaite des Huns contre leurs sujets de Germanie en rébellion, l'historien des Goths Jordanès dépeint la manière de combattre de chaque nation : « On pouvait voir les Goths combattre avec leurs épieux [*contis*], les Gépides faire des ravages à l'épée, les Ruges rompre de leurs mains les javelots fichés dans leurs propres corps, les Suèves combattre à pied en espérant l'emporter avec leurs frondes, les Huns combattre avec leurs arcs, les Alains dresser leur [cavalerie] lourde en ligne de bataille bien serrée, ainsi que les Hérules dresser leur infanterie légère[15]. »

Les Goths pouvaient certainement eux aussi combattre à l'épée, et les Gépides à la lance, comme le trio classique des auxiliaires romains – frondeurs baléares, archers crétois et lanciers numides – était également capable de combattre avec d'autres armes. Mais tandis que leurs ennemis venaient au combat avec une ou deux armes caractéristiques de leur nation – pique, épée, javelot court ou long, fronde, lance ou encore arc composite réflexe –, les troupes byzantines étaient, dès le VIe siècle, entraînées à combattre avec toutes ces différentes armes. Ce qui, à égalité numérique, les rendait supérieures à la plupart des adversaires auxquels elles devaient livrer bataille ; associée aux exercices et aux manœuvres, cette faculté dota les armées byzantines d'une souplesse et d'une polyvalence tactique et opérationnelle incomparables.

Les Byzantins accrurent encore cette supériorité par un plus haut niveau de grande stratégie ; ils en furent à l'origine, à la différence du système fiscal et de l'entraînement militaire traditionnel à Rome qu'ils avaient hérités du passé. Ils n'avaient pas de personnel en charge de la planification stratégique, ils ne connaissaient aucun processus de décision formalisé et n'ont jamais élaboré quelque doctrine de « stratégie nationale » que ce fût – elle eût été contraire à la mentalité de l'époque. Mais il existait à Byzance une véritable culture de l'habileté stratégique au plus haut niveau, profonde et complète, qui émergea dès le VIIe siècle, se développa et poursuivit son évolution par la suite. Elle comprenait une expertise militaire d'une grande richesse, bien illustrée par les petits traités et manuels de campagne qui nous sont parvenus et restent d'une lecture digne d'intérêt. Elle comprenait également une solide tradition dans le domaine de l'information et du renseignement, par nature peu documentée, même si l'on en conserve des traces révélatrices. Elle comprenait, enfin, l'aspect le plus caractéristique de la culture stratégique byzantine : les diverses manières d'amener les souverains étrangers à servir les intérêts impériaux, qu'il s'agît de maintenir la paix ou d'engager la guerre contre les ennemis de l'Empire.

Les Byzantins n'avaient pas d'autre choix : il leur fallait survivre grâce à la stratégie, ou bien disparaître. Nous avons vu, plus haut, que l'Empire d'Orient était désavantagé par sa géographie comme par la nature de ses ennemis au regard de l'Empire d'Occident, et qu'il ne disposait pas des ressources sans équivalent que l'ancien Empire romain encore intégré avait été capable de déployer contre ses ennemis les plus puissants. Une résistance, aussi opiniâtre fût-elle, n'aurait pas non plus suffi.

On a certes maintes fois vu, à la guerre, la pure ténacité l'emporter à la surprise générale quand tout semblait défavorable. Il peut se produire que des forces militaires en apparence largement supérieures se retrouvent arrêtées, peu à peu épuisées et finalement repoussées par une défense qui s'appuie sur d'autres ressources moins tangibles et visibles – une cohésion interne exceptionnelle de ses unités, les hautes qualités de son commandement, une ferveur religieuse particulière, une idéologie politique galvanisant les troupes ou encore, tout simplement, une très grande confiance en soi. L'histoire byzantine comprend de nombreux exemples de résistance acharnée contre des forces très largement supérieures ; la plus splendide fut l'ultime combat du 29 mai 1453, qui vit le dernier empereur, Constantin IX Paléologue, combattre jusqu'à la mort contre les armées du conquérant ottoman Mehmet II avec, en guise d'armée, cinq mille de ses sujets restés loyaux.

La loyauté que les empereurs pouvaient évoquer de la part de leurs troupes fut couronnée de succès lors d'innombrables confrontations avant cet ultime combat. Pour autant, une résistance opiniâtre, aussi ferme fût-elle, ne peut non plus rendre compte de la survie des Byzantins : ils eurent souvent à affronter des ennemis bien trop puissants pour qu'on pût leur résister longtemps en leur livrant seulement des combats défensifs. C'est en concevant des formes de réponses adaptées à de nouvelles menaces – c'est-à-dire par la stratégie – que l'Empire survécut siècle après siècle. Plus d'une fois, des séries de défaites le réduisirent à une simple cité-État – ou à peine davantage –, assiégée de tous côtés. Plus d'une fois, les grandes murailles de Constantinople subirent des attaques venant de la mer ou de la terre, voire des deux fronts en même temps. Mais, à maintes reprises, on recruta des alliés pour qu'ils lancent avec succès des contre-attaques ; les forces impériales purent ainsi rétablir l'équilibre à leur profit, rassembler tous leurs moyens disponibles et repartir à l'offensive. Et les envahisseurs une fois repoussés, l'Empire se retrouvait assez souvent à contrôler des territoires plus vastes qu'avant l'invasion. Les ennemis de l'Empire étaient capables de vaincre ses armées et ses flottes lors de batailles, mais ne parvenaient pas à vaincre sa grande stratégie. C'est ce qui permit à l'Empire de résister aussi longtemps ; sa plus grande force, immatérielle, restait hors de portée des attaques directes de ses ennemis.

La stratégie byzantine ne fut pas inventée, dans toutes ses composantes, dès le début de l'Empire. Ses éléments initiaux ont émergé comme une série de réponses improvisées à la menace des Huns d'Attila, qu'on ne savait comment affronter ; on parlerait aujourd'hui d'une menace « plus importante que prévu ». La première rupture des frontières impériales sur grande échelle était survenue sous l'empereur Dèce (249-251) ; ainsi, en 250, une troupe de Francs traversa le Rhin et descendit jusqu'en Espagne (un épisode parmi d'autres). Depuis lors, on avait tenté toutes sortes de remèdes contre les invasions. Certains furent éphémères, d'autres durables, certains furent très limités, d'autres déployés sur grande échelle, en particulier le programme de fortifications dans tout l'Empire et le renforcement de la puissance militaire sous Dioclétien, ainsi que la création d'une armée mobile permanente sous Constantin[16].

Durant un siècle et demi, ces mesures d'ordre exclusivement militaire se cumulèrent non sans succès ; elles réussirent à protéger les territoires situés au cœur de l'Empire d'incursions et d'invasions, à un coût toutefois considérable pour les contribuables ainsi que pour les populations proches des frontières, abandonnées sans protection. Mais cette approche consistant à cumuler les mesures militaires atteignit ses limites avec l'arrivée des Huns d'Attila. Pour les raisons spécifiques – tactiques et opérationnelles – exposées ci-après au chapitre I, les mesures militaires ne pouvaient plus à elles seules laisser espérer le moindre succès.

Pour que surviennent des innovations stratégiques majeures, il ne suffit pas qu'elles soient devenues possibles et peut-être hautement nécessaires ; il faut aussi que toutes les parties concernées finissent par reconnaître que les pratiques en vigueur sont destinées à l'échec, et qu'on ne peut se contenter de réponses partielles, d'ampleur limitée, face à une situation particulièrement grave.

Ce fut le cas à Constantinople sous Théodose II (408-450[17]). On comprit alors que l'accumulation de troupes militaires, même au maximum des possibilités de l'Empire, ne suffirait pas à arrêter les incursions d'Attila, parce que les Huns associaient deux qualités généralement considérées comme exclusives l'une de l'autre : ils étaient à la fois très rapides et très nombreux, sur de multiples points à la fois. De ce fait, il était inutile de les intercepter avec des forces réduites, même les plus mobiles ; comme ils opéraient de profondes pénétrations dans des directions imprévisibles, il était, de toute manière, très difficile de les intercepter. Et, en cas de rencontre, ils étaient généralement capables de l'emporter sur leurs ennemis.

Cette impasse militaire eut pour conséquence l'émergence d'une approche stratégique sensiblement différente, qui dépendait beaucoup moins d'un recours *actif* à la force militaire – elle exigeait toujours, en revanche, de solides fortifications – et, par là même, permettait d'esquiver la supériorité militaire d'Attila et de ses successeurs comparables.

Pourtant, le siècle suivant ne vit pas s'appliquer directement cette nouvelle stratégie ; on choisit plutôt d'en revenir à une approche principalement militaire, comme par le passé. Avec une armée grandement renforcée par plusieurs innovations tactiques majeures, apprises au contact des Huns, et grâce, également, à un commandement de qualité et à quelque bonne fortune, l'Empire reprit une stratégie militaire offensive tournée vers les conquêtes sous Justinien (527-565). Après les victoires en Afrique du Nord et en Italie, la guerre aurait pu se poursuivre avec le même succès si la peste bubonique n'avait soudain ruiné l'État byzantin dans toutes ses composantes, son armée et sa marine. Comme l'ont récemment prouvé des traces découvertes dans la glace polaire, il n'y avait jamais eu dans l'histoire de pandémie aussi coûteuse en vies humaines ; avec sa densité d'habitants supérieure et ses nombreuses cités surpeuplées, il est certain que l'Empire en souffrit davantage que ses ennemis.

À l'époque de la mort de Justinien, le rôle de la force avait connu un nouveau déclin, qui se poursuivit sous ses successeurs. Ce fut seulement sous Héraclius, au début du VIIe siècle, que l'on conçut dans tous ses détails la grande stratégie qui caractérise l'Empire byzantin – juste à temps pour surmonter, et d'extrême justesse, la plus grande crise de son existence.

La conception de la stratégie byzantine fut ainsi le résultat d'un long processus. Ses origines remontaient à l'arrivée d'Attila et de ses hordes de Huns, renforcées de leurs nombreux sujets germains, d'Alains et d'une foule d'autres peuplades apparentées qui suivaient leurs campements et gonflaient encore leurs effectifs ; ce déferlement menaçait alors de détruire l'Empire romain d'Orient, après avoir déjà profondément ébranlé ce qui subsistait de l'Empire occidental.

Qui étaient les Huns (*Hunni, Chunni, Hounoi, Ounoi*) ? Nul ne les connaissait en Occident jusqu'à l'an 376 environ, lorsqu'ils attaquèrent les Goths. On a maintes fois suggéré qu'ils venaient d'Asie orientale, identifiés aux puissants guerriers nomades Xiongnu (ou Hsiung-nu) qui causèrent des troubles considérables en Chine sous la dynastie Han. Ces nomades sont décrits d'une manière assez détaillée dans un rapport militaire intégré au livre 88 du monumental ouvrage d'histoire dynastique consacré à la dernière partie de l'empire des Han, le *Hou hanshu*, compilé par le célèbre historien Fan Ye[18] (ce même rapport militaire fait référence à l'Empire romain sous l'appellation *Da Quin*, « Grande Chine », en raison des similitudes entre les deux civilisations).

Il existe quelques éléments matériels suggérant, de fait, une relation entre les Huns et ces nomades (ainsi, parmi diverses trouvailles, des chaudrons de fer d'une forme spécifique que l'on peut attribuer aux deux peuples, peut-être utilisés pour cuire leur plat favori, un ragoût de viande de cheval). Mais il existe aussi des éléments d'ordre chronologique qui les différencient : on perd la trace des Xiongnu dans ce qui constitue aujourd'hui la Mongolie ou plus loin encore à l'est, dans la Mandchourie historique, quelque trois siècles avant l'apparition des Huns à l'ouest de la Volga – un délai bien trop long pour des migrations, même au rythme le plus tranquille en prenant tout son temps[19]. Quant à la ressemblance de sonorité entre leurs noms, elle n'a aucune signification. Avec une langue monosyllabique comme le chinois, le seul critère de la sonorité permettrait d'opérer des rapprochements et d'identifier des étymologies communes, d'une manière plausible, sur à peu près tout et n'importe quoi. Un seul exemple : le mot anglais *typhoon* ne vient probablement pas de *da feng* (« grand » et « vent »), comme l'assurent les gens qui parlent les deux langues, mais plus vraisemblablement du mot arabe *tufan*, « tempête », par l'intermédiaire du portugais[20].

Les puissants Huns qui se firent soudain connaître aux Romains vers 376 n'avaient peut-être pas d'origine particulière ni la moindre spécificité ethnique. Peut-être n'étaient-ils – c'est la plus forte probabilité – qu'une simple formation comparable à de nombreuses autres « nations » de guerriers sur lesquelles notre documentation est plus complète, issue d'un processus d'ethnogenèse autour d'un clan, d'une tribu ou d'une troupe rassemblée pour faire la guerre, composée de Tungus, de Mongols ou de Turcs, et qui aurait connu une destinée heureuse.

Le succès attire une foule qui grossit de campement en campement pour prendre sa part du butin et des pillages ; il en résulte des effectifs toujours plus importants et une puissance accrue, qui soumet sur son passage les groupements plus faibles et réduit les individus à l'esclavage, peut-être en nombre élevé. Tout ce qui contribue à renforcer les effectifs accroît la nation dans son ensemble : les individus peuvent y conserver leur identité particulière et leur subjectivité aussi longtemps qu'ils le désirent, mais la nation devient de plus en plus homogène au fil du temps ; pour chaque groupe, le rythme du processus d'assimilation dépend de la force de son identité d'origine, ainsi que, sans aucun doute, du degré de ressemblance culturelle, somatique et linguistique entre son identité d'origine et le type commun qui se façonne peu à peu.

Les succès collectifs font les nations, les échecs les défont : des groupes humains quittent la communauté pour revenir à leur identité d'origine ou pour en embrasser une nouvelle, normalement celle d'une nation qui affiche de plus grands succès. De nos jours, des familles d'origines diverses qui vivaient en Union soviétique ont acquis l'identité russe lorsque la Russie constituait la nationalité dominante d'un empire en apparence éternel, pour revenir à leurs identités ethniques d'origine quand l'Union soviétique se mit à décliner – avant même sa désintégration effective ; d'autres se tournèrent vers des identités entièrement nouvelles pour les embrasser après avoir émigré en Allemagne, en Israël ou aux États-Unis.

Le concept d'ethnogenèse est extrêmement controversé quand on l'applique aux Goths ou plus largement aux populations « germaniques » ; le débat est pollué de toutes sortes d'éléments issus du germanisme du

XIXe siècle, de la mythologie nazie du XXe et de la sociologie du XXIe. Le concept a été pour la première fois utilisé pour décrire des évolutions bien moins complexes, concernant les steppes[21]. Les steppes n'ont pas de hautes montagnes ni de vallées éloignées pour abriter les plus faibles, ce qui leur permettrait de préserver leurs identités ; qui plus est, le modèle commun du peuple pasteur a pour effet d'effacer bien des différences : on s'adapte très vite aux derniers arrivants en situation de force, puis on s'assimile tout naturellement à eux.

Ce processus n'en était pas encore arrivé à constituer une nation quand Attila devint le chef suprême des divers « Huns », Alains, Goths, Gépides et autres peuplades apparentées ; et, de toute façon, sa mort sonna le glas de la puissance des Huns. Mais le processus d'intégration culturelle s'était tout de même déjà bien engagé dès son époque – le nom même d'Attila n'est pas d'origine hunnique. Le plus éminent spécialiste des Huns fait appel au proto-chuvash et au kartvèle ancien (en des termes moins exotiques, l'ancien géorgien), sans grand résultat, puis écarte peut-être un peu trop vite les étymologies proposées par les historiens du nationalisme hongrois : Attila = Atilla = Atil = « grand fleuve » en langue turque = Volga ; sans surprise, il en conclut qu'Attila provient d'une racine germanique, ou, si l'on préfère, gothique, signifiant « petit père[22] ».

Il y eut, sans aucun doute, une forme d'assimilation, peut-être même de la « jeunesse de Syrie » qui se fit capturer en 399 lors d'un raid par les passes du Caucase, si l'on en croit le poète Claudien dans son chef-d'œuvre d'invectives contre Eutrope, le consul eunuque à qui il reproche d'une manière injuste l'irruption des Huns ; ils laissèrent plusieurs villes en cendres, dénonce le poète, et repartirent avec les jeunes qu'ils avaient faits prisonniers pour les réduire à l'esclavage[23].

D'autres sources, moins partiales, confirment ce raid ainsi que les mesures d'asservissement, mais l'une d'entre elles apporte un complément d'information fort intéressant : une partie de la jeunesse locale décida en toute liberté de rejoindre les Huns pour combattre dans leurs rangs[24]. Aucune raison de s'en étonner : les Huns étaient certes de grossiers barbares, païens eux aussi, qui venaient de piller, de massacrer et de mutiler leurs concitoyens, parmi lesquels, peut-être, des amis ou parents ; mais en rejoignant les colonnes des Huns après la dévastation de leur pays, jeunes gens ou soldats vétérans passaient immédiatement de la catégorie des vaincus objets de pillage à celle des vainqueurs riches du fruit de leurs pillages, qu'ils transportaient sur leurs bêtes de somme, dans leurs chariots ou attaché à l'arrière, y compris les femmes.

Tel était et tel est encore le mécanisme essentiel de l'ethnogenèse. Les succès créent des nations à partir de groupes divers, puis les font croître en attirant des volontaires. Assez vite, ce type de groupes en expansion perd son homogénéité ethnique mais sans pour autant abandonner sa marque d'origine ; ils se transforment par là en entités pseudo-ethniques plus ou moins marquées, selon les cas. Les Huns, après leur période de grandeur et de déclin, se dispersèrent ainsi pour se fondre dans d'autres nations ; ce fut alors au tour des Avars de passer du statut de clan prestigieux à celui de grande puissance dans les Balkans, alignant un nombre considérable d'hommes par la suite grossi des effectifs encore plus considérables de leurs sujets slaves[25].

Après une période de succès et d'expansion, les Avars connurent une première défaite en 626 devant les murailles de Constantinople, qui entraîna des défections parmi les Slaves ; par la suite, d'autres défaites amoindrirent encore les moyens militaires des Avars, jusqu'à celle, décisive, que leur infligea lui-même Charlemagne en 791. Les Avars en sortirent encore amoindris, au point d'être attaqués par les Bulgars, bien moins puissants pourtant, et de se désintégrer bientôt entièrement jusqu'à disparaître, absorbés dans d'autres nations. Leur ancien territoire, dans ce qui avait été la Pannonie romaine, fut ensuite occupé par les Magyars comme il l'est encore de nos jours. Les Magyars, qui restèrent une puissance moyenne, étaient à l'origine une tribu qui devint une nation en assimilant des tribus comparables, lesquelles adoptèrent leur nom d'ethnie ; cette nation vit encore principalement en Magyarorszag, le pays des Magyars que seuls les étrangers appellent Hongrie.

De par la nature de l'ethnogenèse, le résultat de ses différents processus de fusion, d'assimilation, de défection et de dispersion ne devrait certainement pas être appelé « nation », car une nation implique un certain degré d'homogénéité ethnique ; il serait préférable de l'appeler « État », au sens où il ne s'agit, après tout, que d'une entité essentiellement politique. Le seul obstacle à cette analyse tient au fait que certaines populations, comme les importants Petchenègues, restèrent des tribus aux liens d'affiliation lâches, des clans et des bandes de guerriers ; ils avaient une identité mais aucun commandement global ni institutions communes. Le terme de « nation » pourrait donc bien, après tout, leur convenir. Telle était également la véritable nature des Huns : une nation largement peuplée à l'époque où Attila parvint au pouvoir pour régner seul sur l'ensemble de leurs tribus ; il les dota des institutions essentielles d'un État et les rendit bien plus puissants encore qu'ils n'étaient auparavant.

Chapitre premier

ATTILA ET LA CRISE DE L'EMPIRE

La place extraordinaire qu'occupent les Huns d'Attila au premier plan dans les annales de l'Antiquité constitue un phénomène d'autant plus remarquable qu'ils ne manquaient pas de rivaux.

Leur période d'unité et de puissance, qui s'étendit jusqu'à la mort d'Attila en 453, suivit de près les grandes invasions germaniques qui devaient mettre fin à l'Empire romain d'Occident. Dotées de fortifications très étendues et, autrefois, de solides garnisons, les frontières du Rhin et du Danube avaient protégé les provinces européennes de l'Empire romain pendant presque quatre siècles. Des milliers de tours de garde reliées entre elles par des palissades ou même des murs de pierre – sur les points où il n'y avait pas de fleuve pour barrer la route à l'ennemi –, avec le renfort de patrouilles de surveillance et de centaines de forts où stationnaient des garnisons, constituaient une barrière continue dans le nord de l'Angleterre et en travers de l'Europe, de l'estuaire du Rhin dans la mer du Nord (Hollande actuelle) jusqu'au delta du Danube sur la côte de la mer Noire (actuelle Roumanie[26]). Aucune étroite ligne de défense ne pourrait certes arrêter de puissantes invasions, mais le système frontalier impérial – le *limes* – suffisait à assurer la sécurité quotidienne contre les raids de pillage et le brigandage.

Le délabrement, l'abandon progressif et l'effondrement final des frontières du Rhin et du haut Danube furent la pire des catastrophes pour les citoyens de l'Empire qui se retrouvèrent ainsi exposés aux pillages et à la ruine, voire à pire encore. On trouve témoignage de cette interminable tragédie dans à peu près tous les textes de l'époque qui nous sont parvenus : récits historiques, chroniques mais aussi poèmes, correspondances, biographies de saints et autres écrits sur divers sujets sans rapport direct avec ces événements, mais qui les abordent de manière incidente. Les envahisseurs que ces textes décrivent ou se contentent d'évoquer avec tristesse comprenaient les Alamans de Germanie, les Burgondes, les Francs ripuaires, les Francs saliens, les Gépides, les puissants Goths Greuthunges et Tervinges, les Hérules, les Quades, les Rosomons, les Ruges, les Scirès, les Suèves, les Taïfales, les premiers Vandales, ainsi que les Alains, des cavaliers d'origine iranienne, et les Antes qui étaient probablement d'origine slave.

Les Huns d'Attila étaient pourtant considérés comme une menace beaucoup plus redoutable que n'importe lequel de ces peuples ; leur mémoire se perpétua bien davantage dans l'histoire, et ce jusqu'à nos jours – éclipsant même les Goths d'Alaric qui mirent Rome à sac en 410 ou les Vandales dont le nom est passé en proverbe pour avoir infligé à l'Empire un désastre pire encore, lorsqu'ils coupèrent le ravitaillement en blé de l'Italie qui provenait de l'Afrique du Nord.

Aux yeux des ecclésiastes contemporains, les Huns étaient le plus grand fléau de Dieu, Attila lui-même l'Antéchrist, quand il n'était pas dépeint comme le plus effroyable exemple de la barbarie humaine dans les récits consacrés aux miracles. L'un d'eux met en scène le pape Léon Ier :

> Au nom du peuple romain, il entreprit un voyage pour se rendre en ambassade auprès du roi des Huns, appelé Attila, et sauva ainsi toute l'Italie du péril ennemi[27].

On identifiait les Huns aux Massagètes décrits par Hérodote, le plus ancien de ces affreux peuples des steppes que les époques précédentes avaient connus ; on en fit donc – c'était inévitable – les protagonistes de la fameuse guerre apocalyptique de Gog (identifié aux Goths) et Magog dans le Livre d'Ézéchiel. Un autre ecclésiaste, Ambroise, plus tard canonisé, premier d'une longue lignée d'évêques hautement politisés à Milan, ne retient pas la comparaison avec Gog et Magog mais aboutit à la même conclusion :

> Les Huns se jetèrent sur les Alains, les Alains sur les Goths, les Goths sur les Taïfales et les Taïfales sur les Sarmates. Chassés de leur pays, les Goths les chassèrent à leur tour de l'Illyrie et ces mouvements ne sont pas encore terminés... c'est la fin du monde[28].

Autre fait significatif, la mémoire des guerres entre les Huns et les Goths, du massacre des Burgondes menés par leur roi Gundahar en 437 et d'Attila lui-même, était encore très vive, des siècles plus tard, dans des contrées pourtant très éloignées de celles qu'ils traversèrent à leur époque. Dans le poème en vieil anglais *Widsith*, le héros déclame : « J'ai visité Wulfhere et Wyrmhere ; là-bas firent rage maintes batailles dans les forêts de la Vistule, lorsque l'armée des Goths dut défendre au tranchant de l'épée la terre de ses ancêtres contre la multitude des Huns[29]. » Aussi loin qu'en Islande, le souvenir d'Attila s'est perpétué dans la « Chanson de Hloth et d'Angant̹r » en vieux norrois : Attila y apparaît comme Humli, roi des Huns et grand-père de Hloth. Ce poème fait partie de la saga de Hervör dans laquelle se trouve également une bataille entre les Goths et les Huns causée par le mariage d'Attila avec Gudrun. Dans la saga des Volsungs, Attila est tué par Gudrun après qu'elle a été contrainte de l'épouser, une histoire dérivée de *l'Atlakvi* a, la « Chanson d'Atli », plus ancienne, ou d'une version plus longue que l'on trouve dans le *Atlamál hin groenlenzku*, la « Ballade d'Atli » au Groenland ; nous savons ainsi que la réputation d'Attila s'était étendue jusqu'à la terre la plus éloignée du monde connu, *Ultima Thule*.

On le sait davantage, Attila est Etzel dans la *Chanson des Nibelungen*, l'épopée germanique médiévale dont Wagner fit un opéra : après l'assassinat de son époux Siegfried, Kriemhild cherche vengeance et se marie avec Etzel, roi des Huns ; la suite est sanglante. Dans l'épopée latine *Waltharius*, œuvre antérieure, d'Ekkehard de Saint-Gall, le fils du roi d'Aquitaine Alphère, Waltharius, est donné en otage au roi des Huns Attila lorsqu'il envahit la Gaule. Au service d'Attila, Waltharius acquiert une haute réputation de guerrier avant de quitter la cour et de s'enfuir chargé d'or[30].

Dans la droite ligne de la théorie alors à la mode qui réduisait à néant le rôle des individus face aux grands processus historiques, ainsi que dans l'obédience des « Stades » selon la théorie marxiste, un important historien moderne a décrit Attila comme un brigand amateur de piètre valeur ; malgré les objections formulées par la plus haute autorité dans le domaine des Huns, il n'en continua pas moins à comparer Attila à l'éphémère seigneur de guerre goth Théodoric Strabo (« le Louchon »), qui extorqua 2 000 livres d'or à l'empereur d'Orient Léon en 473[31].

L'opinion générale, qu'elle soit contemporaine ou plus tardive (comme celle qui s'exprime dans les sagas), contredit cette analyse. Attila lui-même n'est certes pas dépeint comme particulièrement héroïque – les héros sont germaniques –, mais les récits révèlent une croyance très répandue en la puissance exceptionnelle des Huns d'Attila, bien supérieure à celle de tout autre royaume ou nation.

C'était également l'opinion de sources davantage tournées vers l'analyse des faits, à commencer par Ammien Marcellin, lui-même officier de carrière dans l'armée et historien réputé pour le sérieux de ses travaux, son jugement sûr et respectueux de la vérité. Ammien Marcellin reconnaît l'importance stratégique des Huns avant même Attila : « Les germes et l'origine de toute cette ruine et des divers désastres que suscita la colère de Mars… [la défaite catastrophique des Romains à Andrinople le 9 août 378], nous les avons trouvés : c'est le peuple des Huns… dont la sauvagerie dépasse toute imagination[32]. »

C'est par l'intermédiaire de peuples armés en fuite devant leur férocité que les Huns firent leur première apparition dans le monde romain. En 376, une foule d'hommes, de femmes et d'enfants s'était présentée à la frontière bien gardée du Danube : il y avait parmi eux des Alains d'origine iranienne mais surtout les Gépides de Germanie et, bien plus nombreux encore, les Goths Tervinges et Greuthunges ; tous suppliaient qu'on leur ouvrît les portes pour leur offrir la sécurité au sein du territoire impérial. On comptait parmi eux une multitude de redoutables guerriers : des Germains armés de piques et d'épées, mais aussi des cavaliers alains en armure avec leurs lances. Ils n'en avaient pas moins pris la fuite, dans une terreur panique, devant l'avance des Huns depuis les confins de la steppe orientale.

Les Romains ne connaissaient alors rien des Huns, mais avaient appris à connaître les Goths et les Gépides depuis le milieu du IIIe siècle, d'abord comme dangereux pillards lançant leurs raids par la terre comme par la mer, puis comme voisins presque paisibles qui venaient le plus souvent à la frontière faire du commerce ou proposer leurs services comme mercenaires dans l'armée romaine. Les officiels romains les laissèrent entrer à la condition de servir l'Empire, mais ne purent leur délivrer le ravitaillement en blé promis. Leur colère se tourna en révolte. L'empereur Valens fit le voyage à la tête de l'armée mobile d'Orient pour la mater, mais il fut défait et tué ; les deux tiers de l'armée d'Orient disparurent avec lui. Les Romains apprirent alors que les Goths, les Gépides et les Alains, qui venaient de leur infliger une défaite, avaient eux-mêmes fui devant les Huns comme un troupeau de moutons apeurés.

Écrivant plus d'un siècle après les faits, au détour d'un commentaire sur tout autre chose – ce qui accorde davantage de poids encore à son témoignage –, le plus grand historien de son époque, Procope de Césarée, en donne le récit synthétique suivant :

> Les empereurs romains des temps anciens, pour interdire le passage du Danube aux barbares qui vivent sur la rive opposée, installèrent des places fortes tout au long du rivage, du côté droit du courant mais aussi, à certains endroits, sur l'autre rive, où ils bâtirent villes et forteresses. Pourtant, ils n'élevèrent pas ces places fortes d'une manière qui les rendît imprenables, en cas d'attaque, mais seulement pour assurer sur la rive la présence de soldats, sachant que les barbares n'ont aucune connaissance de la prise d'assaut des murailles. En réalité, la majorité de ces places fortes se réduisaient à de simples tours ; on les appelait, à juste titre, « tours isolées » (*monoturia*) et bien peu d'hommes pouvaient y stationner. À cette époque, cela suffisait à tenir en respect les clans barbares et à leur interdire toute entreprise offensive contre les Romains. Mais, plus tard, Attila lança son invasion avec une grande armée et n'eut aucune difficulté à détruire ces forteresses ; sans opposition, il put alors piller la plus grande partie de l'Empire romain[33].

Dans ses ouvrages, à l'exception de la calomnieuse *Histoire secrète* (*Anekdota*), Procope ne manque jamais d'expliquer avec force détails les raisons de ses positions en cas de controverse ; en l'occurrence, il n'a pas jugé nécessaire de justifier son jugement sur les Huns d'Attila, une menace à ses yeux intrinsèquement différente et plus grande que les autres peuples. C'était manifestement l'opinion générale à son époque. Pourtant, les Huns, depuis longtemps dépouillés de leurs sujets et de la foule qui suivait leurs campements à l'époque de leur grandeur, s'étaient entre-temps dispersés ; certains s'en étaient retournés vers la steppe pour s'y faire absorber par les groupements turcs en phase d'expansion, Avars, Ogours, Onogours et Bulgars[34].

Il y avait une excellente justification à la réputation exceptionnelle des Huns. Avec leurs robustes petits chevaux de Mongolie, ils introduisirent dans le monde romain une manière de faire la guerre entièrement nouvelle et hautement efficace, qui devait être adoptée et adaptée pour constituer le socle de la nouvelle armée byzantine – fondamentalement différente, pour cette raison, de l'armée romaine classique qui l'avait précédée[35]. Ce nouveau style de guerre fut pour la première fois décrit, avec une précision digne d'éloges, par Ammien Marcellin. Sa remarquable expertise militaire professionnelle – à la fois comme simple combattant et officier d'état-major – renforce encore la crédibilité de l'historien. De son analyse des Huns à la fin du IVe siècle, examinons d'abord un extrait qui décrit bien leurs tactiques :

> Vous pourriez, sans hésitation, les qualifier de guerriers les plus terrifiants qui se puissent imaginer, parce qu'ils combattent à distance en envoyant leurs traits [flèches] équipés de pointes très acérées en os, au lieu de leurs habituelles pointes [de métal], qu'ils attachent aux flèches avec une extraordinaire habileté ; ensuite, ils traversent au galop le champ de bataille pour venir combattre corps à corps à l'épée, indifférents à leur propre vie ; et tandis que leurs adversaires s'efforcent de parer les coups [d'épée] pour éviter les blessures de leurs pointes acérées, ils leur envoient des lanières tressées avec des nœuds coulants pour entraver leurs membres et les priver ainsi de leur liberté de mouvement, au point de leur interdire la chevauchée comme la marche[36].

Telles sont les tactiques habituelles à tous les guerriers accomplis de la steppe ; elles allaient devenir parfaitement familières aux Byzantins avec les successeurs des Huns dans les siècles à venir : les Avars, les premiers Turcs, les Onogours-Bulgars, les Magyars, les Petchenègues, les Cumans, les Mongols et, enfin, les sujets turco-mongols de Timour, que nous connaissons sous le nom de Tamerlan. Ces tactiques, les Byzantins allaient finir par apprendre à les imiter avec grand succès (à part l'usage de lassos), et même à les améliorer.

Les Huns commençaient par tirer des volées de flèches très rapides à l'aide des arcs d'une puissance exceptionnelle sur lesquels nous reviendrons plus loin – ce sont des armes capables de tuer « à distance », à la différence d'arcs moins puissants. Quant aux pointes de flèches en os, elles pouvaient tuer tout autant que des pointes de métal à la condition d'être suffisamment robustes ; le texte nous apprend que les flèches des Huns étaient précisément fabriquées avec un soin exceptionnel et que leurs pointes acérées ne se détachaient pas des flèches à l'impact.

Si l'ennemi n'attaquait pas, il était destiné à subir des pertes de plus en plus lourdes à coups de flèches. S'il attaquait, il ne pouvait en venir aux mains avec les Huns à cheval, qui n'étaient nullement contraints de tenir pied. S'ils le faisaient, c'était un signe de leur grande confiance dans la victoire ; les attaquer était alors probablement une imprudence.

Si l'ennemi se retirait pour limiter ses pertes, les Huns en profitaient pour le harceler à cheval et tuer ses soldats avec leurs arcs aussi bien qu'avec leurs épées. (La forme de leurs sabres – droits ou courbes – n'est pas précisée ; les termes employés dans ce texte sont d'abord *ferrum*, référence générique au « fer », puis *mucro*, qui désigne le tranchant ou la pointe de l'épée.)

Ensuite, si l'ennemi ne s'était pas retiré, les Huns attendaient que ses rangs fussent bien dégarnis pour les charger et engager la mêlée, épée dans une main, corde à nœud ou lasso dans l'autre. À la différence de l'arc des Huns, le lasso ne constituait pas une nouvelle arme ; il était déjà largement utilisé par les peuples de la steppe, les Alains et même les Goths, voire d'autres guerriers germains[37]. Mais bien peu l'utilisaient aussi bien que les guerriers et gardiens de troupes de chevaux de la steppe, qui devaient maîtriser leurs chevaux sans disposer de murs ni de barrières, avec la seule aide de cordes à nœud attachées au bout de perches (correspondant à l'*urga* des Mongols et au turc *arqan*) et d'entraves.

Mais la plus grande force des Huns, toutes nos sources concordent sur ce point, résidait dans leur arme principale : l'arc composite réflexe. « De très beaux arcs et leurs flèches font leurs délices ; infaillibles et redoutables sont leurs mains ; si sûre est leur confiance que leurs traits vont porter la mort ! Et leur fureur est exercée à commettre toutes sortes d'horreurs avec des coups qui ne manquent jamais leurs cibles. » Ces vers sont du poète Gaius Sollius Modestus Apollinaris Sidonius. Sidoine Apollinaire avait vingt ans lorsque le nord de son pays natal de Gaule fut envahi par Attila[38]. Il n'était pas expert en matière militaire – dans une autre de ses œuvres, il fait l'éloge du notable gaulois Marcus Flavius Eparchius Avitus, l'un des éphémères derniers empereurs d'Occident (455-456), qu'il qualifie d'« égal des Huns dans le lancer du javelot [*iaculis*] » – ce qui ne constituait pas l'un de leurs points forts[39]. Mais l'archerie des Huns apportait sans aucun doute une innovation dans l'art de la guerre, et ce pour deux raisons : son association à une mobilité à cheval exceptionnelle à tous les niveaux – tactique, opérationnel et stratégique –, la qualité de l'arc lui-même.

L'arc composite réflexe

On connaissait depuis longtemps des versions anciennes de « l'arc des Scythes », mais l'arc des Huns n'aurait pas attiré tant d'attention s'il n'avait constitué l'arme incontestablement la plus puissante qui fût utilisée à la guerre jusqu'au XVIe siècle dans l'Asie entière, de l'Empire ottoman au Japon[40].

Les avis divergent au sujet de l'arc des Huns. Aucun exemplaire complet ni aucun fragment dont l'authenticité soit certaine ne nous en est parvenu ; nous n'en avons pas non plus de description sûre, bien qu'un historien spécialiste de cette époque eût soutenu avec vigueur qu'il était asymétrique, en donnant même ses dimensions exactes à l'appui[41]. Qu'il fût plus long au-dessus de la poignée qu'au-dessous est certainement possible ; il est exact qu'une telle asymétrie permet de donner une plus grande longueur à l'arc – et par là, potentiellement, une plus grande puissance –, sans pour autant gêner l'encolure du cheval quand l'archer monté le tient juste au-dessus, droit devant lui.

Un point à noter, toutefois : dans la seule archerie montée que l'on peut observer de nos jours, lors des compétitions de *yabusame* au sanctuaire Meiji de Kamakura, au Japon, ainsi que dans d'autres lieux de cérémonies où les méthodes des deux écoles de *yabusame*, l'Ogasawara et la Takeda, se sont perpétuées depuis le XIIe siècle et où tous les arcs utilisés sont asymétriques, très peu de cavaliers tiennent leurs arcs droit devant eux pour tirer, pour la bonne et simple raison qu'il est plus facile de tenir l'arc sous un certain angle. L'asymétrie n'est pas indispensable : ce n'est qu'une question de préférence ; et nous n'avons aucune preuve que les Huns avaient cette préférence. D'ailleurs, les arcs des Mongols, dont nous avons de multiples illustrations, étaient parfaitement symétriques.

Même si nous avions des illustrations parfaitement authentiques d'arcs de Huns, elles ne nous apporteraient qu'une information partielle : l'apparence de ce type d'arme est en effet très trompeuse. Les arcs débandés que nous voyons de nos jours dans les vitrines de musées ne nous montrent que de longs et minces instruments en forme de fuseaux apparemment en bois peint, en réalité constitués, pour l'essentiel, de fines couches de tendons de cheval séchés renforcées d'os. L'arc composite accumule ainsi de l'énergie à double titre lorsque la corde est tirée en arrière ; la puissance d'un tel arc en état de fonctionnement est telle qu'il se recourbe de lui-même immédiatement en sens inverse dès qu'on le débande[42].

D'une manière plus détaillée, l'arc composite réflexe est composé de cinq éléments : le cœur de bois qui, par lui-même, ne formerait qu'un arc simple ; le ventre – nom du côté regardant l'archer – fait de kératine, avec une couche extérieure plus élastique en corne, généralement d'origine bovine ; une épaisseur de plusieurs couches de tendons pour renforcer la structure, qui produit une grande partie de la tension, fabriquée de couches superposées au rythme du séchage ; les « oreilles », des extensions bien fixées à l'extrémité de chacune des deux courbures pour accroître l'accumulation d'énergie ; enfin, la poignée, ménagée directement au centre de l'arc ou bien pièce séparée dans laquelle s'insèrent ou se rejoignent les deux courbures. Des colles d'origine animale, utilisant le collagène tiré de peaux bouillies ou de tendons, permettent de maintenir ensemble le ventre de corne, le cœur de bois et les couches de tendons qui renforcent la structure.

On peut fléchir les plaques de corne d'origine bovine jusqu'à 4 % avant qu'elles ne cèdent, alors que les meilleurs bois cèdent autour de 1 %. On sélectionnait la corne du bétail européen ou indien, ou, meilleure encore, celle du buffle d'eau asiatique, on la fendait puis on la faisait bouillir pour l'assouplir, la couper et lui donner plus facilement la forme souhaitée. Les couches de tendons séchés renforçant le dos de l'arc, qui supportent une très forte tension, ont à peu près quatre fois la limite élastique du bois. Issus de tendons d'animaux – pris sur les pattes arrière ou sur la sangle dorsale –, les trames de tendons doivent être appliquées sur une couche de colle (faite à partir de peaux ou de tendons) comme on procède de nos jours dans la fabrication de fibre de verre[43].

C'est à l'évidence un processus de fabrication bien plus élaboré que celui des arcs simples, qui n'exige que de trouver un bâton de bois droit et élastique. Bien plus élaboré, également, que celui de l'arc réflexe : il suffit de tailler une baguette de bois courbe que l'on bande dans l'autre sens. Bien plus élaboré, aussi, que celui de l'arc composé, que l'on obtient en fixant ensemble deux baguettes de bois ou davantage – le fameux arc long anglais et gallois, bien que formé d'une seule baguette de bois d'if, était en réalité un arc composé parce que l'on taillait la baguette dans l'arbre de telle sorte que le dos de l'arc fût en bois d'aubier, plus souple et élastique, et que le ventre fût en bois de cœur, capable de résister à la compression. Plus élaboré, même, que les arcs simples de bois renforcés de tendons des Indiens d'Amérique.

Parce que les arcs des Huns étaient si difficiles à fabriquer, les Goths et les Gépides – leurs sujets de Germanie – ne purent jamais les adopter pour les ajouter à leurs armes, malgré des décennies de vie et de combats communs. Ils manquaient vraisemblablement d'artisans capables de les fabriquer ; sans doute n'étaient-ils guère nombreux chez les Huns eux-mêmes. En 1929, le plus grand spécialiste des Huns, Otto J. Maenchen-Helfen, visita la région de Barlyq-Alash-Aksu à Touva, l'ancienne Tannu-Touva bien connue des philatélistes, aujourd'hui république de Touva au sein de la Fédération de Russie. Il y rencontra des hommes âgés qui lui dirent que, dans les années 1870 et 1880, il n'y avait plus que deux personnes encore capables de fabriquer des arcs composites réflexes. Les connaisseurs comprendront la dimension politique sous-jacente de son commentaire : « L'idée que [...] chaque archer pouvait fabriquer sa propre arme n'a pu trouver son origine que dans les spéculations d'universitaires en chambre qui n'ont jamais tenu d'arc composite dans leurs mains[44]. »

D'apparence trompeuse, l'arc composite réflexe cache bien sa puissance. Les forces de tension et de compression sont très limitées dans le cœur en bois ; on libère davantage d'énergie de l'arc en tirant la corde vers l'arrière pour donner le plus de vitesse à la flèche que par la seule structure interne de ses parties. Le cœur en bois comme les plaques de corne qui l'entourent sont creusés de rainures de manière à doubler la surface encollée à l'assemblage ; les joints de colle ont tendance à s'arracher plutôt qu'à se raidir quand l'arc est bandé, ce qui accroît sa puissance relative. Enfin, les recourbures statiques des oreilles ont pour effet de concentrer toute l'énergie dans le deuxième tiers de la courbure lorsque l'arc est bandé. Tirée en arrière, la longueur utile de la corde s'accroît également, ce qui permet de la tirer plus loin encore en arrière avec davantage de facilité.

Si on l'a bien préparée, la colle extraite des peaux ou des tendons est plus solide que n'importe quelle colle à l'exception des adhésifs contemporains les plus sophistiqués, mais elle est hygroscopique : elle absorbe la moisissure de l'air, même améliorée de tanin extrait d'écorce d'arbre, une pratique ancienne et efficace des fabricants d'arcs en Asie. Pour cette seule raison, les archers montés de la steppe eurasienne ne pouvaient pas connaître les mêmes succès sous les climats plus humides du nord, ce qui limita l'emprise géographique de leurs conquêtes. Dans la saga de Hervör, le sage roi Gizur, Gizurr ou Gissur (dont le titre faisait partie du « *Sveriges, Götes och Vendes Konung* » des rois de Suède jusqu'en 1973) brocarde les Huns à la veille de la bataille finale entre les Huns et les Goths : « Nous ne craignons ni les Huns ni leurs arcs en corne[45]. » C'est un écho de la désastreuse défaite des Huns, d'une portée historique, que leur portèrent leurs anciens sujets de Germanie lors de la bataille de la Nedao (dans l'ancienne Pannonie, actuelle Serbie) en 454. Il est certain que les archers montés, moins efficaces avec d'autres armes, étaient susceptibles de connaître des revers catastrophiques quand ils se trouvaient dans l'incapacité d'éviter une bataille sous la pluie.

Très difficile à fabriquer, l'arc composite réflexe est également très difficile à utiliser avec précision en raison de sa puissance : sa résistance est en effet à l'avenant. À la différence des épées, des piques ou même des arcs simples, il n'est pour cette raison d'aucune utilité entre les mains de novices, qui ne pourraient même pas le corder – ses renforts en tendons doivent d'abord, pour cela, être tendus en arrière. C'était certainement un arc composite réflexe que le grand voyageur Ulysse avait laissé dans son palais d'Ithaque quand il quitta l'île vers Troie – cet arc qu'aucun des prétendants de Pénélope ne parvenait même à corder et que son époux, à son retour, utilisa pour commencer à les exécuter :

> Le traître alors nous fit présenter par sa femme l'arc et les fers brillants, instruments de la joute, mais aussi de la mort pour nous, infortunés ! Or l'arc était si dur que nul ne put bander, tant s'en fallait, la corde !… Mais, quand aux mains d'Ulysse le grand arc arriva, nous avions beau crier qu'on le lui refusât, quoi qu'il en pût bien dire, malgré nous, Télémaque l'envoya par Eumée. À peine le héros d'endurance avait-il cet arc entre les mains qu'il en tendait la corde et traversait les fers, et quelle aisance avait cet Ulysse divin ! Puis, debout sur le seuil, il vida du carquois ses traits au vol rapide[46].

Les habitants d'Ithaque avaient essayé de corder l'arc en s'aidant de leurs seuls muscles, en le pliant de force jusqu'à pouvoir lui attacher la corde : c'eût été facile avec (au moins) trois mains, deux pour tirer les branches vers l'arrière jusqu'à la bonne position et une pour attacher la corde à chacune des deux oreilles ; c'était impossible avec seulement deux. Ulysse savait, lui, comment corder les arcs réflexes comme le sien : il le fit avec « aisance » en tirant d'abord chaque branche vers l'arrière jusqu'à la bonne position grâce à une « fausse corde » nouée à un bâton de bois attaché à la structure, pour ensuite passer la vraie corde sur l'arc ainsi recourbé et, finalement, ôter le bâton et la fausse corde ; il put alors engager le massacre des prétendants.

Une fois cordé, l'arc composite réflexe reste d'une force de résistance qui le rend impossible à utiliser avec précision sans une solide pratique, qu'il est préférable d'avoir commencé à exercer dès l'enfance ; savoir utiliser l'arme à cheval et en mouvement exige un apprentissage complémentaire.

C'est la principale raison pour laquelle les toutes premières armes à feu individuelles, malgré leurs imperfections – les arquebuses à bassinet de bois épais, les mousquets, encore plus lourds, qu'il fallait appuyer sur une fourche, également bien plus lents à recharger par la gueule (quatre opérations successives : introduction de la poudre, tassement, introduction de la balle et nouveau tassement), et d'une précision moindre –, supplantèrent l'arc long gallois ainsi que le meilleur arc du monde, l'arc composite réflexe ottoman, dès que ces armes à feu individuelles furent disponibles en grand nombre. (Une autre raison tenait au bruit des armes à feu, capables d'effrayer l'ennemi et de terroriser des chevaux non dressés à le supporter[47].) Rois et seigneurs disposant des moyens financiers nécessaires purent très vite en faire un instrument de puissance militaire en levant des régiments de mousquetaires ; une semaine de formation suffisait largement à maîtriser l'arme. En regard, on trouvait peu d'archers expérimentés ; il fallait avoir commencé l'apprentissage de l'arc des années plus tôt. De plus, il y avait des fantassins et des cavaliers – sans doute plus nombreux – qui ne parvenaient tout simplement pas à maîtriser l'arc ; pour ce faire, il faut du talent et beaucoup d'entraînement. Pour lancer des projectiles, ils devaient se contenter de frondes à pierres que les archers avaient également sur eux comme arme de réserve, une fois épuisé le carquois ou dans des conditions humides susceptibles d'endommager leur arc.

On pouvait pourtant, sans aucun doute, enseigner et apprendre l'archerie montée, si l'on disposait de temps et pouvait y consacrer beaucoup d'efforts. Les lanciers et archers montés byzantins qui remplacèrent l'infanterie lourde comme force principale de l'armée durant le VIe siècle n'étaient pas nés dans la steppe ; ils avaient tout appris par un solide entraînement.

L'arc composite réflexe, si difficile à fabriquer et à utiliser, se rachète par ses performances exceptionnelles entre des mains talentueuses et bien entraînées à le manier. Les portées records enregistrées par les archers ottomans – notamment les fameux 482 *yards* (440,5 mètres) atteints en 1795 par Mahmoud Effendi, secrétaire de l'ambassadeur ottoman à Londres, devant plusieurs membres de la Royal Toxophilite Society – ne sont toutefois pas significatives, parce que ces records concernaient des flèches de vol sans puissance de pénétration ni précision[48].

On trouve également un record d'archerie concernant les Mongols dans l'inscription ogouro-mongole (*uigarjin*) de la célèbre stèle de granit, datée des années 1224-1225, découverte par le polymathe G. S. Spassky. Cette inscription, pour la première fois déchiffrée par des lamas locaux, fit l'objet d'une publication en 1818 dans le *Sibirsky Vestnik* ; elle se trouve de nos jours au musée de l'Ermitage à Saint-Pétersbourg. On y lit : « Après la conquête des Sartauls [peuple musulman], lorsque Gengis khan réunit les *noyans* [chefs] de tous les *ulus* de Mongolie en un lieu appelé Bukha-Sujihai, Yesungke [son neveu] tira une flèche à 335 *sazhens*. » Soit environ 400 mètres, mais les mesures en *sazhens* (ou *alds* en langue mongole moderne) ne sont pas précises car l'unité représente l'ouverture des bras d'un homme. Une estimation patriotique du même record donne 536 mètres[49]. Cette flèche n'aurait pu non plus avoir la moindre puissance de pénétration.

À titre indicatif, dans le concours d'archerie qui se déroule de nos jours durant les festivités traditionnelles de l'*Erin Gurvan Naadam* en Mongolie, les hommes décochent leurs flèches d'une distance de 75 mètres, les femmes de 60 mètres. Ces distances, toutefois, restent inférieures à la portée utile de l'arc composite réflexe, en raison des règles de cette compétition qui privilégient nettement le rythme de tir : les hommes doivent décocher quarante flèches et les femmes vingt ; des chiffres élevés pour des arcs à haute résistance, comme le sont certainement les arcs utilisés lors de cette compétition.

Une certitude, la portée militaire utile de ce type d'arc restait phénoménale en comparaison d'un arc simple ordinaire : une portée *efficace* (potentiellement mortelle) allant jusqu'à 150 mètres, particulièrement redoutable quand les archers pouvaient tirer des volées de flèches contre des formations denses d'hommes non équipés d'armures ou de chevaux ; une portée de *haute précision* allant jusqu'à 75 mètres, particulièrement redoutable lors des embuscades et des sièges, quand les archers, dans la position de tireurs d'élite embusqués, avaient la possibilité de viser avec grand soin des cibles individuelles ; une portée de *perforation* allant jusqu'à 60 mètres, contre la plupart des armures à écailles (cousues), à mailles (anneaux entrecroisés) ou à lamelles (petites plaques articulées[50]).

L'arc composite des Huns était aussi puissant que les arcs longs gallois qui firent un massacre des chevaliers français à Azincourt en 1415, mais à la différence de ces arcs, hauts de 6 pieds (environ 180 centimètres), il était assez maniable pour être utilisé à cheval. C'est la puissance de pénétration de leurs flèches qui surprit le plus les Romains à leur première rencontre avec les Huns et leurs arcs composites réflexes. Le récit contemporain d'Ammien Marcellin témoigne du choc profond qui en résulta. À leur première apparition, les arcs des Huns balayèrent toutes les certitudes : les soldats qui avaient pleine confiance en leurs boucliers et leurs armures se firent transpercer de flèches à une portée de tir que l'on jugeait jusqu'alors impossible. Les Huns pouvaient décocher leurs flèches avec le minimum de précision nécessaire pour toucher un soldat dans une forte densité d'hommes, même en chevauchant à vitesse élevée, voire au grand galop, de côté et même en arrière. Ils avaient donc la possibilité d'approcher tranquillement leurs ennemis pour décocher leurs flèches à une portée de pénétration d'une centaine de *yards* environ (90 à 100 mètres), ou beaucoup plus près pour percer la protection des armures ; avant même que leurs ennemis pussent répliquer, ils leur tournaient le dos et s'éloignaient hors de leur portée, puis revenaient de la même manière à maintes reprises les harceler.

Toute infanterie équipée d'armes de jet classiques – javelots, frondes ou arcs simples de bois – se retrouvait dans une situation très périlleuse du fait de la portée bien supérieure de l'arc des Huns, et même réduite à l'impuissance si elle s'était fait surprendre sur terrain ouvert sans la moindre protection contre les flèches. La cavalerie légère des Romains ne s'en sortait mieux que si elle avait la possibilité de fuir le champ de bataille ; quant à la cavalerie « lourde » entraînée à charger l'ennemi, elle pouvait sans doute facilement disperser les archers montés de la steppe, mais pas leur infliger de réelle défaite : les archers montés n'avaient aucune raison de tenir le terrain face à une charge. Et pour cette raison également, la cavalerie qui chargeait les Huns avait besoin d'armures solides protégeant ses cavaliers une fois dissipé l'effet de leur élan ; les flèches des bons arcs composites pouvaient pénétrer les armures à écailles et à mailles à une distance de 50 *yards* (environ 45 mètres), sinon plus.

Les Huns bénéficiaient ainsi d'une nette supériorité tactique lors d'opérations menées sur terrain ouvert par temps sec, conditions les plus fréquemment rencontrées pour les batailles importantes. Mais ils étaient désavantagés par temps très humide, sur terrain accidenté défavorable à la cavalerie, dans les forêts épaisses qui ôtaient toute efficacité à leurs traits ainsi que dans les opérations de siège pour lesquelles il leur manquait les techniques appropriées jusqu'à la dernière période du règne d'Attila ; il leur manquait également l'endurance logistique nécessaire à ce type d'opérations, tout particulièrement quand ils devaient s'appuyer sur une multitude d'auxiliaires germains bien moins indépendants qu'eux-mêmes. D'un point de vue tactique, la force militaire des Huns eût ainsi été pour l'essentiel réduite aux batailles à livrer dans la steppe, sans les talents dont ils firent preuve dans les niveaux supérieurs de la stratégie.

Le niveau opérationnel

La force tactique constitue le fondement de la puissance militaire, mais les batailles se décident au niveau supérieur de la stratégie, le niveau opérationnel, où l'ensemble des forces en présence des deux côtés entrent en interaction et les seuls succès tactiques peuvent n'avoir qu'une signification très limitée.

Par exemple, dans un combat frontal, si les défenseurs d'un secteur particulier sont plus tenaces que leurs camarades postés sur leurs deux côtés, leur résistance n'aura pour effet que de les isoler, voire de les exposer à un encerclement avec pour résultat leur propre capture s'ils persistent à tenir bon malgré le retrait de leurs camarades. Inversement, une unité qui a combattu avec vigueur et subi des pertes pour avancer plus loin que les unités placées sur ses deux côtés pourra recevoir l'ordre de se retirer et d'abandonner le territoire à peine gagné, si son avancée est perçue comme un saillant vulnérable difficile à défendre que l'ennemi n'aura aucune difficulté à couper de ses arrières.

Ces exemples illustrent des combats linéaires pour gagner ou conserver du terrain sur le modèle de ceux de la Première Guerre mondiale ; ce sont les plus simples à visualiser. Mais la stratégie opérationnelle est présente dans toutes les formes de guerre et peut être d'une subtilité infiniment supérieure dans l'art de priver d'effet, de confirmer ou d'amplifier les succès et les forces tactiques[51].

Il en était ainsi de la supériorité tactique des Huns : elle était amplifiée en stratégie opérationnelle par l'agilité de manœuvre que leur offrait leur extraordinaire mobilité, bien supérieure à celle des meilleures cavaleries. « C'est à croire qu'ils sont collés à leurs chevaux », écrivit Ammien Marcellin[52]. Même étonnement chez Sidoine Apollinaire :

> Le petit Hun a tout juste appris à se tenir debout sans l'aide de sa mère qu'un cheval le prend sur son dos. C'est à croire que les membres des êtres humains et des chevaux sont nés ensemble, quand on voit un cavalier chevaucher avec une

telle fermeté sa monture, collé à elle en toutes circonstances, comme si on l'avait attaché à sa place. Les autres peuples se font transporter à dos de cheval ; eux, ils y vivent[53].

Sidoine Apollinaire, ici, ne se laisse pas égarer par les exigences de la poésie : il ne fait que décrire, d'une manière bien précise, les aptitudes à nulles autres pareilles des cavaliers de la steppe à l'équitation, à l'exemple des cavaliers mongols ou touvans que l'on peut encore admirer de nos jours. Ils sont issus d'une culture centrée sur le cheval d'une manière générale, ainsi que d'une très longue pratique particulière dont Sidoine Apollinaire témoigne : les enfants commencent l'équitation dès qu'ils sont capables de marcher, bien avant de pouvoir monter à cheval sans une aide extérieure.

Lors des courses de chevaux qui se déroulent de nos jours au festival de l'*Erin Gurvan Naadam* en Mongolie, on voit jusqu'à mille chevaux en compétition et leurs jockeys ont tous moins de treize ans. Les plus jeunes sont les plus nombreux ; l'âge minimal pour concourir est de cinq ans. Et il s'agit de faire galoper des chevaux de deux ans sur 16 kilomètres, ainsi que des chevaux de sept ans sur 30 kilomètres : ce sont de très longues distances, surtout si l'on prend en considération l'absence de préparation du parcours ; les courses se déroulent sur de grandes prairies ouvertes qui peuvent comprendre des accidents de terrain, taupinières etc. Si l'on examine cette fois un exemple contemporain d'archerie montée et non seulement d'équitation, les archers des *yabusame* dont il a déjà été question parcourent une piste de 255 mètres de long au grand galop ; ils ne contrôlent leurs chevaux qu'avec leurs genoux, tout en utilisant leurs deux mains pour tirer leurs flèches en arrière au-delà de leurs oreilles avant de les décocher.

Sur de courtes distances, les cavaliers de la steppe pourraient se faire facilement distancer par des jockeys occidentaux montés sur des pur-sang, mais leur manière de monter est infiniment plus ferme et leur permet d'effectuer bien plus de choses à cheval que de la simple équitation. J'ai assisté à des séances de tir très précis avec des cavaliers mongols lancés au grand galop, équipés de fusils d'assaut AK-47 – une arme plutôt incongrue dans une telle configuration – et capables de les utiliser devant eux, latéralement et en arrière, très exactement comme le faisaient autrefois leurs prédécesseurs avec l'arc, en se tournant pour viser avec autant de facilité que sur une chaise pivotante, sans le moindre signe de difficulté causée par un déséquilibre.

Point essentiel pour le combat, l'unité entre le cavalier et sa monture leur permet de rester stables, comme ils en ont l'habitude, dans leurs mêlées traditionnelles, quand ils poursuivent des chevaux indomptés pour les capturer avec leurs *uurga* (perches à nœud coulant). Les cavaliers et leurs chevaux ont une telle confiance réciproque qu'ils ne redoutent nullement les télescopages en série, ces accidents mortels qui terrifient les jockeys occidentaux.

On peut sans risque de se tromper attribuer aux Huns les mêmes aptitudes à cheval : Ammien Marcellin fut le premier à rapporter leur

« extraordinaire rapidité de mouvement » ; il en releva également les implications au niveau opérationnel, cette exceptionnelle agilité de manœuvre qu'elle leur permettait :

> Ils engagent la bataille disposés en coin [ou en enclume, formations de combat *cuneatim*]... Et comme ils sont légèrement équipés pour ne pas entraver leurs mouvements rapides, et capables d'entrer en action d'une manière imprévisible, ils s'éparpillent d'eux-mêmes soudain pour attaquer en bandes sur de multiples points à la fois, en chevauchant ici et là en désordre et en causant partout un épouvantable massacre[54].

On ne pouvait donc « lire » leur plan d'action à partir de leur ligne de bataille. Le manuel de campagne tardif *Strategikon* (XI, 2) donne cet avertissement à l'attention de ceux qui combattent les peuples de la steppe : il est essentiel d'envoyer des éclaireurs percer les secrets de leurs formations, parce qu'il est impossible de connaître leur profondeur et leurs effectifs réels, parfaitement dissimulés.

La méthode opérationnelle décrite par Ammien Marcellin se résume à une suite d'actions extrêmement rapides et impossibles à prévoir pour leurs adversaires : des guerriers en bandes évoluent à portée puis hors de portée des armes de jet, pour décocher leurs flèches d'une distance de sécurité qui leur permettait pourtant de transpercer les cottes de mailles et autres armures légères, ou bien pour charger et venir au contact une fois disloquées les formations ennemies. Dans les batailles des temps anciens, les vaincus pouvaient généralement fuir en toute sécurité parce qu'ils gagnaient de vitesse l'infanterie lourdement armée de l'armée victorieuse en jetant leurs boucliers dans leur fuite. La mère spartiate disait à son fils : « Reviens avec ton bouclier ou dessus. » Mais Archiloque était d'un meilleur conseil :

> Un Thrace chanceux possède désormais mon noble bouclier :
> Je devais courir ; je l'ai jeté dans un bois.
> Mais je me suis échappé, grâce aux dieux ! Alors suspends-le,
> Mon bouclier ! Je m'en trouverai un autre tout aussi bien[55].

Une cavalerie victorieuse pouvait poursuivre et tailler en pièces un ennemi en fuite, sauf s'il s'agissait d'une cavalerie tout aussi rapide ; de plus, la tactique de la fuite de cavalerie simulée pour attirer l'ennemi dans le piège d'une embuscade préparée à l'avance était si commune qu'aucun officier prudent n'autorisait les poursuites tête baissée vers de tels périls. Comme nous le verrons dans la troisième partie, les manuels militaires byzantins donnaient des conseils d'extrême prudence dans la poursuite d'une cavalerie ennemie en fuite, tout particulièrement sur terrain accidenté. Mais les cavaliers huns étaient légèrement équipés, comme le relève Ammien Marcellin, ne portant ni armure de métal, ni lourdes lances : ils pouvaient ainsi devancer une cavalerie ennemie en fuite tout aussi facilement qu'une infanterie vaincue en retraite ; ils avaient également moins à craindre d'embuscades grâce à leur agilité tactique.

Sauf à trouver le refuge d'une forêt épaisse, d'un terrain montagneux avec fortes pentes ou d'une ville bien fortifiée à portée immédiate, la mort ou la capture était le sort réservé à tous ceux que les Huns avaient défaits sur le champ de bataille. C'est l'une des raisons pour lesquelles Ammien Marcellin a écrit : « Vous pourriez, sans hésitation, les qualifier de guerriers les plus terrifiants (*acerrimos*) qui se puissent imaginer. »

La stratégie de théâtre

Les résultats obtenus au niveau opérationnel sont eux aussi provisoires, dans la mesure où une bataille victorieuse ou une défaite peut se voir priver d'effet, confirmer ou amplifier par les conditions plus larges de l'affrontement au niveau du contexte géographique général.

Par exemple, des batailles remportées dans un cadre géographique restreint ont bien plus de chances d'être définitives que des batailles identiques remportées à la lisière d'un théâtre de guerre très étendu, permettant à l'armée vaincue de se retirer dans ses profondeurs et de se replier au cœur de ses territoires pour se regrouper, recruter de nouvelles troupes, reconstituer son ravitaillement, reprendre des forces et finalement contre-attaquer. C'est la raison essentielle pour laquelle, dans l'histoire contemporaine, la Wehrmacht connut nettement plus de succès en envahissant la modeste Belgique que l'immense Russie ; c'est également la raison pour laquelle la plus profonde de toutes les offensives que mena la Perse des Sassanides contre l'Empire byzantin, qui atteignit le rivage face à Constantinople en 626, se termina par une défaite qui entraîna avec elle l'empire des Sassanides ; si les Sassanides s'étaient contentés des régions davantage circonscrites de la Syrie byzantine, ils auraient pu gagner cette guerre qu'ils avaient entreprise.

La distance géographique, aux contraintes encore accrues par les obstacles du terrain et le manque de ressources disponibles sur place (à commencer par l'eau), ou bien, au contraire, amoindries par un réseau de routes et de ponts ainsi que par la disponibilité de ressources tout au long de l'itinéraire, constitue la « profondeur stratégique » qui protège les populations envahies de l'avance d'êtres humains, d'animaux, de chariots légers ou lourds – dans la mesure où les effets de cette profondeur ne sont pas annulés par la mobilité[56].

On pouvait atteindre de très hautes vitesses dans des conditions idéales. Avec ses relais pourvus de chevaux frais, des conditions de temps favorables sur un terrain facile et de bonnes routes, la poste officielle des Byzantins était en mesure de délivrer des messages à des vitesses allant jusqu'à 240 milles romains (soit 226 *miles* anglais ou 360 kilomètres) par 24 heures[57]. Soit presque dix fois plus vite que le rythme d'une armée en expédition ou même de formations de cavalerie, parce qu'elles non plus ne pouvaient conserver longtemps leur efficacité sans être ravitaillées en nourriture, tentes, outils divers, flèches et vêtements de rechange, que l'on transportait au mieux par bêtes de somme mais le plus souvent par chariots légers ou, ce qui était encore plus lent, par chariots lourds tirés par des bœufs.

Il a été estimé que des mulets et chevaux de somme peuvent soutenir des vitesses moyennes allant jusqu'à 3,5 *miles* (5,2 kilomètres) par heure, en convois parfaitement disciplinés et sur terrain facile. Mais leur capacité de charge a été estimée à une moyenne de seulement 152 livres (soit 69 kg), à comparer aux 400 livres qu'un seul bœuf est capable de tirer, ou aux 2 000 livres, soit presque 1 tonne (907 kilos), que l'on peut charger dans un chariot lourd tiré par quatre bœufs[58].

Dix de ces chariots lourds pouvaient ainsi remplacer cent trente bêtes de somme : c'est un point important à prendre en considération, car il est difficile d'assurer la conduite et la subsistance d'un nombre élevé de chevaux de somme et même de mulets ; ils ont besoin de pâturages ou fourrages sûrs, ainsi que de points d'eau, ce qui peut susciter de sérieuses contraintes dans la direction d'une campagne. Les bœufs ont eux aussi besoin de nourriture et d'eau, mais ils ne partent pas à l'aventure et ne nécessitent donc ni attache ni surveillance. C'est pourquoi les chariots lourds tirés par des bœufs étaient en temps normal indispensables aux forces importantes en mouvement accompagnées de leur ravitaillement, avec des objectifs de campagne élevés. Pourtant, les bœufs sont bien plus lents, j'en ai fait l'expérience personnelle, avec une vitesse maximale de 2,5 *miles* (4 kilomètres) heure en conditions favorables ; ils ne peuvent dépasser 20 *miles* (32 kilomètres) par jour au total, parce qu'ils ont besoin de brouter huit heures, de ruminer et de se reposer huit autres heures[59]. Encore ne s'agit-il que de chiffres théoriques, parce que les bœufs, les mulets et plus encore les chevaux de somme ne durent pas longtemps si on les utilise au maximum de leurs capacités.

Il en ressort que les forces expéditionnaires byzantines, qui étaient plus lourdes à mouvoir que les unités de cavalerie légère en éclaireur avec leurs propres chevaux de rechange, n'étaient guère susceptibles de dépasser 15 *miles* (24 kilomètres) par jour, sinon sur terrain plat avec un réseau routier correct[60].

Une illustration de ces données dans le contexte de la Seconde Guerre mondiale : en l'absence totale d'opposition, les convois de ravitaillement de l'armée allemande étaient censés avancer à cette même vitesse maximale de 15 *miles* (24 kilomètres) par jour, plus vraisemblablement à 12 *miles* (19 kilomètres), au-delà du point ultime jusqu'où on pouvait les transporter par rail. Ils devaient, eux aussi, compter principalement sur les animaux pour transporter leurs matériels, en dépit des images de véhicules motorisés que présentaient avec fierté leurs actualités de propagande. Leurs chariots avaient toutefois des roues à ruban et étaient tirés par deux chevaux, et non par des bœufs, ce qui leur permettait d'atteindre une vitesse maximale de 20 *miles* (32 kilomètres) par jour sur de bonnes routes en pays plat, par beau temps, avec des chevaux bien entraînés et en bonne santé – mais pour une journée seulement, suivie d'une journée de repos[61].

Les Huns avaient, par leur mobilité, un avantage comparatif bien plus grand sur leurs ennemis plus sédentaires que les forces terrestres de la

Wehrmacht sur leurs propres adversaires. Ils avaient certes, eux aussi, des chariots lourds tirés par des chevaux pour transporter leurs familles et leurs biens, et sans le progrès qu'apportèrent les roues à ruban (comme le raconte Ammien Marcellin avec son style fleuri, XXXI, 2, 10) ; pourtant, comme celles des autres peuples de la steppe dont la culture était centrée autour du cheval, leurs forces de combat même à leur plus grande échelle avançaient au rythme du cheval et non à celui des chariots légers ou lourds : soit une vitesse allant jusqu'à 50 *miles* (80 kilomètres) par jour en conditions favorables, et en tout cas systématiquement deux fois plus élevée que la mobilité des Byzantins au niveau d'un théâtre d'opérations dans sa plus haute estimation. En d'autres termes, la vitesse qu'atteignaient les forces expéditionnaires des Huns dans leur totalité approchait la vitesse des patrouilles de cavalerie légère byzantine les plus rapides.

Même les chevaux mongols, malgré leur robustesse, n'étaient pas capables de soutenir pareilles vitesses en transportant un combattant avec ses armes, son équipement et ses provisions, mais ils n'y étaient pas non plus contraints. Si les Huns étaient comme leurs successeurs de la steppe, comme tout l'indique et rien ne l'infirme, ils chevauchaient eux aussi dans une « grande troupe » de chevaux, à la différence des soldats de cavalerie conventionnels avec leur monture individuelle et un seul cheval de remplacement, tout au plus[62]. En changeant fréquemment de chevaux bien avant leur épuisement, en répartissant les chargements sur plusieurs chevaux – peut-être même sur une douzaine, voire davantage – pour qu'ils restent très légers à transporter, et en laissant leurs deux prochaines montures de rechange sans la moindre charge à porter, les Huns pouvaient se déplacer en grand nombre sur terrain favorable à des vitesses de 30, 40 ou même 50 *miles* par jour, et ce pendant plusieurs jours de suite.

Au niveau de la stratégie de théâtre, l'avantage qui en résultait était colossal. Les Huns pouvaient rallier une destination lointaine, lancer leurs attaques pour atteindre leurs objectifs de destruction ou de pillage, puis se retirer hors de portée de quelque réaction que ce fût à leurs opérations. C'est la configuration normale de tout raid se déroulant à la perfection, y compris les raids qui devaient devenir des opérations de routine pour les Byzantins, sujet d'un manuel de campagne spécifique[63]. En vérité, les raids sont sans doute aussi anciens que la guerre. Mais dans tous les cas, pour avoir l'avantage relatif en vitesse d'action et de réaction absolument indispensable à un raid réussi, la force engagée dans l'opération doit être limitée, ou légère, ou bénéficier de véhicules d'une qualité supérieure qui font défaut à l'ennemi, ou bien encore d'un effet de surprise stratégique complet, comme ce fut le cas du raid naval massif de la Rus' de Kiev contre Constantinople en 860, à une époque où l'on connaissait très mal cet État tout nouveau, et rien de ses tactiques inspirées des Vikings.

En mettant à part quelques rares exceptions de cette nature, les raids réussis ne causent que des dommages limités, en raison des forces réduites qu'ils font intervenir, en comparaison des forces totales des deux parties concernées – des équipes commandos par opposition à des brigades entières ou à des divisions, pour employer un langage moderne.

Cela, pourtant, n'était pas vrai des Huns ni des autres archers montés de la steppe. Grâce à l'avantage colossal que leur conférait la vitesse deux fois supérieure de leurs forces entièrement montées disposant de multiples chevaux par homme, ils étaient capables de lancer des raids à l'échelle d'armées et d'atteindre des résultats correspondants, non seulement d'un point de vue quantitatif mais également qualitatif, au point que le raid pouvait complètement changer de nature et passer du statut de simple incursion à celui d'invasion.

Cette évolution était possible parce que l'avantage de la vitesse était déterminant au point de permettre de surmonter des déficiences de niveaux inférieurs, d'ordre tactique et opérationnel. Ainsi, une force d'archers montés est à peu près inutile en forêts épaisses ; de ce fait, l'ennemi pouvait obtenir de bons résultats en défendant contre ces archers un espace préalablement choisi pour inclure la plus grande densité possible de terrains boisés. Mais cela prend du temps. En avançant vite, les Huns étaient en mesure d'arriver en force avant le déploiement de l'ennemi dans un espace boisé, pour le surprendre en terrain plus ouvert, sans protection contre leurs flèches, alors qu'il était encore en mouvement vers cette destination.

Il en allait de même de l'autre désavantage tactique majeur des Huns, leur méconnaissance des techniques de siège, jusqu'à la fin du règne d'Attila. À cette époque, en effet, des transfuges romains passés dans son camp apprirent aux Huns comment construire des tours de bois mobiles abritant des guerriers, des béliers de grande taille avec poutre à balancier, des échelles munies de protection pour prendre d'assaut les murailles ainsi que « toutes sortes d'autres machines de siège » ; leur relative infériorité dans l'art d'assiéger les villes, malgré ces enseignements, ne s'explique que par le manque de ravitaillement pour assurer la subsistance de la multitude qui suivait leurs campements[64].

Si une ville fortifiée s'était bien préparée à résister à un investissement, avec des réserves de nourriture et d'eau suffisantes pour affronter un long siège, murailles et tours défendues par assez de soldats sur tout le pourtour de l'enceinte, les archers montés ne pouvaient guère espérer de résultat. Et s'ils avaient dans leurs rangs des transfuges romains qui savaient comment miner les murailles ou monter des machines de siège, les spécialistes préalablement envoyés dans la ville pour renforcer la garnison savaient, eux, comment contre-miner les tentatives ennemies et attaquer les machines de siège.

Mais là encore, tout cela prend du temps, certainement des semaines sinon des mois – un délai trop long que l'arrivée rapide des Huns refusait généralement d'accorder aux défenseurs pour achever correctement leurs préparatifs. Voilà comment, de 441 à 447, les Huns prirent l'une après l'autre les principales cités fortifiées qui constituaient l'axe central de la puissance romaine dans les Balkans, de l'arrière-pays de Constantinople en Thrace jusqu'à Sirmium (Sremska Mitrovica, en Voïvodine, Serbie), une distance de 600 kilomètres en ligne droite en passant par Serdica (Sofia, Bulgarie), Naissus (Nish, Serbie), Viminacium (Kostolac), Margus (près de Dubravica) et Singidunum (Belgrade). Naissus et Serdica furent prises les dernières, en même temps que Ratiaria sur le Danube (près de Vidin, Bulgarie), prélude à des raids en Thrace jusqu'aux approches de Constantinople[65].

Nous trouvons un autre témoignage intéressant sur le rôle de la vitesse pure et l'avantage stratégique majeur qu'elle donnait aux Huns dans une lettre d'Eusebius Hieronymus, datée de 395. Observateur de son temps, celui que nous connaissons de nos jours mieux sous le nom de saint Jérôme n'a jamais de sa vie posé les yeux sur le moindre Hun en armes depuis son ermitage de Bethléem. Mais, comme il le rapporte, il avait des informateurs. Il savait lui-même certainement déployer dans ses lettres toute la séduction qui convenait à un homme ayant consacré sa carrière entière à persuader de riches matrones romaines de financer ses projets altruistes – des projets assurément dignes d'un saint :

> Alors que je recherchais un lieu de séjour susceptible de convenir à une dame d'une telle importance [Fabiola], venue de Rome en visite, très riche, divorcée, remariée et en pénitence de ce péché... des messagers nous en arrivèrent soudain porteurs d'une nouvelle qui fit trembler tout l'Orient [*oriens totus*]. Des nuées de Huns, disait-on, s'étaient abattues depuis le lointain Méotide [mer d'Azov], à mi-chemin entre le Tanaïs glacé [le Don, mais ce terme serait trop précis] et les tribus sauvages des Massagètes, où les Portes d'Alexandre [les « Portes caspiennes » ?] retiennent les barbares derrière les roches du Caucase.

Les indications géographiques sont assez incertaines, mais les observations stratégiques qui s'ensuivent sont tout à fait perspicaces :

> En volant de tous côtés sur leurs rapides destriers, disaient nos informateurs, ces envahisseurs étaient en train de répandre sur le monde entier des flots de sang et une terreur panique... Ils tombaient partout par surprise, ils devançaient la rumeur par leur vitesse [préservant ainsi l'effet de surprise stratégique même après le déclenchement de leur attaque]... De l'avis général, ils faisaient route vers Jérusalem... Les murailles d'Antioche [Antakya, Turquie], qu'on avait négligé d'entretenir dans l'insouciance des périodes de paix, faisaient l'objet de travaux de réparation en toute hâte... Tyr [Sur, Liban], désireuse de se couper du continent, essayait de reconstituer son île d'autrefois [la citadelle, sur une bande étroite de terrain]. Nous aussi, nous étions contraints de préparer des navires... pour nous protéger contre l'arrivée de l'ennemi ; [nous en étions réduits à] redouter les barbares davantage que le naufrage... nos soucis n'étaient, en effet, pas tant de préserver nos propres vies que la chasteté de nos vierges[66].

Elles étaient, en effet, une grande préoccupation de notre saint Jérôme. La menace était bien réelle : les Huns traversèrent le Caucase en 399 et lancèrent un raid par l'Arménie, la Mésopotamie et la Syrie qui les mena loin en Anatolie, jusqu'à la Galatie, avant de faire retraite chargés de butin, de captifs et de volontaires qui avaient rejoint leurs rangs[67]. Un point essentiel : même s'il y avait eu de puissantes forces romaines prêtes à faire campagne dans la région – ce qui était impossible en raison des pertes considérables que leurs unités mobiles avaient essuyées à Andrinople en 378 et de toutes les difficultés survenues depuis ce désastre –, il eût pourtant été virtuellement impossible d'intercepter les Huns. Ils manœuvraient vers différentes directions à une vitesse bien trop élevée – « volant de tous côtés sur leurs rapides destriers », selon les termes de Jérôme.

Dans des circonstances parfaitement idéales, on peut ainsi visualiser l'ordre des événements : on détecte très tôt l'approche des Huns, en mouvement dans une direction donnée ; on envoie des messagers impériaux alerter les postes de commandement romains à une vitesse record, devançant les Huns. Mais comme les Huns sont très nombreux, la seule manière d'éviter une débâcle est de rassembler des forces en nombre élevé pour les intercepter pendant leur avance. Durant chaque jour que ces opérations requéraient, les Huns pouvaient progresser de 30 *miles*, voire davantage s'ils détachaient de leurs troupes des colonnes chargées du butin pour les renvoyer séparément dans leur pays, tandis que les forces romaines pouvaient progresser de plus de 20 *miles*.

Dans ce cas particulier, il y avait assurément une bien meilleure solution. Une source de Syrie rapporte que les Huns ont également lancé un raid le long de l'Euphrate et du Tigre, manifestement sans prendre conscience qu'ils se rapprochaient ainsi des solides garnisons défendant la « cité royale des Perses » (Ctésiphon, à quelque 35 kilomètres au sud de Bagdad) : « Les Perses les poursuivirent et en tuèrent une forte troupe. Ils emportèrent tout leur butin et libérèrent mille huit cents prisonniers[68]. » La solution n'était pas d'imiter les Perses, qui n'avaient devancé cette troupe de Huns que parce qu'elle s'était chargée de butin et de prisonniers, et que les Huns leur avaient facilité la tâche en s'aventurant trop près de leur capitale, où se trouvaient également leurs quartiers généraux militaires.

La solution était bien plutôt, pour les Romains et les Perses, de résoudre ou simplement de mettre de côté leurs différends pour installer des garnisons communes et fermer à toute incursion les deux seules passes du Caucase où se trouvaient des pâturages capables d'accueillir, à une altitude supportable, une multitude de chevaux : la passe de Darial, entre l'actuelle Russie et la Géorgie, et les « Portes caspiennes » à Derbent, aujourd'hui au Daghestan (Russie), une étroite bande côtière entre les montagnes et la mer Caspienne. Pour avoir souffert les mêmes maux, c'est précisément ce que firent les deux empires dans le traité de paix « pour cinquante ans » en 562.

Tels étaient, alors, les avantages dont bénéficiaient les Huns aux niveaux tactique, opérationnel comme en stratégie de théâtre. Premiers archers montés de la steppe à atteindre l'Occident, ils devaient avoir de nombreux successeurs : les Avars et leurs implacables ennemis du premier empire des Turcs de la steppe, ou khaganate (khanate) ; les Bulgars et les Khazars, qui se séparèrent pour constituer leurs propres khaganates ; les Magyars, les Petchenègues, les Cumans et finalement les Mongols. Mais les Huns eurent l'inestimable avantage de la surprise au sens le plus fort du terme, au-delà même de la surprise stratégique : on pourrait parler de surprise de culture, au sens où ils étaient les premiers de leur genre à atteindre l'Occident.

Attila : processus et personnalité

Malgré toutes leurs forces, les Huns ne firent peser une menace sur la survie de l'Empire d'Orient que sous le règne d'Attila, d'environ 433 à 453. Après sa mort, ils déclinèrent pour devenir de simples troupes de migrants, maraudeurs et mercenaires.

En réunissant sous son commandement les divers clans huns et tous les autres qui les suivaient de leur plein gré ou contre leur gré, il donna une autre dimension – créant un effet de masse – aux aptitudes supérieures qu'ils avaient en tant que guerriers individuels ; et il ajouta une direction stratégique – faisant converger leurs objectifs – aux avantages dont ils bénéficiaient aux niveaux tactique, opérationnel comme en stratégie de théâtre. Il est vrai que, même sous Attila, les Huns restèrent des guerriers de raids plutôt que des conquérants, mais sur une échelle si grande qu'ils étaient en mesure de mettre en danger même un empire.

L'ascension d'Attila est bien décrite par Jordanès et/ou sa source principale, Cassiodore :

> Cet Attila, en effet, était le fils de Mundzucus [Mundiuch], dont les frères étaient Octar et Ruas ; on dit que ces derniers régnèrent sur les Huns avant Attila, sur un territoire qui n'était toutefois pas exactement le même. Après leur mort, il leur succéda comme roi des Huns avec son frère Bleda. Afin… [d'être] à la hauteur de l'expédition qu'il préparait, il chercha à accroître sa puissance [dynastique] par le recours au meurtre. Il commença ainsi par éliminer les membres de sa propre famille [et rivaux potentiels], puis intimida par la menace tous les autres… Après avoir trahi et assassiné son frère Bleda, qui régnait sur une grande partie des Huns [en 445], Attila réunit toutes les peuplades sous sa seule autorité. Il rassembla également une quantité d'autres [peuplades] qu'il tenait alors sous sa domination, puis chercha à soumettre les plus importantes nations du monde, les Romains et les Wisigoths[69].

Attila unit les clans des Huns sous son commandement unique, sans rival, en associant une légitimité dynastique – ou à tout le moins un lignage respecté, dans la mesure où les Huns n'accordaient pas une importance particulière aux principes dynastiques –, un partage équitable du butin et des tributs ainsi que cette forme d'alchimie particulière dans l'art du commandement, requérant une attention de tous les instants, que l'on appelle le charisme. Dans le rapport qu'en donne un témoin oculaire, Priscus de Panium, membre d'une ambassade byzantine envoyée en négociation auprès de lui en 449, nous pouvons reconnaître chez Attila l'utilisation de techniques particulières destinées à mettre en valeur son autorité, déjà anciennes mais néanmoins encore efficaces ; en vérité, on vit très exactement les mêmes, il y a peu, utilisées par d'autres « grands hommes de l'histoire ». Le dîner venait de commencer :

> Lorsque tous les convives eurent pris place selon le plan de table, un échanson s'approcha d'Attila et lui offrit un bol en bois rempli de vin. Il prit le bol et salua le premier convive dans l'ordre des honneurs [il existe chez eux un ordre à respecter entre les différents statuts, ce qui engendre entre eux une compétition qui ne peut être tranchée que par Attila]. La personne ainsi honorée par le salut d'Attila se

leva ; la coutume voulait qu'il ne pût s'asseoir qu'après avoir goûté le vin ou bien vidé et rendu à l'échanson le bol en bois.

C'était boire sous observation – comme lors des beuveries de Staline, pendant lesquelles les membres de sa cour étaient en permanence déstabilisés et infantilisés par une alternance d'honneurs et d'humiliations.

> Le domestique d'Attila fit son entrée avec une grande assiette de viande ; ceux qui nous servaient disposèrent ensuite le pain et divers plats cuisinés sur la table. Tandis que pour les autres barbares [seigneurs huns] comme pour nous il y avait de somptueux mets cuisinés servis sur des plateaux d'argent, pour Attila il n'y avait que de la viande sur une planche de bois. Il montra à tous sa modération d'autres manières également. On tendit en effet aux convives des gobelets d'or et d'argent, alors qu'il se contentait d'un bol en bois. Ses vêtements étaient simples et ne différaient en rien de ceux que portaient les autres [les Huns ordinaires], sinon qu'ils étaient propres. Ni l'épée qu'il avait au côté, ni les attaches de ses bottes de barbare, ni la bride de son cheval n'étaient ornées, comme l'étaient celles des autres [seigneurs huns], d'or, de pierres précieuses ou de toute autre chose de valeur[70].

Cela nous rappelle Adolf Hitler dégustant sa soupe et ses légumes dans son simple uniforme marron, entouré de ses généraux et maréchaux rutilants de toutes les médailles qu'il leur avait décernées, festoyant de viandes et de champagne. Cela n'a rien à voir avec de la modestie, pourtant. Devant le peuple, le chef doit être mis en valeur par un certain cérémonial :

> À l'entrée d'Attila, des jeunes filles vinrent à sa rencontre et se placèrent devant lui en rangs sous d'étroits draps de linge blanc, tenus à bout de bras par des femmes des deux côtés. Ces draps étaient tendus sur une telle longueur que sous chacun d'eux marchaient sept filles ou même davantage. Il y avait plusieurs rangs de jeunes filles marchant ainsi sous les draps ; elles chantaient des chansons [de Huns[71]].

C'était un cérémonial très différent des roulements de tambours, bannières géantes et torches enflammées des grands rassemblements de Nuremberg – les Huns avaient leurs propres codes et signes pour proclamer le pouvoir, dérivés des cérémonies du chamanisme plutôt que des parades militaires ou des opéras de Wagner ; à notre époque, en Corée du Nord, le dictateur à étiquette communiste Kim Il-sung – au vrai, le grand chaman du culte de sa personnalité – se faisait saluer en public par des défilés de jeunes vierges chantant avec ferveur ses louanges.

Mais le chef est aussi un homme du peuple, ou du moins d'un certain peuple. Les épouses des chefs peuvent se montrer proches du pouvoir tout en restant au niveau qui est le leur ; elles constituent ainsi un pont entre les gens ordinaires et le grand homme :

> Quand Attila s'approcha de l'enceinte d'Onegesius [son principal lieutenant, Hunigasius, Hunigis ?]... [son] épouse sortit à sa rencontre avec une foule de domestiques. Certains apportaient de la nourriture, d'autres du vin... Pour faire plaisir à l'épouse d'un ami proche, Attila en prit tout en restant à cheval ; les barbares qui l'accompagnaient avaient en effet levé le plat, qui était en argent, jusqu'à lui[72].

Quelles que fussent ses sources – légitimité, distribution du butin, techniques pour susciter et entretenir le charisme, terreur –, l'autorité d'Attila sur les Huns lui permit de leur donner une unité sous son commandement, et d'imposer, autour d'eux, son pouvoir tour à tour aux Alains, aux Gépides, aux Hérules, aux Greuthunges ou Ostrogoths, aux Ruges, aux Scires et aux Suèves – des nations de guerriers germaniques redoutables aux yeux des Romains, mais sujets dociles d'Attila. Leur agriculture contribuait à la nourriture des Huns, qui restaient des nomades à cheval répugnant à cultiver la terre, tandis que leurs guerriers devaient suivre Attila dans ses campagnes ; par leur grand nombre, cet ajout était un complément de poids aux aptitudes particulières des Huns au combat.

Enfin, Attila apporta ses qualités personnelles d'homme d'État, tout à fait remarquables, à la force militaire des Huns. Il s'appuyait sur la violence, bien sûr, mais sur une violence qu'il contrôlait avec grand soin : au lieu d'engager dès le départ la pleine puissance de ses armées, il commençait généralement par employer la force à petites doses, lors d'attaques brusques mais localisées qui n'avaient pas pour objectif un gain territorial, ni même l'affaiblissement de l'ennemi, mais la préparation du terrain en vue de mesures de coercition et d'extorsion. Attila engagea bien une campagne de grande ampleur, très coûteuse, deux années avant sa mort en 451, mais c'était l'exception qui confirmait la règle – il pouvait généralement obtenir tout ce qu'il souhaitait en agitant la seule menace de la violence, sans être contraint de dépenser ses forces lors de combats menés sur grande échelle.

En totale opposition avec son image de guerrier sauvage, dans les sagas islandaises comme dans l'imagination contemporaine, Attila était un grand adepte de la négociation. Il demandait souvent qu'on lui envoyât des ambassades dans ses campements, et envoyait lui-même souvent des ambassades à Constantinople et à Ravenne, siège de ce qu'il subsistait de l'Empire d'Occident. Un historien moderne l'a décrit comme un « bon à rien » en diplomatie et a dressé la liste de ses erreurs[73]. Peut-être bien, mais pour un roi nomade, être capable de négocier simultanément avec les deux Empires romains et de leur imposer sa diplomatie coercitive, tandis que l'on discutait, à sa cour, d'un projet d'invasion de l'empire des Perses sassanides en franchissant les lointaines montagnes du Caucase, c'était en tout cas agir comme un bon à rien sur une échelle gigantesque – rien qui se pût comparer au passé, ni à l'avenir jusqu'à ce que l'on vît les Mongols dominer toutes les Russies tout en assumant, de fait, le gouvernement de la Chine. Dans un passage très intéressant, Priscus, l'homme de lettres qui faisait partie de la délégation envoyée par l'Empire d'Orient, écoute avec attention les positions exprimées par le chef de la délégation envoyée par l'Empire d'Occident, un diplomate de grande expérience ; à ce moment-là, les deux négociations parallèles semblaient dans l'impasse :

> Nous exprimâmes notre stupéfaction devant les [exigences exorbitantes d'Attila] ; alors Romulus, un [ambassadeur] de grande expérience, en guise de réponse, fit valoir que la bonne fortune exceptionnelle d'Attila ainsi que la puissance qu'elle lui avait donnée l'avaient rendu arrogant au point de ne pas vouloir faire un accueil favorable à des propositions justes, à moins qu'elles ne lui parussent à son

propre avantage. Avant lui, aucun souverain de Scythie [nom donné aux pays des steppes] ni d'aucun autre pays n'avait obtenu autant de succès en aussi peu de temps. Il régnait sur les îles de l'Océan [la mer Baltique], et, en plus de la Scythie entière, contraignait les Romains [des deux Empires] à lui verser tribut. Ses aspirations allaient bien au-delà de tout ce qu'il avait déjà accompli et, pour accroître encore davantage son empire, il désirait désormais attaquer les Perses[74].

Attila associait délibérément force et négociation et entretenait avec soin une certaine confusion entre les deux ; il proposait normalement des pourparlers de paix dès le début de ses invasions. C'était également une manière de diviser ses adversaires : chaque fois, en effet, cette méthode interdisait au parti de la guerre, à Constantinople comme à Ravenne, l'option claire et nette d'une guerre totale sans alternative.

Une autre facette de sa méthode consistait à justifier ses exigences par des arguments légaux, ou respectant tout au moins un certain formalisme. Lorsque Priscus était en sa présence en 449, Attila revendiquait des Romains d'Occident un ensemble de coupes en or gagées par un fugitif qui, disait-il, lui revenaient d'une manière légitime comme butin personnel, ainsi que, des Romains d'Orient, le retour d'un certain nombre de prisonniers évadés. Peu importait que les arguments d'Attila eussent la moindre valeur légale. Même un mince vernis – quelques éléments plausibles – suffisait amplement, parce qu'il n'avait pas à convaincre un tribunal mais cherchait à diviser les conseillers de ses adversaires. Face à Attila, le parti de la paix pouvait toujours s'appuyer sur un argument formaliste, même faible, pour justifier l'acceptation de ses exigences. D'un autre côté, il respectait réellement les règles du jeu diplomatique. En particulier, il se sentait lié par la loi non écrite qui, à cette époque déjà, garantissait l'immunité des ambassades même dans les situations d'extrême provocation.

Avec ces différentes manières d'agir, Attila transforma les avantages dont bénéficiaient ses archers montés et ses guerriers germaniques, aux niveaux tactique, opérationnel comme en stratégie de théâtre, en une mobilité stratégique associant effet de masse et vitesse qui représentait une combinaison extraordinaire pour l'époque, à laquelle il ajouta également ment l'habileté politique d'un homme d'État.

Depuis ses quartiers généraux – un village solidement construit dont on ignore l'emplacement exact, au-delà du moyen Danube en Hongrie ou plutôt dans le Banat au sein de l'actuelle Roumanie (mon lieu de naissance, mais cela correspond bien aux différents témoignages qui nous en sont parvenus[75]) –, il pouvait en toute liberté choisir d'envoyer ses forces en direction du sud-est pour attaquer la Thrace et Constantinople, à quelque 800 kilomètres à vol d'oiseau et plus ou moins le double par voie de terre. Ou bien les envoyer vers l'ouest pour attaquer la Gaule – où l'on continuait à vivre à la romaine, parfois d'une manière grandiose, alors que l'Empire s'éteignait –, à quelque 1 400 kilomètres à vol d'oiseau et peut-être 2 000 par voie de terre. Ou bien encore les envoyer vers le sud-ouest en Italie, qui conservait encore des richesses à piller, en passant par le nord-est vers Aquilée (près de l'actuelle Trieste), une voie qui avait l'avantage d'éviter entièrement la barrière alpine, difficilement praticable pour les chevaux. Enfin, comme il disposait de forces supérieures à celles qu'alignaient les Huns en 399, il pouvait également reproduire leur offensive à très grande échelle, hautement profitable, en envoyant des forces vers l'est, au-delà du Dniepr et du Don, par le Caucase vers l'Arménie et la Cappadoce, puis la Cilicie en remontant vers Constantinople. Un très long circuit assurément – 3 000 kilomètres par voie de terre au bas mot –, mais une telle expédition aurait pu constituer un excellent prélude à une attaque directe contre Constantinople en éloignant ses défenseurs ainsi leurrés. Des expéditions de cavalerie aux objectifs encore plus grandioses furent lancées par les Mongols, qui n'étaient pas plus mobiles que les Huns.

Attila testa ces différentes possibilités, sauf la dernière. De 441 à 447, il envoya en effet ses forces au-delà du Danube pour s'emparer des cités fortifiées – mal préparées à résister – qui s'échelonnaient de Sirmium à Serdica, comme nous l'avons vu précédemment ; elles descendirent ensuite en Thrace jusqu'à Arcadiopolis (Lüleburgaz), à une centaine de kilomètres de Constantinople ; un détachement poussa vers le sud-ouest jusqu'à Kallipolis (Gallipoli, Gelibolu) sur la célèbre péninsule du même nom. Sa chronologie n'est certes pas fiable, mais Théophane le Confesseur, le plus important des chroniqueurs byzantins, fit un rapport fidèle de l'expédition et de ses résultats :

> Attila... envahit la Thrace. Théodose [II, 408-450]... envoya Aspar [Flavius Ardabur Aspar, un Alain parvenu au grade le plus élevé des officiers de l'Empire en tant que *magister militum*, « maître des soldats »] avec ses soldats ainsi qu'Areobindos et Argagisklos[76] contre Attila, qui avait déjà soumis Ratiaria, Naissus, Philippoupolis [Plovdiv, Bulgarie], Arkadioupolis Costantia [Constanţa, Roumanie] et de très nombreuses autres cités, amassé un énorme butin et fait de nombreux prisonniers. Après que les Huns eurent infligé une défaite complète aux généraux... Attila avança jusqu'aux deux mers, celle du Pont [la mer Noire] et celle qui baigne Kallipolis [la mer de Marmara] et Sestos [Eceabat], asservissant au passage toutes les citadelles à l'exception d'Andrinople [Edirne] et d'Héraclée [Marmara Ereğli]... Théodose fut ainsi contraint d'envoyer une ambassade à Attila et de lui donner 6 000 livres d'or pour obtenir sa retraite, ainsi que d'accepter le paiement d'un tribut de 1 000 livres d'or à lui remettre tous les ans pour qu'il restât en paix[77].

Cette transaction, en 447, fut le point de départ des négociations auxquelles participa Priscus en 449[78].

L'impact de ces événements fut considérable. Même la peu diserte et imprécise *Chronique* de Marcellinus Comes, rédigée au VIe siècle, évoque l'invasion :

> Une guerre formidable, plus grande que la précédente, nous fut portée par le roi Attila. Elle dévasta la quasi-totalité de l'Europe [la province Europe] ; villes et forteresses furent prises d'assaut et pillées. Le roi Attila avança d'un air menaçant jusqu'aux Thermopyles. Arnigisclus [Arnegisklos, *magister militum per Thracias*, le subordonné d'Aspar dans la région] livra un courageux combat en Dacie Ripensis sur la rive de l'Utum [Vit] et se fit tuer par le roi Attila, alors que la plus grande partie de l'ennemi [une bande de Huns chargée du fruit de ses pillages] avait été détruite[79].

Ce raid causa d'importants dégâts dans les domaines stratégique et politique, parce que de nombreux citoyens lourdement taxés avaient été abandonnés sans protection. Ce ne fut qu'après ces destructions – c'est-à-dire trop tard – qu'Attila reçut l'or qui devait acheter sa retraite ; en conséquence, il allait falloir collecter davantage d'impôts encore des régions ravagées. À l'évidence, il eût été préférable d'éviter de soudoyer Attila en détruisant son armée dans le plus pur style romain, en lançant pour ce faire une immense expédition couronnée de succès, quel qu'en fût le prix, ou bien de le soudoyer *avant* son invasion.

L'offensive vers l'ouest survint en 451[80]. Les forces d'Attila balayèrent les étendues qui constituent de nos jours l'Allemagne et la France ; elles franchirent le Rhin en avril, peut-être avec l'objectif d'attaquer le royaume wisigoth de Toulouse.

À ces événements est liée la fameuse histoire de la bague : Attila aurait revendiqué la moitié de l'Empire d'Occident au motif que Justa Grata Honoria, la sœur de l'empereur d'Occident Valentinien III (425-455), lui avait soi-disant envoyé sa bague pour qu'il la délivrât d'un mariage forcé avec un ennuyeux notable, à la suite d'une aventure scandaleuse avec son intendant Eugène – lequel fut bien entendu exécuté pour son effronterie. Cette histoire avait tout pour plaire : un parfum de scandale sexuel mêlé à une traîtrise dans le triste décor de Ravenne aux derniers temps du crépuscule de l'Empire. Même certains des plus éminents historiens n'ont pu résister à la tentation (assez irrésistible, il faut bien le reconnaître) d'accorder foi à cette histoire – en partie parce que la mère d'Honoria, Galla Placida, sur laquelle nous avons davantage d'informations, était vraiment une personnalité redoutable. Hélas, ce n'était qu'un ragot de la cour byzantine, dont il ne faut tenir aucun compte[81].

L'autre histoire que l'on raconte au sujet de cette invasion était considérée comme une conséquence de cette affaire : Attila avançait sur la Gaule avec « une armée, disait-on, de cinq cent mille hommes » ; notre source, Jordanès, ou celle qu'il utilisa, Priscus, prit la précaution d'introduire dans son récit un « disait-on » (*ferebatur*). Mais le nombre réel devait être exceptionnellement élevé, même s'il ne s'agissait pas à proprement parler d'une armée (*exercitus*) mais plutôt d'un nombre considérable de Huns, d'Alains et de troupes de guerriers d'origine germanique. Tous se trouvaient sous la direction stratégique d'Attila – c'est ainsi qu'ils atteignirent la Gaule – mais pas sous son contrôle opérationnel, à l'exception des forces combattantes personnelles d'Attila mentionnées par Jordanès. La cause n'en était pas l'insubordination, mais les nécessités opérationnelles : avec des effectifs aussi élevés, il était indispensable de séparer l'ensemble en colonnes détachées pour couvrir le plus vaste périmètre possible à la recherche de nourriture et de fourrage. « Cet homme, écrit Jordanès, était venu au monde pour bouleverser les nations, le fléau de tous les pays, qui... terrifiait l'humanité entière avec les rumeurs épouvantables qui se diffusaient partout à son sujet[82]. »

L'objectif d'Attila était de terroriser l'adversaire, de préférence pour le dissuader de résister – ce qui lui permettait de conserver ses forces intactes, et aussi parce qu'il aimait sans doute mieux recevoir de l'or dans un beau coffre directement des mains d'une ambassade venue implorer sa retraite, plutôt que de devoir aller le chercher dans le fatras accumulé par les pillards les plus chanceux parmi ses propres troupes. Ou bien, à défaut de dissuasion, de terroriser l'adversaire pour le démoraliser, afin de pousser ses soldats à trouver refuge dans la fuite plutôt que de tenir fermement position sur son passage. Attila, semble-t-il, a réussi à terroriser la Gaule, ou tout au moins le poète Sidoine Apollinaire :

> Soudain le monde barbare, déchiré par un gigantesque bouleversement, déversa le nord tout entier sur la Gaule... Après le belliqueux Ruge vient le féroce Gépide, pressé par le Gélon ; le Burgonde talonne le Scire ; en tête se ruent le Hun, le Bellonote, le Neurien, le Bastarne, le Thuringien, le Bructère et le Franc, dont le pays est baigné par les eaux et les roseaux du Nicer [le Neckar, pour être parfaitement précis]. Juste après s'élèvent les pentes de la forêt hercynienne [forêt Noire], que l'on taille pour faire des bateaux ; elle couvre le Rhin du réseau de ses troncs flottants ; et maintenant, Attila s'est répandu sur toutes les plaines du Belge en lançant des raids avec son effrayante cavalerie[83].

Pris de panique, ou plus vraisemblablement pour les besoins de son poème, Sidoine Apollinaire a inclus parmi les troupes d'Attila les Bastarnes qui avaient disparu depuis longtemps, les Bructères, les Gélons et les Neuriens, ainsi que les « Bellonoti » qui n'ont jamais existé.

À ce moment-là, une puissante armée aurait dû arriver d'Italie pour combattre Attila, mais il n'existait plus d'armées romaines. Il n'y avait plus que le *magister militum*, « maître des soldats » de l'Empire d'Occident, Flavius Aetius, qui franchit les Alpes et entra en Gaule « à la tête d'une force clairsemée, squelettique, d'auxiliaires sans véritables soldats [*sine milite*] ».

C'est ainsi que nous rencontrons Aetius, une autre figure de l'histoire dont on fit un personnage hautement romanesque (« le dernier des Romains »). Il arrive au début de l'été 451 avec sa petite troupe de sans-grade pour défaire l'ennemi le plus nombreux et le plus puissant qui se vit jamais. C'était un véritable expert des Huns : dans sa jeunesse, il avait été otage à la cour des Huns avant Attila ; plus tard, il avait recruté et commandé avec succès des mercenaires huns, ce qui lui valait de bien connaître leurs tactiques et ruses[84].

À l'évidence, Aetius espérait recruter des alliés dans les rangs mêmes des envahisseurs de la Gaule afin de prévenir une nouvelle invasion ; il réussit – mais à en croire notre poète, seulement parce que son grand héros Avitus réussit lui-même à recruter le plus puissant de tous, Théodoric Ier, bâtard d'Alaric et roi des *Vesi*, plus tard appelés Wisigoths ; il rejoignit le combat contre « le seigneur de la terre qui souhaite réduire le monde entier à l'esclavage ».

Attila aurait pu assez facilement éviter l'interception – les Huns, noyau de ses forces, étaient en tout cas plus rapides que ses ennemis. Mais à l'évidence, il accepta la bataille au *Campus Mauriacus*, dans la vallée de la Loire, non loin de Troyes et au nord-est d'Orléans, qui avait résisté à son assaut. Au rapport de Jordanès, durant la bataille que l'on appelle aujourd'hui généralement bataille de Chalons (au lieu de l'appellation plus ancienne de « bataille des champs Catalauniques »), Aetius et Théodoric commandaient conjointement des forces composées de « Francs, de Sarmates (Alains), d'Armoricains [Bretons], de Liticiens [?], de Burgondes, de Saxons, de Ripuaires [Francs], d'Olibrions [d'anciens soldats romains loués comme étant les meilleurs auxiliaires]... et d'autres nations celtiques ou germaniques », ainsi que des nombreux Goths de Théodoric et des rares Romains d'Aetius[85].

Attila avait lui aussi des Goths pour combattre à ses côtés, les Ostrogoths, ainsi que d'« innombrables » Gépides et « une foule immense issue de diverses nations », incluant des Burgondes. Ces derniers combattaient ainsi des deux côtés, sans doute, peut-on penser, parce qu'ils ne constituaient une nation que dans le regard d'autrui, alors qu'eux-mêmes n'accordaient de valeur qu'aux identités de clan et de tribu.

Durant la grande bataille qui s'ensuivit, Théodoric se fit tuer, Aetius lutta vaillamment, on éprouva de terribles pertes (« les champs étaient couverts de cadavres entassés ») et Attila retira ses forces – ou plus vraisemblablement son seul corps de bataille de Huns – dans un campement barricadé de chariots, « comme un lion percé d'épieux de chasse, qui va et vient devant l'entrée de son antre sans oser bondir, mais sans cesser de terrifier le voisinage (*uicina terrere*) par ses rugissements. Même ainsi, ce roi belliqueux aux abois terrifiait ses vainqueurs[86] ». Mais les Goths ne lancèrent pas l'attaque finale, il n'y eut pas d'ultime confrontation. Bien au contraire, Attila eut toute liberté de faire retraite à travers l'Europe centrale pour s'en retourner dans sa capitale, sans le moindre poursuivant.

Jordanès donne une explication toute simple de ce mystère : Thorismund, fils aîné et successeur de Théodoric à la tête du royaume wisigoth de Toulouse, désirait vivement lancer l'assaut final mais sollicita auparavant l'avis d'Aetius, parce qu'il était « plus âgé et sage » – ce qu'il était en vérité, au moins en ce qui concernait ses propres intérêts ainsi que ceux de l'Empire, sinon ceux de Thorismund :

> Aetius craignait, si les Huns étaient totalement éliminés par les Goths, que l'Empire romain ne fût complètement envahi par ces mêmes Goths ; il pressa donc Thorismund de repartir vers son royaume pour y assumer le gouvernement devenu vacant après le départ de son père. Sans quoi ses frères pourraient s'emparer des possessions de leur père et prendre le pouvoir sur les Wisigoths... Thorismund suivit ce conseil sans en percevoir le sens caché[87].

Nous pourrions donc considérer Aetius comme un proto-Byzantin, pour ainsi dire, à moins de juger la situation trop simple pour exiger quelque talent politique particulier que ce fût : si le pouvoir des Huns était « complètement effacé, l'Empire d'Occident aurait beaucoup de mal à se défendre contre le royaume de Toulouse ». Assez simple, en effet, et pourtant le même historien poursuit immédiatement son analyse en accusant Aetius à la fois de duplicité et de naïveté – une association plutôt rare –, au motif qu'Attila ne lui en fut aucunement reconnaissant dans la suite des événements et revint l'attaquer[88].

Peut-être l'habileté politique qu'il fallait avoir en cette affaire n'était-elle pas aussi simple que cela. La question n'était pas de gagner la gratitude ni les meilleurs sentiments d'Attila, mais de maintenir les avantages qu'apporte un équilibre des puissances : pour les faibles vestiges de l'Empire romain, il était bien préférable d'avoir deux puissances qui ne s'associeraient pas contre lui – chacune ayant seule les moyens de le détruire assez facilement –, plutôt que d'avoir face à lui une seule grande puissance. Avec deux, il était envisageable de persuader l'une de combattre l'autre dans l'intérêt de l'Empire, comme cela venait de se passer ; avec une seule, il n'y avait aucune échappatoire : il fallait se soumettre ou détruire l'adversaire.

Jordanès dépeint Attila, après la bataille, comme un lion blessé ; des historiens modernes ont eux aussi qualifié l'événement de défaite écrasante[89]. La suite suggère pourtant une interprétation complètement différente : à son habitude, Attila avait prévu un raid – sur une très large échelle, certes, mais il s'agissait d'une incursion plutôt que d'une invasion ; après avoir rencontré une opposition trop forte pour rendre ce raid profitable, il y mit fin pour repartir vers ses bases après avoir subi, sur le champ de bataille, des pertes qui étaient loin d'être irréparables. Chez Jordanès, nous lisons que cent quatre-vingt mille hommes étaient tombés des deux côtés[90]. Ni lui, ni sa source n'aurait pu en connaître le chiffre exact, mais quel qu'il fût, les pertes subies par le camp d'Attila ont vraisemblablement été beaucoup plus lourdes parmi ses alliés germaniques combattant à pied que parmi ses Huns combattant à cheval – des combattants équipés d'arcs à longue portée qui pouvaient esquiver les coups par leurs manœuvres, à la différence d'une infanterie en formations bien serrées.

C'est la seule explication possible permettant de comprendre la suite des événements : en septembre de la même année 451, tout juste revenu de Gaule, Attila lança un raid de Huns au-delà du Danube.

Il y avait un nouvel empereur à Constantinople, Marcien (450-457), qui refusait de lui payer le tribut annuel. Il ne pouvait laisser cette décision sans réaction. Mais s'il avait été complètement défait en Gaule avec de lourdes pertes, il aurait difficilement pu lancer une offensive sur un nouveau front sans le moindre temps de récupération entre les deux campagnes et sans attendre l'arrivée des nouvelles classes d'âge dans ses forces. Et il ne s'agissait pas d'un raid d'importance mineure ni à courte portée.

Nous savons en effet de quelle façon a été perçue l'importance de ce raid par la brusque décision de Marcien, qui avait convoqué un concile œcuménique à Nicée (Iznik), plaisante cité au bord d'un lac dans l'arrière-pays de la Propontide (mer de Marmara), et le déplaça de toute urgence à Chalcédoine (Kadiköy), sur le rivage juste en face de Constantinople[91]. (C'est lors de ce concile que la querelle sur la nature du Christ ouvrit une irrémédiable rupture entre les Églises chalcédoniennes et non-chalcédoniennes, défendant respectivement la théorie d'une nature à la fois humaine et divine du Christ et la théorie monophysite, cette dernière devant être victime d'une persécution qui divisa profondément l'Empire à l'arrivée de l'islam au VIIe siècle.)

À la différence d'Iznik, le site de Kadiköy permettait de mettre immédiatement les évêques rassemblés à l'abri derrière les solides murailles de la capitale, en utilisant même, si nécessaire, des bateaux à rames – le souvenir de l'arrivée soudaine des Huns jusqu'à Kallipolis (Gelibolu), à la surprise générale, devait être encore bien présent dans les mémoires.

Fait encore plus significatif : dès l'année suivante, en 452, Attila lança sa troisième offensive dans une troisième direction, cette fois-ci vers le sud-ouest pour passer en Italie là où s'élève de nos jours Trieste à l'entrée de la mer Adriatique, et où les Alpes juliennes se réduisent à des collines qui descendent doucement vers la mer, n'opposant aucun obstacle aux chevaux. De là, en piquant vers l'ouest en direction de l'Italie profonde, la première cible était Aquilée, une cité très importante qui avait le droit de battre monnaie et possédait un palais impérial. Ausone l'avait placée au neuvième rang des cités de l'Empire (*ordo urbium nobilium*) et avait loué son « port très célèbre ». Une belle prise de guerre, mais fort bien défendue par de formidables murailles qui avaient déjà auparavant résisté à des attaques sérieuses.

Ammien Marcellin, expert en sièges, l'a décrite comme « une cité bien située et prospère, entourée de murailles solides » ; il relève que l'empereur Julien (361-363), son héros, « se souvenait d'avoir lu et entendu que cette cité avait maintes fois été assiégée, mais n'avait pourtant jamais été détruite ni contrainte à la reddition[92] ». Et pourtant, les forces de Julien engagées dans la guerre civile contre Constance II (337-361) ont bel et bien assiégé ses formidables défenses, en déployant pour ce faire toutes sortes de techniques de siège parmi les plus avancées, mais sans succès. Un siècle plus tôt, Maximin le Thrace (235-238), dans sa marche sur Rome, avait tenté un ultime effort pour prendre la ville d'assaut avec ses troupes de Pannonie, aussi compétentes qu'ingénieuses :

> Les soldats... restèrent hors de portée des flèches et prirent position tout autour du circuit des murailles par cohortes et légions, chaque unité en place face à la section qu'elle était chargée d'investir... Les soldats ne relâchèrent jamais la pression qu'ils faisaient peser sur la ville assiégée... Ils firent intervenir tous les types de machines de siège, attaquèrent la muraille avec toute la puissance qu'ils purent concentrer et tentèrent tout ce que l'art de la guerre prévoit dans le domaine des sièges... Ils lancèrent de nombreux assauts, pratiquement un par jour, l'armée entière maintint la ville encerclée comme dans un filet mais les habitants d'Aquilée résistèrent avec détermination en montrant un véritable enthousiasme pour la guerre[93].

La cité ne tomba pas ; les troupes, désenchantées, finirent par tuer Maximin en lieu et place des vaillants Aquiléens.

L'art des sièges n'était certainement pas la spécialité des Huns d'Attila, mais ils y arrivèrent pourtant : « Après avoir construit des béliers et fait entrer en opération toutes sortes de machines de guerre, ils ne tardèrent pas à prendre la ville d'assaut, la pillèrent, se partagèrent le butin et la dévastèrent avec une telle cruauté qu'il n'en resta presque plus rien à voir[94] ». Cette destruction n'avait rien de gratuit : elle avait pour but de dissuader toute résistance. Après avoir appris le sort d'Aquilée, réputée pour la solidité de ses fortifications, les autorités de toutes les cités qui se trouvaient sur la route d'Attila, jusqu'à Mediolanum (Milan) et Ticinum (Pavie), jugèrent préférable d'ouvrir leurs portes sans résistance.

La vaste plaine traversée par le Pô qui constitue le cœur de l'Italie du Nord avait connu quelques famines, rares, mais elle avait toujours été l'une des plus riches régions du monde en biens meubles, hors périodes de destructions récentes – elle n'avait en l'occurrence pas connu d'invasion depuis le passage d'Alaric, en 408, dans sa marche sur Rome. Les gains d'Attila durent être immenses : chaque ville, successivement, achetait en effet son immunité ou se faisait piller de fond en comble. Alors, est-il raconté, le pape Léon arriva de Rome pour négocier avec Attila en compagnie de l'ancien préfet Trygetius et du très riche consulaire Gennadius Avienus[95]. On peut supposer que ce trio n'oublia pas d'apporter de l'or, et certainement pas en petite quantité, ne serait-ce que parce qu'il devait y avoir de nombreux prisonniers à racheter.

Ce ne sont pas là les actes d'un roi qui dépense aveuglément ses forces, tel que dépeint par certains historiens modernes, même le meilleur d'entre eux : « La campagne d'Attila fut bien pire qu'un échec... le butin a sans doute été considérable, mais acquis à un prix trop élevé, avec la perte de cavaliers huns bien trop nombreux dans les villes et les champs d'Italie. Un an plus tard, le royaume d'Attila s'effondra[96]. »

Il est vrai qu'Attila mourut dans son lit l'année suivante, en 453, soi-disant après un festin bien arrosé célébrant son mariage avec sa nouvelle épouse, jeune et très belle – une histoire lubrique peut-être vraie (pour quelle autre raison deviendrait-on un conquérant ?). Et il est vrai, également, que les querelles de ses fils furent fatales à son empire, entraîné dans la ruine. Mais la séquence « déclin et chute » de ce récit relève du plus pur déterminisme ; en l'occurrence, les faits mêmes la rendent contestable : faut-il se contenter d'écrire que le butin fut « considérable » ? D'évoquer « la perte de cavaliers huns bien trop nombreux » ? Ces assertions ne reposent sur aucun élément. Bien au contraire, nous avons un élément prouvant qu'Attila avait conservé sa puissance à l'issue de cette campagne : tout juste revenu d'Italie, il exigea de Constantinople la reprise du versement annuel de son tribut tel qu'il avait été négocié :

> Attila... envoya une ambassade à Marcien, l'empereur d'Orient, le menaçant de dévaster ses provinces au motif que le versement promis par l'empereur précédent, Théodose [II], n'avait pas été effectué ; il procéda de cette manière pour apparaître encore plus cruel aux yeux de ses ennemis.

C'est ici encore Jordanès qui parle, reprenant un fragment perdu de Priscus, mais nous avons conservé la suite de la version originelle de ce récit :

> Quand Attila exigea le versement du tribut tel qu'il avait été négocié avec Théodose [II] et agita la menace d'une guerre, les Romains répondirent qu'ils préparaient une ambassade et lui envoyèrent Apollonius... qui avait le rang de général [*strategida, strategos*]. Il franchit le Danube mais on lui refusa audience auprès du barbare. Attila, en effet, était furieux parce que le tribut, à l'époque négocié avec lui, disait-il, par des envoyés d'un niveau bien supérieur et plus digne d'un roi, n'avait pas été apporté par Apollonius ; il refusait de le recevoir au motif qu'il méprisait celui qui l'avait envoyé... Alors Apollonius partit sans avoir rien obtenu[97].

Voilà une preuve incontestable, par la négative, qu'Attila avait l'intention d'engager une guerre d'importance majeure contre l'Empire : il ne fit pas passer de menace par l'intermédiaire d'Apollonius comme, dans le passé, quand il prenait plaisir à pratiquer l'extorsion – il ne fit passer aucun message par son intermédiaire, il ne le reçut même pas. Après avoir réussi à battre en brèche les formidables murailles d'Aquilée, il n'est pas inconcevable qu'Attila ait projeté un siège de Constantinople et non seulement des raids de pillage. Après tout, il disposait toujours de la supériorité tactique et opérationnelle de ses archers montés, intacte, il disposait toujours de la seule force existante de pure cavalerie capable de lancer des offensives rapides sur de grandes profondeurs, et si l'on en juge par les combats furieux qui devaient bientôt éclater entre les fils d'Attila, ainsi qu'entre leurs contingents de Huns et les Goths, Gépides, Ruges, Suèves, Alains et Hérules en révolte, il disposait toujours de nombreux sujets de toutes origines qui restaient d'efficaces guerriers.

S'il y avait eu une guerre avec l'Empire d'Orient, il y a toutes les raisons de penser qu'Attila l'aurait une nouvelle fois emporté comme en 447, au sens où il lui aurait infligé des dommages répétés, de plus en plus lourds, jusqu'à ce que l'Empire payât suffisamment cher l'arrêt des hostilités. Au lieu de quoi il mourut, mais, jusqu'à ce moment-là, cette menace d'une ampleur imprévue qu'il avait incarnée avait suscité, en réaction, une série d'improvisations qui allaient bientôt donner naissance à une approche nouvelle, plus globale, des questions stratégiques ; une approche qui devait durer très longtemps.

Chapitre 2

L'ÉMERGENCE DE LA NOUVELLE STRATÉGIE

Face à Attila, l'affable et érudit Théodose II (408-450), fils du premier empereur d'Orient Arcadius, ainsi que sa sœur au caractère bien affirmé, son énergique épouse et les officiels les plus chevronnés au sein des personnels civils de la cour étaient soumis à une double contrainte[1] : ils n'avaient pas à leur disposition de forces militaires tactiquement efficaces contre les Huns, et ils avaient de plus urgentes priorités à traiter sur d'autres fronts.

La puissance étrangère la plus redoutable restait de loin la Perse des Sassanides, avec laquelle les relations avaient été exceptionnellement pacifiques jusqu'en 420 à l'époque du shah Yazdgard ; elles se détériorèrent rapidement sous son successeur, Bahram V (420-438), bien que ce ne fût pas particulièrement de son fait[2]. Il y eut un retour au premier plan de l'ancienne querelle sur l'Arménie, à laquelle s'ajouta une nouvelle querelle d'ordre religieux. Souvent décrits comme « États tampons » par les historiens modernes, les faits et les témoignages incitent à considérer l'existence d'États autonomes en Arménie entre les deux empires comme un facteur de conflits plutôt que comme un « tampon » permettant de les éviter : les deux parties luttaient en effet pour imposer leur autorité sur les *nakharars*, ces roitelets de vallons qui constituaient l'Arménie politique et ne cessaient de se plaindre auprès d'elles[3].

La querelle religieuse était, en revanche, tout à fait nouvelle. Elle fut provoquée par une brusque poussée de militantisme orthodoxe du côté de l'Empire chrétien et de militantisme zoroastrien du côté des Sassanides ; on ne sait précisément si cette double poussée fut pure coïncidence ou réciproque, même si nous avons de nombreux témoignages d'un renforcement des persécutions contre les païens et les juifs, de procédures d'inquisition contre des hommes d'Église non grecs suspectés d'hérésie concernant la nature et la personne du Christ, ainsi que de violentes attaques contre des non-chrétiens et leurs lieux de culte qui n'ont pas été l'objet de condamnations. (En 415, des chrétiens fanatiques scandalisés par le paganisme de la philosophe Hypatia allèrent l'arracher de force de sa voiture à cheval pour l'entraîner vers l'église du Caesareum, la déshabiller – comme il se devait – et la mettre à mort ; ils démembrèrent sa dépouille et allèrent brûler ailleurs ses restes dans un geste de pieuse déférence à l'égard de ce lieu saint.)

Théophane le Confesseur, lui-même très enthousiaste, n'en déplora pas moins les excès de zèle :

> Abdaas, évêque de la capitale de la Perse [Ctésiphon], poussé par son zèle envers Dieu mais sans en faire bon usage, incendia le temple du Feu [le temple consacré à Zoroastre dans la capitale politique de cette croyance]. Quand l'empereur [le shah] l'apprit, il ordonna la destruction des églises en Perse et punit Abdaas en le soumettant à divers supplices. La persécution dura cinq ans[4].

Comme on pouvait s'y attendre, les combats s'engagèrent en Arménie et en Mésopotamie, autour de Nisibis (aujourd'hui Nusaybin, dans le sud-est de la Turquie) ; cette ville bien fortifiée était depuis longtemps au cœur des affrontements entre les Romains et les Perses. Ils se poursuivirent sans résultat significatif jusqu'à l'arrivée, en 422, du *magister officiorum* Hélion (« maître des offices », le plus haut poste dans l'administration), venu négocier la paix ; les Huns avaient lancé une offensive au-delà du Danube et Bahram V pouvait lui aussi avoir intérêt à transiger en raison des pressions qu'il subissait sur sa frontière d'Asie centrale. On en revint strictement à la situation antérieure. Il y eut encore des difficultés en Arménie par la suite – c'était le mal chronique du pays – mais pas de guerre jusqu'en 441.

L'arrivée d'un nouveau souverain sassanide était généralement marquée par de nouvelles initiatives militaires – elles l'aidaient certainement à affirmer son autorité. Yazdgard II, qui avait succédé à Bahram en 438, lança trois ans plus tard, comme on pouvait s'y attendre, l'offensive habituelle contre Nisibis – jusqu'à l'arrivée du *magister militum per orientem* Anatolius (le plus haut commandement militaire à l'est de Constantinople), venu, comme d'habitude, négocier un traité de paix. Une fois de plus, on en revint à la situation antérieure. Il n'y eut plus d'affrontement armé tant que vécut Théodose, en partie parce que Yazdgard lui-même vécut jusqu'en 457 ; il fallut toutefois maintenir des troupes prêtes à intervenir pour défendre le front perse, aucune paix ne pouvant longtemps survivre à leur absence. À la différence des incursions d'Attila, une invasion des Sassanides était susceptible de faire perdre à l'Empire d'importants territoires de manière permanente ; c'est pourquoi cette frontière restait prioritaire.

Le deuxième front, dans l'ordre des priorités, était l'*Africa*, les territoires d'Afrique du Nord qui correspondent à la Tunisie moderne et aux côtes d'Algérie qui ne faisaient pourtant pas partie de l'Empire d'Orient, dont la frontière était en Libye.

En octobre 439, les Vandales et les Alains, arrivés par l'Espagne sous le commandement du redoutable Genséric, prirent Carthage, capitale de l'*Africa*, l'une des principales sources d'approvisionnement en blé de Rome et de l'Italie centrale[5]. L'Empire d'Occident gouverné par Valentinien III subissait par là une atteinte directe ; Carthage était, de plus, un port d'importance majeure avec de grands chantiers de construction navale – une flotte était d'ailleurs en construction – et l'Empire d'Orient se trouvait lui aussi menacé. Constantinople était bien plus loin et solidement défendue, mais avec l'aide d'une flotte et à la faveur des vents d'ouest dominants, Genséric pouvait également mettre un terme à l'approvisionnement en blé venant d'Égypte en attaquant Alexandrie.

La situation était extrêmement périlleuse.

La sobre chronique de Marcellinus Comes est, dans sa brièveté, d'une grande éloquence ; sous la neuvième indiction, « consulat de Cyrus seul », correspondant à la période septembre 440-août 441, nous lisons : « Les Perses, les Saracènes [bédouins de Mésopotamie], les *Tzanni* [ancêtres des Mingréliens de Géorgie], les Isauriens [montagnards du sud-est de l'Anatolie] et les Huns quittèrent leurs territoires pour aller piller les possessions des Romains[6]. »

Malgré ce contexte des plus difficiles, on jugea impératif de réagir contre Genséric. En 440, sa nouvelle flotte avait attaqué la Sicile, la seconde source d'approvisionnement en blé pour l'Italie après l'*Africa* ; les deux Empires s'accordèrent pour envoyer des flottes l'affronter en 441. Selon Théophane, une très grande expédition fut montée par l'Empire d'Orient :

> Théodose [II]... envoya onze cents navires lourds transportant une armée romaine commandée par les généraux Areobindos, Ansilas, Inobindus, Arintheos et Germanus [soit une force importante d'environ trente mille, voire cinquante mille hommes au total, marins et hommes de troupe confondus]. Genséric, frappé de terreur quand cette force mouilla en Sicile [sur sa route vers Carthage, à quelque trois cents kilomètres de distance], envoya une ambassade à Théodose pour discuter d'un traité[7].

L'entrée annuelle suivante, année 5942 depuis la création, explique pourquoi cette immense flotte, au lieu d'atteindre Carthage, s'en retourna toutes voiles dehors à Constantinople : « Tandis que la flotte attendait en Sicile, comme nous l'avons mentionné... l'arrivée des ambassadeurs de Genséric et les ordres de l'empereur, Attila envahit la Grèce[8] ». Mais l'expédition ne fut pas inutile : elle intimida semble-t-il profondément Genséric – en tout cas, il n'attaqua jamais Alexandrie ni quelque autre possession orientale que ce fût, et ne lança d'ailleurs aucune attaque jusqu'en 455. Cette année-là, ses forces expéditionnaires mirent Rome à sac ; les dégâts qu'elle lui infligea furent apparemment plus graves que ceux d'Alaric en 410. Dans le *Liber Pontificalis*, la biographie abrégée de Léon Ier inclut en effet les informations suivantes : « Après le désastre infligé par les Vandales, il remplaça tous les services en argent du culte dans tous les *tituli* [églises paroissiales] en faisant fondre six jarres à eau [d'argent]...

offertes par l'empereur Constantin, chacune pesant 100 livres... il fit remettre à neuf la basilique Saint-Pierre[9]. »

L'intimidation avait été efficace avec Genséric du point de vue de l'Empire d'Orient (même en Occident ; la conquête et la mise à sac de Rome furent, en réalité, précipitées par une intrigue de cour). Mais elle ne le fut pas avec Attila – il n'avait rien à redouter même d'une attaque générale qui eût été, sur terre, l'équivalent de l'expédition aux onze cents navires qui s'était arrêtée en Sicile.

Plus tard, les Byzantins eurent un excellent remède de nature diplomatique contre leurs ennemis de la steppe : ils réussirent à persuader, à plusieurs reprises, différentes puissances de la steppe de se combattre entre elles au lieu d'attaquer l'Empire. Mais l'empire d'Attila était bien trop vaste pour le permettre – les Byzantins n'étaient pas en capacité d'agir assez loin au-delà des Huns pour trouver de nouveaux alliés.

Comme l'écrivit l'historien le plus accompli dans la connaissance des Huns, c'est une « tâche ingrate » que de déterminer l'étendue géographique du pouvoir d'Attila : s'y engager expose en effet à « heurter de plein fouet des mythes entretenus depuis très longtemps[10] ». Il rejeta lui-même les estimations les plus larges – y compris celle de Mommsen – pour adopter une appréciation plutôt modeste de l'empire d'Attila, qui s'étendait, selon lui, de l'Europe centrale aux rivages de la mer Noire. Il se trouve que nous disposons d'éléments permettant, par la négative, de remettre en cause la position de l'éminent historien : aucun signe ne laisse en effet supposer qu'il existait une puissance de la steppe en situation d'indépendance à l'ouest de la Volga, c'est-à-dire à portée de Byzance. Ainsi, ou bien Attila régnait en maître du Danube à la Volga, ou bien il aurait dû le faire, parce qu'il n'y avait aucune autre puissance dans ce vaste espace que les Byzantins pussent inciter à attaquer les Huns.

Bien plus tard, au XIe siècle, les Cumans (des nomades turcs) – en réalité les Kipchaks, ou Polovtsy en russe – se laissèrent persuader d'attaquer les nomades turcs Petchenègues, qui avaient été leurs prédécesseurs en tant qu'alliés de Byzance et n'avaient plus d'utilité au regard des intérêts de l'Empire. Depuis le XIe siècle, en échange de paiements réguliers, les Petchenègues avaient été d'une grande aide contre le khaganate turc des Khazars sur la Volga, qui avait lui-même été un allié de première importance, ainsi que contre la Rus' de Kiev plus loin vers l'ouest, sur le Dniepr, qui resta plutôt un ennemi qu'un ami même après sa conversion au christianisme, et contre les Magyars qui évoluaient entre les deux. Avant que les Magyars ne devinssent source de difficulté pour l'Empire et ne fussent chassés vers le nord par la pression des Petchenègues jusqu'au pays que l'on appelle aujourd'hui Hongrie (ou Magyarország), ils s'étaient eux aussi montrés utiles en attaquant les Bulgars ; ces derniers avaient à leur tour grandement aidé l'Empire au VIIe siècle en attaquant les redoutables Avars, avant de devenir eux-mêmes une menace majeure.

Entre ces grandes puissances de la steppe existaient de plus petites nations, tribus et bandes de guerriers qui, elles aussi, combattaient alternativement contre et pour l'Empire. Toutes étaient soumises aux dynamiques du pastoralisme dans la steppe : en raison de l'inexorable augmentation naturelle des troupeaux qu'on laissait se développer en toute liberté, les populations luttaient sans cesse entre elles pour gagner de nouveaux pâturages, ce qui facilitait la tâche des Byzantins à la recherche d'alliés ; quant aux nomades qui disposaient en grandes quantités de viande, de lait, de cuir et de corne mais n'avaient rien d'autre, ils avaient sans cesse besoin d'or pour acheter du blé et tout ce qui leur manquait[11].

Tout le corridor de steppe à l'ouest de la Volga, qui s'étend en contrebas des forêts et de la mer Noire jusqu'au Danube, devint ainsi un théâtre d'opérations permanent pour la diplomatie byzantine, qui y tourna maintes fois à son avantage la multiplicité même de ses ennemis potentiels. Mais ce ne fut pas le cas à l'époque d'Attila, soit parce qu'il n'existait pas d'autres peuples dans la steppe – c'est peu probable –, soit parce que la puissance d'Attila, en réalité, s'étendait vers l'est bien au-delà du Danube. D'une manière ou d'une autre, d'un point de vue diplomatique, l'empire d'Attila pourrait même avoir couvert toute la distance jusqu'à Vladivostok : lorsque Byzance eut de toute urgence besoin d'alliés, loin vers l'est, susceptibles de se laisser persuader d'attaquer les Huns sur leurs arrières en avançant vers l'ouest, elle n'en trouva en effet aucun, pas même le plus modeste.

Cela ne laissait d'autre choix que le recours à une forme de diplomatie certes toujours utile, mais d'un niveau inférieur : au lieu de se servir d'or pour convaincre d'autres peuples d'attaquer les Huns, elle consistait à s'en servir pour soudoyer les Huns eux-mêmes. Théodose II préféra ainsi garder son infanterie et sa cavalerie, et envoyer plutôt une ambassade négocier avec Attila, pour obtenir de lui qu'il restât à l'avenir à l'écart du territoire impérial. C'était plus efficace que d'exposer de nouvelles forces à une défaite comme les précédentes, et moins coûteux que la perte de revenus fiscaux au sein de provinces ravagées par la guerre. Il y avait déjà eu dans le passé des paiements annuels à Attila, de plusieurs centaines de livres d'or. Le tribut monta à 2 000 livres d'or par an, mais il ne fut pas payé jusqu'en 447 ; cette année-là, on conclut un accord global qui stipulait le paiement forfaitaire immédiat de 6 000 livres d'or et le paiement futur de 2 100 livres d'or par an. Des sommes colossales : 6 000 livres d'or au prix actuel représenteraient 75 072 000 dollars, mais, bien entendu, la valeur relative de l'or était supérieure à l'époque. Priscus de Panium jugeait certainement désastreux le paiement de pareilles sommes :

> Au paiement de ce tribut et aux autres versements qu'il fallut envoyer aux Huns furent contraints de participer tous les contribuables, même ceux qui avaient été pour une certaine période affranchis du paiement de la taxe foncière dans la tranche la plus lourde par décision judiciaire [exemption judiciaire] ou par libéralité impériale. Même les membres du Sénat apportèrent leur contribution sous la forme d'un montant fixe d'or en fonction de leur rang. Nombre d'entre eux, d'un statut élevé, connurent de ce fait un changement de niveau de vie considérable. Car ils ne purent régler qu'avec difficulté le montant qui leur avait été assigné… au point que l'on vit des personnes auparavant riches vendre au marché les bijoux de leurs épouses ainsi que leur mobilier. Telle fut la calamité qui survint aux Romains à l'issue de la guerre ; il en résulta de nombreux suicides, par inanition ou pendaison[12].

Un historien moderne qui n'aimait pas les riches ne voulut voir en ce passage qu'excès de rhétorique et/ou preuve d'une solidarité de classe de l'auteur avec les contribuables à hauts niveaux de revenus. Il proposa également quelques éléments de comparaison valables : les 2 000 livres d'or annuelles que Léon Ier (457-474) accepta de payer au Goth Théodoric « Strabo » en 473 et le paiement forfaitaire de 2 000 livres d'or et 10 000 livres d'argent, complété du paiement annuel de 10 000 *solidi* (139 livres) que Zénon (474-491) accepta de lui verser ; autre comparaison, l'échec de l'expédition de Léon contre les Vandales d'*Africa* en 468 ne lui coûta pas moins de 100 000 livres d'or[13].

On peut rapprocher de ces informations le témoignage d'un fragment qui nous a été conservé de l'historien Malchus : « Alors que le gouverneur d'Égypte reçoit généralement un traitement de 50 livres d'or, il [Zénon ?] le nomma avec un traitement de presque 500 livres comme si le pays s'était enrichi[14] ». Il ne s'agissait pas d'un salaire colossal et scandaleux – le texte se prête à mauvaise interprétation – mais, bien au contraire, du versement d'un capital au Trésor en échange d'un salaire annuel (non précisé), exact équivalent d'une rente annuelle[15]. Le paiement des 6 000 livres d'Attila pouvait avoir ainsi été couvert par le gel du versement en capital correspondant aux rentes annuelles de six officiels du plus haut rang : ce n'était certes pas un montant faible, mais pas non plus colossal. À l'évidence, Priscus était lui-même scandalisé par le paiement d'un tribut, ou peut-être s'agissait-il d'une attitude rhétorique d'une autre nature ; soudoyer les barbares avait en effet été pratique courante pour les Romains même au sommet de leur puissance.

En l'occurrence, le remède fut un succès : Attila n'attaqua pas l'Empire d'Orient et tourna ses offensives vers l'Occident. Dès 451, il était en Gaule. L'année précédente, le talentueux Marcien (450-457) avait succédé à Théodose ; comme nous l'avons vu, Marcien refusa de verser le tribut annuel, mais comme Attila était engagé dans ses opérations à l'ouest, cette décision n'eut aucune conséquence funeste.

Si Théodose II avait donné satisfaction à Priscus et aux tenants d'une approche traditionnelle en faisant la paix avec la Perse, en laissant de côté les Vandales de Genséric, en trouvant un arrangement avec les Isauriens, les *Tzanni* et toutes les autres tribus qui causaient des difficultés pour concentrer toutes les forces de l'Empire d'Orient en vue d'affronter Attila avec la puissance maximale dont il pouvait disposer, il est presque certain que l'armée impériale aurait été détruite, et l'Empire avec elle : il ne serait en effet resté aucune ressource pour arrêter les Perses, les Vandales, les tribus des régions intérieures et des frontières comme les Huns et leurs sujets, et leur interdire de s'emparer du territoire impérial.

Telle est la conclusion théorique à laquelle on peut aboutir, en tenant compte des avantages dont bénéficiaient les forces d'Attila au niveau tactique, au niveau opérationnel comme en stratégie de théâtre, ainsi que de la multitude de guerriers qu'ils comptaient parmi leurs sujets.

Et l'on aboutit à la même conclusion empirique en se fondant sur le seul – et néanmoins amplement suffisant – élément pertinent que l'on puisse trouver en la matière : les Francs Saliens, Alains, Bretons,

Liticiens [?], Burgondes, Saxons et Francs Ripuaires, augmentés d'anciens auxiliaires de l'armée romaine, de très nombreux Goths *Vesi* et des quelques Romains d'Aetius, n'ont réussi qu'à repousser l'armée d'Attila lors de la bataille du *Campus Mauriacus*, et non à la détruire ni même à lui infliger des pertes assez lourdes pour éviter l'invasion de l'Italie qui devait s'ensuivre ; il est donc raisonnable d'en conclure que l'Empire d'Orient eût été défait.

Au lieu de jouer avec la survie de l'Empire, l'extraordinaire menace que constituaient les Huns d'Attila se trouva contenue sans nécessiter de guerre sur grande échelle jusqu'à ce qu'elle disparût sans préjudice durable. Une nouvelle approche stratégique s'était ainsi affirmée ; elle marqua une nouvelle étape transitoire de Rome à Byzance : la diplomatie passait au premier plan, la force au second, au motif que les coûts suscités par la diplomatie n'étaient que temporaires alors que les risques inhérents à l'emploi de la force pouvaient se révéler définitifs et même fatals[16].

Cette stratégie permettait d'employer divers moyens de persuasion, mais l'or restait logiquement le principal. On l'associa à l'emploi de forces militaires efficaces pour poser des limites à l'extorsion ; il permit ainsi de soudoyer avec succès de nombreux ennemis dangereux dans les siècles suivants – le coût du tribut à verser étant inférieur au double coût qu'eût représenté l'effort de résistance aux incursions et invasions : les dépenses militaires et les dégâts infligés aux populations civiles ainsi qu'aux biens.

D'un point de vue économique, le paiement d'un tribut n'était pas une mesure déflationniste. La circulation d'or des contribuables au Trésor impérial, puis, en retour, du Trésor à l'économie soumise à impôt par l'intermédiaire des traitements de fonctionnaires et divers paiements impériaux n'était que brièvement détournée par le versement des tributs. Les Huns et tous leurs successeurs employaient nécessairement l'or des tributs à acheter leurs nécessités comme leurs babioles auprès de l'Empire – des accords particuliers étaient négociés pour les marchés frontaliers –, avec pour effet de faire assez vite revenir l'or exporté en circulation au sein de l'Empire, à l'exception d'une minuscule fraction conservée pour la joaillerie. Le tribut transformait certainement des produits susceptibles d'être consommés localement en exportations sans contrepartie, affectant à la baisse le niveau de vie au sein de l'Empire. Mais le paiement du tribut n'exerçait pas d'effet dépressif sur la production ; en réalité, il stimulait probablement l'activité économique en accélérant la vitesse de circulation de l'or.

D'un point de vue stratégique, le paiement du tribut constituait une manière efficace d'exploiter le plus grand avantage comparatif de l'Empire : sa liquidité financière.

L'Égypte était plus fertile ainsi que certaines parties de la Mésopotamie, la Perse jouissait d'une meilleure situation pour le commerce sur grande distance, avec un accès aux routes de l'Asie centrale vers la Chine aussi bien qu'à la route du golfe Persique vers l'Inde et les îles productrices d'épices ; d'autres encore avaient atteint un niveau très évolué dans les arts, mais la richesse des nations est une chose, la richesse des États en est une autre, fort différente. Elle dépend de leurs capacités d'extraction, du degré d'organisation de leur collecte fiscale, domaine dans lequel l'Empire disposait du meilleur système, comme nous l'avons vu. Même après la catastrophe de 1204, l'État aux frontières réduites restauré à Constantinople par Michel VIII Paléologue (1259-1282) – un royaume grec qui ne conservait d'impérial que le nom – avait encore, malgré tout, davantage d'or dans son Trésor public que n'importe quel autre royaume en Europe, tout simplement parce qu'il collectait les impôts d'une manière régulière et systématique, ce que les autres n'étaient pas en mesure de faire.

La révolution tactique

Il y eut une autre réponse, d'une nature tout à fait différente, à la menace d'une ampleur imprévisible que fit peser Attila sur l'Empire. Elle aussi marqua une nouvelle étape transitoire de Rome à Byzance.

On a souvent écrit, en simplifiant à l'extrême, que la cavalerie remplaça l'infanterie comme force principale de l'armée romaine après la désastreuse bataille d'Andrinople en 378. C'est en réalité l'infanterie lourde des légions classiques, massive et peu mobile, qui fut remplacée, et non l'infanterie dans l'ensemble de ses composantes (y compris les fantassins moins coûteux) – et cette évolution était déjà bien engagée plus d'un siècle avant Andrinople. À l'époque de Gallien (260-268), les formations bien serrées de la cavalerie de l'empereur sont devenues les forces militaires les plus efficaces dans un contexte de crise aiguë, tout aussi utiles pour repousser rapidement des incursions étrangères que pour mater des rébellions intestines avant qu'elles ne puissent se propager ; son *dux equitum* Aurélien, commandant de la cavalerie, accéda sans surprise à l'empire en 270. C'est également avant Andrinople, sous Constantin – qui mourut en 337 –, que l'on ajouta aux forces de frontières stationnées dans les provinces des forces mobiles permanentes destinées à intervenir dans l'Empire entier, les *comitatenses*[17].

À la différence de ces évolutions vastes et complexes, dont la responsabilité et le calendrier font encore l'objet de recherches, la révolution tactique fut d'une parfaite simplicité : comme ils n'avaient trouvé aucun moyen efficace pour vaincre les Huns avec leurs forces existantes d'infanterie et de cavalerie, les Byzantins prirent la décision de copier les archers montés des Huns, avec l'ajout d'une armure pour les rendre davantage polyvalents. Mais ce résultat fut loin d'être facile à atteindre. Les Byzantins n'avaient pas la culture de la chasse et de la guerre qui caractérisait les peuples de la steppe et formait à l'équitation comme à l'archerie dès la plus tendre enfance ; une telle révolution exigeait de mettre en œuvre de véritables programmes d'entraînement, à la fois intensifs et de longue durée, pour transformer les recrues en cavaliers et archers de haut niveau, et tout particulièrement en archers montés de haut niveau.

Une année d'entraînement n'était pas jugée suffisante pour former des hommes de troupe prêts au combat ; on pourra noter, au passage, que les troupes américaine et britannique contemporaines sont susceptibles d'être envoyées au combat dans les six mois après leur recrutement. Mais, bien entendu, l'arc composite réflexe est une arme bien plus difficile à utiliser que les fusils contemporains, tout particulièrement à cheval et en mouvement. Au point que des dispositions étaient prévues pour les soldats incapables de réunir toutes les compétences nécessaires : certains cavaliers étaient armés de frondes, tandis que certains archers servaient dans l'infanterie.

Nous n'avons pas d'informations précises sur les modalités ni le calendrier de cette transformation, mais dès l'époque où Justinien arriva au pouvoir, en 527, les forces les plus efficaces de l'armée byzantine étaient certainement ses unités d'archers montés. S'ils n'avaient pas les mêmes aptitudes à l'équitation, ni la même endurance que les cavaliers de la steppe, ils disposaient d'autres avantages qui leur étaient propres et compensaient ces infériorités : une armure corporelle qui leur donnait une meilleure capacité de résistance, une lance attachée dans leur dos avec une courroie qu'ils pouvaient facilement attraper pour lancer une charge, ainsi qu'un entraînement très complet au combat. Nous en avons le rapport de Procope de Césarée, qui en fut témoin oculaire ; il prend la défense de la nouvelle cavalerie équipée de traits contre les critiques mal informés comme contre les beaux parleurs nostalgiques des hoplites de la Grèce classique et de leurs combats corps à corps, accablant de leur mépris les soldats qui ne combattaient qu'en lançant leurs flèches de loin :

> Tels sont ceux... qui appellent les soldats d'aujourd'hui « archers » [méprisés dans les récits d'Homère] et réservent aux [soldats] des temps les plus reculés des termes aussi prestigieux que « combattants corps à corps », « porteurs de boucliers » et d'autres de la même veine ; et ils estiment que la valeur de ces époques lointaines a tout à fait disparu de nos jours... [mais]... les archers mis en scène [et tournés en ridicule] par Homère... n'étaient ni à cheval, ni protégés par une lance et un bouclier. En réalité, ils n'avaient pas la moindre protection corporelle... De toute l'armée ils étaient les moins susceptibles de participer à une bataille décisive sur terrain ouvert... mais les archers d'aujourd'hui vont au combat revêtus de corselets [armures couvrant la poitrine et le haut du dos] et équipés de jambières qui leur montent jusqu'aux genoux. Ils portent leurs flèches du côté droit, l'épée du côté gauche. Et certains portent également une [lance[18]].

Ces hommes de troupe pouvaient ainsi également participer à des combats rapprochés, loin d'être réduits à envoyer leurs traits à distance comme le faisaient les archers d'Homère avec leurs arcs simples de bois, ce qui leur valait une réputation de couardise. C'était également vrai des Huns : eux aussi étaient capables de combattre à l'épée et à la lance ; leurs archers montés pouvaient facilement descendre de leurs chevaux pour combattre à pied, contrairement à leur caricature qui en faisait des centaures capables de faire tout, absolument tout à cheval, mais à peine capables de marcher pour peu qu'il fallût combattre à pied.

La révolution tactique ne se réduisait pas aux seuls éléments de tactique ; elle avait également des implications stratégiques manifestes.

L'ancienne infanterie lourde des légions était composée de fantassins entraînés et équipés pour tenir fermement leurs positions sur le terrain, déloger les autres des leurs et tuer sans relâche les soldats de l'ennemi en combat rapproché corps à corps ; elle convenait davantage à une « guerre d'attrition » visant à détruire l'ennemi, au prix d'une certaine proportion de pertes. Le postulat, tacite, étant qu'une fois l'ennemi détruit s'instaurerait la paix.

Les Byzantins poussèrent plus loin leur connaissance de la guerre. Ils savaient que la paix n'était qu'une interruption temporaire de la guerre, que la défaite d'un ennemi serait immédiatement suivie de l'offensive d'un autre contre l'Empire. De ce fait, la disparition de soldats de grande qualité – sur un effectif total limité – dans une guerre d'attrition constituait une perte irréversible, alors que les gains stratégiques ne pouvaient être que temporaires. Même la destruction de l'ennemi n'assurait pas un gain définitif, parce que, dans un processus de guerre sans fin, l'ennemi d'hier était susceptible de devenir le meilleur des alliés.

Comme ils en étaient pleinement conscients – leurs manuels militaires en apportent la preuve irréfutable –, les Byzantins délaissèrent les armes et pratiques issues de l'ancienne armée romaine visant à porter à son maximum l'attrition de l'ennemi, incarnées dans le rythme au pas cadencé, les armures élaborées, les javelots lourds et les épées courtes en forme de poignards des anciennes légions – de véritables machines à broyer. Aussi souvent que possible, les Byzantins s'efforçaient d'éviter les attaques frontales et les positions fixes qui infligeaient et coûtaient de lourdes pertes, préférant manœuvrer pour combattre l'ennemi en lançant des offensives sous forme de raids et en dressant des embuscades pour se défendre, en cherchant à l'endiguer, à le prendre à revers et à l'envelopper – différentes manières de vaincre par la dislocation plutôt que par la destruction. Pour ces raisons, ils mettaient l'accent sur la cavalerie, plus mobile et plus flexible, davantage que sur l'infanterie : la cavalerie convenait mieux à leurs différentes formes de manœuvres, au moins sur terrain ouvert, et pouvait généralement faire retraite en sécurité sous la pression de l'adversaire au lieu de se retrouver piégée sur des positions fixes où résister jusqu'au bout.

La révolution tactique constituait donc une innovation militaire majeure qui transcendait le niveau tactique : elle revenait à définir un nouveau style de guerre qui ne conservait de l'ancien que la guerre de siège, ainsi que quelques rares autres formes de combat comme en terrain accidenté ou en forêt. Ce qui restait du domaine de l'infanterie légère, comme c'est encore le cas aujourd'hui pour l'essentiel.

À l'offensive, ce nouveau style de guerre fut utilisé avec le plus grand succès lors des guerres de conquête menées par Justinien en Afrique du Nord contre les Vandales à compter de 533, puis en Italie contre le royaume des Ostrogoths, ainsi que durant la guerre qui reprit, à l'initiative des Perses sassanides, en 540 – même si des archers montés byzantins ont certainement participé à la guerre précédente engagée en 502 sous le règne heureux du talentueux Anastase Ier (491-518).

À la défensive, le nouveau style de guerre connut un test majeur avec l'arrivée des Avars, la première puissance de grande importance que l'on ait vue en provenance de la steppe depuis les Huns d'Attila. Constitués selon le processus habituel d'ethnogenèse autour d'un noyau mongol venant d'Asie intérieure, probablement les *Jou-jan* (ou *Juan-juan*, ou encore *Ruan-ruan*) évoqués dans les sources chinoises, ils grossirent d'une multitude de Turcs et autres sujets au fil de leurs mouvements vers l'ouest[19]. C'étaient des archers montés comme l'avaient été les Huns d'Attila, mais bien mieux équipés – ils avaient en effet des armures ainsi que des lances pour le combat rapproché – et plus complets dans les autres formes de guerre, y compris l'art des sièges. Nous disposons d'informations spécifiques sur l'équipement des Avars dans le plus important manuel militaire byzantin, connu sous le titre *Strategikon* de [l'empereur] Maurice, qui fait l'objet d'une analyse détaillée *infra* au chapitre 11. Il contient la première référence aux étriers – une innovation de très grande importance – et décrit divers éléments de l'équipement byzantin comme étant « du type avar ». Les Avars avaient peut-être acquis auprès de leurs ancêtres chinois les types d'équipements que les Byzantins se sont empressés de copier. Mais ces derniers avaient déjà repris aux Huns l'archerie montée, qui neutralisait (à peu près) celle des Avars – ce qui rendait la situation fondamentalement différente : les Byzantins pouvaient affronter les Avars en les combattant sur terrain ouvert, ce qui n'avait pas été le cas avec les Huns sauf en situation d'écrasante supériorité numérique ou par temps très humide.

Dès 557, les Avars avaient atteint la région bordée par la Volga, entre la steppe qui s'étend au nord de la mer Caspienne (dans l'actuel Kazakhstan) et la steppe du Pont qui s'étend au nord de la mer Noire. En 558 ou peut-être en 560, ils envoyèrent une ambassade à Constantinople avec l'assistance des Alains du Caucase, qui les présentèrent au commandant en chef des forces byzantines dans la ville toute proche de Lazica (sud de l'actuelle Géorgie). Quand Justinien en fut informé, il convoqua la délégation des Avars à Constantinople. Ménandre le Protecteur raconte ainsi l'événement :

> Un dénommé Kandikh fut choisi pour être le premier envoyé des Avars ; lorsqu'il arriva au palais, il annonça à l'empereur l'arrivée de la plus grande et puissante de toutes les tribus. Les Avars étaient invincibles et pouvaient facilement écraser et détruire tous ceux qui se trouvaient sur leur chemin. L'empereur avait intérêt à nouer une alliance avec eux et à bénéficier de leur excellente protection. Mais pour qu'ils fussent bien disposés à l'égard de l'État romain, il fallait, en échange, leur faire don des présents les plus précieux, leur assurer des paiements annuels et mettre à leur disposition un pays des plus fertiles pour qu'ils s'y installent[20].

Ménandre poursuit en écrivant que Justinien était alors âgé et affaibli, mais qu'il les aurait « écrasés et complètement détruits », par la guerre ou, à défaut, par de sages décisions, s'il n'était pas décédé peu après. Il conclut : « Comme il ne pouvait les vaincre, il suivit la deuxième voie. » Ce qu'il fit, mais en partie seulement : il y eut en effet certainement des présents, comprenant de l'or, mais aucun « pays fertile » ne changea de propriétaire à cette occasion et les Avars poursuivirent leurs errances vers l'ouest.

Ménandre était un observateur pénétrant, moins épris de beaux discours héroïques que Priscus. Pourtant, il se trompait certainement en affirmant, d'une manière purement théorique, que Justinien les aurait « complètement détruits » s'il l'avait pu.

À ce moment-là, dans le corridor de steppe à l'ouest des Avars, se trouvaient les Turcs Outrigours et Koutrigours, qui menaçaient périodiquement les possessions byzantines en Crimée et tout au long des côtes de la mer Noire ; il y avait également les dangereux Slaves Antes devant eux, ainsi qu'une multitude de Slaves (*Sklavenoi*) bien plus importante qui exerçait une pression sur la frontière du Danube et s'infiltrait jusqu'en Grèce centrale[21]. Les Avars ne devinrent une menace majeure qu'une génération plus tard, mais en 558 ou 560 il eût été contraire à toutes les règles de l'habileté politique byzantine que d'exposer aux périls une grande armée, avec la certitude de lourdes pertes, pour « détruire complètement » un ennemi potentiel qui était, d'une manière plus immédiate, un allié potentiel. Les Avars, en réalité, se mirent à attaquer les Outrigours, les Koutrigours, les Antes et de nombreux Slaves qu'ils défirent et soumirent.

Lorsqu'ils s'en prirent enfin à l'Empire, vers 580, le nouveau style de guerre fit toutes ses preuves. Après de premiers revers sous l'empereur Maurice (582-602) – pour des raisons tenant au commandement opérationnel plus qu'aux évolutions tactiques –, les forces byzantines reposant sur leurs archers montés furent couronnées de succès dans leur offensive contre les Avars vers 590.

Par l'historien quasi contemporain Théophylacte Simocatta (« au museum de chat »), utile même si l'on a souvent contesté sa chronologie, nous avons conservé un récit de l'offensive romaine qui débuta sur la rive du Danube face à Viminacium (aujourd'hui Kostolac, en Voïvodine, Serbie) et se prolongea vers la Tisza à la frontière du Banat :

> [Priscus, commandant l'armée dans les Balkans]…, disposa ses troupes en trois corps du côté romain. Puis il engagea avec fermeté les ailes à s'écarter pour laisser pénétrer les Avars et, ainsi, enfermer les barbares au centre, les envelopper de troupes et leur infliger un désastre qui les prît par surprise. [3, 3] Les barbares tombèrent ensuite dans ce piège tactique ; neuf mille hommes, du côté ennemi, se firent massacrer… [3, 4] Le dixième jour, le général apprit que les barbares revenaient livrer un nouvel engagement ; aux premières lueurs du jour, il ordonna aux Romains de revêtir leurs équipements, les rangea en bon ordre et engagea la bataille. [3, 5] Et, une nouvelle fois, Priscus sépara ses forces en trois corps alors que l'ensemble de l'armée barbare n'en constituait qu'un. Il occupa alors la position la plus avantageuse sur le champ de bataille et, avec l'aide de la force du vent, il tomba sur les Avars depuis une hauteur et enveloppa l'ennemi avec ses deux ailes. [3, 6] Comme un marais s'étendait en contrebas, il poussa les barbares vers les eaux. De ce fait, les barbares se trouvèrent refoulés dans les hauts fonds, eurent le malheur de ne pouvoir échapper au marais et s'y noyèrent dans les conditions les plus horribles[22].

Au sujet d'un combat précédent, Théophylacte écrit : « Les Romains laissèrent leurs arcs de côté et allèrent affronter les barbares en combat rapproché avec leurs lances » (2, 11) – il s'agissait à l'évidence d'une exception liée aux conditions particulières du terrain (boisé ?) ou du temps (humide), raison pour laquelle l'historien a apporté cette précision. En conditions normales, la référence, en 3, 5 (*cf. supra*), à « l'aide de la force du vent » apporte la preuve que les Byzantins s'appuyaient sur leurs arcs : car le vol des flèches est évidemment freiné par des vents contraires, dévié par des vents de travers mais fortement amélioré par un vent arrière bien dans l'axe.

Les Avars étaient réellement redoutables. Après avoir surmonté leurs défaites des années 590, ils atteignirent et assiégèrent Constantinople en 626 avec un grand nombre de leurs sujets slaves, en même temps – pure coïncidence ou action concertée – que la plus profonde offensive jamais lancée par les Sassanides, qui atteignirent le rivage face à Constantinople. Après leur échec de 626, les Avars perdirent le contrôle d'une grande partie de leurs sujets slaves, grâce à l'action efficace d'agents byzantins – parmi ces anciens sujets slaves se trouvaient les tribus à l'origine des Croates et des Serbes, avec des conséquences durables jusqu'à nos jours. Néanmoins, les Avars restèrent une menace jusqu'à leur mouvement vers le nord et leur installation dans ce qui est aujourd'hui la Hongrie, où ils se firent finalement vaincre lors d'une bataille décisive par Charlemagne en 791 ; ils devaient ensuite bientôt se disperser et s'assimiler après les offensives des Bulgars.

Au total, les Avars constituèrent pour les Byzantins une menace sérieuse mais néanmoins susceptible d'être traitée : les Byzantins n'étaient en effet pas surclassés par les Avars comme ils l'avaient été par les Huns, parce qu'ils avaient eux aussi appris à maîtriser l'art difficile de l'archerie montée. Cette révolution fut sans doute tactique, mais elle eut des implications stratégiques.

Il y avait un problème majeur, pourtant, dont les conséquences pouvaient également être stratégiques : l'archerie montée est non seulement un art très exigeant, mais c'est également un art très périssable – d'un point de vue individuel comme, et c'est le principal, d'un point de vue institutionnel. À moins d'être appris dès l'enfance, il ne fait clairement pas partie de ces aptitudes que l'on conserve à peu près intactes avec le temps, comme monter à bicyclette. Les personnels qui forment aux armes à feu connaissent bien la différence radicale entre le tir au pistolet et le tir au fusil en termes de maintien des compétences ; les compétences nécessaires au tir au pistolet se perdent si vite que sans une pratique mensuelle sérieuse, le tireur moyen devient un danger pour ses collègues, alors qu'un tireur au fusil bien entraîné peut conserver ses compétences en se contentant d'une séance de rafraîchissement annuelle. L'archerie montée est comme le tir au pistolet, mais en plus marquée encore ; on en trouve la preuve, de nos jours, dans les séances régulières d'entraînement absolument indispensables même aux cavaliers les plus expérimentés qui participent aux exercices de *yabusame* lors des démonstrations d'archerie montée.

Par conséquent, dans les périodes qui voyaient l'armée byzantine – pour diverses raisons (matérielles ou autres) – dans l'incapacité d'assurer un entraînement régulier et intensif en ce domaine, les archers montés perdaient leurs compétences, très pointues, bien plus vite que les autres soldats ; et si les nouvelles recrues ne recevaient pas la lente initiation nécessaire à la pratique de cet art, ou si trop peu d'entre elles en bénéficiaient, l'armée tout entière pouvait rapidement perdre sa capacité d'action. Comme cela a été suggéré d'une manière plausible, ce facteur joua un rôle important dans l'incapacité des forces byzantines à contenir les Turcs seldjoukides à la fin du xie siècle ; cet élément de nature technique s'ajoutait par là incidemment aux diverses explications avancées pour rendre compte de l'effondrement d'une armée qui avait été victorieuse tous azimuts et restait invaincue en 1025 encore[23].

Le renseignement et l'action clandestine

Les manuels de campagne byzantins, examinés *infra* dans la troisième partie, comprenaient invariablement des dispositions encourageant les commandants à déployer leurs meilleurs efforts pour réunir le plus d'informations possible, par tous les moyens à leur disposition. Cela s'explique par l'importance particulière de l'information dans le style de guerre byzantin.

Les commandants étaient censés utiliser les trois moyens de rassembler de l'information qui sont précisés dans ces manuels, et non seulement l'un d'entre eux : (1) les patrouilles de cavalerie légère et de fantassins pour sonder l'ennemi avec des attaques surprises suivies de retraites rapides, permettant de tester son moral et ses capacités, et de l'inciter à détacher une plus grande partie de ses forces pour que l'on pût les observer et les évaluer – il s'agit, en d'autres termes, de ce que l'on appelle aujourd'hui les opérations de *reconnaissance*, conduites par des unités de combat de taille réduite, rapides et bien armées envoyées en avant des forces principales ; (2) l'exploration furtive du terrain et des forces de l'ennemi plus en avant et en profondeur dans le territoire qu'il contrôle, par de petits groupes de soldats à pied ou à cheval, avec instruction d'éviter toute forme de combat susceptible de perturber leur mission principale, observer et revenir au rapport – il s'agit, en d'autres termes, de ce que l'on appelle aujourd'hui les missions d'*éclaireurs*, conduites d'une manière clandestine par des soldats en tenue normale, mais avec armes légères et sans armures, qui échappent aux regards en trouvant des cachettes sur le terrain où ils opèrent ; et (3) le renseignement qui permet de rassembler des informations plus en profondeur encore dans le territoire contrôlé par l'ennemi, si possible dans ses campements et forteresses, voire au siège de son gouvernement, par l'intermédiaire d'agents « clandestins » qui ne se dissimulent pas sur le terrain où ils opèrent mais agissent sous protection de fausses identités, comme marchands, simples civils voire soldats de l'ennemi ou officiels – il s'agit, en d'autres termes, de ce que l'on appelle aujourd'hui l'*espionnage*.

L'action des agents infiltrés était complétée par celle des « amis secrets » – on parle aujourd'hui d'« agents en place » –, citoyens dans le pays ennemi et, on peut le supposer, officiels ou chefs militaires recrutés pour fournir des informations de l'intérieur[24].

Les manuels de campagne distinguaient bien ces trois catégories et expliquaient en détail leur nécessité. Les patrouilles de reconnaissance par unités de cavalerie légère – le plus souvent appelées *prokoursatores*, « ceux qui vont vers l'avant » – étaient trop importantes pour remplir des missions d'éclaireurs à proprement parler, c'est-à-dire observer l'ennemi et ses évolutions : elles étaient en effet susceptibles d'inciter l'ennemi à renforcer immédiatement ses troupes ou bien à opérer de prudents retraits. Les éclaireurs qui se mettent à combattre l'ennemi ont peu de chances de s'en tirer indemnes, en raison de leur armement léger et de leurs faibles effectifs, et ne remplissent pas leurs missions consistant à observer l'ennemi pour revenir au rapport. Et l'on ne peut pas transformer des éclaireurs clandestins en espions utiles en se contentant de les faire sortir des bois ou descendre des montagnes pour entrer dans la ville la plus proche : les éclaireurs ont en effet été entraînés en tant que soldats, et non agents clandestins, dont les procédures très différentes de recrutement, de formation et de supervision font également l'objet de dispositions particulières dans les manuels de campagne.

Le renseignement au sens le plus large consiste à s'efforcer de comprendre la mentalité de nations étrangères ainsi que celle de leurs dirigeants, et non seulement leurs intentions immédiates, d'évaluer leur force militaire dans son ensemble, y compris sa valeur intrinsèque, et non seulement la nature et la position des forces sur le terrain ; cette forme de renseignement au sens large était une préoccupation majeure des Byzantins. Notre connaissance d'Attila et de ses Huns repose largement sur le récit détaillé de Priscus de Panium, que l'on invita à se joindre à une délégation byzantine, à l'évidence, afin qu'il rédigeât un rapport sur la culture des Huns – une pratique déjà ancienne à l'époque où Tacite écrivait sa *Germanie*. Mais si l'on met à part ces formes d'explorations de peuples et de pays qui constituaient un genre littéraire, quels qu'en fussent leurs desseins, on pratiquait également un espionnage systématique.

De par sa nature même, la documentation concernant l'espionnage est nécessairement ténue – quant à l'accusation d'espionnage, elle est très rarement fondée, comme je pourrais personnellement en témoigner. Mais les plaintes bien connues de Procope illustrent bien de quelles manières étaient menées les opérations d'espionnage à son époque, jusqu'à ce qu'elles fussent soi-disant ruinées par la pingrerie de Justinien :

> Et voici de quoi il retourne en ce qui concerne les espions. Autrefois, l'État conservait de nombreuses personnes qui étaient capables d'entrer dans le pays de l'ennemi et de s'introduire dans le palais des Perses, sous le prétexte d'une vente ou par quelque autre procédé, et après y avoir procédé à une investigation approfondie de tout ce qu'ils y trouvaient, revenaient chez les Romains pour y faire un rapport de tous les secrets de l'ennemi aux magistrats. Ces derniers, disposant ainsi d'informations privilégiées à l'avance, pouvaient se tenir sur leurs gardes et aucun événement imprévu n'était susceptible de leur survenir.

Justinien, dans la suite du texte, est accusé d'avoir détruit le système d'espionnage « en refusant tout engagement de dépenses. » D'où, selon Procope, de nombreuses erreurs, parmi lesquelles la perte de Lazica (partie sud de la Géorgie moderne), « les Romains ayant été totalement incapables de découvrir dans quelle partie du monde le roi des Perses et son armée se trouvaient[25] ».

Les opérations clandestines constituent un prolongement naturel de l'espionnage ; elles avaient très naturellement trouvé leur place dans le style de guerre des Byzantins, car elles permettaient, d'une manière particulièrement économique, de réduire, voire d'éviter le combat et l'usure des ressources. En temps normal, leur but était d'affaiblir l'ennemi par la subversion, c'est-à-dire par l'incitation à changer secrètement de camp. Les commandants de terrain étaient encouragés à entrer en contact avec les chefs des nations étrangères alliées à l'ennemi ou avec les auxiliaires du camp ennemi, voire avec les officiers ennemis eux-mêmes s'ils disposaient d'une certaine autonomie, comme les responsables de garnisons dans les forteresses frontalières, ainsi qu'à leur faire des cadeaux et des promesses. Au-delà du champ de bataille, on s'efforçait sans relâche de recruter et de récompenser les petits dynastes, les personnels officiels ainsi que les chefs de tribus subalternes pour qu'ils servissent les intérêts de l'Empire plutôt que leurs souverains, pour quelque raison que ce fût – du ressentiment personnel, de la jalousie ou de la cupidité jusqu'à l'enthousiasme pour le christianisme de la véritable Église orthodoxe.

Les tâches dévolues aux chefs ennemis ainsi gagnés pouvaient être de dissuader les projets de guerre contre l'Empire, ou de mettre en avant les avantages que l'on gagnerait à combattre pour l'Empire, ou bien encore, tout simplement, de défendre les vertus de relations amicales avec l'Empire – ces divers objectifs illustrant, d'une manière ou d'une autre, une politique sage et habile. La subversion était plus difficile lorsque les conflits de loyauté ne pouvaient rester dans l'ombre et que la déloyauté de tel ou tel apparaissait clairement.

Nous connaissons une affaire de subversion dans un contexte particulièrement périlleux pour l'Empire, que nous examinerons plus en détail ci-après au chapitre 15 : c'est le cas de Shahrbaraz, le très compétent général en chef de l'armée sassanide qui était parvenu à avancer dans l'Empire jusqu'au rivage face à Constantinople en 626. On le contacta alors d'une manière officielle et ouverte pour mener avec lui une négociation sur le champ de bataille, qui échoua. À l'évidence, il resta par la suite en contact avec l'Empire par des moyens clandestins ; plus tard, dans un contexte militaire devenu très défavorable aux Perses, il renversa le shah en place pour conclure la paix avec l'Empire.

C'était de la subversion à une échelle stratégique : un succès obtenu par le concours de négociations officielles et privées conduites avec talent et doigté (sur lesquelles nous disposons de quelques éléments d'information), et surtout grâce aux victoires sur le champ de bataille qui avaient fait pencher la balance militaire du côté de l'Empire – cette subversion restant pourtant des plus utiles pour faire l'économie de nouveaux combats. Il est en effet très peu probable que la corruption ait suffi à faire changer de camp Shahrbaraz :

un commandant en chef d'armée couronné de succès qui avait récemment conquis les places de commerce les plus riches de l'Empire n'était guère susceptible d'avoir besoin d'or, alors que l'empereur byzantin de l'époque, Héraclius (610-641), lui, en manquait cruellement – au point de devoir saisir et faire fondre l'orfèvrerie et les vases d'églises pour payer ses soldats.

Même avec des personnes d'un niveau sensiblement moins élevé, la méthode byzantine, comme nous le verrons, consistait à corrompre sous une apparence de flatterie, par un présent soi-disant spontané, motivé par la seule bienveillance de l'empereur ; il était bien plus facile, pour la personne visée, d'accepter le paiement ainsi présenté et d'agir en conséquence.

Une célèbre affaire, pourtant, laissa peu de place à la flatterie et au travestissement : l'objectif recherché par la subversion n'était pas d'inciter la personne concernée à tenir des positions favorables à l'Empire lors des délibérations à la cour de l'ennemi (ce qui n'aurait pas été ressenti comme une trahison), mais à assassiner son souverain Attila, dont elle était l'un des intimes. Cet épisode fit l'objet d'un récit de Priscus de Panium. Priscus, témoin oculaire des événements qu'il rapporte, est généralement un chroniqueur fiable mais son jugement est en l'occurrence fortement influencé par ses sentiments négatifs à l'égard du protagoniste, Chrysaphius. Ce dernier, dont le rang exact est incertain – les sources le qualifient de *cubicularius* (chambellan de la chambre) ou de *spatharius* (porteur d'épée de cérémonie) –, était en tout cas tout-puissant en tant que favori particulier de Théodose II (408-450). Objet d'invectives de la part de toutes nos sources, qui le disent eunuque de basse naissance (dont le nom de famille serait Tzoumas) et extorqueur irréligieux (selon le patriarche et futur saint Flavien[26]), Chrysaphius jouit en revanche d'une certaine considération au sein des spécialistes de stratégie.

Chrysaphius fait en effet partie de ceux qui peuvent revendiquer la paternité de la nouvelle stratégie byzantine, qui faisait de l'usage direct de la force militaire pour détruire les ennemis non plus le premier instrument de l'habileté politique, mais le dernier. Priscus, qui l'appelle le plus souvent « l'eunuque », lui reprochait de soudoyer Attila, une politique qu'il jugeait d'une lâcheté indigne d'un homme, sans être conscient que son coût restait peu élevé au regard de ses excellents résultats.

La poursuite des politiques de long terme embrassant de vastes objectifs qui constituent toute grande stratégie n'exclut pas des actions spécifiques permettant d'exploiter des opportunités particulières. Face au phénomène d'une portée historique et mondiale que représentait Attila, dont les talents personnels renforcèrent considérablement la puissance des Huns, Chrysaphius se dit, non sans raison – les événements allaient bientôt le démontrer –, que sa disparition les affaiblirait considérablement. Il entreprit de corrompre un officiel qui bénéficiait de la confiance d'Attila, nommé Edeco, ou Edekon, qui se trouvait à Constantinople en ambassade, afin qu'il assassinât son maître. Priscus rapporte la prudence avec laquelle Chrysaphius approcha cet Edeco :

L'eunuque lui demanda s'il avait libre accès à Attila... Edeco lui répondit que...
au même titre qu'à quelques autres dirigeants triés sur le volet, on lui avait confié
la mission de protéger Attila (il précisa qu'à jours fixes, chacun d'eux tour à tour

assurait la protection d'Attila en armes). Alors l'eunuque lui dit que, s'il avait l'assurance que leur conversation resterait secrète, il lui tiendrait des propos du plus haut intérêt pour lui ; toutefois, cela exigeait d'en avoir le loisir ; ils en disposeraient si Edeco venait dîner… sans… ses collègues ambassadeurs.

Edeco se rendit à la résidence de Chrysaphius pour le dîner. Avec l'aide de Vigilas comme interprète [un traducteur officiel rattaché à Chrysaphius], ils se serrèrent la main et échangèrent leurs serments ; Edeco jura de ne révéler à quiconque aucun des propos qui lui seraient tenus, même s'il ne devait pas leur donner suite.

> Alors l'eunuque lui dit que, s'il… assassinait Attila et revenait ensuite auprès des Romains, il y jouirait d'une vie heureuse et d'une très grande fortune. Edeco promit de s'en charger et précisa que l'accomplissement du projet exigeait de l'argent – en quantité raisonnable, seulement 50 livres d'or à distribuer aux soldats placés sous ses ordres afin de s'assurer de leur pleine coopération pour l'attaque à mener.

Il y avait toutefois un problème. Attila avait mis en place des procédures de sécurité permanentes :

> [Edeco] expliqua que, du fait de son éloignement, il serait, comme les autres, objet de questions très précises de la part d'Attila, par exemple sur l'identité des Romains qui lui avaient fait des présents et les sommes d'argent qu'il avait reçues ; il expliqua également qu'en raison de la présence de ses [collègues ambassadeurs], il ne pourrait pas dissimuler les 50 livres d'or[27].

On convint, à la demande d'Edeco, que Vigilas ferait le voyage avec lui jusqu'à la cour d'Attila, sous prétexte de venir y recueillir la réponse du roi dans le cadre des négociations en cours, en réalité pour recevoir des instructions sur la manière dont l'or devrait être envoyé.

Cette habile machination, d'un point de vue politique, méritait d'être tentée – l'idée selon laquelle l'histoire n'est faite que de processus impersonnels refusant d'accorder le moindre rôle aux individualités de premier plan n'est qu'un dogme néomarxiste tombé en déconsidération. Mais le secret nécessaire aux opérations clandestines les expose encore plus aux erreurs que les autres actions de l'État. Chrysaphius, le prétendu maître ès fourberies dont la sournoise habileté réussit à se jouer de nombreux ennemis à la cour, se trouva lui-même joué par un barbare prétendument naïf ; à l'évidence, Edeco avait depuis le début l'intention de révéler le complot à Attila et ne demanda de l'or que pour le lui montrer à titre de preuve[28].

Quand Attila reçut la délégation dirigée par l'envoyé officiel de l'empereur, Maximinus, qui ignorait tout de l'affaire, il ne laissa rien paraître de sa connaissance du complot mais fit toutefois une allusion énigmatique au détour d'une réflexion. Maximinus « lui remit les lettres de l'empereur et lui dit que l'empereur priait pour sa santé et sa sécurité, ainsi que pour celles de ses compagnons. [Attila] répondit que les Romains auraient, en retour, ce qu'ils lui souhaitaient ». Alors, Attila se mit à intimider Vigilas en piquant soudain une furieuse colère sur une question d'importance secondaire, le retour des Huns transfuges passés du côté des Romains, et en lui adressant ses commentaires plutôt qu'à Maximinus :

> Quand Vigilas répondit qu'il n'y avait pas un seul transfuge [hun]... chez les Romains... Attila entra dans une colère pire encore, agonit d'injures [Vigilas] en hurlant qu'il l'aurait fait empaler et donner en pâture aux oiseaux s'il ne s'était pas souvenu qu'une telle punition enfreindrait les règles de droit protégeant les ambassadeurs[29].

La cour d'Attila n'était pas dénuée des moyens nécessaires à l'administration d'un empire : des secrétaires, en effet, lurent alors à voix haute les noms des Huns transfuges « qui étaient écrits sur papyrus ».

Attila passa dès lors à l'étape suivante de son plan : il dit à Vigilas de partir immédiatement, sous le prétexte d'apporter la liste à Constantinople, en réalité pour lui donner l'opportunité d'aller chercher l'or destiné au complot. Comme prévu, Edeco se présenta alors à la tente de la délégation pour prendre Vigilas à part, lui confirmer sa volonté de passer à l'acte et lui dire d'apporter l'or qui devait récompenser ses hommes.

Afin d'ajouter encore quelques éléments au décor nécessaire au dévoilement du complot, Attila envoya un message faisant interdiction aux membres de la délégation de racheter le moindre prisonnier romain, d'acquérir un esclave ou quoi que ce fût d'autre à l'exception de nourriture. De ce fait, la délégation n'avait aucun besoin d'or en quantité.

Dans l'attente du retour de Vigilas, Maximinus et Priscus accompagnèrent Attila dans un long voyage vers le nord ; ce fut à cette occasion, ou plus tard – très vraisemblablement dans le cadre d'un plan destiné à l'amadouer –, qu'ils furent témoins de la capture d'un Hun envoyé depuis le territoire romain aux fins d'espionnage ; Attila le fit empaler ; deux esclaves qui avaient tué leur maître furent ensuite pendus vivants au gibet ; puis un chef hun auparavant d'« un commerce agréable et amical », Berichus, vint reprendre un cheval qu'il avait précédemment offert à Maximinus et se comporta à son égard d'une manière discourtoise.

Vigilas fit son retour avec un groupe qui comprenait son fils. Dès son arrivée, il fut arrêté et l'or découvert comme de juste. Attila coupa court à ses dénégations et donna l'ordre de tuer son fils à l'épée s'il refusait d'avouer. Il avoua. « Il fondit en larmes et en lamentations, invoqua la justice pour que l'épée le frappe lui et non un jeune homme innocent. Sans hésiter, il donna tous les détails [du complot]... sans cesser de supplier qu'on le mît à mort et laissât son fils partir[30]. » Le dévoilement du complot offrait à Attila de nouvelles opportunités d'extorsion, à commencer par 50 livres d'or supplémentaires à titre de rançon pour le fils de Vigilas. Une délégation de Huns arriva bientôt à Constantinople avec le sac original dans lequel Chrysaphius avait placé les 50 livres d'or envoyées à Edeco, ainsi que de nouvelles demandes très élevées. La première était la tête de Chrysaphius.

Le dénouement malheureux de cette tentative de traitement du problème Attila à sa source même (Vigilas fut toutefois finalement libéré) ne dissuada pas l'Empire, par la suite, de nouvelles tentatives d'actions clandestines, mais pour l'essentiel dans un objectif de subversion plutôt que de meurtre. En 535, quand l'armée de Justinien (527-565) eut totalement détruit la puissance des Vandales en Afrique du Nord et fut envoyée en Italie pour y détruire le royaume des Ostrogoths, le débarquement des troupes byzantines sur le continent après la reconquête de la Sicile fut précédé de négociations secrètes avec Théodahad, neveu et successeur indigne de Théodoric le Grand, qui devait accepter la reddition de son royaume en échange de belles propriétés quelque part dans l'Empire ; les négociations secrètes s'étaient précédemment déroulées avec la fille de Théodoric, Amalasunthe, l'ancienne régente, qui devait aller s'installer à Constantinople avec le trésor des Goths. Et, sept siècles plus tard, ce fut l'île entière de Sicile qui fut enlevée, par la subversion, à l'autorité du pape et à la puissance angevine.

La forteresse Constantinople

Nous avons vu précédemment que la géographie stratégique de l'Empire d'Orient était dans l'ensemble moins favorable que celle de l'Empire d'Occident. Mais il y avait une exception de taille : le site de sa capitale Constantinople était exceptionnellement favorable, et la ville elle-même, édifiée sur un promontoire formant une avancée sur le Bosphore entourée de la mer sur trois côtés, constituait une position exceptionnellement facile à défendre.

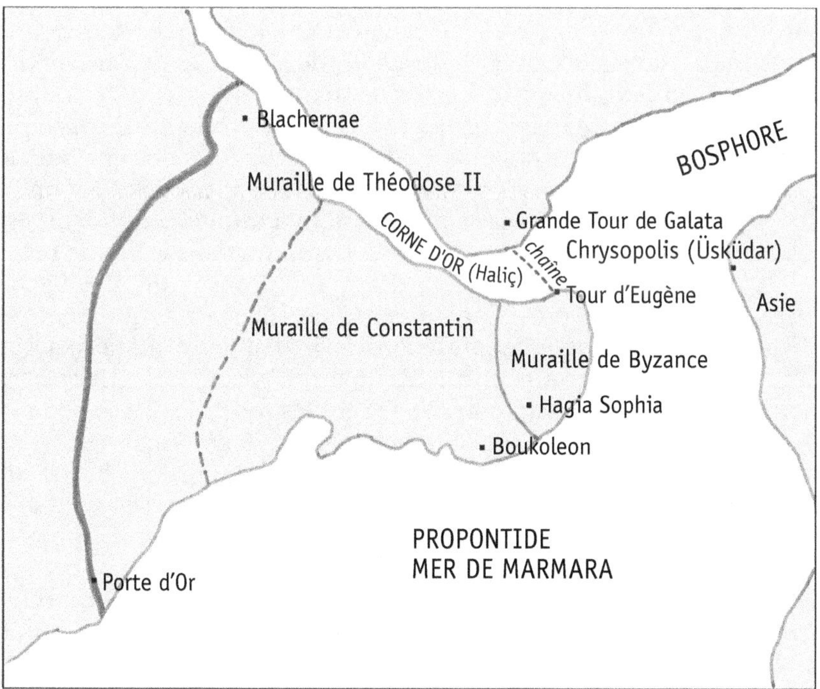

Carte 3. Les défenses de Constantinople.

Il est vrai qu'aucune barrière naturelle ne protégeait la ville du côté de la terre ; sa défense exigeait donc des murailles bien fortifiées, que l'on construisit comme de juste sur une grande échelle. Il n'y avait non plus ni cours d'eau ni présence de nombreuses sources à proximité pour assurer le ravitaillement en eau que l'on trouvait à Rome ; de ce fait, il fallait aller la chercher très loin sur des terrains accidentés au moyen d'aqueducs dont les capacités se révélèrent malgré tout souvent insuffisantes[31].

Durant les sièges, une fois les aqueducs coupés, la ville ne disposait plus que des réserves, limitées, conservées dans les citernes ; dans les époques les plus dramatiques, comme en 717 lorsque l'on anticipa avec justesse un siège d'une durée exceptionnellement longue par l'armée du jihad sous les ordres de Maslama ben Abd al-Malik, on évacuait partiellement la ville. Mais cette insuffisance n'avait manifestement rien de fatal : elle n'empêcha en effet nullement Constantinople de prospérer et de se développer, même sans jamais bénéficier du million de mètres cubes quotidien apporté par les magnifiques aqueducs de Rome – la méfiance des chrétiens à l'égard des bains contribuant certainement à réduire les besoins. Quant aux citernes, elles pouvaient contenir de grandes quantités d'eau : à elles seules, trois citernes en place dès le VIe siècle contenaient un million de mètres cubes[32]. Près d'une centaine de citernes publiques et privées, ouvertes et fermées, sont connues, parmi lesquelles la spectaculaire citerne souterraine de Justinien devenue une attraction touristique majeure sous le nom turc de *Yerebatan Sarayi*. Aucune réserve d'eau en citernes ne pouvait suffire lors de sièges d'une durée exceptionnellement longue, mais ces sièges exigeaient également une logistique exceptionnelle pour assurer la subsistance des assiégeants ; les hommes de Maslama ben Abd al-Malik finirent ainsi par mourir de faim.

Sous tous les autres aspects, la position était excellente d'un point de vue logistique. Dès 430, la population de la ville avait atteint quelque deux cent cinquante mille habitants ; les autorités n'eurent pourtant aucune difficulté à fournir les quatre-vingt mille rations gratuites quotidiennes de nourriture à l'origine mises en place par Constantin dans le but de peupler sa ville[33]. Avec ses ports à l'entrée du Bosphore, Constantinople disposait d'un accès facile aux approvisionnements maritimes en provenance de la mer Égée et de l'ensemble de la Méditerranée d'un côté, de la mer Noire de l'autre. Point de rencontre entre l'Europe et l'Asie, Constantinople avait l'arrière-pays de Thrace d'un côté, de l'autre les fertiles rivages de la Propontide (mer de Marmara) à la limite occidentale de l'Anatolie. Le Bosphore n'a que 700 mètres de large en son point le plus étroit, entre Kandilli et Asiyan, à quelque 8 *miles* en remontant le rivage du côté thrace, mais jusqu'à la construction des ponts à l'époque contemporaine, en raison de l'existence de falaises sur le côté anatolien, il était bien plus facile de franchir le détroit sur le rivage peu élevé que l'on trouve à l'entrée occidentale du Bosphore, où s'élevaient les cités adjacentes de Chrysopolis (Üsküdar) et de Chalcédoine (Kadiköy), face à Constantinople, à 1 *mile* seulement de distance sur la rive opposée.

En ce point resserré, la générosité du détroit faisait bénéficier la ville d'un avantage supplémentaire : on pouvait y pêcher, en saison, de grandes quantités de thons et d'autres prédateurs de la mer qui suivaient les migrations de maquereaux vers et en provenance de la mer Noire ; avec les espèces sédentaires, qui comprenaient assez d'esturgeons pour que le caviar fût un mets courant, ces prises rendaient le poisson abondant et très bon marché à Constantinople, comparé à Rome[34].

Pour affamer la ville lors d'un siège, un ennemi devait donc contrôler la Thrace pour couper son ravitaillement en animaux sur pied et en produits qui arrivaient à Constantinople par voie de terre ; cela fut le cas plusieurs fois, du fait des Avars puis, avec davantage de ténacité, des Bulgars avant l'occupation finale par les Ottomans. Mais le fait de couper la ville de son arrière-pays européen n'avait guère d'effet si, dans le même temps, le rivage anatolien restait hors de contrôle ; produits alimentaires et animaux sur pied pouvaient également arriver et arrivaient par cette voie-là, au moyen de navires parfois aussi petits que des bateaux à rames individuels.

Le rivage asiatique de la mer de Marmara tomba brièvement sous le contrôle des Perses en 626 tandis que les Avars et leurs sujets slaves tenaient le côté thrace ; de nombreuses portions se trouvèrent au pouvoir des Arabes durant leurs expéditions successives des années 674-678 ainsi que durant leur plus grande offensive, en 717. Mais jusqu'à la conquête finale des Ottomans, le rivage asiatique fut seulement menacé par des incursions occasionnelles venant du côté anatolien, jamais fermement occupé. Même lorsque la Thrace et le rivage asiatique se trouvèrent aux mains de l'ennemi, en 626, Constantinople pouvait encore recevoir des approvisionnements par navires, ne fût-ce qu'en provenance de la mer Égée si le trafic du Bosphore était coupé.

Tout cela signifiait qu'il était impossible d'affamer Constantinople jusqu'à la contraindre à la reddition, à la manière habituelle dont on menait les sièges couronnés de succès dans l'Antiquité. Mais ce ne fut que vers la fin de son existence que la ville se réduisit à une cité-État, qui pouvait se contenter de survivre aux sièges. Et ce ne fut qu'après la restauration de 1261 que Constantinople devint la simple capitale d'un royaume grec dont l'arrière-pays, des deux côtés, pouvait être tenu par l'ennemi au seul moyen de forces terrestres.

Pour le reste, durant la plus grande partie de son existence jusqu'à son effondrement militaire à la fin du XIe siècle, Constantinople fut la capitale d'un empire qui comprenait des possessions dans toute la mer Égée et la Méditerranée, ainsi que d'importants avant-postes à l'extrémité de la mer Noire. Sa dimension maritime était ainsi la plus importante d'un point de vue stratégique et, à cet égard, les caractéristiques naturelles dont elle avait été dotée étaient plus que favorables : elles lui donnaient des avantages qui n'avaient aucun équivalent, et ce pour des raisons dont certaines étaient évidentes et d'autres non.

Dans la première catégorie se trouve la Corne d'Or, un étroit goulet de quelque 4 *miles* de longueur protégé du vent par les collines escarpées du rivage nord ainsi que par les collines moins élevées de Constantinople elle-même. C'était le meilleur port naturel connu dans l'Antiquité : il restait calme quel que fût le temps, il n'avait pas de hauts-fonds à son entrée et pouvait être parcouru sans l'aide d'un pilote. Large de seulement 240 mètres en son point le plus étroit, la Corne d'Or l'était un peu plus à son entrée ; à compter de l'époque de Léon III (717-741), il était possible de fermer l'entrée aux vaisseaux ennemis par une chaîne de fer maintenue à la surface de l'eau par des fûts, fixée à la tour d'Eugène du côté de la ville et à la *Megalos pyrgos* (« Grande Tour ») de l'autre côté (aujourd'hui Galata), à l'intérieur de laquelle se trouvait le mécanisme permettant de la lever.

Tout au long du rivage de la Corne d'Or se succédaient les débarcadères, quais, cales, chantiers navals et ports d'échouage utilisés par la marine byzantine, les navires marchands et les bacs locaux. Mais le rivage de la Propontide (mer de Marmara) était également protégé des vents venant du nord ; plusieurs ports furent construits le long de cette rive qui donnait un accès plus direct au cœur de la ville, parmi lesquels le débarcadère du palais de Boucoléon, en bordure de l'acropole et à l'extrémité du promontoire abritant le palais impérial ainsi que la *Hagia Sophia* (la « grande église de la Sagesse sacrée »), qui s'y élève encore de nos jours.

L'avantage le moins évident dont bénéficiait la ville du côté de la mer était le « courant du Diable ». La mer Noire reçoit proportionnellement beaucoup plus d'eau des grands fleuves qui s'y jettent que la Méditerranée n'en reçoit de ses fleuves au débit bien plus faible ; ce phénomène crée un courant de surface traversant le Bosphore dont la force connaît des variations considérables, avec des vitesses maximales allant jusqu'à 4 mètres par seconde (ou 8 nœuds) et une vitesse assez habituelle de 4 nœuds. Ce simple fait rendait extrêmement difficile, voire tout bonnement impossible, le débarquement direct d'une flotte ancienne sur le rivage de l'acropole qui formait une avancée dans le courant du Bosphore.

En outre, du fait des importantes entrées d'eaux douces qui s'y jettent, la mer Noire est moins chargée en sel que la Méditerranée ; la pression osmotique crée un courant juste sous la surface de l'eau qui remonte le Bosphore. L'interaction des deux courants, avec l'influence des vents du nord dont les rives du Bosphore dirigent souvent le souffle comme dans un canal aérien, a pour effet de sérieuses turbulences qui, en retour, donnent un grand avantage aux marins locaux qui savent les maîtriser. Ce facteur a joué un rôle dans la défaite de flottes étrangères venues attaquer Constantinople.

Disposant d'une base d'une telle qualité, la marine byzantine dans ses périodes d'efficacité – elle eut elle aussi ses cycles de déclin et de renouveau – était capable de défendre Constantinople non seulement en maintenant à distance les flottes ennemies et en interdisant les débarquements, mais aussi en apportant des renforts de n'importe quel point de l'Empire, transportés sur ses propres navires de guerre et de transport comme sur des navires marchands réquisitionnés. Il y en eut des exemples – Héraclius arriva ainsi par mer depuis Carthage avec ses compagnons en 610 pour revendiquer l'empire. Ce fut une des raisons pour lesquelles la ville ne fut jamais conquise en plus de huit cents ans de guerres, jusqu'à ce que des dissensions détruisissent ses capacités de résistance en 1204.

Constantinople était également la plus importante base de l'armée byzantine dans ses différentes composantes, avec ses forces permanentes de gardes à cheval et à pied, ses ateliers de manufacture d'armures, d'armes, d'uniformes et de chaussures, ainsi que les écuries impériales et leurs élevages. Par conséquent, la marine byzantine était bien plus souvent utilisée pour transporter les forces impériales de Constantinople vers les fronts en activité dans tout l'Empire que pour faire venir des troupes en renfort de la garnison de la ville.

Les sources sur l'histoire de la marine byzantine sont très limitées[35]. On connaît très mal le recrutement des marins et des soldats de marine, l'évolution de la conception des navires siècle après siècle, la manière dont étaient dirigées ses flottes, décidées ses tactiques et ses armes, y compris le « feu grégeois » (c'est-à-dire « grec ») qui était certes utile mais sans mériter sa réputation mythique, comme nous le verrons au chapitre 13. Mais même notre connaissance fragmentaire d'actions navales individuelles et d'expéditions suffit à apprécier ce qui doit l'être ici : à savoir que dans les périodes de bon fonctionnement de ses institutions en tant que capitale et base navale, ce qui était le plus souvent le cas, Constantinople était à l'abri d'attaques navales même menées sur la plus grande échelle, comme ce fut le cas en 717 lorsque l'offensive des Arabes mobilisa tous les navires disponibles dans l'ensemble des ports de mer de la Méditerranée orientale pour remplir la Propontide de vaisseaux de guerre et de transport.

La ville devait un niveau de sécurité aussi élevé aux effets bénéfiques combinés du calme perpétuel de la Corne d'Or – qui garantissait la sécurité parfaite des navires de guerre et de transport byzantins par tous les temps – et des turbulences qui régnaient souvent juste à l'extérieur : ces conditions particulières permettaient de maintenir le haut niveau de qualité à la mer des vaisseaux byzantins et d'aptitudes à la navigation de leurs marins, tout en rendant la tâche difficile aux équipages de l'ennemi, tout particulièrement s'ils venaient de pays plus chauds avec des eaux plus calmes.

Le promontoire triangulaire de Constantinople n'avait pas de barrières naturelles pour défendre sa base sur le côté le plus large, du côté de la terre ; son altitude modeste du côté du nord et de l'acropole ne dépasse pas environ 50 mètres. Toutes les cités successives, à commencer par la *polis* grecque de Byzantion fondée au VIIe siècle avant notre ère, furent donc contraintes d'édifier un mur pour protéger la base du triangle. La Byzantium romaine avait un rempart robuste qui fut démoli par Septime Sévère (193-211) après la guerre civile qu'il mena en 196 de notre ère, et bientôt remplacé.

Quand Constantin établit sa *Noua Roma*, il engagea la construction d'une muraille renforcée de tours dont l'emprise était bien plus grande ; elle s'étendait de la porte de Plateia sur la Corne d'Or jusqu'à ce qui devint la porte de Saint Aemilianus du côté de la Propontide, avec une saillie vers l'extérieur. Ce périmètre ne manquait pas d'ambition ; il englobait, en effet, une zone cinq fois plus vaste que le rempart de Septime Sévère. Ce ne fut pourtant pas suffisant : dès le début du long règne de Théodose II

(408-450), la ville s'était développée au-delà de la muraille de Constantin dans le faubourg connu sous le nom d'Exokionion, sans protection contre les maraudeurs.

En 408, un tremblement de terre endommagea certaines parties de la muraille de Constantin ; on engagea la construction du rempart que l'on devait appeler muraille de Théodose (*Theodosianon teichos*), à environ 1,5 kilomètre en avant et d'une extension d'environ 5,5 kilomètres (3,5 *miles*) de la côte de la Propontide jusqu'au faubourg de Blachernae près de la Corne d'Or (actuels quartiers d'Ayvansaray et de Balat). Dès le début, cette nouvelle construction fut davantage qu'un rempart : c'était un système de défense complet composé de trois remparts, deux d'entre eux renforcés chacun de quatre-vingt-seize tours, d'une chaussée et d'un fossé – au total, une formidable succession de barrières en synergie étroite entre elles.

Construit de couches alternées de pierres et de briques, une technique qui ne manque pas de beauté architecturale mais avait sans doute pour objectif premier d'accroître la résistance aux tremblements de terre, le rempart principal ou *mega teichos* (« grand mur ») a 5 mètres de largeur à sa base et 12 mètres de hauteur. Ses quatre-vingt-seize tours sont espacées entre elles de 55 mètres, soit la moitié de la portée mortelle d'un arc composite réflexe. Leur hauteur varie entre 18 et 20 mètres. Chacune dispose d'une plate-forme avec créneaux et merlons : les créneaux permettaient le tir à l'arme de jet et l'utilisation de perches pour repousser les échelles des assaillants, tandis que les merlons, entre les créneaux, protégeaient les soldats gardant le rempart. Dans chaque tour, une salle à l'étage supérieur disposant de meurtrières et d'embrasures, à laquelle on accédait directement depuis le chemin de ronde du rempart, constituait un compartiment de combat fermé offrant une meilleure résistance que la plate-forme sommitale exposée aux bombardements par catapultes et au harcèlement des flèches tirées de loin. Chaque tour avait également une salle à l'étage inférieur, au niveau de la rue, qui servait d'entrepôt.

À environ 15 à 20 mètres en avant du *Mega teichos* se trouvait un rempart extérieur (*Exo teichos* ou *Proteichisma*), de 2 mètres de large à la base et de 8,5 mètres de haut avec le chemin de ronde crénelé. Il comptait lui aussi quatre-vingt-seize tours, placées au niveau correspondant à la moitié de la courtine entre les tours du *Mega teichos*. Ces tours plus petites avaient elles aussi un compartiment de combat avec une plate-forme crénelée à leur sommet.

Le fossé (*souda*), dont la bordure se trouvait à environ 15 mètres en avant du rempart extérieur, avait une largeur de 20 mètres et une profondeur de 10. La bande de 15 mètres entre le périmètre du rempart et le fossé était aménagée d'un terre-plein ; une voie pavée longeait tout le périmètre pour permettre aux patrouilles d'inspection de se déplacer rapidement et en sécurité de jour comme de nuit, sous la protection des soldats en poste sur le rempart extérieur. Longeant la voie pavée, en bordure du fossé, un mur haut de 1,5 mètre et équipé de créneaux de combat servait à protéger les patrouilles d'inspection si elles se trouvaient prises sous une attaque de traits, ainsi qu'au tir de précision contre les éclaireurs et les avant-gardes de l'ennemi, plutôt qu'à la défense lors des grandes opérations de siège, qui reposait sur le rempart extérieur et le rempart principal avec toute la puissance de leurs défenseurs.

En sus de petites poternes que l'on murait facilement durant les sièges et de cinq portes militaires, on comptait cinq portes destinées au passage public qui s'ouvraient sur des ponts permettant de franchir le fossé, parmi lesquelles la « Porte d'Or » (*chryse pyle*) encore assez bien conservée ; à l'origine, il s'agissait d'un arc de triomphe édifié sur la Via Egnatia que l'on intégra dans la muraille de Théodose pour constituer l'entrée de cérémonie de la capitale ; de chaque côté, on ajouta une tour que l'on décora d'éléphants de bronze et de victoires ailées.

Le faubourg de Blachernae, à l'origine, n'était pas compris dans le périmètre de la muraille de Théodose, qui s'arrêtait à environ 400 mètres de la Corne d'Or. On éleva un simple mur faisant saillie en demi-cercle en 626-627 pour intégrer Blachernae dans le périmètre fortifié durant le règne d'Héraclius, au moment du siège de la ville par les Avars et les Perses. On ajouta un mur extérieur en 814 sous Léon V, lorsque les Bulgars furent devenus la menace directe la plus importante pour l'Empire. Le segment de muraille byzantine fort élaboré que l'on peut voir en ce point aujourd'hui fut construit au XIIᵉ siècle sous Manuel Iᵉʳ Comnène.

Comme Istanbul de nos jours, Constantinople était sujette à de fréquents tremblements de terre. Certains survinrent à des moments particulièrement délicats de son histoire. Le 6 novembre 447, alors que les Huns approchaient de la ville, un tremblement de terre détruisit de grandes parties de la muraille. Nous avons conservé des inscriptions en grec et en latin rapportant que Kyros, le préfet de la ville, put restaurer le rempart en soixante jours avec l'aide des partisans des Rouges, l'une des factions des courses de char au cirque. La porte de Rhegium (*Pyle Regiou*) est également connue sous le nom de *Pyle Rousiou*, « porte des Rouges », vraisemblablement en souvenir de leur aide en 447 ; de nos jours, on l'appelle la « nouvelle porte de Mevlevihane » (*yeni Mevlevihane kapisi*). Kyros fut salué « nouveau Constantin » ; cela explique sans doute le passage de Marcellinus Comes relatif à la quinzième indiction, consulats d'Ardabur et de Calepius : « 3. La même année [que l'offensive d'Attila], les murailles de la cité impériale, qui avaient été récemment détruites par un tremblement de terre, furent reconstruites dans les trois mois sous la supervision de Constantin, le préfet du prétoire[36]. »

La muraille de Théodose, ainsi qu'on la nomme dans les descriptions, était donc bien davantage qu'une simple muraille ; c'était un système défensif complet.

Le fossé était la première barrière, redoutable, de ce système. La technique habituelle permettant de franchir les fossés consistait à jeter d'un bord à l'autre des ponts de bois préparés à l'avance, mais ce n'était guère aisé avec un fossé d'une largeur de 20 mètres ; l'autre technique pratiquée consistait à jeter à l'intérieur du fossé assez de fagots et de fascines lestées pour que des fantassins pussent franchir cette sorte de gué improvisé, mais une très grande quantité de fascines était nécessaire pour combler un fossé profond de 10 mètres ; et même alors, cette sorte de gué n'offrait pas de surface assez ferme pour les béliers, tours d'assaut mobiles, échelles et autres machines de siège qui devaient atteindre le rempart, ou au moins l'approcher, pour être efficaces. En l'occurrence, la distance entre le bord extérieur du fossé et le rempart était de 35 mètres (ou 38 *yards*) – une distance bien trop grande pour les machines de siège à l'exception de l'artillerie permettant de lancer des pierres ou de tirer des flèches de loin.

En outre, la profondeur du fossé rendait difficile l'utilisation de la technique généralement considérée comme la plus efficace dans l'Antiquité : le percement d'un tunnel pour atteindre le rempart et la sape de ses fondations sous la protection d'étais de bois, que l'on enduisait de résine inflammable puis incendiait pour faire effondrer le rempart. Avec une profondeur de 10 mètres et en tenant compte de la boue qui rendait le fond du fossé instable, il fallait creuser un tunnel très profond que l'on pouvait facilement inonder.

Les tours des deux remparts étaient séparées de 55 mètres, celles du rempart extérieur étant placées au niveau correspondant au milieu de la courtine entre les tours du rempart principal. En tenant compte de l'espace de 10 à 20 mètres entre les deux remparts et de la différence de hauteur de 10 mètres, il est possible de calculer que tout assaut d'infanterie parvenu à franchir le fossé se trouvait exposé à portée mortelle de flèches provenant d'au moins quatre tours et de deux courtines de 50 mètres. De quoi accueillir au moins trois cents archers ; avec du talent, une bonne forme physique et un approvisionnement régulier en flèches, ce total pouvait suffire à arrêter une armée de milliers d'hommes – sans oublier l'artillerie, déployée dans les deux camps. Les Byzantins en utilisaient de manière régulière dans leurs armées de campagne, comme nous le verrons ; ils l'utilisaient certainement bien davantage dans la défense de leurs forteresses – et tout particulièrement de la plus importante d'entre elles[37].

La muraille principale, l'espace entre les deux remparts et, selon les circonstances, la chaussée devant le rempart extérieur permettaient de faire porter l'effort défensif d'un segment du périmètre à un autre plus rapidement que les attaquants n'étaient capables de se déplacer euxmêmes de leur côté, ne disposant ni de chaussées ni de passages préparés à l'avance.

L'ennemi qui fut à l'origine de la construction de la muraille de Théodose préférait les chevaux aux bateaux, mais il y avait eu des raids maritimes menés par les Goths dès le IIIe siècle. Les Avars, en 626, comptaient dans leurs rangs un grand nombre de Slaves venus avec leurs navires. Et, dès 674, les offensives des Arabes musulmans arrivèrent par la mer depuis les ports du Levant.

Les courants et les vents étaient d'une aide précieuse dans la défense de la ville, nous l'avons vu, mais il y avait également des murailles du côté de la mer dès l'époque du premier Constantin. Sous Théodose II, les fortifications du côté terre furent complétées de fortifications du côté mer qui longeaient les rivages de la Propontide (ou mer de Marmara) et de la Corne d'Or. Le long de la Corne d'Or, le rempart mesurait 5 600 mètres de long de Blachernae au cap de Saint-Demetrius ; le rempart de la

Propontide mesurait 8 460 mètres, sans compter les remparts intérieurs de plusieurs ports.

Les premières fortifications du côté mer n'étaient que de simples murs, peu élevés. Sous l'impulsion des offensives arabes de 674-677, puis à nouveau en 717, les fortifications côté mer des deux côtés du promontoire furent restaurées, renforcées et rehaussées par endroits ; ce fut sous Michel II (820-829) qu'une reconstruction sur grande échelle s'engagea pour accroître la hauteur des murailles, en réaction à la conquête de la Crète par les Arabes en 824 par voie maritime. Lors de ces travaux, ainsi que par la suite, on ajouta de nouvelles tours à ces fortifications – sans effet, en 1204, lorsque les Vénitiens débarquèrent sur la Propontide.

En considérant tous ces dispositifs d'une manière globale, nous dirions en termes actuels que les fossés, remparts et tours des fortifications terrestres de Théodose représentaient un « multiplicateur de force » extrêmement efficace ; sans utilité intrinsèque, ces dispositifs étaient susceptibles d'accroître d'une manière considérable la capacité défensive d'une garnison suffisante, bien entraînée et bien armée. Mais le plus souvent – avec une remarquable exception en 860 –, Constantinople ne fut attaquée que dans des contextes de crise aiguë affectant tout l'Empire, ses ennemis n'étant guère capables de l'atteindre dans un contexte normal. Dans ces contextes de crise, tout particulièrement après une défaite majeure sur le champ de bataille, les forces de l'Empire n'étaient pas à même de pouvoir constituer la garnison solide, dans les conditions adéquates et en nombre suffisant, qu'exigeait la défense de la ville.

Un *tagma* (l'équivalent d'un bataillon) dédié « aux fortifications » (*ton teichon*) fut créé sous Constantin V (741-775), mais il eût fallu bien plus de soldats que dans un *tagma* ordinaire (mille à mille cinq cents hommes) pour assurer la garde d'un système fortifié aussi imposant.

C'était précisément dans ces contextes de crises et de désorganisation, alors que l'ennemi avait les plus grandes chances de pouvoir arriver jusqu'à la muraille de Théodose, que son effet « multiplicateur de force » démontrait toute son efficacité en compensant le manque de défenseurs, parfois même dans des proportions importantes ; en 559, 601, 602 et 610, il fallut mobiliser des corporations de citoyens – parmi lesquelles les partisans des Bleus et des Verts dans les courses de char – pour assurer la défense des remparts ; en 559, il fallut même convoquer les sénateurs, ou au moins leurs suites[38]. Lors de la suprême épreuve de 626, une garnison allant peut-être jusqu'à douze cents hommes, comprenant des soldats parfaitement entraînés envoyés par Héraclius, suffit à défendre Constantinople quand elle fut attaquée par les redoutables Avars, très bien équipés et accompagnés d'une multitude de Slaves, tandis qu'une armée de Perses campait sur la rive opposée – une double offensive qui interdisait l'arrivée de tout renfort en provenance des deux continents.

Toute fortification correctement édifiée peut servir de multiplicateur de force, mais le système fortifié de Théodose était de loin la fortification la plus efficace au monde et le resta pendant un millier d'années en comptant depuis le début de sa construction ; son ampleur était telle qu'elle avait par elle-même une importance stratégique.

Les murailles du côté mer étaient également un exemple de fortifications impressionnant, certainement d'une grande utilité contre les raids. Mais la sécurité maritime de la ville exigeait une puissance navale et le contrôle des mers, sinon au niveau méditerranéen, en tout cas aux approches de Constantinople et à l'entrée du Bosphore. La cause de la chute de 1204 résulta de dissensions internes, mais l'absence de marine en état de fonctionnement avait rendu la ville extrêmement vulnérable.

Comme nous l'avons vu au début, l'Empire d'Orient était désavantagé par son manque de profondeur stratégique comparé à l'Empire d'Occident. C'est la raison pour laquelle Constantinople devait dans le même temps remplir le rôle de magnifique capitale d'un grand empire et le rôle de forteresse contrainte de veiller à sa propre protection, comme Paris à l'époque moderne de l'unité allemande en raison, tout simplement, de la trop grande proximité du Rhin. Ce qui lui valut de subir un siège en 1870, de l'échapper belle en 1914 et d'être prise en 1940. Dans l'entre-deux-guerres, les Français s'efforcèrent d'accroître la profondeur stratégique efficace en avant de Paris en construisant la fortification linéaire la plus élaborée de l'histoire, la ligne Maginot, invaincue en 1940 mais prise à revers en coupant par la Belgique.

Les Byzantins tentèrent la même chose à compter du Ve siècle par l'ajout d'un nouveau périmètre fortifié entre Constantinople et les menaces susceptibles de provenir du nord : le « Long Mur » (*Makron teichos*), également appelé mur d'Anastase, qui s'étendait sur 45 kilomètres de la mer de Marmara – en un point situé à 6 kilomètres au-delà de Selymbria (Silivri) – à l'actuelle Evcik Iskelesi sur la côte de la mer Noire. Le nom de ce mur fait référence au règne d'Anastase Ier (491-518), une période heureuse durant laquelle on évita les dépenses excessives, mais cet empereur se contenta peut-être d'achever, de restaurer et de renforcer un premier mur qui pouvait remonter à Léon I[er39].

Sur sa portion la mieux conservée, il s'agit d'une construction de 3,3 mètres de large à la base et d'environ 5 mètres de haut, complétée d'un fossé, de tours, de portes fortifiées, de forts, d'un campement au périmètre rectangulaire et d'une chaussée intérieure qui facilitait les déplacements à cheval de mer à mer, à l'abri d'embuscades quand le mur était bien défendu. Ce mur faisait de Constantinople et de son arrière-pays « une île, ou peu s'en fallut, plutôt qu'une péninsule, qui offre à qui le souhaite des conditions de sécurité excellente pour passer de ce que l'on appelle le Pont [mer Noire] à la Propontide [mer de Marmara], tout en permettant de surveiller les barbares... dont les offensives sont tombées sur l'Europe », pour reprendre les mots admiratifs d'Evagrius Scholasticus[40].

Le Long Mur avait l'avantage considérable de former un périmètre défensif 65 kilomètres au-delà de la muraille de Théodose, donnant ainsi de la profondeur à la défense de Constantinople. Avec des sentinelles et des patrouilles en nombre suffisant, le Long Mur pouvait arrêter des bandits, de petits groupes de maraudeurs et des attaques localisées. À plus grande échelle, il constituait une base sûre permettant d'accueillir des armées de campagne envoyées intercepter l'ennemi à une certaine distance, plus digne d'une capitale, au lieu de le laisser avancer droit jusqu'à ses remparts.

Le Long Mur avait toutefois un défaut considérable, tenant à une géographie défavorable : pour offrir une profondeur de 65 kilomètres, il s'étendait sur une longueur totale de 45 kilomètres et exigeait une garnison proportionnée d'au moins dix mille hommes pour que le nombre de sentinelles, de soldats en patrouilles et d'unités prêtes à intervenir en cas d'attaque fût suffisant. Dans le préambule de l'une des lois de Justinien, il est précisé que deux officiels assez expérimentés étaient en charge du mur, ce qui suppose une organisation permanente substantielle[41]. C'est certainement la raison pour laquelle le Long Mur fut abandonné au début du VIIe siècle, sinon plus tôt encore – il exigeait de trop nombreuses troupes. De ce fait, ce fut avec une faible profondeur stratégique que les garnisons de la muraille de Théodose défendirent Constantinople avec succès pendant presque huit cents ans.

Justinien ou la réforme renversée :
de la victoire à la peste

Flavius Petrus Sabbatius Iustitianus, Justinien Ier, Justinien le Grand, saint « Justinien l'Empereur » de l'Église orthodoxe, est né fils de paysan dans l'actuelle Macédoine. Sa naissance modeste ne l'empêcha pas d'accéder facilement à l'empire, après de longues années auprès de son oncle Justin Ier (518-527) comme assistant, doublure, coempereur et chaque jour davantage véritable souverain.

Quand il fut officiellement intronisé en 527, il s'était écoulé soixante-dix-sept années depuis la fin du règne de Théodose Ier, une période qui vit la pleine intégration, la consolidation et l'institutionnalisation de ses innovations stratégiques avec de bons résultats. L'Empire était bien plus fort qu'en 450 mais il avait toujours besoin du Long Mur et de la muraille de Théodose pour protéger Constantinople, moins contre les invasions à grande échelle que contre les raids de pillage lancés depuis les régions situées au-delà du Danube et les brigandages des maraudeurs balkaniques.

Comme il en avait été depuis son commencement au IIIe siècle, l'empire des Perses sassanides restait une menace stratégique permanente ; un certain respect mutuel, de fréquentes négociations comme plusieurs traités formels, parmi lesquels la « paix perpétuelle » de 532, n'avaient en rien diminué sa puissance. Une vigilance constante et une capacité à déployer au plus vite des renforts restaient nécessaires, bien que souvent insuffisants, pour contenir la puissance des Sassanides dans le Caucase, dans les régions de l'Arménie – éternel sujet de débat entre les deux protagonistes – et jusqu'au sud de la Syrie.

Par ailleurs, il n'existait plus de puissance rivale au nord de Constantinople, sous ou au-delà du Danube ; de l'autre côté de l'Adriatique, le royaume ostrogoth d'Italie n'aspirait qu'à maintenir de bonnes relations avec l'Empire ; une partie de ses élites voulait même que le royaume rejoignît l'Empire. Les Vandales et les Alains qui avaient conquis l'*Africa* au siècle précédent avaient conservé leurs positions mais ne menaçaient plus les expéditions navales contre l'Égypte. Quant aux dangers provenant de la grande steppe d'Eurasie, les nomades belliqueux les plus proches étaient les Turcs Koutrigours, dans l'actuelle Ukraine ; au pire, ils constituaient davantage une nuisance qu'une force irrésistible comme l'avaient été les Huns d'Attila[42].

De plus puissants ennemis en provenance de la steppe étaient en marche, mais, à l'époque de Justinien, les guerriers de la steppe avaient de manière irréversible perdu leur supériorité tactique. L'armée impériale avait entrepris sa propre révolution tactique en parvenant à maîtriser les techniques difficiles à acquérir de l'archerie montée équipée de puissants arcs composites réflexes, tout en conservant des capacités de combat rapproché à l'épée et à la lance. Même si leur archerie ne pouvait égaler les performances des mercenaires Huns présents dans leurs unités, les troupes byzantines n'étaient plus exposées, comme elles l'avaient été, à un harcèlement de traits désastreux sans pouvoir répliquer. Les guerriers de la steppe avaient également perdu une grande partie de leur supériorité opérationnelle : la cavalerie était en effet devenue la force principale de l'armée impériale, elle avait adopté des tactiques aux évolutions rapides et pouvait compenser, par la force de résistance supérieure de ses unités bien disciplinées et soudées, les qualités de virtuosité pure en équitation qui pouvaient encore manquer à ses cavaliers individuels.

Cela signifiait également, bien sûr, que l'armée impériale bénéficiait désormais d'une supériorité tactique et opérationnelle sur les Vandales et les Alains en *Africa*, ainsi que sur les Ostrogoths en Italie. Les Alains étaient avant tout des cavaliers, les Vandales et les Goths de redoutables guerriers en combat rapproché, pleinement capables d'organiser de grandes expéditions et non dépourvus de connaissances dans l'art des sièges – mais tous se trouvaient à cette époque manquer de capacités de tir par armes de jet et de mobilité sur le champ de bataille. Procope de Césarée, qui en fut témoin, rapporte l'analyse qu'en donnait Bélisaire, le fameux commandant de Justinien :

> Pour ainsi dire tous les Romains et leurs alliés, les Huns [des Onogours mercenaires], sont de bons archers montés, mais il n'y a pas un homme parmi les Goths qui ait quelque pratique que ce soit en ce domaine : leurs cavaliers, en effet, ont coutume de n'utiliser que lances et épées, alors que leurs archers viennent au combat à pied, couverts par l'infanterie lourde [pour parer les charges de cavalerie]. Les cavaliers, sauf dans un engagement rapproché, n'ont ainsi aucun moyen de se défendre contre des adversaires qui se servent de l'arc ; on peut donc facilement les atteindre de flèches et les détruire ; quant aux fantassins, ils n'ont jamais assez de force pour assaillir des hommes à cheval[43].

Cela ne concerne que la tactique et non la stratégie, mais sans cet avantage, il y a fort à croire que Justinien ne se serait pas engagé dans son vaste plan de reconquête en Afrique du Nord en 533-534, puis en Italie à compter de 535.

Les historiens modernes sont presque tous d'accord pour soutenir qu'il fut trop ambitieux et que ses conquêtes suscitèrent une extension démesurée de l'Empire – ce qui n'est pas faux quand on examine les événements d'une manière rétrospective, bien que cela ne fût peut-être que le résultat d'une catastrophe imprévisible. Mais même ses critiques les plus acharnés se gardent de taxer Justinien de stupidité, d'ambitions irrationnelles ou d'incapacité à calculer et à évaluer les situations d'une manière sérieuse. Sur la célèbre mosaïque de San Vitale à Ravenne, Justinien nous regarde avec une expression sérieuse, mais nous y lisons l'ambition calculatrice davantage que la ferveur morale[44].

Et il y avait une donnée que l'on ne pouvait ignorer : l'impossibilité d'envoyer par la mer des armées aux effectifs très élevés. Dans la plus grande expédition que l'on put monter, Bélisaire partit de Constantinople, à l'été 533, avec quelque dix mille fantassins et huit mille cavaliers transportés sur cinq cents navires de transport comprenant trente mille hommes d'équipage, escortés par quatre-vingt-douze galères de guerre[45]. Une armada des plus impressionnantes, sans aucun doute, mais dix-huit mille soldats ne constituaient pas une force si importante que cela pour affronter les Vandales et les Alains, sans même compter les Ostrogoths, dont les capacités en nombre de guerriers étaient soutenues par les ressources de l'Italie entière.

C'était pourtant possible, ne fût-ce que de justesse, grâce aux avantages tactiques et opérationnels liés aux capacités de manœuvre des forces d'archers montés. Dans la phrase précédant le passage cité *supra*, Bélisaire le dit lui-même clairement : « [grâce à leurs archers montés] les multitudes engagées par l'ennemi ne pouvaient pas porter atteinte aux Romains, qui n'étaient pas désavantagés par leurs effectifs limités[46] ». Il fallait également une stratégie de théâtre couronnée de succès, bien entendu, ainsi que des capacités de commandement général. Justinien était remarquablement secondé par des commandants de terrain de grand talent, tout particulièrement l'eunuque Narsès, peut-être le meilleur en tactique, ainsi que Bélisaire, plus célèbre, aux infinies ressources en stratagèmes et diverses ingéniosités – son souvenir s'est perpétué jusqu'à nos jours à Rome, chez des habitants qui ne connaissent pourtant pas l'histoire ancienne, en raison de ses moulins flottants improvisés actionnés par le courant du Tibre, qui purent moudre le blé durant le siège de 537-538.

Les stratagèmes réussis sont les multiplicateurs de force les plus classiques. Bélisaire, le premier, en fit une spécialité des Byzantins, qui devait le rester pendant les siècles à venir, associée avec son art d'éviter systématiquement la guerre d'usure et d'exploiter au maximum la guerre de manœuvre.

Dans le récit détaillé que laissa des guerres contre les Vandales et les Goths son secrétaire Procope, qui l'admirait certainement mais n'était pas dépourvu d'esprit critique à son égard, nous lisons combien Bélisaire était toujours enclin à entreprendre de plus longues marches sur des routes plus périlleuses afin d'éviter une direction à laquelle l'ennemi pouvait s'attendre, et d'atteindre plutôt son flanc ou, mieux encore, le prendre à revers ; nous lisons également combien il était enclin à tenter les stratagèmes les plus risqués pour éviter les assauts directs. Afin de vaincre en infériorité numérique, il remplaçait les effectifs massifs qui lui manquaient par des manœuvres à hauts risques susceptibles d'apporter des résultats rapides et décisifs, ainsi que des actions surprises très audacieuses, des *coups de main* que tout le monde approuvait au vu de leurs heureuses conséquences mais qui, au vrai, constituaient chaque fois de véritables paris où entrait une grande part de chance.

Un exemple suffira à l'illustrer. En 536, Bélisaire réussit à s'emparer de Naples à l'issue d'un siège de vingt jours : il n'y parvint pas en prenant d'assaut ses solides remparts mais par un coup bien téméraire qui aurait pu se terminer très mal. Un soldat mû par la pure curiosité était descendu dans l'aqueduc souterrain qui conduisait l'eau vers Naples et avait bien entendu été coupé dès le début du siège. Il poursuivit son exploration jusqu'à parvenir à un segment trop étroit pour laisser passer un homme – mais qui semblait se prolonger droit au travers des remparts vers l'intérieur de la ville. Quand Bélisaire l'apprit, il proposa immédiatement une grande récompense à l'homme en question ainsi qu'à ses compagnons pour qu'ils élargissent aussi discrètement que possible le conduit taillé dans la roche jusqu'à ce que le passage fût suffisamment large :

> Il choisit, à la tombée de la nuit, environ quatre cents hommes... et leur donna l'ordre de tous revêtir leurs corselets [en cottes de mailles], de se munir de leurs boucliers et épées et de rester tranquilles jusqu'à ce qu'il leur donnât lui-même le signal. Il choisit alors deux personnes pour les commander et leur donna instruction de conduire les quatre cents hommes à l'intérieur de la ville, en emportant avec eux des torches. Et il envoya, avec eux, deux soldats entraînés à sonner de la trompette pour qu'ils pussent, dès leur entrée à l'intérieur du périmètre fortifié, à la fois jeter la confusion dans la ville et signaler par là même leur situation à leur propre camp... [Il] envoya également un message au campement [de ses forces principales] pour ordonner aux soldats de se tenir éveillés, armes en mains. Dans le même temps, il garda avec lui une force importante – les hommes qu'il considérait comme les plus courageux.

Une précaution qui convenait bien au stratagème : « Des hommes qui avançaient vers la ville [en empruntant le tunnel long, étroit et sombre], rapporte en effet Procope, plus de la moitié, terrifiés par le danger, rebroussèrent chemin. » Bélisaire réussit, en jouant sur leur amour-propre, à les convaincre de retourner dans le tunnel et, pour dissimuler le stratagème, envoya un officier goth de naissance nommé Bessas afin qu'il pût se faire passer pour l'un des leurs auprès des Goths défendant la tour de garde la plus proche. Les quatre cents hommes durent avancer dans l'étroit conduit de l'aqueduc jusqu'à finalement parvenir à une section à ciel ouvert d'où ils purent s'extraire. Alors « ils s'avancèrent vers le rempart ; et ils tuèrent la garnison de deux des tours avant que les soldats qui s'y trouvaient eussent le moindre soupçon de difficulté[47] ».

Après quoi Bélisaire fut en situation d'envoyer ses propres hommes d'élite franchir avec des échelles le rempart désormais dépourvu de gardes et de conquérir Naples sans être contraint de lancer un assaut coûteux. Si les quatre cents avaient été détectés, ils auraient tous pu être perdus – et il ne s'agissait pas d'une force mineure que l'on pût sacrifier sans regret :

l'effectif total de cette armée en expédition était si limité que, par la suite, Bélisaire ne consacra pas plus de trois cents hommes à la garnison de Naples ; c'était pourtant, alors comme aujourd'hui, la ville la plus grande au sud de Rome[48].

En mettant les stratagèmes à part, l'archerie ainsi que de bonnes tactiques étaient les facteurs principaux permettant à l'armée byzantine de vaincre régulièrement des ennemis en supériorité numérique. Selon une reconstitution qui fait autorité des deux batailles majeures de la campagne d'Italie – la bataille de Tadinae (ou Busta Gallorum) sur la Via Flaminia dans l'actuelle Ombrie en 552 et la bataille du Casilinus (aujourd'hui le Volturno) près de Naples en 554 –, les forces byzantines commandées par Narsès comprenaient des contingents étrangers divers et variés : des Lombards, des Hérules et même des Perses ; mais, dans un cas comme dans l'autre, ce furent les archers de l'armée impériale qui firent pencher le sort de la bataille dans la phase critique du combat, grâce aux volées mortelles de leurs puissantes flèches[49].

Somme toute, la supériorité tactique et opérationnelle de l'armée était la *condition suffisante* pour mener les deux campagnes d'Afrique du Nord et d'Italie ; la *condition nécessaire* était la paix négociée avec les Perses sassanides, comme Justinien lui-même l'expliqua au détour d'un commentaire dans le texte d'une nouvelle loi sur l'administration de la Cappadoce :

> Nous avons engagé d'immenses entreprises, fait de considérables dépenses et livré de très grandes guerres suite auxquelles Dieu ne Nous a pas seulement accordé la joie de vivre en paix avec les Perses et la soumission des Vandales, des Alains et des Maures, ainsi que permis de reconquérir toute l'Afrique et la Sicile, mais Nous a également inspiré l'espoir de réunir à nouveau à Notre autorité les autres pays que les Romains avaient perdus par leur négligence, après avoir étendu les frontières de leur Empire jusqu'aux rivages des deux océans, pays que Nous allons désormais, avec l'aide de Dieu, Nous hâter de rétablir dans une situation meilleure[50].

L'objectif de rétablir une meilleure situation en Italie (*in melius conuertere*) ne fut que très partiellement atteint par la libération du joug des Ostrogoths, à l'issue de combats qui se prolongèrent jusqu'en 552 avec de multiples vicissitudes très destructrices ; et, à compter de 568, l'invasion des Lombards engagea une nouvelle période de combats destructeurs, certes après la mort de Justinien en 565 et longtemps après l'imprévisible catastrophe qui renversa tous ses plans stratégiques.

Quoi que réservât l'avenir, Justinien réalisa presque entièrement ses ambitions : ses forces conquirent en effet l'Afrique du Nord depuis Tunis, par les côtes de l'Algérie, jusqu'à l'actuelle pointe nord du Maroc où elles atteignirent l'océan Atlantique, ainsi que, de l'autre côté du détroit, une bande côtière de la péninsule Ibérique dans l'actuel sud-est de l'Espagne, toutes les îles (Baléares, Corse, Sardaigne et Sicile) et l'Italie entière. À l'exception d'une région de la côte Ibérique et de la côte sud de la Gaule où il n'existait aucune puissance navale rivale, la Méditerranée entière avait retrouvé son statut de *Mare nostrum* avec tous les avantages pratiques que cela apportait, sans le moindre adversaire susceptible de

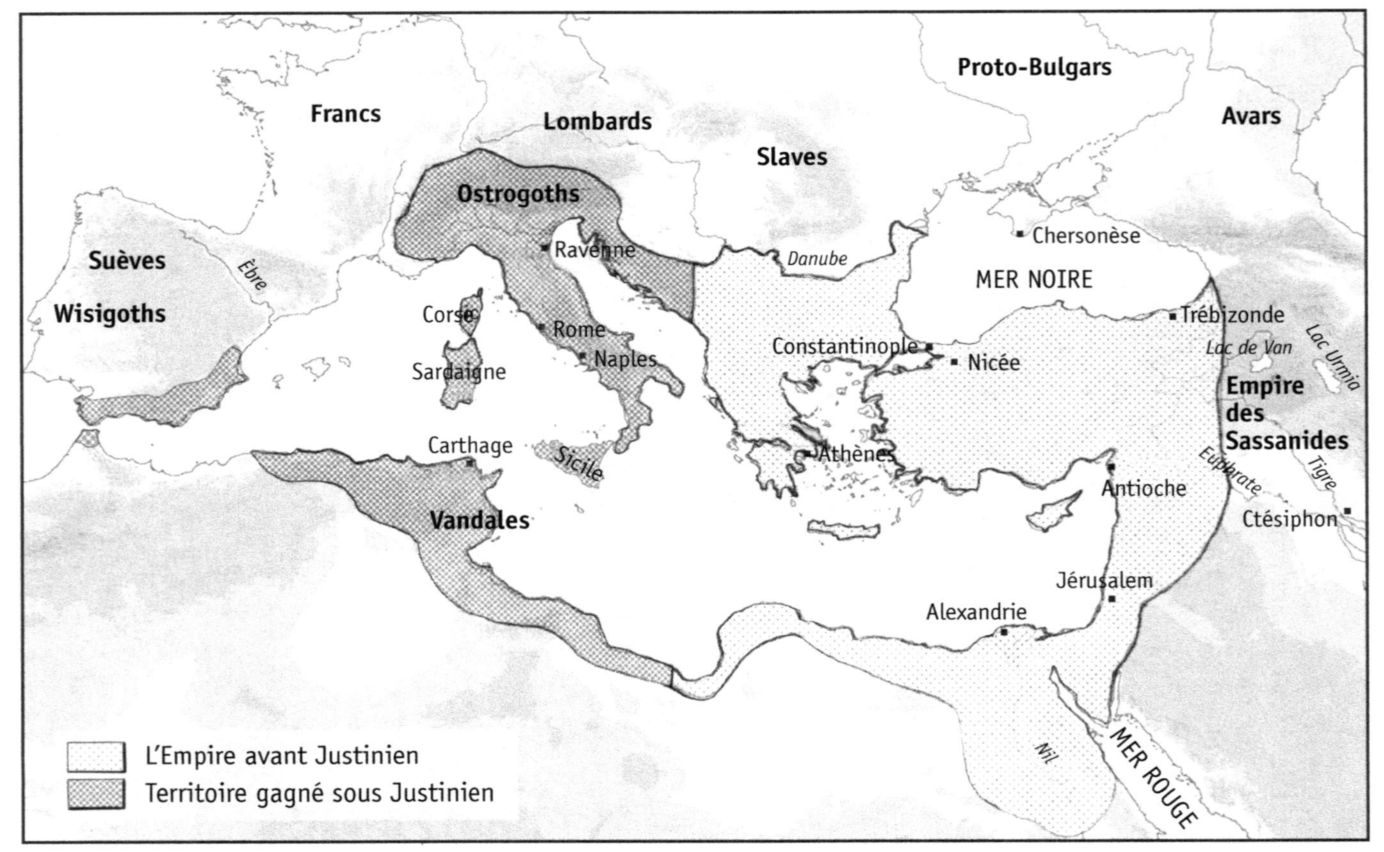

Carte 4. L'Empire à l'avènement et à la mort de Justinien, 527-565.

contester la suprématie de la marine byzantine. Ce n'était pas là le résultat d'une politique militaire aventureuse, mais bien plutôt la dimension militaire d'ambitions politiques supérieures.

Lorsqu'il accéda à l'empire dans toute la force et la maturité de la quarantaine, Justinien était connu pour les immenses efforts qu'il consacrait à son travail, et pour sa très grande intelligence, évidente aux yeux de tous ; il n'avait aucun rival, se sentait libre de toute convention – il épousa ainsi une femme qui avait le statut social d'ex-prostituée – et possédait deux qualités supplémentaires qui renforçaient considérablement son pouvoir : un trésor public plein et un talent particulier pour détecter les talents exceptionnels et les mettre à son service. Tout cela aurait pu faire de Justinien un souverain de la même envergure mais encore plus heureux dans ses entreprises qu'Anastase, qui régna vingt-sept ans, multiplia les constructions – parmi lesquelles le Long Mur et la ville forteresse de Dara –, ne perdit aucune guerre, réduisit les impôts tout en laissant au trésor public, dit-on, 320 000 livres d'or pour son successeur Justin[51].

Mais Justinien avait des visées bien plus vastes. Même avant d'engager ses conquêtes militaires, il entreprit de codifier toutes les déclarations de l'empereur existantes ayant force de loi (*constitutiones*) prononcées depuis l'époque d'Hadrien. Théodose II avait également publié une codification, mais incomplète ; le Code de Justinien, déjà publié en 529 – sa rédaction fut donc commencée dès son accession au trône –, collationna l'intégralité des *constitutiones* du Code de Théodose avec d'autres textes de même nature jusqu'à lors publiés dans deux recueils non officiels, et leur ajouta des lois plus récentes (les siennes comprises) pour aboutir aux douze livres du *Codex Iustitianus*. Le juriste Tribonien, l'un de ces nouveaux talents promus par Justinien, en fut le responsable, ainsi que le principal auteur des *Pandectae*, *Pandektes* ou *Digesta*, le traité de jurisprudence qui, faisant suite au *Codex*, contient en cinquante livres les opinions et écrits juridiques sur toutes sortes de sujets de trente-neuf experts en droit, parmi lesquels, notamment, Ulpien et Paulus. Dès sa publication avec autorité officielle, le *Digeste* devint un véritable code de lois additionnel, consacré aux lois produites par les juristes, assez semblable au corpus de l'English Common Law – à la nuance près qu'il s'agissait d'un travail de Romains : le résultat final est structuré. Tribonien et ses collègues poursuivirent leur tâche en publiant un ouvrage nettement plus synthétique, les *Institutiones* en quatre livres, qui se présentaient comme un manuel destiné à la formation des juristes. Dès 534 sortait une nouvelle édition du *Codex Iustitianus*, comprenant corrections et ajouts, parmi lesquels les lois de Justinien depuis la première édition ; par la suite, ses nouvelles lois, les *nouellae constitutiones*, furent pour la plupart rédigées en grec – ce qui constitua un tournant important, car cela avait surtout été dans le domaine de la loi que le latin s'était maintenu.

La somme de ces différents ouvrages est connue depuis le XVIe siècle sous le nom de *Corpus Juris Ciuilis*. Bien auparavant, à la fin du XIe siècle, l'Italie les redécouvrit pour en faire le socle fondateur des études juridiques à Bologne, de la première véritable université consacrée à ces études et de la jurisprudence occidentale qui s'est, depuis lors, étendue dans le monde entier. L'emploi jusqu'à nos jours de termes latins non traduits dans les tribunaux américains (*sine die, nole prosecutere, ad litem, res judicata*, etc.) illustre de manière symbolique la persistance d'influences bien plus profondes : ces termes proviennent tous des *Digesta* du *Corpus Juris Ciuilis*. Le code de commerce japonais ne contient pas de mot latin mais une grande partie des écrits d'Ulpien (au travers du recueil de Tribonien) et des codes européens dont il tira son origine. Si les juristes avaient leurs saints, Justinien en serait certainement le saint patron, comme il est déjà, aux côtés de sa sainte épouse Théodora, l'un des saints de l'Église orthodoxe (Justinien et Théodora sont célébrés le 14 octobre de chaque année).

L'ambition de Justinien ne fut pas moins vaste, avec des résultats qui ne furent pas moins heureux, dans le domaine des ouvrages publics. Procope consacra un livre entier, *Peri Ktismaton* (*Sur les monuments*), à la description des églises, forteresses et autres sortes de bâtiments que Justinien construisit, restaura ou agrandit – parfois, il est vrai, en lui attribuant les édifices d'autres empereurs, mais nous savons que Justinien fit élever ou substantiellement reconstruire des douzaines de forteresses et autres fortifications, en de nombreuses régions de l'Empire, et trente-neuf églises dans la seule ville de Constantinople, parmi lesquelles la grande *Hagia Sophia*, dont l'immense dôme en apparence suspendu au ciel émerveille encore de nos jours les visiteurs et dont le dessin a été reproduit, avec plus ou moins de bonheur, dans des milliers d'églises de par le monde.

Grâce à la description détaillée que donne Procope des méthodes de construction de la *Hagia Sophia*, nous savons que Justinien en personne choisit deux architectes pour construire, en son nom, une église de grandes dimensions qui fût radicalement innovatrice, Anthémius de Tralles et Isidore de Milet ; nous savons également que les deux architectes s'appuyèrent sur des études d'ingénierie mathématique très approfondies pour calculer les forces du dôme et leur délicat équilibre[52]. Une fois de plus, le talentueux Justinien avait trouvé des talents exceptionnels pour réaliser ses ambitions démesurées ; le résultat, parfaite illustration de ses ambitions, est parvenu intact jusqu'à nos jours à Istanbul comme témoignage de son plein succès, aussi grand que celui qu'il obtint en réalisant ses ambitions sans limites dans le domaine juridique, dont l'influence est bien plus vaste aujourd'hui de par le monde qu'à sa mort en 565.

Alors, pourquoi les ambitions militaires de Justinien furent-elles différentes ? Nous savons qu'elles ne furent pas grossièrement irréalistes, par le simple fait que l'expédition maritime de 533 destinée à conquérir l'*Africa* ne connut ni naufrage ni défaite à son arrivée, ce qui permit de conquérir comme il se devait l'actuelle Tunisie et la côte de l'Algérie. La reprise de l'Italie aux Ostrogoths qui s'engagea en 535 était une entreprise beaucoup plus exigeante, mais elle aussi menée à bien, en mai 540, lorsque Bélisaire fit son entrée à Ravenne, capitale et dernier refuge des Ostrogoths, pour recevoir la reddition du roi Vitigès (ou Vitigis) et de son épouse Mathasuntha.

Comme on l'a vu *supra*, les historiens modernes expliquent que les ambitions militaires de Justinien étaient différentes parce qu'elles allaient au-delà des capacités de l'Empire. Un an après la cérémonie par laquelle Bélisaire marqua la conclusion de sa guerre en Italie (mai 540), grâce à l'absence de garnison suffisamment forte assurant le contrôle de l'Italie, les Goths furent en situation de reprendre le combat et connurent des succès croissants sous le règne de Totila. Il en existe une explication bien établie : Justinien ne voulut pas remplacer Bélisaire et son armée « parce qu'il redoutait la menace qu'un grand général pouvait représenter[53] ». Rome elle-même fut perdue en 546 et la guerre se poursuivit jusqu'en 552. Et comme la Perse des Sassanides avait rompu le traité de « paix perpétuelle » pour reprendre également le combat en 540 et poursuivit les hostilités – avec quelques interruptions – jusqu'en 562, l'Empire dut soutenir deux guerres sur grande échelle, de longue durée, sur deux fronts séparés par une distance considérable ; au point qu'en 559, il n'y avait presque plus de troupes disponibles à Constantinople pour repousser une incursion des Koutrigours et des Slaves. Tous ces événements illustraient certainement l'excessive extension de l'Empire, et laissaient présager une incapacité à défendre la frontière du Danube et, avec elle, la péninsule balkanique – ainsi que, par voie de conséquence, la Grèce – contre les invasions des Avars et les occupations des Slaves.

Accuser Justinien d'avoir étendu à l'excès l'Empire revient donc à l'accuser d'avoir été incompétent dans le domaine stratégique, ou plus simplement d'avoir manqué du plus élémentaire sens commun : comme il avait lui-même hérité d'une guerre avec les Sassanides et connaissait leur perpétuelle agressivité quand il était monté sur le trône, il devait savoir qu'il était indispensable de défendre solidement le front des Perses en temps de paix comme en temps de guerre. La force militaire non utilisée à cette fin serait nécessaire sur le « front nord » de l'Empire, de la Dalmatie au Danube, qui ne connaissait pas d'offensive ennemie en 533 mais ne pouvait échapper à de nouvelles poussées, un jour ou l'autre, résultant des mouvements de peuples qui se poursuivaient au-delà du Danube. Ce front nord constituait, au vrai, le périmètre de défense principal de l'Empire, qui protégeait les précieuses régions infradanubiennes jusqu'à l'Adriatique et assurait la défense de la Grèce, de la Thrace et, ainsi, de Constantinople elle-même. Le front nord comprenait également les sources de recrutement les plus importantes pour l'armée impériale – en faisait ainsi partie le village proche du fort de Bederiana où Justinien lui-même naquit et vécut ses premières années quand il n'était que Petrus Sabbatius.

Lancer des expéditions lointaines, même avec l'objectif de conquérir les riches terres à blé de l'*Africa* ainsi que la sainte Rome, première du nom, en négligeant la défense de l'arrière-pays même de la capitale impériale, constituait donc une évidente erreur stratégique, digne d'un esprit insensé – ce que n'était pas le Justinien que nous connaissons.

C'est un fait que nul ne contestera, l'histoire n'est qu'une suite de crimes et de folies dont l'humanité est responsable ; et de nombreuses guerres de conquête insensées ont été lancées depuis 533 – Justinien ne serait certes pas le seul à avoir oublié la nécessité absolue de protéger son propre lieu de naissance et sa capitale, si c'était le cas.

Mais il y a une autre explication possible, entièrement différente, de ces événements. Elle repose sur des éléments et témoignages dont certains remontent aussi loin que les événements concernés, tandis que d'autres sont tout à fait nouveaux – au point de ne pas avoir encore été intégrés aux recherches plus larges consacrées à Justinien et à ses guerres, sans même parler des histoires plus générales[54]. Il est très rare de découvrir des témoignages historiques entièrement nouveaux d'une grande importance ; chaque fois, on les doit à la chance de fouilles heureuses. C'est également le cas en l'occurrence, même s'il ne s'agit pas d'un témoignage épigraphique ni numismatique, ni, plus largement, d'une trouvaille de l'archéologie conventionnelle, mais de découvertes effectuées dans l'ADN de squelettes et dans des carottes de glace.

Commençons par les témoignages anciens. Dans le livre II, chapitre 22, de l'*Histoire des guerres* de Procope, nous lisons le passage suivant :

> À cette époque [à compter de 541] survint une épidémie de peste qui faillit causer l'extinction de la race humaine entière. Or, pour tous les autres fléaux tombés du ciel, certains éléments permettant d'en expliquer la cause peuvent être avancés par des esprits audacieux... Mais en ce qui concerne cette calamité, il est parfaitement impossible d'exprimer comme de concevoir la moindre forme d'explication... Car elle ne survint pas en une partie du monde ni chez certaines populations, elle ne se limita pas non plus à une saison de l'année, circonstances qui eussent permis d'en expliquer habilement la cause, mais embrassa le monde entier...

> Elle commença chez les Égyptiens qui habitent Pelusium.

> Puis elle se divisa et prit plusieurs directions différentes... Et la deuxième année, elle atteignit Byzance au milieu du printemps, où je me trouvais alors séjourner... La majorité des habitants affectés furent emportés par la maladie sans prendre conscience de ce qui leur arrivait... Ils eurent une soudaine poussée de fièvre... Et leur corps ne laissait paraître aucune modification de sa couleur habituelle, il n'était pas non plus brûlant comme on pouvait s'y attendre dans une attaque de fièvre, il n'y avait pas, non plus, d'inflammation qui commençait... Tout naturellement, donc, aucun de ceux qui avaient contracté la maladie ne s'attendait à en mourir. Mais le même jour dans certains cas, dans les jours suivants pour d'autres, quelques jours plus tard pour le reste des malades, une tumeur bubonique se développait... non seulement à [l'aine]... mais aussi sous l'aisselle, et dans certains cas également près de l'oreille... Il s'ensuivait pour certains un coma profond, pour d'autres un violent accès de délire... Dans certains cas, la mort survenait immédiatement, pour d'autres après plusieurs jours, et le corps de certaines personnes se couvrait de pustules noires à peu près de la largeur d'une lentille ; celles-ci ne pouvaient survivre ne fût-ce qu'une journée et succombaient toutes immédiatement. Nombre de malades vomissaient aussi du sang... et en mouraient sans délai[55].

Le chapitre 23 aborde les conséquences démographiques :

> À Byzance, la maladie suivit son cours pendant quatre mois ; sa période de plus grande virulence dura environ trois mois. Au début, les décès étaient légèrement supérieurs à la normale, puis la mortalité s'éleva de plus en plus haut pour atteindre [un nombre de] cinq mille morts par jour, qui s'éleva encore pour atteindre dix mille puis dépasser encore ce seuil[56].

Une période de trois mois – soit quatre-vingt-dix jours – de virulence extrême, à cinq mille morts par jour, donne un total de quatre cent cinquante mille morts ; avec l'estimation de dix mille morts, le total monte à neuf cent mille – et Procope évoque une mortalité quotidienne encore supérieure, portant le total à un niveau qui semble dépasser les limites du possible.

Dans son œuvre d'historien (à la différence de ses écrits de polémiste), Procope passe généralement pour une source fiable aux yeux de ses collègues des temps modernes ; sur la pandémie, toutefois, il semblait y avoir deux raisons différentes de suspecter sérieusement son récit. La première tenait à l'absence de statistiques à cette époque : il n'existait donc aucune donnée précise sur la mortalité que l'on pût consulter et intégrer dans un texte, alors que les évaluations d'un flou impressionniste sur les effets des épidémies sont toujours trompeuses, comme chacun le sait – en lisant la prose des rapports consacrés au sida aux États-Unis quand cette maladie commença à attirer l'attention du grand public, on n'aurait jamais pu imaginer qu'il n'aurait que des effets démographiques limités.

La deuxième raison, alléguée depuis toujours, a pris une nouvelle dimension avec l'arrivée des approches structuralistes dans l'étude des textes. Comme toute personne sensée, Procope éprouvait une immense admiration à l'égard de Thucydide ; il s'efforça d'imiter sa narration et sa langue, d'un millénaire plus ancienne que le grec commun que l'on utilisait à son époque. Or il se trouve que Thucydide consacra, à la peste de son époque, des pages poignantes de son livre II (selon la mise en page moderne) que Procope chercha clairement à imiter dans son propre livre II (selon, également, la mise en page moderne), jusqu'à son origine géographique : « La maladie commença, dit-on, en Éthiopie au-delà de l'Égypte, puis descendit en Égypte... Elle tomba ensuite soudain sur les habitants du Pirée. » La suite décrit d'une manière précise, juste et très détaillée les symptômes (« ...les gens étaient d'abord pris d'un intense mal de tête[57]... »), un texte avec lequel Procope eut la claire intention de rivaliser. Ce qui valut à son témoignage d'être rabaissé au rang d'exercice de style[58].

Nul ne remit jamais en question, bien sûr, l'existence même d'une pandémie ni son caractère très sévère, non seulement parce que Procope avait toujours été jugé historien de confiance mais aussi parce que tous les autres textes existants, contemporains ou rétrospectifs, la mentionnent, certains d'une manière assez détaillée[59].

L'un de ces écrivains est Evagrius Scholasticus d'Antioche, un avocat très cultivé qui commença sa formation élémentaire en 540, une année avant le début de la pandémie, et perdit son épouse, sa fille, son petit-fils et d'autres parents dans une vague plus tardive à laquelle il survécut lui-même. Rédigée vers 593, son *Histoire ecclésiastique* comprend une description de la pandémie « dans sa cinquante-deuxième année ». Il commence par l'origine de la maladie : « On a dit, et on dit encore aujourd'hui, qu'elle arriva d'Éthiopie. » Il poursuit par la description des symptômes : « ...chez certains, elle s'en prenait d'abord à la tête : les yeux étaient injectés de sang, le visage bouffi[60]. »

Evagrius, très cultivé, se réfère lui aussi à Thucydide d'une manière explicite, mais il existe d'autres sources, non biaisées par cette référence, qui dépeignent elles aussi une catastrophe sans précédent. C'est en particulier le cas de la Chronique du pseudo-Denis de Tel-Mahre, écrite en syriaque (ou araméen oriental tardif) en Mésopotamie du nord au VIIIe siècle, mais en s'appuyant sur une source contemporaine par ailleurs perdue, un ouvrage sur la pandémie écrit par le prélat et historien Jean d'Éphèse. Sous l'année des Séleucides 855 (soit 543-544 de notre ère), on lit : « Il y eut une grande et terrible peste dans le monde entier à l'époque de l'empereur Justinien. » La suite est une litanie de plaintes et de lamentations

> sur les cadavres qui s'ouvraient et pourrissaient dans les rues sans personne pour [les] ensevelir ;
>
> sur les maisons, grandes et petites, belles et magnifiques, qui soudain devenaient tombeaux... ;
>
> [...]
>
> sur les navires en pleine mer dont les marins étaient soudain frappés...
>
> et qui devenaient tombeaux... et continuaient à dériver au hasard des vagues ;
>
> [...]
>
> sur les chambres nuptiales où les jeunes mariées se faisaient belles avant d'être soudain réduites à l'état de corps sans vie affreux à regarder...
>
> [...]
>
> sur les grandes routes devenues désertes[61].

Le chroniqueur donne ensuite la liste des provinces de l'Empire touchées par la maladie : toutes les provinces d'Égypte et la Palestine jusqu'à la mer Rouge, la Cilicie, la Mysie, la Syrie, la province d'Iconium (Konya, Anatolie centrale), la Bithynie, l'Asie (Anatolie occidentale), la Galatie, la Cappadoce. Le texte rapporte « ce que nous vîmes » tout au long d'un voyage de la Syrie à la Thrace, au-delà de Constantinople :

> [des villages]... vidés de leurs habitants ;
>
> des relais sur les routes [points de contrôles et relais de poste du service postal impérial] qui n'étaient qu'obscurité et solitude, et remplissaient de terreur toutes les personnes qui se trouvaient y pénétrer et en sortaient au plus vite ;
>
> du bétail abandonné, errant au hasard dans les montagnes sans personne pour le regrouper ;
>
> des troupeaux de moutons, de chèvres, de bœufs et de porcs devenus de véritables animaux sauvages... ;
>
> des terres, dans toutes les régions que nous traversâmes de la Syrie à la Thrace, regorgeant de blé qui blanchissait et restait sur pied sans personne pour les moissonner[62].

Il n'y a dans ce texte aucune émulation d'ordre littéraire ; il s'agit bien, en revanche, de la description d'une catastrophe démographique d'une ampleur de cinq mille ou dix mille morts par jour, conforme aux écrits de Procope, qui, si tout cela est bien exact, aurait fait disparaître la moitié de la population de l'Empire en très peu de temps. Et, dans cette hypothèse, cela aurait également entraîné une catastrophe institutionnelle : quand les unités d'une armée bien soudée perdent la moitié de leurs soldats, ces unités ne perdent pas la moitié de leurs capacités de combat mais la totalité, ou peu s'en faut. Toutes les composantes du système militaire impérial, les services de collecte d'impôts, les organes de commandement administratifs centraux, les ateliers de fabrication d'armes, les entrepôts d'approvisionnement, les équipes dédiées à la construction des forteresses, les navires de guerre et les flottes, ainsi que les unités de l'armée partout où elles se trouvaient, toutes ces composantes auraient connu la même situation désastreuse et sans doute vu leurs personnels survivants, au lieu de rester fermement à leur poste, se disperser pour fuir la pandémie ou pour s'occuper de leurs familles atteintes par la maladie, ou rester sous le choc, incapables d'exécuter leurs tâches, affaiblis par la maladie ou simplement démoralisés – au point qu'une mortalité de 50 % eût entraîné une perte de capacités générales supérieure.

Voilà ce qu'il en est des témoignages anciens, tirés des textes. S'ils étaient exacts sur l'ampleur de l'effondrement démographique résultant de la peste, ils apporteraient une explication immédiate au déclin si drastique, à compter de 541, des possibilités militaires de Justinien, ruinant de manière irrémédiable ses plans ambitieux.

Mais ces témoignages anciens ne peuvent pas être concluants parce qu'ils ne comprennent pas de chiffres crédibles, raison pour laquelle ils ont été écartés. Pour n'en prendre qu'un exemple parmi les nombreux historiens modernes concernés, on lira ainsi l'analyse de l'un des plus féconds, auquel ces pages du présent ouvrage doivent beaucoup :

> L'orthodoxie des spécialistes, sous l'influence des témoignages visuels, vivants et pleins d'émotion, qu'en donnent les récits des contemporains Procope et Jean d'Éphèse, accepte pleinement l'idée que la peste ait eu pour effet des pertes humaines catastrophiques et irréversibles dans tout l'Empire romain, allant peut-être jusqu'au tiers de la population générale, voire au-delà à Constantinople et d'autres très grandes villes insalubres ; au mieux, il faut y voir une cause parmi de multiples autres[63].

En d'autres termes, Procope exagère ; et l'exagération concerne « peut-être jusqu'au tiers de la population générale ». La dernière édition en date de l'étude qui fait autorité sur l'Antiquité tardive, dans la partie consacrée à Justinien, présente bien le sujet de fond – y compris les évolutions de la législation fiscale que la mort de nombreux contribuables rendit nécessaires –, mais en limitant ses conséquences au fait qu'il s'agissait d'un désastre supplémentaire (« Il y eut d'autres désastres, notamment des tremblements de terre, dont l'un détruisit la célèbre école de droit de Berytus ») dont les effets s'ajoutèrent simplement aux autres : « Les difficultés de Justinien furent accrues par une sévère épidémie de peste bubonique[64]. »

Les nouveaux témoignages de la peste, qui sont de deux ordres différents, apportent la preuve définitive que Procope avait raison : il ne s'agissait pas seulement d'une nouvelle épidémie, ni d'un désastre de plus dont les souffrances s'apaisèrent en peu de temps, il s'agissait d'une pandémie d'une mortalité sans précédent dans l'histoire.

Premier point, une étude publiée en 2005 comprend la première preuve définitive, obtenue grâce à l'analyse ADN, que la maladie concernée par la pandémie sous Justinien eut pour cause un biovar d'une virulence et d'une mortalité exceptionnelle de *Yersinia pestis*, la peste bubonique[65]. Cette maladie est entièrement différente de la peste dont parle Thucydide, et, plus largement, de toutes les formes de peste connues jusqu'alors. Lorsque *Yersinia pestis* réapparut comme porteuse de la Mort noire à compter d'environ 1334 en Chine et de 1347 en Europe, il pouvait encore exister dans les populations une forme d'immunité acquise résiduelle, mais le microbe pathogène était entièrement nouveau pour les populations de l'Empire en 541, dénuées, par conséquent, de toute immunité acquise par opposition à la résistance naturelle, bien moins répandue, à cette maladie.

Voilà pourquoi le microbe pathogène fut d'une virulence exceptionnelle ; cela signifie que sa capacité à être cause de la maladie était très élevée ; dans la pratique, la piqûre d'une mouche porteuse de *Yersinia pestis* en 541 causait à coup sûr une infection, ce qui n'est certainement pas le cas des microbes pathogènes bien établis grâce à l'immunité que de nombreuses personnes ont pu acquérir contre eux. On peut ainsi imaginer des taux d'infection de 90 %, voire supérieurs, pour des personnes en contact avec des mouches, c'est-à-dire à peu près tout le monde dans l'Antiquité. Justinien contracta la maladie, comme notre témoin Evagrius ; ils comptent parmi ceux qui lui ont survécu. La virulence est en effet une chose, la mortalité une autre. En réalité, pour des raisons évidentes, les maladies très virulentes sont rarement mortelles : les biovars de la grippe ordinaire tuent très peu de leurs très nombreuses victimes.

Cela n'a pas dû être le cas du biovar de *Yersinia pestis* en 541, parce qu'il était entièrement nouveau pour la population touchée. Par voie de comparaison, lors de l'épidémie de grippe aviaire de 2003-2006 causée par le nouveau microbe pathogène A/H5N1, un total cumulé de deux cent soixante-trois personnes furent infectées en Indonésie, au Vietnam et dans dix autres pays – en d'autres termes, la virulence de ce microbe pathogène fut extrêmement faible, si l'on tient compte des millions de personnes en contact avec des volailles infectées dans ces pays comme ailleurs. Mais la mortalité de la maladie s'est révélée très importante : cent cinquante-huit personnes parmi celles qui avaient été infectées en sont mortes – soit 60 %, un pourcentage soixante fois plus élevé que la mortalité moyenne du choléra, une maladie par ailleurs terrifiante qui reste la plus grande tueuse. C'est bien sûr la raison pour laquelle le monde entier s'alarma, malgré la virulence infime d'une maladie qu'on ne peut attraper que par la consommation de morceaux crus d'animaux infectés, par des échanges de fluides avec eux ou encore par une terrible malchance.

Concernant la pandémie de 541, une mortalité de 50 % ou plus est tout à fait vraisemblable, comparable à celle de A/H5N1 récemment ; dans les deux cas, le biovar était entièrement nouveau et la population, de ce fait, manquait d'immunités acquises. C'est pourquoi ce qui semblait invraisemblable, sinon impossible, aux yeux des historiens les plus sérieux – qui estimaient non sans raison exagérés des taux de mortalité de 30 % de la population en raison de la mortalité bien inférieure d'autres pandémies connues –, était en réalité éminemment vraisemblable, avec même des taux de mortalité supérieurs à 30 %.

Une deuxième série de nouveaux témoignages prouve que ce qui pouvait être arrivé est véritablement arrivé. La climatologie est de nos jours devenue un sujet de polémiques partisanes qui en perturbent les travaux, mais nul ne conteste les analyses de carottes glaciaires qui mettent en évidence une augmentation des niveaux de dioxyde de carbone dans l'atmosphère sur les dix mille dernières années. Une explication « anthropogénique » récemment proposée par un éminent climatologue, s'appuyant sur des éléments fort persuasifs, met en évidence la contribution (ne serait-ce que dans une proportion limitée) de la déforestation liée à l'agriculture, qui remplace les espaces verts naturels par des espaces très peu plantés, et des troupeaux d'animaux de plus en plus nombreux, tout particulièrement celle du bétail qui rejette du méthane, dans l'élévation des niveaux de dioxyde de carbone sur ces derniers milliers d'années. Dans ce contexte, les niveaux de dioxyde de carbone mesurés dans la glace font apparaître deux très fortes chutes, dont l'une correspond aux environs de l'année 541 ; c'est la preuve externe d'un effondrement démographique sans précédent qui eut pour effet le retour de vastes espaces défrichés à la verdure naturelle, ainsi que la disparition de troupeaux entiers de bétail abandonnés aux prédateurs – loups, ours, lions et guépards encore nombreux dans les territoires de l'Empire, sans oublier les tigres de la Caspienne dans l'est de l'Anatolie[66]. Les nouveaux éléments de preuve apportés par la climatologie sont plus décisifs que les éléments issus de l'archéologie disponibles à ce jour, mais ces derniers s'accordent parfaitement avec les découvertes les plus récentes ; une récente analyse d'ensemble conclut :

> L'expansion du peuplement qui avait caractérisé une grande partie de la Syrie rurale et urbaine au Ve siècle et au début du VIe siècle connut une fin brutale après le milieu du Ve siècle. Les découvertes archéologiques mettent en évidence un arrêt presque total des nouvelles constructions de maisons, même si des travaux de rénovation et d'extension de maisons existantes se sont poursuivis dans les zones rurales[67].

On peut, au passage, trouver une explication simple à ces travaux : de nouvelles familles ont dû se former à partir de survivants de la peste. Considérés dans leur ensemble, les nouveaux témoignages de nature biologique ainsi que la théorie climatologique ci-dessus exposée exigent de réévaluer les appréciations classiques relatives à Justinien et aux politiques qu'il mit en œuvre. Il aurait pu avoir autant de succès dans ses ambitions militaires qu'il en eut dans les domaines du droit et de l'architecture. Mais *Yersinia pestis* ruina l'Empire, réduisant de manière drastique sa force militaire en comparaison de ses divers ennemis, moins affectés parce que moins infectés, moins infectés parce que moins urbanisés, ou peut-être moins organisés, d'une manière plus fondamentale, et par là moins vulnérables à un arrêt des institutions.

D'une manière extrêmement soudaine, les frontières se dégarnirent de leurs défenseurs – la disparition des monnaies provenant de sites militaires byzantins sur les frontières de la Syrie et de l'Arabie est un phénomène depuis longtemps bien identifié, même s'il n'a pas été correctement interprété[68] –, les forteresses furent abandonnées, les provinces autrefois prospères désertées, la propre machine administrative de l'Empire considérablement affaiblie : l'Empire se retrouva dans un monde profondément transformé, dans lequel les nomades de la steppe et du désert étaient grandement favorisés au regard des empires ; l'empire des Perses, moins urbanisé, en fut lui aussi relativement favorisé.

Pourtant, ce que fit Justinien n'aurait pas été fait par ses successeurs. Il avait pris la décision politique de détruire entièrement la puissance des Vandales, conquérants de l'*Africa*, et il y parvint. De ce fait, lorsque les tribus locales commencèrent à lancer des raids depuis le désert et les collines des Aurès, il n'existait aucune milice vandale aux ordres de l'Empire pour leur opposer une résistance, encore moins un État client vandale sous sa domination ; à défaut, l'armée impériale fut donc contrainte de combattre elle-même ces tribus malgré les tâches écrasantes auxquelles elle devait faire face par ailleurs. Des opportunités prometteuses s'étaient également ouvertes pour négocier tranquillement l'acquisition de l'Italie au lieu d'une invasion et d'une guerre totale destinée à détruire la puissance des Ostrogoths. Comme nous l'avons vu, le débarquement des troupes byzantines en Italie après la reconquête de la Sicile, en 535, fut précédé de négociations secrètes avec le roi Théodahad ; elles portaient sur son maintien, comme roi client, d'un État dépendant de l'Empire, ou bien l'attribution, pour prix de son royaume, de propriétés foncières rapportant 86 400 *solidi* par an – soit le revenu de 43 200 personnes démunies. Peut-être une offre de 100 000 *solidi* eût-elle emporté la décision, ou bien un compromis sur la royauté de Théodahad. Les successeurs de Justinien l'auraient accepté, il refusa – avant la pandémie.

Son éclatement ne laissa d'autre choix que de revenir à la stratégie embryonnaire de Théodose, dont le volet « diplomatique » reposait sur une simple arithmétique guerre/paix. Pendant les périodes de paix, l'économie de l'Empire avait des capacités de production exceptionnelles au regard des standards de l'époque, générant des revenus fiscaux qui permettaient de verser de généreux subsides à ses voisins les plus agressifs pour les tenir tranquilles – de l'or qui devait de toute façon très bientôt revenir au sein de l'Empire pour payer tous les biens de consommation que ces voisins désiraient si ardemment et ne savaient comment eux-mêmes produire.

En 558, les Turcs Koutrigours de la steppe du Pont, sous le commandement d'un chef nommé Zabergan, lancèrent des raids qui pénétrèrent la Grèce et approchèrent Constantinople en se livrant sur leur passage aux habituels outrages aux populations, qui permirent à Aga-thias Scholasticus de se livrer lui-même au plaisir de les décrire pour la plus grande joie de ses lecteurs (« des femmes de haute naissance à la vie la plus chaste se faisaient entraîner de force avec les dernières cruautés pour subir le plus affreux des malheurs du monde, en pâture à la concupiscence effrénée des barbares, etc.[69] »). Justinien rappela Bélisaire de sa retraite (il avait cinquante-trois ans) pour les repousser avec l'aide des gardes de cérémonie du palais, de trois cents vétérans et d'un rassemblement de volontaires, mais prit ensuite des mesures plus décisives :

> Justinien faisait alors pression sur Sandilkh, le chef des Outrigours [une autre tribu turque]. Il essayait sans relâche de le pousser, d'une manière ou d'une autre, à faire la guerre contre Zabergan, lui envoyant une série d'ambassades et tentant le recours à divers moyens pour l'y inciter... Justinien ajoutait, dans ses propres messages à Sandilkh, que, s'il détruisait les Koutrigours, l'empereur lui transférerait l'intégralité du tribut annuel – des versements d'argent étaient en effet effectués par l'Empire romain à Zabergan. De ce fait, Sandilkh, qui voulait établir une relation amicale avec les Romains, répondit que la destruction complète de tribus aussi proches serait un acte impie et tout à fait inconvenant, « car non seulement ils parlent la même langue que nous, vivent sous la tente comme nous, s'habillent comme nous et vivent comme nous, mais ils sont aussi de notre famille [les Turcs Ogours], même s'ils obéissent à d'autres chefs. Nous priverons toutefois les Koutrigours de leurs chevaux et en prendrons nous-mêmes possession, afin qu'ainsi privés de leurs montures ils ne soient plus capables de piller les Romains ». Justinien lui demanda de procéder ainsi[70].

L'alternative – faire la guerre – pouvait certes offrir de grands succès tactiques et opérationnels, mais, même dans l'hypothèse d'une victoire totale, le seul résultat définitif en eût été le coût, alors que le bénéfice en résultant n'en eût été que temporaire : la disparition d'un ennemi laissait en effet tout bonnement place à un autre. Théophylacte Simocatta, qui naquit une génération après Justinien et vécut la destruction de la Perse sassanide et son remplacement par les armées de l'islam, intégra cet argument dans un discours attribué à un envoyé des Perses auprès de l'empereur Maurice (582-602). L'envoyé soutient que Rome ne tirerait aucun bénéfice de la destruction totale de la puissance perse :

> Il est impossible à une seule monarchie d'embrasser les innombrables préoccupations que suscite l'organisation de l'univers... car il n'est pas possible à la terre d'être semblable à l'unité de la souveraineté divine et originelle... De ce fait, même si les Perses devaient perdre leur puissance, leur puissance irait immédiatement à d'autres... Comme preuve, il suffit de considérer l'ambition insensée et déraisonnable d'un tout jeune Macédonien, Alexandre... Il tenta de soumettre l'univers temporel à un seul pouvoir unitaire. Au lieu de quoi la suite des événements vit une nouvelle division et l'apparition, pour ainsi dire, d'une tyrannie aux multiples têtes... Aussi, quelle prospérité attendre des événements, pour les Romains, si les Perses sont privés de leur puissance et transmettent leur domination à une autre nation[71] ?

Il est difficile de croire que l'Empire aurait pu surmonter les terribles crises internes et invasions dévastatrices du siècle suivant s'il n'avait adopté sa nouvelle stratégie. Elle dota l'Empire d'une puissance d'action hors de proportion en multipliant les effets que l'on pouvait tirer de forces militaires considérablement diminuées, et en associant les effets de ces forces militaires avec les moyens et techniques de la persuasion – l'essence de la diplomatie, que nous allons maintenant aborder.

Deuxième partie

LA DIPLOMATIE BYZANTINE :
LE MYTHE ET LES MÉTHODES

Comme la plupart des mythes, le mythe de la diplomatie byzantine – aux infinies ressources en artifices, aux habitudes perfides et aux intrigues sinueuses où elle se perdait parfois – est une belle histoire qui repose sur un fond de vérité[1]. Tout d'abord, la diplomatie dans le sens où on l'entend aujourd'hui n'existait pas encore. Le terme lui-même, pour l'anecdote, n'avait pas encore été inventé par le moine bénédictin dom Jean Mabillon, dans son *De re diplomatica* de 1681, pour décrire l'examen de documents permettant de déterminer leur origine, leur signification et leur authenticité[2]. Par le détour de l'examen de traités internationaux, la *diplomatia* de Mabillon – dont est issu notre terme « diplomatie » – acquit sa signification actuelle, qui embrasse toutes les formes de communication entre les États, notamment la présence d'ambassadeurs résidant dans les capitales étrangères, ce qui exige le relais d'une forme de secrétariat aux Affaires étrangères pour lire et réagir à leurs communiqués.

Les ambassadeurs résidents étaient encore une autre invention, celle-ci due aux Italiens de la Renaissance, dont les multiples États, grands et petits, avaient pris l'habitude d'échanger des ambassadeurs dès le milieu du XVe siècle ; le premier ambassadeur résident sur lequel nous disposons d'informations était au service de Louis Gonzague, souverain de Mantoue, à la cour de l'empereur du Saint Empire romain Louis de Bavière à compter de 1341[3]. Les circonstances particulières à l'Italie favorisaient et, dans le même temps, exigeaient la pratique nouvelle des ambassadeurs résidents. Un gentilhomme florentin pouvait facilement se mêler à ses compatriotes italiens à la cour du pape à Rome et un ambassadeur vénitien à Milan n'avait besoin que d'un messager de confiance qui fît l'aller et le retour à cheval pour obtenir réponse à ses communiqués dans la semaine – c'étaient autant de justifications pratiques à la création d'ambassadeurs résidents. Les États italiens, confrontés à des conditions d'insécurité permanentes en raison de la proximité de leurs ennemis mortels (à une journée de marche seulement pour certains d'entre eux), avaient besoin d'informations en temps et en heure sur chaque changement d'attitude susceptible de les affecter – ce qui rendait les ambassadeurs résidents particulièrement utiles.

Les circonstances particulières à l'Empire byzantin étaient complètement différentes. Jusqu'à ses toutes dernières années de survie précaire sous la dépendance des Ottomans, il n'avait ni ami ni ennemi à courte distance. Bien au contraire, il devait souvent traiter avec des puissances éloignées avec lesquelles il ne partageait ni langue ni coutumes communes, comme les peuples de la steppe toujours en mouvement. Même s'il y avait une forme de capitale où pût résider un représentant de l'empereur, ce représentant ne pouvait espérer établir des relations suffisamment étroites avec l'élite locale pour sonder en permanence ses dispositions et surveiller ses décisions de l'intérieur ; il ne pouvait pas non plus espérer rendre compte de ses découvertes en temps et en heure. Au lieu d'être résidents, les ambassadeurs byzantins étaient ainsi contraints de voyager, parfois très loin.

Chapitre 3

AMBASSADEURS

Un exemple extrême de diplomatie sur longue distance, qui se trouva fortuitement prendre la plus haute importance un demi-siècle plus tard, fut la mission de trois ans de Zemarchus, envoyé de l'empereur Justin II (565-578), auprès du grand potentat yabghu khagan Ishtemi. Ishtemi apparaît sous le titre et le nom de *khaganos* Sizaboul ou Silziboulos dans notre source grecque ; *khaganos* était le terme grec signifiant « chef des chefs » (ces derniers étant désignés par le terme *khans* ou *qans*).

Ishtemi était le souverain de la partie occidentale du khaganate des Turcs, un empire de la steppe qui venait tout juste de naître mais était déjà très vaste, habituellement décrit, d'une manière erronée, comme étant le *kok* ou turc « bleu », ce qui signifierait « empire oriental » dans le code de couleur turc comprenant quatre directions (le blanc étant l'ouest, d'où la Russie blanche, etc[4].). Ils s'étaient développés à un rythme phénoménal depuis 552, année durant laquelle ces premiers Turcs se révoltèrent contre leurs maîtres *Jou-jan* (ou *Ruan-ruan*) en Mongolie ; à l'époque où Zemarchus alla à leur rencontre, ils avaient déjà traversé l'Asie centrale comme une vague en prenant dans leurs flots des douzaines de tribus nomades ainsi que des populations sédentaires établies autour de cours d'eau dans diverses vallées et villes d'oasis.

À l'instar des archers montés de la steppe eurasienne qui les ont précédés comme de ceux qui leur succéderont avec leurs robustes chevaux et leurs puissants arcs composites, leur efficacité tactique fut transformée en puissance stratégique au point que des chefs charismatiques et talentueux purent donner une unité à des clans, tribus et nations pour les faire combattre ensemble au lieu de se combattre mutuellement. Leur fondateur, nommé T'u-wu dans les sources chinoises, qui mena la révolte de 552, ainsi que son fils, Bumin (T'u-men) le il-khagan [désignation du khagan régional], avaient manifestement toutes les qualités et tous les talents requis pour diriger leur peuple : en un temps très court, le père et le fils réussirent à faire des anciens serfs des *Jou-jan* (ou *Ruan-ruan*) la classe dominante d'un empire de la steppe qui comprenait de multiples populations soumises, Sabires, Outrigours, Koutrigours, Ogours et Onogours, dont certaines émergeraient plus tard comme puissances indépendantes, hostiles ou bien disposées à l'égard de Byzance, le plus souvent les deux à la fois. Le prince nomade et khagan (yabghu khagan) Ishtemi était le frère de Bumin.

C'était la variable politique. Les paramètres militaires, en revanche, restaient inchangés : les archers montés de la steppe obtenaient des succès contre les ennemis moins agiles lors des batailles – grandes ou modestes – qu'ils menaient, mais terrorisaient aussi les civils lors de leurs premières irruptions. Cette terreur qu'ils inspiraient leur était très utile : les civils terrorisés intervenaient en effet en faveur d'une reddition négociée des villes, faisaient même pression en ce sens, voire l'imposaient, afin d'éviter un massacre ou en tout cas la spoliation de tous leurs biens. C'est ainsi que les nomades purent conquérir des villes bien fortifiées sans même avoir à les assiéger pour de bon, et c'est ainsi que le khaganate des Turcs conquit les villes de l'Asie centrale sur la route de la soie.

De tous les empires de la steppe qui émergèrent de l'Asie centrale et de l'Asie du Nord-Est, ce premier État turc devait être le plus vaste à l'exception de l'empire des Mongols six siècles plus tard. L'épisode de la mission de Zemarchus marqua le début d'une alliance qui allait sauver l'Empire byzantin au siècle suivant sous l'empereur Héraclius.

L'expansion vers l'ouest du khaganate des Turcs avait – c'était inévitable – rencontré sur sa route les avant-postes nord de l'empire des Perses sassanides au-delà du cours de l'Amou-Daria (Oxus). Après la rupture de leur coopération initiale, le prince nomade et khagan (yabghu khagan) Ishtemi, ou « Sizaboul » , envoya des ambassadeurs à Constantinople « porteurs de présents, d'un précieux lot de soie grège à titre de cadeau et d'une lettre ». Les ambassadeurs proposèrent à l'empereur un dispositif de ventes directes évitant le territoire des Sassanides, les droits d'entrée imposés par les Sassanides comme les nombreux intermédiaires des Sassanides, « donna le nom de toutes les tribus soumises aux Turcs et sollicita, de la part de l'empereur, la paix ainsi qu'une alliance offensive et défensive » – implicitement tournée contre les Sassanides[5].

La soie avait perdu de son intérêt – la production locale avait en effet déjà commencé au sein de l'Empire. Alors qu'une alliance, elle, présentait les plus grands avantages. Jusqu'à sa destruction au VIIe siècle, l'endiguement de la Perse sassanide – le seul empire en situation d'égalité avec eux, mais supérieur en agressivité – constitua toujours la plus haute priorité stratégique des Byzantins ; la proposition des Turcs était donc particulièrement bienvenue – et c'était précisément pour en discuter que Zemarchus fut envoyé auprès de « Sizaboul » en août 569[6].

C'était un très long voyage, par une route que nous ne connaissons qu'en partie : l'ambassade traversa le pays des Sogdiens, dont la ville principale était Samarkand, dans l'actuel Ouzbékistan. Pour l'atteindre, Zemarchus, ses gardes et sa suite durent rallier par bateaux les côtes les plus éloignées de la mer Noire, traverser l'actuel sud de la Russie, le sud du Kazakhstan et l'ouest de l'Ouzbékistan – quelque 2 000 *miles* à vol d'oiseau et bien davantage par voie de terre. Il restait encore un long chemin à parcourir, à peu près 1 000 *miles* à vol d'oiseau, pour parvenir au quartier général de Sizaboul, dans une vallée de l'Ek-Tagh (localisation traduite par « montagne dorée » dans le texte grec, mais il s'agissait plus probablement de l'Aq Tag ou « montagne blanche ») dans l'Altaï en Sibérie du Sud, où se rejoignent les confins de la Chine moderne, du Kazakhstan, de la Mongolie et de la Fédération de Russie, voire plus loin encore vers le sud dans la vallée de la Tekes en Dzoungarie (aujourd'hui en Chine, dans la province de Xinjiang[7]).

Notre seule source, Ménandre le Protecteur, rapporte un incident qui survint sur la route vers l'Aq Tag et fut de nature à alarmer Zemarchus ; en ce qui nous concerne, il est plutôt de nature à nous rassurer, car il prouve, d'une manière irréfutable, que ce récit consacré à des événements capitaux, dans le plus éloigné des pays exotiques, est vraiment digne de foi :

> Certains autres membres de leur tribu firent alors leur apparition : ils se présentèrent comme exorcistes chassant les mauvaises influences et allèrent à la rencontre de Zemarchus et de ses compagnons. Ils se saisirent de tous les bagages qu'ils transportaient avec eux et les disposèrent sur le sol. Ils mirent ensuite le feu à des branches... chantèrent dans un dialecte barbare... tout en faisant grand bruit avec des cloches et des tambours, agitèrent au-dessus des bagages... les rameaux enflammés qui crépitaient, puis, pris de frénésie et agissant comme sous l'effet de la folie, s'imaginèrent qu'ils repoussaient ainsi les mauvais esprits[8].

Ce passage constitue une preuve définitive que Zemarchus effectua bien ce très long voyage : les caractéristiques précises des cérémonies chamanistiques encore pratiquées de nos jours en Mongolie peuvent en effet être reconnues dans le récit de Ménandre ; et ce texte n'est pas l'imitation d'un texte d'Hérodote ni d'aucune autre source littéraire que nous connaissons. À l'évidence, Zemarchus intégra cet épisode dans son rapport écrit officiel ; donner des informations de cette nature, à caractère ethnographique, faisait en effet déjà partie des procédures habituelles que suivaient les ambassadeurs byzantins dans leurs rapports.

Zemarchus trouva Sizaboul assis dans une tente sur un trône d'or ; après lui avoir fait don des présents d'usage, il lui présenta l'alliance militaire proposée par l'empereur et sollicita la sienne en retour. Le style de guerre des Turcs pouvait être développé sur la plus grande échelle en prévoyant des approvisionnements et des engins de siège, mais son socle fondateur restait le recours à des escadrons d'archers montés capables de se mettre immédiatement en route au signal donné pour lancer un raid, à petite ou grande échelle. C'est ce que fit Sizaboul pour confirmer séance tenante la nouvelle alliance de la manière la plus concrète possible :

> [Il] décida que Zemarchus ainsi que vingt compagnons et membres de sa suite l'accompagneraient dans sa campagne contre les Perses... Sur leur route, alors qu'ils avaient installé leurs campements en un lieu appelé Talas [d'après le cours

d'eau du même nom, Taraz, dans la région de Zhambyl, sud du Kazakhstan], un envoyé des Perses vint à la rencontre de Sizaboul. Il invita les [ambassadeurs] des deux empires à dîner en sa compagnie. À leur arrivée, Sizaboul traita les Romains avec la plus grande estime... De plus, il proféra de nombreuses... et véhémentes accusations... contre les Perses[9].

D'où une sérieuse altercation – c'était sans aucun doute le résultat recherché – à l'issue de laquelle Zemarchus fut renvoyé dans son pays tandis que Sizaboul, soi-disant, préparait son offensive contre les Perses.

Là encore, il est impossible de déterminer quelle route il emprunta – le lac « immense, à perte de vue » évoqué par Ménandre peut aussi bien être la mer d'Aral que la mer Caspienne ; en tout état de cause, c'était à l'évidence un voyage très dangereux et très long. Dans la steppe se trouvaient des peuples potentiellement hostiles à la délégation byzantine en voyage, au-delà des limites de l'influence de Sizaboul ; par ailleurs, en progressant ainsi tout près des frontières nord de la puissance sassanide, Zemarchus et ses hommes étaient exposés aux pénétrations de guerriers perses missionnés pour les capturer. De fait, au rapport de Ménandre, Zemarchus fut un jour averti qu'une embuscade des Perses l'attendait un peu plus loin sur sa route. Il envoya donc dix de ses porteurs avec des lots de soie sur la même route, afin de donner à croire qu'il allait bientôt arriver lui aussi, puis quitta cette route pour en emprunter une autre qui contournait l'endroit où, croyait-il, les Perses l'attendaient pour lui dresser une embuscade.

Zemarchus ne retrouva que sur les rivages de la mer Noire un monde où l'on voyageât de manière organisée, que Ménandre put décrire avec précision : « Il emprunta un navire pour rejoindre le Phase [moderne Rioni, en Géorgie], puis un autre jusqu'à Trapezus [Trabzon, Turquie]. Il emprunta alors le service de poste impérial pour rejoindre Byzance à cheval, se présenta à l'empereur et lui fit un rapport oral complet de sa mission[10]. » Zemarchus en rédigea manifestement aussi un rapport détaillé dont put se servir Ménandre pour écrire son propre récit.

L'expédition de Zemarchus jusqu'à l'Altaï ou les montagnes du Yulduz – un voyage d'environ 5 000 *miles* aller et retour à vol d'oiseau (pour l'une ou l'autre de ces deux destinations), peut-être deux fois plus par la terre et la mer – constituait certes un exemple extrême d'ambassade sur longue distance, nous l'avons dit, mais les relations sur longue distance avec les puissances étrangères étaient plus ou moins la norme à Byzance. Ce qui rendait impossible, pour des raisons pratiques, la création d'ambassades permanentes dans les pays concernés.

Il n'y a donc pas à s'étonner que l'Empire n'ait jamais institué de corps de diplomates professionnels, ni son nécessaire relais sous la forme d'un secrétariat aux Affaires étrangères. On vit des officiels de la cour, des soldats – Zemarchus en était un, de très haut niveau, qui avait le rang de *magister militum per orientem* –, des érudits, des bureaucrates et des prélats être envoyés comme ambassadeurs, à différentes périodes, pour négocier avec des souverains étrangers. Il existait toutefois une distinction entre les rangs : les ambassadeurs envoyés chez les Perses sassanides étaient systématiquement choisis au sein du plus haut rang administratif, qui donnait la qualification d'*illustris*, tandis que le Maximinus qui négocia avec Attila n'était que *spectabilis*[11].

Bien que la diplomatie ne fût pas une profession à temps plein, un manuel du VIe siècle nous apprend qu'il pouvait tout de même exister une forme de sélection et de formation. La partie relative à la sélection ne recèle aucune surprise :

> Les ambassadeurs que nous envoyons en délégation doivent être des personnes qui ont la réputation d'être pieuses et qui n'ont jamais été dénoncées ni publiquement condamnées pour quelque crime que ce fût. Elles doivent être naturellement intelligentes et suffisamment dévouées au bien commun pour être disposées à risquer leur vie... et elles doivent entreprendre leur mission avec empressement et non sous la contrainte.

Le manuel recommande une attitude particulière :

> Les ambassadeurs doivent avoir apparence agréable, réellement noble et aussi généreuse qu'il leur est possible. Ils doivent parler avec respect de leur propre pays ainsi que de celui de l'ennemi, et ne jamais tenir de propos désobligeants à son sujet.

Cet avertissement était nécessaire : au VIe siècle, la quasi-totalité des destinations où un ambassadeur de Byzance était susceptible de se rendre en visite étaient arriérées au dernier degré en comparaison de Constantinople, ou bien réduites à l'état de vestiges ruinés de gloires anciennes.

La suggestion la plus intéressante arrive à la fin : « Un ambassadeur est généralement mis à l'épreuve avant d'être envoyé en mission. On lui présente une liste de sujets et on lui demande comment il traiterait chacun d'entre eux selon diverses hypothèses et circonstances. » Des jeux de rôles fondés sur différents scénarios, dirait-on aujourd'hui[12].

Les ambassadeurs byzantins savaient qu'ils risquaient leur vie chaque fois qu'ils partaient en mission. Il ne pouvait en être autrement, à cause des dangers inhérents à toute navigation (ou presque) même dans les parties les plus familières de la Méditerranée, et des périls inhérents aux voyages par voie de terre vers les diverses puissances avec lesquelles l'Empire ne partageait pas de frontière. On connaît la logique éternelle : les meilleures alliances se nouent avec les voisins hostiles des voisins hostiles. Elle signifiait que tout territoire intermédiaire entre Constantinople et ses alliés, ou alliés potentiels à recruter, était vraisemblablement hostile aux ambassadeurs byzantins. Si, par ailleurs, ces territoires intermédiaires n'étaient sous le contrôle d'aucune souveraineté – une situation rare de nos jours qu'il faudrait qualifier des termes « État en faillite », mais bien plus commune dans l'Antiquité –, l'escorte des ambassadeurs devait lutter contre des tribus farouches, des nomades pillards et des bandes de maraudeurs qui vagabondaient à l'aventure.

L'Europe occidentale romaine fut envahie au début du Ve siècle ; selon la version traditionnelle, tirée de la chronique de Prosper d'Aquitaine, les Vandales et les Alains franchirent le Rhin glacé le jour du Nouvel An, 31 décembre 406 (*Wandali et Halani Gallias traiecto Rheno ingressi II k. Ian*[13]). Mais il y avait également des Suèves avec eux, et de nombreux Goths et Francs, en nombre bien supérieur, étaient déjà passés de l'autre côté des frontières désagrégées. Comme plusieurs puissances et potentats avaient remplacé le seul Empire, les ambassadeurs étaient bien plus nombreux qu'auparavant à circuler dans les deux sens.

Dans le climat d'extrême insécurité qui régnait à l'époque, cette diplomatie ne manquait pas d'héroïsme – elle était d'ailleurs parfois célébrée comme telle. L'hagiographie de Germain d'Auxerre par Constantius montre comment le futur saint réussit à dissuader Goar, « roi des plus cruels » à la tête de barbares particulièrement exotiques, les Alains, des guerriers montés d'origine iranienne :

> La tribu s'était déjà avancée et les cavaliers revêtus de fer couvraient toute la route ; notre prêtre, pourtant... parvint jusqu'au roi en personne... et se plaça droit devant le général en armes parmi les multitudes de barbares qui constituaient sa suite. Avec les services d'un interprète, il commença par délivrer une prière de supplication, puis réprimanda celui qui le repoussait ; finalement, il tendit brusquement la main et s'empara des rênes de la bride, arrêtant ainsi l'armée entière[14].

Les saints ont des pouvoirs particuliers. D'autres négociateurs, qui ne disposaient que d'or à échanger, des ultimes forces issues des dernières garnisons romaines ou d'autres alliés susceptibles de combattre, pouvaient également essayer d'adoucir les nouveaux venus en trouvant de nouveaux équilibres de puissances, avec l'aide de transferts de terres ou de revenus (en limitant autant que possible, bien sûr, le recours à ces moyens coûteux).

Un exemple célèbre est celui de Marcus Maecilius Flavius Eparchius Avitus, un riche propriétaire terrien, aristocrate de Gaule, qui fut même empereur pendant un an en 455. La fructueuse négociation épistolaire qu'il mena avec les Goths campés à Toulouse fut glorifiée par son gendre poète Sidoine Apollinaire : « La lecture de sa page adoucit un roi sauvage... les futures nations et les peuples à venir croiront-ils cela ? Qu'une lettre d'un Romain annula les effets des conquêtes d'un barbare[15]. » Avitus trouva la mort dans sa tentative de fuite en revenant de Plaisance vers sa villa de Gaule ; les voyages autrefois sûrs par des chaussées bien entretenues et surveillées étaient devenus de périlleuses aventures.

Les ambassadeurs byzantins, eux aussi, ne trouvaient de conditions de sécurité qu'au sein de territoires appartenant à des puissances organisées, même extrêmement hostiles. Le principe d'immunité absolue des ambassadeurs, en effet, bénéficiait d'une autorité déjà ancienne à cette époque et d'un respect presque universel, même de la part de peuples par ailleurs connus pour leur férocité. Attila le Hun, dont la stratégie, nous l'avons vu, exigeait de fréquents échanges d'ambassadeurs avec toutes les puissances à sa portée – laquelle s'étendait très loin –, était parfaitement au clair des règles régissant l'envoi et la réception des ambassadeurs ; il les respecta même dans le contexte de provocation extrême de la tentative de Chrysaphius, qui essaya de le faire assassiner.

Le principe d'immunité absolue était déjà si bien établi que Ménandre le Protecteur trouva tout à fait anormal que les barbares même les plus cruels pussent manquer de le respecter. Il rapporte que les Antes, probablement d'origine slave, alors encore dans la steppe du Pont qui s'étendait au nord de la mer Noire et voisins hostiles des Koutrigours, étaient « ravagés et pillés » par les Avars ; ils envoyèrent Mezamer, manifestement leur principal chef de guerre, en ambassade auprès des Avars pour racheter des captifs et sans doute aussi, peut-on penser, pour chercher un accord avec eux. Il semble que Mezamer n'ait pas eu « l'apparence agréable » qui sied aux ambassadeurs :

> Mezamer était une grande gueule et un fanfaron ; quand il se présenta aux Avars, il leur parla avec arrogance et une extrême désinvolture. De ce fait, un Koutrigour qui se trouvait être ami des Avars et nourrissait des desseins très hostiles contre les Antes, après avoir entendu Mezamer employer un langage d'une arrogance qui ne sied pas à un ambassadeur, dit au khagan : « Cet homme est le plus puissant de tous les Antes et il est capable de résister à tous ses ennemis, quels qu'ils soient. Tue-le et tu seras ensuite en capacité d'envahir le pays ennemi sans crainte. » Les Avars se laissèrent convaincre et mirent à mort Mezamer, à l'encontre de l'immunité des ambassadeurs et sans tenir compte de la loi[16].

Cette loi eût été le *jus gentium*, la « loi des nations », droit coutumier des nations et non loi d'origine romaine ; son application s'étendait dans l'ensemble de la sphère byzantino-sassanide ainsi que dans son environnement immédiat, mais elle n'était pas reconnue par le khaganate des Turcs ni par les Avars. Ils suivaient des règles différentes sous la loi de l'hospitalité, toujours en pratique aujourd'hui chez les rares derniers nomades bédouins et, surtout, chez les Pathans (ou Pashtounes) du Pakistan et d'Afghanistan, sous l'empire de leur trop fameux code *Pashtunwali* (qui limite sa conception de l'honneur et de l'humanité aux règles des seules affaires d'honneur entre hommes, sans reconnaître d'humanité aux non-combattants, ce qui comprend toutes les femmes). Sous la loi de l'hospitalité, l'obligation d'offrir l'hospitalité à ceux qui la demandent – avec une limite informelle de durée – inclut l'obligation de protéger l'hôte contre tout péril, au point de combattre et de mourir pour assurer sa protection si nécessaire.

C'est pourquoi les Avars, lorsqu'ils envoyèrent pour la première fois une délégation à Constantinople en 558 ou 560, le firent avec le soutien des Alains :

> Ils vinrent à la rencontre des Alains et prièrent Saronius, le chef des Alains, de porter leur existence à l'attention des Romains. Saronius donna l'information sur les Avars au fils de Germanus, Justin, qui commandait alors les forces stationnées à Lazica, Justin la transmit à Justinien et l'empereur ordonna au général d'envoyer l'ambassade [des Avars] à Byzance[17].

Dans l'esprit des Avars, le soutien des Alains impliquait le devoir suprême de les protéger ; quant aux Alains, ils présumaient que les Byzantins ne les tueraient pas et ne leur feraient aucun mal en raison des relations amicales qu'ils entretenaient avec les Avars. C'est pourquoi l'ambassadeur des Avars Kandikh, introduit dans les splendeurs du palais impérial, inimaginables pour quelqu'un qui vivait sous la tente, se sentit pourtant libre de délivrer à l'empereur un discours vantard et menaçant.

Du reste, les Avars savaient manifestement très bien, dès cette époque, que leurs ambassadeurs n'avaient nul besoin de la protection des Alains ni de quelque autre protection que ce fût, grâce à la garantie d'immunité diplomatique absolue que leur assurait le *jus gentium*. Et deux générations plus tard, après avoir eu maintes occasions d'apprendre à connaître la loi d'immunité diplomatique, ils ne la respectaient toujours pas. En juin 623, le khagan des Avars devait rencontrer l'empereur Héraclius en Thrace pour conclure un traité de paix et se livrer à diverses réjouissances à cette occasion ; au lieu de quoi il tenta de le capturer tout en lançant ses soldats dans un raid de pillage :

> Le khagan des Avars approcha du Long Mur avec une foule innombrable, puisque, comme la rumeur l'annonçait, la paix devait être conclue entre les Romains et les Avars et des courses de chars se tenir à Héraclée [nom de lieu, sans relation avec le nom de l'empereur Héraclius]... à environ 4 heures en ce jour du Seigneur [5 juin], le khagan des Avars donna le signal avec son fouet et tous ceux qui l'accompagnaient chargèrent pour pénétrer l'enceinte du Long Mur... ses hommes... pillèrent tous ceux qu'ils trouvèrent à l'extérieur [de Constantinople] depuis l'ouest jusqu'à la Porte d'Or [de la muraille de Théodose[18]].

Soit une distance de soixante-cinq kilomètres, un raid en profondeur qui était aussi une opération de diversion permettant de couvrir la tentative de capture d'Héraclius : « Les barbares, violant les accords et les serments, lancèrent une attaque soudaine contre l'empereur avec perfidie... l'empereur prit la fuite et revint à Constantinople[19]. »

Le khagan des Turcs, le « Sizaboul » de Ménandre, se reposa également sur un intermédiaire et, par conséquent, sur la loi de l'hospitalité pour envoyer son premier ambassadeur à Constantinople :

> Maniakh [le chef des Sogdiens des cités-oasis d'Asie centrale] dit qu'il était lui-même tout à fait disposé à accompagner les ambassadeurs envoyés par les Turcs, et que les Romains et les Turcs noueraient ainsi les mêmes relations amicales qu'avec son peuple. Sizaboul agréa cette proposition et envoya Maniakh, avec quelques autres, en ambassade auprès de l'empereur romain[20].

Bien que les cités sogdiennes de la route de la soie, en Asie centrale, fussent dès cette époque passées sous son contrôle au cours de l'expansion de son khaganate vers l'ouest, Sizaboul envoya son ambassade sous la protection de Maniakh, présumant que les Byzantins n'oseraient aucune offense à l'égard de leur hôte de Sogdiane en raison des bonnes relations qu'entretenaient traditionnellement les deux parties. Ils étaient unis par leur résistance commune à l'agressivité des Sassanides, sans même remonter aux très anciennes relations entre les Grecs et les Sogdiens – huit siècles plus tôt, en 324 avant notre ère, le compagnon d'Alexandre le Grand Séleucos, qui combattit en Inde et fonda une dynastie durable, épousa la Sogdienne Apama.

Une loi excluait l'autre. Tout comme un chef des Pathans (ou Pashtounes) qui, de nos jours, protégera quiconque sollicitant son hospitalité mais n'aura aucun scrupule à violer l'immunité diplomatique, l'ambassadeur byzantin fut inquiété et sa vie menacée lorsque les Byzantins, plus tard, irritèrent le khagan des Turcs en menant une négociation parallèle avec leurs ennemis Avars. En ce sens, les Avars et les Turcs du premier khaganate restaient d'exotiques créatures ; les Avars ne durèrent pas assez longtemps pour évoluer, à la différence, très certainement, des Turcs dont le khaganate se mit à appliquer les règles de la diplomatie. Ou, à tout le moins, de certains d'entre eux, en particulier des sultans seldjoukides qui conquirent puis perdirent une grande partie de l'Anatolie au tournant des XIe et XIIe siècles. C'étaient alors les plus dangereux ennemis de Byzance, mais leurs manières à l'égard des ambassadeurs et des empereurs étaient généralement empreintes de la plus exquise courtoisie en sus du respect scrupuleux des règles. Les agressifs Sassanides avaient eux aussi respecté les règles, mais les Seldjoukides dont la puissance naquit de la steppe sauvage apprirent la civilité dans l'acception la plus large du terme – et les Byzantins la leur rendirent bien, à la fureur des croisés déterminés à livrer une guerre sainte sans le moindre compromis.

Le 21 mai 1097, Kiliç Arslan, le sultan seldjoukide d'Iconium (Konya), fut vaincu par les soldats de la première croisade sous les remparts de sa nouvelle capitale de Nicée (Iznik), lors de sa retraite avec le reste de ses forces. Abandonnée à elle-même, la garnison seldjoukide de la ville donna prudemment sa reddition à l'empereur byzantin Alexis Comnène (1081-1118), qui réussit à faire pénétrer ses hommes dans la ville pour y dresser son étendard et s'empara ainsi de tout ce que comprenait la cour de Kiliç Arslan, y compris son trésor, son épouse favorite et ses enfants.

Les croisés, qui avaient combattu sept semaines et trois jours avec de lourdes pertes, s'indignèrent de perdre par là l'occasion de mettre à sac la ville – pourtant peuplée de chrétiens ; mais à en croire le témoin oculaire qui recueillit les *Gesta Francorum et aliorum Hierosolymytanorum*, ils s'indignèrent encore davantage du traitement qu'Alexis Comnène réserva à l'épouse captive de Kiliç Arslan (la « sultane ») ainsi qu'à leurs enfants : animé de « mauvaises intentions » (*iniqua cogitatione*), l'empereur leur offrit protection contre les Francs, soin royal et retour sans rançon (II, 8).

Bien différents de ses ennemis seldjoukides – qui étaient dangereux mais respectaient les règles de la civilité –, les alliés de l'Empire qui se révélèrent les plus utiles et les plus constants pendant tout le Xe siècle furent les sauvages Petchenègues de la steppe du Pont, au nord de la mer Noire.

C'était le dernier rassemblement de population nomade à cheval turc alignant de nombreux archers montés à faire son apparition dans la région[21]. Leurs origines sont d'une telle obscurité que la meilleure source existante les concernant est une traduction tibétaine d'un récit du VIIIe siècle attribué aux Ogours, qui les place en Asie centrale avant qu'ils ne s'engagent, eux aussi, dans une migration vers l'ouest qui les fit entrer dans la sphère diplomatique byzantine. Les Petchenègues combattirent avec vigueur les ennemis de l'Empire en échange de récompenses méritées ; au siècle suivant, des bandes de Petchenègues devaient s'engager pour servir dans les armées byzantines. Mais c'étaient manifestement des sauvages avec lesquels il était dangereux de traiter, à en juger par les procédures que recommande au Xe siècle le manuel de gouvernement politique attribué à l'empereur Constantin VII Porphyrogénète (913-959), connu de nos jours sous le titre *De administrando imperio*[22] :

> Lorsqu'un agent de l'Empire [porteur de présents à titre de tribut] est envoyé en mission depuis Constantinople avec des navires de guerre [vers la steppe du Pont]... une fois trouvés [les Petchenègues], il doit leur adresser un message par l'intermédiaire de son ordonnance, lui-même restant à bord des navires de guerre tout en conservant avec lui sur les navires, sous bonne protection, les biens de l'Empire. Ces Petchenègues descendent ensuite à sa rencontre ; lorsqu'ils sont arrivés, l'agent de l'Empire leur donne des otages choisis parmi ses hommes et en reçoit lui-même de leur part, qu'il garde sur les navires en mer, puis il trouve un accord avec eux ; et lorsque les Petchenègues ont prêté serment à l'agent de l'Empire conformément à leur *zakana* [droit coutumier], il leur offre les présents de l'Empire... et remonte [à bord de son navire[23]].

Ce récit fait irrésistiblement penser aux rituels de précaution qui accompagnent les échanges d'argent destinés aux trafics de drogue.

Par contraste, les procédures à suivre dans le cadre des négociations de traités avec les Sassanides, radicalement différentes, supposent l'existence préalable de pratiques protocolaires si bien établies qu'elles ne furent elles-mêmes l'objet d'aucune négociation dont nous ayons connaissance – et que, soit dit en passant, elles restent encore en vigueur de nos jours. C'est ainsi que la négociation pied à pied qui aboutit au traité de paix « de cinquante ans » en 561-562 fut d'une extrême intensité, chaque point débattu de manière acharnée. Mais quand un accord fut enfin atteint sur un traité global, les deux parties surent comment procéder :

> Le traité de cinquante ans était rédigé en persan et en grec, l'exemplaire en grec traduit en persan et le persan en grec... Une fois les dispositions de l'accord rédigées par les deux parties, on les disposait côte à côte pour s'assurer que le contenu correspondait parfaitement[24].

Les onze premières clauses étaient substantielles : fermeture des Portes Caspiennes (Derbent) aux invasions barbares ; non-agression de la part des alliés ; limitation du commerce à certains itinéraires avec postes de douane précis ; recours au service de poste pour les ambassadeurs et droit des ambassadeurs à commercer ; obligation faite aux marchands barbares de rester sur les grandes voies de communication et d'y payer les droits de douane ; expulsion des transfuges ; règlement des dommages-intérêts pour les crimes, délits et offenses privées ; interdiction de construire de nouvelles fortifications à l'exception de Dara [près de l'actuelle Oğuz en Turquie, la ville forteresse d'Anastase] ; interdiction d'attaquer les nations sujettes de l'autre partie ; limitation des effectifs de la garnison de Dara ; doublement des indemnités dues suite aux dommages mutuels infligés par les villes frontières, avec un délai maximal d'une année et demie pour effectuer les paiements cumulés concernés. La douzième clause invoque la grâce de Dieu à l'endroit de ceux qui respecteront le traité et sa colère à l'endroit des autres. Il s'agissait du seul et unique Dieu – la divinité Ahura Mazda des zoroastriens étant également un Dieu unique, bien que non omnipotent.

Il reste une dernière clause que les lecteurs peu au fait de la diplomatie pourraient estimer inutile, son contenu semblant pléonastique et sans aucun intérêt :

> Le présent traité est signé pour cinquante ans et les dispositions de paix qu'il instaure devront rester en vigueur cinquante ans, l'année étant calculée à la manière traditionnelle comme s'arrêtant au trois cent soixante-cinquième jour.

Ce qui signifie sans année bissextile – le genre de détail dont les diplomates comprennent bien l'importance, minime en apparence, au point qu'on peut facilement le négliger, mais dont les conséquences sont susceptibles d'être lourdes.

Le moment était venu pour les deux souverains, Justinien et Khosro Ier Anoushirvan (Chosroès pour les Grecs), d'échanger des lettres pour ratifier l'ensemble des dispositions sur lesquelles les ambassadeurs avaient trouvé un accord. On présenta alors les lettres de mission préalables aux discussions signées de chacun des deux souverains. Mais le protocole était encore plus exigeant : il fallait désormais « polir » le texte des deux documents en grec et en persan afin d'y intégrer des formulations de force équivalente dans les deux langues (« s'efforcer de » au lieu d'« essayer », « équivalent » au lieu de « même » et ainsi de suite). Alors :

> On établit des fac-similés des deux documents. On enroula les originaux, on les scella avec l'aide de cire et d'une autre substance qu'emploient les Perses et l'on y imprima les cachets des ambassadeurs et de douze interprètes, six du côté romain et six du côté perse. Les deux parties échangèrent ensuite les documents du traité[25].

Les Byzantins reçurent le texte des Perses et vice versa. On donna ensuite aux Perses une traduction persane de l'original grec, non scellée, et vice versa. Ce dernier échange marquait enfin la fin de la procédure.

En dépit d'un tel professionnalisme dans les affaires diplomatiques, il n'existait pas de corps de diplomates professionnels : les différents officiers et officiels recrutés pour exercer des missions d'ambassadeurs étaient susceptibles d'en rendre compte à tel ou tel parmi un certain nombre d'officiels de haut rang, voire à l'empereur en personne. Aucun officiel n'était exclusivement dédié à ces questions – il n'existait en effet pas de ministre des Affaires étrangères. Il n'y avait rien eu de tel dans la hiérarchie bureaucratique de l'Empire romain avant sa division et l'on ne créa rien de tel par la suite.

L'interprète Vigilas, l'agent secret amateur au service de Chrysaphius qui se montra si peu efficace dans la tentative manquée d'assassinat contre Attila, était l'un des nombreux subordonnés placés sous la responsabilité du plus haut fonctionnaire de la hiérarchie bureaucratique de l'époque, le *magister officiorum*, « maître des offices ». Ce dernier était en charge des messagers et des interprètes, ainsi que des *agentes in rebus*, « agents de missions » – une expression souvent comprise ou présentée, à tort, comme recouvrant les agents secrets, mais en réalité consacrée aux officiels en début de carrière destinés à une promotion, dont le statut d'élite fut bien confirmé par les lois en limitant les effectifs : 1 174 en 430 selon une loi de Théodose II, 1 248 sous Léon Ier (457-474[26]). Des effectifs suffisants pour constituer un ministère des Affaires étrangères digne de ce nom, comprenant des divisions par zones géographiques, des bureaux par pays, des services fonctionnels dédiés aux relations commerciales et ainsi de suite. Mais il n'en existait pas, sans même parler d'une organisation dédiée au renseignement ; les *agentes in rebus* (ou *magistriani*, d'après le titre des personnels officiels auprès desquels ils servaient) étaient donc amenés à exercer diverses missions dans l'ensemble des départements placés sous le contrôle du maître des offices, dont les missions variaient du tout au tout.

La liste des officiels civils et militaires, unités et officiers militaires supérieurs de l'Empire d'Orient et de l'Empire d'Occident établie au début du Ve siècle et connue sous le nom de *Notitia dignitatum* – une compilation bureaucratique sans aucun doute quelque peu éloignée des réalités du terrain mais néanmoins fort éclairante – présente ainsi les différentes unités, les services et les personnels placés sous le contrôle de « l'illustre maître des offices » pour la partie orientale de l'Empire[27] :

> Sept formations (*scholae*) de gardes du palais dont il assurait l'approvisionnement, le traitement et la supervision mais non le commandement à la guerre : premiers porteurs de boucliers (*scutariorum prima*), seconds porteurs de boucliers (*scutariorum secunda*), gardes des nations [barbares] supérieurs (*gentilium seniorum*), archers à bouclier (*scutariorum sagittariorum*), cuirassiers à bouclier (*scutariorum clibanariorum*), gardes légers subalternes (*armaturarum iuniorum*) et gardes des nations [barbares] subalternes (*gentilium iuniorum*).
>
> Les services d'intendance et les porteurs de torches (un palais sombre pouvant être dangereux).
>
> Quatre départements (*scrinia*) dédiés : archives, correspondance, requêtes, transactions.
>
> Le personnel dédié aux audiences du palais.
>
> Quinze arsenaux (*fabricae infrascriptae*) dédiés à la fabrication des boucliers, cuirasses, lances et autres armes[28].

Le maître des offices pouvait difficilement se charger seul de l'administration de tous ces différents domaines, entre les porteurs de torches, les rédacteurs de lettres, les huissiers et les employés de bureau, un corps substantiel de gardes du palais, et, enfin, les toutes premières véritables usines du monde occidental, un « complexe militaro-industriel » entier de quinze arsenaux qui produisaient toutes les armes et armures destinées à l'armée. Comme de juste, il était secondé par un corps d'*agentes in rebus*, par un chef de cabinet et un certain nombre d'assistants, deux dédiés aux arsenaux, trois au département des Affaires barbares, trois à l'*Oriens*, un à l'*Asiana*, un à la *Pontica*, un à la Thrace et à l'*Illyricum*, un inspecteur de la poste publique, un inspecteur pour toutes les provinces et, finalement, le seul sujet qui relève d'un ministère des Affaires étrangères : des interprètes pour divers peuples (*interpretes diuersarum gentium*).

Nous voyons bien, par là, que le maître des offices n'aurait jamais eu la possibilité de remplir le rôle d'un ministre des Affaires étrangères au sens propre du terme, par simple manque de temps. On admet généralement qu'il n'en allait pas de même du *logothetes tou dromou* byzantin, qui n'hérita que d'une partie des fonctions du maître des offices lorsque ce poste fut, dans le même temps, privé de ses vastes pouvoirs exécutifs à la fin du règne de Léon III (717-741) et élevé à la présidence du Sénat. Il s'agissait d'un vestige, d'ordre essentiellement cérémonial, du Sénat romain tel qu'il avait existé dans le passé ; son président était le représentant de l'empereur en son absence – un rôle dangereux à exercer pour de bon[29]. On peut raisonnablement en déduire que Léon III, parvenu au pouvoir en forçant Théodose III (715-717) à abdiquer mais contraint par la suite de faire face à de dangereuses rébellions, jugea le maître des offices trop puissant et préféra le promouvoir à un poste où il consacrât son temps et son plaisir à de vains honneurs.

L'expression *logothetes tou dromou* signifie littéralement « intendant des finances en charge de la route » ; elle fait référence au *cursus publicus*, le système romain et byzantin de poste et de transport impérial. Le dispositif eut ses hauts et ses bas au cours des siècles, mais dans ses périodes de bon fonctionnement, il délivrait à la fois un service de transport de marchandises (*platys dromos*) par chariots à bœufs et un service rapide (*oxys dromos*) par chevaux et mulets destinés aux personnels officiels de l'Empire et au transport de leurs bagages. Comme on l'a vu au chapitre I, les bœufs – c'est une règle universelle – dorment huit heures, ruminent huit heures et ne tirent leur chariot qu'à 2 ou 2,5 *miles* par heure sur terrain plat : ainsi, au mieux, le *platys dromos* pouvait déplacer 1 tonne sur 100 *miles* en cinq jours, avec un attelage d'au moins dix bœufs qu'il fallait porter à dix-huit sur des routes pentues. Les voyageurs montés de l'*oxys dromos* pouvaient progresser bien plus rapidement, parce qu'ils disposaient de chevaux frais aux relais et stations de repos (*stathmoi*).

Procope décrit le fonctionnement du système à son meilleur rendement :

> Des chevaux, au nombre de quarante, attendaient à chaque station, prêts à prendre le relais... et des garçons d'écurie en nombre proportionné... étaient affectés à chaque station. En voyageant avec de fréquents changements de chevaux, qui étaient issus des meilleures races... [les cavaliers]... pouvaient parfois couvrir jusqu'à dix journées de voyage dans la même journée[30].

Ce qui ferait 240 milles romains, soit 226 *miles* (360 kilomètres). Il ne s'agit pas d'une vitesse ordinaire pour un voyageur à cheval ; même avec des relais disposant de chevaux frais de qualité, des chiffres inférieurs de moitié sont plus vraisemblables. (À titre de comparaison, en 1860, les cavaliers du Pony Express avec leurs sacs postaux de 20 livres couvraient 250 *miles* par jour sur la route de 1 966 *miles*, soit 3 106 kilomètres, de St. Joseph sur le Missouri à Sacramento en Californie, avec cent quatre-vingt-dix stations de relais pour cinquante cavaliers et cinq cents chevaux.)

Procope fait l'éloge du système de poste, dans son *Histoire secrète* dont on connaît la dimension polémique, pour mieux critiquer Justinien et dénoncer ses diverses mesures ayant, selon lui, ruiné le dispositif : suppression de certaines routes, réduction du nombre de stations de remonte et remplacement de chevaux par des mulets, qui plus est en nombre insuffisant. Au vrai, le *dromos* fonctionnait plutôt bien, sinon dans les périodes de crises les plus aiguës, et c'était une différence supplémentaire entre l'Empire et ses voisins.

Pour les ambassadeurs byzantins comme pour les étrangers de haut rang invités de manière officielle, voyager par voie de terre à l'extérieur de l'Empire constituait, au mieux, une très longue aventure ; à l'intérieur de ses frontières, en revanche, ce n'était généralement que simple routine qui prenait bien moins de temps[31]. Le seul document détaillé qui nous soit parvenu sur un voyage de cette nature remonte au IVe siècle (entre 317 et 323) : Théophane, riche propriétaire foncier et personnalité officielle issue de l'importante ville d'Hermopolis Megale en haute Égypte (près de l'actuelle el-Ashmunein), utilisa les services du *cursus publicus* pour se rendre à Antioche (actuelle Antakya en Turquie). Il se mit en route le 6 avril à Nikiou (Pshati) et arriva à destination le 2 mai, soit une moyenne de 40 kilomètres par jour avec un minimum de 24 kilomètres par jour durant la traversée du désert du Sinaï, où n'existait aucune route, et un maximum supérieur à 100 dans la dernière ligne droite sur les grandes voies bien tracées de Syrie[32].

Le recours au *dromos* pouvait faire toute la différence pour les voyageurs par voie de terre qui étaient pressés. Seule une richesse démesurée permettait de s'offrir un dispositif de remonte privé permettant d'avoir des chevaux frais à intervalles réguliers sur toute la durée d'un voyage ; une somme d'argent bien inférieure permettait d'acheter une autorisation par voie de corruption. Seul le maître des offices et, plus tard, le *logothetes tou dromou* avaient la capacité de délivrer des autorisations, et ce privilège était réservé aux officiels voyageant dans le cadre de missions officielles. Mais, naturellement, la corruption existait. Jean Lydus (ou le Lydien), le bureaucrate du VIe siècle dont l'ouvrage *Sur les magistratures de l'État romain* se présente comme une suite implacable de notes administratives – très plaisante néanmoins à lire par endroits –, rapporte que le chef des enquêteurs (*frumentarii*) de la préfecture était supposé siéger en permanence au service des autorisations

> afin de mener de multiples enquêtes et de trouver ainsi les raisons pour lesquelles de nombreuses personnes bénéficient... des autorisations dites officielles... leur permettant d'utiliser le *cursus publicus*. On mène ces enquêtes bien que le magister [*officiorum*], ainsi qu'il est appelé, soit également le premier à signer l'autorisation officielle permettant d'utiliser le *cursus*[33].

En d'autres termes, on ne pouvait faire confiance même aux officiels les plus haut placés avec ces autorisations si faciles à vendre à bon prix. Ces *frumentarii*, soit dit en passant, ont été compris ou présentés, à tort, comme constituant un service de sécurité impérial (un FBI, un MI5 ou encore une DST romaine) de même nature que le service de renseignement impérial lui aussi purement fantaisiste que l'on imaginait assuré par les *agentes in rebus* ; s'il en avait été ainsi, l'Empire aurait été fort mal protégé en vérité : l'effectif total des *frumentarii* était en effet ridiculement faible pour une tâche d'une telle ampleur – quelques centaines de personnes seulement[34].

La supervision du *dromos* n'était que l'une des missions et responsabilités du logothète. Il était en charge du bureau qui s'occupait des barbares en visite – il gérait ainsi une résidence accueillant les ambassadeurs étrangers (*apokrisarion*) – et du bureau des interprètes, hérité du service des *interpretes diuersarum gentium* du maître des offices ; le chef de ce bureau était le *megas diermeneutes*. Ces postes suggèrent tous l'existence d'une sorte de ministère des Affaires étrangères, mais il ne s'agissait que de missions purement domestiques, parmi lesquelles la protection de l'empereur, la supervision de mesures de sécurité dans certaines provinces et diverses cérémonies. Un bureau dédié à la conduite des affaires du logothète (*logothesion*), avec un personnel spécifique, est attesté à compter du IXe siècle et reçut le nouveau nom de *sekreton* au XIIe siècle, sans référence particulière aux affaires étrangères. Le seul domaine qui restait étranger au logothète était la conduite des négociations avec les puissances étrangères ; ainsi, même s'il était le conseiller de l'empereur sur les affaires étrangères – un sujet nécessairement évoqué chaque jour à la cour car chaque jour voyait une puissance étrangère menacer telle ou telle partie de l'Empire –, il ne jouait pas le rôle d'un ministre exécutif susceptible de mettre en œuvre une politique étrangère[35].

Les Byzantins n'avaient donc ni ministre des Affaires étrangères, ni diplomates professionnels. Pourtant, la caractéristique la plus forte de la grande stratégie byzantine, du début à la fin de l'Empire, était précisément la priorité qu'elle accordait aux arts de la persuasion dans sa manière de traiter avec les puissances étrangères.

La persuasion constitue, bien entendu, l'objectif fondamental que doit poursuivre toute diplomatie, qu'elle dispose ou non de l'appareil des ambassades permanentes et d'un ministère des Affaires étrangères ; ce qu'ont pu obtenir les Byzantins par la persuasion, d'autres l'avaient obtenu – pour l'essentiel – longtemps avant eux, comme l'obtiennent aujourd'hui encore les États modernes que nous connaissons.

Faire peur à des agresseurs potentiels et les tenir ainsi à distance par la menace de représailles – la dissuasion, en termes actuels – est une pratique vieille comme le monde, cris de guerre et armes brandies jouant exactement le même rôle que le déploiement des armes nucléaires durant la guerre froide. Il en va de même des cadeaux ou des tributs purs et simples destinés à acheter les ennemis qu'il serait bien plus coûteux de combattre, même avec une certitude de victoire.

On a stigmatisé la décadence de Byzance, contrainte d'acheter ses ennemis et de s'appuyer lâchement sur l'or au lieu du fer avec lequel les Romains des grandes heures de leur histoire combattaient : cette distinction erronée n'en est qu'une de plus entre les deux périodes.

Comme les divers témoignages le prouvent, les Romains de toutes les périodes de leur histoire ne connaissaient aucune inhibition qui leur fût imposée par leurs prétentions héroïques : même à leur plus grande force, d'Auguste (Ier siècle) à Marc Aurèle (IIe siècle), ils préféraient l'or au fer chaque fois qu'il était plus économique d'acheter leurs ennemis que de les combattre[36].

La liste des paiements que nous connaissons est très longue : les subsides annuels versés aux Huns par l'Empire d'Orient, fixés vers 422 à 350 livres d'or, s'accrurent à 700 en 437 et triplèrent en 447 à 2 100 – un total malgré tout bien inférieur, pour des résultats bien supérieurs, aux 4 000 livres d'or payées par l'Empire d'Occident aux Wisigoths d'Alaric en 408, suivies de 5 000 livres d'or en 409, avec, en sus, 30 000 livres d'argent, 4 000 tuniques de soie, 3 000 peaux pourprées et 3 000 livres de poivre[37].

Tous ces paiements – qui n'empêchèrent pas le sac de Rome l'année suivante – provenaient d'une cité dont la puissance avait pourtant été considérablement amoindrie et les capacités financières très fortement réduites ; ils donnaient la mesure des quantités d'or et d'argent accumulées pendant des siècles de déprédations impériales suivies d'une imposition encore plus profitable. Un historien moderne a établi une distinction minutieuse entre six catégories de paiements, les intentions sous-jacentes et les résultats obtenus. Il en conclut que le risque de chantage sans limites par excès de faiblesse avait été écarté et que l'or était « un instrument flexible et d'une grande efficacité, au regard de son coût, en politique étrangère » – de concert avec le fer, bien entendu, pour dissuader, contraindre et punir[38].

Les Byzantins ne cessèrent jamais de s'appuyer sur la dissuasion – comme toute puissance confrontée à d'autres doit le faire, ne serait-ce que tacitement – et pratiquèrent de manière régulière l'achat de la paix avec leurs ennemis.

Mais leur politique allait bien au-delà : elle recourait à tous les instruments possibles de la persuasion pour recruter des alliés, briser les alliances hostiles, affaiblir par la subversion les souverains ennemis et même, avec les Magyars, détourner la migration de nations entières pour les éloigner. Les Romains de la République et de l'Empire avant sa division, comme la plupart des grandes puissances jusqu'à nos jours, considéraient la force comme l'instrument principal de l'art de gouverner et la persuasion comme un complément d'importance secondaire. Pour l'Empire byzantin, c'était le plus souvent l'inverse. Cette évolution des priorités de la force à la diplomatie constitue bien, en l'occurrence, un réel facteur de différenciation entre Rome et Byzance, entre la fin de l'histoire romaine tardive à l'est et le début de l'histoire byzantine[39].

La raison évidente – trop évidente – de ce changement fondamental tient à la faiblesse relative de l'Empire byzantin : sa force militaire était souvent insuffisante pour faire face à la multiplicité de ses ennemis. Mais il existait également une raison plus positive de s'appuyer sur la diplomatie : les Byzantins avaient à leur disposition davantage d'instruments de persuasion efficaces que leurs prédécesseurs ou rivaux, parmi lesquels la religion chrétienne de la « vraie foi orthodoxe ».

Chapitre 4

RELIGION ET HABILETÉ POLITIQUE

Il ne fait pas de doute que la quasi-totalité des Byzantins dont nous avons connaissance étaient animés d'une sincère ferveur chrétienne. Il est également indiscutable que l'Empire fit un usage constant de la religion comme source d'influence sur les souverains étrangers et leurs nations. Les esprits fervents n'y voyaient ni cynisme ni contradiction – pas même lorsque des renégats opportunistes tels que des pillards turcs capturés ou des barbares parfaitement incompréhensifs venant de la steppe se laissaient bien volontiers baptiser. Si la conversion à la religion byzantine ne leur était d'aucune aide spirituelle, elle pouvait au moins apporter à l'Empire une aide matérielle ; ce qui suffisait à défendre la « vraie Église orthodoxe », elle-même ouvrant en retour la seule porte vers la vie éternelle selon sa propre doctrine. Renforcer l'Empire, c'était donc faire progresser le salut par la religion chrétienne.

Avec ses magnifiques églises, ses émouvantes liturgies, ses chœurs mélodieux, ses doctrines aux démonstrations impeccables et son clergé d'une haute culture pour l'époque, l'Église byzantine attira des nations entières de convertis – les anciens Russes en tête. Certains n'en combattaient pas moins l'Empire de toute leur vigueur, mais d'autres étaient prédisposés par la conversion à coopérer, voire à nouer une alliance ; même s'ils ne faisaient aucune concession à l'empereur en tant que chef séculier de l'Église, ils éprouvaient plus de difficulté à refuser de reconnaître l'autorité des patriarches de Constantinople, bien qu'ils fussent nommés par l'empereur. Même durant la période crépusculaire de la cité-État qui se prolongea jusqu'en 1453, les Russes acceptèrent volontiers la conduite spirituelle d'éminents patriarches tels que Philothée (1364-1376)[1].

À compter du IXe siècle, des missionnaires byzantins se mirent en route pour convertir les peuples voisins : les Bulgars, les Slaves des Balkans, les Moraves ainsi que les souverains scandinaves de la Rus' de Kiev. Ils y parvinrent avec les meilleurs résultats. Ils étaient convaincus de sauver ainsi les âmes du paganisme – une justification suffisante à tous leurs efforts. Mais en procédant ainsi, par voie de conséquence naturelle, ils recrutaient également des alliés potentiels. Il est vrai, la conversion à la foi orthodoxe n'a pas permis d'éviter la guerre acharnée contre l'Empire que menèrent les Bulgares christianisés ou la Rus' de Kiev, mais même après la reconnaissance de l'Église bulgare comme autocéphale en 927, la diplomatie byzantine put tirer parti, et le fit, de l'autorité du patriarche de Constantinople sur les ecclésiastiques locaux pour trouver de l'aide parmi eux, ou tout au moins pour les dissuader de prendre des mesures hostiles.

Les Byzantins ont sans doute également bénéficié, à certaines périodes, d'une forme d'interdit religieux dissuadant d'attaquer leur Empire chrétien. Même les Latins brûlants de haine lors la quatrième croisade, sur le point d'attaquer, de prendre d'assaut et de mettre à sac Constantinople, connurent pareille inhibition – ou tout au moins leurs chefs éprouvèrent-ils la crainte qu'ils la connussent. En effet, le 11 avril 1204, veille de l'assaut final :

> on annonça à toute l'armée que tous les Vénitiens ainsi que le reste des soldats devaient aller écouter les sermons dimanche matin ; ce qu'ils firent. Alors les évêques prêchèrent devant l'armée... et démontrèrent aux pèlerins que la guerre était une guerre juste ; car les Grecs étaient des traîtres et des meurtriers, ils étaient également déloyaux, puisqu'ils avaient assassiné leur seigneur légitime, ils étaient pires que les juifs. D'ailleurs, les évêques ajoutèrent... qu'ils absoudraient tous ceux qui auraient attaqué les Grecs. Ensuite, les évêques ordonnèrent aux pèlerins de confesser leurs péchés... et ajoutèrent qu'ils ne devaient pas hésiter à attaquer les Grecs, car les Grecs étaient ennemis de Dieu. Ils donnèrent également l'ordre de se mettre à la recherche et de trouver toutes les putains, incarnation du mal, pour les expulser de l'armée et les en tenir à grande distance[2].

Nous ne pouvons pas savoir ce qui ne se passait pas lorsqu'il n'y avait aucun prélat meurtrier disponible pour prêcher le caractère sacré d'une attaque contre des coreligionnaires chrétiens ; en revanche, le rôle que joua Constantinople comme centre religieux dans la diplomatie byzantine peut s'appuyer sur un certain nombre de documents historiques. Il est également possible de montrer de quelle manière les croyances religieuses de la ville, et tout ce qui en témoignait, faisaient l'objet d'une mise en valeur délibérée au service de la politique impériale.

Lorsque Constantin établit à l'origine sa capitale, elle n'avait aucune prétention particulière à devenir une destination de pèlerinage. Ses remparts abritaient certes l'empereur – qui était bien davantage que le simple chef séculier de l'Église, car les empereurs pouvaient se prononcer sur la doctrine et le faisaient bel et bien –, ainsi que le patriarche œcuménique, au rang suprême des titulaires du clergé nommés par l'empereur, qui ne le cédait qu'à l'évêque et patriarche de Rome dans l'ordre de préséance établi lors du concile œcuménique de Chalcédoine en 451, avant de prendre la première place parmi l'ensemble des patriarches orthodoxes après le schisme cinq siècles plus tard.

Mais la toute nouvelle Constantinople ne pouvait, dès sa création, entrer en compétition avec le prestige chrétien dont jouissait Rome, avec ses nombreuses églises et le siège des successeurs de saint Pierre, ni avec Alexandrie, Antioche ou encore Jérusalem. Les patriarcats d'Alexandrie et Antioche venaient après Constantinople dans l'ordre établi par le concile de Chalcédoine, mais l'un et l'autre avaient été épiscopats longtemps avant Constantinople et comptaient des églises bien plus anciennes. Le patriarcat de Jérusalem venait en dernier dans l'ordre de préséance, mais il était la seule destination où les pèlerins pussent visiter les sites de la naissance, de la vie et de la mort de Jésus, de l'église de la Nativité à Bethléem toute proche jusqu'au Saint-Sépulcre près du mont du Temple. Ne fût-ce qu'en raison des voyages réguliers de leurs précurseurs juifs en provenance de toutes les parties de l'Empire et d'au-delà pour venir célébrer les principales fêtes religieuses au temple de Jérusalem, le pèlerinage avait une importance extrême comme acte de foi. Et Constantinople ne pouvait aspirer à la moindre importance religieuse – avec son inévitable dimension politique – qu'en étant, elle aussi, capable d'attirer des pèlerins.

Tel était le défi que les empereurs et patriarches affrontèrent et surmontèrent. Au prix de considérables efforts et de très grandes dépenses, ils transformèrent Constantinople en cité chrétienne *par excellence* et destination de pèlerinage de la classe de Rome ou Jérusalem, recevant même davantage de visiteurs que l'une ou l'autre pendant de longues périodes.

Ils commencèrent par faire construire des églises, parmi lesquelles l'extraordinaire nouvelle *Hagia Sophia*, l'église de la « Sagesse sacrée », qui devint la mosquée la plus belle après la conquête de 1453, fut désaffectée en 1935 et constitue, depuis lors, le monument d'Istanbul le plus visité. La précédente *Hagia Sophia*, qui était déjà la deuxième église sur ce site, fut incendiée lors de la sédition Nika en janvier 532. Sur ordre de Justinien, le nouvel édifice fut conçu par Anthémius de Tralles et Isidore de Milet, d'une manière parfaitement délibérée, pour figurer immédiatement parmi les merveilles du monde avec son dôme d'une taille (31,87 mètres de large) et d'une hauteur stupéfiantes (55,6 mètres – 182 pieds – au-dessus du sol), soutenu par le procédé architectural nouveau des pendentifs percés de fenêtres qui lui donne l'apparence de flotter très haut loin des visiteurs comme par magie ou miracle. (Dans un nouveau miracle d'esthétique, plus d'un siècle après que les conquérants ottomans eurent commencé par plâtrer les mosaïques intérieures pour transformer Sainte-Sophie en mosquée débarrassée d'images interdites, l'architecte Mimar Sinan Koca (1489-1588) ajouta les quatre minarets cylindriques, hauts et relativement minces, qui forment un contraste frappant et parfait avec la rotondité massive du bâtiment original. Voilà au moins un choc des civilisations qui aboutit à une splendide fusion architecturale.)

Au total, quelque trois cents églises furent construites à Constantinople. Mais dès son inauguration, le 27 décembre 537, ce fut Sainte-Sophie qui fit venir les pèlerins à Constantinople bien davantage que toutes les autres attractions de la ville. Avec son immense espace intérieur qui s'ouvrait sous son dôme élevé, libre de toute colonne pour le supporter, sa structure même mystérieusement soutenue par un mécanisme de tension créé avec l'aide de savants calculs mathématiques pour faire contrepoids, qui permettait d'éviter le recours aux contreforts intérieurs, son plafond entièrement couvert d'or, de marbres multicolores et de mosaïques polychromes (une forme d'art inconnue de nombreux visiteurs), ainsi que les soies magnifiques et les peintures suspendues qui ornaient ses murs, l'ensemble constituait pour de nombreux siècles – et de très loin – le bâtiment le plus impressionnant au monde.

Pour nombre de croyants, bien sûr, il s'agissait de bien plus que cela : c'était une merveille toute divine, le parfait domicile digne d'accueillir la sagesse sacrée elle-même à laquelle elle était destinée. Après avoir décrit dans le détail le dessin innovateur et la méthode de construction sans précédent de l'église, Procope de Césarée rapporta la réaction des premiers visiteurs :

> Quiconque pénètre dans cette église pour prier comprend à l'instant que ce n'est pas quelque capacité ou talent humain, mais l'influence de Dieu qui a si admirablement façonné cet ouvrage. Et son esprit s'élève ainsi vers Dieu, en exaltation, il sent qu'Il ne peut pas être loin et qu'Il doit, bien au contraire, tout particulièrement aimer à résider en cet endroit… D'un tel spectacle nul n'a jamais pu se rassasier ; présents dans l'église, les visiteurs se réjouissent de ce qu'ils voient, et quand ils la quittent, prennent plaisir à en parler avec fierté[3].

Les nouveaux venus qui ne la connaissaient que par ouï-dire, dès leur arrivée à Constantinople, commençaient par se rendre à Sainte-Sophie, quelles que fussent les affaires qu'ils devaient traiter en ville. Mais de nombreux pèlerins faisaient spécialement le voyage pour venir adorer Dieu en cette église – et continuèrent à le faire pendant des siècles, grandissant encore le prestige de l'Empire dans les différents pays où ils retournaient.

Même l'architecture la plus impressionnante et les décorations les plus opulentes ne pouvaient toutefois exercer une force d'attraction à l'égard des pèlerins aussi puissante que les fameuses reliques des saints. Dans le christianisme orthodoxe comme dans le christianisme catholique, les saints sont les intermédiaires que l'on peut approcher entre l'homme et Dieu – nombre de fidèles avaient et ont encore leur propre saint particulier à qui ils réservent leurs prières les plus intimes, à qui ils font des dons et dont ils cherchent à visiter la sépulture ou à voir les reliques, en geste de respect à leur égard, mais aussi pour bénéficier des émanations spirituelles qui s'en dégagent.

Les reliques pouvaient ainsi attirer de nombreux fervents, même de très loin, et renforçaient le prestige des établissements religieux qui les possédaient. Certains établissements furent d'abord des sanctuaires consacrés à un tombeau ou à une relique, d'autres firent l'acquisition de reliques quand ils pouvaient se le permettre – il en existait en effet un marché assez animé et les prix étaient susceptibles de monter à des niveaux élevés, parce qu'elles rapportaient des revenus issus des donations de pèlerins s'ajoutant à leur valeur spirituelle et au prestige institutionnel qu'elles conféraient. Les souverains en place prenaient leur part de tous ces avantages ; l'Empire byzantin en tirait un bénéfice certain, parce que le rang qu'il occupait au niveau international était considérablement renforcé parmi les chrétiens des pays proches comme des pays éloignés par l'accumulation croissante de reliques importantes dans sa capitale. Les différentes reliques concernées sont ainsi détaillées dans une compilation de rapports sur Constantinople rédigée au xiie siècle à Skalholt, dans les très lointaines terres d'Islande.

Témoignage de la force d'attraction qu'exerçaient les reliques de Constantinople, dans sa relation de l'histoire des rois du Danemark, la saga de KnǕtlinga décrit le long séjour à Constantinople d'Erik Ejegod (*Ever-Good*) en route vers la Terre sainte (il mourut à Paphos, Chypre, en juillet 1103) ; selon la *Gesta Danorum* de Saxo Grammaticus, lorsque le roi Erik se préparait à quitter Constantinople pour reprendre son voyage, l'empereur lui demanda ce qu'il souhaiterait le plus recevoir comme cadeau d'adieu. Erik répondit qu'il ne désirait que des reliques sacrées. On lui offrit les ossements de saint Nicolas et un fragment de la Vraie Croix, qu'il envoya chez lui à Roskilde et à une église de sa terre natale de Slangerup, dans le nord de la Zélande[4].

Les reliques n'avaient pas toutes la même valeur ; il existe en effet une hiérarchie entre les saints, qui commence avec les premiers disciples. De plus, les membres reconnaissables eurent toujours une cote supérieure à celle d'un tissu fragmentaire. Si l'attraction la plus recherchée était un éclat de la Vraie Croix, un bras ou une jambe bien conservée, attribuée à un saint de premier rang, avait également une valeur très élevée. Les empereurs comme les membres du clergé n'économisaient pas leurs efforts ni leurs moyens financiers pour faire l'acquisition de ces « coups de main à l'Empire[5] » – qui ne se résumaient pas à des mains : têtes, bras, jambes, cœurs, nez, simples fragments de tissu et, à vrai dire, n'importe quelle partie du corps à une exception près (celle que l'on peut imaginer), la demande était considérable sur ce marché. Lorsque le bras de saint Jean Baptiste, volé à Antioche, arriva à Constantinople en 956 par barque de cérémonie impériale pour la dernière étape de son voyage, une réception officielle l'attendait autour du patriarche Polyeuktos et du Sénat assemblé, les plus éminents officiels dans leurs plus beaux atours, parmi cierges, torches et vases où brûlait l'encens, avant de poursuivre sa route vers le palais au lieu d'une église, d'un monastère ou d'un sanctuaire – l'empereur Constantin VII Porphyrogénète voulait s'en réserver le caractère protecteur.

À l'époque où la ville tomba au pouvoir des conquérants latins de la quatrième croisade, en 1204, il pouvait y avoir plus de 3 600 reliques de quelque 476 différents saints à Constantinople – parmi lesquelles le bras ci-dessus mentionné, encore visible de nos jours à Istanbul mais sans être objet de vénération, conservé dans une châsse d'argent de Venise au musée de Topkapi[6].

Les reliques étaient de la plus haute importance, mais ses collections d'images religieuses particulièrement révérées (les « icônes ») renforçaient également l'attraction religieuse de Constantinople. À l'exception de la période (fort agitée) de controverse iconoclaste aux viiie et ixe siècles, le rituel orthodoxe a toujours été caractérisé par la haute importance religieuse accordée aux icônes – représentations de Jésus, de la Vierge Marie, des apôtres et d'autres saints, le plus souvent sous forme de tablettes peintes mais aussi de mosaïques transportables ou fixes. De ce point de vue, le penchant des Grecs pour les images l'emporta manifestement sur le monothéisme abstrait des juifs et sa rigoureuse interdiction des images divines, qui éveillait encore des résonances profondes dans les écrits des premiers Pères de l'Église.

Il en allait des icônes comme des reliques, toutes n'avaient pas la même valeur. La plupart n'étaient que des peintures ou des mosaïques dont on pouvait apprécier la valeur décorative ou éducative – les mosaïques siciliennes de Cefalu, Monreale et de la chapelle Palatine, d'origine byzantine ou de style byzantin, présentent un résumé sommaire mais très frappant d'une grande partie de la Bible –, mais qui n'avaient en elles-mêmes aucun caractère sacré. Il existait pourtant certaines icônes qui, disait-on, avaient la capacité d'accomplir des miracles, véritables émanations du sacré à elles seules. Leur possession conférait une autorité religieuse comparable à celle des reliques ; l'accumulation de saintes icônes en nombre de plus en plus grand contribuait, elle aussi, à établir Constantinople au rang de ville sainte d'une manière qui parût fondée.

La plus révérée de toutes les images peintes de Byzance était une icône de la Vierge Marie portant l'enfant Jésus dans ses bras et le désignant du doigt comme étant la source du salut – la Vénus *Hodegetria*, « Celle qui montre la voie » –, censément peinte par saint Luc l'Évangéliste, le disciple de saint Paul, à qui sont attribués par les croyants deux livres du Nouveau Testament. À en croire ce que Nicéphore Calliste Xanthopoulos, au début du XIVe siècle, prétendit être une citation d'un fragment de l'historien ecclésiastique Theodorus Lector remontant au VIe siècle – il s'agit plus vraisemblablement d'une supercherie de la main même de Xanthopoulos –, l'*Hodegetria* de saint Luc venait de Jérusalem et fut envoyée à Pulchérie, fille de l'empereur Arcadius (395-408). Conservée au monastère de la *Panaghia Hodegetria* à Constantinople, elle en fut sortie pour être montrée en public et même portée en haut des murailles de la ville, bien en vue, pour faire reculer l'ennemi lors de périodes de grand péril ; elle survécut au sac de la ville par les Latins en 1204 mais disparut après la conquête des Ottomans en 1453.

Luc était un saint mais restait un homme, alors que les images les plus sacrées de toutes étaient les *acheiropoieta*, « images non peintes de main d'homme », nées de manière miraculeuse et capables d'accomplir des miracles à elles seules.

Un exemple postérieur à l'Empire byzantin donne la meilleure expression de foi intense que pareilles images pouvaient évoquer et, dans le même temps, de l'importance politique qu'elles revêtaient – une association des plus incongrues pour certains mais pas pour les Byzantins. La *Theotokos* de Kazan, « Notre-Dame de Kazan », dont la Vierge Marie elle-même, disait-on, révéla la cachette souterraine à une fillette le 8 juillet 1579, fut la plus facilement acceptée comme « image non peinte de main d'homme », parce que Kazan était une cité des Tatars et des musulmans qui n'avait aucun antécédent chrétien. La *Theotokos* de Kazan, qui passait pour avoir repoussé l'invasion des Polonais en 1612, l'invasion des Suédois en 1704 et l'invasion de Napoléon en 1812, ne put défaire le Japon lors de la désastreuse guerre de 1904-1905, ni empêcher les bolcheviques de prendre le pouvoir, parce qu'elle fut détachée de son cadre précieux qui lui servait de châsse et volée, puis, dit-on, détruite le 29 juin 1904, comme si sa disparition prédisait avec une parfaite précision les immenses désastres à venir.

En 1993, une icône que l'on disait la même apparut à nouveau et fut offerte au pape Jean-Paul II, qui vénéra l'image pendant onze ans (« Elle m'a accompagné d'un regard de mère, chaque jour de mon service à l'église ») tout en déployant ses efforts les plus tenaces pour négocier son retour à Kazan de sa propre initiative. Cela nécessitait sa visite à la Fédération de Russie – une visite que le prélat polonais, d'une grande habileté politique, désirait ardemment, mais que le patriarcat de Moscou comme le Kremlin refusaient de manière déterminée. Finalement, l'obstination des Russes l'emporta et le Vatican accepta le retour sans condition de l'icône en août 2004. Son jour de fête suivant, le 21 juillet 2005 selon le calendrier occidental, la Vierge Théotokos fut placée dans la cathédrale de l'Annonciation, édifiée dans le kremlin de Kazan, par le patriarche Alexis II de Moscou et de toutes les Russies (également connu sous l'identité d'agent « Drozdov » de l'ex-KGB) ainsi que Mintimer Shaymiev, le président du Tatarstan, qui n'a de musulman que le nom.

Les Byzantins auraient compris et sans doute même soutenu de bon cœur les motivations politiques froidement calculées des personnes impliquées dans cette affaire – tout en croyant de la manière la plus sincère en la Vierge Théotokos.

On accordait la plus haute importance aux *acheiropoieta* dans la doctrine, parce que ces images réconciliaient le désir de posséder de puissants instruments spirituels avec l'interdiction des images taillées inscrite dans Exode, 20, 4. En guise de compromis après les meurtrières controverses, la doctrine orthodoxe postérieure à la période iconoclaste condamna l'adoration (*latreia*) des images tout en prescrivant la révérence (*doulia*), comparable à celle que l'on doit à un roi, même si la Vierge Marie avait droit à l'*hyperdoulia*.

Mais les « images non peintes de main d'homme » étaient d'une autre catégorie, car elles pouvaient accomplir des miracles à elles seules, parmi lesquels leur propre reproduction miraculeuse. L'image de loin la plus importante était le Mandylion – le visage et le cou de Jésus vivant imprimés sur une serviette, que Jésus lui-même avait à l'origine envoyée au roi (historique) Abgar V d'Édesse (en Osrhoène) à défaut de pouvoir en personne lui rendre visite. Conquis à plusieurs reprises avec la cité, puis perdu et retrouvé en 944, le Mandylion fut apporté à Constantinople et solennellement disposé dans le grand palais par l'empereur Romain Ier Lécapène (920-944), qu'il n'aida pas à conserver son trône. Il y resta comme première image et relique entre toutes celles que comptait Constantinople, jusqu'à sa disparition finale lors du sac de 1204, à la différence de *Veronica*, la « vraie image » de Jésus qui était du même ordre, et que l'on expose brièvement (et avec réserve) à Saint-Pierre de Rome, une fois par an, le dimanche des Rameaux.

Les saintes reliques et images sacrées n'étaient qu'une part de l'expérience extraordinaire qui attendait les pèlerins fidèles comme les autres visiteurs, et les transportait d'une émotion immense lorsqu'ils assistaient aux offices des grandes églises de Constantinople, et tout particulièrement à ceux de Sainte-Sophie.

Le premier récit historique russe, *Povest Vremennykh Let* (« Récit des temps passés »), titre traduit par *Primary Chronicle* en anglais[7] – un stupéfiant mélange de faits historiques fragmentaires, de pure fiction, d'écritures pieuses et de joyeuses grivoiseries –, rapporte pour l'année 6495 depuis la création (987 dans notre calendrier) le choc que suscitaient les effets combinés – on parlerait aujourd'hui d'« impact multimédia » – d'une architecture magnifique, des mosaïques dorées, des icônes éclairées aux chandelles, des robes splendides des prêtres, des arômes d'encens et de cette autre merveille des Byzantins qu'était leur musique chorale liturgique, aujourd'hui encore si émouvante. Comme on le suppose, une délégation avait été envoyée par Vladimir Ier, le Varègue (Scandinave) qui gouvernait la Rus' de Kiev, à la recherche d'une foi qui lui convînt ainsi qu'à son peuple, ses compatriotes de Scandinavie et Slaves originaires de la région qui ne trouvaient plus satisfaction dans leur croyance au dieu slave du tonnerre Perun ni aux divinités importées du nord. Voici quel rapport en fit la délégation à son retour, selon la *Chronique de Nestor* sous l'année 6494 (986) :

> Lorsque nous voyageâmes parmi [les musulmans], nous fûmes témoins de la manière dont ils pratiquent leur culte dans leur temple, qu'on appelle mosquée... [Les musulmans] se prosternent, s'assoient, jettent des regards ici et là comme s'ils étaient possédés et il n'y a aucun bonheur parmi eux, seulement de la tristesse et une effroyable puanteur. Leur religion n'est pas bonne. Nous nous rendîmes ensuite parmi [les catholiques] et les vîmes célébrer de nombreuses cérémonies dans leurs temples ; mais nous n'y vîmes aucune gloire. Puis nous allâmes à [Constantinople] et les Grecs nous conduisirent aux édifices où ils adorent leur Dieu, et nous ne sûmes plus si nous nous trouvions au ciel ou sur terre. Car il n'existe sur terre aucune splendeur ni beauté qui pût leur être comparée, et nous n'avons pas de mots assez forts pour les décrire. Nous savons seulement que Dieu y habite parmi les hommes, et leur culte est plus beau que les cérémonies des autres nations. Nous ne pouvons, en effet, oublier pareille beauté[8].

Il n'y avait rien de fortuit dans cette rencontre avec la religion orthodoxe. L'année précédente, en 986, un missionnaire byzantin, que la *Chronique de Nestor* qualifie d'« érudit » d'une manière révélatrice, s'était – suppose-t-on – rendu à Kiev pour se présenter et prêcher à la cour de Vladimir. Et il n'était pas le premier. Les premières visites de missionnaires byzantins remontaient à quelque temps – la grand-mère de Vladimir, Olga, avait déjà été convertie à titre individuel et reçue à Constantinople en grande pompe. La délégation de Vladimir bénéficia elle aussi des cérémonies de réception les plus recherchées – manifestement un programme de visite préparé avec un soin extrême, qui s'acheva avec l'apothéose théâtrale de l'audience impériale :

> Alors les empereurs Basile [II, 976-1025] et Constantin [VIII, son frère et empereur associé en titre] invitèrent les ambassadeurs et leur dirent : « Vous pouvez repartir vers votre pays natal. » Ils leur donnèrent ainsi congé avec de précieux cadeaux et de grandes marques de respect[9].

Cette forme de recrutement religieux ne saurait être réduite à un instrument de diplomatie. Les Byzantins étaient, dans leur croyance, d'une profonde sincérité ; la diffusion de l'évangélisme leur semblait un devoir religieux – même s'il n'offrait aucune garantie d'influence impériale sur les convertis. Les Bulgares gagnés au christianisme, de plus en plus slaves, étaient au moins aussi difficiles que l'avaient été leurs prédécesseurs païens, les Turcs bulgars ; en tant que chrétiens, leurs plus grands tsars allèrent même jusqu'à contester la primauté de l'empereur byzantin sur le monde chrétien[10].

Avec la Rus' de Kiev, au moins, l'empereur trouva des avantages personnels rapides et substantiels dans la conversion. À la suite de l'ardent rapport de la délégation, ou indépendamment de ce rapport – nous n'avons pas de certitude sur ce point –, Vladimir se convertit et convertit son peuple en 988. En guise d'explication, la *Chronique de Nestor* raconte une histoire des plus douteuses : Vladimir mit à sac l'important avant-poste byzantin de Chersonèse en Crimée et agita la menace d'en faire autant à Constantinople s'il ne recevait en mariage la sœur de Basile, Anna :

> Une année plus tard, en 6496, Vladimir marcha avec une force armée sur Chersonèse, une cité grecque... Vladimir et sa suite firent leur entrée dans la ville et il envoya un message à chacun des deux empereurs Basile et Constantin, ainsi rédigé : « Voyez, j'ai pris votre glorieuse cité. J'ai également entendu dire que vous avez une sœur non mariée. Si vous ne me la donnez pas en mariage, je ferai subir à votre ville le même traitement qu'à Chersonèse. » Ce message inquiéta les empereurs lorsqu'ils en prirent connaissance. Ils répondirent : « Il n'est pas convenable, pour les chrétiens, d'accepter des mariages avec les païens. Si vous vous faites baptiser, vous la recevrez pour épouse[11]. »

La version la plus plausible est différente : Bardas Phocas, héritier de la plus riche et puissante famille de l'Empire, commandant suprême (*domesticus*) disgracié des armées orientales, soldat vétéran à la réputation de héros et à la stature gigantesque, engagea une rébellion contre Basile II, alors encore jeune et pas encore victorieux, et se proclama empereur le 15 août 987. Sa propre famille ainsi que d'autres familles de l'aristocratie se rallièrent à sa cause, comme le firent les troupes orientales d'Anatolie. Ainsi renforcé, Bardas Phocas avança début 988 sur Constantinople. Deux années auparavant, Basile II avait subi une sévère défaite de la part des Bulgares et les troupes occidentales qu'il avait alors commandées en étaient restées affaiblies. Ce qui le laissa presque sans défense lorsque Bardas Phocas investit Constantinople par la mer et par la terre depuis Chrysopolis (actuelle Üsküdar), située juste de l'autre côté du Bosphore et près d'Abydos (Çanakkale). Tout paraissait perdu pour Basile II, mais, dans les mois suivant l'éclatement de la rébellion, il avait mené une négociation fructueuse avec Vladimir Iᵉʳ pour obtenir son aide militaire :

L'empereur fit armer quelques navires de nuit pour y embarquer des [Rus' de Kiev], car il avait réussi à recruter des alliés parmi eux et fait de leur souverain Vladimir son parent en lui donnant sa sœur Anna en mariage. Il traversa le détroit avec [les Rus' de Kiev], attaqua l'ennemi sans la moindre hésitation et les soumit sans difficulté[12].

Au printemps 988, six cents Varègues (*Vaeringjar*) en armes arrivèrent ainsi de la Rus' de Kiev ; destinés à rester au service de l'empereur, ils formèrent le premier contingent de la garde varègue – la célèbre unité d'élite de gardes du corps impériaux qui devait par la suite directement attirer ses recrues de Scandinavie, voire d'Islande, et plus tard recruter des Saxons d'Angleterre (après la défaite de 1066) ainsi que des Normands[13]. Basile II prit personnellement la tête des Varègues contre les rebelles, leur infligea une première défaite à Chrysopolis puis une deuxième, le 13 avril 989, à Abydos, où Bardas Phocas lui-même trouva la mort – semble-t-il d'une attaque cardiaque.

Vladimir n'avait pas encore été baptisé, début 988, lorsqu'il envoya les Varègues à Constantinople ; il a peut-être attaqué la place côtière byzantine de Chersonèse (Crimée) juste avant sa conversion. Mais au pire de la crise, il apporta une aide vitale à l'empereur et chef de son Église. Vladimir pouvait avoir des raisons purement séculières qui lui étaient propres pour venir en aide à Basile II. On a également suggéré qu'il était lié par une obligation héritée d'un traité plus ancien. Il est exact que dans un traité remontant à 971 entre le père de Vladimir, Svjatoslav, et l'empereur Jean Tzimiskès (969-976), Svjatoslav promit de défendre l'Empire contre tous ses adversaires. Mais ce traité avait été signé sous contrainte à la suite d'une défaite complète, et Svjatoslav lui-même fut tué par les Petchenègues avant de pouvoir revenir à Kiev. Il n'est pas pensable que son fils n'ait apporté de l'aide à Basile II que pour honorer pareil traité. Plus vraisemblablement, c'est le processus de conversion et le dialogue consécutif entre la cour impériale et Kiev qui créèrent un contexte favorable permettant à Basile II de solliciter et d'obtenir les troupes qui sauvèrent son trône.

Plus largement, la conversion avait pour effet d'étendre l'ambiance chrétienne orthodoxe au sein de laquelle l'Empire était au moins assuré d'occuper une position centrale. Au lieu de rester seuls dans un monde de musulmans ennemis, de monophysites hostiles, de païens exotiques et de chrétiens d'Occident aux douteuses doctrines papales, les Byzantins avaient donné naissance à une communauté orthodoxe d'Églises autocéphales, dès la fin du Xe siècle, destinée à s'accroître en nombre[14]. Ce phénomène eut également pour effet d'élargir la sphère culturelle des Byzantins, et même le marché où écouler leurs produits ouvrés – on peut aujourd'hui encore admirer, dans les musées de Russie, les icônes lumineuses aux couleurs éclatantes acquises à Constantinople.

Chapitre 5

COMMENT TIRER PARTI DU PRESTIGE DE L'EMPIRE

La métropole de Constantinople, avec ses multiples attractions spirituelles et terrestres, constituait à elle seule un instrument de persuasion extrêmement puissant, en tout cas avant et après les malheurs des VIIe et VIIIe siècles qui virent une succession de sièges, une pandémie cyclique de peste et un tremblement de terre particulièrement violent, en 740, réduire temporairement la ville aux bribes de sa splendeur. Mais même ainsi, Constantinople restait la plus vaste cité au sein de la civilisation européenne, comme elle l'avait été depuis le déclin de la population de Rome au Ve siècle.

C'était également, et de loin, la ville la plus impressionnante, avec son spectaculaire cadre maritime, sa situation sur un promontoire s'avançant dans un détroit, ses enfilades de palais majestueux et d'églises (des perspectives aujourd'hui gâchées par de tristes constructions). Afin d'en accroître encore l'effet, on guidait les visiteurs officiels avec grand soin dans leurs parcours en ville pour la leur présenter sous ses atours les plus impressionnants et, parfois aussi, leur faire entrevoir des soldats bien équipés à l'exercice.

Les Byzantins étaient, selon toute vraisemblance, immensément fiers de leur capitale, mais c'est sa force d'impact sur les visiteurs étrangers qui importait à leur diplomatie : elle était d'autant plus grande et irrésistible que nombre d'entre eux venaient d'un monde de huttes, de tentes ou de yourtes. Nous disposons à ce sujet d'un témoignage rare, grâce au récit de Jordanès, qui rapporte la réaction du roi goth Athanaric à la fin du IVe siècle – et c'était avant que Justinien (527-565) n'ajoutât à la ville la magie de Sainte-Sophie et tant d'autres édifices qui impressionnèrent les visiteurs des temps à venir :

> Théodose,... avec la plus exquise politesse, invita [le roi Athanaric] à venir lui rendre visite à Constantinople. Athanaric accepta son offre avec empressement et en pénétrant dans la cité royale, s'exclama transporté d'admiration : « Voilà ! Je contemple à présent ce dont j'ai si souvent entendu parler sans le croire ! » – il voulait par là dire la grandeur de la célèbre cité. Portant ses regards de tous côtés, il s'émerveillait du spectacle qu'offrent la situation de la ville, les allées et venues des navires, les remparts splendides et les peuples de diverses nations qui s'y rassemblent comme le flot de multiples cours d'eau s'écoulant de différentes régions dans un seul bassin. Et quand il vit l'armée à l'exercice, il s'exclama de la même manière : « Oui, vraiment, l'empereur est un dieu sur terre, et quiconque lève le bras contre lui doit l'expier de son propre sang. »

C'était bien l'effet recherché, et le texte de Jordanès – censément un abrégé d'une histoire perdue dont l'auteur, le collaborationniste Cassiodore, servit le roi des Goths Théodoric – ne manque pas de relever que même après la mort d'Athanaric, son armée tout entière resta au service des Romains, « ne formant, pour ainsi dire, qu'un seul et même corps avec les soldats de l'Empire[1] ».

Les seuls noms par lesquels on la désignait témoignent de l'immensité de son prestige – et de sa portée lointaine. Pour les Slaves proches des actuelles Bulgarie et Macédoine, ou plus loin encore en Russie, Constantinople était Tsargrad, la « ville de l'empereur », la capitale du monde et même le poste avancé de Dieu sur la terre. Dans la lointaine Scandinavie et en Islande, encore plus reculée, elle était Miklagard, Mikligardr ou Micklegarth, la « grande ville » objet d'une immense admiration dans les sagas.

Autour de l'empereur lui-même se déroulaient des rituels de cour du plus haut raffinement, exécutés par des officiels en robes resplendissantes, destinés à intimider encore davantage les ambassadeurs étrangers à la cour. Si cela ne suffisait pas, il fut une période où une machinerie hydraulique élevait le trône de l'empereur au moment précis où approchaient les visiteurs et où des statues de lions aux pièces mobiles, mises en mouvement, battaient le sol de leurs queues et rugissaient d'une façon assez convaincante pour frapper de stupeur et de terreur les visiteurs qui ne s'y attendaient pas[2]. Ce n'était guère mieux qu'une pitrerie de gamin, mais significative du degré de préparation et de soin dans la mise en scène que les empereurs byzantins réservaient aux ambassadeurs des nombreuses et diverses puissances, nations et tribus rencontrées au cours des siècles, y compris les non-chrétiens et les schismatiques qui n'étaient aucunement émus par leur autorité religieuse.

Une grande part de leurs faits et gestes résultait de réflexions et de calculs destinés à préserver et à accroître le prestige de la cour impériale, même s'il fallait pour ce faire l'exploiter au maximum pour faire impression, intimider, recruter ou même séduire : à la différence des troupes ou de l'or, en effet, le prestige ne s'épuise pas quand on en fait usage – et c'était une vertu capitale pour les Byzantins, toujours à la recherche de sources de puissance peu coûteuses.

La cour constituait ainsi à elle seule un instrument de persuasion, et bien davantage : elle était au cœur du pouvoir car autour d'elle, et d'elle seule, se concentraient pouvoir politique, pouvoir législatif et pouvoir administratif ; elle détenait le Trésor public d'où s'écoulaient des flots d'or vers les fonctionnaires civils et militaires, ainsi que vers les alliés étrangers, les clients, les auxiliaires et parfois aussi de simples maîtres chanteurs ; elle servait de splendide décor à un cycle sans fin de cérémonies privées et publiques égayées par les couleurs des resplendissantes robes de soie portées par les plus hauts officiels, chacune correspondant à un rang ; les jeunes gens pleins d'ambition, venus de toutes les régions de l'Empire à la recherche de carrières officielles, rêvaient d'y entrer – certains se faisaient castrer dans le seul objectif de rejoindre les eunuques du palais. À certaines époques, elle accueillait également les artistes, les écrivains et les érudits, et les aidait dans leurs efforts. Mais elle était, depuis toujours et avant tout, le siège de l'empereur lui-même, personnage sacré aux yeux des chrétiens orthodoxes en tant que vicaire séculier de Dieu sur la terre, et personnalité la plus importante au monde y compris aux yeux de nombreux non-chrétiens, que leurs résidences fussent proches ou très éloignées.

Pour des potentats et chefs de clans en visite qui n'avaient jamais connu que les rudes joies et manières de brutes des salles de bois, yourtes ou forteresses grossières au confort le plus sommaire, les palais et la cour byzantine aux audiences, processions et cérémonies si majestueuses devaient représenter un spectacle impressionnant, dépassant même tout ce qu'ils avaient pu imaginer, visions éblouissantes d'une élégance surnaturelle. Nous disposons de récits détaillés consacrés aux réceptions des potentats étrangers dans un inestimable ouvrage recueillant le cérémonial de cour – et bien d'autres sujets – attribué à l'empereur Constantin VII Porphyrogénète, généralement connu sous son titre latin *De cerimoniis aulae byzantinae* mais cité ici sous le titre *Livre des cérémonies*[3].

La réception d'ambassadeurs musulmans en 946 est d'un intérêt tout particulier. Ils connaissaient certes huttes et tentes, mais aussi la monumentale mosquée des Omeyyades de Damas, l'exquis (et très byzantin) dôme du Rocher et la cour de Bagdad ; ils n'étaient pas si faciles à impressionner. Ils vinrent à Constantinople au nom du calife des Abbassides, qui restait le prétendu souverain de tout l'islam ; en réalité, le califat était alors entièrement dénué de pouvoir et les ambassadeurs qui arrivèrent en mai, puis en août 946 pour discuter de trêves et d'échanges de prisonniers, représentaient des pouvoirs d'une dimension sans doute plus modeste, mais bien réels : ceux des seigneurs de guerre sur les frontières et ceux, plus substantiels, des souverains régionaux.

Parmi les premiers se trouvait l'émir de Tarsos, ou Tarsus (Tarse), en Cilicie (près de Mersin, Turquie), sur la frontière sud-est de l'Empire, dont les appels au jihad étaient parfois entendus très loin dans tout le monde musulman ; l'émir d'Amida (Diyarbakir en Turquie, Amed en kurde), son collègue et rival par ses appels au jihad, face à la partie centrale de la frontière orientale de l'Empire ; le ô combien plus puissant Buyide (ou Buwayhide, *al-i Buya*) Ali, dynaste et potentat militaire chiite hétérodoxe en provenance d'Iran qui venait de prendre le contrôle de Bagdad et dont la plus grande force résidait dans la robuste infanterie des Daylamites, ses compatriotes des montagnes du Daylam[4] ; Ali Abou Al-Hassan ibn

Hamdan, enfin, membre de la très hétérodoxe secte des Nusayris (ou Alaouites) mieux connu sous son surnom de Saïf ad-Dawlah, « l'épée de la dynastie » (c'est-à-dire du califat), en réalité fondateur et souverain des puissants Hamdanides en Syrie, dont la défaite finale marqua l'ascension de la bonne fortune des Byzantins durant le Xe siècle. (Il reste célèbre chez les Arabes mais surtout comme mécène, autrefois, du poète Abou-t-Tayyib Ahmad ibn al-Husayn, esprit doué de génie, irrévérencieux et querelleur, universellement connu sous le nom d'« al-Mutanabbi », « celui qui se prétend prophète », comme il se désigna lui-même au détour de l'une de ses folles escapades.)

Le *Livre des cérémonies* nous apprend précisément avec quel soin et quel degré de raffinement fut préparée la réception de cette ambassade des Arabes[5]. On jugea insuffisantes la qualité du mobilier en place au palais ainsi que ses décorations, pourtant de toute beauté, avec lesquels étaient reçus d'autres visiteurs ; on alla donc emprunter, à diverses églises et à des monastères, des couronnes, des lustres d'argent, un platane d'or décoré de perles, des broderies, des tapisseries et d'autres ornements encore ; Sainte-Sophie et l'église des Saints-Apôtres prêtèrent leurs chœurs aux magnifiques robes de cérémonie. Ces diverses décorations ne furent pourtant pas encore considérées comme suffisantes : l'éparque – préfet de Constantinople – fit donc de nouveaux emprunts d'ornements à des hôtelleries accueillant les voyageurs, à des demeures anciennes, à d'autres églises ainsi qu'aux orfèvres ; on lui confia également la tâche, plus conforme à ses missions habituelles, de superviser la décoration de la voie processionnelle traversant la ville et longeant l'hippodrome que les ambassadeurs devaient emprunter.

Le moment venu, les étendards impériaux flottaient bien alignés de chaque côté des escaliers menant au palais ; les deux chefs des rameurs tenaient chacun un étendard et le commandant de l'*Hetaireia*, la garde du palais, l'étendard personnel de l'empereur, reconnaissable à sa soie brodée d'or. À l'intérieur du palais, des sceptres romains, des diptyques, des enseignes militaires étaient disposés des deux côtés du trône ; et l'on avait ajouté à l'orgue d'or du palais les orgues d'argent empruntés aux Verts et aux Bleus (factions du cirque). Des rideaux de soie transformaient l'arboretum en un espace de réception et de promenade. Et partout, robes précieuses, émaux, argenterie, tapis persans, couronnes de laurier et bouquets de fleurs pour ajouter encore au luxe de la cérémonie. Des jonchées de laurier, de lierre, de myrte, de romarin et de roses recouvraient les sols de la principale salle de réception.

Le degré de magnificence des robes que portaient les officiels à la cour était déterminé, d'une manière très stricte, par le rang qu'ils occupaient ; mais, en cette occasion, on donna aux officiels des rangs inférieurs les robes bien plus resplendissantes correspondant aux rangs supérieurs dans la hiérarchie – même d'humbles domestiques du palais, en descendant jusqu'aux préposés aux bains (les *saponistai*, littéralement « préposés au savon »), reçurent un équipement complet de capes de fantaisie[6].

L'empereur Constantin VII Porphyrogénète ne laissait pas des sujets aussi sérieux entre les seules mains de ses officiels ; il intervint ainsi personnellement dans la conception des robes particulièrement somptueuses qui étaient destinées aux ambassadeurs musulmans (eux aussi devaient en revêtir), robes dont les cols étaient incrustés de « pierres précieuses et de perles énormes » :

> Il est contraire aux règles, pour les non-eunuques... de porter des cols pareils, qu'ils soient ornés de perles ou de pierres précieuses, mais pour cet étalage de luxe, et en cette seule et unique occasion, ils reçurent instruction de porter ces ornements de la part de Constantin le seigneur très chrétien[7].

Cet épisode particulier peut être interprété de deux manières diamétralement opposées : Constantin s'est-il laissé entraîner par sa passion des antiquités à un ritualisme poussé au ridicule ? Ou bien le fait de parer, eux aussi, les ambassadeurs musulmans relevait-il d'une démarche psychologique bien réfléchie, destinée à les impliquer totalement dans ces splendides célébrations au lieu de leur laisser un rôle de spectateurs passifs à l'air un peu miteux avec leurs vêtements ? Les deux à la fois, seule bonne réponse possible, notamment au regard de la suite des événements après la première grande réception : il se passa plusieurs jours sans réelle négociation. Au lieu de négocier, on banqueta au son des deux chœurs avec des intermèdes d'orgue à chaque service. À la fin, quand les ambassadeurs se levèrent, ils reçurent des présents en or et en nature tandis que l'on distribuait des gratifications à leurs suites.

On divertit ensuite les ambassadeurs à l'hippodrome avec un programme exceptionnel : la fête de la Transfiguration, le 8 août, fut célébrée dans un cérémonial au faste encore plus poussé que de coutume et l'on organisa un autre banquet en grand habit le 9 août, avec un spectacle de variétés. Il était classique, dans le protocole de l'époque, d'inclure dix-huit prisonniers musulmans dans les banquets donnés par l'empereur le dimanche de Pâques et le jour de Noël, sans aucun doute dans un objectif de prosélytisme symbolique. À différentes époques, on fit subir des traitements variés aux prisonniers musulmans : exécutions, mutilations, tortures ou bien détention dans des conditions tout à fait correctes en vue d'échanges – on peut distinguer une tendance à l'amélioration du traitement des prisonniers, malgré les plaintes et l'amertume du théologien mutazilite 'Abd al-Jabbar bin Ahmad al-Hamdani al-Asadabadi (mort en 1025) en l'an 995 :

> Durant les premières années de l'islam, quand l'islam était fort et eux faibles, ils avaient coutume de prendre soin de leurs prisonniers de guerre, afin de pouvoir les échanger... Mais [plus tard, quand ils se furent renforcés], ils se mirent à faire peu de cas des musulmans, affirmant avec insistance que la souveraineté de l'islam avait cessé d'exister[8].

Cette appréciation était très fortement exagérée. Le renversement de la balance des puissances en faveur des Byzantins au Xe siècle fut une question de degrés, alors que les échanges de prisonniers *(fida')* avaient commencé à l'époque des Omeyyades vers 805[9]. Quant à la présence de quelques prisonniers lors de dîners de banquet, il s'agissait d'une coutume pour la première fois attestée dans le *Kletorologion* de Philothée, vers 899[10]. Quarante d'entre eux se trouvaient au banquet du 9 août, assis avec les deux ambassadeurs de l'émir de Tarse – un échange de prisonniers était en effet objet de négociations. Une nouvelle fois, on distribua des cadeaux à la fin du dîner : 500 *miliaresia* d'argent de 2,25 grammes à chacun des deux ambassadeurs, 3 000 à leurs suites et 1 000 aux quarante prisonniers ainsi qu'aux invités du banquet ; on envoya également une somme aux autres prisonniers qui n'avaient pas été invités au banquet.

La valeur totale de ces cadeaux n'était pas très élevée, mais ils aidaient à faire peu à peu progresser l'idée qu'il était bien plus agréable et profitable de négocier avec l'empereur que de le combattre[11]. Aux yeux des ambassadeurs musulmans de 946, il était clair que seules de nouvelles négociations, plus approfondies, leur donneraient à nouveau accès à la cour avec ses cadeaux et banquets.

Le prestige byzantin était encore renforcé et étendu par la large diffusion des rapports qu'en faisaient les ambassadeurs, manifestement très impressionnés par les cérémonies auxquelles ils avaient eu droit[12].

Après en avoir pour la première fois contemplé les fastes et fait l'expérience, on ne renonçait pas volontiers à la vie de cour sans s'être préalablement assuré d'avoir un jour le droit de la retrouver. Ce n'étaient qu'aménités, douceurs, banquets, divertissements des plus convenables, déclamations littéraires par moments ; les dames pouvaient s'y parer de leurs plus beaux atours pour se livrer à leurs propres occupations ; on y retrouvait toujours commérages et conversations cultivées, on y parlait des politiques avec prudence et de politique à la dérobée[13].

On y sentait surtout la présence immanente du pouvoir et son attraction magnétique, à laquelle personne n'échappe à des degrés divers – seuls la dédaignent ceux à qui elle reste de toute façon inaccessible. De nos jours, à Washington, on voit des personnes compétentes accepter des postes mal payés dans les services administratifs de direction autour du président parce qu'ils sont tout proches du cœur du pouvoir, même si ces personnes ont peu de chances de voir le président en chair et en os d'une année à l'autre. On porte souvent les badges de la Maison Blanche à l'extérieur des bureaux comme si on avait oublié de les enlever, négligemment accrochés bien en vue. Et, en quête de fonctions, on voit même des professionnels très bien payés se mettre avec empressement au service des candidats à la présidence, sans être rémunérés, tout au long des interminables campagnes électorales.

À la cour de Constantinople, l'attraction du pouvoir était bien plus forte encore parce qu'il n'existait ni lois, ni réglementations diverses, ni procédures d'audit, ni interventions parlementaires, ni révisions judiciaires susceptibles de le limiter : l'empereur avait le droit de castrer, d'aveugler, de décapiter et de prodiguer son secours ; de promouvoir à n'importe quel poste, de dégrader et d'exiler ; de faire don des présents les plus précieux et de confisquer, de doter quelqu'un d'une riche propriété ou de lui retirer toutes ses possessions. D'un point de vue individuel, un pouvoir infiniment plus vaste que celui dont peut disposer un président des États-Unis[14].

Aussi déployait-on des efforts considérables pour obtenir l'accès à la cour depuis toutes les régions de l'Empire comme depuis les pays étrangers ; des chefs de clans et autres princes venaient solliciter des soutiens contre leurs ennemis extérieurs ou domestiques, ou pour les divertissements et les cadeaux de cérémonie, tandis que d'autres venaient en quête de titres et de missions avec les émoluments associés – un revenu régulier venant de la source la plus sûre de l'époque. En échange, ces porteurs de revendications diverses offraient toutes sortes de choses, alliances militaires ou simple prêt temporaire de leurs forces, contingents de guerriers à recruter pour la garde de l'empereur ou encore leur seule personne et leur loyauté pour servir dans l'armée.

C'est ainsi que l'empereur Justin Ier, oncle et protecteur de Justinien, débuta sa carrière – s'il faut accorder foi à Procope dans ses écrits les moins dignes de foi, car il aimait plus que tout dénigrer Justinien à une époque où l'affichage d'humbles origines n'était pas encore devenu un atout dans la vie publique :

> À l'époque où Léon détenait le pouvoir impérial à Byzance [vers 462], trois jeunes paysans originaires d'Illyrie, Zimarchus, Dityvistus et Justin de [Bederiana], qui, chez eux, avaient constamment à lutter contre la pauvreté de leurs conditions et les maux qui en résultaient, désireux de s'en libérer, se mirent en route pour entrer dans l'armée. Ils se rendirent à pied à Byzance, portant eux-mêmes des sacs faits de vieux manteaux sur leurs épaules ; à leur arrivée, ils n'avaient plus dans ces sacs que des biscuits secs qu'ils y avaient jetés en partant de chez eux ; l'empereur les enrôla comme soldats et les choisit pour la garde du palais [les tout nouveaux *excubitores*, une unité d'élite de trois cents hommes]. Car ils étaient tous les trois de très belle stature et apparence[15].

En provenance du hameau de Taurisium, près du fort de Bederiana, loin de Constantinople, à proximité de l'actuelle capitale de Macédoine, Skopje, Procope les fit tous les trois passer aux yeux de ses futurs lecteurs pour des rustres faméliques et des barbares – Zimarchus et Dityvistus étaient des noms thraces –, mais ils n'étaient certainement pas barbares étrangers : Justin parlait le latin, en tout cas ce qui faisait office de latin à Bederiana.

De nombreux étrangers venaient également à Constantinople pour assurer la garde des empereurs contre leurs ennemis domestiques, ainsi que pour combattre au service de l'Empire ; tous n'étaient pas de jeunes paysans affamés comme Justin. L'or à gagner à la cour impériale constituait certainement un puissant stimulant, même pour des chefs de clans bien nourris. Avant la découverte des vastes gisements d'or des Amériques, de Sibérie, du Transvaal et d'Australie, l'or était beaucoup plus rare que de nos jours, et, partant, d'une valeur relative bien supérieure. Seul l'empereur, à Constantinople, pouvait disposer d'un approvisionnement régulier, tiré de l'or des impôts en circulation, collecté dans ses trésoreries à titre de paiements au fisc puis reversé sous forme de salaires et traitements qui généraient, au final, des revenus à leur tour taxés.

La monnaie même de l'Empire était une source de prestige. De sa première émission par Constantin (306-337) jusqu'à son adultération sous Romain III Argyre (1028-1034), le *solidus* (dont provient notre « soldat »), appelé ensuite *nomisma*, fut la monnaie préférée de tous ceux qui pratiquaient le commerce bien au-delà des frontières de l'Empire, en raison de sa stabilité : il était frappé au 1/72 de la livre romaine pour un poids de 4,544 grammes d'or d'une pureté de 955-980/1 000. Un autre point d'une grande rareté : les *solidi* de l'empereur étaient presque d'or pur. Pour l'auteur de la *Saga du roi Harald Hardråde*, recueillie et éditée par Snorri Sturluson (1179-1242) pour sa chronique des rois de Norvège appelée de nos jours la *Heimskringla*, il suffisait de voir une importante quantité d'or pour connaître sa probable provenance. Deux roitelets se disputent vigoureusement le pouvoir suprême en faisant étalage de leur richesse en or :

> Harald étendit un grand cuir de bœuf par terre et y versa l'or de la cassette. Alors on prit les plateaux de la balance et les poids, on tria l'or et on en fit des tas séparés en fonction du poids en parts égales ; et toutes les personnes présentes, stupéfaites, se demandèrent comment autant d'or avait bien pu être réuni en un seul endroit dans les pays du Nord. Mais il fut convenu que c'étaient les biens et la richesse de l'empereur grec ; car, comme tout le monde le dit, il y a là-bas des maisons entières regorgeant d'or rouge. Les rois étaient maintenant très joyeux. Alors apparut un lingot au milieu du reste de l'or, gros comme la main d'un homme. Harald le prit dans ses mains et dit : « Où est donc l'or, ami Magnus, que tu peux présenter contre ce morceau-là ? » Tout ce que le roi Magnus put produire n'était qu'un simple anneau[16].

Cette anecdote constitue un témoignage intéressant même si l'épisode qu'elle relate n'a aucun fondement historique (pourquoi Magnus entrerait-il en compétition avec seulement un anneau à présenter ?). Harald, fils de Sigurd, surnommé « Hardråde » (« à l'avis sévère »), fut en effet un personnage historique sur lequel nous disposons de nombreux témoignages, et nous savons avec certitude qu'il trouva bien l'or à Byzance. Né en Norvège en 1015, il mourut en pleine bataille à Stamford Bridge (actuel Yorkshire) en 1066, au cours d'une tentative avortée de conquérir l'Angleterre juste avant que son lointain parent normand ne fît sa propre tentative avec une meilleure fortune. Entre-temps, Harald avait vécu à Kiev comme capitaine au service de son souverain le prince Yaroslav, puis servi comme officier de la garde des Varègues à Constantinople, avant de s'en retourner couronné de succès pour réclamer le trône de Norvège après une brève détention en France : retenu pour suspicion de vol en raison des quantités d'or qu'il transportait, il fut relâché quand une lettre arriva de Constantinople pour confirmer que l'or constituait son indemnité de départ.

Des étrangers attaquaient souvent l'Empire dans l'espoir de s'emparer d'un peu de son or ou de lui en retirer sous forme de tribut, mais faisaient également souvent le choix de servir l'Empire avec loyauté pour gagner son or. Il existait un autre sujet d'attraction : la possibilité d'obtenir des titres impériaux qui resplendissaient de l'immense prestige de la cour impériale, certains comprenant une rémunération annuelle et de précieuses robes de fonction, avec ou sans obligation de remplir des missions civiles ou militaires[17]. La soif de titres et de robes chez les chefs de clans étrangers fait l'objet d'un passage du De *administrando imperio*. Par ailleurs riche de conseils avisés et pratiques sur la manière de traiter avec les puissances étrangères, le texte est délibérément fallacieux – d'une façon assez stupide – sur ce sujet particulier[18] :

S'ils réclament et demandent instamment, qu'il s'agisse de Khazars, de Turcs ou encore de Russes, ou de toute autre nation du Nord et des Scythes, comme cela arrive fréquemment, que certains vêtements impériaux, diadèmes ou robes de parades officielles leur soient envoyés au nom de tel ou tel service qu'ils auraient rendu ou de telle ou telle mission qu'ils auraient exécutée, vous devrez alors trouver les excuses pour leur opposer un refus[19].

Suit une fastidieuse péroraison, affirmant que Dieu lui-même a envoyé sur terre les robes de parades officielles et les diadèmes pour l'usage exclusif de l'empereur les jours de fêtes, ce qui interdit absolument de les remettre à quelque autre personne. C'est la formulation « comme cela arrive fréquemment » qui vend la mèche : il était habituel de donner titres et robes de fonction associées à des « nations du Nord et Scythes » pour services rendus – et, bien entendu, les robes personnelles de l'empereur n'étaient ni réclamées ni données.

Les titres rémunérés sans mission associée – c'est-à-dire les sinécures – sont devenus nos rentes obligataires en langage moderne, dont la vente permet de lever des capitaux ; elles pouvaient représenter des cadeaux particulièrement précieux pour l'Empire quand on les offrait à des étrangers utiles. Mais même les titres auxquels n'étaient associés ni postes, ni rémunération, ni robes de fonction étaient très recherchés, car ils signifiaient la reconnaissance de l'empereur et, en conséquence, la promesse d'un accès prolongé à la cour, d'une manière ou d'une autre, avec ses banquets, cérémonies et divertissements. *Patricius*, par exemple, était autrefois un rang réservé aux plus anciennes familles de la première Rome ; ce titre pouvait également être donné aux étrangers que l'on souhaitait tout particulièrement favoriser, dès le VIIe siècle. Mais un seul titre honorifique était bien insuffisant pour répondre à la très grande diversité des revendications en compétition dans cette quête des honneurs.

Le *Livre des cérémonies* donne la liste de très nombreux titres convenant aux potentats étrangers. Dérivés de toutes sortes d'antécédents, certains se décodent sans peine, d'autres non :

Exousiaokrator, exousiarches, exousiastes [variations sur souverain « extérieur »] ; archonte des archontes, *archegos, archegetes*, archonte, exarchonte [tirés d'un ancien terme désignant un souverain ou un officiel de haut rang, signifiant à peu près « prince »] ; *pro(h)egemon, hegemonarches, hegemon, kathegemon* [variantes de « suzerain »] ; *dynastes, prohegetor, hegetor, protos, ephoros* [« surveillant », à Sparte] ; *hyperechon, diataktor, panhypertatos, hypertatos, koiranos, megalodoxos* [« illustre souverain »] ; *rex* [roi] ; *prinkips* [*princeps* romain, c'est-à-dire « premier des citoyens », titre qui eut la faveur d'Auguste comme déguisement de ses vastes pouvoirs, et dont dériva « prince »] ; *doux* [*dux*, commandant de région, dont dériva « duc »] ; *synkletikos, ethnarches* [« chef de tribu »] ; *patrarchos, strategos, stratarches, stratiarchos, stratelates* [quatre variantes de « général »] ; *taxiarchos, taxiarches* [commandant de formation d'infanterie] ; *megaloprestatos* [« magnifique »] ; *megaloprepes, pepothemenos, endoxotatos* [« très estimé »] ; *endoxos, periphanestatos, periphanes, peribleptos, peribleptotatos* [variations sur « distingué »] ; *eugenestatos, eugenes* [deux versions de « bien né »] ; *ariprepestatos, ariprepes, aglaotatos, aglaos, eritimotatos, eritimos, gerousiotatos, gerousios, phaidimotatos, phaidimos, kyriotatos, kyrios* [ces deux derniers termes signifiant « seigneur »] ; *entimotatos, entimos, pro(h)egoumenos, hegoumenos* [aujourd'hui « abbé »] ; *olbiotatos, olbios, boulephoros, arogos, epikouros, epirrophos, amantor*[20].

Cette grande diversité était manifestement utile, car elle créait une irrémédiable confusion dans la hiérarchie des rangs. Si un chef de clan tout fier de porter le magnifique titre de *megaloprestatos* rencontrait un très distingué *megalodoxos*, l'un et l'autre pouvaient se sentir investis du plus grand honneur de la part de l'empereur et, par conséquent, contraints de faire preuve de la plus grande loyauté.

Si la cour impériale pouvait tirer avantage d'un certain désordre, savamment réfléchi, entre les différents titres, ses cérémonies raffinées exigeaient clarté et ordre. Ce sujet laissait peu de place à l'improvisation : chaque cérémonie impliquait en effet la présence de nombreux participants à la bonne place et au bon moment, et dans le bon ordre de préséance. Un protocole très strict s'imposait donc à l'ensemble des éléments de chaque cérémonie, parmi lesquels les formules précises de salutations officielles et de bienvenue. Se contenter de les inventer sur le moment eût été prendre le risque de susciter des malentendus susceptibles d'être même dangereux. Sauf à vouloir délibérément déplaire, les nombreux ambassadeurs étrangers qui venaient à la cour avaient besoin d'aide pour préparer leurs déclarations protocolaires et apprendre ce que l'on attendait d'eux dans ces cérémonies à la mise en scène si soignée ; on leur dispensait cette aide comme il se devait.

Le *Livre des cérémonies* nous permet de connaître le texte complet des salutations à l'empereur que devaient prononcer les ambassadeurs et potentats, y compris les espaces à remplir avec les noms appropriés et les réponses prescrites par le protocole. Les salutations devaient exiger de sérieux exercices préalables de répétitions pour éviter les erreurs ; elles impliquaient l'emploi du grec par toutes les parties, manifestement avec le recours d'interprètes si nécessaire, comme avec les ambassadeurs du pape :

> Que les premiers des saints Apôtres vous protègent : Pierre qui détient la clé du ciel, et Paul qui enseigne aux nations. Notre père spirituel [nom], le patriarche œcuménique saint entre tous, ainsi que les très saints évêques, prêtres et diacres, et le clergé tout entier de la sainte Église des Romains t'envoient, empereur, leurs fidèles prières par l'intermédiaire de nos humbles personnes. Le très honoré *princeps* de l'ancienne Rome ainsi que les premiers citoyens et le peuple entier qui leur obéissent rendent à votre impériale personne les hommages les plus fidèles[21].

L'empereur est d'un statut trop élevé pour répondre lui-même à ces salutations. C'est le logothète qui le fait en son nom – il s'agit du *logothetes tou dromou*, en charge des relations avec les ambassadeurs étrangers, comme nous l'avons vu :

> Comment se porte le très saint évêque de Rome, père spirituel de notre saint empereur ? Comment se portent tous les évêques, prêtres et diacres, ainsi que les autres membres du clergé de la sainte Église des Romains ? Comment se porte le très honoré [nom], prince de l'ancienne Rome ?

Cette dernière formulation relevait d'un certain goût des antiquités typique du plus pur style byzantin, à moins qu'il ne s'agît d'un rappel délibérément méprisant du déclin de Rome : car, comme chacun le savait, il n'y avait plus d'empereur pour y protéger le pape depuis un demi-millénaire.

On lit ensuite les salutations des ambassadeurs du souverain des Bulgares. Ils étaient, depuis des siècles, les voisins les plus importants de Byzance et souvent les plus dangereux, tout particulièrement depuis leur conversion au christianisme orthodoxe – les souverains bulgares allant, dès lors, jusqu'à contester le trône impérial et à lui faire concurrence comme défenseurs de la foi. Dans le *Livre des cérémonies*, recueil constitué à une époque où l'État des Bulgares grandissait en puissance, ses ambassadeurs reçurent instruction d'employer une formule de salutation particulière, choisie dans l'intention de rabaisser le souverain des Bulgares qui se prétendait l'égal de l'empereur :

> Comment se porte l'empereur, couronné par la grâce de Dieu, grand-père spirituel (*pneumatikos pappos*) du prince (*archonte*) de Bulgarie par la grâce de Dieu (*ek theou*) ? Comment se porte l'impératrice (*augousta*) et souveraine (*despoina*) ? Comment se portent les empereurs, fils de son altesse le grand empereur, ainsi que ses autres enfants ? Comment se porte le très saint patriarche œcuménique ? Comment se portent les deux maîtres (*magistroi*) ? Comment se portent l'ensemble des sénateurs ? Comment se portent les quatre logothètes ? [*Le logothetes tou dromou* en charge du service postal et des relations avec les ambassadeurs étrangers, le *logothetes ton oikeiakon* en charge de l'économie municipale et de la sécurité de Constantinople, le *logothetes tou genikou* en charge de la fiscalité et le *logothetes tou stratiotikou*, trésorier en chef].

La réponse du logothète aux ambassadeurs bulgares revient sur le fait que le statut de leur souverain est subordonné à celui du seul véritable empereur à Constantinople : le souverain de Bulgarie – malgré sa revendication à être empereur – devient un « petit-fils » et l'empereur byzantin son grand-père dans la formulation employée :

> Comment se porte le petit-fils spirituel (*pneumatikos engonos*) de notre saint empereur, souverain de Bulgarie par la grâce de Dieu ? Comment se porte la princesse (*archontissa*) par la grâce de Dieu ? Comment se portent le *Kanarti keinos* et le *Boulias tarkanos*, fils du souverain de Bulgarie par la grâce de Dieu, ainsi que ses autres enfants ? Comment se portent les six grands boyards (*boliades*) ? Comment se porte le bon peuple ?

Depuis 945, nous l'avons vu, le plus important potentat musulman aux yeux des Byzantins était Ali ibn Hamdan, également surnommé « Saïf ad-Dawlah ». On pouvait difficilement attendre des ambassadeurs musulmans l'invocation à la faveur de Jésus et de ses apôtres à l'égard de l'empereur, mais eux aussi étaient préalablement exercés à saluer avec les meilleures manières, employant des formulations habiles qui reposaient sur le socle commun du monothéisme juif fondant les deux religions :

> Que la paix et la miséricorde, la félicité et la gloire de Dieu soient avec vous, votre altesse, puissant empereur des Romains. Que la prospérité, la santé et une longue vie vous soient accordées par Dieu, ô empereur bon et porteur de paix. Que votre règne voie fleurir la justice et une grande paix, ô empereur très pacifique et généreux.

Les salutations du logothète, en réponse, furent d'une politesse très travaillée :

> Comment se porte le magnifique (*megaloprepestatos*), noble (*eugenestatos*) et distingué entre tous (*peribleptos*) émir des fidèles ? Comment se porte l'émir et le conseil (*gerousia*) de Tarse ?… Comment allez-vous ? Comment avez-vous été reçu par le patrice et général de Cappadoce ? [L'autorité byzantine dans le territoire que les ambassadeurs, venant de Syrie, ont dû être amenés à traverser.] Comment avez-vous été traités par l'officier impérial d'ordonnance (*basilikos*) envoyé pour avoir soin de vous ? Est-il survenu quelque événement malheureux ou pénible durant votre voyage ? Prenez congé le cœur gai et heureux car, ce soir, vous dînerez avec notre saint empereur.

La référence à des événements « malheureux ou pénibles » se comprend parfaitement. Pour rejoindre Constantinople depuis la capitale de Saïf ad-Dawlah, Alep, par voie de terre, les ambassadeurs durent traverser la zone frontière, théâtre d'attaques et de contre-attaques par raids, d'embuscades, d'attaques surprises, de brigandage et de vol de bétail perpétrés par des bandes de guerriers au nom du jihad, des frontaliers insoumis, des bandits en vadrouille et des contrebandiers – des catégories d'ailleurs parfaitement interchangeables.

Le texte poursuit avec les salutations et les réponses appropriées aux ambassadeurs des émirs d'Égypte, de Perse et du Khorassan – correspondant à certaines parties actuelles du nord-est de l'Iran, du nord-ouest de l'Afghanistan, du Tadjikistan, du Turkménistan et de l'Ouzbékistan –, parmi divers autres souverains.

On peut facilement apprécier la finalité psychologique de ces échanges protocolaires. Avec la quasi-totalité des puissances impliquées, la tension restait à un niveau élevé d'une manière presque constante et le conflit armé très fréquent. Alors, comme de nos jours, le respect de leur religion devait amener les souverains musulmans à considérer l'ensemble des États non musulmans sur la planète comme faisant partie du « pays de la guerre », *dar al harb*, que les musulmans étaient destinés à conquérir avant le jour de la rédemption. De ce fait, aucune paix permanente (*salaam*) avec une puissance non musulmane ne pouvait – et ne peut – être légitime d'un point de vue religieux. Les revendications des musulmans sur les pays sous domination byzantine étaient, par conséquent, sans limites. Seule était permise aux croyants l'interruption de la guerre sous forme de trêve (*hudna*), une mesure pragmatique pour gagner du temps destinée à durer une semaine, une année, une génération – jusqu'à la reprise du jihad. Mais tant que durait la *hudna*, on conduisait des négociations et les deux parties avaient intérêt à conserver des relations mutuelles courtoises, ce qui était le cas malgré la férocité des combats antérieurs et postérieurs[22].

La situation n'avait pas été meilleure avant l'apparition de l'islam sur la frontière mésopotamienne de l'Empire, où les Sassanides constituaient un danger constant et lançaient périodiquement de vastes offensives – la dernière d'entre elles, à partir de 603, réussit à ruiner les deux empires avec des conséquences fatales.

Quant au front nord de l'Empire, sur le Danube ou dans les Balkans – les frontières impériales évoluant vers le nord ou le sud en fonction de l'équilibre des puissances –, la Bulgarie désormais entièrement acquise à la foi chrétienne n'était pas un meilleur voisin. Dans leurs périodes de réelle puissance, ses tsars ne se contentaient pas de gains territoriaux partiels ; ils essayaient de revendiquer le trône de Byzance et l'Empire entier à leur profit. D'autres ennemis qui précédèrent la Bulgarie, ou alternèrent avec elle – les Huns, les Avars, la Rus' de Kiev, les Magyars, les Petchenègues et les Cumans –, se révélèrent parfois presque aussi dangereux, même s'ils n'eurent aucune prétention au trône impérial.

Lorsque des ambassadeurs se présentaient à la cour, la guerre avec leurs mandants venait de se terminer, se poursuivait ou était susceptible de commencer d'une manière imminente. Il était préférable d'engager les discussions par un échange de civilités avant d'entrer dans le vif des négociations à traiter, avec leurs inévitables récriminations et menaces, implicites ou directes. Le discours prescrit par le protocole en vigueur à la cour avait certes un caractère cérémonieux et une étiquette rigide qui n'encourageaient guère les échanges spontanés, mais il avait au moins l'avantage de prévenir les affronts involontaires et les gaffes embarrassantes.

Chapitre 6

MARIAGES DYNASTIQUES

Même sans service diplomatique ni ministère des Affaires étrangères, les Byzantins étaient en capacité d'exploiter au mieux tous les instruments de la diplomatie, et le faisaient ; ce qui comprenait, naturellement, les mariages dynastiques destinés à consolider les relations avec les puissances étrangères[1].

Les Romains ne les avaient pas pratiqués, faute de contrepartie suffisante ; pour les Byzantins, il existait en revanche un précédent : celui des mariages dynastiques entre les autocraties rivales établies à l'époque hellénistique par les successeurs d'Alexandre le Grand. Ces royaumes de langue grecque avaient d'abord été gouvernés par les subordonnés directs d'Alexandre, puis par leurs descendants ou des personnes de leur entourage ; ils conclurent assez souvent des traités de paix par des mariages, même s'ils se firent plus souvent encore la guerre, avec ou sans divorces.

Le sujet était plus délicat pour l'empereur des Romains. Pour lui-même, pour une sœur comme pour ses enfants nés au palais, s'abaisser à épouser des mortels était en contradiction avec sa prétention au rôle de vice-roi de Dieu sur terre et suzerain présomptif de tous les chrétiens, dont l'existence se déroule nécessairement à un niveau supérieur à celle des autres souverains. De plus, l'idée même de livrer la fille ou la sœur d'un empereur au lit d'un barbare si chrétien fût-il, à la tente d'un nomade même regorgeant de trésors d'or ou pire encore, au harem d'un musulman, était révoltante car elle offensait à la fois la fierté raciale des Grecs et les convenances chrétiennes.

Les empereurs ou leurs fils pouvaient plus facilement épouser les filles des potentats étrangers. Justinien II, surnommé « nez coupé » (*rhinotmetos*), qui régna à compter de 685 mais fut détrôné, symboliquement mutilé puis exilé vers le lointain avant-poste de Chersonèse en Crimée en 695, noua une alliance dynastique avec les Khazars qui dominaient la steppe avoisinante. Il épousa la sœur du khagan, Busir Glavan (Ibousiros Gliabanos pour les Grecs), qui prit le nom de Théodora ; ce fut pourtant avec l'aide du khan (ou qan) des Bulgares Tervel qu'il finit par reprendre possession de son trône en 705, pour gouverner (mal) jusqu'en 711 et se faire une nouvelle fois détrôner.

Une génération plus tard, Léon III (717-741) scella son alliance avec les Khazars et leur empire des steppes contre les Arabes musulmans, qu'ils défirent séparément sur leurs fronts respectifs, par un mariage arrangé de son fils et successeur Constantin V (741-775) à la fille du khagan, qui prit le nom d'Irène – le fils d'Irène et successeur de Constantin V, Léon IV (775-780), fut surnommé « le Khazar ». Soit dit en passant, on se souvient d'Irène pour deux raisons différentes et même assez opposées. La première était la réputation de profonde piété qu'elle acquit après avoir embrassé la foi chrétienne. Sous l'année 6224 depuis la création (soit 731/ 732 de notre ère), Théophane le Confesseur rapporte en effet : « Cette année-là, l'empereur Léon [III] fiança son fils Constantin à la fille du khagan... Il en fit une chrétienne et la nomma Irène. Elle apprit les Saintes Écritures et vécut dans la piété, réprouvant ainsi l'impiété [l'iconoclasme] de ces gens[2] ».

La deuxième était son introduction du costume national à la cour byzantine, un caftan joliment décoré – le long manteau des nomades à cheval que l'on peut ouvrir devant pour monter à cheval – qui reçut le nom de *tzitzakion* à la cour. Cette tenue de nomade, à l'origine portée à l'extérieur, parvint au sommet du costume porté à la cour byzantine dans sa période moyenne, puisque l'empereur en personne portait le *tzitzakion*, qu'il réservait aux occasions les plus solennelles. Nous le savons par le récit bien plus tardif de Constantin VII Porphyrogénète (913-959), lui-même grand amateur d'antiquités : « Vous devez savoir que le *tzitzakion* est un costume khazar qui apparut dans cette ville impériale protégée de Dieu depuis l'impératrice de Khazarie[3]. »

Malgré ce précédent, la version officielle continuait à affirmer que la famille impériale refuserait tout mariage avec des familles de souverains de niveau inférieur, quelle que fût la grandeur de leurs prétentions. Nul n'attendait la moindre demande provenant de puissances musulmanes, hostiles pour des raisons religieuses ; quant aux puissances de la steppe, en aucune manière opposées aux chrétiens, elles étaient pourtant elles aussi destinées à essuyer des refus. Le *De administrando imperio* contient une suggestion de réponse, à peine esquissée, pour évacuer ce type de demandes

> [si] quelque nation parmi ces tribus infidèles et infâmes devait faire une demande d'alliance par mariage avec l'empereur des Romains, qu'il s'agît de prendre sa fille comme épouse ou de donner une de leurs propres filles comme épouse à l'empereur ou au fils de l'empereur.

À une aussi « monstrueuse et inconvenante » demande, une réponse d'une malice caractéristique de Byzance est suggérée :

> Un terrible chef d'accusation, constituant une ordonnance authentique du grand et saint Constantin, est gravé sur la table sacrée de l'église universelle des chrétiens, Sainte-Sophie : il interdit à un empereur romain de s'allier par le mariage avec une nation dont les coutumes diffèrent de celles de l'ordre romain et leur sont étrangères, tout particulièrement avec une nation infidèle dans laquelle le baptême n'est pas administré[4]...

On ne saurait être plus catégorique – sinon que la suite immédiate prévoit une exception :

> ... sauf avec les seuls Francs ; eux seuls furent en effet exclus de cette interdiction par le grand et saint Constantin, parce que lui-même tirait son origine de ces régions... [et] en raison de la réputation et de la noblesse traditionnelle de ces pays et races.

C'était là pure invention – Constantin n'a jamais laissé d'instructions relatives au mariage ; et, de toute façon, il était né en Mésie supérieure (actuel sud de la Serbie) alors que la confédération des Francs fit son apparition dans la basse vallée du Rhin. Mais cette fiction permettait de justifier des alliances dynastiques avec la plus grande puissance de l'Ouest, la *Francia* de Charlemagne et ses descendants, en l'occurrence la *Francia* de l'Est qui devint le *regnum Teutonicum* – le royaume de Germanie – au Xe siècle avec la dynastie des Ottoniens.

En 781, Irène, veuve de Léon IV « le Khazar » (775-780) et régente de son seul fils Constantin VI, âgé de dix ans, arrangea ses fiançailles avec la fille de Charlemagne Rotrude, âgée de six ans. Charlemagne, toujours « roi des Francs », n'avait pas encore été couronné empereur – il le serait en 800 –, mais dominait déjà la plus grande partie de l'Europe de l'Ouest. Il n'y avait jusqu'alors eu aucune friction sérieuse entre les deux empires, mais l'expansion continue de l'emprise de Charlemagne et son activité croissante en Italie rendaient les heurts hautement prévisibles entre les deux puissances ; les Byzantins possédaient en effet toujours, au sud, les enclaves côtières de Naples, Reggio de Calabre et Brindisi dans les Pouilles, ainsi que Venise – dernier vestige de l'exarchat disparu de Ravenne – et les villes portuaires de la côte dalmate de l'Adriatique, même si l'Istrie, à sa tête, appartenait déjà aux Francs. Une alliance dynastique de précaution avec le plus puissant potentat de l'Ouest depuis la période romaine relevait certainement d'une démarche prudente.

Renonçant à « Rotrude » qui sonnait trop barbare, les Byzantins la nommèrent Erythro et envoyèrent l'eunuque Elissaios lui apprendre le grec ainsi que les manières de la cour. Mais en 786, alors qu'elle n'avait encore que onze ans, la redoutable et intrigante Irène rompit les fiançailles pour des raisons que nous ne connaissons pas ; quant à Constantin VI, il termina sa vie déposé et les yeux crevés sur décision de sa mère.

Faute d'alliance dynastique, les relations avec Charlemagne ne purent prospérer, même si les deux empires évitèrent la guerre directe jusqu'à une époque bien plus tardive.

Le fait que Charlemagne accepte le titre d'*imperator augustus* lors de son couronnement par le pape Léon III, le jour de Noël, 25 décembre 800, constituait un défi direct à la suprématie byzantine, sans même tenir compte de ses propres intentions. Son biographe officiel Einhard (ou Eginhard, Einhart), moine, historien franc et très proche courtisan, en rejette l'entière responsabilité sur le pape Léon III :

> [Le peuple de Rome] avait infligé de nombreuses blessures au pontife Léon, lui arrachant les yeux et lui coupant la langue, au point qu'il fut contraint d'appeler à l'aide le roi. Charles se rendit en conséquence à Rome pour mettre de l'ordre dans les affaires de l'Église... et y passa l'hiver entier. Ce fut pendant cette période qu'il reçut les titres d'« empereur et auguste » [*imperator augustus*], qui lui inspirèrent au premier abord une aversion complète ; au point qu'il n'eût pas mis un pied dans l'église le jour où ils lui furent conférés, déclara-t-il, s'il avait pu prévoir le dessein du pape. Il endura avec grande patience la jalousie dont les empereurs des Romains [à Constantinople] firent montre à son égard en raison des titres qu'il avait ainsi pris ; ils réagirent en effet très mal à ces décisions. Et, à force d'ambassades et de lettres répétées, dans lesquelles il les appelait ses frères, il fit fléchir leur arrogance devant sa magnanimité. En ce domaine, il était sans conteste, et de loin, leur supérieur[5].

Il est exact que le pape et l'Église de Rome avaient davantage – et dans l'urgence – besoin d'un empereur d'Occident pour les protéger que Charlemagne d'un tel titre ; dès cette époque, en effet, sa prééminence personnelle comme son hégémonie au sein de l'Europe continentale de l'Ouest étaient incontestées. Les récents empereurs de Byzance étaient devenus hérétiques aux yeux de Rome par leur iconoclasme, mais offense bien plus grave encore, ils étaient trop éloignés pour assurer la protection des papes contre la sauvagerie qui les entourait et ne venait pas seulement des barbares – ce fut une bande de Romains mécontents envoyée par des proches de son prédécesseur Adrien Ier, issu de la noblesse, qui agressèrent Léon III dont les origines étaient plus humbles et le poussèrent à trouver refuge auprès de Charlemagne.

La manière dont les Byzantins considérèrent le couronnement de Charlemagne, un acte politique parfaitement réfléchi des deux parties concernées, constitue une version bien plus plausible :

> [Après l'agression dont il avait été victime, le pape Léon] chercha refuge auprès de Karoulos, roi des Francs, qui tira vengeance brutale de ses ennemis et le rétablit sur son trône. Rome se retrouvait désormais sous l'autorité des Francs. Léon s'acquitta de sa dette envers Karoulos en le couronnant empereur des Romains dans l'église du saint apôtre Pierre, après l'avoir oint d'huile de la tête aux pieds et l'avoir revêtu de robes impériales et d'une couronne le 25 décembre[6].

Irène, qui régna de fait de 797 à 802 comme régente de son fils, refusa de compromettre la primauté impériale par la reconnaissance de Charlemagne comme *imperator augustus*. La suite des événements est attestée par la meilleure source dont nous disposons sur cette période – elle est également difficile à croire :

> Cette année-là, le 25 décembre... [800], Karoulos, roi des Francs, fut couronné par le pape Léon. Il conçut le projet de lancer une expédition maritime contre la Sicile, mais changea d'avis et préféra plutôt épouser Irène. À cette fin, il envoya une ambassade à Constantinople l'année suivante[7].

Qui plus est, le conflit territorial auquel on s'attendait depuis longtemps avait été engagé pour se disputer Venise et ses alentours – l'Istrie, de l'autre côté de l'Adriatique, ayant déjà été revendiquée par le père de Charlemagne, Pépin III.

Le successeur d'Irène, Nicéphore Ier (802-811), signa un traité de paix en 803 mais n'accepta toujours pas de reconnaître le titre impérial de Charlemagne. Les combats reprirent plus tard et se poursuivirent jusqu'à un nouveau traité de paix, sous l'empereur Michel Ier Rhangabé (811-813), en 812, qui fit revenir Venise et l'Istrie dans le giron de l'Empire et autorisa Charlemagne à porter un titre impérial : non pas celui d'*imperator augustus* ni d'*imperator Romanorum* mais, à tout le moins, celui d'*imperator Romanorum gubernans imperium*, « empereur des Romains gouvernant un empire », une formulation maladroite qui faisait penser à un titre provisoire. Charlemagne et son secrétariat trouvèrent plus satisfaisante la formulation simple et claire d'*imperator et augustus* et de *rex* des Francs et des Lombards, laissant « empereur des Romains » à Michel Ier et à Byzance[8].

Ce mariage avec un Franc n'eut donc jamais lieu mais d'autres furent conclus. L'un des plus importants vit ainsi l'empereur Jean Tzimiskès (969-976) accepter de donner en mariage Théophano – présentée comme sa nièce – au fils d'Othon Ier, roi de Germanie et d'Italie, futur empereur Othon II. Des négociations avaient commencé sous son prédécesseur, Nicéphore II Phocas (963-969), qui avait écarté la proposition avec mépris et suscité une cinglante réplique immédiate du négociateur d'Othon, l'irascible Liutprand de Crémone (ce dernier est également l'auteur d'un récit polémique consacré à ces négociations[9]). C'était plus qu'un mariage dynastique : il s'agissait d'un mariage *stratégique*, partie intégrale d'un plan de guerre.

Sous son prédécesseur Nicéphore II Phocas, les deux empires avaient connu des heurts en Italie, mais Tzimiskès avait pour objectif de reprendre l'offensive à l'autre extrémité de l'Empire, contre les Arabes musulmans. On célébra le mariage de Théophano et Othon, à Rome, le 14 avril 972, ce qui mit apparemment un terme à la confrontation en Occident. La même année, Tzimiskès lança l'heureuse campagne qui lui permit de refouler les Arabes musulmans. Jean Skylitzès est très bref à ce sujet : « Les villes… dont l'empereur [Nicéphore] avait pris possession pour les soumettre aux Romains avaient alors sauté de joie et renversé la domination romaine ; l'empereur se mit donc en route contre elles et avança jusqu'à Damas[10]. »

Il y aurait de nombreux autres mariages dynastiques, stratégiques et de plus en plus exotiques avec les anciennes et nouvelles puissances. Isaac Ier Comnène (1057-1059) épousa Catherine de Bulgarie, fille du tsar Ivan Vladislav depuis longtemps disparu ; Michel VII (1071-1078) alla bien plus loin pour épouser Marie d'Alanie, fille du roi Bagrat IV de Géorgie, issu du clan millénaire des Bagratides – elle fut également prise pour épouse par le successeur de Michel, Nicéphore III Botaniatès (1078-1081), en quête de légitimité après avoir renversé son ancien époux (lequel fut généreusement autorisé à se retirer moine, commençant par là une nouvelle carrière qui culmina avec son installation comme archevêque métropolite d'Éphèse).

Jean II Comnène (1118-1143) alla lui aussi très loin pour chercher une épouse avec Piroska – qui reçut le nom d'Irène, plus civilisé –, fille du roi Ladislav Ier de Hongrie ; une alliance qui ne lui apporta que les embarras des querelles de Hongrie. Manuel Ier Comnène (1143-1180) épousa Berthe de Sulzbach, belle-sœur de Conrad III d'Allemagne, puis, après sa mort en 1159, Marie d'Antioche, fille de Raymond d'Antioche, un Français de la noblesse d'Aquitaine.

Ces relations destinées à nouer des alliances couvraient déjà de grandes distances. Michel VIII Paléologue (1259-1282), qui reconquit Constantinople en la reprenant aux Latins, véritable Ulysse parmi les empereurs pour ses innombrables stratagèmes, les dépassa toutes. En sus de sept enfants légitimes, parmi lesquels son successeur Andronic II (1282-1328), il eut deux filles illégitimes connues qu'il allia à l'Empire dont l'expansion géographique fut la plus rapide et la plus large de toute l'histoire. Dès 1279, les successeurs de Temüjin, le Gengis khan ou Cinggis qan (« souverain océanique ») des Mongols, avaient étendu leurs conquêtes vers l'est jusqu'au sud de la Chine et à la Corée, vers l'ouest jusqu'à la Hongrie et, au sud-ouest de l'Asie centrale, en Afghanistan, en Iran et en Irak. Partout, les agiles cavaliers mongols l'emportaient par leurs évolutions rapides sur des concentrations bien supérieures en nombre pour leur infliger d'écrasantes défaites. Ce fut le cas lors de la bataille de Wahlstatt (« champ de bataille ») près de Liegnitz, dans l'ancienne Germanie (actuelle Legnica en Pologne), connue de tous les écoliers allemands : le 9 avril 1241, Henri II le Pieux y fut tué avec la plus grande partie de ses forces, des Polonais, des Moraves, des Bavarois et quelques chevaliers Templiers et Hospitaliers, face à ce que l'on imaginait être l'armée des Mongols mais qui n'en était qu'une colonne d'importance secondaire. D'autres se montrèrent plus sages : dès 1243, les Turcs seldjoukides – qui avaient combattu Byzance pendant presque deux cents ans – n'étaient plus que les dociles vassaux des Mongols. Ceux qui leur opposaient une résistance se firent détruire : une armée commandée par le petit-fils de Temüjin, Hülegü, anéantit les ismaéliens de Syrie en même temps que les survivants du califat des Abbassides, mettant à sac et ruinant Bagdad en 1258[11].

Une période de consolidation s'ensuivit très rapidement des deux côtés de Constantinople ; les descendants de Temüjin-Gengis khan organisèrent des États durables qu'il faut définir comme « gengisides » plutôt que simplement mongols, car ils recrutèrent de plus en plus parmi les populations locales et ne restèrent mongols qu'au sommet de leur gouvernement – et ce pour une durée limitée.

À l'est, en tant que il-khan subordonné au souverain de tous les Mongols, Hülegü établit un État qui s'étendait de l'actuel ouest de l'Afghanistan à l'est de la Turquie en passant par l'Irak et englobait tout l'Iran ; cet il-khanate dominait également les souverains seldjoukides en Anatolie, qui se laissèrent soumettre pour éviter de disparaître.

De l'autre côté de la Caspienne et de la mer Noire, les immenses espaces de steppe de l'actuelle Moldavie jusqu'à l'actuel Ouzbékistan vers l'est, et vers le nord jusqu'à englober une grande partie de la Russie, tombèrent tous sous la domination de l'armée de l'Ouest ou « horde » (dérivant d'*orda*, mot mongol signifiant « camp », de là le camp du chef et son armée[12]). Les Russes s'en souviennent tous encore de nos jours sous l'appellation *Zolotaya Orda*, la « Horde d'or » – une expression générale qui désigna, plus tard, les puissances successives des Mongols et des Turcs qui levèrent tribut sur les villes et potentats de Russie pendant une période qui dura jusqu'en 1476 ; le dernier vestige de cette époque fut le khanate de Giray en Crimée, qui se prolongea jusqu'en 1783. Dès son établissement, l'État mongol domina les peuples d'Asie centrale, les Bulgars de la Volga, les Kipchaks de la steppe du Pont au nord de la mer Noire (que les Byzantins connaissaient sous le nom de Cumans) ainsi que les Russes, et ce même au nord de Moscou.

Les raids des Mongols provenant des deux États « gengisides » atteignirent le territoire de l'Empire, mais le même Michel VIII Paléologue qui devait déconfire Charles d'Anjou en soutenant Pierre d'Aragon à l'autre extrémité de l'Empire était parfaitement à la hauteur d'un tel défi. Il maria avec succès sa fille illégitime Euphrosyne Paléologine à Nogai, fils de Baul, lui-même fils de Jochi, le propre fils de Gengis khan ; Nogai était l'inlassable commandant de l'armée de l'Ouest qui ne revendiqua jamais formellement le commandement suprême, mais n'en dominait pas moins la *Orda* de l'Ouest dans son ensemble.

Il fiança son autre fille illégitime, Marie Despine Paléologine, à Hülegü. Le destructeur de Bagdad était une personnalité plus importante encore que Nogai. À la mort d'Hülegü, il la donna en mariage à son fils Abaka (ou Abaqa), autre arrière-petit-fils de Gengis khan et successeur d'Hülegü à la tête de l'État il-khanate. Malgré le très vaste espace qui les séparait, les deux sœurs avaient ainsi des époux qui étaient parents.

Sous la poussée des rivalités internes aux Mongols, les deux États gengisides étaient sans cesse en expansion, au moins dans les directions où ils pouvaient trouver de l'herbe pour leurs chevaux (ce qui épargnait l'Europe centrale, montagneuse, ainsi que l'Égypte) ; leurs forces finirent par se heurter dans le Caucase, où les deux puissances devaient naturellement se rencontrer[13].

Ce ne fut pas une guerre totale mais seulement un conflit de juridiction, au moins en théorie dans la mesure où tous les territoires sous le contrôle des Gengisides d'un bout à l'autre de l'Eurasie – 12 000 *miles* au total – étaient supposés être possession collective du clan des descendants de Temüjin. Mais Nogai commandait ses hommes comme à l'habitude et perdit un œil au combat contre les forces de son beau-frère Abaka. La réaction des deux sœurs n'est pas rapportée par les sources.

Michel VIII Paléologue avait remporté un succès certain. Ces alliances ne valurent à aucune de ses deux filles de disparaître purement et simplement du monde, perdues dans les harems de ces guerriers occupés ailleurs. Bien au contraire, elles produisirent l'une et l'autre des résultats. À un moment, Nogai khan fournit ainsi quatre mille hommes à Michel pour combattre en Thessalie ; plus important encore, aucune puissance au nord ne pouvait projeter de lancer une offensive l'esprit libre contre l'empereur sans redouter la visite des cavaliers gengisides, qui dépassaient en vitesse tous les autres.

Quant à Abaka khan, il tenta de convertir ses sujets musulmans au bouddhisme, la religion pacifiste que les belliqueux Mongols jugèrent, d'une manière ou d'une autre, la plus proche de leurs aspirations. Marie Despine Paléologine fut une personnalité de grande influence ; ni les Seldjoukides, ni les autres chefs de clans turcs ne purent impunément s'en prendre à son père en Anatolie. À Istanbul, dans le quartier de Fener face à la Corne d'Or, s'élève encore la seule église orthodoxe qui ne fut pas convertie en mosquée après la conquête de 1453, *Panaghia Muchliótissa*, « Tous les saints des Mongols », reconstruite par Marie Despine à son retour à Constantinople après la mort d'Abaka. Quoi que l'on pût dire d'autre à leur sujet, les Byzantins n'étaient pas des provinciaux.

Chapitre 7

LA GÉOGRAPHIE DE LA PUISSANCE

Les Romains et les Byzantins avaient une mentalité linéaire : leur mode de pensée les amenait à concevoir la géographie sous forme de routes d'un endroit à un autre plutôt que d'espaces ; ils s'appuyaient sur des itinéraires plutôt que sur des cartes. Ce chapitre devrait donc peut-être s'appeler « l'ethnographie de la puissance ».

La curiosité à l'égard des peuples étrangers était une vertu des Grecs que les Romains ne partagèrent jamais vraiment, jusqu'à ce qu'ils connussent l'évolution de Rome à Byzance. Un récent phénomène de mode académique ne voit dans les écrits byzantins que propos hostiles et préjugés à l'égard des peuples étrangers, bien à tort : ces écrits témoignent, en effet, d'un intérêt considérable à l'égard des cultures et coutumes étrangères – un intérêt dont des nations entières même de nos jours ne peuvent se prévaloir[1]. Certes, toute nouvelle information relative aux peuples étrangers passait par le filtre d'une accumulation de mythes plus anciens – y compris Gog et Magog, les Amazones et le noble sauvage que l'on ne cessait de réinventer pour sévèrement critiquer la mollesse ou pire encore. Mais les soldats byzantins recueillaient également de très nombreuses informations, bien réelles, sur les tactiques de l'ennemi et ses armes ; les ambassadeurs byzantins, de leur côté, rendaient régulièrement compte des multiples peuples, très différents, qu'ils rencontraient, avec une précision suffisante pour que leurs rapports constituent pour nous la source principale concernant nombre d'entre eux. Le christianisme aida certainement à combattre les préjugés – non seulement par la dimension universelle de sa vision du monde, mais aussi parce qu'il dissuadait ses adeptes de prendre des bains en public, supprimant ainsi la barrière de l'odeur qui limitait considérablement l'intimité entre les Romains et les barbares.

Le *Livre des cérémonies* de Constantin Porphyrogénète comprend des informations très précises sur la manière de s'adresser aux destinataires de la correspondance officielle dans le respect des règles protocolaires de l'époque, ainsi que sur la valeur de chaque sceau pour chaque lettre (des milliers de sceaux byzantins sont parvenus jusqu'à nous, seuls vestiges de documents tout aussi nombreux qui ont été perdus). La longue liste d'appellations illustre dans le détail la vaste étendue géographique couverte par la diplomatie byzantine, ainsi que la portée de ses actions[2]. Sans même tenir compte des contacts intermittents noués avec des puissances bien plus éloignées en Asie, l'horizon de la diplomatie byzantine était à 1 000 *miles* vers l'est, de Constantinople au rivage de la mer Caspienne, à plus de 1 000 *miles* vers l'ouest à travers l'Europe, à plus de 500 *miles* vers le nord jusqu'à la Rus' de Kiev et, vers le sud, aussi lointain que l'Égypte[3].

L'ordre de préséance mentionné dans le *Livre des cérémonies* reflète en partie la hiérarchie du pouvoir réel et en partie les traditions protocolaires – d'où la première place accordée au pape de Rome :

> Au pape de Rome (*eis ton papan Romes*). Une bulle d'or avec un *solidus*. « Au nom du Père, du Fils et du Saint-Esprit, notre seul et unique Dieu. [Nom] et [nom], empereurs des Romains, fidèles à Dieu, à [nom], très saint pape de Rome, notre père spirituel (*pneumatikon patera*). »

Pour les patriarches d'Alexandrie, celui d'Antioche et celui de Jérusalem, la formulation est la même à part l'omission de « notre père spirituel ». Mais leurs lettres étaient scellées de 3 *solidi* d'or.

Le premier des souverains séculiers, dans ce qui était clairement un ordre de préséance, était le calife des Abbassides à Bagdad, censément souverain de tous les pays de l'islam dans le monde entier, mais en réalité, dès cette époque, réduit à un simple rôle de figuration aux ordres de puissances régionales en vive concurrence – des émirats qui concédaient une autorité nominale au calife, ainsi que des sultanats et califats rivaux qui ne lui concédaient rien. À l'époque où le texte fut écrit, l'émirat des Hamdanides – dont le quartier général se trouvait à Alep – était, de loin, la plus importante puissance musulmane pour les Byzantins. L'Empire inspirait alors davantage de crainte aux musulmans qu'il n'en éprouvait lui-même à leur égard ; la courtoisie ne risquait donc pas d'être interprétée, à tort, comme un signe de faiblesse :

> Au (*protosymboulon*) [premier conseiller] de l'émir des fidèles [*amermoumnes*, signifiant « commandeur des croyants »]. Une bulle d'or avec 4 *solidi*.

> Au magnifique, très noble et distingué [nom], premier conseiller et guide des Agarènes [terme désignant les Arabes, dérivé d'Agar, ou Hagar, la concubine répudiée d'Abraham], de la part de [nom] et [nom], autocrates fidèles, des *augusti* et grands empereurs des Romains [nom] et [nom] qui ont foi en Christ notre seigneur, autocrates, les *augusti* et grands empereurs des Romains au magnifique, très noble et distingué [nom], premier conseiller et guide des Agarènes.

Après les musulmans venaient les souverains transcaucasiens. La topographie particulière du Caucase, dont les vallées profondes sont séparées de hautes montagnes infranchissables en hiver et très difficiles à traverser même en été, favorisait certainement une extrême fragmentation culturelle, linguistique et politique[4]. Aujourd'hui encore, cette région reste le foyer, difficile d'accès, de diverses populations dont les langues, religions et caractéristiques somatiques diffèrent nettement. Si chacune avait son propre État, il y en aurait bien plus que les dix actuels : l'Arménie, l'Azerbaïdjan, la Géorgie et les sept républiques caucasiennes de la Fédération de Russie – dont la plus vaste, le Daghestan, avec deux millions et demi d'habitants, comprend dix nationalités reconnues comme de première importance bien que l'on y parle communément trente langues. On compte dans la région un nombre réel supérieur d'États si l'on ajoute les États non reconnus, parmi lesquels l'Abkhazie, l'Ossétie du Sud et le Haut-Karabagh.

À l'époque byzantine comme à la nôtre, les puissances du Caucase se disputaient entre elles de minuscules territoires avec des guerriers animés de motivations politiques identitaires démesurées, associées à une culture profonde de brigands qui reste impossible à éradiquer. Avec une grossière tour de pierres sur un bon emplacement et une bande de guerriers, n'importe quel petit chef pouvait devenir le souverain d'une partie de sa vallée ; quant aux chefs capables de dominer une vallée entière, ils étaient destinés à devenir princes. Certains souverains du Caucase étaient d'importants potentats, d'autres de simples chefs de clans à la survie précaire ; pourtant, les Byzantins ne pouvaient se permettre d'ignorer des souverains même mineurs parce que n'importe lequel d'entre eux était susceptible d'ouvrir ou de fermer une voie de passage pour franchir les montagnes, une décision peut-être capitale dans le sort d'une guerre. Ils étaient tous vulnérables aux attaques et aux sièges, mais il valait bien mieux éviter de perdre du temps par des combats en leur proposant des relations et des cadeaux de nature à les apaiser.

Pendant la longue lutte que les Byzantins menèrent contre la Perse des Sassanides, qui s'était achevée trois siècles plus tôt, les souverains du Caucase se révélèrent parfois également des adversaires de l'Empire, ne fût-ce qu'en raison de leur culture matérielle qui les rapprochait des Perses, au moins autant que leur religion chrétienne les rapprochait de Byzance. L'Empire collabora plus facilement avec eux contre les Arabes musulmans, dont la culture était étrangère à la leur. La plupart des souverains du Caucase étaient familiers avec la culture byzantine et nombre d'entre eux avaient une expérience personnelle des attractions et récompenses de la cour de Constantinople ; si certains avaient leurs propres Églises autocéphales, dont ils revendiquaient l'origine historique plus ancienne que l'Église de Constantinople, ils ne se sentaient liés par aucune obligation religieuse leur interdisant d'accepter, pour le reste, la primauté de l'Empire.

En conséquence, la plupart des potentats du Caucase avaient la capacité d'agir comme souverains locaux dans leur région d'origine, généralement avec le titre arménien d'*isxan* (*archonte* dans le protocole grec, équivalant à peu près à notre « prince »), de pair avec la capacité d'agir comme officiels de l'Empire, souvent avec le haut rang de *kouropalates* (curopalate, « maire du palais »). C'était le troisième plus haut rang durant les IXe et Xe siècles, seulement précédé de *caesar* – le plus souvent réservé à la famille impériale – et de *nobilissimus*.

À l'époque où l'on composa le *Livre des cérémonies*, l'un des souverains du Caucase avait une grandeur réelle : le *kouropalatès* David III, ou Davit' pour les Géorgiens qui le revendiquent comme l'un de leurs ancêtres, que l'histoire connaît mieux sous le nom de David de Tao (ou Taron, ou encore Tayk), issu de la dynastie arméno-géorgienne des Bagratides. Souverains d'Arménie, d'Ibérie vers le nord (actuel ouest de l'Azerbaïdjan) et, plus tard, de la Géorgie, les plus hauts Bagratides tenaient le rang de *kouropalates*. Ils gouvernèrent des territoires aujourd'hui pour la plupart situés en Géorgie et en Arménie, d'environ 966 à l'assassinat de David en l'an 1000, qui vit leur absorption par l'Empire byzantin ; leurs descendants firent leur retour comme souverains régionaux pour finir membres de la noblesse de l'Empire russe, et ce jusqu'à la révolution bolchevique[5]. Bien que le recueil du *Livre des cérémonies* fût établi juste avant son arrivée au plus haut rang, David de Tao eût été le parfait destinataire de la formulation prescrite suivante pour s'adresser à un prince, qui lui convenait bien mieux qu'à tout autre souverain du Caucase à cette époque :

Au prince des princes (*archon ton archonton*) de Grande Arménie.

Une bulle d'or avec trois *solidi*.

Constantin et Romain, qui ont foi en Christ Notre Seigneur, autocrates, *augusti* et grands empereurs des Romains, au très renommé souverain de Grande Arménie [nom], notre fils spirituel.

Il existait également un souverain arménien particulier issu de la dynastie des Artzuni (ou Ardzuni) qui gouvernait le Vaspurakan ; cette région n'était pas dans le Caucase mais au sud, dans l'actuelle Turquie, tout autour du lac de Van. Les souverains du Vaspurakan furent la plupart du temps, dans une certaine mesure, vassaux des Bagratides, mais on s'adressait à eux comme à des souverains indépendants. Les suzerains n'étaient pas les seuls destinataires des formulations particulières que l'on employait pour s'adresser à eux : on les employait également pour les nombreux souverains mineurs dont les territoires divisaient l'actuelle Arménie – les *archontes* de Kokovit, Taron (qui devait connaître une certaine expansion), Moex, Auzan, Syne, Vaitzor, Chatziène ainsi que « les trois princes des *Servotioi* que l'on appelait les garçons noirs (*maura paidia*) ».

Au nord de l'Arménie se trouvait l'Ibérie, nom grec et romain de l'ancien royaume géorgien de Kartli, dont les habitants se désignent encore de nos jours entre eux sous le nom de Kartvèles par opposition aux Mingréliens, Lazes et Svans d'autres régions de Géorgie. Son souverain avait lui aussi le haut rang de curopalate.

L'Ibérie historique n'était pas plus vaste que, de nos, jours, la Belgique ou Taïwan, mais eu égard aux dispositions particulières aux peuples du Caucase, le pays était encore trop vaste pour n'avoir qu'un seul souverain ; on dut donc également reconnaître les quatre archontes de

Veriasach, Karnatae, Kouel et Atzara. Au vrai, la région entière du Caucase n'est pas plus étendue que la Grèce ; elle n'en fut pas moins divisée en plusieurs autres États qui s'ajoutèrent aux deux États historiques d'Arménie et de Kartli (ou de Géorgie) : l'Alanie, qui correspond à peu près à la moderne Ossétie au sein de la Fédération de Russie ; l'Abasgie, qui correspond à peu près à la moderne Abkhazie, issue d'une sécession de la Géorgie, aujourd'hui reconnue par la seule Fédération de Russie (de manière sans aucun doute purement désintéressée...) ; l'Albanie, enfin, dont le territoire fait aujourd'hui partie de la république d'Azerbaïdjan.

Aujourd'hui encore, la partie orientale du Caucase s'évertue à rester plus fragmentée encore que la partie occidentale, qu'il s'agisse de la république du Daghestan avec ses trente langues ou de l'Azerbaïdjan avec ses enclaves. Il fallut donc également reconnaître les archontes de nombreuses localités supplémentaires, parmi lesquelles Azia, actuelle Derbent au Daghestan ; on voit encore les vestiges d'une forteresse sassanide « à l'endroit où l'on situe les Portes Caspiennes[6] ». Souverain certes mineur, l'archonte d'Azia n'en contrôlait pas moins la voie de passage stratégique *par excellence* : la route côtière facile à emprunter qui reliait la steppe du sud au nord-ouest de l'Iran.

Après les nombreux souverains mineurs du Caucase, la liste du *Livre des cérémonies* se poursuit avec les ecclésiastiques des églises chrétiennes qui n'étaient pas en communion avec l'Église orthodoxe dirigée par le patriarche de Constantinople : le katholikos d'Arménie (ce titre est encore celui que porte le chef de l'Église apostolique d'Arménie – qui n'est pas en communion avec Rome –, résidant à Echmiadzin, république d'Arménie) ; le katholikos d'Ibérie (prédécesseur de l'actuel patriarche de l'Église autocéphale apostolique de Géorgie) ; le katholikos d'Albanie (un titre qui s'est éteint avec son Église).

La suite du texte offre une intéressante répétition : on y lit en effet de nouvelles salutations, plus recherchées encore, à l'attention du pape de Rome dont les salutations ont déjà été mentionnées. On peut très facilement l'expliquer : le *Livre des cérémonies* ne constituait pas l'ouvrage d'un seul auteur, parfaitement cohérent, mais plutôt un recueil de morceaux choisis tirés des archives officielles, ce qui lui donne d'autant plus de valeur. En l'occurrence, les auteurs du recueil y ont par inadvertance intégré les salutations provenant de deux lettres différentes, probablement rédigées à des dates différentes.

En Europe occidentale, la puissance était bien moins fragmentée que dans le Caucase, même si elle n'était guère plus stable. La fragmentation postcarolingienne qui devait se poursuivre pendant des siècles avec la formation d'États encore plus petits n'avait pas encore été poussée très loin au Xe siècle :

> Au roi [*rex*] (un titre bien inférieur à *augustus-basileus*) de *Sazonia* (c'est-à-dire la Saxonia, la Germanie orientale).

> Au roi de Vaioure, « pays de ceux que l'on appelle les *Nemitzoi* » (mot slave désignant les « Allemands »).

Au roi de Gaule (Hugues Capet, comte de Paris et duc, fut couronné en 987 roi de France – royaume bien plus petit que la France moderne).

Au roi d'Allemagne (Othon Ier, de la famille Liudolfing, qui créa sa propre dynastie avec les Ottoniens ; il fut couronné en 936 par l'archevêque de Mayence et primat d'Allemagne dans la cathédrale de Charlemagne à Aix-la-Chapelle, un indice clair d'aspirations impériales[7]).

Protocole à suivre concernant tous les susmentionnés : « Au nom du Père, du Fils et du Saint-Esprit, notre seul et unique Dieu. Constantin et Romain, empereurs des Romains, fidèles à Dieu, au distingué roi [nom], notre désiré frère spirituel (*pepothemenos pneumatikos adelphos*). »

C'était avant la reconnaissance du schisme entre les Églises de Rome et de Constantinople, ce qui autorisait encore une pleine fraternité spirituelle si tel en était le désir. Le 2 février 962 – le recueil du *Livre des cérémonies* était alors achevé –, l'infâme pape Jean XII, qui cherchait de toute urgence un protecteur, décerna à Rome le titre d'empereur (*romanorum imperator augustus*) à Othon Ier. Dix jours plus tard, Othon donna à Jean ce qu'il réclamait : une garantie écrite préservant la sécurité des territoires du pape, le *Diploma Ottonianum*. L'empereur se mit promptement en marche pour quitter Rome et affronter les ennemis du pape mais se montra trop heureux dans ses entreprises militaires : le pape Jean XII, craignant dès lors de perdre son indépendance, envoya secrètement des ambassadeurs aux Magyars – qui étaient encore païens – et à Constantinople pour leur demander de combattre Othon. Le secret fut éventé ; Othon revint à Rome en novembre 963 pour réunir les évêques en synode, lequel déposa Jean.

L'offense faite à l'empereur de Constantinople par le couronnement d'un autre empereur à Rome n'était en rien amoindrie par le changement d'avis presque immédiat du pape. En 972, pourtant, Jean Ier Tzimiskès (969-976) reconnut le titre du plus puissant souverain d'Occident. Othon avait su être convaincant en lançant ses alliés à l'offensive, à compter de 966, contre les possessions byzantines dans le sud-est de l'Italie, en Lombardie mineure (actuelles Calabre et Pouilles), reprise aux Arabes musulmans en 876. Les forces byzantines en poste, sous les ordres du *strategos* de chaque région, déjouèrent habilement ces attaques mais Jean Ier Tzimiskès était en train de préparer une vaste offensive contre les Hamdanides d'Alep ; plutôt que d'occuper une partie de ses forces à combattre Othon Ier en Italie, zone géographique d'importance stratégique à ses yeux secondaire, il préféra conclure avec lui un accord comprenant une alliance dynastique.

La suite du *Livre des cérémonies* salue un souverain inexistant : « Au prince [*prinkips*] de Rome ». À l'époque où le livre fut rédigé, il n'y avait pas de *princeps* (ou empereur) à Rome – le dernier en date remontait à plus d'un demi-millénaire. On ne sait si cette salutation traduisait un simple goût des antiquités ou servait à rafraîchir la mémoire du pape en l'égratignant au passage.

« À l'émir d'*Africa* » (*Ifriqiya* pour les Arabes, la province romaine d'*Africa*, qui correspond de nos jours à la république de Tunisie) ; l'*Africa* fut gouvernée par les Aghlabides jusqu'en 909, puis par les Zirides – des Berbères au service du califat des Fatimides en Égypte. L'accueil de ces musulmans était une occasion de réaffirmer avec fierté la foi chrétienne :

> « Constantin et Romain, qui ont foi en Christ Notre Seigneur, autocrates, *augusti* et grands empereurs des Romains, au très estimé (*endoxatatos*) et très noble (*eugenestatos*) *exousiastes* des musulmans. » Une bulle d'or avec deux *solidi*.

« À l'émir d'Égypte. » Il s'agissait de l'*ikhshid*, ou gouverneur, vassal du calife de Bagdad jusqu'à la conquête des Fatimides en 972. Chiites ismaéliens septimaniens (« seveners »), les Fatimides revendiquaient pour eux-mêmes le titre de calife et n'auraient jamais accepté le titre subordonné d'émir.

Deux puissances d'Italie étaient ensuite reconnues. La première est particulièrement obscure : « le prince (*archon*) de Sardaigne », qui est certes bien l'actuelle Sardaigne, mais l'île comptait à l'époque quatre souverains indépendants. La deuxième devait connaître splendeur, richesse et gloire : « le *doux* [*dux*, origine de « doge »] de Venise ».

Venise commença comme simple dépendance de Byzance l'ascension qui devait la faire passer d'un village-État à une ville-empire. Son *doux* byzantin, c'est-à-dire son gouverneur local, avait déjà connu d'une manière presque imperceptible une évolution progressive vers le statut de doge d'un empire maritime indépendant à l'époque où l'on recueillit le *Livre des cérémonies*. De 723 à 727, Venise était encore gouvernée depuis le quartier général de l'exarque byzantin (« souverain extérieur », vice-roi) à Ravenne. Le premier souverain vénitien fait ensuite son apparition : c'est Ursus (jusqu'en 738), revêtu du vieux titre romain de *dux* (désignant, à l'origine, un chef au combat, plus tard un commandant de région, enfin un duc). Après Ursus se succèdent Dominicus, Felix Cornicula et Deusdedit, fils d'Ursus, puis trois autres parmi lesquels Deusdedit, à nouveau, jusqu'en 756 : tous portent le titre militaire byzantin de *magister militum*. Dans l'intervalle, l'exarchat de Ravenne, envahi, s'était éteint en 751. On ne trouve plus aucune trace de titre byzantin sur les monnaies comme sur les inscriptions après 756, même si la puissance byzantine se prolongea au moins jusqu'à 814.

Ce n'est qu'après cette période que l'on vit apparaître les doges de Venise à la tête d'une république oligarchique pleinement indépendante, disposant d'avant-postes outre-mer de plus en plus importants et lançant des entreprises lointaines, parfois fort risquées, de plus en plus hardies : en 1204, les Vénitiens conduits par le doge Enrico Dandolo (1192-1205) se taillèrent la part du lion dans le sac de Constantinople par les forces alliées de la quatrième croisade.

À l'époque où le *Livre des cérémonies* fut rédigé, et pour encore neuf cents années à venir, l'Italie restait une simple réalité géographique sans gouvernement unitaire. On y trouvait, à la place, des potentats locaux : c'étaient aussi bien des seigneurs de campagnes profondes, impossibles à distinguer de chefs de brigands, que les gouvernements – d'une politesse bien plus raffinée – des principales villes. Amalfi en faisait partie. République maritime d'une importance alors considérable, elle devait conserver son indépendance jusqu'à la conquête des Normands en 1073. D'où la reconnaissance des princes de Capoue, Salerne, Amalfi et Gaeta, ainsi que du *dux* de Naples.

Vient ensuite une puissance plus exotique et bien plus vaste, le khaganate des Khazars[8] :

> Au [*chaganos*] de Khazarie. Une bulle d'or avec trois *solidi*. « Au nom du Père, du Fils et du Saint-Esprit, notre seul et unique Dieu. Constantin et Romain, empereurs des Romains, fidèles à Dieu, à... [nom à insérer], le très noble (*eugenestatos*) et très illustre (*periphanestatos*) khagan de Khazarie. »

Le khaganate des Khazars (hébreu *Kuzarim*) s'était développé dans la région de la moyenne Volga, sur les rivages nord-est de la mer Caspienne ; il s'était étendu au-delà de cette région jusqu'à se heurter parfois aux intérêts byzantins en Crimée et dans le Caucase à l'époque de leur plus grande puissance, du VIIIe au Xe siècle. Mais il constitua plus souvent le premier allié de l'Empire d'un point de vue stratégique[9].

Un point faisait des Khazars des alliés particulièrement précieux : ils avaient pour voisins directs non l'Empire mais son plus grand ennemi à l'époque, les Arabes musulmans dans le Caucase et le Levant, toujours prêts à l'invasion. Le khaganate des Khazars était bien placé pour lancer des attaques sur les flancs des Arabes musulmans, et ainsi sérieusement amoindrir leur puissance, lorsque les Arabes étaient eux-mêmes à l'offensive contre les frontières orientales de l'Empire en Anatolie, depuis l'actuel Kurdistan en Iran. Les Khazars purent également apporter à l'Empire une aide indirecte en attaquant les territoires situés sur les arrières des Arabes lorsque ces derniers menaçaient Constantinople par la mer depuis leurs bases de Syrie ou leurs avant-postes.

Les Khazars surgirent de la désintégration du grand khaganate turc vers 640-650 – lequel subit une défaite finale de la part des Chinois en 659. Divers témoignages historiques fragmentaires suggèrent, toutefois, que les Khazars n'étaient pas des tribus soumises qui auraient recouvré leur indépendance avec la désintégration des Turcs, mais constituaient eux-mêmes le cœur de l'élite du khaganate turc : le clan Ashina (« bleu » en iranien oriental) qui détenait le pouvoir, mentionné dans les sources chinoises. On sait que les alliés turcs apportèrent une aide vitale à l'empereur Héraclius (610-641) contre la Perse sassanide, lors de la crise suprême de 626-628 qui vit l'Empire passer tout près de l'anéantissement ; cela pourrait expliquer pourquoi ces alliés sont décrits comme « des Turcs de l'Est, appelés Chazars » dans la *Chronique* de Théophane[10], la meilleure source qui nous soit parvenue sur ces événements. Cette indication de Théophane est toutefois plus vraisemblablement un simple anachronisme : le khaganate des Khazars occupait une place de premier plan à son époque, alors que le khaganate des Turcs avait disparu. En tout cas, leur chef, « Ziebel » chez Théophane, est sans aucun doute Tong yabghu, chef turc du khaganate turc de l'Ouest ou déjà, peut-on imaginer, Khazar parmi les tout premiers à apparaître – nous sommes en effet certains que les Khazars sont issus des Turcs.

L'effondrement du khaganate des Turcs fut d'une rapidité exception-nelle : immense et encore en expansion vers 625, il était en voie de désin-tégration vers 640. On a récemment suggéré que cet effondrement résulta d'un événement climatique : un refroidissement brutal causé par une éruption volcanique qui fit subir à l'empire oriental des Turcs, de 627 à 629, une vague de froid très rigoureux accompagnée de neige et de gel. De nombreux chevaux et moutons en périrent, causant une famine terrible qui ruina le socle pastoral du khaganate turc[11].

Une certitude en tout cas : l'Empire continua à avoir pleine confiance en ses alliés khazars, notamment contre le califat des Arabes omeyyades au sommet de sa puissance, aux VIIe et VIIIe siècles, lorsque Constantinople elle-même fut attaquée. Les sources arabes rapportent la destruction totale de l'armée d'Abd al-Rahman ibn Rabiah en 650, alors qu'elle enva-hissait le territoire des Khazars dans le nord du Caucase, ainsi que la pénétration de forces khazares jusqu'à Mossoul dans le nord de l'Irak en 731. Héraclius a peut-être proposé sa fille de seize ans Eudokia en mariage à Tong yabghu ; Justinien II, nous le savons avec certitude, épousa une sœur du khagan et Constantin V une de ses filles, donnant naissance à Léon IV « le Khazar ».

Longtemps après la disparition des Sassanides puis des Omeyyades, on vit régulièrement les Khazars apporter une aide utile à l'Empire, même durant la période de déclin de la puissance de leur khaganate, à la fin du IXe siècle. L'effondrement final survint en 969 lorsque la capitale des Kha-zars, Itil (ou Atil) sur la Volga, fut détruite par les forces de Svjatoslav, fils d'Igor, de la Rus' de Kiev.

La Rus' de Kiev vient juste après les Khazars dans la liste des saluta-tions du *Livre des cérémonies* (XXX) :

> Au prince de *Rhosia*. Une bulle d'or avec deux *solidi*.

> Lettre [*grammata*] de Constantin et Romain, empereurs des Romains dans l'amour du Christ, à l'archonte de *Rhosia*.

Il s'agissait d'un souverain scandinave, ou slave, ou de sang mêlé – en fonction de la période ou des sentiments nationaux des historiens qui les mentionnent (mais l'origine de *rus*, venant du vieux suédois *roper* par le vieux finnois *rotsi*, a fait l'objet de vives contestations pour un résultat bien faible[12]). Peu importait aux Byzantins que l'archonte en question fût postscandinave ou protorusse ; il gouvernait l'État connu sous le nom de *Rhosia* (ou Rus' de Kiev) dans l'actuelle Ukraine, d'où dérive le mot « Russie » dans notre langue ou leur propre « Rossiya » qu'ils adoptèrent plus tard – une puissance presque inconnue de l'Empire jusqu'en 860, année qui vit l'arrivée soudaine d'une multitude de navires venant de la mer Noire pour transporter des guerriers et attaquer Constantinople.

On sait toutefois, d'une manière certaine, que l'existence des Rhos eux-mêmes en tant que peuple était déjà connue : le premier témoignage attestant leur existence remonte à 839, dans les *Annales de saint Bertin* rédigées par Prudence de Troyes ; il les mentionne comme revenant de Constantinople :

En 839, une ambassade envoyée par l'empereur Théophile [829-842] arriva à la cour de Louis le Pieux à Ingelheim, accompagnée par des gens qui prétendirent appartenir au peuple appelé *Rhos* (*Rhos uocari dicebant*) et demandèrent à Louis l'autorisation de traverser son empire pour revenir chez eux. L'affaire fit l'objet d'une enquête approfondie à la cour carolingienne et l'empereur des Francs parvint à la conclusion qu'ils appartenaient à la nation des Suédois[13].

L'attaque de 860 constituait un raid à grande distance typique des Vikings (viking signifiant « brigand » en vieux norrois). Cette forme de violence concentrée tombant sur les populations dans le but de paralyser toute résistance était familière aux populations côtières de l'Europe occidentale, où elle faisait des ravages ; ce fut, en revanche, une surprise complète pour les Byzantins. Nous en avons conservé la réaction d'un témoignage oculaire dans l'homélie du patriarche et futur saint Photios ; elle reflète le choc ressenti par l'arrivée des Rus', d'une manière très vivante et forte malgré un style melliflue de critique littéraire :

> Vous souvenez-vous de cette heure atroce et terrible qui vit les navires des barbares faire voile pour vous assaillir, du vent de cruauté, de sauvagerie et de meurtre qu'ils firent souffler sur vous ? Qui vit la mer et ses eaux étales, si sereines et calmes, leur offrir une navigation douce et agréable alors qu'elle s'agitait et levait contre nous les vagues de la guerre ? Qui vit les navires passer devant la ville [sous l'effet du courant du Bosphore] et vous montrer leurs équipages épées brandies comme pour menacer la ville entière de mort par l'épée ?... Qui nous vit trembler, saisis de stupeur dans l'ignorance de ce qui allait survenir, incapables d'entendre quoi que ce fût d'autre que « Les barbares ont franchi les murailles, la ville est prise par l'ennemi » ? Car le caractère soudain de l'événement et l'attaque imprévue amenèrent pour ainsi dire tout le monde à imaginer et entendre pareilles phrases – un symptôme en vérité courant dans les populations confrontées à pareils événements : ce qu'elles redoutent à l'excès, en effet, elles le croiront sans vérification[14].

Les *Rhos* engagés dans ce raid ne franchirent pas les murailles mais ravagèrent les faubourgs, ouvrant par là un long chapitre où se succédèrent menaces, alliance, nouveaux raids, nouvelle alliance, conversion au christianisme et guerres ouvertes.

Pour la première fois – et, à ce jour, la seule dans l'histoire –, un État puissant avait fait son apparition, dès 880, dans les terres de steppe au nord de la mer Noire, actuelle Ukraine, avec Kiev pour capitale et des possessions tout autour dont l'extension, vaste à certaines époques, connut d'importantes variations.

Connu des historiens sous l'appellation de Rus' de Kiev, la force de cet État reposait sur les habiles équipages de ses navires, capables de naviguer sur des cours d'eau difficiles et de braver la mer ouverte, ainsi que sur la puissance au combat de sa solide infanterie. Les Rus' étaient très différents des archers montés qu'alignaient tout autour d'eux les peuples turcs. Ces derniers avaient des chefs de clans, des chefs de tribus et des khans qui pouvaient faire allégeance à un premier khagan, puis à un autre. Les chefs de la Rus', eux, étaient des guerriers-marchands navigateurs. Dès l'année 907, ils avaient un souverain stable, Oleg, qui tenta d'attaquer Constantinople et fut honoré du titre de prince (*archon*) lorsqu'il signa un traité avec l'Empire en 911. La puissance de la Rus' de Kiev atteignit son point culminant sous le règne du prince Vladimir (à compter de 980), qui engagea sa conversion au christianisme en 988, et sous le règne du prince Yaroslav (1019-1054). La Rus' de Kiev se fragmenta par la suite en principautés rivales de plus en plus nombreuses, jusqu'à des douzaines, souvent en guerre entre elles.

Les Rus' étaient d'intrépides commerçants habitués aux longs voyages. Ils exportaient de l'ambre, des fourrures, du miel et des esclaves achetés dans les terres de Russie et les pays baltes, ou bien reçus des Slaves, dans leurs propres territoires, à titre de tribut. Leur principale route de commerce partait du Grand Nord, plus précisément des marchés de l'ouest de la mer Baltique qui s'étaient développés à Birka, Hedeby et Gotland ; elle traversait la mer jusqu'à son côté oriental, empruntait la Neva à l'emplacement actuel de Saint-Pétersbourg jusqu'au lac Ladoga ; elle suivait ensuite la Volkhov jusqu'à la plus ancienne ville de Russie, Novgorod, traversait le lac Ilmen et remontait la Lovat, d'où, par portage, les navires pouvaient rejoindre le Dniepr à Gnezdovo, où l'on trouva des pièces de monnaie byzantines et arabes. Il restait encore 1 000 *miles* vers le sud-ouest jusqu'à Constantinople en passant par Kiev, en descendant le Dniepr – avec des interruptions pour franchir les rapides par portage, ce qui exposait les chargements à divers périls – pour ensuite contourner la mer Noire ou la traverser tout droit.

Depuis Kiev, on transportait également biens et esclaves vers le sud-est par voie de terre jusqu'à l'estuaire de la Volga, où aboutissait la route commerciale permettant de rejoindre Bagdad par le rivage de la Caspienne, en traversant les montagnes du Zagros occidental et en descendant vers la plaine de Mésopotamie.

Les guerriers-marchands de la Rus' se montrèrent encore plus intrépides comme combattants dans leurs expéditions militaires et leurs opérations amphibies, frères d'armes d'audacieux Scandinaves comme Harald « Hardråde », tué en Angleterre en 1066, comme nous l'avons vu précédemment, peu avant la conquête du pays en cette même année 1066 par d'autres Scandinaves (ou Normands), depuis plus longtemps établis et sans doute plus civilisés, mais encore excellents combattants. D'autres Normands encore, eux aussi conquérants, prirent l'extrême sud de l'Italie à Byzance, puis la Sicile aux Arabes musulmans, avec une poignée d'hommes, beaucoup de talent et davantage de courage encore.

Pourtant, malgré toute l'énergie et l'héroïsme dont ils étaient capables, les Rus' de Kiev ne furent pas capables d'empêcher l'arrivée de nouveaux cavaliers de la steppe qui devaient finalement anéantir leur puissance. Leurs intérêts se concentraient sur les routes qui suivaient les fleuves jusqu'à la mer Noire : le Don (le Tanaïs des Grecs), le Dniepr qui revêtait une importance capitale à leurs yeux, le Boug (Hypanis) et le Dniestr (Danastris) ; ils délaissèrent la vaste steppe qui s'étendait entre les fleuves et leur semblait ne présenter aucun intérêt, où se succédaient inlassablement des vagues de nomades de la steppe venus y trouver des pâturages pour leurs troupeaux et combattre quiconque oserait leur barrer la route.

Les Avars avaient alors depuis longtemps disparu. Après avoir migré vers le nord jusqu'à l'actuelle Hongrie suite à leur échec devant Constantinople en 626, ils avaient fini par disparaître sous les coups des Francs à la fin du VIIIe siècle – le pillage de leur principal campement, le « Ring des Avars », par Charlemagne en 796 rapporta de telles quantités d'or et d'argent que cette victoire fut, de loin, la plus riche de toutes celles qu'il remporta.

Les ennemis jurés des Avars, les Turcs du grand khaganate, avaient disparu bien plus tôt. Quant aux tribus des Onogours, Koutrigours et Outrigours qui n'étaient pas restées à l'est de la Volga, elles s'étaient depuis longtemps établies au sud du Danube dans leurs terres de Bulgarie. Les steppes qui s'étendaient de la Volga au Danube étaient ainsi devenues domaine du khaganate des Khazars, des Magyars qui avançaient sur leur côté ouest ainsi que d'une nation turque bien plus puissante : les Petchenègues (ou Patzinaques), qui chassaient les Magyars devant eux ; selon les périodes, ils coexistèrent avec les Rus' de Kiev ou les affrontèrent avec acharnement, souvent pour défendre les intérêts de Byzance.

> À l'archonte [prince] des *Tourkoi* [désignant les Magyars, c'est-à-dire les Hongrois].

> Une bulle d'or avec trois *solidi*. « Lettre de Constantin et Romain, empereurs des Romains dans l'amour du Christ, à l'archonte des *Tourkoi*. »

Comme il sied à leur caractère, les origines des Hongrois – ou Magyars, comme ils se désignent eux-mêmes – sont d'une complexité sans pareille. Les Magyars constituaient à l'origine leur tribu dominante, jusqu'à ce qu'ils adoptent tous cette identité ; *Tourkoi* n'est qu'une erreur de nom, partielle, attribuable aux Byzantins. Les auteurs byzantins n'aimaient pas les nouveaux noms barbares qui leur semblaient trop exotiques. Tout comme ils appelèrent invariablement « Huns » les Avars parce que ce nom autrefois exotique avait acquis une patine particulière par son usage dans les textes plus anciens, ils appelèrent invariablement les Hongrois « Turcs » – d'après les Turcs du grand empire de la steppe, depuis longtemps disparu. Mais en ce cas précis, ils n'avaient pas tout à fait tort : les Hongrois avaient exactement le même mode de vie que les Turcs ; c'étaient, eux aussi, des gardiens de troupeaux et archers montés nomades, même si, comme le prouve leur langue finno-ougrienne, ils commencèrent par habiter des forêts loin au nord de la steppe, peut-être dans l'actuelle république de Bashkortostan au sein de la Fédération de Russie[15].

Dès le milieu du VIIIe siècle, ils formaient une nation dans le sens où ils avaient une langue commune, mais avec plusieurs noms différents : le nom « Onogour », qui donna Ungar et Hungarus ; le nom slave « Ungri » ; le nom khazar « Majgar » – ils se désignent eux-mêmes Majier[16]. Lorsque les Byzantins firent leur première rencontre vers 830, les Magyars et les autres tribus habitaient dans l'actuel est de l'Ukraine, sous l'influence des Khazars sinon sous leur vassalité pure et simple – ils n'eurent en tout cas certainement jamais leur propre khaganate. Les Petchenègues, plus nombreux, étaient engagés dans leur mouvement sur leurs terres de pâturage dès 850 ; ils chassèrent certains d'entre eux vers l'ouest en traversant l'Ukraine pour pénétrer, finalement, dans l'actuelle Roumanie. D'autres restèrent entre le sud du massif de l'Oural et la Volga, région aujourd'hui connue sous le nom de Bashkirie ou Bashkortostan ; ce nom fut peut-être alors donné à la nation entière (en argot roumain, *bozgori*, *bozghiori* et *boangi* sont encore utilisés de nos jours pour désigner les Hongrois d'une manière péjorative).

En 894, les Magyars, et les tribus qui les accompagnaient, lancèrent un raid au-delà du Danube à la demande des Byzantins pour attaquer la Bulgarie de Siméon Ier et le contraindre ainsi à mettre un terme à son offensive contre les forces vaincues de Léon VI. La Bulgarie resta une menace, mais les Byzantins ne réussirent pas à retenir leurs nouveaux alliés là où ils se trouvaient – ou, plus vraisemblablement, ne le tentèrent même pas, préférant s'appuyer sur les Rus' de Kiev et les Petchenègues pour contrôler les Bulgares.

Les Magyars et les tribus qui les accompagnaient franchirent les montagnes de Transylvanie sous la pression des Bulgars ou des Petchenègues – des gardiens de troupeaux de la steppe n'auraient jamais d'eux-mêmes exposé leur bétail aux périls des montagnes – pour atteindre, dès 900, les plaines de Pannonie, l'actuelle Hongrie, que ses habitants appellent entre eux Magyarország, « le pays des Magyars ». Comme cela se produit dans tous les mouvements de populations de cette nature, certains furent laissés en arrière ; on leva ainsi, par la suite, des unités d'infanterie légère composées de Magyars (*Vardariotai*) dans la vallée du Vardar (actuelle Macédoine). La partie la plus plate de la Hongrie – elle-même presque totalement plate –, la Puszta, constitue l'extrémité occidentale de la grande steppe d'Eurasie ; elle convenait parfaitement aux gardiens de troupeaux à cheval, que l'on y trouvait encore jusque dans les années 1930.

Comme les archers montés qu'ils étaient devenus, les Magyars avaient des dispositions naturelles pour les opérations de raid[17]. Mais comme les Avars – bien plus redoutables – qui les avaient précédés, ils savaient également comment construire des engins de siège. Pendant plus de cinquante ans, les Magyars lancèrent des raids, pillèrent et incendièrent tout ce qu'ils trouvèrent vers l'ouest dans les terres d'Allemagne, allant parfois jusqu'à la France actuelle – la *Chanson de Roland* les mentionne en effet à maintes reprises (voir ainsi, par exemple, CCXXXIII, 3248 à CCXXXIV, 3254) ; ils y apparaissent comme l'une des tribus qui ne servent pas Dieu et se comportent comme des meurtriers et des criminels lorsqu'ils livrent bataille : « L'un [des corps de bataille] est constitué des Huns, l'autre des Hongres. »

Othon Ier, déjà roi d'Allemagne – qui devait être couronné empereur –, défit une très grande troupe de Magyars lors d'un de leurs raids le 10 août 955 à Lechfeld, près de la ville fortifiée d'Augsbourg ; la cavalerie lourde d'Othon, équipée d'armures, tailla en pièces leur cavalerie légère d'archers ; ce désastre mit un terme rapide aux raids des Magyars. Les Avars, leurs prédécesseurs en Hongrie et dans la Puszta, avaient eux aussi lancé des raids vers l'ouest et continué sur cette voie jusqu'à leur anéantissement, mais les Magyars subirent une rapide transformation. Dans les cinq années qui suivirent leur défaite décisive de Lechfeld, les Magyars se dotèrent d'un roi chrétien, le futur saint Étienne couronné par le pape Sylvestre en l'an 1000, et livrèrent dès lors des guerres chrétiennes en lieu et place de raids turcs à cheval.

Les Petchenègues firent leur apparition comme nouvelle nation turque dans les steppes durant le IXe siècle et remplacèrent les Khazars au premier rang des alliés les plus utiles de l'Empire durant le Xe siècle[18]. Il ne s'agissait pas d'une alliance stratégique comparable à l'alliance entre l'Empire et les Khazars, parce qu'il n'existait pas d'ennemis partagés susceptibles d'imposer une coopération permanente avec les Petchenègues. Mais si on les payait suffisamment bien, les Petchenègues pouvaient se révéler très efficaces contre les Rus' de Kiev ainsi que contre les Magyars et les Bulgares en migration. Si on ne les payait pas, ou pas assez, ils étaient capables d'attaquer l'Empire tout seuls, et le faisaient, ou bien de rejoindre d'autres peuplades qui attaquaient l'Empire.

Comme toutes les nations semi-nomades turques avant eux, ils traversèrent la Volga en provenance d'Asie centrale sous la pression d'autres nations turques qui les talonnaient – principalement les Oghouzes, qui à leur tour deviendraient plus tard, en fonction des périodes, alliés et ennemis de Byzance. Mais les Khazars eux aussi les poussaient vers l'ouest. À l'époque de la rédaction du *Livre des cérémonies*, leur puissance se concentrait entre le Don et le Danube.

> Aux archontes des *Patzinakitai* [Petchenègues]. Une bulle d'or avec deux *solidi*.

> « Lettre de Constantin et Romain, empereurs des Romains dans l'amour du Christ, aux archontes des *Patzinakitai*. »

Le Constantin VII Porphyrogénète du *Livre des cérémonies* n'en dit pas plus, alors que le même Constantin VII Porphyrogénète, dans le *De administrando imperio*, a bien davantage à nous apprendre des Petchenègues ; ces derniers constituent même le tout premier sujet abordé dans le texte, sous un titre révélateur :

> Sur les Petchenègues et les nombreux avantages que l'on retire à les maintenir en paix avec l'empereur des Romains.

> ... il est toujours du plus grand avantage pour l'empereur des Romains que d'être disposé à maintenir la paix avec la nation des Petchenègues et à conclure des accords et traités d'amitié avec eux, ainsi qu'à leur envoyer chaque année... [un ambassadeur] porteur de présents seyant et appropriés à cette nation et à prendre auprès d'eux des garanties, c'est-à-dire recevoir des otages et [un ambassadeur] qui... jouira de tous les bienfaits et cadeaux qu'il conviendra à l'empereur d'accorder[19].

Le premier but poursuivi, négatif mais néanmoins de la plus haute importance, était de décourager les Petchenègues de lancer leurs offensives contre le territoire impérial :

> Cette nation des Petchenègues est voisine du territoire [byzantin] de Chersonèse ; si leurs dispositions ne sont pas amicales à notre égard, ils peuvent faire des incursions et des raids de pillage contre Chersonèse.

Le but positif que l'on poursuivait dans le même temps, par cette alliance, était d'utiliser les Petchenègues comme une arme de dissuasion contre toutes les puissances qu'ils étaient capables d'atteindre, depuis les Khazars de la moyenne Volga jusqu'aux Bulgares au-delà du Danube. Sous l'intitulé « Des Petchenègues et des Russes » (Rus' de Kiev), le texte commence par expliquer en termes généraux de quelle manière fonctionnait la dissuasion :

> Les Russes sont tout à fait incapables de se mettre en route pour mener des guerres au-delà de leurs frontières sauf s'ils sont en paix avec les Petchenègues, parce que dans le cas contraire, pendant qu'ils sont loin de leurs foyers, ces Petchenègues peuvent fondre sur leur pays, détruire leurs biens et faire outrage à leurs familles[20].

La suite du texte donne le détail du dispositif de dissuasion spécifique à cette alliance, qui reflète un partage de la puissance très particulier au sein de cette région – la Rus' de Kiev étant en capacité de contrôler le Dniepr avec ses navires jusqu'à la mer Noire, mais non la vaste steppe qui s'étendait de chaque côté :

> Les Russes ne peuvent pas non plus se rendre à [Constantinople], pour guerroyer comme pour commercer, sauf s'ils sont en paix avec les Petchenègues : en effet, lorsque les Russes arrivent avec leurs navires aux barrages du fleuve [Dniepr] et se trouvent dans l'incapacité de les franchir sauf en soulevant leurs navires hors du fleuve pour les transporter au-delà par portage sur leurs épaules... les Petchenègues fondent alors sur eux et... les mettent facilement en déroute[21].

Les Petchenègues pouvaient exercer une mission de dissuasion tout aussi efficace à l'égard des Magyars – appelés simplement « Turcs » dans le texte, conformément aux habitudes –, même en l'absence de navires et de rapides à franchir, parce que les Magyars étaient une nation beaucoup plus modeste que les Petchenègues étaient en situation de dominer de manière permanente :

> La tribu des [Magyars], elle aussi... redoute grandement les... Petchenègues, parce qu'ils ont souvent subi des défaites de leur part... Pour cette raison, les [Magyars]... considèrent les Petchenègues avec effroi et sont ainsi tenus en échec, contenus par leur peur des Petchenègues[22].

L'auteur rapporte ce qu'il survint lorsqu'un ambassadeur byzantin demanda aux Magyars d'attaquer les Petchenègues :

> Les chefs [archontes] des [Magyars] s'écrièrent tous d'une seule voix : « Nous n'allons pas nous mettre en chasse des Petchenègues, car nous ne pouvons les combattre. Leur pays est en effet vaste, leur peuple nombreux. C'est la marmaille du diable ! Alors ne nous répétez jamais cela, car nous n'aimons pas du tout l'entendre[23] ! »

Le texte propose, de la même manière, l'utilisation des Petchenègues comme remède contre les Bulgares, nous indiquant par là qu'ils étaient à cette époque en contact direct sur le cours du Danube :

> Ces Petchenègues sont également voisins des Bulgares, et lorsqu'ils en ont le souhait, que ce soit de leur propre initiative pour leur enrichissement ou pour obliger l'empereur des Romains, ils peuvent facilement se mettre en marche

contre la Bulgarie, les submerger et les défaire grâce à l'avantage décisif que leur donne leur multitude[24].

D'un autre côté, les Petchenègues ne sont pas identifiés comme alliés utiles contre les Khazars, à la différence des Turcs Oghouzes et des Alains du Caucase. La raison est probablement à chercher dans la crainte que les Petchenègues devaient avoir des Khazars : les Khazars, avec les Oghouzes, leur avaient à l'origine pris leurs terres de pâturage et les avaient chassés vers l'ouest au-delà de la Volga, puis jusqu'au Don.

Il fallait évidemment payer les Petchenègues pour qu'ils servissent les intérêts de l'Empire, en nature plutôt qu'en or semble-t-il :

> [Ce sont] de vrais rapaces, avides au plus haut point d'articles rares chez eux ; ils ne cessent de demander sans vergogne les dons les plus généreux... lorsque l'agent impérial entre dans leur pays, ils commencent par lui demander les dons de l'empereur, et quand ils en ont rassasié les hommes de leurs familles, ils en demandent encore, cette fois pour leurs femmes et parents[25].

Il était logique, pour les Petchenègues, de vouloir se faire payer en objets divers au lieu d'or : pour dépenser de l'or, ils auraient été contraints de l'emporter très loin. Les fabrications des artisans de la steppe se limitaient nécessairement à une gamme limitée d'articles de cuir, de laine, d'or et d'argent, le fer étant plus rare ; quant à la nourriture, c'était surtout de la viande, du fromage et du koumiss (ou kymis), une boisson fermentée au lait de jument dont le goût ne s'acquiert qu'avec l'habitude. Il y avait bien davantage de choix à Constantinople, y compris des épices venant de pays lointains et des vins ; on trouvait chez les artisans byzantins tous les produits connus de l'Antiquité, fabriqués à partir de toutes les matières disponibles à l'époque, y compris les alliages, la céramique et le verre. Les articles particuliers que le texte identifie sont plutôt prosaïques mais manifestement rares dans la steppe : « des pièces d'étoffe pourpre, des rubans, des toiles tissées lâches [c'est-à-dire légères], du brocart d'or, du poivre, du cuir écarlate ou "parthe[26]" ».

L'irritation de l'auteur, que manifeste la rudesse de ses adjectifs, s'explique clairement par le fait que toutes les personnes concernées par ces tractations ont sollicité des paiements plus importants en nombre et en valeur que les « dons de l'empereur », y compris les éminents Petchenègues reçus en otages et traités avec tous les honneurs comme des invités alors que les ambassadeurs byzantins étaient en danger dans le territoire des Petchenègues, ainsi que les conducteurs d'attelages qui transportaient les otages comme les ambassadeurs à l'aller et au retour :

> Les otages exigeaient ceci pour eux-mêmes et cela pour leurs épouses, les conducteurs telle chose à titre de dédommagement de leur peine, telle autre au titre de l'usure de leurs bestiaux[27].

Les mêmes demandes furent exprimées par les conducteurs qui transportaient l'ambassadeur de l'empereur. Une cupidité assez minable aux yeux de l'auteur, mais qui reflétait une réalité politique importante. Il n'existait pas de khaganate des Petchenègues disposant d'une autorité toute-puissante capable de punir mais également de récompenser ses membres par la distribution du tribut byzantin ; ce n'était qu'un rassemblement de tribus gouverné de manière lâche par différents chefs qui pouvaient tout au plus se réunir en conseil pour décider d'actions communes. Le texte précise plus loin :

> La *Patzinacia* (c'est-à-dire la « Petchenégie », le domaine des Petchenègues) est divisée en huit provinces [*diaireseis*, signifiant « divisions »] comprenant le même nombre de grands princes... Les huit provinces sont divisées en quarante territoires, ces derniers ayant à leur tête d'insignifiants principicules[28].

C'est un peu trop schématique pour être plausible, mais cela explique l'absence d'un chef central tout-puissant assisté de loyaux serviteurs que lui seul récompensait. De ce fait, chacun s'attendait à recevoir sa récompense individuelle pour tout service rendu. Cela constituait une originalité assez troublante pour un empereur byzantin, mais, pour autant, aucun Grec ne pouvait se montrer dédaigneux à l'égard de la liberté d'un peuple : « Les Petchenègues sont des hommes libres et, pour ainsi dire, indépendants [*autonomoi*] ; ils ne rendent jamais service sans rémunération. » Les Petchenègues avaient à l'évidence leur prix, mais toutes les autres puissances de la steppe également ; les Petchenègues étaient manifestement moins chers à acheter :

> Tant que l'empereur des Romains est en paix avec les Petchenègues, ni les Russes ni les Turcs [c'est-à-dire les Magyars] ne peuvent tomber les armes à la main sur les possessions romaines ni extorquer aux Romains des sommes d'argent ni des quantités de biens considérables et démesurées pour prix de la paix[29].

Mais même les vaillants Petchenègues ne pouvaient se montrer éternellement utiles. Pour servir Byzance, un allié devait être suffisamment fort pour agir avec efficacité contre les ennemis de l'Empire et, dans le même temps, ne pas lui-même constituer une menace. À compter de 1027, les Petchenègues commencèrent à faire défaut sur les deux tableaux. Cette année-là, en effet, ils engagèrent un raid au-delà du Danube et furent défaits en 1036 par les forces de la Rus' de Kiev gouvernée par Yaroslav Ier – c'est-à-dire par la puissance même qu'ils étaient censés contrôler. Les Byzantins avaient besoin d'un nouvel allié turc dans la grande steppe et le trouvèrent comme de juste avec les Cumans (ou Kipchaks dans leur propre langue turque), connus de la Rus' de Kiev sous le nom de Polovtsy, qui devaient connaître une longue période de succès sous divers régimes[30].

Eux aussi étaient des archers montés hautement mobiles et meurtriers, comme les Huns, les Avars, les Bulgars, les Khazars, les Magyars et les Petchenègues avant eux. Et eux aussi devinrent maîtres des steppes en l'emportant par leur nombre sur les peuplades qui occupaient précédemment les mêmes espaces.

Le 29 avril 1091, les Byzantins aidés de leurs nouveaux alliés cumans affrontèrent un grand nombre de Petchenègues à la bataille de Levounion, dans la vallée de la Maritsa, dans l'actuel sud de la Bulgarie. Les Petchenègues avaient manifestement été chassés à l'intérieur du territoire impérial par les Cumans qui s'étaient emparés de leurs lieux de pâture ; ils n'arrivaient en effet pas en formation de raid mais toute population confondue, troupeaux, hommes, femmes et enfants en très large migration.

À l'époque, la situation stratégique générale de l'Empire était extrêmement défavorable. Vingt ans plus tôt, en août 1071, Romain IV Diogène (1068-1071) avait réuni une grande armée composée de forces territoriales régulières et de renforts de chevaliers francs, de mercenaires turcs archers montés et des unités d'élite de la garde du palais, et l'avait conduite pour affronter la puissance croissante de l'empire des Turcs seldjoukides. Au cours de l'engagement connu sous le nom de bataille de Manzikert (moderne Malazgirt), bien qu'elle fût livrée dans une région plus vaste à l'ouest du lac de Van (limite orientale de l'actuelle Turquie), les chevaliers prirent la fuite, certains mercenaires passèrent à l'ennemi et Romain IV Diogène se fit lui-même capturer après avoir été abandonné en pleine bataille par les forces que commandait un rival dynastique[31].

On considère traditionnellement cette bataille comme décisive ; ce ne fut pourtant pas une défaite militaire catastrophique. La plus grande partie des forces byzantines combattit fort bien jusqu'à la capture de l'empereur, puis se retira en bon ordre en vue de reprendre le combat un autre jour.

Le sultan seldjoukide Mohammed ben Da'ud Chaghri, mieux connu sous son sobriquet d'Alp Arslan (« le Lion vaillant »), traita son captif avec respect parce qu'il était un esprit raffiné, mais ses exigences bien peu rigoureuses reflétaient la force persistante des armées byzantines, qui avaient précédemment défait les Seldjoukides en Cilicie. L'empereur et le sultan avaient négocié quelque temps et jusqu'à la veille même de la bataille ; ils conclurent très vite un accord qui permit à Romain IV Diogène de repartir dans la semaine vers Constantinople.

La catastrophe survint dans les suites de ces événements. L'empereur fut déposé et on lui creva les yeux. Son remplaçant fut l'incapable Michel VII Doucas (1071-1078), dont les conseillers refusèrent d'honorer le traité de paix mais sans pour autant mobiliser les armées pour défendre les frontières contre les tribus de Turkmènes (ou Turcomans) qui les pénétraient par milliers – c'est le terme contemporain pour désigner les divers Turcs convertis à l'islam, bien que la plupart fussent des Oghouzes[32].

L'Anatolie constituait le cœur de l'Empire ; toute perte au sein de son territoire réduisait en proportion les ressources de la puissance impériale : les récoltes imposables comme la main-d'œuvre pour le recrutement de l'armée – une très grande partie de cette dernière fut ainsi perdue durant les vingt années qui suivirent la défaite de Manzikert, au bénéfice des troupes irrégulières d'Oghouzes et des *beys* (seigneurs de guerre) des Seldjoukides. La nouvelle de la défaite byzantine incita également d'autres ennemis à prendre l'initiative, principalement les Normands qui s'étaient déjà emparés des dernières enclaves byzantines dans le sud-est de l'Italie dès 1071, ainsi que les Serbes dans les Balkans, parmi divers autres peuples. Mais ce furent surtout les guerres civiles qui ravagèrent l'Empire et se prolongèrent sous le règne de l'empereur suivant, Nicéphore III (1078-1081).

La suite des événements, pourtant, vit un spectaculaire rétablissement de l'Empire sous le règne d'Alexis Ier Comnène (1081-1118), qui allait permettre de récupérer la plus grande partie de l'Anatolie.

Pendant dix ans, Alexis avait combattu les Normands, les beys des Seldjoukides et les hérétiques militants pauliciens, parmi d'autres, tout en restaurant la monnaie, la collecte des impôts et le gouvernement territorial des restes de l'Empire – la Grèce avec ses îles, une bordure côtière dans l'ouest de l'Anatolie et le sud des Balkans. L'intégralité des revenus ainsi que de la main-d'œuvre de l'Empire ne pouvait plus venir que de ce royaume très amoindri. D'où l'invasion des Petchenègues en 1091, qui menaçait la plus importante partie de ce qu'il subsistait de l'Empire et mettait par là en péril son avenir même.

C'est la raison pour laquelle la défaite totale des Petchenègues à Levounion eut des conséquences stratégiques ; elle marqua l'ascension de la bonne fortune d'Alexis Ier Comnène et de l'Empire – cette victoire fut en effet suivie de multiples succès permettant de récupérer des parts de territoire en Anatolie, avec l'aide considérable de la première croisade malgré toutes les menaces et peines qu'elle suscita. Décrivant les résultats de la bataille dans son *Alexiade*, Anne Comnène, la fille fort lettrée du vainqueur, révèle une sensibilité tout à fait appropriée :

> Ce jour-là, on vit un nouveau spectacle : une nation entière, en effet, non une troupe de dix mille hommes seulement mais une multitude surpassant en nombre tout ce que l'on avait jamais vu avec leurs épouses et enfants, se fit complètement exterminer. C'était le troisième jour de la semaine, le 29 avril ; les Byzantins en firent une petite chanson burlesque : « À juste un jour près, les Scythes [c'est-à-dire les Petchenègues] manquèrent de voir le mois de mai. » À l'heure où le soleil se couchait à l'ouest, où pratiquement tous les Scythes [les Petchenègues] étaient tombés sous les coups d'épée, y compris, je le répète, leurs enfants et leurs épouses, et où nombre d'entre eux avaient également été pris vivants, l'empereur ordonna de sonner le rappel et retourna à son camp[33].

Levounion fut une grande victoire et un massacre – auquel les Cumans refusèrent de se joindre –, mais il restait encore des Petchenègues dans la steppe. Les Cumans les attaquèrent en 1094. Les derniers Petchenègues lancèrent leur ultime invasion au-delà du Danube et subirent une défaite complète en 1122, à Beroia (Stara Zagora, actuelle Bulgarie), sous les coups des forces de Jean II Comnène, fils d'Alexis Ier.

Les dynamiques de l'ethnogenèse agissaient dans les deux sens : exactement de la même manière que des groupements de tribus attiraient au fil de leurs succès de nouvelles tribus et de nouvelles adhésions individuelles, puis grandissaient encore en nombre et en puissance en devenant de véritables nations capables de s'organiser, voire des empires sous forme de khaganates, les groupements victimes d'insuccès perdaient des effectifs individuels, des clans, des tribus entières qui passaient du côté de rivaux plus fortunés. Certains Petchenègues survivants devinrent ainsi bulgares, d'autres hongrois, d'autres encore cumans.

« À l'archonte [prince] de *Chrovatia* [Croatie]. » Lorsque les Avars attaquèrent l'Empire au début du VIIe siècle par une série d'offensives qui culminèrent avec le siège de Constantinople en 626, ils le firent avec de larges renforts de Slaves (*Sklauenoi, Sklabinoi*) qui combattaient sous leurs ordres ou se contentaient de suivre leurs campements dans l'espoir de profiter du butin – ils ajoutaient le poids de leurs effectifs élevés à l'équipement élaboré et aux aptitudes à la guerre très avancées des guerriers avars. Selon le *De administrando imperio*, l'empereur Héraclius avait réussi à rompre l'union de ces Slaves, en commençant par les Croates : « Ainsi, sur ordre de l'empereur Héraclius, ces mêmes Croates défirent et chassèrent les Avars de ces régions [Dalmatie[34]] ».

Quand les Avars échouèrent à conquérir Constantinople et firent retraite au nord vers la Dalmatie et la plaine de Hongrie, certains de ces Slaves les accompagnèrent et se différencièrent peu à peu en Croates (*Hvrati* en croate moderne) et en Serbes (*Srbi*), plus nombreux, sur des critères uniquement politiques pendant une longue période – ils étaient en effet tout à fait identiques par leur langue, comme ils le sont encore de nos jours, et aussi, vraisemblablement, par leur religion païenne.

Dès le milieu du IXe siècle, les Croates étaient en phase de christianisation et disposaient de tous les éléments constitutifs des États rudimentaires dans les régions côtières de Dalmatie, séparées du reste du pays par les Alpes dinariques, ainsi que dans les plaines qui s'étendent au-delà et faisaient partie de l'ancienne Pannonie romaine.

Dans la ville portuaire de Ladera (Zadar), même après la disparition de l'exarchat de Ravenne du fait des Lombards en 751, subsistaient les quartiers généraux du thème byzantin de Dalmatie sous le commandement d'un *strategos*, qui dut parfois combattre et repousser les assauts d'un souverain croate nommé Trpimir durant la période 845-864. Peu après, une puissance plus substantielle dut faire son apparition dans la région car, en 879, le pape Jean VIII écrivit à un *dux Chroatorum*, Branimir, fils de Trpimir, en termes flatteurs, et réussit par ses intrigues à obtenir l'allégeance de l'Église croate à Rome. Cela faisait longtemps qu'il y avait un évêque à Split, la Spalatum romaine, alors comme aujourd'hui principale ville de Dalmatie ; cet évêque se trouvait sous l'autorité du patriarche de Constantinople, comme l'étaient tous les Croates chrétiens – ils suivaient la liturgie slavonique de Cyrille et Méthode écrite en alphabet glagolitique plutôt que la liturgie latine.

On ne vit que bien plus tard les conséquences finales des ambitions juridictionnelles de Jean VIII – il n'y avait alors aucune différence de doctrine –, avec la haine meurtrière entre les Croates catholiques et les Serbes orthodoxes, encouragée avec véhémence par leurs prélats respectifs même à la fin du XXe siècle. En 925, à l'époque de Constantin VII, les deux entités des Croates étaient unies sous l'autorité d'un roi qui leur était propre, Tomislav.

« Au prince des *Servoi* (Serbes, *Srbi*). » Une fois de plus, le *De administrando imperio* affirme que l'empereur Héraclius joua un rôle actif dans la création de leur identité politique, leur accordant « un endroit où s'installer dans la province de Thessalonique[35] ». Cela ressemble fort à une bonne manière de les séparer des Avars.

Un État serbe puissant devait émerger au XIIe siècle sous le règne d'Étienne Némania (1109-1199), qui se révéla un ennemi dangereux pour

Byzance jusqu'à sa capture par l'empereur Manuel Ier Comnène (1143-1180) ; il devint dès lors ami de l'Empire.

Mais lorsque le *Livre des cérémonies* fut recueilli, il n'existait alors dans cette région que des territoires mineurs gouvernés par les « zupans » (de *zupania*, signifiant « comté »), dont le plus grand était Rascia (Raska). Dans le *De administrando imperio*, sous l'intitulé « Histoire de la province de Dalmatie », plusieurs de ces « zupanats » sont décrits avec suffisamment de précision pour que l'on puisse à peu près déterminer leur situation géographique ; la plupart se trouvaient le long de la côte adriatique de l'actuelle Croatie, ainsi qu'en Herzégovine au sein de l'actuelle Fédération de Bosnie-et-Herzégovine :

> À partir de Ragusa [Dubrovnik] commence le domaine des *Zachlumi*, qui s'étend jusqu'à l'Orontius ; vers la côte, il est voisin des *Pagani* ; vers la montagne il est voisin des Croates au nord et fait face à la Serbie[36].

Suivent des indications particulières concernant les « zupanats » de Kanali, *Travuni* (Terbounia), Duklja (Diocleia) et une entité tout à fait différente, la *Moravia*.

Une « Grande Moravie » apparaît dans le *De administrando imperio* – un terme approprié pour un territoire très étendu mais mal défini qui a pu inclure certaines parties des États modernes de Slovaquie, d'Autriche et de Hongrie, ainsi que la République tchèque (dont l'actuelle Moravie est un simple écho de cette « Grande Moravie », et non une survivance géographique).

Son premier roi, Mojmir Ier (830-846), était voisin de la vaste Francie que Charlemagne avait créée, et vassal de son fils, l'empereur Louis le Pieux (Ludwig der Fromme, 814-840[37]). Ratislav, fils de Mojmir, succéda à son père pour régner sur la « Grande Moravie » (846-870) ; le nouveau souverain tenta de se libérer de l'influence des Francs, certainement en raison de la partition de l'empire de Charlemagne qui eut pour effet de lui donner comme voisin la partie orientale de l'ancien royaume, très diminuée, gouvernée par Louis le Germanique (ou Ludwig). Dans le cadre de cette politique, Ratislav envoya des ambassadeurs à l'empereur byzantin Michel III (842-867) pour lui demander un évêque et des maîtres capables de porter la bonne parole aux peuples slaves dans leur propre langue, remplaçant les missionnaires des Francs qui prêchaient en latin et gagnaient des âmes chrétiennes par là acquises à Dieu, sans doute, mais aussi au pape de Rome ainsi qu'à la Francie.

Michel III répondit à cette demande par la mission, d'une importance capitale, confiée aux frères et futurs saints Cyrille et Méthode. Au lieu d'imposer la liturgie grecque aux oreilles des Slaves, comme les Francs imposaient la liturgie latine, ils créèrent la splendide liturgie slavonique ancienne en langue slave macédonienne écrite avec l'alphabet glagolitique qu'inventa Cyrille (il ne fut pas, en revanche, l'inventeur du cyrillique). Les missionnaires byzantins allaient obtenir le plus grand succès partout ailleurs, mais leur Église orthodoxe de Moravie, encore rudimentaire, devait bientôt être abolie. Louis le Germanique, qui avait déjà tenté de soumettre Ratislav en 855, eut davantage de succès avec une deuxième expédition punitive en 864 ; six années plus tard, Ratislav fut brutalement déposé, les yeux crevés – il mourut très vite –, et remplacé par son neveu Sventopluk, ou Svatopluk en tchèque moderne. Fait significatif qui ne devait rien à une simple coïncidence, le nouveau souverain préféra le latin des prêtres francs à la liturgie slavonique et ne fit rien pour empêcher les légats du pape d'expulser les disciples de saint Méthode en Moravie, qui dépendaient de la juridiction du patriarche de Constantinople.

Ces événements eurent une influence déterminante sur le destin religieux d'une grande partie de l'Europe centrale jusqu'à nos jours. Sous le règne de Svatopluk (870-894) , la Grande Moravie se développa en englobant certaines parties de l'Allemagne orientale avec sa vaste population slave – de nombreux habitants de Cottbus, dans le Brandebourg, parlent encore aujourd'hui la langue sorbe, d'origine slave –, ainsi que les régions slaves de Pologne occidentale, la Bohême, la Moravie et la Slovaquie. L'impressionnante et si mélodieuse liturgie slavonique de l'Église orthodoxe aurait naturellement partout occupé une place dominante dans ces différents pays si on ne l'en avait pas exclue de force, comme cela fut le cas.

Les papes de l'époque, tout particulièrement Formose (891-896), étaient exceptionnellement doués dans l'art de mener la guerre ecclésiastique contre le patriarcat de Constantinople. L'impitoyable énergie qu'ils y consacraient surmonta souvent le colossal handicap qu'ils connaissaient : l'absence d'empereur qui leur fût propre pour les protéger. Cette inégalité persistante ajouta une dimension d'implacable ressentiment à la concurrence entre les hommes d'Église de Rome et de Constantinople, à une époque où il n'existait encore aucune différence de doctrine susceptible de justifier toute cette animosité. Le pape Formose avait lui-même servi comme légat auprès de Boris Ier, ou Bogoris, souverain de Bulgarie (852-889), lequel demanda au pape Nicolas de nommer Formose archevêque de Bulgarie – une tentative on ne peut plus délibérée de transférer l'Église de Bulgarie, encore émergente, de la juridiction du patriarche à celle du pape.

Quatre ans plus tôt, en 863, Boris était devenu le premier souverain dans l'histoire des Bulgars à se convertir au christianisme. Ratislav avait souhaité recevoir la foi chrétienne de la lointaine Constantinople, sans danger pour lui, plutôt que de la trop puissante Francie de Louis le Germanique juste à ses frontières ; de la même manière, Boris avait invité le même Louis le Germanique à lui envoyer des missionnaires pour qu'ils le convertissent, au lieu d'inviter des hommes d'Église de la trop proche et impérieuse Constantinople.

Ratislav et Boris s'efforçaient tous deux d'éviter l'ajout d'une subordination religieuse à leur infériorité stratégique. Aucun des deux n'y réussit. Michel III avait avec sollicitude envoyé Cyrille et Méthode pour aider Ratislav dans sa tentative d'indépendance religieuse à l'égard de l'Église des Francs ; le même Michel III envoya une armée en Bulgarie pour contraindre Boris à se reconvertir au christianisme selon le rite orthodoxe – ce qu'il fit comme de juste avec sa famille et sa suite en sa capitale de Pliska en 864, prenant à cette occasion le nom de son parrain pour devenir

Boris-Michael pour l'histoire et simplement Michael dans les écritures, comme il apparaît, par exemple, sur le sceau tardif portant l'inscription « Michael le Moine, qui est archonte des Bulgares[38] ».

Les deux conversions de Boris Ier constituèrent clairement des actes politiques, l'une d'elles lui étant imposée de vive force. Il était pourtant indubitablement chrétien engagé : lorsque les Bulgars encore attachés à leur ancienne religion se révoltèrent contre la foi nouvelle en 865, Boris réagit par des mesures de violence de masse en faisant d'un coup exécuter cinquante-deux chefs de tribus (*boyards*) avec leurs familles. Par la suite, après avoir abdiqué en 889 pour se retirer dans un monastère comme moine – ce qui était certainement une preuve de sa sincérité religieuse –, Boris quitta sa cellule monacale en 893 pour réunir une armée, déposer et rendre aveugle son propre fils, Vladimir, puis donner le trône à son troisième fils Siméon Ier ; d'après la chronique quasi contemporaine de Réginon de Prüm, dont le caractère distant et impartial est reconnu, Boris renversa et mutila Vladimir parce que son fils avait souhaité restaurer l'ancienne religion. Il reviendrait à Siméon de réconcilier la religion avec l'indépendance en obtenant la reconnaissance, par Byzance, de l'autocéphalie de l'Église bulgare ; elle lui permettrait de nommer lui-même le patriarche de Bulgarie, tout comme l'empereur byzantin nommait le patriarche de Constantinople.

Le *Livre des cérémonies* comprend également des dispositions relatives à l'Inde :

> À l'*hyperechon kyrios* (« très éminent seigneur ») de l'Inde.

> Constantin et Romain, dans la foi du Christ Notre Seigneur, grands autocrates et empereurs des Romains, à... [nom], très éminent seigneur de l'Inde, notre ami très cher.

L'importation d'épices provenant d'Inde n'avait aucune importance stratégique[39]. Mais jusqu'au VIIe siècle, une alliance avec l'Inde aurait parfaitement trouvé sa place dans le champ de la diplomatie byzantine : l'empire des Perses sassanides menaçait en effet également les souverains de la dynastie Gupta en Inde.

Avec leur ennemi commun situé entre leurs deux empires, les Byzantins et les Gupta auraient pu tirer les plus grands avantages d'opérations militaires concertées. Les montagnes de l'Hindou Kouch, où se rejoignent les monts du Pamir et l'extrémité occidentale de la chaîne de l'Himalaya, formaient un obstacle infranchissable aux voyageurs désireux de rejoindre l'Inde par voie de terre en passant par l'Asie centrale, mais les trajets par bateau étaient habituels entre l'Égypte byzantine et les ports de l'Inde, ce qui signifiait, soit dit en passant, que l'on connaissait fort bien le pays.

L'*Inde* (*Indika*) de Ctésias de Cnide (qui connut sa grande période d'écrivain vers 400 avant notre ère) est un recueil d'histoires invraisemblables, à en juger par le résumé qui nous en est parvenu, mais l'Inde (*Indika*) de Mégasthène (vers 350-290 avant notre ère) – qui fut lui-même ambassadeur de Séleucos Ier, l'un des successeurs d'Alexandre le Grand, auprès de Chandragupta, fondateur de l'empire des Maurya – contient des informations précises, parmi lesquelles une description des distinctions entre les castes. L'anonyme grec du IIe siècle de notre ère généralement connu sous son titre latin de *Periplus maris erythraei* comprend des informations détaillées sur le commerce. Rédigée au VIe siècle, la *Topographie chrétienne* de Cosmas Indicopleustès (le « voyageur de l'Inde »), un marchand au long cours qui se fit moine, décrit Taprobane (aujourd'hui Sri Lanka) parmi divers sujets. Comparées au voyage de trois années que fit Zemarchus jusqu'au khaganate des Turcs dans les montagnes de l'Altaï puis, au retour, jusqu'à Constantinople, les traversées des ambassadeurs se rendant en Inde ou en revenant par la mer eussent été moins périlleuses, plus confortables et bien plus rapides.

Cette alliance potentielle ne fut jamais construite. Les barrières géographiques rendaient impossible toute combinaison de forces permettant de lancer des actions unifiées – même avec une logistique profondément transformée, durant la Seconde Guerre mondiale, l'Allemagne et le Japon ne purent obtenir de meilleurs résultats, dans le déploiement de leurs forces combinées, que de brèves rencontres entre leurs sous-marins à Penang en Malaisie. Des offensives coordonnées eussent été possibles, mais nous n'avons aucun témoignage d'une quelconque initiative en ce sens. À l'époque où le *Livre des cérémonies* fut rédigé, ce qui se rapprochait le plus d'un « éminent seigneur de l'Inde » était le souverain de la dynastie Chavda, dont le cœur du territoire était au Gujarat ; le dernier de la dynastie, Samantsinh Chavda, fut renversé en 942 par son fils adoptif Mulraj, fondateur de la dynastie éponyme.

De la Chine, les Byzantins avaient quelques connaissances par les puissances turques intermédiaires, sous le nom de *Taugast* (équivalent du turc *Tabghach*), désignant la Chine de la dynastie Wei. Mais la Chine était surtout connue comme étant à l'origine de la soie – indispensable à la confection des vêtements de cérémonie que portaient les officiels de la cour et les plus hauts prélats.

La soie avait également une importance stratégique, en raison des fréquents combats qui se livraient pour contrôler les postes établis sur la route de la soie traversant l'Asie centrale. Nous avons vu comment les Sogdiens des villes construites sur la route de la soie de chaque côté de Samarkand s'étaient adaptés à l'arrivée du khaganate turc en servant de médiateurs dans son alliance avec Byzance. Jusqu'à l'époque de Justinien, de plus, les Byzantins étaient contraints d'importer leur soie par la voie de l'empire des Perses sassanides, ce qui accroissait ses revenus en or. Procope de Césarée rapporte l'histoire, peu crédible, de « certains moines venant d'Inde » qui parurent devant l'empereur Justinien (527-565) ; ils lui expliquèrent que la soie était fabriquée à Serinda, dans le nord de l'Inde, par des vers (par des bombyx, en réalité) nourris de feuilles de mûrier et lui proposèrent de faire entrer les œufs nécessaires à la fabrication de la soie dans l'Empire à l'insu des Sassanides – leur mobile étant de priver ces derniers des profits considérables tirés du commerce de la soie[40].

Une certitude en tout cas : la production de la soie au sein de l'Empire commença bien sous le règne de Justinien, mais sans mettre fin aux importations en raison de la qualité et de la variété inégalables de la soie chinoise. On trouva un *solidus* d'or de Justin II (565-578) en fouillant une tombe de la dynastie Sui dans la province du Shanxi, en 1953 ; avec la renaissance de l'archéologie chinoise au cours de la période qui suivit la révolution culturelle, on découvrit de plus en plus de pièces byzantines en Chine[41].

Les Chinois et les Byzantins affrontèrent souvent les mêmes menaces : les deux plus vastes khaganates de la steppe, le khaganate des Turcs et le khaganate des Mongols, couvraient en effet toute la distance qui les séparait – au vrai, nous ne connaissons l'histoire des premiers Turcs que grâce aux chroniques dynastiques chinoises[42]. Mais même la coordination stratégique la plus lâche était impossible pour des raisons logistiques ; la diplomatie n'eût donc été que vain échange de politesses. Les Byzantins ne pouvaient y trouver leur intérêt ; sans doute avaient-ils un penchant apparent pour les formalités sans objet, mais loin d'être vain, ce penchant apparent était d'habitude parfaitement prémédité.

Koublaï (ou Koubilaï) khan, petit-fils de Gengis khan, envoya par la suite deux messagers nestoriens qui furent reçus par Andronic II (1282-1328). Andronic II maria deux de ses demi-sœurs à des arrière-petits-fils de Gengis khan ; il recevait ainsi des courriers de la part de sa belle-famille à Pékin.

Nous avons conservé un autre exemple de communication dépourvue de contenu stratégique, mais intéressante par elle-même : en 1372, le premier empereur Ming, Hongwu, envoya une lettre annonçant son avènement à l'empereur de Byzance.

Il ne s'en serait pas donné la peine s'il avait su que le domaine de Jean V Paléologue (1341-1376) s'était alors rétréci au point de se limiter à un misérable territoire comprenant la ville de Constantinople, bien appauvrie, et quelques vestiges insulaires et péninsulaires, et s'il avait également su que l'empereur lui-même avait subi une triple humiliation : un séjour dans la prison pour dettes de Venise quand il tenta d'aller chercher de l'aide de la part de l'Occident, l'usurpation de son propre fils Andronic IV Paléologue et la soumission au sultan des Ottomans Murad Ier, qui le rétablit sur le trône. Au vrai, la fin de l'Empire semblait alors très proche ; elle ne fut retardée de quatre-vingts années, jusqu'en 1453, que par la grâce d'une bonne fortune extraordinaire, ainsi que d'ultimes vestiges, bien minces, de l'habileté politique qui avait fait la puissance de Byzance.

Le contenu de ce message explique pourquoi l'empereur Ming Hongwu (Hung-woo T'i dans l'ancienne translittération en Wade-Giles) – l'ancien paysan famélique, puis employé de monastère et rebelle Zhu Yuanzhang – fut déterminé à annoncer son avènement aussi largement que possible. Il se présente comme étant le premier souverain chinois en Chine, succédant à la dynastie Yuan des Mongols de Koubilaï khan, et cherche à légitimer sa nouvelle dynastie Ming par un appel aux sentiments nationaux qui nous paraît d'une saisissante modernité :

> Après que... la dynastie [mongole] Yuan eut surgi du désert [de Gobi] pour pénétrer [en Chine] et y exercer la souveraineté... pendant plus de cent ans, et que le Ciel, lassé du mauvais gouvernement et de la débauche des Mongols, eut lui aussi jugé qu'il convenait de ruiner leur destinée,... les affaires de [la Chine] se trouvèrent dans un état de désordre pendant dix-huit ans.

Mais lorsque la nation commença à se soulever, Nous, simple paysan de Huai-yu, conçûmes le projet patriotique de sauver le peuple... Nous avons dès lors été en guerre pendant quatorze ans... Nous avons [aujourd'hui] établi la paix dans l'empire et restauré les anciennes frontières de [la Chine]... Nous avons envoyé des officiers à tous les royaumes étrangers... sauf à vous, Fu-lin [Rome, Byzance], qui, en raison de la mer occidentale qui nous sépare de vous, n'avez pas encore reçu cette annonce. Nous envoyons maintenant un ambassadeur originaire de votre pays, Nieh-ku-lun, pour vous remettre cette proclamation. Bien que Nous ne fussions pas égaux en sagesse à nos anciens souverains dont la vertu était reconnue dans l'univers entier, Nous nous sentons le devoir de faire connaître au monde Notre intention de maintenir la paix dans l'espace des quatre mers. C'est la seule raison pour laquelle Nous avons rédigé cette proclamation[43].

Incidemment, le messager Nieh-ku-lun était peut-être le franciscain Nicolas de Bentra, évêque de Cambaluc, forme latinisée de *Qanbaliq*, terme mongol désignant la résidence du khagan – c'est-à-dire la capitale des Yuan, que nous connaissons aujourd'hui sous le nom de « capitale du nord », Pékin.

Chapitre 8

BULGARS ET BULGARES

Les relations byzantines avec les États du Caucase étaient certainement compliquées, mais elles ne comportaient aucune menace susceptible d'affecter l'existence même de l'Empire.

Il en allait également de même avec les Arabes musulmans après l'échec de leur deuxième siège de Constantinople, en 718, malgré quelques alarmes périodiques – comme en 824, lorsque des Arabes en fuite venant de l'Espagne omeyyade conquirent la Crète. Le reste du temps se livrait une guerre de frontière chronique avec de la maraude des deux côtés ainsi que, occasionnellement, des concentrations de troupes pour lancer des offensives de jihad dont la portée restait régionale.

Quant aux puissances renaissantes de l'Occident, elles menaçaient les possessions byzantines dans le sud de l'Italie et la Dalmatie depuis le VIIIe siècle, mais quatre siècles allaient encore s'écouler avant qu'elles ne pussent attaquer Constantinople elle-même, car cela exigeait d'avoir à disposition une flotte supérieure à la marine byzantine.

La Bulgarie était différente. En raison de sa grande proximité avec Constantinople, sa puissance constituait une menace mortelle chaque fois qu'une crise sur un autre front, une insurrection ou une guerre civile réduisaient l'effectif de la garnison de la ville.

L'existence même d'un État bulgare au sud du Danube représentait nécessairement une menace pesant sur la survie de l'Empire – en mettant à part toute considération sur sa force ou sa faiblesse, voire sur ses intentions[1]. Au-delà du Danube, en effet, s'étendaient les vastes espaces de la steppe eurasienne d'où avaient surgi les Huns pour épuiser les ressources de l'Empire d'Occident, puis les Avars qui faillirent prendre d'assaut Constantinople en 626, les Bulgars eux-mêmes qui seraient suivis durant les quatre siècles à venir par les Petchenègues, les Magyars, les Cumans et les Mongols. Seule une frontière sur le Danube, défendue par des troupes byzantines avec le renfort d'une flotte fluviale byzantine, était susceptible de donner l'alarme nécessaire, en temps utile, tout en opposant un obstacle convenablement surveillé aux invasions en provenance de la steppe.

Les Bulgares ne pouvaient y parvenir – pour une raison aussi simple et évidente qu'un axiome : s'ils étaient suffisamment forts pour défendre eux-mêmes la frontière du Danube, ils constituaient nécessairement, dans le même temps, une menace pour Constantinople ; s'ils étaient trop faibles, ils se mettaient en danger, et avec eux Constantinople. Seule une Bulgarie à la fois forte et aussi obéissante qu'un esclave eût pu représenter un voisin désirable pour Byzance, mais cette improbable association ne se rencontra que rarement lors de périodes de transition, lorsque l'État bulgare était en train de s'affaiblir mais sans être encore parvenu au point de ne plus défendre le Danube, ou de se renforcer mais sans être encore parvenu au point de menacer Constantinople.

Magnifique ironie de l'histoire, car la Bulgarie était dans une large mesure une création byzantine. Les futurs Bulgares apparurent à l'ouest de la Volga au VIIe siècle comme tribus d'Onogours-Bulgars distinctes (on emploie également les appellations « Ogours », « Onogoundours » ou encore *Vununtur* dans l'hébreu des Khazars) ; ils acquirent une identité commune, encore entièrement turque, sous la suzeraineté des Avars, époque durant laquelle ils sont généralement mentionnés sous l'appellation « Onogours » dans nos sources[2].

Sous le règne d'Héraclius (610-641), l'Empire éprouva le besoin urgent d'alliés capables et désireux de combattre les Avars ; ces adversaires particulièrement dangereux assiégèrent Constantinople en 626. Il n'y avait alors aucune nation nouvellement arrivée des steppes et déjà proche du Danube dont on pût s'assurer le concours dans la lutte contre les Avars. Les Byzantins allèrent donc trouver un allié bien plus loin vers l'est : Kouvrat (également désigné sous les noms Kubratos, Kurt ou encore Qubrat), chef suprême des Onogours qui avaient fondé une puissance de la steppe que les Byzantins désigneraient plus tard sous l'appellation « Ancienne Grande Bulgarie ». En 619, Héraclius avait reçu à Constantinople le chef des Onogours Organa (Orhan en turc), l'avait baptisé avec sa suite et renvoyé vers son pays avec le titre de *patrikios*, ainsi que des cadeaux comme on peut l'imaginer. Organa était peut-être l'oncle de Kouvrat.

Vers l'an 635, Kouvrat rejeta la suzeraineté des Avars et envoya ses hommes vers l'ouest en direction du Danube, qu'ils franchirent pour attaquer les Avars ; il reçut d'Héraclius le titre de *patrikios*. Fait exceptionnel, l'archéologie nous en fournit une preuve parfaite avec trois anneaux d'or portant l'inscription « *Hourvat Patrikios* », découverts en 1912 en même temps que 20 kilos d'or et 50 kilos d'objets en argent, tous d'une très belle confection, près du village de Maloe Pereshchepino dans la région de Poltava, en Ukraine – il s'agissait manifestement du tombeau de Kouvrat.

Selon la *Chronique de Jean, évêque de Nikiou*, une source presque contemporaine qui ne nous est parvenue que dans une traduction éthiopienne de la traduction arabe de l'original grec, Kouvrat était le neveu d'Organa ; baptisé enfant, il avait été élevé à la cour avec son ami de toujours Héraclius :

> Kubratos, chef des Huns [terme générique alors employé pour désigner les peuples de la steppe], neveu d'Organa, qui fut baptisé dans la ville de Constantinople et reçu dans la communauté chrétienne pendant son enfance, puis avait grandi au palais impérial... Et entre lui et Héraclius, plus âgé, avaient toujours régné une grande affection et la paix ; après la mort d'Héraclius, il avait témoigné son affection envers ses fils et son épouse Martina, en souvenir de la bonté dont Héraclius avait fait montre à son égard[3].

Cela ressemble fort à une justification « à dimension humaine » d'un partenariat stratégique : Héraclius passa en effet apparemment sa jeunesse à Carthage où son père était exarque d'*Africa*. L'attaque de Kouvrat explique en tout cas pour une part la retraite des Avars qui quittèrent la Thrace, d'où ils avaient fait peser une menace directe sur Constantinople. Jusqu'à sa mort en 642, le *patricius* Kouvrat resta, semble-t-il, un allié loyal de l'Empire.

À cette époque, le nouveau khaganate des Khazars, en expansion vers l'ouest, exerçait une très forte pression sur les Onogours, ou Bulgars comme on commençait à les nommer. L'un des fils de Kouvrat, Asparukh (ou Asparux, Isperih), de nos jours célébré comme fondateur de la Bulgarie, força le passage du Danube vers 679 pour occuper le territoire impérial en Mésie après avoir défait les forces de Constantin IV (668-685). Cet événement est rapporté dans le texte, parvenu jusqu'à nous, d'une lettre en hébreu écrite par un khagan khazar ; on y lit que les *Vununtur* (c'est-à-dire les Onogours, ou Bulgars) ont fui au-delà du Duna, le Danube[4].

Bien que nombreux au regard des peuples de la steppe, les guerriers éleveurs de bétail d'Asparukh avec leurs familles étaient, par la force des choses, en situation d'infériorité numérique relative, comparés à la population slave qui vivait et cultivait les terres au sud du Danube ; c'est ainsi que les Bulgars turcophones furent intégrés et assimilés d'un point de vue linguistique par la majorité slave pour constituer les Bulgares des époques médiévale et moderne. Cette ethnogenèse particulière se produisit par étapes sur une période de plus de deux siècles : se succédèrent les khans (ou qans) turcs Kroum (803-814), Omurtag (814-831) et Persian (836-852), puis le khan qui se convertit, Boris Ier (852-889) ; ensuite vinrent le tsar Siméon (893-923), le tsar Pierre Ier (927-970) et ainsi de suite. Mais cette transformation des chamanistes turcs en chrétiens slaves ne diminua en rien le caractère belliqueux des nouveaux voisins de l'Empire.

Même de belliqueux voisins peuvent toutefois se révéler utiles en certaines circonstances. Les relations entre l'Empire et le nouveau khaganate des Bulgars connurent ainsi toutes les déclinaisons possibles, de l'alliance la plus étroite à la guerre totale. En témoigne la carrière du khan (ou qan) bulgar Tervel (ou Tarvel – Terbelis dans nos sources grecques), successeur et fils probable d'Asparukh qui gouverna pendant vingt et un ans dans la période 695-721 (les chronologies existantes étant en désaccord).

Tervel est pour la première fois mentionné par Théophane au moment où il accepta d'aider l'empereur byzantin déposé Justinien II Rhinotmetos (« nez coupé ») à regagner son trône. Renversé par une insurrection en 695 et remplacé par Léonce, *strategos* du thème d'Hellade (voir ci-après la signification du terme « thème »), Justinien II fut exilé à Chersonèse, près de Sébastopol, en Crimée (actuelle Ukraine), la plus éloignée des cités byzantines. Léonce fut lui-même renversé par le Germain Apsimarus, commandant du thème maritime des Cibyrrhéotes (*Kibyrrhaiotai*), qui gouverna sous le nom de Tibère III (698-705).

Dès 703, Justinien II avait fui Chersonèse pour chercher refuge auprès du khagan des Khazars, qui lui offrit son hospitalité digne d'un roi ainsi que sa sœur (nommée Théodora après son baptême) en mariage. Mais lorsque Tibère III envoya des ambassadeurs aux Khazars pour réclamer son rapatriement, Justinien II prit la fuite vers l'ouest et adressa un message à

> Terbelis, seigneur de Bulgarie, afin d'obtenir de l'aide pour regagner l'empire de ses ancêtres, et lui promit de lui offrir de nombreux présents ainsi que sa propre fille [Anastasia] pour épouse. Ce dernier [Tervel] fit le serment d'obéir et de coopérer à tous égards, puis, après avoir reçu... [Justinien II]... avec honneur, mobilisa l'armée entière des Bulgars et des Slaves qui lui étaient soumis. L'année suivante (en 705), ils prirent les armes et parvinrent à la cité impériale[5].

Il n'y eut ni assaut ni siège : avec quelques hommes, Justinien II pénétra secrètement dans la ville en empruntant l'un des aqueducs, rallia des soutiens, s'empara du pouvoir – ce n'était pas seulement un ancien empereur mutilé, il avait une armée à ses ordres – et finit par faire exécuter Apsimarus/Tibère III ainsi que Léonce, naguère déposé. Justinien II, comme de juste, récompensa Tervel « par de nombreux présents et des vases impériaux[6] ». Selon le patriarche Nicéphore, il y eut mieux encore :

> Il combla de faveurs le chef des Bulgares Terbelis, dont l'armée campait à l'extérieur de la muraille de Blachernae ; il lui envoya finalement un manteau d'empereur, le revêtit de ce manteau et le proclama *kaisar*[7].

Le titre de *caesar*, le deuxième plus élevé dans la hiérarchie impériale, n'avait encore jamais été accordé à un souverain étranger. Justinien II concéda sans doute également à Tervel un territoire dans le nord-est de la Thrace, mais nous n'en savons pas davantage de sa promise Anastasia.

Trois années représentent une longue période en politique internationale. Dès 708, le temps avait effacé le souvenir de cette amitié et dissipé tout sentiment de reconnaissance ; Justinien II « rompit la paix... fit passer ses *themata* » de cavalerie en Thrace par bateaux, arma une flotte et se mit en route « contre Terbelis et ses Bulgars[8] ». L'objet probable du combat devait être le territoire censément promis, Justinien II refusant d'en remettre l'autorité à Tervel. L'ingratitude reçut une punition méritée : Tervel mit en déroute les troupes de Justinien II lors de la bataille d'Anchialos, actuelle Pomorie, dans le sud-est de la Bulgarie.

À une alliance étroite couronnée par une promesse de mariage dynastique avait ainsi succédé une guerre ouverte. Néanmoins, d'après Nicéphore, en 711 – soit trois années plus tard seulement –, Tervel envoya trois mille de ses hommes pour aider Justinien II à affronter une révolte en Asie mineure. Ce ne fut pas suffisant, à dessein ou pour quelque autre raison que nous ignorons : quoi qu'il en fût, Justinien II fut défait et exécuté[9].

Tervel profita de ces troubles, en 712, pour lancer un raid de pillage en Thrace jusqu'aux plus proches environs de Constantinople :

> Les Bulgars... commirent un grand massacre. Leur raid alla jusqu'à Constantinople et surprit de nombreuses personnes qui étaient passées de l'autre côté du détroit (depuis le côté asiatique) pour célébrer d'opulentes noces et prendre de plantureux repas... Ils s'avancèrent jusqu'à la Porte d'Or puis, après avoir dévasté la Thrace entière, s'en retournèrent dans leurs foyers en emmenant d'innombrables têtes de bétail[10].

Mais une fois de plus, on assista à un revirement : sous Tervel ou son successeur immédiat, les Bulgars se montrèrent de vaillants alliés de l'Empire en déjouant le deuxième siège de Constantinople par les Arabes, en 717-718. Maslama ben Abd al-Malik, frère du calife omeyyade Soliman ben Abd al-Malik (674-717) et promoteur enthousiaste du jihad, avait fait traverser le Bosphore et accoster du côté européen un grand nombre de soldats pour investir la muraille de Théodose, tandis que des navires arabes imposaient un blocus à Constantinople et s'efforçaient d'attaquer les remparts maritimes. C'est alors que, selon Théophane, « la nation des Bulgares entra en guerre contre eux et, comme l'affirment des personnes bien informées, massacrèrent 22 000 Arabes[11] ». Sous le règne de l'empereur de combat Léon III (717-741), les forces byzantines résistèrent à l'offensive des Arabes par la voie maritime et par la voie terrestre, ainsi qu'au-delà de Constantinople – le calife omeyyade en personne, Soliman ben Abd al-Malik, trouva la mort sur la frontière de Syrie en 717, vraisemblablement à la tête d'une attaque de diversion.

L'importance de la contribution des Bulgars à la défaite arabe est bien mise en évidence par l'*Histoire séculière du pseudo-Denis de Tel-Mahre*, écrite en syriaque – c'est-à-dire en araméen oriental tardif –, dans un passage parvenu jusqu'à nous grâce à son intégration dans la *Chronique de l'an 1234*, dont il ne subsiste qu'une seule copie.

La première conséquence de l'intervention des Bulgars fut d'infliger de sérieux dommages à la force de bataille personnelle de Maslama – il ne s'agissait pas d'une simple escorte :

> L'armée de Maslama traversa le détroit à environ 6 *miles* de la ville [en descendant la côte de Marmara], mais Maslama lui-même avec son escorte de quatre mille cavaliers accosta dans un deuxième temps, à une distance d'environ 10 *miles* du camp de ceux qui l'avaient précédé. Cette nuit-là, les alliés bulgars des Romains fondirent sur lui, qui ne se doutait de rien, et massacrèrent la plus grande partie de la force qui se trouvait avec lui. Maslama n'en réchappa que d'un cheveu[12].

En accostant sur le rivage européen pour porter une attaque directe contre Constantinople sur son côté terrestre – ce qui était essentiel pour conquérir la ville –, les Arabes se trouvèrent à exposer leurs arrières, qu'ils laissèrent sans surveillance en se fondant sur l'hypothèse (parfaitement valide en situation normale) que toutes les troupes byzantines étaient à l'intérieur de la ville, et non à errer en vain dans le pays. Peut-être ne savaient-ils rien des Bulgars ; peut-être également se fondirent-ils sur l'hypothèse (raisonnable) que les Bulgars chercheraient à les rejoindre pour attaquer la ville, ou bien, à tout le moins, ne feraient rien qui pût aider les Byzantins à la défendre – n'avaient-ils pas eux-mêmes livré plusieurs guerres contre l'Empire ?

Mais la diplomatie byzantine avait une fois de plus été à l'œuvre – nous ne savons ni comment, ni quand –, et Maslama en subit les conséquences.

> Une force supplémentaire de vingt mille hommes sous le commandement de Sharah b. Ubayda fut envoyée garder les approches du camp (vers l'intérieur) contre les Bulgars, ainsi que les approches (du côté de la mer) contre les navires romains... Un jour, les Bulgars se rassemblèrent contre Sharah Ier et son armée, engagèrent la bataille contre lui et tuèrent un grand nombre de ses hommes, au point que les Arabes en vinrent à craindre les Bulgars davantage que les Romains. On leur coupa alors leurs approvisionnements et tous les animaux qu'ils avaient avec eux périrent par manque de fourrage[13].

La succession des attaques bulgares contre les Arabes en Thrace et du blocus byzantin des Arabes musulmans campés sur les rivages de la mer de Marmara est conservée dans le texte aujourd'hui connu sous l'intitulé « Chronique de l'an 814 ». L'auteur de ce recueil suivit le calendrier séleucide à compter de l'an 312 avant notre ère, « années d'Alexandre le Grand » ; c'est sous l'année 1028 qu'il rapporta les événements :

> Une fois de plus, Soliman [ben Abd al-Malik] rassembla ses armées... et envoya une grande armée avec Ubayda comme général contre l'Empire romain. Ils envahirent la Thrace... Ubayda envahit le pays de Bulgarie, mais la plus grande partie de son armée fut détruite par les Bulgars... Ceux qui restèrent furent accablés par Léon [III], le rusé roi des Romains, au point de devoir se nourrir de la chair et du crottin de leurs chevaux[14].

La guerre de 811, les themata *et les* tagmata

La gratitude n'est pas une vertu en stratégie. Les Bulgars pouvaient arriver à une vitesse indétectable pour combattre les Arabes au nom de l'Empire : cela signifiait qu'ils pouvaient tout aussi bien arriver à la même vitesse pour combattre l'Empire. Qu'elle fût faible ou forte, la Bulgarie n'était pas compatible avec la sécurité de Constantinople ; de ce point de vue, sa destruction totale constituait un objectif parfaitement raisonnable pour la stratégie byzantine.

Il n'existait pas de force disponible pour une telle entreprise tant que les Arabes musulmans se livraient chaque jour au jihad et lançaient périodiquement de plus larges offensives. Il fallut attendre le début du IXe siècle pour voir l'Empire grandir en force et les Arabes musulmans s'affaiblir très sensiblement – une conjonction qui autorisa l'action sur d'autres fronts. Il en résulta l'offensive sur grande échelle lancée en 811 par l'empereur Nicéphore Ier (802-811) contre l'expansionnisme, dangereux pour Byzance, de la Bulgarie gouvernée par le khan Kroum, le Kroummos des Grecs[15].

Les deux compétiteurs avaient récemment été libérés d'ennemis périlleux qui les avaient longtemps retenus et mobilisés sur d'autres fronts. Les Avars avaient subi leur défaite dévastatrice sous les coups des forces de Charlemagne, ce qui permit à Kroum d'envahir leurs territoires dans les actuelles Croatie et Hongrie pour anéantir leurs derniers vestiges. Encore plus récemment, le ô combien puissant et célèbre quatrième calife abbasside Haroun al-Rachid (le « bien guidé ») s'était éteint en 809 ; sa mort avait déclenché une lutte de succession qui paralysait la dynastie. Ce qui autorisait les Byzantins à concentrer leur attention sur les Bulgars de Kroum, lesquels avaient doublé la surface de leur territoire depuis 800 et s'étendaient en Thrace vers Constantinople elle-même. D'un point de vue stratégique, exploiter le répit soudain qu'offrait le front oriental pour aller combattre la menace imminente qui pesait sur le front nord semblait éminemment logique et raisonnable.

En temps normal, la stratégie byzantine aurait préparé la guerre en trouvant des alliés dans la steppe eurasienne qui fussent disposés à attaquer les Bulgars dans leur dos pendant que les Byzantins eux-mêmes avanceraient pour les attaquer de front – à un rythme peut-être modéré, laissant aux courageux guerriers de la steppe les plus belles occasions d'aller cueillir la gloire au combat. À l'époque, les robustes Petchenègues chassaient les Magyars devant eux ; ils faisaient mouvement vers l'ouest depuis la région de la Volga, comme les Bulgars en leur temps. Bien que Petchenègues et Magyars fussent encore très loin, il eût été conforme à la diplomatie traditionnelle des Byzantins que d'accélérer l'arrivée des Petchenègues avec cadeaux et promesses – tout comme elle avait autrefois incité les Bulgars de Kouvrat à se déplacer vers l'ouest pour combattre les Avars. Au lieu de quoi Nicéphore décida de faire reposer toute l'issue de la guerre sur sa seule force militaire.

Notre meilleure source sur la suite des événements est Théophane le Confesseur, un homme d'Église loyal qui haïssait Nicéphore, l'accusant d'hérésies à la fois multiples et incohérentes (il l'accusait en effet d'être *à la fois* manichéen, paulicien et judaïsant), de pratiquer toutes les sorcelleries de la magie noire avec sacrifice de bœufs, de fornication homosexuelle et du péché le plus révoltant de tous, celui d'avoir augmenté la fiscalité pesant sur le clergé : « Le nouvel Achab, qui était plus insatiable que Phalaris ou Midas, prit les armes contre les Bulgares [en 811]... Alors qu'il était sur le départ, prêt à quitter la ville impériale, il donna l'ordre au patrice Niketas, le logothète du *genikon* [responsable en chef de la collecte des impôts], d'augmenter les impôts pesant sur les églises et les monastères[16] ».

Théophane avait un jugement partial, irrémédiable, mais les événements à venir apportent la preuve de l'exactitude – pour l'essentiel – de son récit ; une deuxième source, le fragment anonyme publié sous le titre *Chronique byzantine de l'an 811*[17], confirme par ailleurs les faits principaux de cette triste histoire.

Ainsi commence le récit de Théophane :

Il réunit donc ses troupes, venues non seulement de Thrace mais aussi des *themata* d'Asie, ainsi que de nombreux misérables armés, à leurs propres frais, de simples frondes et massues qui le maudissaient comme le maudissaient également les soldats, puis avança contre les Bulgars.

Nous rencontrons ici la principale institution militaire de l'Empire byzantin à sa période moyenne : les *themata*, pluriel de *thema*, traduit par « thème », constituaient à la fois des districts administratifs et des commandements militaires territoriaux ; leurs *strategoi* disposaient également de pouvoirs civils très étendus.

La création des thèmes avait mis fin à la séparation claire entre les pouvoirs détenus par les officiels civils et les pouvoirs détenus par les officiers militaires qui existait dans l'organisation de l'Empire romain pendant sa période tardive ; l'importance centrale que revêtit la réorganisation de l'Empire par thèmes n'est donc pas en elle-même objet de controverse, mais de nombreux aspects de cette réorganisation restent aujourd'hui en débat[18].

Les effectifs des unités de thème étaient constitués de soldats-fermiers à temps partiel que l'on appelait au service en cas de besoin ; c'était une responsabilité majeure des *strategoi* que de s'occuper de la formation et de l'armement de ces réservistes.

Les thèmes d'Asie mobilisés en 811 étaient vraisemblablement le thème des Optimates, celui d'Opsikion et celui de Boukellarion, si l'on fait l'hypothèse que les trois thèmes dédiés à la défense contre les raids arabes – le thème d'Armeniakon, le thème d'Anatolikon et le thème des Cibyrrhéotes sur la côte – n'auraient pas été dégarnis de toutes leurs forces mobiles.

Mais la *Chronique* s'accorde avec le récit polémique de Théophane : Nicéphore prit avec lui « tous les patrices, commandants [*archontes*] et dignitaires, tous les *tagmata* [formations de cavalerie d'élite] ainsi que les fils des archontes âgés de quinze ans et plus, dont il fit la suite de son fils en les appelant « les honorables » [*hikanatoi*] » – la création de ce corps d'élèves officiers fut une expérience malheureuse[19]. Au final, en donnant le détail des pertes, Théophane compte six patrices, parmi lesquels Romanos, *strategos* du thème d'Anatolikon, et le *strategos* de Thrace d'où était partie l'expédition, ainsi que de « nombreux » *protospatharoi* et *spatharoi* (officiers de campagne de niveau intermédiaire), les commandants des *tagmata* et « un nombre infini » de soldats.

Parmi ces derniers, les forces les plus mobiles et – pouvons-nous présumer – les plus précieuses étaient les *tagmata* constitués de soldats permanents. Leur origine remonte au règne de Constantin V, qui les créa en 743 pour démembrer le thème d'Opsikion, jugé alors trop vaste et puissant : aussi près de Constantinople, il pouvait faire naître des tentations dans l'esprit de son responsable – comme Artavasdos (ou Artabasdos, Artabasdus), le beau-frère de Constantin, venait tout juste de le démontrer en essayant d'usurper le trône[20].

Six *tagmata* furent créés à partir des troupes du thème d'Opsikion. Chaque *tagma* avait un effectif de quatre mille hommes, au moins en théorie, divisé en deux *mere* ou *tourmai* de deux mille hommes, chaque *tourma* à son tour divisée en deux *droungoi* de mille hommes, chacun réunissant cinq *banda* de deux cents hommes en deux centuries.

Des six *tagmata*, deux au moins accompagnaient l'empereur en Bulgarie : la liste des pertes comprenait en effet le chef (*domestikos*) des *Exkoubitoi* – terme signifiant littéralement gardes « à l'extérieur de la chambre à coucher » – et le *droungarios* de la *Vigla*, la garde impériale, forme contractée des *vigiles* de Rome.

En l'absence d'alliés, Nicéphore avait manifestement mobilisé les forces impériales sur la plus grande échelle possible pour vaincre Kroum comme l'auraient fait les Romains, en réunissant une capacité de frappe irrésistible. Afin de renforcer encore, par un effet de masse, les forces bien formées, exercées et organisées venues des thèmes, il avait également recruté des irréguliers sans entraînement militaire, venus combattre contre de l'argent (les « nombreux misérables » évoqués par Théophane). La masse produisit son effet. La *Chronique* nous l'apprend :

> Lorsque... les Bulgars apprirent la taille de l'armée qu'il conduisait, et comme ils étaient apparemment incapables de lui résister, ils abandonnèrent tout ce qu'ils avaient avec eux et prirent la fuite dans les montagnes.

Toute histoire exemplaire relatant la chute des méchants doit comporter des occasions de salut qu'ils dédaignent :

> Effrayé par cette multitude... Kroum sollicita la paix. L'empereur, pourtant,... refusa. Après avoir fait de nombreux détours par un pays impraticable [une mauvaise compréhension ou présentation de la guerre de mouvement où l'on cherche à manœuvrer l'ennemi], cet être lâche et irréfléchi pénétra en Bulgarie le 20 juillet en toute imprudence. Trois jours après les premières rencontres, en effet, l'empereur semblait couronné de succès mais n'attribua point sa victoire à Dieu[21].

La *Chronique* ajoute sur ce point des chiffres intéressants, même s'ils sont sans doute exagérés puisque le même texte affirme, peu auparavant, que les Bulgars ont pris la fuite dans les montagnes :

> [Nicéphore trouva] là une armée de Bulgars choisis et armés qui avaient été laissés là pour assurer la défense du lieu, au nombre d'une douzaine de milliers ; il engagea la bataille avec eux et les tua tous. Il en affronta ensuite cinquante mille autres de la même façon sur le champ de bataille et les détruisit tous.

La suite des événements confirme que les pertes enregistrées par la garde du palais de Kroum et ses forces d'élite furent réellement lourdes.

On pilla ensuite le palais de Kroum, construit en bois mais sans comparaison avec la résidence rustique du chef barbare classique – la *Chronique* rapporte en effet que Nicéphore, « en se promenant dans les allées du palais... et en parcourant les terrasses de ses maisons, bouffi d'orgueil, s'exclamait : « Voyez, Dieu m'a donné tout cela ! » De plus, le palais regorgeait de richesses accumulées pendant des années de déprédations.

Peu disposé à accorder quelque crédit que ce fût à Nicéphore pour avoir conquis la capitale et le trésor de Kroum, Théophane préfère mettre en évidence son avarice : « Il fit disposer des verrous et des sceaux sur le trésor de Kroum pour le tenir en sûreté comme s'il s'agissait du sien. »

La *Chronique*, au contraire, présente un Théophane généreux :

[Il] trouva un butin considérable qu'il ordonna de distribuer à l'armée en utilisant pour cela les listes d'enrôlement... Lorsqu'il fit ouvrir les magasins à vin [de Kroum], il le fit également distribuer afin que chacun pût en boire son content.

S'ensuivirent pillage et destruction. On lit en effet dans la *Chronique* :

[Nicéphore] quitta le palais impie de Kroum et, à son départ, fit incendier tous les bâtiments ainsi que le mur d'enceinte, construits en bois. Ensuite, sans se préoccuper de quitter les lieux rapidement, il marcha au cœur de la Bulgarie...

L'armée... pilla sans relâche, incendia les champs de blé qui n'avaient pas été moissonnés. Ils coupèrent les jarrets aux vaches et leur déchirèrent les tendons d'échine ; les bêtes mugissaient affreusement et se débattaient dans les convulsions. Ils massacrèrent moutons et cochons et commirent de nombreux actes inadmissibles [viols].

Théophane place à ce moment du récit une nouvelle occasion manquée d'éviter le désastre :

[Kroum]... abattu et humilié, déclara : « Voyez, vous avez remporté la victoire. Prenez donc tout ce que vous désirez et partez en paix. » Mais l'ennemi de la paix ne pouvait approuver la paix ; l'autre [Kroum] en fut profondément blessé et donna des instructions pour fermer les voies d'entrée et de sortie de son pays avec des barrières de bois.

Kroum fut manifestement capable de rallier les guerriers de Bulgarie qui avaient fui dans les montagnes, ainsi que d'autres venant de plus loin. Dans la *Chronique*, Nicéphore passe de l'excès d'orgueil à l'inaction, abandonnant l'initiative à Kroum :

Après avoir passé quinze jours à négliger entièrement ses affaires, et avoir perdu ses esprits et sa capacité de jugement, il n'était plus lui-même mais complètement confus et embrouillé. Saisi de torpeur derrière un masque d'affectation, il ne quittait plus sa tente et ne donnait plus à quiconque ni instruction ni ordre... Les Bulgars saisirent donc l'occasion... Ils louèrent les services des Avars [un vestige de ce peuple] et des tribus slaves environnantes (*Sklavinias*).

Les forces de Kroum convergèrent vers les Byzantins ainsi privés de chef, dispersés à piller ; ils employèrent une technique caractéristique propre aux seuls Bulgars : elle consistait à assembler et mettre très vite en place des palissades de bois faites de tronçons liés ensemble par des attaches, couvrant toute la largeur de vallées étroites, dressant ainsi « une barrière redoutable et presque infranchissable, faite de grosses pièces de bois, telle une muraille », selon la *Chronique*. Ces palissades n'étaient pas des fortifications capables de résister à un siège, mais pouvaient protéger des troupes qui lançaient leurs traits en s'abritant derrière elles, avec l'avantage – essentiel – de rendre inefficace l'archerie des Byzantins tout en permettant aux Bulgars d'utiliser leurs propres arcs au travers de meurtrières – anciens nomades de la steppe, de nombreux Bulgars devaient avoir conservé leurs arcs composites réflexes ainsi que les aptitudes nécessaires à leur usage.

Les barrières de combat comme obstacles de circonstance sont efficaces dans la mesure où on ne peut les contourner facilement. Mais
d'après la *Chronique*, les Bulgars n'attendirent pas que les Byzantins se
précipitent dans les embuscades préparées avec les palissades sur le
chemin de leur retour vers leurs foyers ; ils les attaquèrent avec un effet
de surprise total qui les jeta dans une fuite panique et s'acheva par un
nouveau massacre, affectant cette fois les Byzantins :

> Ils fondirent sur [les soldats byzantins] encore à demi endormis. Ils se levèrent et
> s'armèrent en toute hâte pour engager le combat. Mais comme [les forces] étaient
> campées à une grande distance les unes des autres, ils ne comprirent pas
> immédiatement ce qui se passait. Car ils [les Bulgars] n'avaient fondu que sur le
> camp impérial, dont les troupes commencèrent à se faire tailler en pièces. Bien
> peu résistèrent, et aucun fermement, nombre d'entre eux se firent massacrer ; ce
> que voyant, le reste s'abandonna à la fuite. Il y avait aussi, à cet endroit même, un
> fleuve très marécageux et difficile à franchir. Ne trouvant pas tout de suite un gué
> pour le traverser,... ils se jetèrent d'eux-mêmes dans ses eaux. Ils y entrèrent avec
> leurs chevaux et, incapables d'en sortir, s'enlisèrent dans le marais et se firent
> piétiner par ceux qui venaient derrière eux. Et certains hommes culbutèrent sur
> les autres, au point que le fleuve se remplit d'hommes et de chevaux si nombreux
> que les ennemis le franchirent en passant sur leurs corps sans dommage et
> poursuivirent les rescapés.

D'après la *Chronique*, il n'y avait qu'une palissade – plutôt qu'une barrière de combat –, qui servit à intercepter les restes de l'armée en fuite,
sans être défendue par des soldats :

> Ceux qui pensaient avoir réchappé au carnage du fleuve arrivèrent face à la
> barrière que les Bulgars avaient élevée, qui était solide et extrêmement difficile à
> franchir... Ils abandonnèrent leurs chevaux, grimpèrent en s'aidant de leurs
> mains et de leurs pieds et se précipitèrent de l'autre côté. Mais il y avait un fossé
> profond creusé de l'autre côté ; ceux qui s'étaient précipités du haut de la
> palissade s'y rompirent les membres. Certains moururent sur-le-champ, d'autres
> progressèrent un peu plus loin mais sans avoir la force de marcher... En d'autres
> points, certains mirent le feu à la palissade et lorsque les attaches [qui liaient
> ensemble les tronçons d'arbres] se furent consumées et que la barrière se fut
> effondrée au-dessus du fossé, ceux qui fuyaient se trouvèrent soudain entraînés
> en arrière et tombèrent au fond du fossé en feu, eux-mêmes et leurs chevaux...

> Ce même jour, l'empereur Nicéphore fut tué durant le premier assaut, sans que
> personne pût rapporter de quelle manière il avait trouvé la mort. Fut également
> blessé son fils Staurace, d'une blessure mortelle aux vertèbres de l'épine dorsale
> dont il périt après avoir régné sur les Romains pendant deux mois.

Nicéphore était le premier empereur romain à trouver la mort au
combat depuis la mort de Valens sous les coups des Goths le 9 août 378 à
Andrinople. Mais la catastrophe de 811 était plus périlleuse encore pour
l'Empire, car il n'existait pas d'empereur de remplacement prêt à exercer
l'autorité, comme le fit l'empereur d'Occident Gratien en 378 jusqu'à ce
qu'il nommât Théodose *augustus* d'Orient en janvier 379. De plus, les Bulgars victorieux se trouvaient à moins de 200 *miles* de Constantinople, à la

différence des Goths qui étaient très loin de Rome quand ils remportèrent leur victoire.

Kroum porta des toasts de barbares avec le crâne de Nicéphore, recouvert d'argent à la manière habituelle ; tout semblait alors perdu. Nicéphore avait rassemblé toute la force mobile dont il pouvait disposer pour écraser les Bulgars ; il ne restait donc rien qui pût les empêcher de s'emparer de Constantinople après cette défaite susceptible de ruiner l'Empire.

Mais il en faut beaucoup pour ruiner un empire.

À l'est, le califat des Abbassides – qui fut la plus grande menace pesant sur Byzance sous le redoutable Haroun al-Rachid jusqu'à sa mort en 809 – était paralysé par la guerre de son fils Abou Jaafar al-Ma'moun (« croyance ») ibn Haroun contre son autre fils, le calife régnant Mohammed al-Amin (« foi ») ibn Haroun, qu'il décapita en 813. En conséquence, il était possible de rassembler des forces de campagne venant des thèmes d'Armeniakon et d'Anatolikon pour renforcer la défense contre les Bulgars. Pour les conduire, il ne restait au départ que le fils de Nicéphore, Staurace, gravement blessé et impopulaire, proclamé empereur en toute hâte à Andrinople le 26 juillet ; mais, le 2 octobre 811, il fut contraint d'abdiquer en faveur de son beau-frère Michel Ier Rhangabé, intendant en chef du palais (*kouropalates*, curopalate). Michel Ier Rhangabé trouva grâce auprès de Théophane en désavouant Nicéphore pour embrasser la piété orthodoxe, en faisant présent de cinquante livres d'or au patriarche et de vingt-cinq livres au clergé, ainsi qu'en ordonnant l'exécution des hérétiques.

Michel n'hésita pas à aller au combat, mais sans succès. Le 11 juillet 813, il abdiqua en faveur du rusé Léon V (813-820), ancien stratège du thème d'Anatolikon, qui avait l'expérience des batailles. Léon V autorisa Michel et sa famille à se retirer en paix comme moines et nonnes, après la castration de ses fils. Au moment où Kroum tenta d'attaquer pour de bon Constantinople, il y avait donc un empereur de combat prêt à défendre la ville.

Kroum attendit ainsi longtemps avant de lancer son offensive. Une première raison expliquant ce si long retard tenait au fait qu'il avait perdu de nombreuses troupes parmi les gardes de son palais – voire la plupart. Or il s'agissait probablement de ses seuls véritables soldats, par opposition aux guerriers bulgars qui pouvaient être appelés à la guerre et se montrer de très bons combattants, mais qui n'étaient pas « choisis et armés » et ne se laissaient pas facilement commander.

Une deuxième raison était que Kroum ne pouvait attaquer Constantinople avec efficacité sans disposer d'une flotte pour imposer un blocus à la ville jusqu'à finalement l'affamer, ou d'engins de siège et des techniques nécessaires à leur usage pour ouvrir une brèche dans la muraille de Théodose. Les Bulgars étaient d'anciens guerriers montés des plaines qui avaient également appris à combattre avec grand talent à pied et dans leurs montagnes, mais les navires, la navigation et la guerre navale restaient hors de leurs compétences. On trouva bien et l'on recruta des transfuges byzantins qui apportèrent aux Bulgars les connaissances indispensables à la guerre de siège – Théophane mentionne ainsi un Arabe converti qui en était expert, passé à l'ennemi en raison de l'avarice de Nicéphore, bien sûr –, mais tout cela prit beaucoup de temps ; les divers engins et mécanismes nécessaires, qu'il fallut construire, ne furent prêts qu'en avril 814 – trop tard pour Kroum, qui mourut le 13 avril, laissant derrière lui un successeur incapable.

Avant sa mort, Kroum avait remporté une deuxième grande victoire à la bataille de Versinikia, le 22 juin 813, envahi une grande partie du territoire byzantin dans ce qui est de nos jours – à nouveau – la Bulgarie, ainsi qu'en Thrace où il avait conquis la plus grande ville, Andrinople, et de nombreuses places moins importantes. Mais l'Empire survécut à ces revers, et il récupérerait un jour tous ses territoires perdus.

La défaite de 811 ne fut pas causée par un manque d'entraînement ou d'équipement, ni par incompétence tactique, ni même par des insuffisances au niveau opérationnel. Ce fut une erreur fondamentale au niveau supérieur de la *stratégie de théâtre* qui plaça les forces byzantines en situation extrêmement désavantageuse – un désavantage que seules des actions immédiates et pleinement couronnées de succès au niveau opérationnel auraient pu compenser et surmonter. Carl von Clausewitz explique, dans son traité *De la guerre*, les raisons pour lesquelles aucune défense contre un ennemi sérieux ne devrait jamais être mise en œuvre dans les montagnes, s'il est d'une manière ou d'une autre possible de défendre devant elles voire derrière elles, si nécessaire en cédant le territoire d'intervention à une occupation ennemie temporaire[22].

Il est vrai qu'un terrain montagneux offre de nombreuses occasions d'établir des forteresses faciles à défendre, et que les vallées étroites offrent de nombreuses occasions d'embuscades. Les forteresses comme les embuscades peuvent considérablement renforcer la résistance tactique des forces défensives, permettant à un effectif en infériorité numérique de l'emporter sur des troupes plus nombreuses sur tel ou tel point. Mais si l'armée se trouve ainsi fragmentée par un terrain montagneux en multiples unités séparées tenant leurs positions et en différents groupes en embuscade, même si chacune des formations bénéficie d'une grande force tactique, la défense globale est assurée d'être d'une grande faiblesse contre des forces ennemies qui restent concentrées sur une ou deux directions dans leur avance. Les quelques défenseurs tenant chaque position affronteraient en effet alors une offensive massive de l'ennemi capable de forcer le passage, malgré les embuscades, et d'envahir les forteresses pour avancer droit au travers des montagnes, laissant l'essentiel des forces défensives de chaque côté, isolées dans leurs forteresses séparées et positions d'embuscade, restées à l'écart de toute attaque.

Quand l'armée de campagne de Nicéphore avança d'une manière irrésistible jusqu'à la capitale de Kroum, Pliska, elle laissa les forces bulgares dispersées en vain dans les montagnes et les vallées. Dans leurs positions tactiquement solides mais stratégiquement inutiles, elles ne pouvaient résister à l'avance des Byzantins ni défendre le palais rustique de Kroum. Mais elles restaient également hors de portée de l'avance byzantine ; elles furent ainsi en situation de se rassembler et de passer à l'action dès que

Kroum les appela pour engager la contre-offensive contre les Byzantins ; ces derniers se trouvèrent dès lors coupés de leurs arrières, très loin de leur pays, par les Bulgars. Rien de tout cela ne serait arrivé si Nicéphore avait lu son Clausewitz, et par conséquent consacré tous ses efforts contre l'armée de Kroum au lieu du palais de Kroum. Avec la destruction de la capacité de résistance bulgare, Nicéphore aurait pu avoir le palais et tout le reste sans crainte de contre-offensive.

Après avoir mobilisé les *tagmata* – forces de campagne des thèmes – et des irréguliers, puis les avoir conduits en Thrace, Nicéphore aurait dû ralentir son avance, voire la stopper complètement, assez longtemps pour permettre à Kroum de rassembler ses propres forces. La bataille frontale d'usure qui en serait résultée aurait sans nul doute été rude, avec de lourdes pertes, mais les Byzantins l'auraient emporté ne fût-ce que par leur seule supériorité numérique. Nicéphore aurait alors pu s'installer pour réorganiser les espaces ainsi repris à l'ennemi en territoires soumis à l'impôt, assuré qu'il ne restait plus derrière lui de forces bulgares significatives qui pussent l'attaquer.

Autre possibilité, si Kroum refusait le combat : après avoir avancé sur Pliska pour s'emparer du palais comme il le fit, Nicéphore aurait dû faire retraite pour revenir aussi vite que possible dans le territoire de l'Empire, avant que les Bulgars fussent en situation de se rassembler pour s'interposer entre l'armée byzantine et ses bases arrière. Il eût fallu, de plus, conduire cette retraite avec la même attention qu'en phase d'offensive, avec des éclaireurs en avant de l'armée et des forces sur les flancs pour parer aux embuscades, ainsi que des formations de bataille prêtes à percer les palissades des Bulgars.

La seule manière de rester à Pliska et dans les terres conquises, alors que la plus grande partie des forces bulgares était encore invaincue, eût été de garder l'armée byzantine concentrée et en permanence prête au combat, afin de repousser en tout point les différentes attaques bulgares. Mais les troupes d'occupation, sous la tentation du pillage facile, ont toujours du mal à conserver en alerte permanente leur capacité de combat ; pareil choix eût de toute façon été très dangereux d'un point de vue stratégique, dans la mesure où l'Empire avait d'autres ennemis en sus des Bulgars, à commencer par les Arabes musulmans dès qu'ils en avaient terminé avec leurs divisions et guerres civiles.

Nicéphore ne racheta pas à temps son erreur fondamentale en stratégie de théâtre ; de ce fait, ses « misérables » sans entraînement militaire, seulement armés de masses d'arme et de frondes, étaient tout aussi efficaces ou tout aussi inefficaces que le meilleur *tagma* sur le terrain : tous se retrouvèrent de la même manière coupés de leurs arrières d'un point de vue stratégique et dominés par les manœuvres des Bulgars de Kroum d'un point de vue opérationnel.

Il n'y eut plus de nouvelle tentative visant à anéantir la Bulgarie pendant deux siècles. Dans l'intervalle, les Bulgars chamanistes turcophones s'étaient profondément transformés pour devenir Bulgares chrétiens slavophones, après la conversion du khan (ou qan) Bogoris ou Boris Ier en 865 – qui prit le nom de Michael en l'honneur de son parrain byzantin, l'empereur Michel III. Mais même le christianisme ne pouvait effacer le péché originel de la Bulgarie : elle restait trop proche de la muraille de Théodose.

Tel était le contexte stratégique des relations byzantines avec les Bulgars et les Bulgares. Il y avait également un contexte politique, qui fut parfois encore plus défavorable – et ce non malgré, mais en raison même de l'adoption de la religion comme de la culture byzantine par les souverains bulgars : elle signifiait en effet que les souverains bulgares pouvaient rêver de devenir empereurs de tous les chrétiens, une fois – en premier lieu – reconnus empereurs.

Sur ce dernier point, ils parvinrent à leurs fins. Le *Livre des cérémonies* rapporte l'évolution du protocole, de la salutation « à l'archonte [prince] de Bulgarie nommé par Dieu » à la salutation plus tardive « Constantin et Romain, pieux autocrates, empereurs des Romains dans l'amour du Christ qui est Dieu, à notre désiré fils spirituel, le seigneur... [nom], *basileus* [c'est-à-dire empereur] de Bulgarie ».

Les Byzantins ne consentirent pas sans réticence à cette promotion. En 913, après des années d'expansion militaire couronnée de succès, le descendant des khagans turcs bulgars et chrétien de première génération Siméon Ier (893-927) – jusqu'alors simple « archonte » (prince) parmi d'autres pour les Byzantins – se fit couronner *basileus* par le patriarche Nicolas Ier Mystikos dans le palais impérial de Blachernae. Notre source sur cet événement est Skylitzès, qui vivait au XIe siècle. Lui-même officiel de rang très élevé – il était curopalate –, il en donne une version des plus officielles :

> Siméon, souverain des Bulgares, envahit le territoire romain avec de très importantes forces, atteignit la capitale qu'il entoura d'un retranchement s'étendant de Blachernae jusqu'à la porte que l'on appelle Porte d'Or (l'entrée de cérémonie principale, sur la voie Egnatia). Il nourrissait l'espérance de prendre bientôt facilement [la ville]. Mais quand il comprit quelle était la puissance des murailles, le nombre de soldats qui les défendaient et l'importance des approvisionnements dont ils disposaient pour leurs engins de jet de pierres et de tir de flèches, il abandonna tout espoir et se retira... en sollicitant un traité de paix... Il y eut de très longues discussions quand il vint à cette fin. Le patriarche et les régents emmenèrent ensuite l'empereur avec eux et se rendirent au palais de Blachernae.
>
> Une fois remis [aux Bulgares] les otages qui convenaient, Siméon fut introduit au palais où il dîna avec l'empereur. Il baissa ensuite la tête devant le patriarche qui dit une prière tandis qu'il était prosterné ; le patriarche plaça son propre capuchon de moine, dit-on, sur son front de barbare, au lieu d'une couronne. Après le repas, bien qu'aucun traité de paix n'eût été conclu, Siméon et ses enfants s'en retournèrent dans leur pays, chargés de cadeaux[23].

Ce n'est pas tout à fait vrai. Siméon ne fut pas dupé de la sorte, avec un simple capuchon de moine ; il fut bel et bien couronné empereur. Le patriarche était devenu le légataire à titre universel du pouvoir impérial en tant que régent ; à lui seul revenait la responsabilité des relations diplomatiques avec Siméon, qui refusa de correspondre avec l'empereur Romain Ier Lécapène (920-944). Comme il sied à un pieux prélat, Nicolas Ier se montra tout d'abord généreux, y compris sur le plan matériel : il proposa un moment, par écrit, d'offrir « de l'or, ou des vêtements, ou même la mise à disposition d'une portion de territoire qui fût à l'avantage des Bulgares sans constituer une perte insupportable pour les Romains[24] ». Nous ne disposons que des lettres de Nicolas dans la correspondance diplomatique entre Nicolas et Siméon, mais on peut en déduire que Siméon n'était pas, à ce moment de leur correspondance, en train d'accuser le patriarche de servir les intérêts de Byzance au lieu de Dieu – une accusation choquante.

On a autrefois soutenu avec assurance que, aux yeux de Siméon, avoir obtenu même la couronne et le titre d'empereur n'était qu'un demi-succès et un lot de consolation : son ambition, bien plus élevée, étant le trône de l'empereur de Byzance, comprenant la Bulgarie[25]. Cette affirmation est aujourd'hui contestée. Une certitude en tout cas : pour l'Empire, conférer le titre le plus élevé, *basileus*, constituait une grande humiliation. C'était une époque de désunion et de faiblesse : l'empereur Constantin VII Porphyrogénète (913-959) n'était qu'un enfant de huit ans, sa mère Zoé Carbonopsine – une femme de volonté – avait été chassée du palais, son oncle et empereur associé Alexandre (912-913) mourut en juin 913 alors que Siméon approchait, un prétendant au trône très populaire, Constantin Doucas, avançait lui aussi vers la ville, les enclaves byzantines dans le sud de l'Italie étaient en proie à des troubles et une invasion des Arabes menaçait l'Anatolie. Cette conjonction de menaces interdisait de renforcer les effectifs de la capitale. Skylitzès décrit une garnison aux effectifs complets à même de défendre les murailles, mais ne prétend pas que les forces disponibles étaient suffisantes pour chasser Siméon de Thrace.

Certains historiens modernes ne voient dans l'affliction des Byzantins à l'égard de la concession de 913 que l'expression de leur obsession des titres creux, vides de sens. Il leur échappe un point essentiel : avec l'existence d'un autre *basileus* qui protégeait lui aussi l'Église orthodoxe, l'empereur de Constantinople n'était plus le seul garant de la poursuite de l'existence de la seule véritable Église à offrir le seul chemin vers le salut à l'humanité entière. La perte de ce monopole érodait certainement l'autorité de l'empereur byzantin sur ses sujets chrétiens et diminuait son prestige parmi les chrétiens dans le monde entier, y compris les adeptes du pape à Rome – le schisme définitif ne survint en effet que plus tard.

L'érosion de l'autorité religieuse byzantine allait s'accélérer en 927 lorsque, dans le but de conclure un accord de paix, l'empereur dut également reconnaître l'autocéphalie de l'Église orthodoxe de Bulgarie, avec son propre patriarche ecclésiastiquement indépendant. Il n'y avait aucune objection à la reconnaissance d'un autre patriarcat en tant que tel – après tout, les patriarches autocéphales d'Alexandrie, Antioche et Jérusalem existaient depuis longtemps, mais ils étaient tous de langue grecque et comprenaient des liturgies grecques identiques ; il y avait, en revanche, une objection de nature à la fois culturelle et professionnelle à un patriarcat non grec et à une Église qui n'offrirait plus d'emplois à des ecclésiastiques parlant le grec.

Paradoxalement – mais le paradoxe était inévitable, étant donné leur vocation de missionnaires –, l'indépendance de l'Église bulgare ne fut rendue possible que par les hommes d'Église byzantins. En 886, des disciples des frères et futurs saints Cyrille et Méthode arrivèrent en Bulgarie pour instruire son clergé naissant, déjà plein d'ambition. Ces missionnaires hellénophones se révélèrent si efficaces que, dès 893, les Bulgares avaient leurs propres prêtres et moines – et se sentirent, par conséquent, libres de chasser tout le clergé grec hors de Bulgarie. Malgré la parfaite unité doctrinale entre les deux Églises, leur détestation réciproque resta étonnamment tenace : mille ans plus tard, dans les années 1900-1908, on compta de nombreux morts en Macédoine lors de combats pour le contrôle d'églises locales qui furent encouragés avec véhémence par leurs prêtres respectifs, bulgares, macédoniens et grecs.

Les empereurs de Byzance ne se souciaient pas de la propriété des églises de village, mais du maintien de leur propre légitimité. Si un souverain bulgare pouvait nommer son propre patriarche, qui en retour le sacrerait *basileus*, l'empereur de Constantinople n'était plus en situation de prétendre qu'il n'existait qu'un seul empereur légitime dans l'*oikoumene*, le monde chrétien.

Dans ce contexte, employer pour Siméon l'expression « notre désiré fils spirituel » pour le saluer revenait à rabaisser son rang d'une manière parfaitement délibérée ; il avait en effet été précédemment reconnu comme « notre frère spirituel » dans les lettres envoyées par Romain Ier Lécapène (920-944) et réunies par son chef de la correspondance, Théodore Daphnopatès[26].

Plutôt que de rabaisser le frère spirituel au rang subordonné de fils spirituel, mieux valait en finir avec lui une bonne fois pour toutes – comme le tenta quatre ans plus tard, en 917, l'impératrice, mère et régente Zoé, de retour au palais, s'il faut en croire le chroniqueur Théophane *Continuatus* (« continué », continuateur de Théophane) :

> Consciente des périls que suscitaient l'élévation du [Bulgare] Siméon [au rang d'empereur] et ses tentatives pour prendre le contrôle de [tous] les chrétiens, l'impératrice Zoé (régente de Constantin VII Porphyrogénète, 913-959) prit en conseil la décision de procéder à un échange de prisonniers et de conclure un traité de paix avec les Agarènes [c'est-à-dire les Arabes], puis de transférer toute l'armée d'Anatolie pour engager une guerre contre Siméon et le détruire. Le patrice Jean Rodinos et Michel Toxaras se mirent donc en route vers la Syrie pour négocier l'échange de prisonniers. Une fois effectués les paiements en espèces habituels… les armées furent conduites en Thrace… [Les commandants] se firent le serment de mourir l'un pour l'autre et se mirent en route avec l'armée tout équipée contre les Bulgares.

> Le 20 août, sous la cinquième indiction, se livra la bataille entre les Romains et les Bulgares près du fleuve Acheloos [non loin de la côte bulgare de la mer Noire]. Les voies de Dieu sont impénétrables et insondables : les Romains subirent en effet une déroute complète. Leur fuite précipitée s'accompagna des cris affreux que poussaient certains soldats piétinés par leurs camarades et d'autres tués par l'ennemi ; on n'avait pas vu pareille saignée depuis de très nombreuses années[27].

La destruction de l'État bulgare allait devoir attendre le siècle suivant.

Une guerre de destruction contre un État :
Basile II contre la Bulgarie, 1014-1018

Il était devenu habituel aux Byzantins d'attaquer les Bulgares chaque fois qu'ils n'étaient pas en campagne active contre les Arabes. Jean Ier Tzimiskès (969-976), qui avait également défait les Arabes musulmans et Svjatoslav de la Rus' de Kiev, remporta en ce domaine des succès remarquables. Sa victoire complète anéantit l'État des Bulgares en 971. L'Empire annexa tous les territoires et abolit le patriarcat autocéphale de Bulgarie. La suite ne vit pourtant pas la soumission paisible du pays mais un soulèvement presque immédiat dans l'actuelle Macédoine, mené par les *kometopouloi*, les quatre fils d'un *comes* (commandant local, dont est issu notre « comte ») – dont le plus jeune, Samuil (ou Samuel), survécut à ses frères et finit par revendiquer le titre de tsar (ou *basileus*[28]).

Des querelles intestines aiguës interdirent à ce moment-là de concentrer les armées byzantines contre les *kometopouloi*. En 976, à la mort de l'empereur Jean Ier, le très riche propriétaire terrien et commandant (*domestikos*) des armées de l'Est, Bardas Sklèros, se porta candidat à la tutelle – et suzeraineté effective – des jeunes empereurs associés, Basile II (963-1025), alors âgé de dix-huit ans, et Constantin VIII (qui régnera seul de 1025 à 1028), alors âgé de seize ans. Elle lui fut refusée. Il se proclama alors empereur et engagea une guerre civile sur grande échelle qui se prolongea jusqu'en 979, année qui le vit prendre la fuite chez les Abbassides à Bagdad – laissant derrière lui une armée très diminuée, divisée et démoralisée, et l'Empire dans le même état par voie de conséquence. Basile et Constantin ne conservèrent leur trône qu'avec l'aide de l'intervention de Bardas Phocas, lui aussi très riche propriétaire terrien disposant d'une solide expérience de commandement sur le terrain.

Samuel eut ainsi la possibilité d'étendre sa sphère de contrôle au-delà de ses premières avancées macédoniennes. Il le fit vers l'est, dans le territoire de l'actuelle Bulgarie, tout en approvisionnant ses forces par de vigoureux raids lancés dans le nord de la Grèce et en Thrace.

En 986, l'ordre semblait rétabli dans l'Empire ; les Arabes musulmans restaient occupés par leurs luttes entre les chiites ismaéliens Fatimides et les sunnites sous le commandement nominal des Abbassides. À vingt-huit ans, Basile II était désormais dans la force de l'âge mais n'avait pas encore fait ses preuves comme commandant sur le terrain ; il se mit en route pour prendre l'offensive contre Samuel. Il repoussa les Bulgares dans sa marche contre Sardika, la moderne Sofia, qu'il voulait réduire par siège.

Dès le Xe siècle, les techniques de siège accordaient une place primordiale au creusement de tunnels pour miner les murailles et pour contre-miner les sapes des assaillants, même si ces opérations étaient nécessairement plus lentes à conduire que l'utilisation de tours mobiles et de béliers que l'on favorisait dans le passé. En l'occurrence, Sardika tint bon et Basile II préféra abandonner – par manque de ravitaillement peut-être, à moins qu'une instabilité potentielle des affaires domestiques n'eût exigé un retour anticipé à Constantinople.

Dans son avance vers Sardika, Basile avait emprunté la « grande route des empereurs » construite par les Romains, la *basilike odos* qui reliait autrefois Constantinople au nord-est de l'Italie et se poursuivait encore au-delà jusqu'à la mer du Nord. Depuis Andrinople (actuelle Edirne, partie européenne de la Turquie), la voie suivait la vallée de la Maritsa entre les pentes des monts Haimos, vers le nord, un paysage accidenté de hautes montagnes qu'on appelle également chaîne du Balkan et qui a donné son nom à la région entière, puis la chaîne du Rhodope – tout aussi accidentée – vers le sud, poursuivant ensuite par Sardika (Sofia) jusqu'à Singidunum (aujourd'hui Belgrade, actuelle Serbie) avant de remonter vers l'Italie et Aquilée, à l'est de Venise. Après avoir abandonné le siège de Sardika, Basile fit retraite par la voie qu'il avait empruntée lors de l'invasion.

Quand un empereur mène son armée entre deux chaînes de montagnes, ses mouvements sont parfaitement prévisibles – et les hommes de Samuel, habitués aux raids sur longue distance, étaient, eux, parfaitement mobiles. Ils possédaient également la technique d'embuscade caractéristique des Bulgares dans les passes de montagnes : ils étaient capables d'élever rapidement des palissades face à un ennemi à l'approche qui les aidaient à l'empêcher de s'échapper et à le retenir sur place ; ainsi, les forces postées en embuscade avaient tout le temps nécessaire pour lancer leurs attaques le long des pentes contre l'ennemi immobilisé au bas. La suite des événements montre que les forces de Samuel ne se trouvaient pas à Sardika ni aux environs au début des opérations, ou bien, si elles s'y trouvaient, réussirent d'une manière ou d'une autre à gagner de vitesse les troupes byzantines pendant leur retraite. Ces dernières suivaient pourtant une voie bien tracée ; on ne pouvait les gagner de vitesse qu'en empruntant les pentes adjacentes.

Il en résulta un double désastre pour Basile. Ses troupes tombèrent dans une embuscade préparée dans l'étroite passe connue sous le nom de « Porte de Trajan » près de Soukeis, en actuelle Bulgarie, et subirent de très lourdes pertes. Basile prit sans gloire la fuite pour quitter le champ de bataille, ce qui lui sauva sans doute la vie mais mina dangereusement son autorité. Fait des plus rares, nous en avons un témoignage oculaire digne de foi dans le récit de Léon le Diacre :

> L'armée traversait un défilé boisé où se trouvaient de nombreuses grottes ; dès qu'ils le franchirent, ils arrivèrent sur un terrain escarpé, très raviné. C'est là que les Mysiens (c'est-à-dire les Bulgares) attaquèrent les Romains, tuant quantité de soldats, s'emparant du quartier général de l'empereur et de ses richesses, pillant tous les bagages de l'armée. J'étais moi-même, narrateur de cette triste histoire, présent dans ces circonstances pour mon infortune ; j'accompagnais l'empereur comme diacre... les restes de l'armée, passant par des montagnes [presque] infranchissables, échappèrent tout juste à l'attaque des Mysiens en perdant presque tous leurs chevaux, ainsi que les bagages qu'ils transportaient, et revinrent en territoire romain[29].

Le perse Fana Khosro, surnommé Adud al-Dawlah (« aide de la dynastie »), l'émir chiite duodécimain (« twelver ») de Bagdad nominalement subordonné au calife des Abbassides, réagit à la défaite de Basile en relâchant Bardas Sklèros, qu'il avait d'abord accueilli puis détenu. Quand Bardas Sklèros pénétra dans l'est de l'Anatolie pour revendiquer une nouvelle fois l'empire, Basile dut à nouveau appeler à l'aide Bardas Phocas et sa puissante famille. Mais, cette fois, Bardas Phocas décida de se tourner contre Basile et l'élite bureaucratique de Constantinople pour se partager l'empire avec Bardas Sklèros.

Trois années de guerre civile s'ensuivirent. Basile ne put rétablir l'ordre en 989 qu'avec l'aide de six mille guerriers envoyés par la Rus' de Kiev.

Après ces événements, malgré une opération en Bulgarie en 995 dont il est fait état dans nos sources, la première priorité de Basile ne put être Samuel. En effet, une fois de plus, il fut contraint de restaurer le contrôle et le prestige de l'Empire à l'est, non seulement menacé par le désordre laissé par la guerre civile, mais aussi désormais – et d'une manière bien plus grave – par l'ascension des puissants Fatimides. Chiites ismaéliens septimaniens (« sevener »), ils avaient établi leur propre califat rival en Égypte et poursuivi une vigoureuse expansion par le désert du Sinaï jusqu'en Syrie. À cette époque, les Byzantins avaient depuis longtemps repoussé les incursions arabes en Cilicie et en Anatolie même ; ils étaient suzerains de potentats chrétiens aussi bien que de potentats musulmans, ainsi que de tribus bédouines en Syrie et au-delà ; leurs liges tenaient les cités importantes d'Antioche et Alep.

Ces années virent le début de la montée en puissance de Basile II comme empereur de combat – c'est lui qui devait remporter les plus grands succès de toute l'histoire byzantine. La restauration de l'Empire dans l'est de l'Anatolie et la reconstruction des armées de l'Est constituaient déjà, à l'évidence, un succès. En réaction au siège d'Alep par une armée fatimide, Basile y arriva aussi vite que possible en 995 et en rompit promptement le siège ; il tenta ensuite une avance jusqu'à Tripoli, aujourd'hui au Liban. En quelques années, l'expansion apparemment irrésistible des Fatimides était brisée – d'une façon qui convainquit l'ennemi : le calife fatimide al-Hakim négocia en 1001 une trêve de dix ans, qui fut renouvelée pour dix années supplémentaires en 1011, puis une fois de plus renouvelée en 1023.

Pendant ce temps-là, plus loin au nord, Basile acquit un territoire considérable dans l'actuel sud de la Géorgie, l'est de la Turquie et l'ouest de l'Iran. Il avait précédemment persuadé – ou forcé – David de Tao (ou Taron, Tayk) de faire de l'Empire son héritier ; à la mort de David, en 1000, l'affaire fut menée à bien. Avec elle, l'Empire réussissait la plus grande opération d'expansion de toute son histoire vers l'est, bien au-delà de toutes les conquêtes romaines ; il allait plus tard également s'étendre au nord dans le Caucase par l'acquisition d'autres domaines princiers.

Dans l'intervalle, après sa victoire de 986, Samuel avait réussi à étendre son propre domaine vers l'ouest jusqu'à la mer Adriatique, au nord dans l'actuel Kosovo et au sud en Grèce. Il prépara également le cadre d'une future revendication du titre impérial en faisant renaître le patriarcat de Bulgarie à Ohrid, sur les rives du célèbre lac. Quand une force byzantine sous le commandement de l'illustre général Nicéphore Ouranos, auteur putatif d'un manuel militaire – la *Tactique* (*Taktika*) –, détruisit une force de Bulgares en 997, sa victoire même montra à quel point la situation de l'Empire s'était dégradée : la bataille s'était en effet livrée très loin à l'intérieur de la Grèce, sur le Sperchios, près de la moderne Lamia – c'est-à-dire bien plus près d'Athènes que d'Ohrid, la ville qui faisait office de capitale pour Samuel.

La deuxième tentative majeure de Basile pour disposer de Samuel ne s'engagea qu'en 1001, une fois conclue la trêve avec les Fatimides dans de bonnes conditions de sécurité. Cette fois, Basile n'essaya pas de refouler les Bulgares, comme les armées byzantines l'avait souvent fait dans le passé avec des résultats peu concluants ou désastreux. Il ne tenta pas davantage d'attaquer Samuel dans ses foyers de Macédoine, situés dans la partie occidentale de sa grande Bulgarie.

Basile préféra préparer cette confrontation qu'il souhaitait décisive en privant Samuel de ses territoires de Bulgarie les plus fertiles et peuplés – à l'époque comme de nos jours –, la large vallée qui s'étend au sud du Danube.

C'est là que les khagans bulgars avaient établi leur premier campement, puis leur capitale à Pliska, avant de la déplacer à Veliki (« Grand ») Preslav, situées l'une et l'autre dans le nord-ouest de l'actuelle Bulgarie. Pour les atteindre, les forces de Basile purent avancer le long de la côte de la mer Noire, à bonne distance des hauteurs du Haimos (ou Balkan) et de leurs dangereuses passes. Ou alors, s'ils les ont franchies – la seule source quasi contemporaine, le *Synopsis historion* de Jean Skylitzès, ne permet pas de le déterminer avec certitude –, c'est que les soldats de Basile avaient au préalable appris de manière très approfondie les tactiques nécessaires pour contrer les embuscades.

Les manuels militaires alors en circulation proposaient les bons remèdes en ce domaine, fondés sur deux principes conjugués : la nécessité de surveiller les passages encaissés et les défilés par des patrouilles avançant sur les lignes de crête, en avant de la force principale faisant mouvement en contrebas ; l'utilité, tout particulièrement en terrain montagneux, de consacrer du temps et des forces à la reconnaissance – des efforts rarement gaspillés. Quoi qu'il en fût, l'amère expérience de 986 ne se répéta pas :

> En l'an 6508 [depuis la création en 5509 avant notre ère, soit 1001], treizième année de l'indiction... l'empereur envoya une force nombreuse et puissante contre les *kastra* [forteresses] des Bulgares établis au-delà de la chaîne des monts Haemus [Haimos], sous le commandement du patrice [*patrikios*, commandant de campagne] Theodorokanos et de [Nicéphore] Xiphias [*protospatharios*, commandant de force militaire]. On prit la Grande Preslav et la Petite Preslav ; Pliska également ; ensuite, l'armée romaine s'en retourna, triomphante et intacte[30].

Par la suite, la campagne de réduction systématique du territoire – et du prestige – de Samuel engagée par Basile se poursuivit année après année pour saper peu à peu les fondements politiques et logistiques de sa puissance[31]. Après avoir commencé par les anciennes terres des Bulgars, il orienta également ses incursions annuelles pour frapper au cœur de la résistance de Samuel, en Macédoine. Les combattants bulgares pouvaient sans aucun doute vivre sur le pays, dans une certaine (voire une large) mesure – ils n'étaient pas comparables à une armée byzantine incapable de survivre longtemps une fois coupée des bases arrière de son pays et de leurs approvisionnements (au vrai, une armée moderne n'en serait pas davantage capable). Mais Samuel ne pouvait ou ne souhaitait pas abandonner sa base macédonienne pour poursuivre une pure guerre de mouvement. Lorsque Basile II se mit en route pour une nouvelle offensive en Macédoine, une grande bataille s'annonça ; elle se révéla décisive.

L'engagement se livra en juillet 1014 dans la passe de Kleidion, qui traversait les monts Belasica (ou Belasitsa), entre les vallées de la Struma et de la Maritsa, non loin du point de rencontre entre les frontières modernes de la Macédoine, de la Grèce et de la Bulgarie.

Samuel s'appuyait sur la méthode opérationnelle habituelle aux Bulgares : en avant de l'armée de Basile en mouvement, il fit bloquer la passe avec fossés et palissades en vue d'une nouvelle embuscade sur grande échelle pour piéger son adversaire. En reprenant la même méthode opérationnelle, il permettait aux Byzantins de l'étudier, d'identifier ses points de vulnérabilité et de définir une riposte *relationnelle* qui leur fût propre pour la neutraliser. La méthode de Samuel exigeait de masser ses propres forces derrière les obstacles pour affronter l'armée de Basile en mouvement : cela signifiait qu'elles aussi se trouvaient nécessairement en contrebas, dominées par des hauteurs de chaque côté.

Tel était le point de vulnérabilité que les Byzantins surent exploiter en envoyant une force gravir les hauteurs puis en descendre pour tomber sur les Bulgares. Surpris, en état de choc, les Bulgares furent incapables de défendre plus longtemps les palissades pour retenir la force principale de Basile comme de faire retraite sous l'attaque des soldats byzantins qui les avaient contournés. Il en résulta un massacre qui valut à Basile – bien plus tard, dans les tristes circonstances du XIIIe siècle qui virent l'Empire très amoindri – le sobriquet de *Boulgaroktonos*, « le tueur de Bulgares[32] ». Samuel y perdit son armée, son royaume et la vie.

Le récit qu'en donne Skylitzès est sans doute en partie une reconstruction littéraire, mais il reste toutefois assez cohérent et précis :

> L'empereur continua à envahir la Bulgarie chaque année sans interruption, en semant partout la dévastation… Samuel ne pouvait rien faire sur terrain ouvert ni s'opposer à l'empereur en bataille rangée. Attaqué et mis en échec sur tous les fronts, ses espérances brisées, il voyait ses propres forces décliner au point qu'il prit la décision de fermer la voie menant en Bulgarie avec des fossés et des barrières. Il savait que l'empereur avait toujours l'habitude d'arriver par ce que l'on appelle Kiava Longos [Campu Lungu] et la passe montagneuse connue sous le nom de Kleidion [« la clé »] ; il décida donc de bloquer cette passe…
>
> Il y fit construire une fortification très étendue, y posta une garde en nombre suffisant et attendit l'empereur ; ce dernier se présenta, comme prévu, et tenta de forcer le passage mais les gardes résistèrent avec vaillance…

L'empereur avait déjà abandonné sa tentative quand [Nicéphore] Xiphias, alors [*strategos*] de Philippopolis [il avait été promu depuis 1001], convint d'un plan avec l'empereur : ce dernier resterait sur place et lancerait attaque sur attaque contre la ligne des fortifications ennemies tandis que Xiphias s'éloignerait... pour voir s'il pouvait prendre quelque initiative utile qui les tirât d'affaire... Il conduisit alors ses hommes en leur faisant rebrousser chemin sur la voie par laquelle l'armée était arrivée. Puis ils marchèrent longtemps pour contourner la très haute montagne qui se trouve au sud de Kleidion, appelée la Valasitza [la Belasica des Macédoniens], empruntant d'étroits sentiers de chèvres et traversant des espaces désolés sans le moindre chemin ; le 29 juillet de la douzième indiction [1014], il apparut soudain au-dessus des Bulgares et descendit dans leur dos en poussant avec ses hommes de grands cris dans un vacarme retentissant. Totalement déconcertés par cette attaque inattendue, les Bulgares abandonnèrent leur poste et prirent la fuite. L'empereur démantela les ouvrages de défense désormais abandonnés et lança ses forces à la poursuite de l'ennemi ; nombre de Bulgares se firent ainsi tuer et plus encore capturer. Samuel réussit tout juste à réchapper au péril, grâce au concours de son propre fils qui résista vaillamment à ses opposants, fit monter son père à cheval et le conduisit à la forteresse appelée Prilapos [Prilep, Macédoine]. On dit que l'empereur fit crever les yeux aux prisonniers, qui étaient environ quinze mille, avec instructions de laisser un œil à un homme sur cent pour qu'il fût capable de les guider, puis les renvoya à Samuel, qui mourut deux jours plus tard le 6 octobre[33].

On cite souvent l'histoire des quinze mille prisonniers aux yeux crevés, renvoyés par lots de cent guidés par un éborgné. Elle ressemble fort à une pure invention et elle l'est probablement, même si le châtiment des yeux crevés était pratique courante à l'époque – il passait en effet pour le supplice le plus chrétien dans la mesure où l'on ne prenait pas la vie, don de Dieu, aux prisonniers ainsi mutilés. Mais le simple fait – bien établi – que la résistance des Bulgares dura encore quatre années, jusqu'en 1018, constitue un argument remettant en cause la perte de quinze mille combattants, un nombre très élevé au regard de la taille de la population. Même alors, la soumission finale des derniers chefs bulgares ne se fit pas sans conditions : on leur fit don de terres dans l'est de la Bulgarie[34]. Peut-être creva-t-on les yeux à quelques prisonniers seulement pour les envoyer à Prilep en vue de démoraliser Samuel.

L'essentiel n'est pas là. La bataille de Kleidion, et c'est ce qui importe, permit de rétablir la domination byzantine de la mer Adriatique au Danube pour la première fois en trois siècles. La manœuvre *relationnelle* en stratégie de théâtre constitue la plus haute forme d'art de la guerre.

Un épisode de diplomatie « byzantine » à Byzance

En 896, Léon Choerosphactès fut envoyé par l'empereur Léon VI (886-912) en ambassade auprès de Siméon de Bulgarie (893-927) afin d'obtenir la libération de prisonniers byzantins[35].

À ce moment-là, la Bulgarie était plus puissante que l'Empire byzantin dans les Balkans et Siméon déployait ses meilleurs efforts pour se faire reconnaître lui aussi empereur, au sein d'une même communauté culturelle et religieuse orthodoxe[36]. Dans cet esprit, Siméon demanda facé-

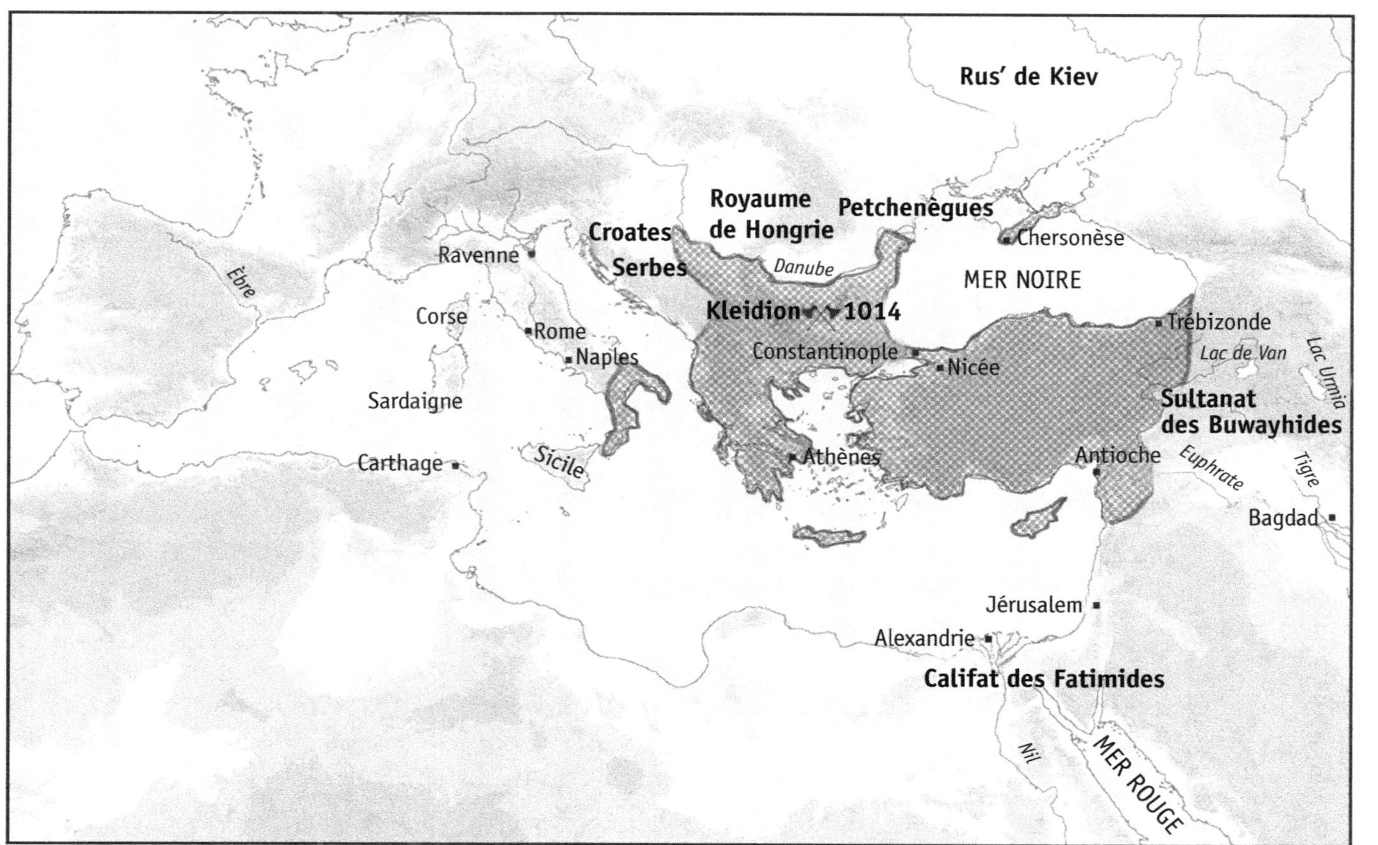

Carte 5. L'Empire en 1025 à la mort de Basile II.

tieusement à Léon de prédire si les prisonniers allaient ou non être relâchés – l'empereur Léon VI avait en effet essayé d'impressionner les Bulgares en prédisant la récente éclipse de soleil.

Dans la lettre qu'il lui envoya en réponse, Léon Choerosphactès écrivit sur cette question spécifique une phrase dont l'ordre des mots était compliqué et qui ne comprenait aucune ponctuation, de telle sorte que son sens en restât délibérément ambigu – bien que dans sa lecture la plus simple, elle donnât une réponse négative sur la libération des prisonniers. Siméon répliqua, d'une manière sardonique, que si Léon Choerosphactès avait été capable de prédire le dénouement de l'affaire d'une manière correcte (oui, ils seraient libérés), il aurait libéré les prisonniers ; mais comme il n'en avait pas été capable, les prisonniers ne seraient pas libérés.

Léon répondit en affirmant que sa lettre prédisait bien ce dénouement positif, mais que le secrétaire de Siméon n'avait pas su interpréter la lettre d'une manière correcte, car il n'y avait pas inséré la ponctuation appropriée.

« Je n'ai rien promis au sujet des prisonniers, répliqua Siméon ; je ne vous ai rien dit du tout ; je ne vous les renverrai pas. »

Léon répondit à son tour en conservant les mêmes mots mais en altérant leur sens par l'insertion de sa propre ponctuation : « Je n'ai pas manqué de vous faire une promesse au sujet des prisonniers – en utilisant deux négations pour produire une affirmation – Je vous en ai parlé ; qu'y a-t-il que je ne doive pas vous renvoyer ? »

Les Bulgares finirent par libérer les prisonniers.

Léon avait en tout cas manqué, en cette affaire, d'avancer un argument irrésistible. Sa tentative épistolaire de manipulation de texte, pour faire dire à Siméon ce qu'il ne souhaitait manifestement pas dire, était plus puérile qu'habile. Mais Siméon voulait sans aucun doute se montrer en communion avec Byzance, et les prisonniers furent libérés.

Chapitre 9

LES ARABES ET LES TURCS MUSULMANS

Dans le *Livre des cérémonies*, nous lisons la salutation suivante :

Au *kyrios* [seigneur] de la bienheureuse Arabie. Une bulle d'or. « Constantin et Romain, fidèles au Christ roi, grands autocrates et empereurs des Romains, à... [nom], souverain d'Arabie. »

Au Xe siècle, il n'existait pourtant aucun souverain d'Arabie, au sens de l'ancienne province romaine d'*Arabia Petrae* (« Arabie pétrée », c'est-à-dire « pierreuse »), aujourd'hui partie intégrante du royaume de Jordanie. Les Ghassanides, un rassemblement de tribus bédouines chrétiennes, avaient bien servi l'Empire en assurant la garde des approches du désert vers le Levant contre les manœuvres de débordement opérées par les Sassanides et les raids des Bédouins, mais s'étaient fait anéantir au cours de la conquête musulmane. De plus, leur souverain client aurait porté le titre de *phylarchos* – signifiant « chef de tribu » – ou, d'une manière plus exacte, le titre de *megaphylarchos*, chef suprême, plutôt que celui de *kyrios*.

Il n'existait pas davantage de seigneur de la péninsule Arabique, même si elle avait été unifiée au VIIe siècle par le commandement charismatique de Mahomet et sa nouvelle religion militante, qui associait le plus pur monothéisme juif, la conquête missionnaire et rédemptrice, la légitimation du pillage et la promesse d'une supériorité sur les non-croyants dans tous les domaines. Paradoxalement, le succès même des Arabes musulmans et leurs conquêtes dans toutes les directions laissèrent l'Arabie elle-même dépourvue de centre de pouvoir, tandis que Bagdad, Alep et Fustat (aujourd'hui au Caire), parmi d'autres, devenaient autant de centres de pouvoir pour les Arabes musulmans.

Dans l'année suivant la mort de Mahomet en 632, sous le commandement de ses compagnons d'autrefois et successeurs autodésignés, Abou

Bakr, 'Omar ibn al-Khattab et 'Othman ibn 'Affân, ainsi que de leur commandant de campagne Khâlid ibn al-Walîd, ses adeptes parmi les Arabes musulmans engagèrent des raids de pillage en Syrie byzantine et en Mésopotamie sassanide. Ces raids furent un tel succès qu'ils furent directement suivis d'expéditions de conquête et de mission religieuse.

Le jihad, guerre sainte contre les incroyants, ne constitue pas un « pilier » (*arkan*) essentiel de l'islam[1]. Les Kharijites se trouvèrent marginalisés et réduits au rôle de premiers extrémistes de l'islam pour avoir – entre autres raisons – élevé la guerre contre les infidèles au rang de précepte fondamental, comme le font aujourd'hui encore les Alaouites de Syrie et tous les jihadistes contemporains – lesquels méritent de nos jours le qualificatif d'*ultra*-extrémistes car l'extrémisme de Mohammed ibn 'Abd al-Wahhab au XVIIIe siècle, qui interdit toute amitié avec les non-musulmans, est la religion d'État de l'Arabie Saoudite.

Même s'il ne constitue pas une obligation absolue pesant sur tous les croyants, le jihad est un devoir religieux que tous les juristes musulmans à peu près orthodoxes placent immédiatement après les *arkan*, en raison des ordres venant de Dieu lui-même dans le Coran, notamment en II, 193 : « Combattez-les [les incroyants] jusqu'à ce qu'il n'existe plus de dissension et que la religion soit tout entière celle d'Allah. » Il en résulte que le jihad représente une condition temporaire qui prend fin lorsque l'humanité entière est devenue musulmane ; jusqu'à ce moment, c'est un devoir pour les musulmans dans leur globalité, même si cela ne signifie pas un devoir pour chaque musulman de manière individuelle – comme l'interpréteraient les extrémistes[2].

On fait grand cas, ces temps-ci, de l'*al-jihad al-akbar*, « la grande lutte » que chacun doit mener contre ses propres désirs charnels, qui rabaisserait la guerre contre les infidèles à l'*al-jihad al-asghar*, « la petite lutte ». Mais il s'agit de l'interprétation hétérodoxe de certains soufis et ecclésiastiques libéraux, largement ignorée du principal courant musulman, incluant la plupart des mouvements soufis. Des versions douces, humanistes et tolérantes de l'islam dominent l'enseignement de l'islam dans les universités occidentales mais restent inconnues, ou tout au plus marginales, dans les pays musulmans – à l'exception de minorités comme les Alevis Bektashi de Turquie et d'anciennes terres ottomanes, dont l'humanisme est à la fois ancien et authentique[3].

La religion de Mahomet promettait la victoire et les Arabes musulmans, au fil de leurs conquêtes, voyaient cette promesse triompher avec la défaite en apparence miraculeuse des deux empires immenses, anciens et jusqu'alors tout-puissants que possédaient les Romains et les Sassanides – deux empires qui s'étaient longtemps partagé la domination de tous les territoires du Moyen-Orient jugés assez fertiles pour justifier leur conquête.

Les deux empires venaient tout juste de mettre un terme à la plus longue et destructrice de toutes leurs guerres – presque trente années de profondes invasions réciproques qui avaient ruiné nombre de leurs cités, détruit leurs relations commerciales, vidé leurs trésors publics, épuisé leurs ressources en soldats et démoli leurs défenses frontalières comme leurs armées de campagne, tout en suscitant la vive hostilité des populations provinciales de part et d'autre, abandonnées sans protection aux pillards ennemis qui les dépouillaient et pourtant durement frappées par la fiscalité avant et après leurs épreuves. Quelques années de tranquillité auraient sans doute restauré la force des deux empires et permis de répondre sans difficulté au défi des raids arabes, quel que fût leur fanatisme, mais ce ne fut pas le cas : les deux empires furent envahis et subirent chacun une défaite catastrophique sur le champ de bataille[4].

En 632, à la mort de Mahomet, aucune personne raisonnable n'aurait pu prévoir que l'Empire romain, maître de la Syrie, de l'Égypte et de toutes les régions s'étendant entre les deux depuis six siècles, allait perdre tous ces territoires dès 646. La majeure partie avait été perdue plus tôt encore, après la défaite complète sur le Yarmouk, en août 636, de l'armée envoyée par l'empereur et autrefois grand conquérant Héraclius.

Les Arabes, quelle que fût leur croyance, n'avaient jamais été redoutables dans le passé. Leur nouvelle cohésion idéologique fut sans doute sous-estimée, comme le fut presque certainement leur capacité à mobiliser[5]. Mais les batailles se déploient et se déroulent comme un ensemble de phénomènes tactiques et opérationnels soumis à leurs propres circonstances, chacune des deux parties pouvant prendre des décisions et les exécuter de manières multiples, plus ou moins efficaces – et il semble que les commandants byzantins, Vahan et Théodore Trithurios, commirent des erreurs tactiques identifiables[6].

Dans ce cas également, des facteurs plus larges jouèrent un rôle plus important que les questions tactiques : la même année, en effet, les Arabes musulmans attaquèrent aussi l'empire des Perses sassanides, dont la puissance s'était très récemment étendue de la Méditerranée à la vallée de l'Indus. Lui aussi subit une défaite décisive en 636, à al-Qadisiyyah en Mésopotamie, perdant son trésor et sa capitale Ctésiphon. Après une ultime tentative de défense de l'arrière-pays perse à la bataille de Nihawand en 642 sous le commandement du roi des rois Yazdgard III en personne, la résistance – et avec elle l'empire des Sassanides – déclina jusqu'à la fin de l'empire, dès 651.

Les conquérants arabes musulmans qualifièrent eux-mêmes cette victoire de « divine », *Nasr Allah*, non sans humilité. On peut rétrospectivement y reconnaître un succès plus grand encore : une victoire politique sur deux empires qui permit de gagner non seulement de vastes territoires, mais aussi l'approbation de nombre de leurs habitants.

Les impétueuses avances des Arabes auraient pu n'être que de simples raids éphémères, dont les effets eussent été annulés par la résistance des populations locales, si les envahisseurs ne leur avaient offert deux avantages tout à fait considérables et immédiats dès leur arrivée.

Le premier fut une réduction drastique des impôts, si onéreux qu'ils avaient fini par ruiner les habitants. Le deuxième constitua un vrai paradoxe : en imposant des règles discriminatoires à tous les non-musulmans, les Arabes musulmans mirent fin aux persécutions religieuses arbitraires qui avaient récemment opprimé une majorité des habitants de Syrie et d'Égypte.

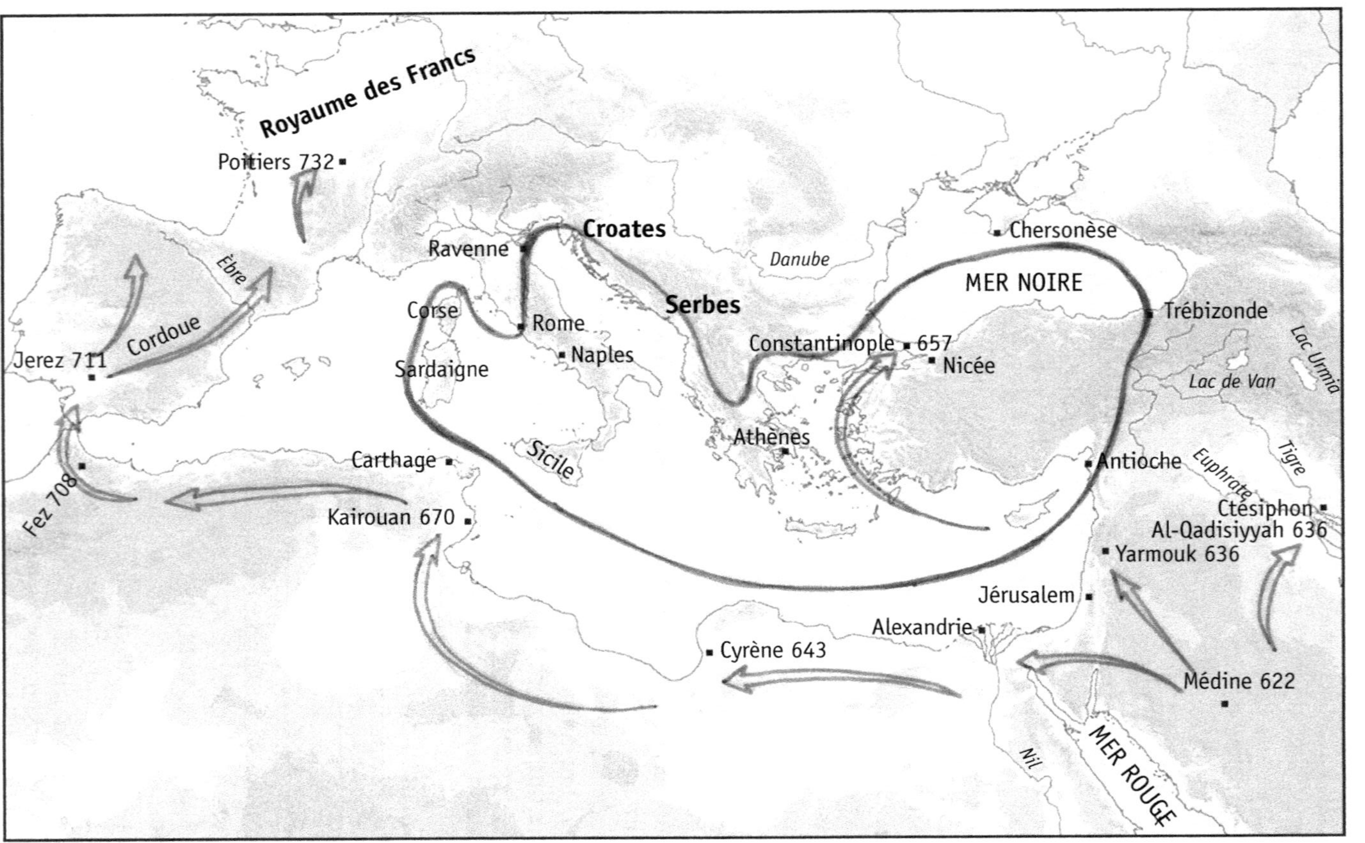

Carte 6. Les offensives musulmanes, 662-740.

La conquête musulmane et la réduction des impôts

Les impôts des musulmans purent être faibles parce que le coût de la domination musulmane fut d'abord très faible. Dans leurs austères villes saintes de La Mecque et de Médine, les conquérants ne connaissaient pas les lourds frais généraux que mobilisaient les bureaucrates et autres courtisans de Byzance ; ils n'avaient pas non plus à consacrer tous leurs efforts à reconstruire à la hâte des armées impériales ruinées par les défaites, comme le faisaient les Byzantins et les Sassanides ces années-là.

Les taxes imposées par les autorités musulmanes étaient à la fois durement discriminatoires, au sens où seuls les non-musulmans étaient contraints de payer la plupart d'entre elles, et merveilleusement plus faibles que les taxes des Byzantins sur lesquelles nous disposons d'une information assez fournie, ainsi que celles des Sassanides dont nous avons connaissance[7].

Personne n'a jamais été capable de prouver – et ils furent pourtant nombreux à essayer – que l'Empire romain « tomba » en raison de ses impôts excessifs. Il s'agissait – et cela resta vrai jusqu'au milieu du VIIe siècle – d'un système hiérarchisé, partant du haut et descendant jusqu'au niveau du terrain : la première étape consistait à déterminer le budget total des dépenses impériales pour l'année à venir ; on calculait alors les rentrées fiscales nécessaires province par province, total par la suite à son tour réparti au sein de chaque province parmi ses contribuables inscrits – il s'agissait pour l'essentiel de ceux qui payaient la taxe foncière, en fonction des évaluations périodiques du revenu de chaque terrain agricole (*iugatio*) et de la main-d'œuvre disponible (*capitatio*[8]).

Le degré de sophistication de ce dispositif de collecte d'impôts n'avait aucun équivalent ; il était d'une très grande efficacité, ce qui constituait en vérité l'avantage central dont disposait l'Empire romain et byzantin sur toutes les autres puissances contemporaines. Il signifiait également, toutefois, que les contribuables devaient régler un montant calculé en amont, sans considération du niveau bon ou mauvais des moissons, des sécheresses ou des inondations, de raids étrangers destructeurs, voire d'invasions pures et simples. Un désastre d'une ampleur exceptionnelle qui attirait une grande attention pouvait persuader les autorités de réduire l'obligation de recette fiscale pesant sur la province affectée, mais l'on n'accordait aucun dégrèvement au titre de moissons ordinaires ou de fluctuations de marché, parce qu'il n'existait aucun moyen de compenser les pertes de recettes fiscales : le concept de dette publique et sa vente sous la forme d'obligations portant intérêt n'avaient pas encore été inventés.

L'acquisition d'emplois gouvernementaux rémunérés, qui proposaient un revenu régulier en échange d'un versement unique en capital, représentait l'équivalent fonctionnel de la vente d'obligations au public, mais cela ne pouvait pas être pratiqué de manière étendue. En conséquence, les dépenses courantes étaient financées par les taxes courantes dans un mécanisme séquentiel strict de répartition – un fardeau supportable dans les bonnes années mais pénible dans les mauvaises, et parfois suffisant pour faire fuir les contribuables de leurs maisons et de leurs terres avant l'arrivée des collecteurs d'impôts.

Fondamentalement, la collecte d'impôts des Byzantins était simplement trop efficace. L'empereur Anastase (491-518) eut son lot d'incursions étrangères à affronter avec de coûteuses opérations militaires, ainsi qu'une guerre sur grande échelle de quatre ans, bien plus coûteuse encore, contre la Perse des Sassanides et leur éternelle agressivité à compter de 506 ; il consacra également de considérables dépenses à divers ouvrages publics – parmi divers chantiers, il reconstruisit ainsi et renforça d'une manière substantielle le Long Mur de Constantinople ; il éleva aussi la ville forteresse de Dara (près d'Oğŭz, Turquie), « la fortifiant par un robuste circuit de murailles et lui octroyant... non seulement des églises et d'autres bâtiments sacrés, mais aussi des colonnades et des bains publics[9] ».

Anastase dépensa beaucoup mais fut pourtant en capacité d'abolir la *collatio lustralis*, une contribution sur le capital fixée par l'État pour s'appliquer, selon une logique descendante, à toutes les formes de richesse : propriété bâtie, animaux, outils et instruments de travail mais aussi artisans, marchands et professions diverses (avec un calcul fondé sur la valeur de chacun sur le marché aux esclaves), à l'exclusion des enseignants mais concernant aussi les prostituées et les mignons. Cet impôt était à l'origine collecté tous les cinq ans (*lustrum*), délai ramené à quatre ans selon le régime normal des impôts à l'époque d'Anastase ; les artisans et les marchands modestes avaient de toute façon les plus grandes difficultés à réunir en une seule fois le paiement en or qu'ils devaient régler (malgré son nom grec de *chrysargyron*, « or-argent », seul l'or était accepté par les collecteurs d'impôts).

Le texte que nous connaissons sous l'intitulé *Récit historique des temps de détresse qui survinrent à Édesse, Amida et dans toute la Mésopotamie*, également connu sous l'intitulé de *Chronique de Joshua le Stylite*, décrit l'extraordinaire explosion de joie à l'annonce de l'abolition de cette contribution dans la ville d'Édesse, dont le total de l'impôt à recouvrer avait été évalué à 140 livres d'or, 10 080 *solidi*, un fardeau sans aucun doute écrasant :

> L'édit de l'empereur Anastase est arrivé cette année-là, portant remise de l'or que les marchands doivent payer tous les quatre ans et les libérant du paiement de l'impôt. Cet édit ne parvint pas seulement à Édesse mais à toutes les villes sous domination romaine... et la cité entière s'en réjouit : tous les habitants s'habillèrent de blanc, des classes les plus élevées aux plus modestes, portant des bougies allumées et des brûleurs d'encens en accompagnement de psaumes et d'hymnes, ils sortirent de chez eux... pour remercier Dieu et louer l'empereur... ils poursuivirent les festivités dans la joie et les plaisirs pendant une semaine entière... Tous les artisans cessèrent leur travail pour prendre du bon temps et se détendre [aux bains], dans la cour de l'église et sous les colonnades de la ville[10].

Anastase fit de grandes dépenses et abandonna une grande source de revenus fiscaux pour l'Empire, mais accrut également l'efficacité de la collecte des impôts et la probité des personnels qui en étaient chargés. Au final, il laissa au Trésor public, à sa mort, 3 200 *centenaria* d'or, c'est-à-dire 320 000 livres romaines[11]. À l'écriture du présent livre, le prix de l'or est d'environ 903 dollars américains l'once (31,1 grammes) : l'excédent laissé par Anastase représentait donc environ 3 039 496 257 dollars américains – un niveau qui ne semble pas très élevé, mais la valeur relative de l'or était alors bien supérieure à ce que nous connaissons, au regard du prix du pain par exemple.

À l'époque des invasions arabes, il n'y avait plus aucun excédent budgétaire à thésauriser dans les caisses publiques. Trente années de guerre avaient augmenté les dépenses tout en réduisant considérablement les recettes fiscales, laissant le Trésor à peu près vide. On avait également épuisé les réserves latentes – telles que les ornements ecclésiastiques en or et en argent que l'on pouvait confisquer en période de crise. En 622 déjà, l'empereur Héraclius « prit les candélabres, récipients et autres objets dédiés au saint ministère de la Grande Église [Sainte-Sophie], pour les fondre et en tirer une grande quantité de pièces d'or et d'argent[12] ». Il en résulta la nécessité de collecter le produit des impôts en Syrie et en Égypte dès leur reconquête après des années d'occupation par les Sassanides – et il s'agissait de territoires précédemment taxés par les Byzantins, puis envahis et taxés par les Sassanides, objets de combats répétés et pillés à maintes reprises, avant d'être regagnés pour se retrouver une fois de plus taxés.

L'Empire était en train de rebâtir sa puissance ; ses sujets devaient se procurer l'or nécessaire à cet effort général, faute de quoi on leur réservait l'expropriation ou pire encore. C'était devenu insupportable. Alors, pour s'en débarrasser, ils firent bon accueil aux Arabes musulmans, à leur capitation discriminatoire et à tout le reste.

Nous connaissons moins bien les impôts des Sassanides, mais il existait certainement une taxe foncière, *tasqa* dans l'araméen du Talmud, ainsi qu'une capitation, *karga*. La taxe foncière (*tasqa*) était fixée à un niveau élevé, en tout cas sur la propriété bâtie, et inflexible. Un passage du traité *Nedarim* dans le Talmud de Babylone illustre bien le premier point : il note en effet que l'affaire spécifique objet de discussion est autorisée, car conforme à l'éthique, si le locataire loue au propriétaire en échange du paiement de l'impôt *tasqa* – impliquant que l'impôt pouvait aller jusqu'à dévorer l'intégralité du revenu tiré d'une propriété[13].

Quant au caractère inflexible de l'impôt, on trouve à son sujet une anecdote à donner la chair de poule dans la meilleure source dont nous disposons sur les taxes des Sassanides et bien d'autres sujets : l'*Histoire des prophètes et des rois (Ta'rikh al Rusul wa'l-Muluk)* de l'historien de l'islam Abou Ja'far Mohammed ibn Jarir al-Tabari (839-923) ; Tabari est l'auteur d'une histoire universelle des pays de l'islam qui constitue une source d'information remarquable, fourmillant de détails précis et de considérations intemporelles d'une profonde intuition.

Dans un développement expliquant la réorganisation radicale du système fiscal des Sassanides, Tabari en vient au cadastre indiquant la production et les rendements agricoles – sans aucun doute une pratique des Byzantins reprise par les Sassanides[14]. C'était une instruction de Kavad Ier, qui mourut en 531 :

> Lorsque son fils Kisra (Khosro Ier Anoushirvan, 531-579, Chosroès pour les Grecs) lui succéda au pouvoir, il donna les ordres nécessaires pour que cela fût mis à exécution... et pour que l'on procédât au dénombrement des dattiers, des oliviers et des individus [littéralement « des têtes », c'est-à-dire des travailleurs, *capitatio* byzantine]. Il ordonna alors à ses secrétaires de calculer le total global des divers décomptes et fit publier un avis général à la population. Il commanda au secrétaire responsable de la taxe foncière de donner au peuple lecture à haute voix du total des dettes fiscales provenant de la terre, avec le nombre de dattiers, d'oliviers et des individus concernés... après quoi Kisra dit aux personnes assemblées : « Nous ordonnons que le prélèvement fiscal soit payé de manière fractionnée sur toute l'année, en trois fois. De cette manière, les sommes prélevées seront conservées dans notre trésor afin que, si quelque urgence survenait sur l'une de nos frontières vulnérables... ou quoi que ce fût d'autre de fâcheux, et que nous ayons besoin de... réagir immédiatement pour l'étouffer le plus vite possible, avec engagement de dépenses associé... nous puissions disposer d'argent bien à l'abri, prêt et disponible, car nous ne souhaitons pas être contraints de procéder à une levée d'impôt spécifique pour faire face à cette urgence. Alors, que pensez-vous de la procédure que nous avons envisagée de mettre en œuvre et dont nous sommes convenus entre nous ? »

Khosro Ier était manifestement fier de son innovation – en fait celle de son père, et en réalité une copie du système de *iugatio-capitatio* des Romains et des Byzantins. Mais la multitude assemblée se montra sage comme l'entendent les monarques absolus :

> Aucun des présents... ne prononça un traître mot. Kisra répéta [sa question pour susciter des commentaires] trois fois. Alors un homme se leva, loin, au-delà de l'espace couvert par les personnes présentes, et dit à Kisra : « Ô roi – que Dieu vous accorde longue vie ! Vous êtes en train, pour cette taxe foncière, de poser une base perpétuelle sur des fondations éphémères : une vigne qui peut mourir, une terre semée de grains qui peuvent dépérir, des canaux qui peuvent s'assécher, une source ou un *qanat* [canal souterrain] dont l'approvisionnement en eau peut être coupé, n'est-ce pas ? »

Ce n'était pas chose à dire.

> Kisra répliqua : « Ô homme qui nous inquiète, oiseau de mauvais augure, de quelle classe viens-tu au sein du peuple ? » L'homme répondit : « Je suis l'un des secrétaires. » Kisra ordonna : « Qu'on le frappe à coups de porte-plumes à encre jusqu'à ce que mort s'ensuive. » Suite à cette instruction, les secrétaires, notamment, le frappèrent avec leurs porte-plumes à encre en cherchant à se dissocier des vues et propos de l'homme aux yeux de Kisra, jusqu'à le tuer.

Tous comprirent alors ce que l'on attendait d'eux :

> Le peuple dit : « Ô roi, nous sommes en plein accord avec la taxe foncière que vous nous imposez[15]. »

Tous les États tirent fondamentalement leur puissance matérielle de leur capacité à soustraire de l'argent par l'impôt à leurs populations, par l'effet d'une obéissance coutumière ou par peur d'un châtiment. Le système de Khosro Ier étant nouveau, il ne pouvait reposer sur la force des habitudes pour se faire accepter. Mais comme Khosro Ier était heureux à la guerre, les recettes que rapportaient les tributs réduisaient son besoin de retirer aux populations de trop lourds impôts – lesquels pouvaient également être réduits dans des proportions importantes. Les contribuables avaient la possibilité de demander à des juges administratifs d'intervenir si les collecteurs d'impôts exigeaient des sommes dépassant le montant indiqué dans l'exemplaire original de l'évaluation conservé à la chancellerie de Khosro, dont ils avaient une copie. Seules les récoltes notées dans ce document – blé, orge, riz, raisin, trèfle, dattiers et oliviers – étaient en effet imposées ; au minimum, la population était supposée disposer de ressources suffisantes pour vivre, tirées des animaux de la ferme et des légumes qui étaient exemptés de taxes. Quant à la capitation (*capitatio*), elle n'était pas levée avant l'âge de vingt ans ni après cinquante, et elle était progressive de 4 à 12 dirhams, correspondant à la *drachma* de 3,4 grammes d'or, soit moins que la paie hebdomadaire d'un travailleur.

En vérité, le système était si modéré dans son principe que le calife conquérant 'Omar ibn al-Khattab ajouta une taxe sur les terres non cultivées sans rencontrer, à notre connaissance, la moindre résistance, probablement parce que lui aussi « exclut de l'obligation d'impôt les moyens de subsistance quotidiens de la population ». Mais Khosro II (591-628), dont le règne couvrit la génération qui précéda immédiatement les conquêtes arabes, eut besoin de recettes bien plus élevées pour financer une guerre sur grande échelle. Seule la terreur put lever toutes les ressources nécessaires sur des territoires épuisés dans lesquels la main-d'œuvre d'âge militaire se faisait de plus en plus rare. Il en allait très exactement de même du côté byzantin de la frontière.

Les chrétiens, les juifs et la conquête musulmane

Le deuxième avantage de la domination musulmane tenait à la discrimination religieuse, préférable à la persécution que menaient les Byzantins. Les païens qui refusaient de se convertir étaient destinés à être exécutés, mais les territoires précédemment byzantins et sassanides en comptaient peu ; depuis longtemps proscrits, ils se cachaient bien. Par contraste, les « peuples du Livre » identifiés dans le Coran, les chrétiens et les juifs, auxquels s'ajouteraient plus tard les zoroastriens, les sikhs et les hindous par la force des choses plus que par choix, étaient autorisés à vivre en sécurité en tant qu'inférieurs désarmés sous le « pacte de protection », *ahl-al-dhimma*.

Exemptés des tâches militaires, tous les dhimmis – c'est-à-dire les « personnes protégées » – devaient payer la capitation, *jizya*, et qui plus est, sous d'humiliantes conditions. Le Coran, parole même de Dieu selon ses adeptes, est explicite sur ce point : « Combattez ceux qui ne croient pas en Dieu ni au Jugement dernier, ne considèrent pas comme interdit ce que Dieu et son Messager ont interdit et qui ne reconnaissent pas la religion de la Vérité, [même s'ils appartiennent] au peuple du Livre, jusqu'à ce qu'ils paient la *jizya* de leurs mains en s'humiliant eux-mêmes[16]. » Les procédures variaient et pouvaient être peu strictes, mais ceux qui croient que la conversion à l'islam constitue la seule voie de salut ne manquent pas de trouver de multiples justifications morales pour imposer des vexations aux dhimmis jusqu'à ce qu'ils perçoivent la lumière. Dans les siècles plus tardifs, d'éminents juristes proposèrent diverses procédures pour la mise en œuvre de la sourate 9, 29 : tenir les contribuables incroyants par la barbe et leur frapper les deux joues était une sorte de favori en ce domaine[17].

Au début, les règles discriminatoires des musulmans furent largement imitées de lois plus anciennes édictées par les Byzantins contre les hérétiques et les juifs. Plus tard seulement, lorsque les fortunes des Arabes et des musulmans déclinèrent et que puissance et gloire se trouvèrent accordées – fait inexplicable – aux infidèles, suscitant une crise de crédibilité de l'islam qui fit l'effet d'un incendie et déchaînant jusqu'à nos jours la furie de ses adeptes, juristes et autorités locales rivalisèrent dans l'invention de nouvelles restrictions et humiliations ; le chiisme montra la voie, car les humiliés trouvent un plaisir tout particulier à humilier, selon une vieille habitude de la nature humaine (le « grand ayatollah » post-postmoderne Seyyed Ruhollah Musavi Khomeini fit même renaître les restrictions de « pureté » contre les « impurs » chrétiens, juifs et zoroastriens ; dans la République islamique d'Iran, on leur interdit de toucher toute nourriture ou boisson destinée à la consommation des musulmans).

Mais dans les suites immédiates des conquêtes, qui voyaient les Arabes musulmans en minorité et le plus souvent à l'abri derrière les murs de leurs garnisons, chacun pouvait tout à fait vivre à sa guise. La discrimination musulmane avait, de plus, l'avantage immense d'être non discriminatoire – toutes les catégories de chrétiens et de juifs étaient traitées sur un pied d'égalité, bien ou mal. Une grande partie de la population des territoires byzantins qui se retrouvaient sous domination musulmane désirait cette égalité au plus haut point, à commencer par une majorité des chrétiens eux-mêmes : les monophysites de Syrie et d'Égypte.

Ils avaient été durement persécutés par les autorités byzantines qui voulaient ainsi les persuader d'accepter la christologie telle que définie par le concile de Chalcédoine en 451, et encore de nos jours soutenue par la plupart des confessions chrétiennes, aux termes de laquelle la nature divine et la nature humaine coexistent au sein de la seule et unique essence du Christ. Mais la plus grande partie des chrétiens originaires de Syrie et d'Égypte était et reste monophysite, adepte de la doctrine affirmant la nature unique du Christ défendue par leurs Églises orthodoxes copte et syriaque, alors que seule une minorité hellénophone d'élite était chalcédonienne et, de ce fait, protégée des persécutions que menaient les autorités byzantines[18].

Cela constitua une brèche très préjudiciable dans l'unité de l'Empire. L'auteur monophysite du texte connu sous le titre de *Chronique du pseudo-Denis de Tel-Mahre* donne la liste des noms d'évêques qui furent « chassés de leurs évêchés », cinquante-quatre en tout ; même le grand Sévère, patriarche d'Antioche, dut lui aussi quitter son poste. L'auteur décrit ensuite le patriarche chalcédonien d'Antioche nouvellement installé comme « Paul le juif... L'instrument de la perdition fut choisi et envoyé ici – Paul [également] appelé Eutychès, c'est-à-dire un juif s'il est permis de le dire… c'est lui qui introduisit [la doctrine] du méprisable concile de Chalcédoine[19] ». Il y eut un scandale lorsque des moines chalcédoniens et non chalcédoniens se battirent jusqu'au sang et à mort pour le contrôle d'églises et de monastères. Plus importants, d'un point de vue politique, furent les tumultes sanglants qui éclataient chaque fois que les autorités byzantines tentaient de confisquer églises et installations patriarcales, en chassant ou en arrêtant les prélats monophysites, lesquels bénéficiaient du soutien de la plus grande partie de la population précisément dans les territoires où les armées sassanides et, plus tard, les Arabes musulmans envahirent l'Empire, depuis Antioche en Syrie jusqu'à Alexandrie en Égypte.

Ces haines doctrinales avaient atteint une telle intensité que les deux parties définissaient différemment leur ennemi : pour les monophysites, c'étaient les chalcédoniens et non les Arabes musulmans. La *Chronique de 1234*, écrite par un monophysite, raconte la marche de Théodoric, le frère de l'empereur Héraclius, avec ses forces en Syrie pour affronter les envahisseurs arabes musulmans :

> Lorsqu'ils atteignirent le village d'al-Jusiya, Théodoric s'approcha d'un stylite [un ermite très peu solitaire] qui se tenait sur son pilier : l'homme était chalcédonien. À la fin de la longue conversation qui s'ensuivit entre eux, le stylite dit à Théodoric : « Je n'ai qu'une demande, promettez-moi qu'à votre retour de la guerre, hors de danger et victorieux, vous exterminerez les adeptes de Sévère [le patriarche monophysite d'Antioche qui avait été chassé] et les briserez avec les châtiments les plus horribles »… Théodoric répondit : « J'avais déjà pris la décision de persécuter les sévériens avant même d'avoir entendu votre avis. » Alors l'auteur raconte avec allégresse la défaite des Byzantins sous les coups des Arabes musulmans[20].

Héraclius (610-641) essaya *in extremis* d'unifier ses sujets en proposant un adroit compromis christologique, ou en tout cas autorisa son patriarche Sergius Ier à le faire dans l'*Ekthesis* de 638. L'*Ekthesis* proclama la doctrine monothéliste (« une seule volonté »), selon laquelle le Christ a deux natures, une nature humaine et une nature divine, mais dans une parfaite union téléologique au sein d'une seule et unique volonté[21]. Il s'agissait d'une version améliorée d'une première tentative de l'empereur, le monoénergisme, dont la grande vertu était de laisser indéterminée l'« énergie unique » du Christ pour concilier toutes les opinions.

Le monothélisme fut, dans un premier temps, bien accueilli localement et accepté de bon cœur à Rome par le pape Honorius Ier (610-638), mais rejeté par le public principal auquel il s'adressait, les monophysites eux-mêmes : leur monothéisme d'inspiration sémite n'allait pas se laisser assouplir par les subtilités de la sophistique grecque[22]. Dans le même temps, les chalcédoniens les plus rigoureux s'opposaient à tout compromis ; sur leur insistance, le monothélisme fut condamné comme hérétique par le sixième concile œcuménique en 680.

De toute façon, presque tous les monophysites se trouvaient alors déjà sous domination musulmane. Jean, évêque monophysite de Nikiou en Égypte, exact contemporain de ces événements, vit les conquêtes musulmanes comme un châtiment divin de la persécution de sa foi et un soulagement bienvenu pour les persécutés :

> Les troupes [byzantines] et les officiers... abandonnèrent la ville d'Alexandrie. Sur quoi 'Amr, le chef des musulmans, fit son entrée sans effort à Alexandrie. Et les habitants le reçurent avec respect ; ils subissaient en effet un terrible calvaire et un grand malheur.

> Puis Abba Benjamin, le patriarche [monophysite] des Égyptiens, fit son retour dans la ville d'Alexandrie – c'était la treizième année depuis sa fuite devant les Romains – et se rendit aux églises pour toutes les inspecter. Tous disaient : « Cette expulsion des Romains et cette victoire des musulmans sont le résultat de la méchanceté de l'empereur Héraclius et de sa persécution des orthodoxes mise en œuvre par le patriarche [chalcédonien] Cyrus. » Ce fut la cause de la ruine des Romains et de la soumission de l'Égypte par les musulmans[23].

Il en alla plus simplement pour les juifs, qui restèrent nombreux dans leur patrie, en Égypte et en Mésopotamie, où fut rédigé le Talmud de Babylone à partir de transcriptions de discussions entre rabbins aux écoles de Pumbedita (aujourd'hui al-Fallujah en Irak), Sura, Nisibis (la Nusaybin de la Turquie moderne) et Mahoza – nom araméen de la capitale sassanide de Ctésiphon, près de Bagdad.

Mahomet avait enrichi ses adeptes en pillant l'oasis juive de Khaybar au nord de Médine, et chassé de Médine la tribu juive des Banu Nadir, habiles artisans du fer, parmi d'autres exactions ; le Coran exprime son vif ressentiment devant la réaction des juifs qui refusèrent d'accepter ses perfectionnements de leur ancienne foi – bien qu'il leur eût fait le compliment suprême d'incorporer une grande partie du judaïsme dans sa nouvelle religion[24].

Malgré ces événements, les juifs firent bon accueil aux conquêtes arabes, comme la majorité des monophysites parmi les chrétiens, et pour la même raison exactement : la discrimination arabe se traduisait par une égalité parfaite, les juifs bénéficiant des mêmes droits, limités mais permanents, que les autres dhimmis – parmi lesquels les « chrétiens du roi » autrefois privilégiés, les chalcédoniens.

Cette égalité constituait une considérable amélioration de leur condition. Les lois des empereurs byzantins imposaient en effet périodiquement des restrictions de plus en plus nombreuses aux juifs, Héraclius dépassant tous les autres en ce domaine pour avoir apparemment ordonné leur conversion forcée, s'il faut en croire le contemporain « Jacob le récemment baptisé[25] ». Ce fut peut-être une mesure de représailles après l'aide que des juifs locaux avaient soi-disant donnée aux Perses sassanides dans leur conquête de Jérusalem en 614 – l'un des plus grands désastres de la dernière et suprêmement désastreuse guerre que se livrèrent les deux empires. Durant quelque temps, le renouveau du zoroastrisme sous les Sassanides avait entraîné la persécution des autres croyances. Sous le règne du prédécesseur de Khosro II, Hormizd IV (579-590), déjà, on poussa à prendre la fuite chrétiens et juifs – parmi lesquels l'école talmudique entière de Pumbedita, selon l'*iggeret Rav Sherira gaon*, l'épître de Rabbi Sherira, chef (*gaon*) de Pumbedita trois siècles plus tard[26].

À moins d'être remarquablement mal informés, les juifs de Jérusalem n'avaient aucune raison de prendre le moindre risque pour aider Khosro II à remplacer l'intolérance des Byzantins par la sienne. Mais dans un contexte général de défaite et de démoralisation, on accorde facilement créance à tout ce qui concourt à déconsidérer les juifs – non sans l'embellir (ou plutôt l'enlaidir) de bon cœur, en l'occurrence avec le soutien d'un prétendu témoin oculaire : Antiochus Strategos, moine du monastère (encore existant de nos jours) de Mar (« saint ») Saba, dont le texte, à l'exception d'un fragment original, n'est parvenu jusqu'à nous que dans une version en ancien géorgien traduite de l'original grec, ou peut-être d'une première traduction arabe de l'original grec :

> Les vils juifs, ennemis de la vérité qui haïssent le Christ... se réjouirent au plus haut point (de la chute de la ville) parce qu'ils détestaient les chrétiens... Aux yeux des Perses, leur importance était grande parce qu'ils avaient trahi les chrétiens... Comme ils avaient autrefois acheté notre Seigneur aux juifs avec des pièces d'argent, ils acquirent des chrétiens qu'ils firent sortir du réservoir (où ils avaient été emprisonnés) ;... ils donnèrent de l'argent aux Perses et achetèrent un chrétien pour l'assassiner comme un mouton. Les chrétiens, pourtant, s'en réjouissaient parce qu'ils se faisaient assassiner au nom du Christ... Quand le peuple fut emmené en Perse et les juifs laissés à Jérusalem, ils se mirent à démolir de leurs propres mains et à incendier les saintes églises qui restaient debout[27].

Que les juifs rachètent des chrétiens pour le seul plaisir de les tuer ressemble fort à une fantaisie malveillante ; Antiochus Strategos ne fut pas le premier ni le dernier ecclésiastique à laisser éclater sa haine des juifs par frustration à l'égard de leur simple existence, qui se poursuivait malgré tout – l'Église elle-même l'autorisa d'ailleurs en excluant les seuls juifs des mesures de proscription prises contre les autres religions non chrétiennes. Longtemps avant 614, tous les non-chrétiens connus au sein de l'Empire avaient été contraints à la conversion sous peine de mort, ou simplement massacrés. Les juifs seuls furent autorisés à vivre en non-chrétiens, mais pas pour autant dans des conditions agréables ou sûres.

Une cascade de législations qui devait durer pendant deux siècles imposa à la fois des restrictions religieuses au prosélytisme et à la liberté d'expression (« moquerie »), et des incapacités civiles. Plus important, une loi du 10 mars 418 (Code théodosien XVI, 8, 24) interdit aux juifs les emplois de fonctionnaires de l'Empire – une privation colossale parce qu'il n'existait aucune autre forme d'emploi que l'on pût comparer, même de loin, à celle-ci :

> L'entrée au service de l'État sera dorénavant fermée à ceux qui vivent dans la superstition juive... Nous concédons par conséquent à tous ceux qui ont prêté serment de servir, parmi les [*agentes in rebus*, administrateurs en début de carrière] ou les [*palatini*, intendants, ou conseillers, du palais], la possibilité d'aller jusqu'au terme de leur service conformément à leur statut, fait que nous tolérons plus que nous ne l'encourageons ; mais nous souhaitons que les mesures d'allégement s'appliquant à un nombre limité de personnes aujourd'hui ne soient pas autorisées dans le futur. Quant à ceux, en revanche, qui sont soumis à la perversité de cette nation et se trouvent être entrés au service militaire de l'État, nous décrétons la nécessité d'ouvrir leur *cingulum* [la ceinture militaire, symbole

du soldat romain] sans la moindre hésitation ; ils ne devront tirer aucune aide ni protection de leurs mérites passés. Néanmoins, nous n'excluons pas les juifs instruits dans les études libérales de la liberté de pratiquer le métier d'avocats, et nous leur permettons de jouir de l'honneur des liturgies curiales [fonctions municipales obligatoires] qui leur sont dues au titre de prérogatives de naissance ou de la splendeur de leur famille. Comme ils devraient se féliciter de pouvoir conserver ces fonctions, ils ne devraient pas considérer l'interdiction relative au service de l'État comme une marque d'infamie[28].

Ironie involontaire, peut-être, car personne ne voulait de la fonction coûteuse (et non dédommagée) de décurion. Néanmoins, jusqu'au VIe siècle, les juifs bénéficièrent encore de la protection légale contre la violence – y compris les actions perpétrées par la foule à l'instigation de prêtres alarmés par la prolifération des « adorateurs du ciel » (*caelicolae*), qui suivaient les rites juifs sans se convertir formellement au judaïsme. Une loi du 6 août 420, intégrée au Code théodosien (XVI, 8, 21) et reprise dans le Code justinien (I, 9, 14), prescrivait en effet :

Personne ne sera mis à mort au nom de sa religion juive, sans être coupable d'aucun crime... Leurs synagogues et habitations ne devront pas être incendiées sans distinction, ni endommagées à tort sans la moindre raison.

Mais la même loi poursuivait en conseillant fortement aux juifs de rester humbles :

Mais tout comme nous souhaitons prendre dans cette loi des mesures concernant tous les juifs, nous ordonnons de leur donner également par là un avertissement, de peur que les juifs ne se laissent d'aventure aller à l'insolence et, exaltés par leur propre sécurité [*ne iudaei forsitan insolescant elatique sui securitate*], ne commettent quelque acte inconsidéré contre le respect dû au culte chrétien[29].

À ce moment-là, le statut légal des juifs dans l'Empire romain se trouvait à un stade moyen de son évolution : pire qu'auparavant, meilleur que par la suite. Le 31 janvier 438, Théodose II, avec Valentinien III, promulgua une nouvelle loi – peut-être sous l'instigation de moines à Jérusalem – aux termes de laquelle « les juifs, les samaritains, les païens et les hérétiques » étaient exclus de tous les emplois officiels et de toutes les dignités, y compris les municipales – à l'exception de ces fonctionnaires (*curiales*) qui étaient contraints de recourir à leurs propres moyens financiers pour exercer leurs fonctions. La loi interdit également la construction de nouvelles synagogues et stipula que tout juif ayant converti quelqu'un d'autre au judaïsme devrait être exécuté et ses biens confisqués. Sous Justinien, onze nouvelles lois d'importance majeure, de 527 à 553, créèrent des restrictions civiques et légales supplémentaires et alourdirent les châtiments, tout en incitant la conversion au christianisme – ainsi, tout converti au sein d'un groupe d'héritiers juifs bénéficierait de la totalité de l'héritage[30].

En somme, on autorisait les juifs à rester en vie alors que tous les autres non-chrétiens, des populations entières, étaient exterminés, mais on ne leur donnait pas non plus de raisons d'être loyaux aux Byzantins : quand les Arabes musulmans envahirent la Mésopotamie vers 634, Rabbi Isaac, chef (*gaon*) de l'école de Pumbedita, réserva de bon cœur un excellent accueil au conquérant 'Ali ibn Abi Tâlib, époux de la fille de Mahomet Fatima et quatrième calife de l'islam.

Le califat et Constantinople

Incapables d'assumer le rôle prophétique de Mahomet, ses successeurs Abou Bakr, 'Omar ibn al-Khattab et 'Othman ibn 'Affân avaient inventé le titre de *khalifa*, « successeur » ou « remplaçant », « représentant », traduit par « calife », destiné à leur chef non héréditaire choisi par le conseil. Le commandement charismatique de Mahomet avait dompté les tribus d'Arabie, mais ces dernières n'avaient fait allégeance qu'à sa personne et non à son mouvement religieux ; à sa mort, le tribalisme revint en force, en opposition naturelle à tout gouvernement centralisé.

Le premier calife, Abou Bakr as-Siddîq (632-634) , dut combattre tout au long de son bref règne pour imposer sa domination. Le deuxième, 'Omar ibn al-Khattab (634-644) , fut contesté par les partisans de la famille de Mahomet, même s'il tomba assassiné par un esclave perse pour de tout autres raisons. Le troisième calife, 'Othman ibn 'Affân (644-656) , sous l'autorité duquel fut arrêté le texte écrit du Coran, affronta des émeutes et rébellions et trouva finalement la mort sous les coups des rebelles victorieux dans sa propre maison de Médine. Le quatrième calife, 'Ali ibn Abi Tâlib (656-661), le gendre de Mahomet, fut victime des manœuvres de Mu'âwiyah ibn 'Abî Sufyân, chef de guerre en Syrie et fondateur de la dynastie omeyyade, même s'il tomba assassiné par un extrémiste de la secte des Kharijites (comme les modernes jihadistes, les Kharijites exigeaient une guerre perpétuelle contre tous les non-musulmans, dénonçaient comme apostats tous ceux qui n'étaient pas de leur avis et s'opposaient à tous les dynastes).

Les musulmans qui, de nos jours, se font lyriques en chantant les louanges du califat sous les quatre premiers califes dits « bien guidés » (*al-Khulafa'ur-Rashidun*) – nombre de leurs successeurs étant condamnés comme tyrans –, font abstraction de la violente instabilité de l'institution, sans aucun doute parce qu'ils célèbrent ses spectaculaires victoires sur les infidèles qui les tourmentent encore.

Il est certain que les dissensions et même la guerre civile ralentirent à peine la force et l'élan des conquêtes arabes. Elles continuèrent en effet vers l'ouest, droit au travers de l'Afrique du Nord, pour envahir l'*Africa* byzantine (centrée sur la Tunisie moderne) dès 690 et atteindre l'Espagne dès 711 ; vers le nord, par l'est de l'Anatolie et l'Arménie en traversant le Caucase, ne rencontrant de résistance sérieuse qu'au-delà du Caucase de la part des Khazars ; et droit vers l'est, au-delà de l'Afghanistan, jusqu'à atteindre le Sindh à la limite occidentale de l'Inde historique, dès 664.

Le Coran se montre hostile à l'égard des pharaons et des rois ; son esprit d'égalité parmi tous les croyants est très défavorable à la succession héréditaire. Mais dans les trente années qui suivirent la mort de Mahomet, le cinquième calife Mu'âwiyah ibn 'Abî Sufyân (661-680) fit en sorte que son fils Yazid Ier lui succédât, inaugurant par là ce qui deviendrait la dynastie des Omeyyades, condamnée par de nombreux juristes sunnites et par tous les chiites – abréviation de *Shi'at Ali'*, « le parti d''Ali », c'est-à-dire du quatrième calife 'Ali ibn Abi Tâlib, gendre de Mahomet, qui aurait dû être son successeur héréditaire selon les chiites.

Le même Mu'âwiyah avait précédemment défait Ali ; il se trouva que les troupes de son fils Yazid Ier tuèrent le fils d'Ali, Hussein, lors du mois lunaire de muharram 680 – pour l'éternelle affliction des chiites qui pleurent encore de nos jours l'événement comme étant le plus grand crime de l'histoire, commémoré chaque année lors de la fête de l'Achoura, dixième jour du mois lunaire muharram, avec force larmes, lamentations et scènes de coupures et de purgations sanglantes. (Les sunnites déplorent particulièrement le scalp des bébés pour exposer leurs fronts ensanglantés comme preuve de l'intense dévotion de leur famille.)

Dans un contexte de vive contestation du califat de Mu'âwiyah, seule la poursuite des conquêtes était susceptible d'apaiser les opposants par le butin qu'elles rapportaient, ainsi que par la preuve qu'elles donnaient d'une faveur divine toujours aussi grande. L'empire des Sassanides était déjà détruit mais l'Empire byzantin existait encore, même considérablement amoindri : sa conquête finale constituait la priorité évidente, s'imposant à tous les musulmans. Des raids arabes avaient depuis longtemps pénétré l'Anatolie ; on prépara l'attaque finale contre Constantinople avec de nouveaux raids, plus vastes et plus profonds. Dès 674 sinon plus tôt, des raids arabes avaient avancé jusqu'à la partie la plus occidentale de l'Anatolie, tandis que dans les villes portuaires de Syrie étaient convertis ou simplement recrutés de nombreux équipages de navires.

Ces navires permirent à Mu'âwiyah d'investir Constantinople par la terre et par la mer. Il n'y eut pas de siège continu ni de blocus efficace de la ville, mais une série d'attaques intermittentes lancées par des forces débarquées ainsi que des engagements navals qui se prolongèrent jusqu'en 678. La force et l'élan de ces attaques avaient d'abord semblé irrésistibles, mais leur résultat final, après cinq ans de combats sporadiques, devait représenter la première défaite d'importance stratégique subie par les musulmans, qui brisa pour la première fois l'enchaînement de leurs conquêtes[31].

À l'époque où mourut Théophane, en 818, les Arabes musulmans restaient de dangereux ennemis de l'Empire avec lesquels la guerre de frontière était endémique, mais depuis leur défaite durant leur deuxième offensive contre Constantinople en 717, ils semblaient représenter une menace moins grande que les Bulgars. C'est ce que reflète le récit de Théophane consacré à la première offensive (année 6165 depuis la création) :

Cette année-là... les flottes des ennemis de Dieu prirent la mer et vinrent jeter l'ancre en Thrace... chaque jour voyait un engagement militaire du matin au soir... avec offensive et contre-offensive. L'ennemi poursuivit ainsi ses efforts du mois d'avril au mois de septembre. Ensuite, faisant demi-tour, ils se rendirent à Cyzique, qu'ils prirent pour y passer l'hiver. Et, au printemps, ils se mirent en

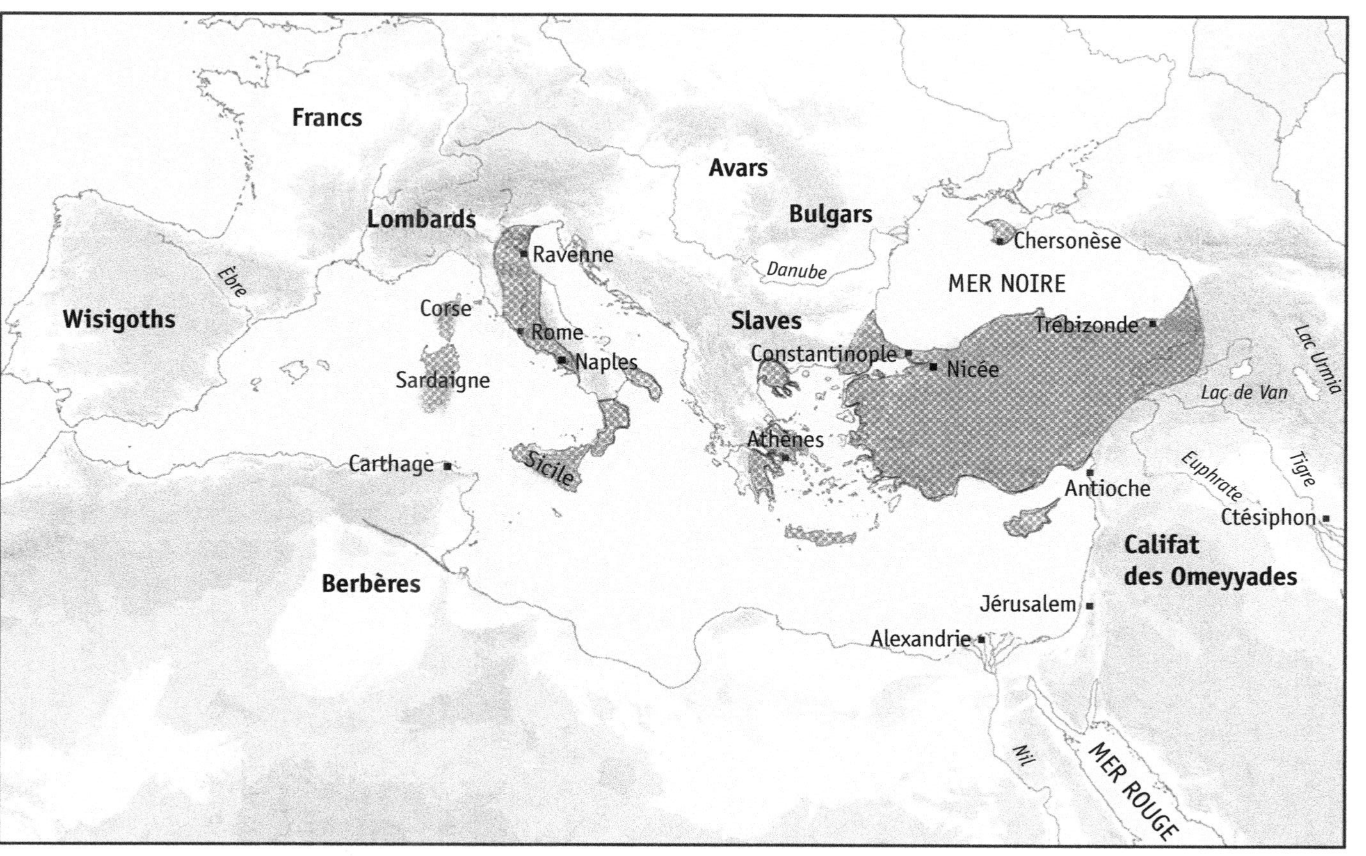

Carte 7. L'Empire en 668, après les invasions des Slaves, des Lombards et des musulmans.

route et, d'une manière similaire, reprirent la guerre sur mer contre les chrétiens. Après sept années passées ainsi, confondus de honte avec l'aide de Dieu et de Sa Mère, ayant, qui plus était, perdu une multitude de guerriers et comptant de très nombreux blessés, ils firent demi-tour avec grande tristesse. Et lorsque cette flotte (qui devait être coulée par Dieu) s'engagea en haute mer, elle se trouva surprise par une tempête hivernale et les bourrasques d'un ouragan... fracassée, elle disparut entièrement[32].

Avant cela s'étaient déroulés des combats sur mer durant lesquels la marine byzantine employa pour la première fois des siphons projetant du feu liquide – *hugron pur,* ou « feu grégeois » (c'est-à-dire « grec »), sur lequel nous reviendrons d'une manière plus détaillée au chapitre 13.

La bataille est par excellence le domaine de l'imprévu. Les conséquences peuvent en être déterminées au niveau tactique, voire au niveau opérationnel, par des événements qui relèvent de la chance, comme par exemple de grandes tempêtes. Mais, en l'occurrence, il y avait la muraille de Théodose, une garnison pour la défendre et une marine d'un niveau supérieur. Ensuite vint la tempête qui dispersa et coula les navires utilisés par les Arabes musulmans. Les résultats d'une bataille, même très importante, peuvent néanmoins rester limités à des répercussions tactiques ou opérationnelles. Mais, cette fois, les conséquences furent stratégiques.

Le calife Mu'âwiyah ibn 'Abî Sufyân avait manifestement consacré les efforts les plus grands au plus grand des buts, la prise de Constantinople, mobilisant pour ce faire toutes ses forces de bataille et tous les navires qu'il put enrôler dans les ports du Levant à un coût extrêmement élevé. Son échec affaiblit gravement sa position. On combattit également dans le sud-est de l'Anatolie et les Arabes eurent le dessous ; les Mardaïtes, prétendus ancêtres des pugnaces Maronites que nous connaissons (mais cette origine est contestée), prirent possession de la chaîne des monts Amanus (Nur) qui court dans l'intérieur des terres depuis Antioche et le mont Liban, attirant de nombreux esclaves fugitifs et autres fuyards.

Par conséquent, les jihadistes arabes qui combattaient les Byzantins en Cilicie avaient des ennemis sur leurs deux flancs. Sous l'année 6169 depuis la création, Théophane en énumère les conséquences : Mu'âwiyah dut demander la paix comme l'entendaient les Byzantins (« un traité écrit de paix »), bien qu'il ne s'agît que d'une trêve telle que l'islam l'autorise (*hudna*) ; elle avait par là même une durée limitée.

Il n'y avait aucun doute sur l'identité du vainqueur : Mu'âwiyah accepta de payer un tribut annuel de trois mille pièces d'or, cinquante chevaux pur-sang et cinquante prisonniers en échange d'une trêve de trente ans.

La Cilicie était éloignée de l'Occident, mais la lutte critique avait été livrée à Constantinople : « Lorsque les habitants de l'Occident eurent appris ces événements, à savoir le khagan des Avars ainsi que les rois, chefs de tribus et *castaldi* [*gastaldi*, chefs lombards]... et les princes des nations occidentales, ils envoyèrent des ambassadeurs et des présents à l'empereur, sollicitant la confirmation de relations de paix et d'amitié avec eux[33]. » Une bonne partie de l'Italie était encore byzantine, mais les possessions des Lombards y étaient plus vastes : le fait de pouvoir les dissuader de toute offensive grâce à la victoire remportée sur les Arabes musulmans et leur force semblait-il irrésistible revêtait, par conséquent, une importance stratégique ; avec les Bulgars à affronter et une frontière arabe à surveiller sous bonne garde, en effet, les Byzantins n'étaient pas en mesure d'envoyer en Italie les forces nécessaires pour remplacer la dissuasion par la défense.

Les Arabes ne tentèrent pas de lancer une deuxième attaque contre Constantinople avant 717. Cette année vit le calife omeyyade Soliman ben Abd al-Malik (715-717) mobiliser ses forces pour le jihad afin de lancer une expédition navale vers Constantinople, sous le commandement de son frère Maslama ben Abd al-Malik, qu'il suivit en progressant lui-même par la voie terrestre en passant vraisemblablement par la Cilicie. Comme nous l'avons vu préalablement, les forces que Maslama fit débarquer en Thrace pour investir la muraille de Théodose se firent attaquer sur leurs arrières et défaire par les Bulgars, tandis que les forces débarquées sur le rivage de Marmara y furent bloquées et réduites à la famine ; le calife lui-même trouva la mort en 717 ; son aide ne put donc parvenir à Maslama.

Le nouveau calife, 'Omar ibn Abd al-Aziz, est décrit comme un homme d'une piété sincère, indifférent à la fameuse élégance des Omeyyades comme à leurs efforts pour prendre Constantinople. Selon la *Chronique de 1234* en syriaque :

> Dès qu'il devint roi [calife], il consacra toute son énergie à délivrer les Arabes qui se trouvaient piégés dans l'Empire romain. Voyant qu'il ne pouvait obtenir de nouvelles de leur sort, il nomma un homme de confiance, lui donna une escorte suffisante et l'envoya dans l'Empire romain... Cet homme trouva un moyen de s'introduire dans le camp des Arabes et apprit tout de la situation de l'armée ; alors Maslama lui donna une lettre pleine de mensonges pour qu'il la portât à Omar, disant ainsi : « L'armée est en excellente condition et la ville est sur le point de tomber. »

Il fallut attendre la fin de l'hiver 717 et la reprise de la navigation pour que le calife pût ordonner le retour de Maslama, mais cela lui imposait de forcer le passage en traversant le blocus naval : « Ils embarquèrent sur leurs navires et firent voile vers la haute mer ; les Romains engagèrent alors une bataille navale contre eux et incendièrent nombre de leurs navires. Les survivants se firent surprendre par une tempête et la plus grande partie des navires sombra[34]. »

D'une manière caractéristique, la défaite fut suivie de la persécution de chrétiens et de tentatives de conversion forcée ordonnées par le calife Omar, qui associait piété religieuse et extrémisme.

Jusqu'au Xe siècle, la puissance des Arabes musulmans resta réelle ; des raids se poursuivirent tout autour de la Méditerranée, ainsi que des attaques périodiques contre les frontières de l'Empire. Les dommages infligés à l'Empire furent tels que de nombreuses villes se trouvèrent réduites à l'état de villages ; durant le VIIIe siècle, Constantinople elle-même tomba à moins de cinquante mille habitants, qui vécurent entourés de maisons abandonnées sans même un seul aqueduc en état de fonctionnement jusqu'en 768[35]. Le IXe siècle vit l'Empire se redresser vigoureusement

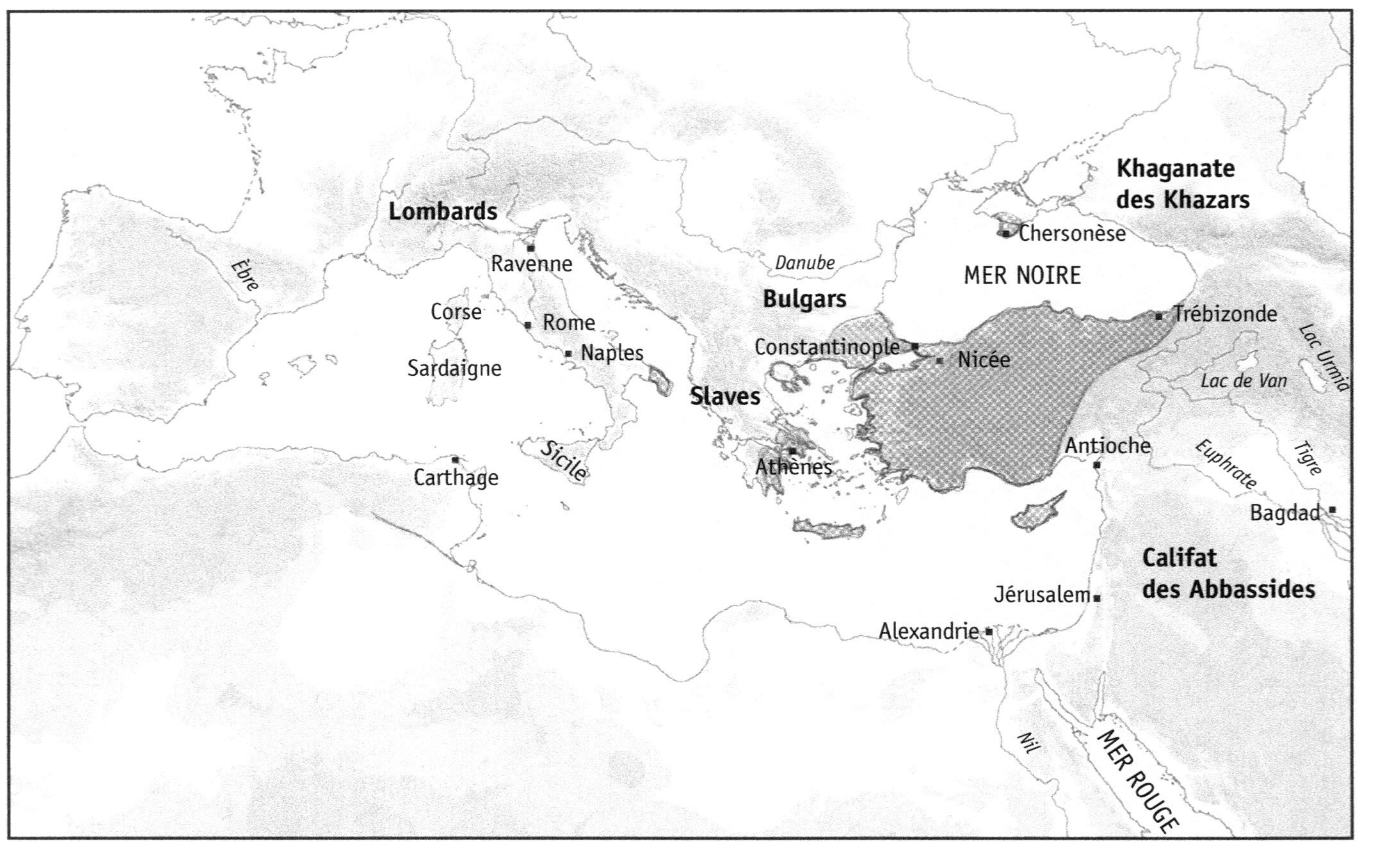

Carte 8. L'Empire en 780, après les conquêtes musulmanes et l'établissement des Bulgars.

après de longues années de pertes territoriales et de déprédations, mais les attaques terrestres des Arabes restaient coûteuses et invasions navales comme raids de pillage se poursuivaient. En août 902 fut perdue la dernière forteresse byzantine en Italie, sur la montagne de Taormina ; presque toutes les îles de la Méditerranée se trouvaient désormais occupées ou cibles de raids, tandis que les villes côtières – quelle que fût leur taille – subissaient elles aussi des attaques fréquentes.

En juillet 904, le converti Léon de Tripoli conduisit le raid le plus destructeur de tous : après avoir pénétré dans la mer de Marmara cap sur Constantinople – semblait-il –, la grande flotte de Léon prit la fuite devant la sortie en masse des vaisseaux de guerre byzantins pour fondre sur la deuxième ville de l'Empire, Thessalonique. La cité, nullement avertie du danger, n'avait pas préparé sa défense. Le raid tua nombre de ses habitants et repartit avec une multitude de prisonniers réduits à l'esclavage.

La mobilisation autour du jihad restait d'une grande efficacité ; les perspectives de pillage et d'esclavage des populations vaincues, ou d'une deuxième vie annoncée luxurieuse après avoir trouvé la mort à la guerre constituaient toujours deux puissants stimulants permettant d'enrôler de nombreux volontaires. Mais, d'un point de vue politique, la puissance des Arabes musulmans était minée d'une manière fatale par une désunion chronique.

L'Empire byzantin avait certes ses mutineries, insurrections, usurpations et guerres civiles, mais il n'existait jusqu'en 1204 qu'un seul Empire, et non deux, trois ou quatre. Bien sûr, l'expansion des Arabes musulmans – même avant de se transformer en expansion musulmane multinationale – s'empara de territoires bien plus vastes que l'Empire byzantin, atteignant des contrées aussi lointaines que la bordure de la Chine à la bataille de la rivière Talas en 751 contre les troupes de la dynastie Tang, et pénétrant dans le même temps la vallée de l'Indus en Inde (aujourd'hui au Pakistan).

Mais cette colossale expansion suscita une fragmentation à la fois politique et confessionnelle – les deux aspects étant souvent étroitement liés –, ainsi que des tensions ethniques, surtout entre les Arabes et les Perses.

Après une période d'étouffement et de silence sous la vague de la conquête arabe, la culture perse forte de son passé et de ses attraits, avec ses rites zoroastriens et ses coutumes, réapparut au sein de la Perse islamique comme c'est encore le cas de nos jours : les fondateurs fanatiques de la République islamique eux-mêmes ne tentèrent pas d'interdire le rituel du feu purement zoroastrien célébré au Nowruz, ni les festivités qui s'ensuivent ; fait également significatif, les musulmans perses se revendiquent clairement chiites depuis le XVIe siècle et non sunnites, comme le sont la plupart des Arabes et des musulmans au sens large.

On a souvent crédité les victoires byzantines de la désunion des musulmans – tout particulièrement durant les dernières années de Basile II (mort en 1025), combattant inlassable et finalement victorieux, qui agrandit l'Empire dans toutes les directions. Dès cette époque, le califat unique supposé commander tous les musulmans comme une seule et même nation (*oumma*) n'existait plus. De multiples puissances l'avaient remplacé, souvent en guerre les unes contre les autres. La plus importante pour Byzance était alors le califat hétérodoxe des Fatimides, *al-Fatimiyyun*, qui tirait son nom de Fatima, la fille de Mahomet dont le fondateur Abdullah al-Mahdi Billah prétendait descendre. Parti de l'actuelle Tunisie et centré en Égypte, son domaine alla dans sa période de plus grande extension jusqu'à atteindre vers l'ouest la côte Atlantique du Maroc, vers le sud les terres du Soudan, vers l'est la Syrie entière jusqu'à la bordure de la Mésopotamie, en descendant jusqu'à La Mecque et Médine dans l'ouest de l'Arabie.

Les Fatimides furent ainsi voisins immédiats de Byzance durant les XIᵉ et XIIᵉ siècles, ce qui occasionna de nombreux affrontements mais aussi, et plus souvent encore, des relations pacifiques : les Fatimides se montraient en effet d'une grande tolérance en religion et d'une grande prudence dans l'art de gouverner, jouant un rôle de premier plan dans l'expansion économique et le commerce sur longue distance. Ils étaient chiites ismaéliens « septimaniens » (« seveners ») : comme celle de tous les chiites, la foi des septimaniens fait de l'époux de Fatima, 'Ali ibn Abi Tâlib, le successeur légitime de Mahomet par le droit dynastique, sa lignée étant perpétuée par d'infaillibles imams dont le dernier est toujours en vie, soustrait aux regards ou « caché » ; mais à la différence des chiites duodécimains (« *twelvers* ») de l'Iran et de l'Irak contemporains, pour lesquels le dernier imam est Mohammed al-Mahdi né en 868 (et considéré comme toujours en vie), les ismaéliens ne reconnaissent la succession que jusqu'au sixième imam, Ja'far ibn Mohammed, qui mourut en 765, le dernier et immortel imam étant pour eux l'imam Mohammed ibn Ismâ'il né en 721 (il existe également des chiites « *fivers* »).

Les califes abbassides étaient sunnites et ne reconnaissaient pas d'imams cachés, mais leur califat, bien qu'à l'origine établi grâce à la force des Arabes frontaliers du Khorassan, avait comme principal soutien les Perses qui remplacèrent l'élite purement arabe du précédent califat omeyyade. Après sa destruction en Syrie vers 750 sous les coups des Abbassides, la lignée des Omeyyades connut une renaissance avec un descendant direct en *al-Andalus*, l'Espagne musulmane, qui en devint l'émir – ce qui laisse à tout le moins supposer une acceptation tacite de la part du califat abbasside. Mais en 929 fut proclamée la restauration d'un califat omeyyade à Cordoue.

Les Fatimides se trouvaient ainsi défiés, d'un double point de vue doctrinal et politique, par un califat sunnite en Espagne à l'ouest et par le califat sunnite des Abbassides à l'est. Ce dernier ne disposait d'aucune force qui lui fût propre dès le Xᵉ siècle, mais il fut protégé, dominé et par là investi d'une certaine puissance, dans un premier temps par les tenants du renouveau perse et chiites « *fivers* » Buyides ou Buwayhides (*al-i Buya*), dans un deuxième temps par les Turcs seldjoukides sunnites qui reconquirent Bagdad pour les Abbassides et gouvernèrent en leur nom. Entre les deux, on vit même un revenant, issu de l'histoire de la Perse zoroastrienne mais en habit musulman, quand les Karmatiens (*Qaramita*) firent leur apparition à Bahreïn en 899 comme version spécifiquement perse du chiisme et défièrent les Fatimides, alors maîtres de La Mecque, en lançant un raid sur la ville en 928, en emportant la Pierre noire, en rétablissant le culte du feu zoroastrien et en proclamant l'abolition de la *charia*, la loi musulmane.

Avec le déclin des Arabes et l'incapacité chronique des Perses à réconcilier leur ancienne culture nationale avec l'islam – un dilemme qui persiste encore de nos jours –, le temps était venu pour la suprématie des Turcs convertis à l'islam.

Les Turcs seldjoukides et le déclin de l'Empire

À la mort de Basile II en 1025, l'Empire byzantin était au sommet de sa deuxième période d'expansion.

S'il incluait un territoire moins vaste que lors de sa première expansion un demi-millénaire plus tôt sous Justinien, ses possessions n'étaient pas dangereusement dispersées tout autour des 3 000 kilomètres du bassin méditerranéen, sa foi chrétienne avait une force de cohésion bien plus grande et ses frontières plus resserrées n'étaient pas menacées par de nouveaux ennemis vigoureux, à l'exception de sa dernière enclave dans le sud-est de l'Italie. Pour le reste, depuis l'anéantissement de l'État bulgare, ne subsistaient plus que les Serbes, plutôt accommodants, la puissance mineure des Magyars christianisés dans le nouveau royaume de Hongrie, les Petchenègues sur le déclin devant l'approche des Cumans (ou Kipchaks) et la Rus' de Kiev gouvernée par Yaroslav Ier.

Cette dernière était au sommet de son expansion géographique, mais sans pour autant constituer une menace stratégique soutenue, oscillant entre hostilité et déférence – une constante russe semble-t-il : en 1043, une flotte arriva pour attaquer Constantinople, mais une fois défaite et incendiée par la marine byzantine, Yaroslav Ier accepta avec reconnaissance la fille illégitime de Constantin IX Monomaque (1042-1055) comme épouse pour son fils Vsevolod, futur prince de Kiev.

Quant au front oriental, en temps normaux plus dangereux, la tranquillité régnait dès 1025 en raison de l'absence de pouvoir du califat sunnite des Arabes abbassides et de l'affaiblissement de plus en plus marqué de ses embarrassants protecteurs, les vizirs buwayhides au caractère perse fort prononcé, minés par des dissensions internes et des puissances extérieures rivales.

Tout semblait propice, mais les Byzantins se maintenaient en vie dans un environnement stratégique chroniquement instable. Quand Basile II acquit le contrôle des territoires d'Arménie à l'est du lac de Van (aujourd'hui dans l'est de la Turquie et l'ouest de l'Iran) en l'an 1000, il ne pouvait rien connaître de Toğrül, alors enfant peut-être âgé de sept ans, petit-fils de Seldjouk, le premier du clan turc des Oghouzes à se convertir à l'islam (sunnite). Pourtant, quand mourut le même Toğrül le 4 septembre 1063, les Seldjoukides (ou Seljoukides, Saljûqides) s'étaient transformés sous son commandement d'un clan de guerriers nomades en une grande puissance[36].

En sus de bien d'autres facteurs, un facteur tactique contribua à leur succès : nouveaux venus d'Asie centrale, ils disposaient d'une archerie – un art périssable – de la plus haute qualité[37]. À son entrée à Bagdad en 1055, Toğrül fut honoré du titre de sultan (« détenteur du pouvoir ») par le calife abbasside ; ce dernier était tout au plus à cette époque une autorité spirituelle, harcelé par les dissensions internes, par les Fatimides – ils s'étaient même emparés de La Mecque et de Médine – et par les Ghaznavides à l'est[38].

Les Seldjoukides n'avaient encore aucune existence en tant que puissance à la mort de Basile II ; trente années plus tard, pourtant, ils avaient étendu leur domination sur un vaste domaine incluant les territoires modernes de l'Irak, de l'Iran et de l'Ouzbékistan. De ce fait, ils constituaient une menace stratégique pour Byzance, mais aussi d'involontaires alliés dans la mesure où eux aussi résistaient à l'expansionnisme des califes fatimides en Égypte. Forts des considérables revenus fiscaux de l'Égypte, les Fatimides disposaient d'une flotte efficace et de troupes mercenaires turques de qualité.

Les Seldjoukides se trouvaient par conséquent, quel que fût leur souhait, alliés stratégiques de Byzance. Mais ils menaçaient dans le même temps les régions frontalières de l'est, du nord de l'Irak au nord-ouest de l'Iran, ainsi que les territoires du Caucase occupés par les Arméniens et les Géorgiens, alors sous contrôle byzantin. Avec l'arrivée de vagues de plus en plus nombreuses issues de tribus oghouzes nouvellement converties, à la recherche de nourriture et de terre où s'établir, les attaques par raids sur les frontières et les incursions plus profondes se firent de plus en plus fréquentes et l'invasion pure et simple devint une menace bien réelle. En 1064 fut mis à sac l'important évêché d'Ani, capitale religieuse d'Arménie[39].

Nouveaux convertis, les Seldjoukides et les Oghouzes – ou, pour employer un terme plus large, les Turcomans ou Turkmènes (nom donné à tous les Turcs musulmans) – qui les accompagnaient étaient animés d'une puissante motivation à remplir le devoir religieux du jihad, c'est-à-dire étendre le *dar al-islam* en envahissant le *dar al-harb*, le « pays de la guerre » occupé par les incroyants. Mais pour les ghazis – les guerriers frontaliers du jihad –, service de l'islam et profit personnel étaient étroitement liés : ils pouvaient y trouver du butin, des captifs à vendre ou à conserver comme esclaves ; s'ils rencontraient la mort au combat, on leur promettait une nouvelle vie au ciel (*jannah*) où ils ne manqueraient de rien, dans de splendides jardins aux eaux claires où ils jouiraient de plaisirs sans fin auprès de vierges aux yeux noirs et de beaux garçons[40].

Tout cela avait bien sûr déjà existé pour leurs prédécesseurs arabes, mais l'élan conquérant des Arabes qui avait transformé l'Afrique du Nord et l'Asie occidentale (et s'était même ressenti au-delà), à compter du milieu du VIIe siècle, s'était entre-temps entièrement dissipé.

Sous Toğrül déjà, les raids de pillage des Oghouzes et autres Turkmènes à cheval infligèrent des tourments considérables à l'est de l'Anatolie

– et ils s'intensifièrent sous son successeur, le très compétent Alp Arslan (1063-1072). Les cavaliers issus des tribus turkmènes, sous le commandement de leurs ghazis, comme les maraudeurs bédouins et kurdes avant eux, jouaient le rôle d'échelon avancé de l'expansionnisme seldjoukide – et à tous les points de vue montraient des talents considérablement supérieurs au combat, comme il convenait à des archers montés venant d'Asie centrale.

Il n'existait aucun système de défense frontalière organisée pour les retenir, aucune chaîne de forts reliés par des patrouilles, mais seulement une défense ponctuelle assurée par les villes fortifiées, les monastères forteresses et les propriétés de magnats locaux, elles aussi protégées de hauts murs. Ces places fortes servaient de soutien à l'action des *akritai*, les guerriers – principalement arméniens – postés aux frontières que chansons et histoires romanesques ont rendus si célèbres, fort utiles pour veiller à la défense locale et bien plus encore pour lancer de vigoureuses opérations de contre-attaques par raids au-delà de la frontière.

C'est ainsi que la frontière orientale de l'Anatolie avait été protégée pendant trois siècles contre les Arabes, de la région de Trébizonde sur la mer Noire jusqu'à la Cilicie sur la côte méditerranéenne, comme l'explique bien le traité *De uelitatione* examiné plus loin. Mais les opérations de contre-attaques par raids se révèlent inefficaces contre les nomades et ne pouvaient contenir les raids des Turkmènes ; les embuscades et poursuites qu'étaient susceptibles de mener des forces impériales présentes, quels que fussent leur nature ou leurs effectifs, n'en étaient pas davantage capables.

Seule une défense frontalière romaine classique dans sa forme la plus élaborée aurait pu protéger l'est de l'Anatolie, en associant des tours de surveillance fortifiées suffisamment rapprochées pour être à portée de vue, des forts avec des garnisons de plusieurs centaines d'hommes dans chaque vallée sur la frontière et d'importantes formations sur les arrières pour les renforcer – un mur d'Hadrien étendu sur des centaines de *miles*, qu'il eût été bien trop coûteux de construire comme de pourvoir en garnisons et approvisionnements.

Une autre approche, plus économique, avait été mise en œuvre par les Romains dans les zones arides du Moyen-Orient et d'Afrique du Nord, qui n'avaient pas de terrains agricoles à protéger couvrant toute la province mais seulement des oasis çà et là, grandes ou petites : des unités de cavalerie légère qui patrouillaient sur la frontière et au-delà pour détecter les maraudeurs ou les vraies invasions, lesquelles devaient ensuite être interceptées par des unités de cavalerie auxiliaire réunissant cinq cents ou mille hommes, des unités d'infanterie ou des unités mixtes stationnées dans des forts établis en profondeur à une certaine distance derrière la frontière, avec, si nécessaire, le renfort des formations légionnaires et auxiliaires de campagne les plus proches.

Une réaction immédiate était impossible en cas d'intrusion, d'abord en raison du temps nécessaire à l'arrivée des messages aux forts, puis aux forces auxiliaires pour se préparer au combat et se mettre en route, et par la suite pour trouver les troupes concernées, les engager au combat ou simplement les effrayer pour les renvoyer de l'autre côté de la frontière. Ce qui laissait beaucoup de temps aux maraudeurs pour piller et repartir avec des captifs en esclavage, mais toutes les oasis et tous les villages d'une certaine importance disposaient également de leurs propres défenses « ponctuelles » – qu'il s'agît de murailles ou simplement de maisons de pierre construites très près les unes des autres en cercle pour entourer les habitations, en ne laissant que d'étroits passages peu accueillants pour les raids de cavaliers. Fermes ou hameaux sans défense ne pouvaient pas survivre en zone frontalière aride à proximité de nomades qui parcouraient le pays avec leurs bandes. En temps normal, les peuplades pastorales ne laissent pas survivre les peuplades pratiquant l'agriculture à leur portée – rien ne peut en effet les inciter à la modération dans le pillage des moissons ; ce qu'une bande laisserait pour assurer la récolte de l'année suivante, une autre s'en emparerait immédiatement. C'est la version « raids des peuplades pastorales » de la « tragédie des biens communs ».

L'approche romaine s'appliquant aux zones arides n'eût pas suffi à garantir la protection appropriée aux paysans et bergers à prédominance arménienne qui habitaient les vallées et plateaux bien arrosés de l'Anatolie orientale. Mais on ne pouvait non plus ignorer leur besoin de sécurité – ils fournissaient en effet à l'Empire certaines recettes fiscales, de nombreuses recrues et toutes ses forces frontalières à temps partiel. De plus, une approche reposant sur des patrouilles et des interceptions se serait retrouvée confrontée à un fait militaire élémentaire : aucune cavalerie convenablement équipée pour combattre ne pouvait espérer gagner de vitesse la cavalerie des Turkmènes, qui chevauchaient le plus souvent sans casque ni corselet, bouclier, épée, masse ni lance, mais seulement avec leur arc composé et un cimeterre, ou simplement un poignard – une charge bien plus légère qui contribuait évidemment à la vitesse du cavalier.

Tout cela avait déjà été mis en évidence par une longue série de rencontres infructueuses avec les insaisissables cavaliers turkmènes lorsque l'empereur Romain IV Diogène (1068-1071), à l'été 1071, rassembla une armée d'une taille exceptionnelle – quarante mille hommes, a-t-on estimé – pour traiter le problème à sa source[41]. Son objectif était de déloger les Seldjoukides des forteresses qu'ils avaient récemment prises dans le nord-est de l'Anatolie, qui leur servaient de bases de départ pour les raids des Oghouzes, ainsi que leurs propres incursions visant davantage l'intérieur du territoire impérial.

Chacune de ces places fortes ne pouvait assurer seule une capacité de résistance suffisante, certainement pas, en tout cas, contre une armée de quarante mille hommes ; Romain aurait pu continuer à avancer d'une place à l'autre pour détruire les infrastructures seldjoukides de la terreur turkmène, comme on le dirait en termes actuels. L'une de ces forteresses était Manzikert, la Malazgirt moderne, au nord du lac de Van, à l'extrême limite orientale de la Turquie. Elle se rendit comme de juste aux Byzantins.

La suite des événements illustre parfaitement la contradiction entre la stratégie et la tactique que l'on rencontre souvent – et qui peut ruiner les meilleurs des plans. Rien ne peut empêcher ces contradictions, sinon la prudence et le talent dans le commandement : si stratégie et tactique obéissent en effet exactement à la même logique, le niveau de leur champ d'action est très différent, sujet à différentes influences parmi lesquelles des dispositions humaines divergentes.

Pour commencer, Romain était venu protéger les habitants et sujets de l'Empire contre les raids des Turkmènes et mettre, par là, un terme à l'abandon de territoires cultivés soumis à l'impôt – de grandes étendues avaient en effet déjà été désertées.

Tel était le but de sa stratégie. Pourtant, même si les quarante mille hommes de troupe étaient supposés apporter soixante jours de nourriture avec eux, ils se livrèrent eux-mêmes au pillage des populations de cette région depuis longtemps en souffrance, composées en grande partie – voire pour l'essentiel – d'Arméniens, avec leur propre identité ethnique et leurs rituels ; même les *Nemitzoi* (mot slave pour « germains »), les gardes du corps de l'empereur, s'y joignirent à son grand déplaisir – il les renvoya, disent les sources, décision qui le laissa lui-même sans protection rapprochée sous la sauvegarde plus lointaine que lui assurait l'armée, ce qui se révéla une erreur. Au lieu de rassurer et de mettre en sécurité les contribuables de l'Empire grâce à la force que lui donnaient ses quarante mille hommes, l'expédition semble avoir encore accru la désaffection des populations locales à l'égard de l'Empire. La nombreuse population chrétienne qui habitait autour du lac de Van resterait plus tard docile sous la domination seldjoukide, sans témoigner aucune nostalgie à l'égard du gouvernement byzantin.

Le seul objectif susceptible de convenir à une armée coûteuse de quarante mille hommes, peut-être constituée pour moitié de mercenaires étrangers – archers montés oghouzes et petchenègues, cavaliers lourds normands, gardes varègues et infanterie arménienne –, était une offensive stratégique destinée à conquérir l'Iran, mais aucune source ne laisse entendre que Romain ait même un moment envisagé une entreprise si ambitieuse. Pour les objectifs limités qu'il s'était fixés, quatre mille bons soldats eussent peut-être suffi – à moins, bien sûr, que le sultan seldjoukide Alp Arslan n'eût fait le choix insensé de concentrer ses forces principales dans ce coin perdu dans le seul but de repousser une attaque limitée. C'était une tout autre affaire dès lors que quarante mille hommes de troupes s'étaient mis en marche ; on ne pouvait en effet pas les ignorer. Alp Arslan préparait, semble-t-il, une grande offensive contre les Fatimides lorsque la nouvelle lui parvint qu'une colossale armée byzantine avançait dans les montagnes du nord-est de la Turquie.

Ce n'était même pas le théâtre de guerre principal entre les deux adversaires. Il eût été plus naturel qu'ils se combattissent pour la possession des territoires bien plus précieux où Sassanides et Romains avaient autrefois combattu, dans le nord-ouest de la Mésopotamie (aujourd'hui au sud-est de la Turquie), où se trouvaient les villes maintes fois assiégées d'Amida, Dara, Édesse et Nisibis. En tout cas, la priorité stratégique d'Alp Arslan n'était absolument pas d'affronter les Byzantins mais les Fatimides d'Égypte, les seuls rivaux de réelle importance aux yeux d'un souverain de Bagdad comme il l'était alors. Son pouvoir politique en tant que sultan pouvait légitimement s'étendre aussi loin que l'autorité religieuse du calife abbasside, qui l'avait autorisé à gouverner à sa place : de ce fait, si les Fatimides étaient détruits avec leur foi hétérodoxe ismaélienne, le mandat religieux du calife couvrirait alors à nouveau l'Égypte et son sultan Alp Arslan serait maître de territoires fertiles aux revenus fiscaux exceptionnellement élevés. C'était en effet un avantage supplémentaire de l'Égypte aux yeux d'un souverain musulman : sa population restait sans doute majoritairement composée de chrétiens (ils y étaient en tout cas nombreux), par conséquent assujettis à la capitation, à la différence des musulmans.

En l'occurrence, Alp Arslan fit le choix de ne pas ignorer la contre-attaque des Byzantins par la poursuite de son offensive stratégique contre l'Égypte – il eût sans aucun doute été politiquement préjudiciable pour une nouvelle dynastie de musulmans nouvellement convertis que de privilégier une attaque contre d'autres musulmans, si hétérodoxes fussent-ils, au lieu de défendre des conquêtes musulmanes contre la puissance chrétienne suprême. Ou peut-être était-il politiquement préjudiciable, d'une tout autre manière, de laisser Romain IV avancer sans opposition : il y avait encore de nombreux chrétiens et zoroastriens dans diverses parties de l'Iran toutes proches, et davantage de chrétiens dans le Caucase qui pouvaient s'enhardir devant l'avance sans opposition d'une grande armée chrétienne, également susceptible de gagner au christianisme des musulmans récemment convertis.

Alp Arslan abandonna donc ses plans concernant l'Égypte pour arrêter Romain avec ses propres forces et un nombre bien plus élevé de volontaires turkmènes. Le décor était dès lors posé pour la rencontre des deux armées, qui se produisit fortuitement à Manzikert. Romain, pour sa part, pensait être engagé dans une opération à peine supérieure à une simple opération de police ; il avait par conséquent dispersé ses capacités militaires pour couvrir le plus de localités possible : une force substantielle sous le commandement du mercenaire normand Oursel ou Roussel de Bailleul avait ainsi été détachée pour s'emparer de la forteresse de Chliat (aujourd'hui Akhlat), sur le rivage nord-ouest du lac de Van. Une deuxième force sous le commandement de l'Arménien Joseph Tarchaneiotès fut ensuite envoyée en renfort à Roussel de Bailleul, tandis que les gardes du corps de l'empereur, comme on l'a vu, avaient été renvoyés vers l'arrière. Pourtant, une autre force, cette fois de cavalerie, commandée par l'Arménien Nicéphore Basilakès, subit une sérieuse défaite deux jours avant la bataille en poursuivant avec impétuosité une bande de cavaliers en fuite précipitée – laquelle entraîna Basilakès dans une embuscade bien préparée.

L'ennemi avait fidèlement suivi la tactique standard des archers montés de la steppe ; Nicéphore Basilakès, lui, n'avait pas su tenir compte des instructions pourtant claires que les manuels de campagne byzantins donnaient contre les embuscades.

Quatre cents ans plus tôt, la tactique de la retraite simulée habituelle aux nomades avait été bien analysée dans le *Strategikon* de Maurice, avec en conclusion des conseils tranchés : s'ils fuient pris d'une vraie panique, cela signifie que vous avez déjà emporté la bataille et vous n'avez donc nul besoin de les poursuivre ; ce qui a également l'avantage de vous protéger dans l'hypothèse où ils simulent la fuite pour vous attirer dans une embuscade. Il est certes difficile de distinguer les deux types de fuites, mais vous n'avez par bonheur aucun besoin de le faire, car le même remède souverain s'applique dans tous les cas : ne poursuivez jamais de nomades en fuite ; comme ils sont plus rapides, vous ne pourrez de toute façon jamais les rattraper, mais eux pourront vous entraîner dans une embuscade. Aucune poursuite ne trouve donc de justification. Basilakès n'avait manifestement pas reçu les instructions nécessaires, ou bien c'était un impulsif. Peut-être les deux. Quoi qu'il en fût, il terminerait sa carrière comme rebelle vaincu dans les Balkans.

Pour ces diverses raisons, lorsque s'engagea la bataille de Manzikert au matin du vendredi 26 août 1071, Romain IV Diogène ne disposait pas des quarante mille hommes concentrés sous son commandement – pas même de la moitié. Quand il comprit soudain qu'Alp Arslan avait rassemblé ses troupes fraîches pour l'attaquer le vendredi 26 août 1071, une grande partie de ses capacités militaires se trouvaient ailleurs, bien trop loin pour être rapidement rappelées. Ce qui le prédestinait à une défaite, sauf bonne fortune tactique qui eût été imméritée.

Mais au lieu d'une difficile rédemption tactique de cette erreur opérationnelle, on vit de nouvelles erreurs tactiques – même si une défaite fait bien entendu apparaître toutes les dispositions et évolutions tactiques, quelles qu'elles soient, comme autant de grossières erreurs, tout comme on pourrait les juger brillantes en cas de victoire[42].

Les sources rapportent également des faits de trahison. C'est un lieu commun quand on cherche à expliquer les défaites inattendues, mais parfaitement digne de foi dans ce cas précis parce que Romain était entouré d'ennemis politiques au sein même de sa cour, notamment les beaux-parents Doucas du précédent mariage de son épouse Eudoxie Makrembolitissa[43]. D'une manière très imprudente mais peut-être inévitable, Romain s'appuya sur Andronic Doucas, fils et agent exécutif de Jean Doucas, son beau-frère et rival politique le plus évident, pour commander les éléments de son armée disposés à l'arrière-garde[44].

Un avantage clé des savantes manières de combattre caractérisant les armées sophistiquées comme l'armée byzantine, au regard des multitudes qui se ruent en désordre au combat ou prennent la fuite, tient à la capacité de conserver des forces spécifiques séparées des autres pour exécuter des attaques en synergie si la bataille se déroule d'une manière favorable, ou comme « assurance défense » dans le cas contraire.

Les dispositions de troupes pouvaient adopter d'infinies variations en fonction des circonstances, mais elles comprenaient presque toujours une garde de chaque flanc et une arrière-garde – les manuels insistent sur la nécessité des deux protections même au prix d'un affaiblissement de la force de bataille principale.

L'arrière-garde pouvait être appelée à l'avant pour pousser l'avantage, ou rester en place pour stopper les forces de première ligne en cas de recul sous la pression ennemie et les renvoyer au combat. En cas de percée ennemie, seule l'arrière-garde pouvait rééquilibrer la situation en comblant la brèche dans la première ligne, tout comme elle pouvait juguler les mouvements soudains de panique en restant simplement à sa place en bon ordre. C'était également une fonction de l'arrière-garde que de contrer les tentatives de débordement, par des projections de forces derrière la première ligne pour les intercepter – c'était souvent une bien meilleure manière de procéder plutôt que de relâcher l'ordonnancement de la première ligne pour élargir son front. Enfin, l'arrière-garde permettait généralement au commandant général d'opérer son deuxième mouvement. En se tenant entre la première ligne et l'arrière-garde, il était en réelle capacité de commander l'arrière-garde et de diriger son action, alors que la première ligne se trouvait déjà dans sa totalité prise dans le combat et difficile à contrôler.

Mais Romain ne se plaça pas lui-même dans une position qui lui permît de contrôler les deux échelons. Il préféra jouer le rôle d'un guerrier plutôt que d'un général en allant combattre de front l'ennemi. Dès qu'il vit l'empereur haï en situation périlleuse avoir besoin d'aide, Andronic Doucas conduisit tout simplement ses forces à l'écart – jusqu'à Constantinople, pour prendre part à la déposition de Romain et à l'élévation du fils d'Eudoxie Makrembolitissa par son premier mari issu de la famille Doucas, Michel VII.

Il en résulta une défaite stratégique catastrophique pour l'Empire byzantin, bien plus grave que de se faire déloger de quelque portion avancée de territoire ou de perdre de nombreuses troupes – deux effets qui n'eussent pas nécessairement été décisifs sur le long terme, et certainement pas pour un empire qui tenait tous les territoires infradanubiens de la péninsule des Balkans reconquis par Basile II dès 1025, ainsi que l'Anatolie et la Grèce. La catastrophe était que l'Anatolie constituait le cœur de l'Empire ; une grande partie n'en serait jamais reconquise.

Les pertes byzantines ne furent pas particulièrement lourdes à Manzikert ; peut-être furent-elles même limitées[45]. La cavalerie légère des guerriers oghouzes était excellente pour effectuer des opérations de raid et des patrouilles de surveillance, mais pas pour clouer au sol des forces ennemies plus lourdement armées, et encore moins pour les abattre en bloc – une mission pour l'infanterie lourde ou peut-être la cavalerie lourde de l'époque, dont les soldats en armure disposant de masses d'armes pouvaient briser – en chair et en os – les forces de l'adversaire.

Les Seldjoukides restaient maîtres du champ de bataille, principalement, toutefois, parce que la plus grande partie de l'armée byzantine ne s'était pas trouvée sur place au début de l'engagement ou avait fait retraite saine et sauve (certes par trahison). Mais le résultat sensationnel de la bataille tenait à la capture de Romain IV Diogène, légèrement blessé. On le trouva au lendemain de la bataille en pillant le camp de tentes et le convoi de ravitaillement qui l'accompagnaient pendant l'expédition – au contenu somptueux, rapportent les sources. On conduisit Romain IV Diogène à Alp Arslan.

Ce n'était pas rencontrer un sauvage : les Seldjoukides avaient été en relation avec l'Empire pendant des années, depuis l'époque où Toğrül constituait son État. Le dernier échange entre les deux parties remontait seulement à la veille de la bataille ; imprudemment, Romain avait renvoyé des ambassadeurs venus proposer un arrangement. D'une manière caractéristique – et fort intelligente –, ces ambassadeurs vinrent au nom du calife de la lointaine Bagdad, et non en celui d'Arslan, qui devait être presque à portée de vue de l'autre côté de la colline avec ses forces principales.

Alp Arslan n'humilia ni ne tortura l'empereur captif ; il lui offrit l'hospitalité dans l'honneur tout en négociant poliment avec lui. Sachant certainement que ses ennemis de la cour, les parents Doucas de son épouse, n'avaient nul besoin de Romain, Alp Arslan ne tenta pas même d'extorquer une rançon à Byzance. Au lieu de quoi, après une semaine, il le relâcha tout simplement pour lui permettre de revenir chez lui avec une escorte, en échange de sa promesse personnelle qu'il lui paierait une rançon, de la cession d'une portion de territoire dans l'est de l'Anatolie et d'une vague promesse générale d'amitié.

Toute considération de générosité d'esprit chevaleresque mise à part – ce fut le début d'un cycle d'échanges de courtoisies avec des intermittences de guerre, qui devait durer pendant deux siècles –, Alp Arslan réaffirmait par là ses priorités stratégiques, qui n'étaient pas de détruire l'Empire byzantin mais d'étendre le contrôle des Seldjoukides au sein de la sphère musulmane, contre les Fatimides au nom de l'islam sunnite et du calife de Bagdad, ainsi que contre les rivaux sunnites au nom des Seldjoukides.

L'accord ne fut pas honoré à Constantinople, où Romain avait déjà été déposé au nom de son beau-fils Michel VII Doucas (1071-1078). Lors de la guerre civile qui s'ensuivit, les bandes turkmènes et les forces organisées seldjoukides eurent de multiples occasions de pénétrer loin au cœur de l'Anatolie et d'avancer même jusqu'à Nicée, moderne Iznik, et jusqu'à Cyzique sur la mer de Marmara, à une journée de voyage tout au plus de Constantinople.

Cela aurait pu être, dès cette époque, la fin de l'Empire ; les rivaux en lutte pour le titre impérial se disputaient en effet le soutien des Seldjoukides dans le cadre de leurs dissensions internes en leur concédant de plus en plus de territoires, tout en dépensant les ressources de plus en plus diminuées du Trésor public pour financer leurs affrontements mutuels. Mais trois éléments sans rapport entre eux devaient entrer en jeu pour faire à nouveau basculer la balance de la puissance entre les Byzantins et les Seldjoukides, d'une manière tout à fait inattendue.

Premier élément, l'offensive des Seldjoukides contre les Fatimides leur donna Jérusalem dès 1071, mais le chaos qui s'ensuivit rendit la Terre sainte dangereuse pour les pèlerins de l'Occident : cette insécurité, quels que soient les autres types de causes que l'on voudra lui trouver, joua un rôle certain dans la création du mouvement croisé en Europe occidentale. Vingt-six ans après Manzikert, en 1097, arrivèrent les combattants de la première croisade, tout aussi vigoureux à la guerre que n'importe quel Turkmène amateur de raid de pillage ou ghazi dévoué à la guerre sainte. Ils conquirent l'Anatolie occidentale sur leur route vers la lointaine Antioche et la Terre sainte.

Deuxième élément, la guerre civile à Byzance était une école de survie qui distinguait les plus capables ; et Alexis Ier Comnène (1081-1118), qui sortit victorieux des dix années de lutte consécutives à la déposition de Romain, était à coup sûr un homme de talent capable de rebâtir un empire dévasté ; il en eut également le temps, régnant pendant trente-sept ans[46].

Troisième élément, le cœur de l'empire des Seldjoukides était l'Iran et la priorité d'Alp Arslan était manifestement de contrôler la région adjacente d'Asie centrale – ce fut en effet sur l'Oxus (Amou-Daria), entre les actuels Turkménistan et Ouzbékistan, qu'Alp Arslan trouva la mort en 1072, soit à peine un an après sa victoire de Manzikert. De plus, s'exposer à l'instabilité chronique de la grande steppe allait entraîner des conséquences catastrophiques pour les Seldjoukides : dans la steppe de Qatwan proche de Samarkand, le sultan seldjoukide Sanjar perdit une armée le 9 septembre 1141 sous les coups du Kara Khitaï[47].

Les Seldjoukides ne furent donc pas en mesure d'exploiter la victoire de Manzikert – ni les dix années de guerre civile qui s'ensuivirent et à laquelle ils furent même invités à prendre part – en conquérant l'Anatolie entière. S'ils l'avaient fait, l'Empire n'aurait pu longtemps survivre, car l'Anatolie constituait l'indispensable socle de sa démographie comme de ses ressources financières. Les Seldjoukides parvinrent tout près de Constantinople sous le commandement de Kiliç Arslan Ier – qui bénéficia d'une faveur d'Alexis Ier Comnène, à titre de réciprocité entre personnes de bonne compagnie, avec le retour de sa famille captive sans rançon –, mais se firent repousser en Anatolie centrale, où ils établirent leur cour à Iconium (Konya). Iconium devint capitale de leur sultanat de Rum (signifiant « Empire romain », c'est-à-dire « Anatolie »), qui devait perdurer jusqu'à la fin du XIIIe siècle, bien que sous suzeraineté mongole à compter de 1243.

Manuel Ier Comnène (1143-1180), personnalité intrépide, irrévérencieuse à l'égard de la religion et exceptionnellement ouverte aux autres cultures – il favorisa parmi ses subordonnés des Latins comme des Turcs ainsi que leurs coutumes –, avait également du talent en diplomatie comme à la guerre. À différentes époques, il intervint avec efficacité dans les affaires politiques d'Italie bien qu'il dût abandonner sa tentative d'invasion : il lutta en effet contre une alliance des Normands, des Serbes, des Hongrois et de la Rus' de Kiev, combats qui lui permirent d'accroître le territoire de l'Empire dans les Balkans après sa victoire sur les Hongrois à Semlin (actuel Kosovo) en 1167 et le rétablissement d'une présence byzantine en Crimée. Mais, surtout, il accrut le contrôle byzantin sur toutes les plaines côtières de l'Anatolie, réduisant le territoire du sultanat de Rum à l'intérieur du pays, et renforça l'emprise byzantine sur la Cilicie et la Syrie occidentale.

Ce fut dans ce contexte que Manuel Ier tenta de lancer une offensive de théâtre pour en finir avec le sultanat de Rum et rétablir la souveraineté impériale sur l'ensemble de l'Anatolie. Il avait déjà réussi à regagner des portions de territoire sur le sultanat par une série d'opérations limitées.

Ces opérations ne mirent pas fin aux relations personnelles traditionnellement amicales qu'entretenaient les sultans et les empereurs entre les phases de combats féroces ; c'est ainsi que survint l'extraordinaire épisode

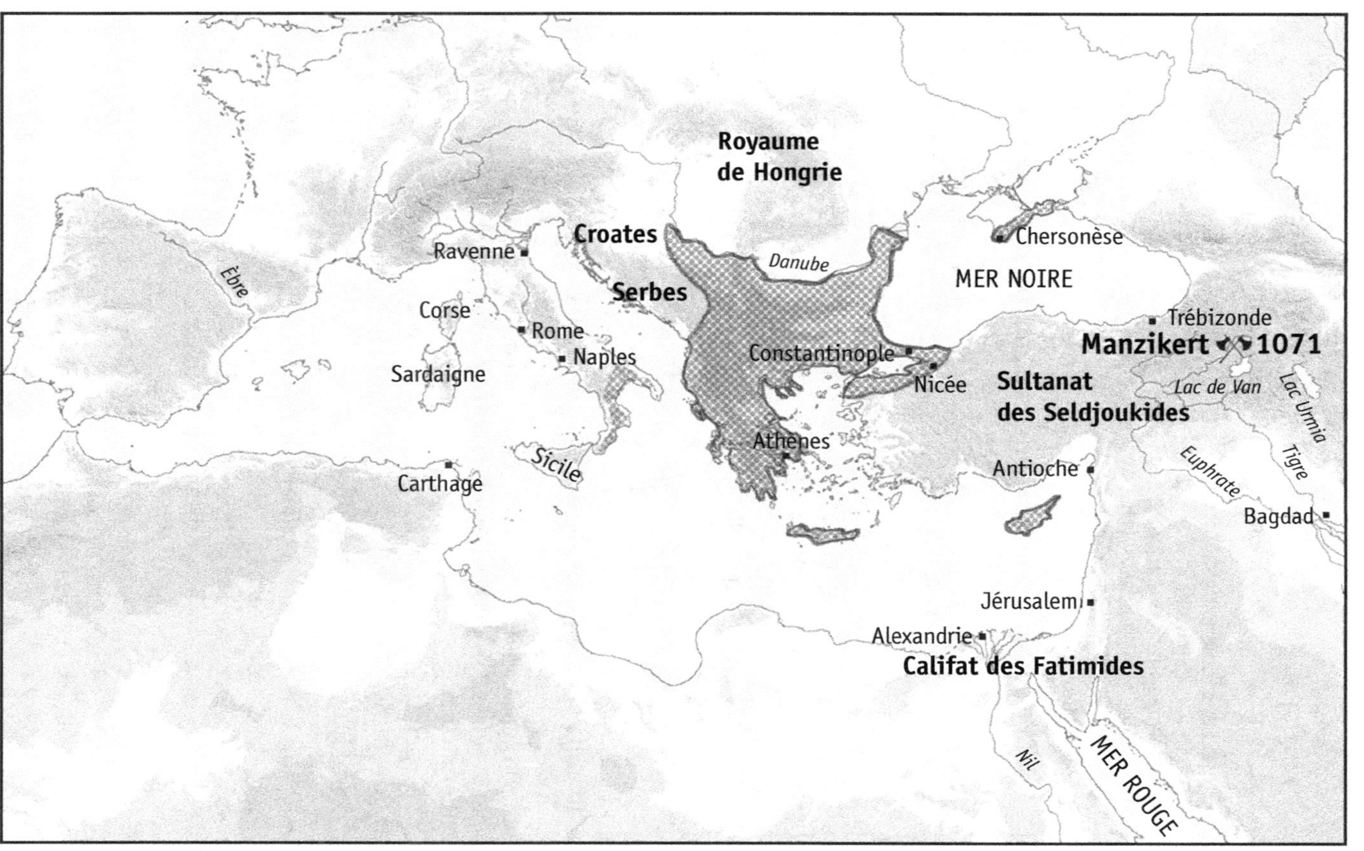

Carte 9. L'Empire en 1081 à l'avènement d'Alexis Ier Comnène.

de la visite de Kiliç Arslan à Constantinople en 1162. Il ne s'agissait pas d'une visite officielle classique de courte durée ; Kiliç Arslan était un homme de culture, d'une grande ouverture d'esprit comme son hôte – il osa même caresser l'idée d'un théisme profondément revu pour convenir aux deux religions.

La réaction fut enthousiaste à Constantinople :

> [Ce fut] un événement formidable, merveilleux et extraordinaire, comme il n'en survint jamais auparavant aux Romains à ma connaissance. Des nombreux empereurs magnifiques de l'histoire, lequel n'est pas surpassé par le spectacle d'un homme qui gouverne tant de territoires et veut en imposer à de si nombreuses tribus apparaissant [à la cour de l'empereur romain] comme un simple domestique[48] ?

Il y eut une cérémonie de réception splendide, suivie de festivités et de banquets. On renonça seulement à une procession à Sainte-Sophie, interdite par le patriarche Luc Chrysobergès – dont l'autorité se trouva sans aucun doute renforcée par la coïncidence d'un sérieux tremblement de terre.

La visite de 1162 ajouta un pacte de paix à une amitié jusqu'alors seulement personnelle. Mais cette entente fut rompue. En 1176, Manuel trancha en défaveur de l'approche graduée recommandée par les manuels de stratégie byzantins pour monter une offensive de pénétration à grande échelle, destinée à conquérir la capitale seldjoukide d'Iconium, la moderne Konya.

On prépara tous les équipements nécessaires en vue du siège d'Iconium – catapultes et autres machines –, trois mille chariots d'approvisionnement (selon les sources) allant de réserve de flèches à la nourriture, au moins dix mille – peut-être vingt mille – fantassins légers et lourds accompagnés de cavalerie, incluant les *kataphraktoi*, des cavaliers en armure entraînés à charger à la lance et à lutter en combat rapproché à la masse d'arme et à l'épée, capables de mettre en fuite n'importe quelle formation de cavaliers légers[49].

Cette opération comprenait les risques classiques des manœuvres de pénétration profonde : il fallait franchir un terrain difficile – les montagnes de Phrygie – aussi vite que possible pour bénéficier d'un effet de surprise, en traversant des défilés étroits et des passes qui se prêtaient bien aux embuscades des Seldjoukides, mais pas à une avance rapide. Après quoi les forces de Manuel auraient toutefois la possibilité de se déployer sur le terrain plus ouvert descendant vers Iconium ; et à proximité de la ville, les cataphractaires trouveraient le terrain plat susceptible de convenir à leurs charges dévastatrices.

Soit parce que l'avance byzantine fut trop lente, soit parce que les Seldjoukides progressèrent trop vite, ce ne fut pas dans la plaine d'Iconium que les deux armées se rencontrèrent le 17 septembre 1176 mais encore dans les montagnes – le lieu qui donna son nom à la bataille, Myriokephalon, signifie en effet « dix mille pics [de montagne] ».

Le terrain n'était pas favorable aux forces byzantines, qui ne disposaient pas de l'espace nécessaire à leur déploiement pour passer d'un

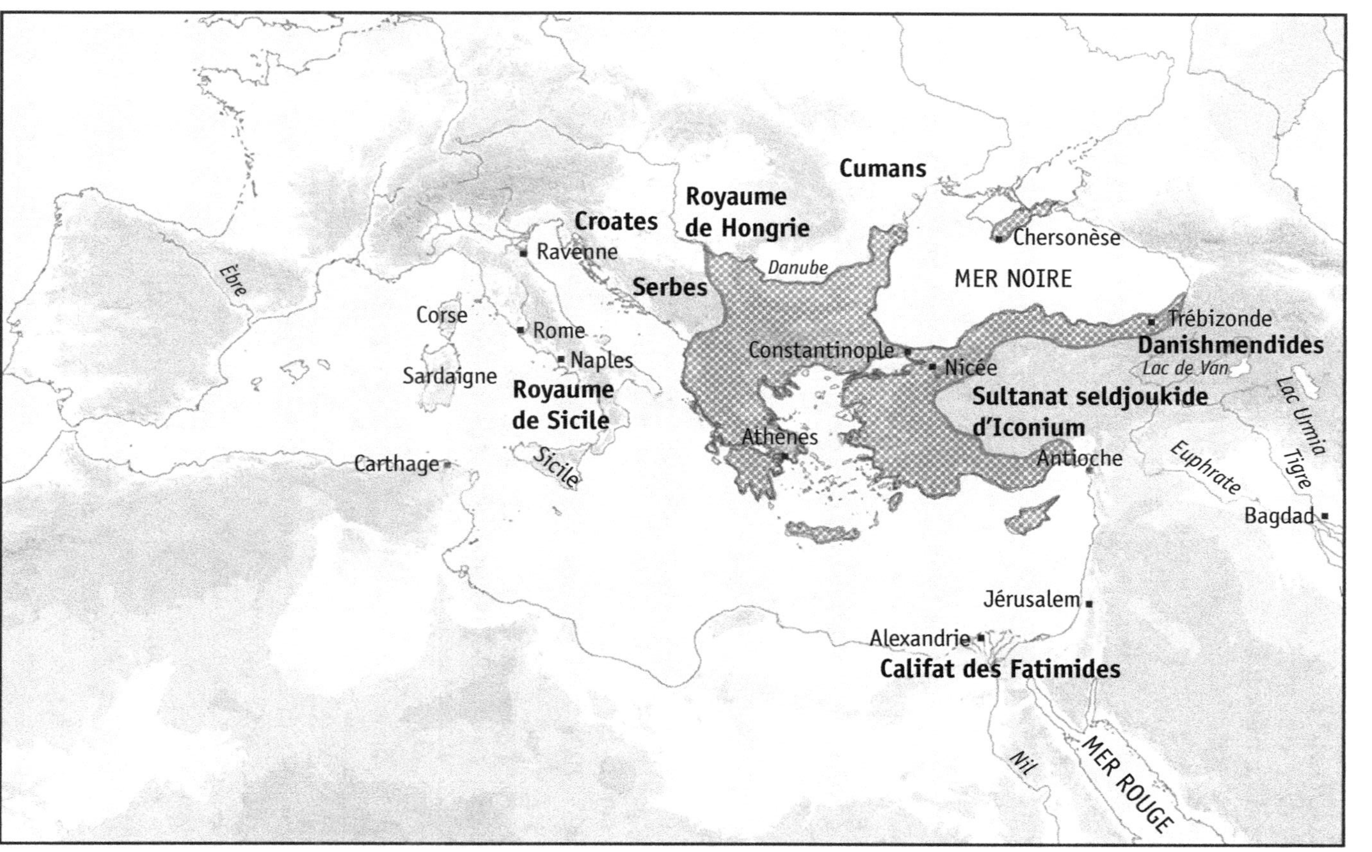

Carte 10. L'Empire en 1143 à la mort de Jean II Comnène.

ordre de marche étiré en longues colonnes à un ordre de bataille en lignes élargies. De plus, les Seldjoukides avaient atteint la passe de Tzibritze – futur champ de bataille – avant les Byzantins, ce qui leur permit de poster des archers sur les pentes des deux côtés, prêts à tirer leurs flèches contre l'ennemi en contrebas ou à charger depuis leurs hauteurs pour assaillir des formations réduites.

Il en résulta une embuscade parfaite sur échelle opérationnelle. L'addition des divers avantages d'ordre tactique y produisit un résultat supérieur à la somme de leurs parties : les archers eurent l'avantage de la gravité contre tous les archers postés en contrebas ; même les forces les plus puissantes de cavalerie lourde se retrouvèrent neutralisées : elles pouvaient en effet chevaucher le long des pentes à l'attaque des Seldjoukides mais ces derniers, en terrain élevé, avaient la possibilité de choisir quand rester sur place et quand descendre à l'attaque de l'ennemi surplombé – ce fut le train de ravitaillement avec tous ses chariots qui subit les plus profonds dommages. Les Seldjoukides avaient écarté la menace immédiate pesant sur leur capitale mais manquèrent de la puissance nécessaire pour résister à l'armée de Manuel. La plus grande partie de ses forces put faire retraite. L'élan de l'offensive impériale était toutefois brisé.

La défaite de la passe de Tzibritze n'eut pas de graves conséquences immédiates. Manuel ne se fit pas détrôner comme Romain IV Diogène l'avait été après sa défaite de Manzikert en 1071, les armées seldjoukides n'avancèrent pas sur Constantinople et les croisés ne se retournèrent pas contre leurs protecteurs byzantins dans cette période de faiblesse qu'ils connaissaient. Mais, dans les années à venir, l'Empire ne fut pas capable de reconstituer sa capacité d'action militaire pour reprendre l'initiative.

Cela exigeait, d'abord, une unité politique sous la souveraineté d'empereurs compétents, une efficacité administrative dans la collecte d'impôts et davantage d'efficacité dans le recrutement de forces armées. Mais au lieu d'une cohésion politique au sein de l'élite au pouvoir, en réalité au sein de la cour, on vit se développer un esprit meurtrier de dissension qui poussa la faction perdante à chercher de l'aide auprès des forces de la quatrième croisade, un rassemblement issu de diverses nations où l'on comptait une multitude de chevaliers batailleurs, affamés et prédateurs, ainsi que d'infortunés pèlerins – tous brillamment manipulés par le doge de Venise Enrico Dandolo, lequel réussit à tirer de la violence chaotique des croisés de considérables profits pour sa ville.

Ce n'était bien sûr pas la première fois, tant s'en fallait, que des forces étrangères appelées par les opposants en lutte pour le trône choisirent qui allait gouverner Byzance. Les Khazars, les Bulgars et les Russes avaient tous apporté leurs services à ce titre sans conséquence durable : la puissante identité des Byzantins, leur force morale et leur capacité à rebondir, ainsi que leurs compétences administratives qui restaient tout aussi grandes, leur avaient chaque fois permis de rétablir la situation dans de très bonnes conditions. Mais, en 1204, l'intervention étrangère eut un résultat fatal, en partie parce que les catholiques n'acceptèrent plus la légitimité de la souveraineté orthodoxe.

L'année précédente, les forces de la quatrième croisade avaient rétabli sur le trône l'empereur déposé Isaac II (1185-1195), issu de la famille Ange, ainsi que son fils Alexis IV comme empereur associé. Lorsqu'un courtisan mécontent, Alexis V Murzuphle, les renversa, les Vénitiens et les croisés réagirent le 13 avril 1204 en prenant d'assaut, en pillant et en s'emparant de Constantinople pour leur propre compte, y installant un empereur catholique issu des leurs. L'immense capacité de résistance et de rétablissement de l'Empire romain d'Orient avait été abattue, cette fois pour de bon, non sous les coups de nomades païens venus des steppes d'Asie centrale ni sous les coups de guerriers musulmans enflammés par le jihad, mais sous les coups de leurs coreligionnaires chrétiens, des rivaux qui se réclamaient de la même tradition romaine.

Les événements de 1204 illustrèrent une fois de plus le caractère extrêmement inconstant de l'environnement stratégique avec lequel les Byzantins étaient en lutte permanente. Quand les croisés firent irruption dans Constantinople pour la dépouiller de tous les trésors qu'elle avait accumulés – certains se voient encore à Venise de nos jours –, il y avait dans la ville nombre de gens qui pouvaient se souvenir que dans leur jeunesse, l'empereur Manuel Ier Comnène semblait tout près de reconquérir l'Italie tout comme la plus grande partie de l'Anatolie et le nord de la Syrie avaient déjà été reconquis, tandis que l'influence de Byzance s'étendait plus loin en Europe que jamais auparavant.

L'Empire avait plusieurs fois déjà frôlé la destruction dans le passé, périodes de crise chaque fois suivies d'un très rapide redressement. Mais la chute de 1204 ne déboucha sur aucun véritable redressement. Quand Michel VIII Paléologue s'empara de Constantinople en 1261, il se retrouva souverain d'un royaume grec et non d'un empire.

Quelques années plus tard, Osman, un chef-guerrier de talent, commença à rassembler et à commander un certain nombre de compagnons à la manière d'un ghazi parmi d'autres, dans une position toutefois équivoque pour un adepte du jihad : il comptait des chrétiens dans ses rangs de cavaliers. Un sultan perdura à Konya jusqu'en 1308, mais à la mort d'Osman en 1326, les « Osmanlis » (« Ottomans ») – nom de ses compagnons – avaient engagé la construction d'un État puissant adapté à la sédentarisation croissante des Oghouzes et autres nomades turcs, avec une capacité réelle et une solide détermination à faire des innovations importantes dans le domaine militaire. Aucune ne dépassa de ce point de vue l'invention des « nouveaux soldats », *yeniçeri* (« janissaires »), en uniforme et en régiments, ancêtres de toutes les armées modernes (y compris des fanfares pour marches militaires). Le territoire sous contrôle des empereurs – un qualificatif qui leur convenait de moins en moins – à Constantinople, des deux côtés du détroit, ne cessait de se rétrécir dans un contexte endémique de luttes dynastiques, tandis que l'effet cumulé des pertes de revenus fiscaux affaiblissait inexorablement le peu qui subsistait.

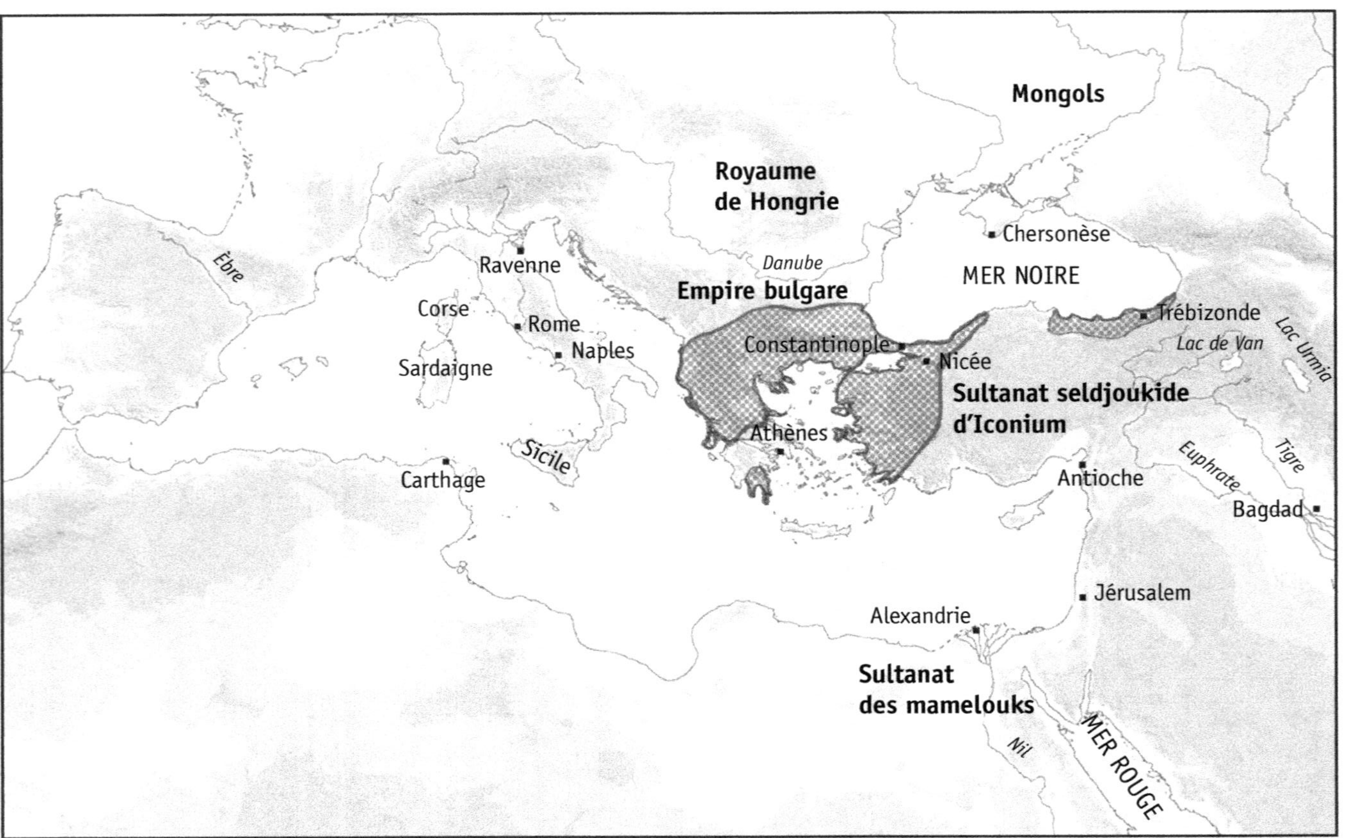

Carte 11. L'Empire à la mort de Michel VIII Paléologue en 1282.

La reddition au sultan Bayezid surnommé « Yildirim » (« la foudre ») semblait imminente, dès 1402, lorsque l'irruption de Timour-i-lenk – dont on se souvient en Occident sous le nom de Tamerlan –, se réclamant à la fois d'ancêtres mongols gengisides et d'ancêtres turcs, détruisit l'armée de Bayezid à Ankara le 28 juillet 1402. Ce qui permit la survie d'un empereur à Constantinople jusqu'en 1453 ; cette année-là vit combattre et mourir le dernier empereur avec le plus bel héroïsme.

Troisième partie

L'ART DE LA GUERRE BYZANTIN

Dans l'organisation et l'entraînement de leurs forces, dans la conception de leurs tactiques et méthodes opérationnelles comme dans l'évaluation de leurs choix stratégiques, l'information des Byzantins bénéficiait d'une culture militaire très complète qui trouvait certes ses racines dans l'ancienne Grèce et le passé de l'Empire romain, mais connut également ses propres développements – d'une manière de plus en plus marquée et nettement différente.

Au fil des strates successives qui se superposèrent à compter du Ve siècle, cette culture particulière à Byzance se conserva et se transmit, comme toutes les cultures, par les différentes voies possibles en ce domaine : les institutions, les coutumes, les normes, le bouche-à-oreille et surtout, d'une manière plus durable, l'écrit. On fit comme il se devait honneur aux anciens textes militaires grecs, auxquels s'ajoutaient quelques écrits romains, mais les Byzantins s'appuyèrent de manière croissante sur leur propre *corpus* – de plus en plus fourni – de littérature militaire, qui incluait des manuels détaillés. Nous ne disposons pas de véritables manuels de campagne romains – il faut entendre par là des guides écrits par des soldats d'expérience à l'usage de soldats –, mais nous disposons de plusieurs manuels byzantins d'une valeur pratique évidente ; chacun fait l'objet d'un examen dans la suite, et l'on aurait tort de juger complètement obsolètes l'ensemble de leurs recommandations.

Le bénéfice le plus direct de cette culture militaire peu à peu accumulée au cours des siècles était d'élargir le répertoire dans lequel pouvaient puiser les armées et marines byzantines en leur donnant accès à une très grande variété de tactiques, de dispositifs opérationnels et de stratagèmes éprouvés que tel ou tel de leurs adversaires était susceptible de maîtriser et de mettre en œuvre. Cela permit parfois aux forces byzantines de surprendre et d'écraser leurs ennemis par l'emploi de tactiques, de méthodes, de stratagèmes ou d'armes entièrement inconnus d'eux. Le bénéfice tiré de cette culture militaire était plus souvent d'un degré de subtilité supérieur, ajoutant un avantage marginal plutôt qu'écrasant – mais il est vrai que la survie de l'Empire se joua à de faibles marges lors de ses crises les plus graves.

Il y avait bien plus important, par ses conséquences, que les stratagèmes adroits quel que fût leur nombre : c'était le concept – bien particulier aux Byzantins – de guerre et de paix, qui évolua, dès la fin du VIe siècle, en un véritable « code opérationnel » défini en conclusion du présent ouvrage. Son point de départ était l'impossibilité d'une victoire décisive – le but même de la guerre pour les Romains du passé comme pour Napoléon, Clausewitz et leurs émules jusqu'à nos jours, avec toutefois une conviction de moins en moins forte, peut-être. Le concept byzantin constituait donc un renversement révolutionnaire. Ses implications les plus efficaces se voient dans les actions des Byzantins, dans le cours des événements et parfois dans la parole des voix de Byzance, d'après les sources, mais elles apparaissent d'une manière plus claire et plus complète dans les divers textes de leur littérature militaire.

Les commandants militaires byzantins n'étaient pas des intellectuels. Au final, ils avaient probablement moins d'instruction que les soldats ordinaires de l'armée romaine dans ses meilleures années, à en juger par le volumineux recensement de documents relatifs à l'armée comme par les lettres personnelles et écrits variés qui ont survécu sur papyrus et écorce. À la fin du VIe siècle, en tout cas, nous pouvons déduire du meilleur des manuels militaires byzantins – le *Strategikon* attribué à l'empereur Maurice – que l'analphabétisme était la norme même dans les rangs assez élevés sur le terrain, car l'auteur écrit que les mérarques doivent être « prudents, avoir bon sens et expérience, et si possible savoir lire et écrire. C'est particulièrement important pour le commandant du *meros* central… qui doit, en cas de nécessité, prendre en charge toutes les responsabilités du [*strategos*, commandant[1]] ». Un mérarque pouvait commander jusqu'à sept mille cavaliers – un tiers de l'armée de campagne totale envisagée par l'auteur, équivalent d'un général de brigade moderne en charge d'un groupe de bataille constitué d'une petite division ou d'une grande brigade. Et des trois mérarques envisagés, l'un serait l'*hypostrategos*, le « sous-général » ou littéralement le lieutenant-général (« remplaçant ») du commandant de l'armée de campagne entière. Pourtant, l'auteur n'insiste pas sur la capacité à lire et écrire mais se contente de la recommander : « si possible ». Au vrai, l'instruction était sans doute rare chez les officiers de cavalerie.

Une raison peut l'expliquer : la cavalerie de la fin du VIe siècle décrite par l'auteur, qui devait tant aux méthodes des nomades de la steppe, combattait aux côtés d'archers montés mercenaires, les « Huns » souvent mentionnés par Procope. Il s'agissait plus probablement d'Onogours ou d'autres guerriers turcs que des derniers descendants des Huns d'Attila ; on les recrutait certainement aussi dans les unités byzantines régulières.

Durant les guerres sans fin de Justinien, les manières dépourvues d'instruction qui caractérisaient les guerriers de la steppe ont vraisemblablement façonné la culture de camp au sein de l'armée et l'armée elle-même, dont sortaient nécessairement les officiers de cavalerie promus – les jeunes gens de bonne éducation envoyés de la si lettrée Constantinople avaient en effet peu de chance de succès si on leur confiait le commandement de cavaliers à demi sauvages.

En apparence, leurs prédécesseurs romains avaient pourtant procédé exactement de cette manière pour les nominations au rang de *praefectus alae* de cavalerie auxiliaire, la première étape d'une carrière publique dans la classe équestre ; mais, en fait, les officiers sur lesquels nous disposons d'informations à ce rang n'étaient pour la plupart pas de jeunes gens de bonne éducation, mais plutôt des centurions vétérans ou des chefs originaires des nations concernées[2]. On notera, par parenthèse, que, dans les armées européennes jusqu'en 1914, les officiers de cavalerie – et tout particulièrement les hussards et autres cavaliers légers – étaient généralement moins instruits que leurs collègues de l'infanterie, ainsi que très certainement ceux de l'artillerie ; c'était peut-être également vrai au VIe siècle.

Le manque d'instruction prédominant rendrait fort bien compte des raisons pour lesquelles l'auteur du *Strategikon* se montre si méticuleux en donnant le détail de la nomenclature des unités et des rangs, ainsi qu'en précisant les différents ordres et commandements exigés par les manœuvres tactiques qu'il explique – nombre d'entre eux encore en latin et non en grec. Lorsque des personnes ne sachant ni lire ni écrire répètent des mots entendus de la bouche d'autres personnes aussi peu instruites, tout particulièrement dans une langue qu'ils ne connaissent pas, la plupart de ces mots se transforment avec le temps d'une manière qui ne permet plus de les reconnaître ; ces mots ne conservent leur sens et leur effet qu'au sein du groupe concerné et non au-delà, avec un risque sérieux de malentendus désastreux quand des officiers passent d'une unité à l'autre.

Le manque d'instruction chez les officiers explique également pourquoi l'auteur justifie son ouvrage en écrivant : « Ceux qui assument le commandement des troupes ne comprennent même pas ce qui relève de la plus stricte évidence et rencontrent pour cette raison toutes sortes de difficultés. »

Mais la guerre constitue une entreprise collective. Si un commandant sachant lire et écrire se souvenait d'un stratagème intelligent ou d'une méthode d'entraînement dont il avait pris connaissance dans un ouvrage militaire, une armée entière d'illettrés était susceptible de l'appliquer.

Chapitre 10

L'HÉRITAGE CLASSIQUE

Le manque d'instruction chez les officiers de cavalerie n'empêcha pas l'étude, la diffusion ni la préservation de répertoires entiers de tactiques originellement apprises dans divers ouvrages.

Il s'agissait d'un vrai avantage comparatif, important, dont bénéficiaient les Byzantins ; leur propre littérature militaire était plus utile que celle des Romains du passé, autant que nous puissions en juger (la littérature romaine comprenait en effet des textes qui n'ont pas été conservés, écrits par Caton, Celsus, Frontin – dont les *Stratagèmes* sont parvenus jusqu'à nous – et Paternus). Les manuels militaires successifs des Byzantins étaient très proches par leur contenu ; certains se contentaient de résumer des ouvrages plus anciens remontant à l'Antiquité grecque jusqu'au traité d'Énée le Tacticien, dont la date de rédaction est antérieure à 346 avant Jésus-Christ, mais d'autres constituaient des ouvrages d'une incontestable originalité[3].

Par contraste, le seul manuel militaire romain qui nous soit parvenu, le *Résumé de l'art militaire* de Végèce, fut rédigé par un érudit amateur d'histoire ancienne sans la moindre expérience militaire, à la toute fin du IVe siècle ou au début du Ve – une époque où il ne restait guère d'armée romaine[4]. À la différence de son manuel vétérinaire (*Mulomedicina*), fourmillant de conseils pratiques, le résumé militaire de Végèce propose exhortations et nobles exemples d'anciennes gloires aux côtés de prescriptions et instructions tactiques parfois impossibles à mettre en œuvre, et souvent incohérentes : l'ouvrage présente en effet de l'armée romaine une image faite d'éléments réels mais remontant au passé, bien identifiés comme tels, de quelques éléments réels d'actualité et d'autres éléments que l'auteur souhaiterait voir exister dans l'armée romaine de son temps. Parfois, Végèce est allé trop loin dans l'imitation d'un texte plus ancien.

Sur l'entraînement au tir à l'arc, par exemple, Végèce commence par donner des conseils généraux assez inutiles, révélant au passage qu'il n'a pas pris conscience de l'importance de l'arc composite réflexe, dès cette époque pourtant bien connu :

> Environ un tiers ou un quart des recrues, qui ont fait preuve de leurs aptitudes supérieures, doivent faire l'objet d'un entraînement intense... en utilisant des arcs de bois et des flèches de jeu. Il faut choisir pour cet entraînement des instructeurs qui soient experts[5].

Végèce n'en était clairement pas un ; il est en effet absurde de s'entraîner avec de faibles arcs de bois pour combattre avec des arcs composites d'une très grande force de résistance. Au contraire, les Romains avaient fait une règle fondamentale de l'emploi de boucliers, d'épées et de javelots d'un poids supérieur à la normale pour leurs entraînements, ce qui permettait de rendre l'effort physique (à défaut du reste) moins pénible en combat réel. La seule particularité des arcs d'entraînement eût été une force de résistance plus grande encore pour bien préparer les hommes au combat.

Les autres textes latins qui nous sont parvenus sur les affaires militaires ne sont pas sans utilité, mais il ne s'agit pas non plus de manuels militaires systématiques.

Les *Strategemata* (*Stratagèmes*) de Frontin (de son nom complet Sextus Julius Frontinus), comme il l'explique lui-même, ne sont pas un ouvrage de stratégie – il enjoint précisément le lecteur à bien distinguer « stratégie » (*strategikon*, en grec dans le texte original) et « stratagèmes » (*strategemata*). Son propre travail rassemble de multiples exemples illustrant la ténacité, le courage, l'innovation, l'intelligence, la ruse et la tromperie de l'ennemi dans l'art du commandement[6].

L'ouvrage comprend trois livres consacrés aux stratagèmes (le premier chapitre s'intitule « Cacher ses desseins »), à la conduite de la bataille et aux opérations de siège, ainsi qu'un quatrième consacré aux principes de la guerre plutôt qu'aux stratagèmes ; les exemples cités sont bien choisis et bien présentés – on voit bien quel profit pourraient encore tirer de leur lecture des commandants militaires à notre époque. Le livre II, consacré au commandement durant la bataille, propose un grand nombre de stratagèmes intéressants répartis en différents chapitres : « Choisir le moment pour combattre », « Choisir le lieu où combattre », « L'ordre de bataille », « Troubler l'ordonnancement ennemi », « Les embuscades », « Laisser fuir l'ennemi, pour éviter qu'une fois acculé il ne rétablisse le combat poussé par le désespoir » (un principe auquel on accorda beaucoup d'importance dans l'art de la guerre du XVIIIe siècle avec ses « ponts d'or », des voies qui offraient une échappatoire facile qu'on laissait délibérément sans surveillance) et sept autres chapitres, le dernier s'intitulant « faire retraite ».

Les citations choisies par Frontin pour le septième et dernier chapitre du livre IV, consacré aux maximes militaires, présentent l'intérêt tout particulier de bien mettre en lumière la mentalité militaire des Romains, ainsi que, dans ce cas précis, celle des Byzantins. Certaines proviennent des

Actions et paroles mémorables de Valère Maxime. Elles montrent que les Romains n'avaient pas le désir de rivaliser avec l'audace et l'intrépidité obsessionnelle d'Alexandre le Grand, malgré l'immense admiration qu'ils lui portaient. L'une d'elles comprend une citation attribuée à Jules César d'une manière plausible : « César disait qu'il suivait contre l'ennemi le même procédé que suivent la plupart des médecins contre les indispositions physiques : l'emporter par la faim (en les assiégeant) plutôt que par le fer[7]. »

Le général Domitius Corbulon, qui vécut et remporta de nombreux succès au Ier siècle, est également cité au sujet de la *dolabra* (un outil combinant la hache et la pioche) : « Domitius Corbulon disait que c'était par la dolabre qu'il fallait vaincre l'ennemi. » La maxime suivante insiste sur ce point : « Lucius Paulus [Lucius Aemilius Paulus Macedonicus, 229-160 avant notre ère] disait qu'un général devait avoir le caractère d'un vieillard : il voulait dire par là qu'il lui fallait suivre les conseils les plus raisonnables. »

Comme la quatrième :

On rapporte que Scipion l'Africain a dit, alors qu'on lui reprochait de ne pas être assez belliqueux : « C'est un général [*imperatorem*] que ma mère a mis au monde avec moi, et non un guerrier ! [*bellatorem*] »

Bellator désignant un combattant furieux par opposition au soldat, *miles*.

Et la cinquième :

Caius Marius [consul et auteur d'une réforme militaire, 157-86 avant notre ère], provoqué par un Teuton qui lui demandait de venir l'affronter en combat singulier, lui répondit que, s'il était désireux de mourir, il pouvait mettre un terme à sa vie avec une corde à nœud coulant.

D'une manière qui ne doit rien à la coïncidence, Frontin remporta lui-même des succès à la guerre comme commandant de légion et gouverneur militaire [*legatus*] dans la belliqueuse île de Bretagne à compter de 74 après Jésus-Christ ; il y soumit les dangereux Silures dans le pays de Galles et fit construire la Via Iulia, une chaussée dont les traces se voient encore dans le Monmouthshire. Bien plus tard, en 97, l'empereur le nomma responsable de tous les aqueducs de Rome ; sa description très précise de leur fonctionnement (*De aquis Vrbis Romae*) est une extraordinaire mine d'informations. Son manuel de tactique, ou *Art de la guerre*, n'a malheureusement pas survécu ; Frontin lui-même nous informe qu'il n'existait aucun autre ouvrage comparable qui fût à son époque disponible à Rome, un manque très révélateur : « Puisque j'ai entrepris de présenter la science de l'art militaire [*rei militaris scientiam*] comme un système complet, en étant le seul à procéder ainsi parmi ceux qui en ont fait une étude[8]... »

Au IIe siècle, Polyen, un avocat lettré originaire de Bithynie en Anatolie occidentale, dédia ses *Strategika* – un ouvrage écrit en grec et consacré aux stratagèmes et non à la stratégie, malgré ce que son titre pourrait laisser penser – aux empereurs Marc Aurèle et Lucius Verus à l'occasion de leur guerre contre la Perse des Arsacides (ou Parthie), engagée en 161. Il s'efforçait de gagner ainsi leurs bonnes grâces – espérant probablement obtenir une sinécure bien payée comme celle dont Hadrien avait fait bénéficier le prolifique Plutarque. À cette fin, Polyen se piqua d'avoir des ancêtres macédoniens : « En ce qui me concerne, en tant que Macédonien ayant hérité la capacité à conquérir les Perses à la guerre, j'entends apporter ma contribution dans ces moments critiques que nous connaissons[9]. »

Les exemples choisis par Polyen sont tirés en partie de textes classiques au sens strict du terme, concernant l'histoire ancienne des Grecs et les guerres de portée limitée que se livraient les cités grecques à l'époque classique – remontant déjà alors à plusieurs siècles –, en partie de l'époque hellénistique avec des informations et détails historiques qu'aucun autre texte n'a préservés, en partie de l'histoire romaine jusqu'à Jules César. Tous ces exemples ont été sélectionnés pour faire ressortir l'art de la ruse davantage que toute autre forme d'ingéniosité.

Cet ouvrage n'a rien de bien inspirant. Il semble assuré que Polyen n'avait aucune expérience militaire – on n'y trouve en tout cas aucun des signes caractéristiques –, même s'il écrivit bien, par ailleurs, un ouvrage perdu consacré à la tactique, ainsi que nous l'apprend la *Souda*, une encyclopédie byzantine du Xe siècle[10]. Mais certains Byzantins accordaient à Polyen une très grande valeur. Le savant Constantin Porphyrogénète le jugeait digne d'éloges comme source précieuse d'informations historiques, et le général couronné de succès Nicéphore Ouranos pour ses stratagèmes ; il fut à maintes reprises paraphrasé, avec ou sans modification, et aussi objet d'emprunts. La dernière édition anglaise de Polyen est ainsi accompagnée de la traduction de deux traités composés d'extraits du livre original, les *Excerpta Polyaeni* du IXe siècle et les *Strategemata* du Xe siècle, attribué à tort à l'empereur Léon, qui constitue la deuxième et dernière partie (chapitres 76-102) de l'ouvrage publié sous le titre *Sylloge tacticorum*.

On peut aller jusqu'à soutenir que ces deux traités sont plus utiles que le livre original, et ce pour deux raisons : la sélection en a retenu le meilleur et les exemples y sont classés par sujets, parmi lesquels, dans les *Excerpta*, un sous-titre « tactique » limité à trois extraits concernant des exemples au vrai assez insipides : le premier raconte comment les Athéniens ont stupéfié les Lacédémoniens en restant sur place, immobiles, lances en avant, alors qu'on s'attendait à les voir charger ; le deuxième, comment le Spartiate Cléandridas déjoua les manœuvres des Leucaniens en commençant par accroître la densité de la phalange pour se laisser lui-même déborder, avant de l'étendre soudain pour les piéger ; le troisième, comment Alexandre le Grand combattit Porus, le rajah Puru du Penjab, en adoptant un déploiement tactique original avec la cavalerie en force de projection de biais depuis le côté droit de la ligne de bataille, la phalange et l'infanterie légère de l'autre côté – ce fut soi-disant la bataille la plus dure qu'il eût jamais à livrer.

Quant aux *Strategemata*, ils retiennent des sujets assez différents. Ce traité s'ouvre ainsi avec la manière dont il convient d'envoyer des messages secrets et suggère, à ce sujet, un artifice d'une grande complexité qui se révélerait sans doute assez efficace :

[Lucius Cornelius] Sulla [Felix] prit une vessie de porc, la gonfla avec énergie et l'attacha solidement jusqu'à ce qu'elle sèche ; il écrivit ensuite à l'encaustique sur la vessie le message qu'il souhaitait faire passer. Puis il l'ouvrit, la plia en deux et la disposa dans une jarre à huile ; après avoir… rempli la jarre d'huile, il la donna à l'un de ses hommes les plus dignes de confiance et l'envoya rejoindre [le destinataire] avec instructions de lui dire de briser la jarre pour l'ouvrir en privé.

On trouve dans ce traité bien d'autres sujets, parmi lesquels des exemples en parallèle sur la manière de donner à une petite armée l'apparence d'une grande (en ajoutant des hommes montés sur des ânes et des mulets aux rares cavaliers dont on dispose, et en les faisant tous avancer bien en tête, etc.) et la manière de donner à une grande armée l'apparence d'une petite (en n'allumant que quelques feux dans le camp à la nuit, etc.). Polyen est sans aucun doute capable de divertir et de distraire le lecteur, mais son ouvrage ne constitue certainement pas un ouvrage d'instruction systématique à la manière du *Strategikon*.

Il en va de même – et on trouvera là nettement moins d'excuses à son auteur – de l'ouvrage d'un autre citoyen romain de la région grecque de Bithynie, personnalité plus cultivée et bien plus haut placée que Polyen : Lucius Flavius Arrianus (Arrien), ami d'Hadrien avant qu'il ne devînt empereur, par la suite titulaire, sur décision impériale, du très important poste de gouverneur de Cappadoce dans le nord-est de l'Anatolie. Lui non plus n'écrivit rien d'utile, mais par un choix pervers en ce qui le concerne : il avait en effet une expérience militaire vaste et très intéressante pour avoir servi sur plusieurs fronts, à des postes de commandement de plus en plus élevés. Mais il préféra prendre une pose antiquisante, sans aucun doute pour plaire à son protecteur, Hadrien l'hellénophile.

Cet écrivain prolifique, mieux connu pour son récit de l'offensive d'Alexandre le Grand jusqu'en Inde (*Anabasis*), composa également une *techne taktike*[11]. Le titre est prometteur : *techne* désigne en effet un ensemble de connaissances pratiques, mais les développements de l'ouvrage déçoivent ; au lieu d'aborder les tactiques romaines qu'il connaissait très bien et de première main, Arrien fit le choix d'imiter un autre littérateur grec du IIe siècle vivant à Rome, de quelques années son aîné, Élien « le Tacticien » (Aelianus « Tacticus »), dont la *taktike theoria* se présente comme une description très détaillée des exercices et des tactiques fondamentales de la phalange macédonienne, depuis longtemps disparue ; on le consulta beaucoup en Europe à compter du XVIe siècle, époque durant laquelle les levées médiévales bonnes pour les seules mêlées laissèrent place aux formations permanentes censées exécuter des ordres tactiques[12].

Arrien n'interrompt sa propre interprétation de ce texte que pour décrire, au lieu des tactiques romaines que l'on attend, un exercice de cavalerie sur terrain de manœuvre dont il assura manifestement la conduite ou fut simplement témoin aux côtés de son protecteur Hadrien (117-138) ; une fois de plus, avec une intention un peu perverse, il ne livre aucune description du contenu réel de cet exercice mais se contente de rapporter les ordres donnés dans le cadre de son exécution – s'excusant avec une sensiblerie parfaitement outrée des termes exotiques qui défigurent le texte grec, considérant ainsi que les Romains ont pris des termes aux Ibères et aux Celtes de la même manière qu'ils prennent « leurs trônes aux souverains ».

En 136, Arrien conduisit une grande armée de campagne composée de deux légions, accompagnées d'importants renforts auxiliaires, en Arménie romaine pour repousser une attaque des Alains, des cavaliers venant du nord du Caucase et de la steppe qui s'étendait au-delà. Seule une partie de son récit consacré au déploiement de ses forces, l'*Ektaxis kata Alanon*, est parvenue jusqu'à nous, et une fois de plus l'obsession des antiquités qui caractérise Arrien affecte son contenu : il parle de la défunte phalange au lieu de la légion, des Scythes de l'époque classique (au sens exact du terme) au lieu des Alains qui doivent lui sembler trop exotiques (bien qu'ils apparaissent dans le titre) et ainsi de suite, allant jusqu'à identifier le commandant de l'armée – c'est-à-dire lui-même – à Xénophon, son prédécesseur d'un demi-millénaire qu'il admirait manifestement, à la fois comme écrivain et comme homme d'action ; de fait, il reprit le titre du plus célèbre ouvrage de Xénophon pour son propre livre consacré à Alexandre.

Malgré la volonté qu'avait son auteur d'éviter toute précision sur pareils sujets, qu'il devait juger sans intérêt littéraire, il a été possible de retrouver l'identification exacte des unités concernées par l'*Ektaxis* (ouvrage également connu sous le titre latin *Acies contra Alanos*, « Ordre de bataille contre les Alains ») et le résultat est en vérité assez intéressant, en lui-même comme exemple de composition d'une armée romaine de campagne réelle et prête à combattre, et comme élément de comparaison avec les forces de campagne byzantines des temps à venir – certaines des formations standard de l'armée romaine réapparaissent en effet dans les combinaisons de troupes prescrites par les tactiques byzantines. La force de base des deux légions était purement romaine : il s'agissait des XII *Fulminata* et XV *Apollinaris*, chacune équipée d'artillerie alignant catapultes et lanceurs de traits et comprenant cent vingt cavaliers légers pour exécuter des missions de liaison et d'éclaireurs, des spécialistes variés et dix cohortes d'infanterie, pour un total d'environ cinq mille fantassins lourds au grand complet.

On soutient généralement que, dans l'armée romaine à cette époque, les forces légionnaires constituées d'infanterie lourde, d'ingénieurs et d'artillerie étaient doublées d'un nombre à peu près égal de troupes auxiliaires pour l'essentiel formées de non-citoyens, recrutés sur les limites de l'Empire et au-delà. Elles complétaient certainement fort bien l'infanterie lourde, capable de surpasser tout adversaire d'un point de vue tactique mais lente et très peu mobile, avec une grande variété d'unités d'infanterie légère, de cavalerie légère et de cavalerie lourde ajoutant aux légions mobilité, polyvalence, agilité et capacité de tir avec leurs frondeurs et archers, qui manquaient à l'infanterie lourde. Les proportions entre les deux types de forces étaient peut-être, de fait, à peu près égales au sein de l'armée romaine considérée d'une manière globale – nous n'en avons pas de preuve définitive –, mais cela ne signifie pas qu'elles étaient nécessairement égales dans chaque armée de campagne : constituer des armées de campagne en vue d'expéditions sans essayer de choisir les unités auxiliaires les plus adaptées, par leur taille et leur composition, à la nature du terrain et à l'ennemi, n'aurait en effet eu aucun sens.

En l'occurrence, Arrien affrontait les Alains, qui venaient de la steppe avec leurs chevaux tout comme les Huns et les Avars le feraient de plus loin encore, mais les Alains n'étaient pas équipés du puissant arc composite réflexe – les unités auxiliaires d'archers au sein de l'armée romaine non plus. Les Huns et les Avars à cheval, de plus, combinaient leurs forces avec celles de guerriers issus de leurs nations sujettes qui combattaient à pied, les Huns avec des Goths et Gépides, les Avars avec des Slaves. Par contraste, les Alains auxquels fit face Arrien n'alignaient semble-t-il que des cavaliers et n'avaient avec eux aucun combattant à pied. (Les *Alani* à cheval évoqués par les sources en Europe occidentale vers 400 avaient été chassés vers l'ouest par les Huns. Les *Alani* du Caucase poursuivirent leur existence au sein du royaume médiéval d'Alanie et existent encore de nos jours sous l'appellation d'Ossètes en Géorgie et en Russie.)

Cela explique la forte proportion de troupes montées parmi les unités auxiliaires de l'armée expéditionnaire d'Arrien : une première unité d'éclaireurs à cheval précédant la force principale, un *numerus exploratorum* peut-être composé de trois cents cavaliers ; puis le contingent de cavalerie principal, quatre *alae* de cinq cents cavaliers chacune en effectif théorique complet[13] ; venait ensuite la *cohors equitata*, cette forme particulière d'unité auxiliaire romaine qui associait cavaliers et fantassins dans la même unité pour remplir des missions défensives de patrouille et de garde de forteresse, aussi bien que des missions offensives de cavalerie et d'infanterie légère : trois unités doublées (*miliaria*) de deux cent quarante cavaliers et sept cent soixante fantassins en effectif théorique complet, parmi lesquelles une d'archers, et cinq unités mixtes de taille standard avec cent vingt cavaliers et trois cent quatre-vingts fantassins en effectif théorique complet[14].

Tous ces cavaliers en formations montées ou mixtes étaient accompagnés d'une seule cohorte d'infanterie pure, d'une composition assez inhabituelle : la *cohors I Italica uoluntariorum civium Romanorum*, à l'origine levée parmi les citoyens romains, avec cinq cents hommes en effectif théorique complet. Soit un total de quatre mille six cent quatre-vingts fantassins auxiliaires par opposition à trois mille six cent vingt cavaliers. Dans l'hypothèse d'un effectif complet de toutes les unités auxiliaires présentes – hypothèse très peu vraisemblable quelle que soit l'armée ou l'époque –, le total représentait huit mille trois cents hommes, soit considérablement moins que les dix mille fantassins bien équipés des deux légions. Mais l'hypothèse que ces dernières fussent elles-mêmes complètes était bien sûr encore moins vraisemblable, en partie parce que les bases légionnaires ne pouvaient pas être laissées sans la moindre protection (elles abritaient les familles des soldats, les convalescents et les nouvelles recrues en formation), en partie parce que les légionnaires sachant suffisamment bien lire, écrire et compter étaient éternellement affectés à toutes sortes de missions en appui de l'administration civile.

Quant à la proportion de cavaliers au regard des fantassins dans l'ensemble des forces dont disposait Arrien, elle s'élevait à un quart dans l'hypothèse d'une répartition égale des soldats manquant à l'appel, soit bien moins que dans toutes les armées de campagne byzantines sur lesquelles nous avons des informations chiffrées. Davantage de cavalerie que d'infanterie, et tout particulièrement davantage de cavalerie d'élite polyvalente : c'était une composition bien mieux adaptée au style de guerre byzantin, qui reposait sur des affrontements moins décisifs et des forces plus flexibles.

Inventer un nouveau style de guerre était précisément le but de l'anonyme *De rebus bellicis* (« Des affaires militaires »), l'ultime texte militaire romain – l'Empire d'Occident était en effet proche de sa fin lorsqu'il fut rédigé[15].

Cet opuscule, parvenu jusqu'à nous en un seul et unique manuscrit comprenant ses indispensables illustrations, n'est pas un exercice à la manière de Végèce, empreint de nostalgie à l'égard d'une lointaine antiquité, ni un exercice littéraire. C'est le résultat d'un travail extrêmement sérieux effectué par un auteur tourmenté, qui s'inquiétait avec raison de la survie même de sa civilisation.

L'auteur constate tout d'abord que l'Empire se ruine à maintenir, à des coûts colossaux, de vastes forces militaires qui n'ont pourtant pas été capables d'empêcher les dévastations des incursions barbares ; il reconnaît dans le même temps qu'une simple réduction du niveau des troupes ouvrirait la porte à davantage de destructions encore. Il propose une solution d'une saisissante modernité : la mécanisation. Il présente même une forme d'analyse coût/avantage pour prouver que la capacité d'action militaire romaine pourrait être accrue tout en réduisant le niveau des troupes, grâce à un accroissement de la puissance de combat individuelle du soldat.

À cette fin, explique l'auteur, il sera nécessaire d'investir dans de meilleures armures et armes personnelles – parmi lesquelles les fameux traits plombés, plus lourds, auxquels les forces byzantines accorderont ultérieurement une place de choix dans leurs armements –, ainsi que dans de nouveaux engins militaires, incluant des lanceurs de flèches multiples montés sur roues, des chars de guerre équipés de faux à lames rotatives et un navire mû par des roues à aubes entraînées par des bœufs dont l'illustration a maintes fois été reproduite. Certaines des machines décrites peuvent tout à fait être construites et fonctionner, d'autres, assez extravagantes, non. Une certitude : si l'auteur n'était pas lui-même un ingénieur expérimenté, il analysa en tout cas d'une manière très cohérente les tragédies de son époque.

Un demi-millénaire plus tôt, des machines de guerre incontestablement plus faciles à construire et à faire fonctionner firent l'objet de descriptions par Marcus Vitruvius Pollio (Vitruve), un ingénieur du Ier siècle avant notre ère qui accompagna Jules César dans ses combats et écrivit le *De architectura*. Ce traité très largement répandu exerça une forte influence sur Andrea Palladio au XVIe siècle ; il n'était pas inconnu à

Byzance, comme en témoigne une référence à l'un de ses passages par l'écrivain et poète Jean Tzétzès, qui vivait de sa plume au XIIe siècle[16].

La plus grande partie du *De architectura* se consacre à expliquer de manière détaillée les méthodes de construction et le dessin des bâtiments, chez les Grecs comme chez les Romains, avec des informations historiques associées ; on y trouve les développements les plus divers, comme par exemple l'examen du foie des moutons pour déterminer si le site concerné convient à l'habitation : si les foies examinés étaient uniformément livides et abîmés (*liuida et uitiosa*), le site était dangereux (livre I, 4, 11). Cette méthode, une caractéristique de Vitruve, fonctionnerait de fait bien pour détecter des sols chimiquement contaminés.

Le livre X est pour l'essentiel dédié aux machines, treuils, poulies, pompes à eau, véhicules, leviers, engins de levage, moulins mécaniques, siphons, il est aussi question d'un orgue hydraulique et d'un dispositif à roues permettant de mesurer la distance – autant de mécanismes qu'il est possible de construire en suivant ses instructions et qui fonctionneraient tous bien.

Il en va de même des descriptions de catapultes pour le tir de flèches – des lanceurs dont toutes les dimensions sont déterminées en fonction de la longueur de flèche souhaitée – dans le chapitre 10 du livre X. Vitruve explique comment concevoir et dessiner des catapultes dont la force de jet repose sur la torsion de cordages et/ou de cheveux humains ou de tendons séchés torsadés, donnant les dimensions exactes des différentes pièces ; on put en construire des répliques à l'époque moderne en suivant ses directives. Le chapitre 11 donne des instructions tout aussi complètes pour les *ballistae* projetant des pierres, dont la conception et le dessin détaillé dépendent du poids des projectiles souhaités[17]. Ces instructions sont destinées à des personnes ignorant la géométrie qui ne peuvent pas se permettre de perdre du temps à faire eux-mêmes tous les calculs nécessaires (*cogitationibus detineantur*) au milieu des périls de la guerre, c'est-à-dire pour des soldats sur le terrain ; seules quelques obscurités de notation compliqueraient une reconstruction moderne par de parfaits amateurs. Au chapitre 12 suivent les directives sur la préparation des deux engins au combat.

Vitruve poursuit par l'histoire, la conception et le dessin de béliers à balancier, en se fondant manifestement sur des textes grecs perdus, de tours mobiles – nous y reviendrons plus loin –, de foreuses, de machines élévatrices (*ascendentem machinam*) qui font monter les troupes d'assaut jusqu'à la hauteur du rempart (voir, plus loin, le développement sur les *sambucae*) et d'autres engins encore de même nature. Il donne ensuite les directives de construction détaillées d'un bélier à balancier mobile, protégé (*testudinis arietariae*), ou « tortue à bélier ». Le chapitre 14 commence par la description d'une machine mobile pour combler les fossés, protégé contre la chute de projectiles lourds par une solide structure de bois et contre les incendies causés par les projectiles enflammés par deux couches de cuir de bœuf vert cousues ensemble, remplies d'algues ou de paille imbibée de vinaigre.

La suite donne les plans d'autres machines conçues par les anciens Grecs, parmi lesquelles les dispositifs de défense du chapitre 16 ; il y a ainsi une grue permettant de soulever les engins de l'ennemi qui auraient atteint le rempart pour les hisser et les faire passer à l'intérieur de la ville ; on trouve également la méthode employée par l'expert-conseil indépendant Diognète de Rhodes pour triompher de la gigantesque tour d'assaut mobile construite pour « le roi Démétrius » (Démétrios Ier de Macédoine, 337-283 avant Jésus-Christ, surnommé *Poliorcetes*, « le preneur de ville ») : un engin de 125 pieds de haut et de 60 pieds de large, doté d'une protection pour résister à des pierres de 360 livres et pesant 360 000 livres. Diognète fit jeter par des volontaires de l'eau potable, des eaux usées et de la boue devant la muraille ; la tour mobile se retrouva immobilisée dans le sol détrempé et Diognète reçut ce qu'il avait demandé comme honoraire : la tour mobile elle-même.

D'autres récits comparables s'ensuivent, quelques bonnes histoires et solides développements techniques. Plus tard, des Byzantins – au penchant grec naturellement plus marqué – ont pu balayer tout cela au motif que Vitruve avait fait des emprunts aux anciens ingénieurs grecs ; ce qui était vrai, mais avec les qualités romaines : concision, précision et esprit pratique.

Telles sont également les vertus, dans une plus large mesure encore, du traité *De munitionibus castrorum* (« Sur les fortifications du camp militaire ») écrit au IIIe siècle, autrefois attribué à Hyginus Gromaticus (Hygin le Gromatique, c'est-à-dire « l'Arpenteur ») qui vivait au IIe siècle ; en conséquence, l'auteur est de nos jours référencé sous le nom de pseudo-Hygin. La partie subsistante – le terme « fragment » impliquerait une longueur du texte complet plusieurs fois supérieure, ce qui semble peu vraisemblable – de ce traité comprend cinquante-huit paragraphes, le plus souvent limités à quelques lignes chacun, soit une dizaine de pages imprimées. L'extrême concision et la précision de ces paragraphes suffisent à donner des instructions exactes, unité par unité, sur l'établissement d'un camp de marche romain – un *Marschlager* pour reprendre le terme de l'éditeur, traducteur et commentateur du traité, l'éminent Alfred von Domaszewski[18].

Le *castrum* des Romains fut certainement l'un des secrets de leurs succès militaires – un secret qui ne fut pas perdu à Byzance : l'ouvrage du Xe siècle connu sous le titre *De re militari*, nouvellement édité sous le titre *Organisation et tactique des campagnes*, commence en effet par l'établissement détaillé d'un camp de marche.

Par la construction d'un camp retranché entouré d'une palissade pour passer toutes leurs nuits en sécurité, si nécessaire d'un nouveau camp à chaque nuit pendant les marches en territoire dangereux, les Romains et les Byzantins par la suite se gardaient bien sûr des assauts nocturnes périlleux, mais s'assuraient aussi un sommeil paisible sans risque d'être troublés par des raids de harcèlement ou des éléments infiltrés. Lorsque des milliers de soldats et de chevaux se trouvaient massés à l'intérieur d'un périmètre fortifié, qui devait rester aussi réduit que possible pour être bien gardé, seule une disposition précisément déterminée des tentes, des bagages et des chevaux, unité par unité, avec des passages dégagés entre elles conduisant à de larges « rues », permettait d'éviter le chaos, l'encombrement et la confusion en cas d'attaque ennemie, ou simplement de sortie urgente du camp. De plus, c'est la seule manière de conserver des latrines bien à l'écart et en aval des cours d'eau ou des sources.

Dans le manuel militaire byzantin fondamental connu sous le titre de *Strategikon* de (l'empereur) Maurice, il est suggéré de lancer des attaques nocturnes contre les camps des Perses sassanides (livre XI, 1, 31) quand on les combat ; hautement compétents dans les autres domaines de la guerre, les Sassanides manquaient de rigueur dans leurs camps. Eux aussi établissaient un périmètre retranché et bien gardé, mais ils n'imposaient pas d'organisation interne bien disciplinée unité par unité – les troupes campaient où bon leur semblait[19].

Le camp décrit dans le *De munitionibus castrorum* est au vrai extrêmement vaste – trop vaste, la plupart des camps construits ont sans doute été bien plus petits. Il prévoit en effet la disposition précise et bien ordonnée de trois légions complètes, de quatre *alae miliariae* de cavalerie comprenant chacune mille hommes avec plus de mille chevaux, de cinq *alae quingenariae* de cinq cents hommes chacune et de trente-trois détachements légionnaires et unités auxiliaires supplémentaires, avec une large panoplie de types d'unités représentées, parmi lesquelles mille trois cents soldats de marine ou combattants d'assaut embarqués (cinq cents *classici misenates* et huit cents *classici rauennates*), deux cents éclaireurs (*exploratores*), une cavalerie légère de six cents Maures et huit cents Pannoniens et bien d'autres encore, soit un total inconcevable de plus de quarante mille hommes de troupe et dix mille chevaux. Il s'agissait manifestement d'un exercice d'étude, qui prévoit des emplacements spécifiques pour chaque unité dans la disposition générale : les cohortes légionnaires d'infanterie lourde sont installées sous tentes sur le périmètre extérieur, qu'elles seraient les premières à défendre en cas d'attaque ; les deux quartiers généraux jumelés habituels, le *quaestorium* et le *praetorium*, sont établis dans un assez vaste espace au centre.

Dans son volume si restreint, l'ouvrage fourmille d'informations intéressantes ; il a fort bien pu contribuer à faire perdurer le concept de camp de marche qui, nous le savons, fut étudié et mis en application pendant encore au moins sept cents ans.

Pour les Byzantins, la littérature militaire *romaine*, qu'elle fût en latin ou en grec, ne pouvait être qualifiée de classique – seuls les textes de l'époque grecque ancienne pouvaient en effet aspirer à ce statut, à commencer par un ouvrage d'une irréprochable antiquité qui remontait au IVe siècle avant Jésus-Christ, le traité d'Énée – généralement connu sous le nom d'Énée le Tacticien – consacré à la défense des positions fortifiées[20]. Le texte qui nous est parvenu n'est qu'une partie d'un ouvrage plus long auquel se réfère Polybe au livre X, 44, citation à l'appui, en faisant un éloge assez tiède du système de signaux suggéré par Énée.

Son contenu était original pour l'époque – il ne pouvait en aller autrement – et ses développements sont empreints d'un certain bon sens pratique. Mais ils ne font montre d'aucune ingéniosité particulière et n'exercèrent pas d'influence perceptible sur les pratiques byzantines, bien que l'ouvrage fût encore présent dans les mémoires et constituât une source souvent citée, dont on puisait des extraits. Parmi d'autres le fit Julius Africanus – sur lequel nous reviendrons plus loin –, dont les fragments viennent s'ajouter au reste du texte disponible. Il en va de même de plusieurs textes militaires perdus de cette époque dont nous ne connaissons que le nom des auteurs[21]. Nous avons bien des raisons de regretter la perte de l'un de ces textes : celui de Polybe, qui mentionne ses notes sur la tactique dans un passage de ses *Histoires*, livre IX, 20 ; le traitement des affaires militaires, dans cet ouvrage détaillé d'une grande qualité historique, met en évidence une finesse et une expertise dans l'analyse qui s'étaient probablement affermies dans le traité de tactique perdu.

Remontant au IIIe siècle avant Jésus-Christ, nous avons un très intéressant traité technique d'un certain Biton, par ailleurs inconnu, dédié à Attale Ier Sôter (« Le sauveur ») de Pergame – un indice de datation pour nous, car nous savons qu'Attale monta sur le trône en 239 avant Jésus-Christ[22].

Biton décrit six armes d'artillerie : un petit engin lanceur de pierres conçu par Charon de Magnésie à Rhodes sur le principe de l'arbalète ; un grand engin lanceur de pierres conçu par Isidore d'Abydos et construit à Thessalonique sur le même principe ; une tour de siège mobile (*helepolis*) mue par la force humaine au moyen d'un cabestan interne qui faisait tourner les roues, équipée de ponts à bascule pour l'assaut des murailles, conçue pour Alexandre le Grand par Posidonius le Macédonien – un engin utilisable dans la pratique, à la différence de plus grandes tours du même genre équipées de catapultes qui se révélèrent trop lourdes pour qu'on pût les faire avancer à portée des murs ennemis ; une *sambuca* – nom emprunté à une harpe triangulaire –, échelle d'assaut montée sur un support permettant sa bascule contre le mur pris d'assaut, conçue par Damis de Colophon ; un engin d'artillerie de taille intermédiaire nommé *gastraphetes*, en réalité une grande arbalète construite par Zopyrus de Tarente à Milet ; enfin, un *gastraphetes* « de montagne », plus léger, construit par le même Zopyrus à Cumes.

Le texte de Biton est si précis dans ses descriptions et ses mesures d'une si parfaite cohérence que les six machines ont toutes pu être reconstruites très facilement, même sans les dessins que comprenait le manuscrit parvenu jusqu'à nous. La survie même du manuscrit constitue une preuve d'intérêt soutenu à l'égard de l'ouvrage de Biton, mais il est également cité par le mécanicien Héron de Byzance, mieux connu.

Dans son récit du siège de Syracuse par les Romains, une histoire splendide riche d'informations d'un réel intérêt militaire et technique, Polybe décrit une *sambuca* navale en opération :

> On construisit des échelles larges de quatre pieds et d'une longueur calculée pour qu'une fois dressées, elles atteignissent le sommet de la muraille ; on les munit des deux côtés d'une rampe et de panneaux protecteurs d'une hauteur considérable. On les coucha sur le pont du navire… dépassant de beaucoup l'extrémité des proues. En haut des mâts sont fixées des poulies avec des câbles. Au moment d'utiliser ces échelles, on attache les câbles au sommet des échelles et

des hommes postés sur la poupe les hissent à l'aide des câbles et des poulies tandis que d'autres, postés sur la proue, assurent la stabilité des échelles en les soutenant avec des étais pendant qu'on les hisse. Après quoi les rameurs assis sur les côtés extérieurs des navires les rapprochent du rivage et l'on s'efforce alors d'appliquer les engins... contre la muraille. Au sommet de chaque échelle se trouve une plate-forme protégée sur trois côtés par des panneaux d'osier, sur laquelle quatre hommes se tiennent debout et affrontent l'ennemi pour résister aux efforts de ceux qui, depuis le chemin de ronde, essaient d'empêcher qu'on applique la *sambuca* contre le rempart. Dès que, l'échelle dressée, les quatre hommes se trouvent à une hauteur supérieure à celle du rempart, ils jettent bas les panneaux d'osier des deux côtés de la plate-forme et passent sur le chemin de ronde[23].

Voilà comment des murailles en front de mer apparemment imprenables pouvaient être prises d'assaut avec succès depuis des navires venus jusqu'à leur pied ; le général romain Marcus Claudius Marcellus s'appuya comme il se devait sur les sambuques pour – pensait-il – conquérir rapidement Syracuse depuis la mer en 214 avant Jésus-Christ, durant la deuxième guerre punique, avec les navires sur lesquels elles étaient montées. Mais il se trouvait que, dans le camp opposé, l'ingénieur en chef s'appelait Archimède, qui avait conçu de puissants leviers à crochets anti-sambuques et les avait fait disposer sur le parapet, prêts à entrer en opération. Le siège dura plus de deux ans. Marcellus, incidemment, mérite notre respect pour sa réaction à la débâcle, tournée en dérision par la garnison, s'il faut en croire Polybe : « Archimède se sert de mes navires comme de louches pour puiser l'eau de la mer et la verser dans ses coupes à vin, mais mon orchestre de sambuques s'est fait ignominieusement chasser à coups de cravache du banquet ! »

Philon de Byzance était un autre mécanicien du IIIe siècle avant Jésus-Christ, qui embrassait toutefois un champ beaucoup plus large. Ses nombreux écrits comprenaient des volumes sur les mathématiques de l'ingénierie, sur les leviers, sur la construction des ports, sur la construction de machines de jet (*Belopoeica*) en artillerie et d'autres sujets, parmi lesquels un volume sur les appareils pneumatiques qui n'est parvenu jusqu'à nous que dans une traduction arabe. Il rassembla lui-même ses écrits pour constituer un examen approfondi d'ensemble (*syntaxis*) des questions de mécanique, mais la plus grande partie s'est perdue. Il nous reste toutefois les *Belopoeica*[24] ; dans la préface, Philon reconnaît la difficulté qu'il éprouve à expliquer comment construire les machines qu'il propose avec une précision suffisante pour obtenir chaque fois les résultats attendus :

> Nombre de ceux qui ont entrepris la construction d'engins de la même taille, employant les mêmes méthodes de construction, du bois similaire et un métal identique, sans même modifier son poids, en ont produit certaines qui avaient une longue portée et une grande puissance d'impact, et d'autres qui n'avaient pas les mêmes performances.

Le remède qu'il propose repose sur des calculs très minutieux – une méthode qui met l'accent sur les mathématiques au fondement de toute ingénierie, même si Philon lui-même, comme d'autres, interpréta d'une manière erronée les textes d'Aristote : ce dernier n'a en effet jamais écrit

que les objets d'un poids élevé chutaient plus rapidement que les légers –
une erreur durable qui aurait pu être réfutée par l'expérience mais ne le
fut qu'à une époque très tardive (avant Galilée toutefois, malgré la
légende). Les Byzantins eurent la faiblesse d'accepter trop facilement
l'autorité des anciens, mais ils comprirent certainement l'importance des
mathématiques dans l'ingénierie, qu'il s'agît d'architecture ou d'art
militaire.

Le traité des *Belopoeica* de Philon comprend une description de catapultes tirant des flèches et des carreaux par torsion, utilisant pour ce faire
l'élasticité de cheveux ou de tendons ; une description d'un engin tirant
des flèches avec un procédé de tension particulier, accompagné de critiques des catapultes ordinaires dont la mise en opération, écrit-il, est
compromise par la fragilité des composantes ; la description du *chalcen-
tonon* de Ctésibios (le mathématicien du IIIe siècle avant Jésus-Christ qui
avait peut-être dirigé la bibliothèque d'Alexandrie), mû par des ressorts de
bronze dans une boîte de torsion à double face, et de son *aerotonos katapeltes lithobolos*, un lanceur de pierres pneumatique totalement original
mû par des cylindres de bronze et des pistons ; enfin, la description du
polybolos katapeltes de Dionysius d'Alexandrie (par ailleurs inconnu), une
catapulte à répétition pour tir de carreaux – une prodigieuse machine
capable de projeter des carreaux longs de dix-neuf pouces (trente-cinq
dactyloi) en tir rapide depuis un chargeur situé sur le côté, plus haut, qui
l'alimentait par gravité avec un dispositif rotatif pour placer chaque car-
reau successif dans l'axe de tir.

Rien de fantaisiste dans cette description – le texte fait clairement
comprendre que Philon a bel et bien examiné pareille machine, et sa description en est suffisamment précise pour avoir permis à son ingénieux
éditeur moderne E. W. Marsden d'en faire un dessin très détaillé, les dessins originaux ayant été perdus ; au passage, Marsden note que durant la
guerre de 1894-1895, les Chinois utilisèrent des arbalètes à répétition sans
connaître le moindre succès contre l'infanterie japonaise armée de cara-
bines à verrou avec chargeurs, et que leurs armes équipées d'arcs en
bambou étaient bien moins puissantes que le *polybolos katapeltes* de Dionysius d'Alexandrie, machine probablement utilisée lors du siège de
Rhodes en 304 avant Jésus-Christ[25].

Pour déterminer quels écrits plus anciens ont influencé Byzance, le
guide indispensable reste le célèbre examen qu'en fit Alphonse Dain,
révisé par J. A. de Foucault – Dain au sommet de son art après le monument d'érudition que constitua son édition de certains textes militaires
byzantins[26].

L'examen de Dain cite le traité sur les machines de guerre écrit au
Ier siècle avant Jésus-Christ par Athénée le mathématicien, avant de passer
à Héron d'Alexandrie, dit « l'Ancien » ou « le Mécanicien », plus original
et plus précis qu'Athénée – c'était un disciple intellectuel du célèbre Ctésibios. Dain date Héron de la fin du IIe siècle ou du début du Ier siècle avant
Jésus-Christ, tandis que son éditeur plus récent le place deux cents ans
plus tard ; si l'on tient compte de la stase technologique de l'époque, cela
importait peu à ses lecteurs byzantins.

Deux des ouvrages de Héron sont parvenus jusqu'à nous : un traité des *Belopoeica* qui décrit diverses machines de jet en artillerie, mises en valeur par soixante-seize illustrations, consacrées pour l'essentiel aux composantes des machines et caractérisées par une extrême précision ; un traité fragmentaire intitulé *Cheiroballistra*, titre qui laisse supposer la description d'une catapulte mobile tirant des flèches – et il y a là-dessus toute une histoire. Un architecte français, Victor Prou, construisit bien un modèle de catapulte à ressort de bronze dans les années 1870 ; un nouvel examen du texte subsistant, mené par un éditeur allemand combatif, montra pourtant qu'il ne décrit par une arme mais seulement un certain nombre de composants mécaniques dont tous les noms grecs commencent par la lettre *k* (*kanones, kleisis, kambestria…*) – l'éditeur en déduisit que le fragment n'était que la section *k* d'un lexique de mécanique. Mais E. W. Marsden, l'éditeur le plus récent du texte, qui bénéficie de la plus haute autorité, aboutit à la conclusion que les composants permettent bien l'assemblage d'une arme, précisément de la catapulte à tendons dépeinte sur la colonne de Trajan[27].

Le traité des *Belopoeica* lui-même, qui décrit – aucune contestation possible à ce sujet – des armes complètes, comprend une préface qui défend avec hardiesse les vertus de l'étude de la guerre, un texte souvent imité par la suite :

> La plus grande et importante partie des études philosophiques traite de la paix [c'était avant la conquête de la philosophie par la linguistique, hélas !]… et j'estime que la recherche de la paix ne pourra jamais aboutir par les disputes spéculatives. Mais la mécanique, grâce à l'une de ses branches les plus humbles – je songe bien sûr à celle qui traite de ce que l'on appelle la construction des machines d'artillerie –, a supplanté la doctrine sur ce point et appris à l'humanité comment connaître une existence paisible. Avec son aide, en effet, les hommes ne connaissent jamais de troubles en période de paix du fait d'attaques ennemies.

En d'autres termes, *si uis pacem para bellum* : si tu veux la paix, prépare la guerre[28].

D'Asclépiodote « le Philosophe », qui vivait au Ier siècle avant Jésus-Christ – c'était un autre Grec de l'époque impériale romaine –, nous avons une « Tactique » (*Techne taktike*) dont le titre plein de promesses est trompeur[29]. On n'y trouve rien sur la tactique romaine contemporaine ni sur la tactique de quelque époque que ce soit, au sens propre. En guise de tactique, le texte consiste en une description extrêmement détaillée – assez obsessionnelle en vérité – des rangs, titres, structures, hiérarchies, dispositions et manœuvres d'exercice de la phalange macédonienne, à ce titre prisé pour ses contributions lexicales (nombre des termes qu'il contient ne sont en effet pas attestés ailleurs).

Les manuscrits comprennent également de multiples graphiques des exercices, avec le recours à d'innombrables symboles pour bien suivre les mouvements et occuper les positions prescrites en respectant chaque fois les distances. Mais tout cela aurait été parfaitement inutile aux soldats byzantins, car rien ne pouvait remédier à l'obsolescence de la phalange (les piquiers et hallebardiers suisses qui dominèrent les champs de bataille européens aux XIVe et XVe siècles combattaient en colonnes profondes, comme le faisaient leurs prédécesseurs byzantins avec leurs piques).

La dimension antiquisante de l'ouvrage est bien confirmée par sa section VIII sur les chars de guerre (« on appelle deux chariots *zygarchia*, une paire, deux paires *syzygia*, double paire »), complètement archaïques même à l'époque, et par sa section IX sur les éléphants de guerre (« celui qui guide un seul éléphant est appelé *zoarchos*, commandant d'animal, le commandant de deux éléphants *therarchos*, commandant de bêtes »), dont le dernier emploi – sans succès – remontait à la bataille de Thapsus (aujourd'hui en Tunisie) contre Jules César en 46 avant Jésus-Christ ; les légionnaires de la *V Alaudae* y gagnèrent leur symbole à l'éléphant en taillant de leurs haches les pattes des animaux de l'ennemi.

Le *Strategikos* (« Traité du général ») d'Onosander (ou Onasander, Onesandros), datant du Ier siècle de notre ère, est bien mieux connu. Dain ne l'aime pas du tout. Il tourne en ridicule son auteur en le qualifiant de *graeculus*, l'insulte romaine pour un petit Grec âpre au gain – il n'en manquait pas au début de la Rome impériale –, et, pour le dénigrer, le taxe de flagornerie à l'égard de ses maîtres romains ; son ouvrage, estime Dain, ne comprend pas la moindre originalité utile : ce n'est, écrit-il, qu'une suite d'obscurs conseils de prudence et de creuses exhortations[30].

Ce ne fut pas l'avis des Byzantins. L'ouvrage est en effet cité au VIe siècle par Jean le Lydien (Lydus), au livre I, 47, 1 ; l'amateur d'anthologie et empereur Léon VI l'annexa dans son intégralité à sa *Tactique* ; il est mentionné par le fameux général et écrivain Nicéphore Ouranos au Xe siècle. Nous savons que bien d'autres, dans la période postérieure à la renaissance en Europe, ne partageaient pas non plus cet avis : Dain lui-même donne en effet la liste des multiples éditions et traductions qui se succédèrent à compter de 1494 et rapporte les éloges qu'adressait à cet ouvrage le maréchal de Saxe, un soldat heureux à la guerre et réfléchi, cité dans plusieurs éditions françaises. Les lecteurs modernes ne le porteront pas au ciel mais ne le précipiteront pas non plus dans les enfers. On trouve beaucoup de bon sens dans ses développements sur le choix des généraux et les caractéristiques des bons généraux – on pense facilement à des exemples auxquels les exclusions prévues par Onosander auraient dû s'appliquer –, et même davantage (au livre III) sur le conseil du général :

> Il n'est pas prudent que les opinions d'une seule et unique personne, sur son seul jugement, soient adoptées... Toutefois, le général ne doit être ni indécis au point de ne se faire lui-même aucune confiance, ni obstiné au point de penser que nul ne peut avoir une meilleure idée que la sienne[31].

On lit (au livre IV) un conseil également innovant pour l'époque sur le fait que la guerre doit être justifiée d'une manière plausible :

> Il devrait être évident pour tous que l'on combat au nom de la justice... car en sachant qu'ils ne livrent pas une guerre d'agression mais une guerre défensive, sans mauvais dessein pour tourmenter leur conscience, les soldats contribuent à la guerre avec un courage qui est entier.

Nous sommes loin de la guerre homérique livrée au nom de l'honneur personnel, ou bien avec un parfait cynisme pour faire du butin ou étendre l'Empire – il s'agit sans aucun doute d'un argument fonctionnel en faveur de la « guerre juste » avant la lettre, exactement le type de développement que le maréchal de Saxe eût apprécié.

Il n'y a rien, non plus, de vraiment critiquable dans les conseils relatifs à la tactique – ils sont utiles malgré leur manque d'originalité comme de détail. Ils passent de la formation de marche à la traversée de défilés dangereux (livre VII), à l'établissement des camps et à leur changement (pour raisons d'hygiène), à la prudence nécessaire quand on va au fourrage, à la capture d'espions – à tuer si l'armée est faible, à relâcher si elle est d'une force à impressionner l'ennemi – et ainsi de suite, y compris certaines considérations que l'on n'attendrait pas d'un auteur que Dain juge, avec dédain, d'une ineptie complète dans les sujets militaires (« nullement versé dans les affaires militaires »), telles que le maintien d'une force de réserve en bataille, bien à l'écart, pour la faire intervenir lors des moments critiques ; c'est elle qui permet au général d'imprimer sa marque à la bataille : sans réserve prête à l'action et à l'écart du combat, il n'en est qu'un simple spectateur. Au total, le lecteur se range plutôt à l'avis des Byzantins et du maréchal de Saxe qu'à celui de Dain, malgré toute la splendeur de son érudition.

Sextus Julius Africanus, ou plus exactement Sextos Ioulios Aphrikanos, dans la mesure où il écrivit en grec, était une personnalité d'une très grande richesse – parlant de multiples langues, douée de multiples talents et « multinationale ». Né à Jérusalem vers 180, probablement juif converti au christianisme, il dédia un recueil d'écrits – les *kestoi* (signifiant littéralement « broderies » mais peut-être aussi « amulettes ») – sur les sujets les plus disparates à l'empereur Sévère Alexandre (222-235[32]). Il n'en subsiste que des parties parmi lesquelles certaines traitent d'affaires militaires, mais son talent réel résidait dans la logique et les mathématiques, qu'il appliquait à toutes sortes de choses ; il est ainsi le premier historien à avoir écrit une histoire chronologique du christianisme – créant ainsi un nouveau genre littéraire –, souvent cité comme tel par Eusèbe et d'autres Pères de l'Église ; il appliqua également ce talent, d'une manière très curieuse, à une étude du vol des flèches.

Il commence par affirmer qu'une flèche est capable de voler sur une distance de 25 000 stades (4 675 kilomètres) en une journée et une nuit, soit vingt-quatre heures. Il explique ensuite comment le prouver par une expérience d'une grande ingéniosité dans laquelle la distance est remplacée par le temps, et le calcul repose sur la prémisse qu'au maximum six mille flèches peuvent être tirées *en séquence immédiate* par heure. L'expérience le confirme bien et les calculs qui en sont dérivés sont justes : si l'on fait abstraction de la perte de vitesse au regard de la vitesse initiale, 4 675 kilomètres en vingt-quatre heures correspondent à 194,8 kilomètres par heure, ce qui correspond assez précisément à la vitesse initiale mesurée des arcs modernes de moyenne puissance (classe 50-55 livres) et à une vitesse seulement légèrement supérieure à celle des reproductions modernes d'anciens arcs composés[33].

La première grande époque de la littérature militaire byzantine commence au VIe siècle, mais d'une manière bien peu prometteuse, avec le *Taktikon* d'Urbicius (ou Orbicios) dédié à Anastase Ier (491-518) – un simple résumé d'Arrien sur la phalange, pour l'essentiel limité à la terminologie. Un autre ouvrage encore plus mince du même auteur, l'*Epitedeuma*, est consacré à sa propre invention – qu'il juge prodigieuse – conçue pour vaincre l'extraordinaire impétuosité de la cavalerie barbare : les *kanones*. Ce sont des trépieds portables équipés de pointes bien tranchantes que l'on peut réunir et disposer côte à côte pour protéger l'infanterie – il s'agit d'une infanterie armée de traits légers dans son texte, et non des piques solides et grands boucliers susceptibles de parer les charges de cavalerie[34].

Syrianos Magister et la tactique navale

Syrianos Magister n'a lui non plus rien d'impressionnant, mais on estime aujourd'hui que les ouvrages qui subsistent de lui – le *Traité anonyme byzantin sur la stratégie* qui lui fut récemment attribué, auparavant connu sous le titre *Peri strategikes* ou *De re strategica*, ainsi que la *Rhetorica militaris*, tous deux abordés ci-après, et le fragment sur la guerre navale que nous allons maintenant examiner – ne sont guère représentatifs de ce que pouvait être l'œuvre intégrale avant la perte de l'essentiel.

Le fragment sur la guerre navale, dérivé d'une source bien plus ancienne que Syrianos avait à sa disposition au moment où il le rédigea au IXe siècle, commence à la section IV au milieu d'une phrase par une recommandation : que les équipages se placent immédiatement en ordre de bataille lorsqu'ils débarquent sur le rivage, jusqu'à ce qu'ils soient pleinement assurés de l'absence d'ennemis à proximité immédiate.

Cela nous remet en mémoire qu'à l'époque des galères, toute guerre navale était une guerre amphibie, ne fût-ce que pour aller très fréquemment chercher de l'eau fraîche et la monter à bord – c'était une nécessité –, ainsi que pour assurer aux hommes un repos convenable – ce n'était possible qu'à terre. Peu importait que les rameurs fussent des citoyens, des professionnels ou des esclaves (la marine byzantine n'en utilisait aucun) : aucun n'était capable de ramer longtemps s'il avait dû se contenter du rang de rame pour dormir.

L'auteur poursuit en conseillant de choisir des rameurs qui sachent également nager, y compris sous l'eau. Les nageurs de combat peuvent se révéler très efficaces. Ils ont la possibilité de couper subrepticement les câbles d'ancres aux vaisseaux de l'ennemi ; les courants les font alors dériver pour les précipiter sur des rochers. Les nageurs échappent aux poursuites, s'ils sont repérés, en nageant sous l'eau[35].

Dans la section V, l'auteur note que le *strategos* – un commandant militaire mais pas nécessairement de spécialisation navale – doit avoir à ses côtés de véritables experts en vents, courants, hauts-fonds, ports et tous sujets relatifs à la mer, et que chaque vaisseau isolé doit avoir à bord un expert en chaque domaine car la flotte peut facilement être dispersée par les vents. De plus, il doit y avoir au moins deux rameurs sur chaque vaisseau capables d'effectuer des réparations sur la coque, et tous les rameurs doivent savoir boucher les trous avec du linge et des couvertures.

La suite aborde le renseignement, section VI, avec d'utiles conseils. Les navires les plus légers et rapides, avec des rameurs choisis pour leur vigueur plus que pour leur courage – leur mission n'étant pas de combattre mais d'observer et de revenir au rapport –, doivent être envoyés à la recherche des vaisseaux ennemis dissimulés derrière les promontoires ou les îles, au port ou dans l'embouchure des fleuves. Quatre vaisseaux rapides seront détachés de la flotte, deux qui resteront à une distance maximale de 6 *miles* et deux qui se risqueront plus loin de manière à permettre de transmettre l'information à la flotte de navire en navire au moyen de signaux convenus d'avance. À terre, des éclaireurs capables sont également nécessaires. La section VII précise les méthodes de signalisation : des draps blancs à courte portée, des signaux de fumée à plus grande distance et, à la lumière du soleil, des miroirs ou une épée bien polie. Avec un code implicite pour chaque dispositif.

L'explication de la tactique à suivre fait l'objet de la section IX, beaucoup plus longue. Pour la flotte en mer, conserver sa position en formation serrée est aussi essentiel que maintenir en bon ordre les troupes en rangs et en files sur terre pour l'armée ; pour en être capable – c'était une aptitude à acquérir par l'apprentissage –, la flotte ne devait pas attendre le jour de la bataille mais sans cesse évoluer en formation. Le stratège se porte en avant sur l'un des plus gros navires ; comme ces navires sont lents, il doit avoir deux vaisseaux rapides à disposition pour faire passer ses ordres à l'ensemble de la flotte. Les autres navires les plus importants seront placés en tête, de la même manière que l'infanterie la plus lourdement armée sur terre.

L'amiral Nelson n'eût pas approuvé le concept de guerre navale dans l'ensemble de ses aspects tel qu'il est proposé par le texte ; au lieu de sans cesse chercher la bataille, au lieu d'adopter en permanence une posture offensive, comme il le faisait, le stratège est vivement encouragé à se montrer prudent avant d'engager le combat. Il lui est d'abord fortement conseillé de se demander lui-même, et de demander à ses subordonnés les plus dignes de sa confiance, s'il est réellement nécessaire de combattre. Il lui est ensuite fortement conseillé d'évaluer à nouveau l'équilibre des forces, en s'appuyant sur des déserteurs si plusieurs tiennent les mêmes propos. Si la puissance de sa flotte est supérieure, le texte lui rappelle que même des forces inférieures en nombre sont susceptibles de l'emporter. Si les deux parties sont de force égale et que l'ennemi ne prenne pas l'initiative d'attaquer, le stratège ne doit pas non plus la prendre.

Ces précautions ne sont pas tactiques mais stratégiques ; elles découlent de l'essence même du style de guerre byzantin. Chercher partout et trouver la flotte principale de l'ennemi pour l'attaquer avec tous les vaisseaux disponibles en vue de remporter une victoire « décisive » constituait le seul objectif qu'il convenait de poursuivre lors d'une guerre navale aux yeux de Nelson, comme l'était son équivalent sur terre aux yeux de Napoléon ou de Clausewitz, et de tous ceux qui suivirent leurs préceptes jusqu'à aujourd'hui. Cette prémisse fondamentale était également partagée par les

Romains de l'époque antérieure à la division de l'Empire : le but de la guerre est la victoire décisive au sens où cette victoire, en détruisant la puissance de l'ennemi, va apporter la paix – en termes favorables bien sûr. Elle marque la fin de l'affaire concernée, heureuse et définitive.

Mais les Byzantins savaient qu'il n'y avait pas de fin, que de nouveaux ennemis surgiraient si les anciens essuyaient une défaite complète et qu'il existait une chance sur deux que ces nouveaux ennemis fussent aussi dangereux que les anciens, voire davantage. Dans cette hypothèse, la flotte de l'ennemi que le stratège aurait conservée intacte au lieu de la détruire pouvait se révéler utile ; les nouveaux arrivants étaient en effet susceptibles de se montrer aussi menaçants à l'égard de l'ennemi de naguère qu'à l'égard de l'Empire. Il en allait de même sur terre, où la destruction d'un ennemi exerçant sa pression sur les frontières de l'Empire n'eût abouti qu'à laisser place nette à l'ennemi suivant pour menacer les limites impériales.

C'est pourquoi l'objectif de la guerre, pour les Byzantins, ne pouvait être de chercher la bataille en vue d'une victoire décisive – car elle était inconcevable –, mais seulement de contenir les menaces immédiates en affaiblissant l'ennemi par divers expédients, ruses de guerre et embuscades, en laissant toute forme de combat frontal opposant les deux parties sur grande échelle en ultime recours. Tel est le contexte stratégique de ce traité, comme de tous les autres écrits militaires sérieux des Byzantins.

La situation la plus difficile est aussi, d'une manière claire, la plus importante pour l'auteur : que faire si les capacités de l'ennemi sont bien supérieures et que la bataille ne puisse être simplement évitée, car éviter la bataille exposerait des villes à l'offensive ennemie ? Dans cette hypothèse, la flotte doit combattre malgré son infériorité et l'emporter par la manœuvre tactique et par les stratagèmes. Tirer parti des vents pour trouver le moyen de combattre en eaux étroites entre des îles ou dans un détroit est ainsi très avantageux pour la flotte en situation d'infériorité, car l'ennemi ne sera pas en mesure de déployer sa pleine capacité militaire, nombre de ses navires se trouvant trop loin derrière sa première ligne pour s'engager dans la bataille. Diviser la flotte ennemie constitue un autre procédé, en arrivant les premiers avant que l'ensemble de ses navires aient pu se rassembler, ou bien en dispersant la formation de l'ennemi de telle sorte que la flotte en situation générale d'infériorité pût se retrouver en situation de supériorité à chaque engagement.

L'auteur recommande une nouvelle fois d'éviter la bataille et suggère que si cette stratégie aboutit à des déprédations, ces dernières peuvent être compensées par des raids sur les côtes de l'ennemi.

Lorsque la bataille est réellement engagée, le stratège doit être prêt à encourager les braves et à menacer les peureux ; un début de désertion ou pire encore peut survenir même au sein des navires de guerre choisis pour occuper la première ligne, avec leurs rameurs qui arrêtent de ramer ou se mettent à ramer lentement. Si les exhortations se révèlent insuffisantes, il faut envoyer des vaisseaux rapides tuer les déserteurs qui sautent à l'eau. Des vaisseaux de taille intermédiaire, qui n'ont rien à craindre des petits et peuvent gagner de vitesse les gros navires, devront être envoyés derrière la formation de la flotte ennemie pour l'attaquer une fois déjà engagée la bataille frontale. Les navires intermédiaires conviennent également pour protéger les flancs.

Les tactiques détaillées recommandées par l'auteur sont réalistes, comme son envoi au stratège en section X : restez prudent en cas de victoire, ne désespérez pas en cas de défaite mais rassemblez les navires encore à flot en vue de combattre un autre jour.

Le Peri strategikes/De re strategica

Traduit sous l'intitulé *Traité anonyme byzantin sur la stratégie* par son éditeur le plus récent, George T. Dennis, mais traditionnellement connu comme le *Peri strategikes* ou plus communément *De re strategica*, le texte fut daté de la fin du VIe siècle par Dain et Foucault – essentiellement parce que l'auteur mentionne Bélisaire d'une manière suggérant qu'il fut un proche contemporain[36]. Récemment, toutefois, l'ouvrage a fait l'objet d'une réinterprétation assez convaincante qui en fait la partie subsistante – ou plutôt une série de parties – d'un traité beaucoup plus complet sur les affaires militaires attribué à Syrianos Magister, un auteur dont nous ne savons rien et la datation est susceptible d'être bien plus tardive, jusqu'à la fin du IXe siècle, bien que, comme à l'habitude avec ces traités, sa matière comprenne des éléments beaucoup plus anciens[37]. L'hypothèse d'un ouvrage perdu d'importance majeure a le mérite d'expliquer pourquoi Syrianos reçoit de si grands éloges de la part de Nicéphore Ouranos – lui-même digne de louanges –, aussi bien que de la part du fort peu critique Constantin Porphyrogénète, car rien de ce qui subsiste de lui n'impressionne à ce point le lecteur.

À part la première page, manquante, le traité est complet et il s'agit d'un ouvrage substantiel, même si Dain considère que son auteur n'était pas un soldat à l'esprit pratique ni un général d'expérience, mais plutôt un « stratège en chambre ». Dennis n'est pas de cet avis ; il se dit au contraire impressionné par le réalisme des parties relatives à l'ingénierie militaire et voit en l'auteur un officier d'état-major ou même un ingénieur de guerre, sinon un commandant de campagne[38] ; mais la familiarité de l'auteur avec les « anciens auteurs » de traités militaires, ainsi que le choix qu'il fit par endroits de favoriser des textes complètement obsolètes plutôt que des connaissances illustrant le VIe ou le VIIe siècle, suggèrent que Dain avait raison.

L'ouvrage débute avec trois sections sur la société et le gouvernement avant de passer, dans la quatrième section, à la stratégie elle-même, « la branche la plus importante de toute la science du gouvernement ». Sa définition en est succincte : « La stratégie est l'ensemble des moyens par lesquels un commandant peut défendre ses propres territoires et vaincre ses ennemis. Le général est celui qui met en pratique la stratégie. » D'une manière assez intéressante, avant de s'engager sur ce sujet, l'auteur sentit le besoin de justifier l'intérêt qu'il lui porte. La perte de légitimité de la guerre comme entreprise humaine recevable aux yeux de l'opinion a considérablement progressé parmi les répercussions des guerres de masse prolongées que connut le xxe siècle. Mais ce processus doit avoir déjà commencé au vi^e siècle, en raison de l'influence du christianisme (ce processus est d'ailleurs encore de nos jours pour l'essentiel limité à la sphère d'influence du christianisme), car l'auteur écrit :

> Je sais fort bien que la guerre est un mal, et même le pire de tous les maux. Mais comme aux yeux de nos ennemis, qui n'en font pas mystère, répandre notre sang constitue l'un de leurs devoirs fondamentaux et la plus haute de leurs vertus, et comme chacun doit défendre son propre pays et son propre peuple par ses mots, par sa plume et par ses actes, nous avons pris la décision d'écrire sur la stratégie[39].

La suite est en partie théorique, en partie antiquisante – on y retrouve la phalange macédonienne, éternellement rappelée par les écrivains grecs qui n'ont jamais pu accepter la prédominance des Romains – et en partie bien plus pratique, réaliste et certainement utile aux commandants byzantins à venir. Les sections consacrées à « une bonne défense », aux gardes et postes de garde, à la communication par signaux à l'aide de feux et aux forts appartiennent à la première catégorie, empreinte de bon sens mais sans originalité, et en tout cas trop générale pour être réellement instructive. Trois autres sections, sur la manière d'étudier un terrain pour déterminer s'il convient à la création d'une ville, de choisir son site et de construire la nouvelle ville, s'appliquent toutes exclusivement à une ville fortifiée de frontière élevée pour des raisons stratégiques ; en conséquence, la section relative aux contre-mesures à déployer face aux mines et engins de siège contient de nombreux détails techniques. L'auteur donne ainsi, parmi d'autres, des instructions spécifiques sur la manière de détecter et de s'opposer aux tentatives de sape sous les murailles, parmi lesquelles des techniques de contre-mine efficaces et ingénieuses.

La construction de cités fortifiées pouvait être un véritable instrument de stratégie de théâtre pour les Romains et les Byzantins, bien que d'une application nécessairement rare compte tenu de son coût. Exemple le plus fameux en ce domaine, Dara (ou Anastasiopolis), aujourd'hui Oğuz dans le sud-est de la Turquie, fut construite en 505-507 sous Anastase Ier (491-518) comme ville forteresse, avec l'objectif manifeste de consolider le contrôle impérial sur ce secteur de la frontière – souvent menacée – avec l'empire des Sassanides[40]. Sa situation en constitue une preuve. La ville s'élevait à soixante milles romains – soit quatre jours de marche pour des troupes équipées – au sud de la ville forteresse d'Amida, plus grande et sans cesse disputée, perdue au bénéfice des Sassanides en 359, reprise en 363, perdue à nouveau au bénéfice des Sassanides en 502, regagnée en 504, perdue une fois de plus en 602, regagnée en 628, puis perdue au bénéfice des Arabes musulmans en 640. Elle était également à quinze milles romains à l'ouest de Nisibis (Nusaybin, actuelle Turquie), qui avait été l'imprenable rempart de la frontière jusqu'à ce qu'elle fût livrée aux Sassanides en application du traité de paix de 363. Pour l'avoir remplacée avec beaucoup de retard dans ce rôle, Dara se trouva comme de juste exposée aux attaques ; elle tomba sous contrôle sassanide entre 573 et 591, puis à nouveau de 604 à 628, durant la plus longue des guerres contre les Perses, qui fut aussi la dernière.

Dans le récit contemporain que donne Marcellinus Comes de la construction de la ville, on trouve d'évidents parallèles avec les instructions des sections 10 à 12 du *Traité anonyme* :

> Anatase... dépêcha des ouvriers de très grand talent et ordonna d'engager la construction de la ville. Il nomma Calliopus... responsable de l'ouvrage. Avec une clairvoyance réellement admirable, il traça un sillon avec une houe pour délimiter l'emplacement des fondations sur une colline descendant jusqu'à un terrain plat ; et il l'entoura de tous côtés, en bordure des limites définies pour son extension, avec des murailles de pierre d'une très grande résistance. Avec la même clairvoyance, il canalisa le cours d'eau nommé Cordissus... qui descend en serpentant avec un grondement et, au cinquième milliaire, divise... la nouvelle ville, s'écoulant dans un passage dissimulé [sous les murailles] à chaque extrémité... La tour appelée tour d'Hercule, qui constituait le colossal poste d'observation de la ville, fut construite sur un terrain plus élevé et reliée aux murailles. Du haut de la tour, on portait ses regards du côté de Nisibis [au-delà de la frontière sassanide] vers l'est et du côté d'Amida vers le nord[41].

Un fond antiquisant remonte à la surface lorsque l'auteur du *Traité anonyme* passe à la tactique, malgré sa propre expérience militaire ; il se réfère à de multiples reprises aux « anciens auteurs[42] ». Il ne les nomme pas mais on les identifia à Élien et Asclépiodote, dont nous avons précédemment fait mention. Son propre rapport relatif à l'infanterie est par bonheur bien moins complexe mais il n'en est pas plus utile quand il traite de l'obsolète phalange, de son équipement – « les lances doivent être aussi longues que possible », écrit-il en 16, 31 (en les appelant *dorata*, un mot plus classique que la *sarissa* macédonienne) –, de la phalange de cavalerie et de la phalange en mouvement.

À l'époque, l'infanterie de Justinien combattait en formation bien plus simple et certainement plus fluide – en tout cas, la cavalerie constituait l'arme dominante, et c'était une cavalerie très différente de la cavalerie macédonienne et même de la cavalerie romaine, avec la puissance de jet de ses arcs composites ajoutée à la puissance de choc de la charge, ainsi que ses excellentes dispositions au combat rapproché avec javelot et épée. L'auteur connaissait nécessairement fort bien tout cela, mais à cette époque où l'on ressentait un déclin après les grandes périodes de gloire passées, les splendides Macédoniens d'Alexandre le Grand avec leurs victoires avaient manifestement conservé leur irrésistible attrait, même aux yeux d'un écrivain par ailleurs d'un bon sens pratique assez austère.

Un ton radicalement différent caractérise la section suivante sur « la traversée des fleuves » face à une résistance ennemie – on peut en effet y percevoir l'expérience personnelle de l'écrivain, ici incontestablement bien loin de l'écho des « anciens auteurs ». Il commence par relever la nécessité d'une supériorité de jet pour réussir une traversée face à une opposition, et suggère l'emploi de bateaux pontés avec « de l'artillerie pour tirer des traits et des pierres, tandis que les soldats postés sous le pont continuent à prendre part au combat en tirant par les hublots ». C'est avec une expertise militaire assez désanchantée qu'il aborde l'ingénieuse idée d'un certain Apollodore – vraisemblablement Apollodore de Damas, architecte du pont de Trajan sur le Danube décrit par Dion Cassius (LXVIII, 13), dont le modèle plein d'imagination est exposé à Turnu Severin en Roumanie (Drobeta pour les Romains).

Cette idée consistait à construire un radeau le long de la rive, dont la longueur fût égale (en fait, très légèrement supérieure) à la largeur du fleuve. À l'extrémité du radeau située en amont du fleuve, on devait ajouter une tourelle pour y poster des archers. Une fois ces préparatifs achevés, on fixait solidement à la rive l'extrémité du radeau située en aval avant de pousser dans le courant l'extrémité amont pour qu'elle tournât autour du pivot jusqu'à atteindre la rive ennemie du fleuve. Sous couvert des flèches tirées depuis la tourelle, les troupes débarquaient.

Il s'agissait en réalité d'une variante des ponts de bateaux, certains d'une très grande longueur, construits par les Byzantins comme par les Perses. En décembre 627, on vit Khosro II dans sa fuite désespérée devant Héraclius traverser le bas Tigre « et couper les câbles du pont de bateaux » derrière lui[43]. Mais c'était un pont construit à la manière habituelle, en fixant ensemble des bateaux dans le sens du courant avec de longs troncs d'arbres cloués sur lesquels on posait des planches en guise de chaussée, structures bien sûr solidement attachées par les deux extrémités aux deux rives. Faire tourner un pont d'une grande longueur dans le courant est une tout autre affaire. Voici le commentaire sans illusion que donne notre auteur de la brillante suggestion d'Apollodore :

> En théorie, cette opération peut sembler raisonnable mais, en pratique, je ne pense pas qu'elle puisse se passer si bien que cela. Examinez-la plus attentivement. Si le fleuve est étroit, je suis certain que les flèches de l'ennemi interdiront facilement la construction du radeau. Même s'il ne devait y avoir aucune crainte sur ce point, il serait en réalité impossible de construire des radeaux d'une taille aussi démesurée ou de les manœuvrer. La largeur du radeau doit en effet à l'évidence être proportionnée à sa longueur ; dans le cas contraire, une fois fixées les deux extrémités sur chaque rive, le courant le pliera comme un arc et finira par le briser en deux. De plus, sa profondeur doit être proportionnée à sa largeur : le radeau, en effet, doit pouvoir supporter une tour, des parapets ainsi qu'une force de combat importante. Avec une profondeur suffisante pour le permettre, la construction d'ensemble devient impossible... De mon point de vue, il est bien plus sûr d'utiliser des bateaux[44].

Transporter des bateaux jusqu'au point de passage constituerait bien sûr une entreprise difficile, à moins qu'ils ne fussent de taille modeste ; même ainsi, les soldats se trouveraient dans l'obligation de franchir le fleuve jusqu'à la rive ennemie en équipage réduit, quelques-uns à la fois, et sans le soutien d'archers postés sur des plates-formes stables – une solution guère adaptée aux débarquements face à l'opposition de l'ennemi. Mais l'auteur a une solution pratique parfaite : il suggère de construire de plus grands bateaux en toute sécurité loin du point de passage en pièces détachées, avec « chaque pièce marquée pour indiquer où elle doit être placée dans l'assemblage du vaisseau ». De cette manière, il serait possible de transporter d'assez grands navires d'assaut démontés par chariots et bêtes de somme : « Quand nous atteignons le fleuve, les pièces de bois des navires peuvent être montées et assemblées, leurs joints calfatés avec de la cire[45]. »

Ce sage conseil est suivi d'un développement davantage marqué par la tendance antiquisante de l'auteur, consacré aux mouvements de la phalange à l'exercice : tour et demi-tour par sections, contremarches en files ou en rangs. (« Tels sont les types de contremarches indiqués par les anciens auteurs. Ils ajoutent qu'il y a trois manières d'exécuter chacune d'elles. ») Nous y retrouvons, une fois de plus, les traces du lexique obsessionnel d'Asclépiodote. Mais ensuite reviennent des conseils pratiques de valeur, sur la manière de dresser les camps, d'allouer l'espace en leur sein – la cavalerie doit être installée au milieu pour garder les chevaux au calme et en sécurité à l'abri des flèches –, de fortifier les camps, sur la meilleure façon dont les généraux peuvent transmettre leurs ordres au combat (par la voix, par trompette, par signaux) et sur la conduite de la bataille. L'auteur continue à employer le terme *phalanx* mais dans ces développements, manifestement, comme terme générique signifiant une formation d'infanterie plutôt que la phalange macédonienne d'infanterie de choc dotée de lances pour enfoncer la ligne ennemie.

De nouveaux développements se consacrent, par la suite, aux circonstances dans lesquelles engager ou éviter la bataille : « Si nous sommes confrontés au risque d'être vaincus, il est sage de ne pas engager la bataille avec l'ennemi jusqu'à l'approche du coucher du soleil... afin de ne pas subir de trop graves pertes, car, je le sais, l'obscurité grandissante interdira une poursuite de nuit[46]. » Cela suggère une expérience du combat – pas nécessairement, du reste, parmi les perdants. Juste avant ce passage, l'auteur cite le remède de Bélisaire quand il se trouva confronté à une force supérieure à laquelle il ne pouvait pas résister : il fit retraite, détruisant au préalable les provisions afin de contraindre l'ennemi à séparer ses forces à la recherche de nourriture et de fourrage, puis les combattit chacune tour à tour en s'assurant la supériorité de son côté.

L'auteur démontre à nouveau son bon sens pratique quand il donne ses conseils sur les dispositions tactiques dans les parties suivantes de son traité, et nous pouvons être parfaitement certains que sa « phalange » désigne bien ici une force contemporaine et non un souvenir d'histoire ancienne, car ses fantassins sont armés de l'arc face à la cavalerie et non de la longue *sarissa* macédonienne :

> Les hommes disposés au premier et au deuxième rang doivent tirer volées de flèches sur volées de flèches à l'arc en visant les pattes des chevaux de l'ennemi. Tous les autres soldats doivent tirer à un angle plus élevé, afin que leurs flèches, à la descente, causent le plus grand nombre de blessures possible, les cavaliers ne pouvant employer leurs boucliers pour se protéger eux-mêmes tout en protégeant leurs chevaux[47].

Sur ce que l'on appellerait aujourd'hui le « management de la bataille », la manière de l'engager, le maintien de réserves prêtes à intervenir pour rééquilibrer la situation en cas de difficulté, ainsi que le combat de nuit, l'auteur démontre incontestablement dans son écriture l'autorité particulière que donne l'expérience personnelle du combat :

> Un observateur moyen peut penser que le combat de nuit est une affaire assez simple... Bien au contraire, la plus grande attention est nécessaire dans l'organisation... Si le ciel est nuageux et les étoiles invisibles, nous devons envoyer en avant de l'armée des soldats qui connaissent très bien la route et le camp de l'ennemi. Ils doivent avoir des lanternes suspendues à leurs lances. Ces lanternes doivent avoir quatre faces couvertes avec des peaux ; sur trois côtés, des peaux noires mais une peau blanche sur le quatrième, pour laisser passer la lumière de la petite lampe et ainsi éclairer la route... Ces soldats... doivent avoir des semelles de fer sous leurs pieds comme protections contre les chausse-trapes [il s'agit d'objets à pointes multiples qui, disposés sur le sol, présentent toujours une pointe vers le haut, contre les chevaux et les hommes[48]].

L'auteur fait d'autres suggestions détaillées pour mener des attaques de nuit efficaces, en faisant bien comprendre pourquoi on parle souvent de combat nocturne mais on le tente rarement – tout conspire à entraver l'action et à la rendre difficile à la lumière du jour et c'est deux fois pire de nuit, même avec l'aide des tout derniers procédés de vision nocturne, soit dit en passant.

Ce passage montre également que l'auteur anonyme écrivait pour ses compatriotes intéressés par les questions militaires davantage que pour instruire les généraux. Il en va de même de la partie qui suit, consacrée aux embuscades, à l'accueil des déserteurs et à la gestion des espions. Il recommande d'envoyer les espions en opération par paires, afin que l'homme « en place » pour espionner l'ennemi puisse rester sur place au lieu de faire des allers-retours, transmettant ses informations en rencontrant le deuxième qui, lui, retournera au rapport, sur un marché public, sous couvert de faire du commerce. « De cette manière, ils doivent pouvoir échapper à l'attention de l'ennemi. L'un propose nos marchandises à la vente ou en troc, l'autre donne en échange des marchandises étrangères et nous informe des plans de l'ennemi[49]. »

Nous avons déjà cité une section supplémentaire également consacrée aux espions, mais ce sont les trois dernières sections sur l'entraînement à l'arc qui revêtent une dimension pratique toute particulière – elles pourraient bien, au vrai, avoir été rédigées par un auteur différent, très certainement un authentique expert en archerie. Il commence par expliquer comment entraîner les archers pour atteindre les trois objectifs de l'archerie militaire : tirer avec précision, tirer avec puissance et tirer avec rapidité.

On doit, pour tendre l'arc, pratiquer aussi bien la méthode « romaine » avec le pouce et l'index que la méthode « perse » à trois doigts, afin que, lorsque les doigts utilisés commencent à ressentir de la fatigue, l'archer « puisse utiliser les autres ». L'arc est tendu aussi loin que l'oreille pour délivrer sa puissance maximale – la mention de la poitrine au moment de la tension de l'arc n'a d'intérêt que pour introduire la référence de rigueur aux Amazones (signifiant « celles qui n'ont pas de sein »), qui se brûlaient le sein droit pour tendre encore un peu plus loin leurs arcs[50].

Comme technique de combat, lorsque l'on fait directement face à une disposition bien ordonnée de l'ennemi en rangs, l'auteur recommande que les archers ne tirent pas à l'horizontale mais avec un certain angle pour éviter les boucliers.

Mais le principal défi est de tirer avec précision. Il faut choisir des cibles larges et élevées : si les archers à l'entraînement, en effet, « ne cessent de manquer la cible à chaque tir, ils risquent fort de se décourager ». On doit réduire la largeur de la cible « progressivement jusqu'à la rendre très étroite ». L'auteur fait remarquer que si les archers peuvent manquer la cible latéralement, « ils ne doivent pas en être très éloignés en hauteur » – et de fait, il est plus facile d'apprendre à corriger le tir pour améliorer la précision de chute de la flèche que d'acquérir le bon azimut. Enfin, il faut également réduire la hauteur des cibles jusqu'à aboutir à une cible ronde qui sera définitive. Au fur et à mesure que s'améliorent les aptitudes des archers, on peut utiliser des cibles avec des trous de différentes tailles, l'objectif du tir passant peu à peu des trous les plus larges aux trous les plus petits. La suite de l'entraînement consiste à tirer sur des cibles en mouvement, oiseaux, animaux ou cibles artificielles comme, par exemple, des balles que l'on tire avec des ficelles.

Pour s'entraîner à tirer avec puissance, l'auteur suggère d'utiliser un arc « qui ne soit pas trop facile à tendre ou bien une longue flèche », qui exige de tendre l'arc en proportion – l'exact contraire des arcs de bois et flèches de jeu prônées par Végèce. L'auteur recommande la construction d'une machine simple et efficace pour stimuler la compétition dans l'entraînement au tir de puissance : on attache horizontalement à un piquet planté dans le sol un disque de bois divisé en trois cent soixante lignes marquant les degrés du cercle ; on fixe alors, cette fois verticalement, un autre disque de bois qui servira de cible sur l'axe du même piquet avec un mécanisme d'anneaux qui lui permette de tourner – mais avec une certaine résistance. On doit utiliser des flèches émoussées pour viser le disque vertical : « Les lignes inscrites dans le cercle sur le disque [plat] indiquent... la force d'impact du tir. Un tir plus faible fera tourner le cercle [vertical], disons, d'un degré, un tir plus puissant de deux degrés, voire davantage[51]. »

L'érudit et archer Giovanni Amatuccio, dont l'illustration permet de comprendre avec une parfaite clarté les mécanismes de ce dispositif, remarque qu'il pourrait fort bien être encore en usage pour l'entraînement des chasseurs à l'arc et lors des compétitions d'archerie[52].

La puissance de tir était la caractéristique des archers romains du VIe siècle, d'après Procope. Ce dernier écrit que les Perses

sont presque tous archers et apprennent à effectuer des tirs bien plus rapides que les autres. Mais leurs arcs étaient faibles et leurs cordes n'étaient pas tendues d'une manière très ferme ; de ce fait, leurs traits, au moment de frapper un corselet, peut-être, ou bien un casque ou encore un bouclier de guerrier romain... n'avaient pas assez de puissance pour blesser l'homme. Les archers romains sont toujours plus lents, en vérité... mais dans la mesure où leurs arcs sont extrêmement rigides et cordés d'une manière très ferme, et, comme on pourrait l'ajouter, qu'ils sont maniés par des soldats d'une plus grande force physique, ils tuent sans difficulté bien plus d'hommes que les arcs perses car aucune armure n'est assez résistante pour faire obstacle à la force de leurs flèches[53].

Au final, l'auteur note que l'entraînement au tir rapide exige une grande pratique, qu'il est impossible de remplacer par la simple technique. Il suggère que tous les archers à l'entraînement marquent leurs flèches de leurs noms ou d'un symbole avant de commencer à tirer en volées continues jusqu'au signal de fin d'exercice. On peut alors compter le nombre de flèches de chacun pour déterminer sa vitesse de tir.

La dernière technique d'entraînement que recommande l'auteur consiste à faire se déplacer un archer connu pour la rapidité de son tir, en ligne droite, en décochant sans relâche ses flèches de côté ; à la fin de son tir, on ramasse les flèches en laissant un repère sur chaque point d'impact ; en face de cette première ligne de repères, à une distance de 56 mètres [30 *orgyai* ; chaque *orgya* – l'espace de l'ouverture des bras – représente environ 1,87 mètre], on dispose une deuxième série de repères[54]. Les hommes doivent passer rapidement de repère en repère sur la deuxième ligne en visant la première ligne de repères – pour simuler le mouvement des archers en combat réel. Rien d'aussi utile ne serait plus écrit sur l'archerie jusqu'au *Toxophilus* de Robert Ascham, dédié à Henri VIII en 1545.

Dain rejette froidement un autre texte qu'il attribue à l'auteur du *Traité anonyme*, connu sous le titre de *Rhetorica militaris*, un recueil de discours plutôt valables d'encouragement destinés aux généraux en quarante-huit chapitres : « Aux stratèges en chambre font ici pendant des orateurs en chambre[55]. » Mais depuis lors la paternité de l'ouvrage a été attribuée au Syrianos Magister que nous avons préalablement cité ; quant à l'ouvrage lui-même, il « fut plus important et eut davantage d'influence que Dain ne le jugea[56] ».

L'ouvrage commença à exercer son influence lorsque l'Empire dut affronter les Arabes, puis d'une manière plus générale les musulmans et le jihad avec sa puissante composante idéologique. Quand un émir de frontière musulman avait la possibilité de lancer des raids avec succès sur le territoire impérial, il ne gagnait pas seulement du butin et des prisonniers ; il confirmait également la promesse de victoire que donnait l'islam et renforçait sa réputation personnelle de héros conquérant, tout en érodant la position de l'empereur comme défenseur de la foi et des fidèles[57]. La menace idéologique suscita de vigoureuses réponses des Byzantins.

Chapitre 11

LE *STRATEGIKON* DE MAURICE

Végèce fut grandement admiré et souvent cité par les praticiens de la guerre à la Renaissance et encore longtemps après. Par contraste, l'infiniment supérieur *Strategikon* attribué à l'empereur Maurice (vers 582-602) resta largement inconnu jusqu'à une époque récente. Ce manuel de campagne et livret d'instruction militaire d'une importance fondamentale, souvent copié, paraphrasé et imité par les écrivains militaires byzantins ultérieurs, beaucoup utilisé, également, par les empereurs en guerre au cours des siècles, n'était tout simplement pas disponible lorsque les classiques de la guerre ancienne furent redécouverts et exploités comme sources d'idées utiles par les promoteurs d'innovations militaires en Europe à compter du xve siècle. Il existait en revanche de nombreux manuscrits médiévaux de Végèce et le texte était déjà imprimé dès 1487 dans sa première édition, qui devait être suivie de multiples autres, en version latine originale comme en traduction, certaines somptueusement illustrées[1].

Lorsque l'on redécouvrit peu après le grec et ses écrits, ce furent les auteurs grecs archaïques et classiques d'Homère à Aristote qui suscitèrent un intérêt passionné et non les écrits plus tardifs des Byzantins, présumés décadents et sans nul doute possible schismatiques. Voilà pourquoi le texte du *Strategikon* ne fut publié qu'en 1664, à la fin de la *Techne taktike* – dont nous avons vu le caractère antiquisant et plus décoratif que pratique – d'Arrien, un officier romain bien qu'il écrivît en grec, ce qui le rendait d'autant plus prestigieux[2]. Même après 1664, on continua longtemps à négliger cet ouvrage. Des Lumières surgit en effet la légende noire des esprits byzantins paralysés par l'obscurantisme religieux ; le *Strategikon* ne fut ainsi redécouvert qu'à la veille du xxe siècle, attirant enfin l'attention de théoriciens de la stratégie et même de praticiens, qui étaient les mieux placés pour reconnaître l'expertise réelle qui caractérisait ses développements.

En toute modestie, l'auteur ne revendiquait qu'une expérience du combat limitée, mais c'était manifestement un officier militaire d'une haute compétence. Dans la préface, il promet d'écrire de manière succincte et simple, « en accordant davantage d'importance à l'utilité pratique qu'à la beauté du texte » – promesse bien remplie[3]. La date de rédaction de l'ouvrage remonte à la fin du VIe siècle ou très peu après – l'éditeur moderne du texte a démontré d'une manière convaincante qu'il fut achevé après 592 et avant 610[4].

Le *Strategikon* dépeint une armée d'une structure radicalement différente du modèle romain classique, la différence la plus évidente tenant au renversement fondamental qui fit passer la cavalerie au rang d'arme de combat principale en lieu et place de l'infanterie. Il ne s'agissait pas d'un simple changement tactique ; ce renversement résulta d'une véritable révolution stratégique dans l'intention même de faire la guerre, qui entraîna comme conséquence nécessaire l'adoption de nouvelles méthodes opérationnelles et de nouvelles tactiques.

Avant de poursuivre cet examen, il est intéressant de noter qu'il n'y eut pas de changement radical comparable dans la langue de l'armée. On y parlait partiellement latin même dans la partie orientale de l'Empire romain. À compter de l'époque de Justinien commença une transition très progressive du latin au grec, bien que nombre des termes grecs employés dans le *Strategikon* fussent encore des mots latins avec ajout de terminaisons grecques, prononcés à la grecque. Ses *strategos* (« général ») et *hypostrategos* (« général de corps d'armée », « lieutenant général » ou « sousgénéral ») sont de purs termes grecs, mais dans les niveaux inférieurs persiste le latin pour désigner des grades d'officiers de campagne : un *dux* (d'où vient notre « duc ») commande la *moira* (terme purement grec) de mille hommes de troupe, tandis qu'un *comes* (origine de notre « comte ») ou *tribunus* commande l'une des trois unités qui forment une *moira*.

À cette unité d'environ trois cents hommes, l'auteur donne trois noms différents, issus de trois origines linguistiques différentes, qui ont tous exactement la même signification : le *tagma* purement grec qui signifie simplement « formation », l'*arithmos* qui traduit directement le latin *numerus* et le *bandon* qui vient du même mot germanique (dont la signification était en réalité « drapeau »), comme dans notre expression « bande de guerriers ». Nous rencontrons *koursores* (ultérieurement *protokoursores*), nos « tirailleurs » ou « troupes de reconnaissance » en termes modernes, dérivés de l'original latin *cursores* ; s'il n'y a aucun changement dans le terme *defensores*, « défenseurs » – troupes armées et entraînées pour combattre en rangs serrés et tenir une ligne de bataille –, les *deputatoi*, « auxiliaires médicaux », sont les *deputati* latins prononcés par les Grecs.

Les armées, toujours anxieuses, sont conservatrices – tout particulièrement quand il s'agit des fragiles certitudes de la bataille. C'est pourquoi nous retrouvons les ordres de combat des glorieuses légions de l'époque des victoires romaines, conservés comme tels sans le moindre changement dans leur latin d'origine : *exi*, littéralement « sors ! », pour « en avant, sortez des rangs », lorsque la largeur de la ligne de bataille doit être doublée en divisant par deux la profondeur de la file de huit à quatre hommes ; *dirige frontem* pour, littéralement, « remets en ordre la ligne de bataille ! » – « lorsque certains soldats… sortent des rangs en première ligne et que la ligne de bataille tout entière devient irrégulière » ; *iunge*, « rejoignez-vous ! » ou « serrez les rangs ! ». Un érudit qui mit en colonnes cinquante termes de cette nature, pour montrer comment ils furent traduits en grec dans la paraphrase du *Strategikon* ultérieurement incorporée dans la *Tactique* de Léon, donna un exemple contemporain comparable de conservatisme linguistique : un régime d'élite de hussards suédois conserva de la même manière des instructions militaires en allemand[5].

Dans les guerres modernes, l'affrontement corps à corps est extrêmement rare et le combat commence le plus souvent d'une manière très soudaine, avec l'impact des munitions tirées, lancées ou lâchées de très loin par un ennemi invisible. Dans le combat antique, il n'existait pas d'armes à longue portée ; de ce fait, à l'exception des embuscades, on vivait et ressentait pleinement comme tels les derniers moments avant le combat, qu'on laissât approcher l'ennemi ou que l'on s'en approchât, jusqu'au premier fracas des armes. La séquence prescrite des ordres destinés à ces dernières minutes de tension extrême, aussi affreusement intenses pour les vétérans qui savent quoi redouter que pour les novices qui l'ignorent, revenait à un processus assez subtil de préparation psychologique graduée :

> *Silentium* (« silence »).
> *Mandata captate* (« comprenez vos ordres »).
> *Non uos turbatis* (« ne soyez pas anxieux »).
> *Ordinem seruate* (« gardez votre position dans le rang et la file »).
> *Bando sequite* (« suivez l'étendard », drapeau de l'unité).
> *Nemo demittat bandum et inimicos seque* (« ne dépassez pas l'étendard pour poursuivre l'ennemi »).

Lorsque le combat est sur le point de commencer – les troupes s'approchant de la portée de tir à l'arc ennemi –, « le commandement est *parati*, "tenez-vous prêts". Juste après, un autre officier crie : *Adiuta*, "aide-nous !". Tous les soldats répondent à l'unisson, d'une voix forte et claire : *Deus*, "ô Dieu[6]". » À ce point, les archers doivent tirer leur première volée de flèches et l'infanterie lourde, mieux protégée, doit avancer en ordre serré, bouclier contre bouclier sur toute la largeur du premier rang.

Conserver des ordres en latin au sein d'une armée parlant le grec ne relevait pas d'un conservatisme gratuit, c'était une façon de maintenir la continuité avec ce qui était alors – et reste de nos jours – l'institution militaire ayant connu les succès les plus durables dans toute l'histoire de l'humanité, l'héritage le plus important que l'Empire de la nouvelle Rome reçut de l'ancienne.

Le *Strategikon* de Maurice constitue le manuel de campagne byzantin le plus complet qui nous soit parvenu, malgré son caractère succinct. Pour décrire l'entraînement et la tactique qui pouvaient permettre à un homme d'en vaincre trois, l'auteur lui-même employa un mot là où d'autres écrivains en auraient employé trois. C'était certainement le plus utile de tous les livres destinés aux chefs militaires de Byzance au long des siècles, et il garde de son intérêt même de nos jours. Derrière le voile de leur esprit chrétien cérémonieux d'une piété parfois un peu suffisante, les Byzantins ressemblaient fort aux Romains par leur bon sens pratique et leur simplicité – et ce nulle part davantage que dans le *Strategikon*, ouvrage qui commence par invoquer « Notre-Dame, l'immaculée Sainte Vierge, Mère de Dieu, Marie » avant de poursuivre immédiatement par l'entraînement du soldat individuel, le bon point de départ pour tout manuel de campagne sérieux à l'époque comme aujourd'hui.

L'histoire militaire est souvent écrite sans même mentionner les modalités d'entraînement des soldats de part et d'autre. Il s'agit pourtant, d'une manière systématique, du facteur décisif dans la force des armées. Les historiens ne sont pas les seuls à négliger l'importance essentielle de l'entraînement en général, qui commence avec un parcours approfondi de formation individuelle initiale ou « de base ». Si de nouvelles recrues n'acquièrent pas les aptitudes nécessaires pour utiliser leur arme et pour partir en campagne alors qu'ils suivent encore leur formation de base, avant d'être affectés à leurs unités, ces dernières ne peuvent mettre en application leurs tactiques et sont contraintes, à défaut, de remédier au manque d'aptitudes élémentaires de chaque nouveau contingent. Voilà à quoi sont réduites la plus grande partie des unités dans la plus grande partie des armées, essentiellement parce que leurs officiers ont mieux à faire de leur temps que de superviser la formation individuelle des nouvelles recrues, avec de nombreux départs au petit matin qui interdisent de s'amuser jusque tard dans la nuit, de longues heures d'instruction répétitive à s'en abrutir et ces journées entières à marcher, à courir et à ramper par tous les climats. Ainsi, dans la plupart des armées du monde, les recrues rejoignent leurs unités après deux semaines d'exercices et de cérémonies sur terrain de manœuvre, n'ayant tiré que dix ou vingt cartouches sur cible, et encore, avec des résultats sans surprise au combat.

Seule une petite proportion des armées contemporaines, quelles qu'elles soient, entraîne leurs soldats d'une manière sérieuse, et bénéficie en conséquence d'une supériorité tactique décisive sur la majorité – peu entraînée – des soldats sous les drapeaux.

Tel était l'objectif du *Strategikon*, dont le principal type de soldat n'était ni un fantassin ni un cavalier, mais plutôt l'un et l'autre à la fois, et avant tout un archer. Il exigeait donc un entraînement à l'archerie à pied comme à l'archerie montée avec de puissants arcs, à l'emploi de la lance pour enfoncer la ligne de l'ennemi comme pour le transpercer à cheval – avec une unité entraînée à la charge – ainsi qu'au maniement de l'épée en combat rapproché. L'ancienne expression « infanterie montée » ne trouve pas à s'appliquer, parce que dans la plupart des cas ce n'était qu'une infanterie dotée de mauvais chevaux et incapable de combattre à cheval, *a fortiori* avec un arc ; le terme « dragon », encore plus ancien, n'est suggestif que dans la mesure où la meilleure catégorie de dragons était équipée de fusils pour tirer avec précision et à une certaine portée au lieu de mousquets.

Sous le titre « L'entraînement et l'exercice du soldat individuel », nous lisons :

> Il doit être entraîné à tirer [à l'arc] rapidement lorsqu'il est à pied, soit à la manière romaine [avec le pouce et l'index], soit à la manière perse [avec les trois doigts du milieu]. La vitesse est importante quand il s'agit de sortir la flèche [du carquois] pour l'encocher et de la tirer avec force. C'est essentiel et cela doit aussi être pratiqué à cheval. En réalité, même quand la flèche est bien pointée sur l'objectif, un tir trop lent est inutile.

L'efficacité tactique des archers dépend évidemment de leur rythme de tir, de leur précision et de leur capacité à tuer, mais ces trois qualités ne sont pas librement interchangeables : en temps normal, en effet, les ennemis se retireront au-delà de la portée utile des flèches – c'est-à-dire la portée en deçà de laquelle les flèches peuvent être précises et tuer –, ou bien, au contraire, chercheront à charger et à encercler les archers ; dans un cas comme dans l'autre, le rythme de tir constitue la variable dominante. « Il doit également savoir tirer rapidement à cheval à haute vitesse [au galop], devant lui, derrière lui, sur sa droite et sur sa gauche[7]. »

La plupart des cavaliers se contentent de rester sur leur cheval au grand galop et hésiteraient à se maintenir par la seule force de leurs genoux en utilisant leurs deux mains pour tirer des flèches droit devant eux. Il est encore bien plus difficile de se tourner pour viser de côté quand on est emporté droit devant soi à la vitesse du cheval au galop, et davantage encore d'effectuer un tir à la manière des Parthes en se retournant complètement sur la selle pour tirer droit derrière soi. Mais, avec quelque aptitude initiale et beaucoup d'entraînement, même ces techniques d'archerie d'une grande virtuosité peuvent être maîtrisées à un niveau adéquat.

À l'origine apprises par les Byzantins au contact des Huns, dont la propre formation commençait dès l'enfance, ces techniques constituent encore de nos jours une attraction et un spectacle dans les concours qui se déroulent durant les festivités de l'*Erin Gurvan Naadam* en Mongolie ; on peut y admirer la précision au tir à l'arc de champions locaux au grand galop, « devant eux, derrière eux, sur leur droite et sur leur gauche » tout comme le prescrit le *Strategikon*. Selon Procope, il s'agissait d'une aptitude bien établie des cavaliers byzantins qu'il vit en action peu de temps avant la rédaction du *Strategikon* :

> Ce sont des cavaliers de très haut niveau, capables de pointer sans difficulté leurs arcs d'un côté comme de l'autre en chevauchant à pleine vitesse, et de tuer un adversaire quand ils le poursuivent ou le fuient (la « flèche du Parthe » tirée vers l'arrière). Ils tendent leur arc en le levant jusqu'à la hauteur du front et en bandant la corde jusqu'à ce qu'elle leur touche l'oreille droite, propulsant par là leur trait avec une violence telle qu'il tue toute personne à leur rencontre, aucun bouclier ni corselet n'étant assez solide pour résister à sa force[8].

L'archerie montée et à pied avait différents rôles spécifiques à jouer à chaque étape de la bataille, du tir initial à longue portée aux rapides volées tirées au cœur de l'engagement et à la poursuite d'ennemis en retraite avec des tirs vers l'avant, ou bien à la défensive, pour couvrir l'arrière-garde par des tirs contre l'avance d'ennemis.

L'arme du cavalier byzantin décrite par le *Strategikon* n'était certainement pas l'arc simple de bois dont on tirait la corde jusqu'à la poitrine, arme laissée aux auxiliaires dans l'armée romaine et maintes fois tournée en ridicule chez Homère, en dépit de la pieuse archerie d'Apollon : « Argiens braillards et vils, n'avez-vous donc pas honte ? » (*Iliade*, IV, 242) ; « Ah ! l'archer ! l'insolent ! » (*Iliade*, XI, 385). « [L'arc] est... l'arme d'un homme inutile, non celle d'un combattant » (voir ainsi *Iliade*, XI, 390[9]) ; Diomède, magnifique figure de héros, accable de son mépris l'archer Pâris, l'amant d'Hélène, qui vient tout juste de lui percer le pied avec une flèche :

> Ah ! l'archer ! l'insolent ! le beau garçon bouclé qui reluque les filles ! Si tu venais combattre en armes, face à face, à quoi te serviraient ton arc et tous ces traits ? Maintenant, pour m'avoir égratigné le pied, quel n'est pas ton orgueil !... Impuissant est le trait d'un lâche, d'un vaurien. Il en est autrement de mon épieu pointu : si peu qu'il touche un homme, il en fait un cadavre[10].

Dès le VIe siècle, les archers byzantins étaient équipés de l'arc composite réflexe, l'arme individuelle la plus puissante de l'Antiquité. Bien avant l'écriture du *Strategikon*, lorsque les Byzantins combattaient les Goths en Italie au milieu du VIe siècle, ils appliquaient déjà des tactiques pointues d'archerie montée.

Le *Strategikon* donne les caractéristiques de l'entraînement requis :

> À cheval au galop, il doit pouvoir tirer une ou deux flèches rapidement et mettre l'arc dans son fourreau, s'il est suffisamment large, ou dans un demi-fourreau conçu à cet effet, puis il doit saisir la lance [*kontarion*] qu'il porte sur son dos. Avec l'arc cordé dans son fourreau, il doit tenir [la lance] dans sa main puis la replacer très vite dans son dos pour se saisir de l'arc. C'est une bonne chose pour les soldats de pratiquer tous ces mouvements à cheval[11].

Les arcs composés, dont les éléments sont maintenus ensemble par des colles d'origine animale et la puissance essentiellement délivrée par des tendons séchés, devaient être protégés de la pluie par des fourreaux spéciaux, suffisamment larges pour contenir l'arc déjà cordé en vue de la bataille (un fourreau pour transporter l'arc non cordé eût été plus étroit). On peut examiner des fourreaux à arc ottomans, protégés de l'eau par une mince couche de cuir, qui ont été préservés, à la différence de leurs équivalents byzantins.

En complément, le *Strategikon* recommande « une très grande cape ou un manteau de feutre avec capuche... suffisamment larges pour être portés par-dessus... [l'armure corporelle et] l'arc », afin de le protéger « en cas de pluie ou d'humidité liée à la rosée[12] ». Deuxième point à noter, la recommandation que donne le traité d'alterner rapidement entre l'arc et la lance : tirer une ou deux flèches puis sortir la lance de sa sangle dorsale, remettre la lance dans sa sangle et ressortir l'arc de son fourreau.

Voilà comment on doit conduire un entraînement utile, à toute époque, pour savoir se servir de son arme. En l'occurrence, après l'étape initiale destinée à la maîtrise de l'arme en tant que telle, par des exercices de tirs sur cibles aussi nombreux que nécessaires pour parvenir à viser avec précision (la puissance d'impact est une autre affaire), l'étape suivante consiste à apprendre à utiliser l'arme au combat, non plus seule mais accompagnée de boucliers, d'épées, de lances ou de javelots. À ce stade, l'objectif était d'acquérir une facilité d'utilisation de l'ensemble de l'équipement pour pouvoir aussi vite que possible, dans un sens comme dans l'autre, changer de type d'arme parmi les armes destinées à enfoncer l'adversaire, les armes tranchantes et les armes de jet.

C'était un art que cultivait déjà remarquablement bien l'armée romaine. Nous en avons une preuve d'une extraordinaire authenticité avec la célèbre inscription rapportant un discours assez franc et direct prononcé en 128 devant les soldats de la *cohors VI Commagenorum* (« cohorte sixième d'auxiliaires de Commagène », région aujourd'hui située dans le sud-est de la Turquie), une unité mixte de cavalerie et d'infanterie, par l'empereur Hadrien (117-138) alors en tournée dans l'Empire. Ils venaient d'exécuter un exercice de combat dans lequel ils passaient d'une arme à l'autre, malheureusement pour eux immédiatement après une performance d'une grande virtuosité délivrée par une unité de pure cavalerie d'un niveau nettement supérieur, l'*ala I Pannoniorum* (« aile première de Pannoniens »), une formation d'élite :

> Il est difficile pour [une unité mixte] de se montrer satisfaisante même quand elle se produit seule, et plus difficile encore de ne pas paraître d'un niveau insatisfaisant après les exercices exécutés par les soldats d'une *ala*. Les terrains de manœuvre sont différents, le nombre de lanceurs de javelots est lui aussi différent, [on voit] les cavaliers tournoyer en succession rapide, le galop cantabre en ordre serré (des démonstrations de virtuosité que l'*ala* venait d'effectuer), alors que l'apparence et la qualité de [vos] chevaux ainsi que votre niveau d'entraînement à l'utilisation de vos armes ainsi que leur élégance sont conformes à votre niveau [inférieur] de rémunération. Mais vous avez su, à mes yeux, éviter la médiocrité par l'ardeur... que vous avez montrée en remplissant vos devoirs avec une grande vigueur. De plus, vous avez habilement lancé des pierres avec vos frondes et combattu avec vos traits... L'attention exceptionnelle portée par... [votre officier commandant] Catullinus à ses missions... est mise en évidence par le simple fait que des hommes tels que vous se trouvent sous son commandement[13].

Les Romains étaient partisans de la destruction des ennemis qui n'avaient pas eu la sagesse de reconnaître les avantages de la soumission ; de ce fait, l'infanterie lourde avec sa capacité à tailler en pièces, à enfoncer et à assiéger l'adversaire constituait pour eux l'arme la plus importante, parce qu'elle était la plus à même d'obtenir des résultats décisifs.

Par contraste, la plupart du temps, et d'une manière certaine à l'époque de la rédaction du *Strategikon*, les Byzantins étaient partisans d'une stratégie visant à contenir leurs ennemis au lieu de les détruire – les ennemis d'aujourd'hui pouvant être les alliés de demain. Aussi la cavalerie était-elle à leurs yeux l'arme la plus importante, parce que les engagements qu'elle menait n'avaient pas à être décisifs mais pouvaient au contraire se terminer par une retraite rapide, ou bien une poursuite prudente évitant aux deux parties de subir des dommages trop profonds. Pourtant, même à l'apogée de l'ère de la cavalerie, on avait besoin d'une infanterie, légère et lourde. En conséquence, le *Strategikon* propose ses conseils pour l'entraînement des deux types d'infanterie, tout en reconnaissant que le sujet a longtemps été négligé.

Sous le titre « Entraînement du fantassin lourd individuel », on ne lit que quelques mots :

> Ils doivent être entraînés au combat singulier les uns contre les autres, armés avec bouclier et bâton (un véritable bouclier et une fausse lance), ainsi qu'au lancer du javelot court et de la flèche courte à pointe plombée sur longue distance[14].

Le traité prévoyait davantage dans le domaine de « l'entraînement du fantassin léger ou archer » :

> Ils doivent être entraînés au tir rapide à l'arc... à la manière romaine comme à la manière perse. Ils doivent être entraînés au tir rapide tout en portant un bouclier, à lancer le petit javelot sur longue distance, à tirer à la fronde, à sauter et à courir[15].

L'équipement prescrit par le *Strategikon* pour chaque type d'infanterie permet de bien comprendre sa nature : pour l'infanterie lourde, des cottes d'armure pour au moins les deux premiers soldats de la file, afin que le premier rang et celui qui le suivait fussent tous deux protégés contre les flèches de l'ennemi, ainsi que des armes tranchantes, sinon des masses et d'autres armes comparables ; des casques équipés de plaques de métal protégeant les joues pour tous, des jambières de métal ou de bois pour protéger les jambes sous les genoux ainsi que des boucliers d'un type non précisé mais de grande taille – on trouve ailleurs mention de petits boucliers ou « cibles ». Une étude moderne exhaustive, à défaut d'être particulièrement pénétrante, contient une longue liste de différents types d'équipements (ou peut-être seulement de noms d'équipements), accompagnée d'illustrations qui ne sont pas associées aux noms d'une manière sûre[16].

Une certitude en tout cas : la fonction de l'infanterie lourde à l'époque et pour les siècles à venir, au vrai jusqu'à l'introduction des armes à feu, était de s'emparer du terrain et de le tenir. On ne pouvait en attendre une grande agilité, ni une puissance de jet allant au-delà de la force d'impact modeste des frondes à cailloux et du tir de lances, de javelots ou de flèches courtes à pointe de plomb.

Les armes longues abordées dans le *Strategikon* sont d'abord la lance destinée à percer l'adversaire (*contus* en latin, *kontos* en grec) utilisée par les cavaliers, dont pouvait également se servir l'infanterie pour tenir en respect une charge de cavalerie. Ensuite viennent les multiples dénominations données aux lances légères de jet ou javelots de différentes origines et conceptions : *monokontia*, *zibynnoi*, *missibilia* ou le terme classique *akontia*[17]. Quel que fût son nom, cette arme était d'une très grande importance pour les fantassins légers qui, pour une raison ou pour une autre, ne pouvaient se servir de l'arc.

Dans le *Strategikon* comme dans tous les autres textes byzantins, l'infanterie légère est avant tout une force de jet, équipée de carquois accueillant jusqu'à quarante flèches pour ses arcs composites réflexes ; il est toutefois précisé que pour « les soldats qui pourraient ne pas avoir d'arcs ou ne sont pas de très bons archers », il est nécessaire de prévoir de petits javelots, des lances de type slave [légères], des flèches courtes à pointe plombée et des frondes.

Il y avait également dans l'équipement une arme plus absconse qui fut l'objet de nombreuses erreurs d'interprétation, le *solenarion* : il ne s'agissait pas d'une petite arbalète pour flèches courtes comme on le pensait autrefois, mais plutôt de « tubes » ou, de manière plus précise – qui traduit pleinement l'expression originale *solenaria xylina meta mikron sagitton* –, de « tubes de lancement en bois pour petites flèches ». Ce sont les dispositifs permettant d'accroître la tension, ou « rallonges », qu'utilisent parfois encore de nos jours les archers[18].

Avec ce dispositif, on pouvait insérer dans un tube fendu en son centre de petites flèches volant plus loin que des flèches de taille normale, nettement plus longues ; de cette manière, il restait possible de tendre la corde de l'arc en arrière dans toute son extension bien que la longueur de la flèche fût seulement, par exemple, de 40 centimètres au lieu de 140. Connues sous le nom de *myes*, « mouches », ces flèches courtes étaient utiles pour tirer des volées de harcèlement contre l'ennemi encore hors de portée des flèches de taille normale – ces dernières étant bien sûr plus meurtrières car elles pouvaient pénétrer des protections et armures épaisses, à la différence des *myes*[19].

Dans le *Strategikon*, la première catégorie de soldat est incontestablement l'archer-lancier monté ; aussi est-il naturel que l'on y trouve davantage de détails au sujet de son équipement. (L'impossibilité d'entraîner tout un chacun à l'emploi de l'arc composite réflexe ainsi que la prédominance classique de l'archerie à pied ont sans doute induit en erreur l'érudit distingué qui jugea que « le mélange lancier/archer à cheval chez les Byzantins est probablement de l'ordre du mythe[20] ».)

L'auteur recommande des manteaux à capuche avec armure cousue à écailles (*lorica squamata*), ou armure à lamelles articulées, ou armure à mailles (*lorica hamata*) descendant jusqu'aux chevilles – cette dernière devant constituer l'équipement prisé des combattants pour encore à peu près huit cents ans, jusqu'à la généralisation des mousquets. Il existait également des valises pour les transporter, recouvertes de cuir traité pour résister à l'humidité, car les armures étaient coûteuses et pouvaient rouiller ; il est précisé plus loin qu'il faut également transporter derrière la selle, sur l'échine du cheval, des valises légères en osier destinées à l'armure corporelle, parce que de cette manière, « en cas de revers, si les [ordonnances] avec les chevaux de réserve (et les accessoires) ont disparu, les armures ne seront pas laissées sans protection et ne s'abîmeront pas ».

Le texte mentionne également casques, épées et, pour les chevaux, plaques de fer protégeant le poitrail et armures protégeant la tête, mais l'arme principale fait l'objet d'une attention toute particulière : « Des arcs adaptés à la force de chacun et pas au-dessus ; il est préférable, en réalité, que la force de l'arc soit inférieure à celle de son utilisateur[21]. »

L'arc composite réflexe était efficace parce qu'il accumulait une grande énergie, mais il avait une force de résistance proportionnelle ; c'était donc une bonne idée de choisir un arc dont on pût tendre la corde en arrière avec rapidité et assurance même à la trentième flèche et non seulement à la première. Le traité prescrit des fourreaux suffisamment larges pour pouvoir accueillir des arcs cordés prêts au combat, ainsi que nous l'avons vu plus haut, comme il prescrit des cordes d'arc de rechange à conserver dans le sac de chaque soldat attaché à sa selle – et non seulement dans les magasins de l'unité –, des carquois protégés contre la pluie pour trente ou quarante flèches – il y en avait davantage dans les magasins de l'unité –, ainsi que de petites limes et des poinçons pour les réparations à faire en campagne.

L'auteur précise que les lances de cavalerie avec lanières de cuir et flammes, les pièces d'équipement à mettre autour du cou, les pièces couvrant le poitrail et le cou des chevaux, les tuniques larges et les tentes (des yourtes de cuir rondes) doivent toutes être « du type avar ». Les archers montés byzantins qui figurent si souvent dans les récits de Procope un demi-siècle plus tôt avaient les Huns pour modèles, mais, à l'époque de la rédaction du *Strategikon*, les Byzantins avaient été à maintes reprises attaqués par les Avars, les premiers des archers montés turcs à atteindre l'Occident ; ils avaient le même arc composite réflexe que les Huns mais aussi bien d'autres équipements repris sur leur route aux deux autres civilisations avancées contemporaines – la Chine où ils avaient leurs origines, et l'Iran dont ils rencontrèrent la culture durant leur migration vers l'ouest, dès qu'ils atteignirent les cités commerçantes d'Asie centrale.

À la différence des Huns, les Avars furent dès le départ capables de construire et de mettre en opération un équipement de siège sophistiqué, incluant peut-être le trébuchet à traction qui, par sa puissance et sa simplicité, rendit obsolètes tous les précédents engins lanceurs de pierres ; ils introduisirent sans doute en Occident une pièce d'équipement des plus fameuses, pour la première fois mentionnée dans le *Strategikon* : le *skala*[22]. Littéralement « escalier », le terme est employé pour signifier « étrier » – « attachés aux selles, il doit y avoir deux [étriers] de fer ». Le terme avar est inconnu, malheureusement ; cela aurait permis de mieux comprendre l'origine de l'étrier, ce point n'étant que l'une des controverses que le sujet a suscitées.

Contrairement au mythe propagé par des historiens qui ne pratiquent pas le cheval (« Sans l'étrier », a-t-il par exemple été écrit, « mener une charge de choc avec lance baissée aurait été une manœuvre impossible[23] »), l'étrier n'est pas indispensable pour permettre aux cavaliers de charger avec la lance sans être renversés par l'impact. Si les lanciers de l'époque antérieure à l'apparition des étriers tombaient de leurs chevaux, ce n'était pas en raison de l'absence d'étriers : ce sont les cuisses bien serrées contre les flancs du cheval qui maintiennent le cavalier et non les étriers suspendus, qui flottent. Particulièrement précieux à cet égard est le témoignage d'un jouteur moderne, dont « l'examen des mécanismes du combat de choc et du développement des tactiques de choc » apporte sur ce point une preuve définitive par l'expérience[24].

De plus, de récentes recherches ont permis de reconstituer des selles de cavalerie romaines ; grâce à leur conception particulière, des cavaliers de bon niveau pourraient rester bien en selle tout en absorbant le choc de la lance contre l'adversaire, ou en se tournant à moitié pour manier en tous sens l'épée. Composées d'une solide structure de bois recouverte de cuir, elles étaient dessinées avec un pommeau sur chaque côté pour aider le cavalier à se maintenir fermement dans toutes les directions[25]. Des amateurs de reconstitutions historiques ont essayé de reproduire ce dessin et ont ainsi pu faire la démonstration de son efficacité en opération sans l'aide d'étriers. Il n'existe pas de preuve que les Byzantins avaient les mêmes selles, mais il semble peu vraisemblable que cette selle intelligemment conçue et si efficace à l'époque romaine ait pu être oubliée par la suite.

Les Romains comme leurs ennemis, tout particulièrement les Sarmates avec leur cavalerie couverte de son armure à écailles caractéristique, ainsi que les grandes puissances successives d'Iran, la Parthie des Arsacides et la Perse des Sassanides, disposaient d'une cavalerie lourde, c'est-à-dire d'une cavalerie entraînée à charger. Au vrai, ils alignaient une cavalerie de charge en armure longtemps avant l'arrivée des étriers, avec épais cuir bouilli, cotte de mailles, armure à lamelles voire à plaques articulées qui donnaient aux cavaliers une ressemblance superficielle avec les chevaliers médiévaux – ou plutôt avec les illustrations de jouteurs de la Renaissance imitant les chevaliers médiévaux, car ces jouteurs portaient rarement une armure complète. Une certitude, l'arme utilisée pour la charge par les Romains, les Sarmates, les Parthes et les Perses – comme en vérité tous les autres qui eurent jamais à charger leurs ennemis en combat réel – était la lance que le cavalier tenait en main pour transpercer l'adversaire (*kontos*) et qui équipait également les unités de lanciers dans la cavalerie européenne aux XVIIIe et XIXe siècles, et non la très lourde perche destinée à faire basculer l'adversaire utilisée dans les tournois de la fin du Moyen Âge et dans leurs évocations au cinéma.

Lorsqu'ils les rencontrèrent pour la première fois dans la chaleur écrasante de l'été en Mésopotamie, les Romains tournèrent en dérision la cavalerie perse couverte de son armure de plaques de métal et appelèrent ces cavaliers *clibanarii*, terme dérivé de *cliba*, « four à pain ». Ils n'en imitèrent pas moins cette forme de cavalerie lourde – la plus lourde qui existât –, malgré le coût et l'épuisement rapide qui la caractérisaient (tout particulièrement par temps chaud), pour la simple et excellente raison que sur un terrain qui lui convenait, elle pouvait offrir une escalade permettant d'obtenir une situation favorable (« *escalation dominance* ») lors d'actions militaires menées par charges courtes et rapides.

La *Notitia dignitatum* du Ve siècle mentionne dix unités de ce type, parmi lesquelles plusieurs dont les noms affirment leurs origines orientales : les *equites primi clibanarii Parthi* (« première unité de cavalerie parthe en armure »), nom qui fait référence à la Parthie des Arsacides ; les *equites secundi clibanarii Parthi* et les *equites quarti clibanarii Parthi*, noms des deuxième et quatrième unités de cavalerie parthe en armure ; les *equites Persae clibanarii* (cavalerie en armure perse) ; le *cuneus equitum secundorum clibanariorum Palmirenorum* (« deuxième escadron de cavalerie en armure de Palmyre[26] »). D'autres unités n'étaient identifiées que par leur spécialité : les *equites clibanarii*, des cavaliers en armure de plaques de métal ; les *equites promoti clibanarii*, des cavaliers d'élite en armure de plaques de métal ; enfin, les *equites sagittarii clibanarii*, des archers montés en armure de plaques de métal.

Sur ce sujet comme sur d'autres, comme nous l'avons déjà noté, la *Notitia dignitatum* ne peut pas avoir fait office d'inventaire aussi précis qu'un ordre de bataille – elle incluait en effet probablement des unités disparues qui restaient sur des états de solde non remis à jour (pour le plus grand profit des trésoriers), et en excluait de nouvelles qui n'étaient pas encore enregistrées dans la capitale. De plus, les formations militaires ont tendance à conserver leurs titres traditionnels même quand leur contenu se transforme – les régiments de cavalerie blindée de l'armée américaine contemporaine n'ont pas de chevaux, alors que, par contraste, les divisions d'infanterie alignent de nombreux chars. Le titre des diverses unités de *clibanarii* ne nous renseigne donc pas nécessairement sur leur nature réelle au moment où cette partie de la *Notitia dignitatum* fut rédigée, mais ces unités n'auraient sûrement pas été nommées comme elles l'ont été si elles n'avaient pas été équipées à l'origine de leur armure caractéristique à plaques de métal.

Il existait également une autre catégorie de cavalerie lourde mentionnée dans la *Notitia* qui était destinée à durer beaucoup plus longtemps, les *catafractarii* (grec *kataphraktoi*, du verbe *kataphrasso*, « recouvrir »). Eux aussi étaient bien protégés pour affronter le combat rapproché, et eux aussi étaient entraînés à charger à la lance, mais à l'origine en tout cas, ils n'étaient pas équipés d'armures aussi lourdes que les *clibanarii*[27]. Au lieu d'une armure plus lourde à plaques ou lamelles, ils portaient une armure à écailles cousues ou des manteaux à cottes de mailles, comme les mentionne le *Strategikon*, ainsi qu'une protection corporelle de cuir bouilli ou de toile épaisse, dense – laquelle, si elle était dès le départ tissée de manière très tressée, pouvait être cousue et nouée en multiples couches superposées pour faire l'effet d'une sorte de proto-kevlar.

La *Notitia dignitatum* mentionne neuf unités de ce type, dont l'une remontait probablement au IIIe siècle, l'*ala prima Iouia catafractariorum* (« aile première jupitérienne de cavalerie en armure ») de Thébaïde, dans le sud de l'Égypte ; pour les autres, la liste de la *Notitia* se contente de l'indication *equites*, « unité de cavalerie » ou « escadron » en langage moderne, à l'exception d'un *cuneus* (« coin ») *equitum catafractariorum* et d'une unité identifiée par son commandant, le *praefectus equitum catacfractariorum, Morbio*, en Bretagne. Comme cela se passe habituellement avec les formations militaires sur de longues périodes de temps, la distinction entre les deux types de cavalerie en armure s'est vraisemblablement estompée, même si leurs anciens noms se sont conservés.

Il semble évident que l'importance historique de l'arrivée de l'étrier a été grandement exagérée, notamment par Lynn White Jr, qui prit appui sur cet argument un peu léger – si l'on me permet ce jeu de mots – pour s'efforcer de bâtir une explication complète d'un changement social[28]. Mais il est certain que l'étrier accrut la valeur relative au combat de toutes les formes de cavalerie, tout comme il facilite encore de nos jours toutes les formes d'équitation. Des hommes portant une armure ne pouvaient facilement sauter à cheval comme le prescrivait l'entraînement romain ; ils étaient désormais en mesure de se hisser à cheval en prenant appui sur l'étrier. Au combat, les étriers amélioraient la stabilité latérale, que l'on maniât l'épée, la masse ou la lance pour charger.

Autre point de la plus haute importance, les étriers permettaient aux archers montés qui en étaient capables de se mettre debout et de se lever ainsi plus haut que leurs chevaux essoufflés au moment de décocher leurs flèches, qu'ils fussent au trot, au petit galop, voire au grand galop, ce qui rendait leur visée bien plus précise.

Le *Strategikon* ne fait pas mention des *clibanarii* aux armures à plaques de métal ; les *catafractarii*, de leur côté, avaient évolué pour constituer les premiers archers-lanciers en armures à écailles ou à cottes de mailles. La *Notitia dignitatum* ne mentionne pas de *catafractarii sagittarii*, qui auraient été leurs parfaits prédécesseurs.

Avec l'infanterie légère de jet et l'infanterie lourde destinée à tenir et à s'emparer du terrain, le *Strategikon* mentionne trois autres catégories de soldats.

Les premiers sont les *bucellarii*, littéralement les « mangeurs de biscuits », qui tiraient leur nom du pain déshydraté cuit à deux reprises que l'on fournissait aux équipages de navires et aux soldats en campagne ; à l'origine levés et payés de manière privée par les commandants de campagne comme garde personnelle et force d'assaut, ils avaient manifestement évolué pour devenir une force d'élite payée par l'État, car, nous apprend le texte, une attention toute particulière était accordée à leur apparence :

> Ce n'est pas une mauvaise idée, pour les [*bucellarii*], d'utiliser des gantelets de fer et de petits ornements torsadés suspendus aux sangles arrière et aux sangles de poitrail de leurs chevaux, ainsi que de petites banderoles suspendues à leurs propres épaules sur leurs cottes de mailles. Plus le soldat est gracieux dans son équipement complet, plus il prend de confiance en lui et inspire de crainte à l'ennemi[29].

Ce dernier point eût été tout aussi vrai des autres catégories de troupes, mais le fait de le noter au sujet des seuls *bucellarii* est révélateur de leur statut. Ces derniers, soit dit en passant, allaient bientôt connaître une nouvelle évolution pour devenir un corps d'armée territorial auquel devait à son tour incomber la double mission de gouverner et défendre un district militaire permanent, ou thème, lorsque cette forme de réponse dans l'urgence à une situation de défaite et de retraite devint un véritable système d'organisation administrative à la fin du VIIe siècle. Le thème de *Boukellarion* apparaît comme de juste dans l'examen d'ensemble auquel procède Constantin Porphyrogénète au Xe siècle, connu sous le titre *De thematibus*[30].

La deuxième catégorie de troupes mentionnées comme telles ou simplement par l'adjectif « étrangers » étaient les *federati*, à l'origine des troupes « de traité » (*foedus*) fournies à l'Empire en tant qu'unités complètes sous leurs propres chefs par des tribus trop pauvres pour payer des impôts, ou trop puissantes pour qu'on leur fît payer des impôts ; il put s'agir, plus tard, de simples unités servant l'Empire sous contrat[31]. À la différence des mercenaires que nous connaissons de nos jours, fournis par des compagnies de sécurité par contrat avec l'État, qui coûtent souvent bien plus cher que les soldats même les mieux payés, les unités de *federati* étaient beaucoup moins coûteuses qu'un nombre équivalent de troupes légionnaires ; les citoyens-soldats des légions bénéficiaient en effet d'un traitement de bon niveau, de casernements bien construits, d'un suivi médical sérieux et de pensions de retraite substantielles.

À peu près la moitié de l'armée du principat était ainsi d'un coût moins élevé que les légions, composées de troupes auxiliaires mal payées et ne bénéficiant pas du droit de cité, commandées par des officiers romains – ces troupes fournissaient presque l'intégralité de la cavalerie de ce qui restait une armée centrée sur l'infanterie ; mais comme ils n'avaient pas d'officiers romains aux traitements élevés, les *federati* étaient encore moins coûteux. C'est sans aucun doute la raison pour laquelle ils continuèrent à servir dans les forces byzantines jusqu'à la fin de l'Empire sous une forme ou une autre, le plus souvent comme troupes légères dont on pouvait plus facilement accroître les effectifs, comme il en était des « lanceurs de javelots, *Rhos* [nom des premiers Russes] ou de toute autre origine étrangère » mentionnés par les *Praecepta militaria*, un ouvrage du Xe siècle[32].

Ils se distinguaient parfois par leurs aptitudes et leur valeur au combat, comme les Onogours (appelés « Huns ») qui combattirent pour Bélisaire en Italie ; moins souvent, on leur imputait la responsabilité de défaites, on les accusait même de trahisons sur le champ de bataille, tout particulièrement si l'ennemi était de la même ethnie. Ce fut soi-disant l'une des causes de l'importante défaite stratégique subie par Romain IV Diogène à Manzikert le vendredi 26 août 1071 : certains de ses mercenaires étaient issus de la même ethnie turque oghouze que ses ennemis seldjoukides et, dit-on, changèrent de camp.

Le *Strategikon* prescrit des précautions particulières en ce domaine sous l'intitulé « Peuples apparentés à l'ennemi » :

> Longtemps avant la bataille, les troupes de la même race que l'ennemi doivent être séparées de l'armée et envoyées ailleurs afin d'éviter qu'elles ne passent à l'ennemi à un moment critique[33].

Enfin, le *Strategikon* fait référence à une sorte de milice citoyenne, ou à tout le moins à un état de préparation général permettant de servir à ce titre :

> Il est catégoriquement exigé que tous les jeunes Romains de moins de quarante ans possèdent un arc et un carquois, qu'ils soient archers experts ou seulement

d'un niveau moyen. Ils doivent posséder deux [lances] de manière à en avoir une de rechange au cas où la première manque son objectif. Les moins habiles au tir doivent utiliser des arcs plus légers. Avec une préparation suffisamment longue, même ceux qui ne savent pas tirer apprendront à le faire, car c'est essentiel qu'ils y parviennent[34].

Si l'on songe à toutes les incursions qui pénétrèrent directement le territoire impérial et le traversèrent jusqu'à atteindre Constantinople elle-même, on peut comprendre pourquoi l'auteur du *Strategikon* était favorable à un entraînement militaire général permettant à tous les hommes physiquement capables de défendre leurs propres localités, complétant ainsi les forces impériales professionnelles. Des textes militaires plus tardifs firent la même recommandation. Nous avons connaissance, par exemple, du rôle que joua la vaillante population d'Édesse (Şanliurfa, Urfa) pour repousser les Perses sassanides en 544 :

> Or ceux qui se trouvaient en âge de servir, aux côtés des soldats, repoussaient l'ennemi avec la plus grande vigueur, et parmi les paysans, on en comptait de nombreux [*agroikon polloi*] qui se livraient à de remarquables exploits contre les barbares[35].

Mais la législation romaine et byzantine interdisait la possession d'armes privées, tandis que les milices organisées étaient rarement autorisées par les autorités byzantines[36]. Rien de surprenant à cela. Leur contribution potentielle et épisodique, en cas d'incursions ennemies atteignant leur région particulière de l'Empire, pesait moins lourd que la menace réelle et permanente qu'elles faisaient peser sur les autorités impériales en place et sur la stabilité même de l'Empire. La gouvernance de l'Empire n'était pas arbitraire, car elle obéissait à des lois, mais elle n'était pas non plus consensuelle. Toute milice doit se conformer à une prémisse politique : l'obligation absolue, pour ses citoyens-soldats, de servir le gouvernement de manière loyale, car le gouvernement les représente en tant que citoyens-électeurs, ou bien les représentera sous peu une fois passé les élections suivantes.

Cela ne pouvait évidemment s'appliquer à une autocratie impériale, même sous une forme adoucie – et nulle autocratie ne le fut davantage que celle de Trajan (98-117), du moins si l'on en croit son admirateur et délégué Plinius Caecilius Secundus, notre Pline le Jeune, gouverneur impérial (*legatus propraetore consulari potestate*) de l'importante province de Pont-Bithynie, dans la partie occidentale de l'Anatolie. Dans une lettre à Trajan, Pline lui rendit compte

> d'un immense incendie à Nicomédie [moderne Izmit] qui détruisit de nombreuses maisons privées ainsi que... deux édifices publics. Il s'est étendu sous la violence du vent... mais... ne se serait pas étendu si loin si les habitants n'étaient restés inertes... C'est à toi, maître, de voir si, à ton avis, il est nécessaire de constituer un collège de pompiers [volontaires], limité à cent cinquante membres. Je veillerai à ce que ne soient admis dans ce collège que de véritables pompiers... Il ne sera pas difficile de garder un effectif aussi réduit sous étroite surveillance.

Comme il convenait à un officiel impérial de grande expérience, Pline agissait en cette affaire avec toute la prudence nécessaire, bien que cent cinquante hommes ne fussent guère susceptibles de menacer l'Empire. Mais Trajan jugea pourtant sa prudence insuffisante :

> Tu as eu l'idée qu'on pouvait créer un collège de pompiers à Nicomédie… mais nous devons nous souvenir que ce sont précisément des sociétés de ce genre qui furent responsables des troubles politiques qui agitèrent ta province. Si des gens se rassemblent autour d'un objectif commun, quel que soit le nom que nous leur donnions et pour quelque raison que ce soit, cela donnera de toute façon une *hetaeria* [rassemblement politique]. Il suffit donc de se procurer l'équipement nécessaire pour combattre les incendies et d'aviser les propriétaires qu'ils doivent l'utiliser[37].

À cette seule exception près, le *Strategikon* reste d'un réalisme constant dans ses recommandations sur l'entraînement individuel, tout comme dans ses recommandations de tactiques et de méthodes opérationnelles.

L'attrition et la manœuvre

Pour une armée puissante, capable de l'emporter sur l'ennemi dans un combat direct force contre force, la tactique peut se limiter à de simples procédures destinées à acheminer les troupes et leurs armes contre l'ennemi. L'« attrition » qui en résulte, un processus presque mécanique, se paie par des pertes – quand ils constituaient encore une nation de commerce, les Anglais l'appelaient *the butcher's bill* (littéralement « la facture du boucher ») – mais peut broyer l'ennemi d'une manière sûre, en évitant tous les risques que comportent les manœuvres plus ingénieuses et compliquées.

Même en l'absence de puissance de feu à distance qui, de nos jours, peut entièrement faire porter l'attrition sur l'un des deux camps, il n'existait pas non plus d'égalité de ce point de vue sous l'Antiquité : avec une meilleure qualité d'entraînement individuel, de protection corporelle et d'armement, on pouvait réduire de manière comparable la « facture du boucher ». C'est ce qu'il se passait chez les Romains dans leurs époques les plus fastes. Ils pouvaient s'appuyer sur les puissantes attaques frontales de leur infanterie légionnaire bien protégée et bien exercée pour remporter les batailles en taillant en pièces l'ennemi – une forme d'attrition assurément, mais assez peu coûteuse. Des unités de cavalerie auxiliaire composées de non-citoyens (les *alae*, « ailes ») étaient en mesure de protéger les flancs et les arrières de la formation d'infanterie et de repousser les cavaliers ennemis, tandis que les unités d'infanterie légère auxiliaire (*cohortes*), équipées d'armes variées – javelots, arcs et frondes –, étaient en mesure d'atteindre et de harceler l'ennemi avec leurs projectiles, de la même manière que l'artillerie de campagne qui tirait des flèches et lançait des pierres. Mais, en règle générale, c'était l'infanterie légionnaire en ordre serré qui décidait du sort de l'affrontement avec sa capacité à broyer la chair de l'adversaire.

Les ennemis qui tenaient leur terrain face à l'avancée d'une légion – décision imprudente dans la plupart des cas – étaient d'abord atteints par deux volées successives de *pila*, des javelots dotés de lourdes pointes de métal qui transperçaient les boucliers et pouvaient percer les casques. Le mur en mouvement des légionnaires derrière leurs lourds boucliers à bossage avançait ensuite sur eux pour les presser et les tailler de coups meurtriers avec leurs courtes épées. Avec des casques et des jambières pour les protéger au-dessus et en dessous de leurs grands boucliers, avec d'autres boucliers tenus au-dessus des têtes à partir du deuxième rang dans la formation en *testudo*, « tortue », les fantassins légionnaires qui exerçaient leur pression en avançant sur l'ennemi à pas cadencé bénéficiaient d'une puissance, d'un niveau de protection et d'un élan implacables. Mourir ou prendre la fuite : ceux qui les affrontaient n'avaient habituellement pas d'autre choix, mais il valait mieux prendre la fuite très tôt – si possible avant la bataille : bien que la pesante infanterie légionnaire ne fût guère capable d'engager des poursuites lointaines ou rapides contre quiconque, la cavalerie auxiliaire et l'infanterie légère étaient prêtes à le faire et à faucher les fugitifs.

Les Byzantins admiraient la glorieuse phalange macédonienne de l'Antiquité et davantage encore la puissance des légions romaines à leur apogée. Mais ils rejetèrent leur style de guerre. Ils n'essayèrent jamais de reproduire ces machines d'infanterie à tuer, car ils refusèrent de subir les pertes inévitables que causaient les combats décisifs à la manière romaine. À cette forme de combat, ils préférèrent toujours les tactiques moins décisives reposant sur des forces de cavalerie plus mobiles et, si nécessaire, davantage capables de se dérober. L'auteur du *Strategikon* synthétise bien l'argument tactique justifiant d'éviter l'attrition aussi souvent que possible :

> La guerre se compare à la chasse. Les animaux sauvages se font prendre par l'observation, par les filets, par le guet, par la traque, par l'encerclement et par d'autres stratagèmes de même nature plutôt que par la force pure. Quand nous faisons la guerre, nous devons agir de la même manière, que l'effectif de l'ennemi soit élevé ou modeste. Se contenter d'essayer de vaincre l'ennemi sur terrain ouvert, corps à corps et face à face, même si vous semblez en sortir vainqueur, constitue une entreprise très risquée dont il peut résulter un grand mal. Sauf extrême urgence, il est ridicule d'essayer de remporter une victoire qui est si coûteuse et n'apporte qu'une vaine gloire[38].

Même s'ils s'entraînaient de manière permanente pour leur type de bataille caractéristique visant à annihiler l'adversaire, les Romains eux-mêmes s'efforçaient habituellement d'éviter d'avoir à la livrer. Ils préféraient de loin laisser leurs ennemis faire retraite dans leurs forteresses pour les vaincre ensuite par la faim à l'issue de sièges longs, systématiques et implacables. Ce n'était pas pour rien que l'on faisait suivre aux légionnaires une forme d'entraînement hybride pour en faire des ingénieurs de combat, avec l'équipement nécessaire, aussi habiles à démolir des fortifications qu'à en construire, ainsi que des chaussées, des ponts, des viaducs, des entrepôts et même des théâtres. Jules César remporta sa victoire décisive contre Vercingétorix lors de sa guerre des Gaules avec le siège d'Alésia, tout comme Vespasien et son fils Titus conclurent leur guerre contre les juifs avec les sièges de Jérusalem et Massada. En piégeant et en affamant l'ennemi jusqu'à le contraindre à la reddition, les Romains se gardaient de subir des pertes inévitables lors de combats frontaux entre deux armées ainsi que les caprices de la fortune caractérisant les engagements de rencontre comme les batailles rangées bien préparées à l'avance – pour le même résultat et une certitude de victoire bien supérieure.

Les Byzantins favorisaient eux aussi la méthode du siège lent, plus sûre, lorsqu'ils estimaient pouvoir se permettre d'attendre sans risque d'être attaqués par d'autres ennemis. Mais ils n'eurent que de rares occasions de le faire, alors qu'ils restèrent d'une très grande constance dans leur volonté d'éviter de gaspiller lors de batailles d'attrition leurs forces si coûteuses à entraîner, si coûteuses à équiper et, à toutes les périodes de leur histoire, si peu nombreuses.

Les dispositifs opérationnels conçus pour atteindre l'objectif avec un minimum d'attrition pouvaient se révéler aussi complexes que des opérations combinées réunissant de multiples forces composées d'infanterie, de cavalerie et de soldats transportés par bateaux, convergeant toutes vers le même objectif – ou bien aussi simple qu'une succession d'actions distinctes. Mais d'actions menées en synergie, comme il en était du dispositif opérationnel standard en trois étapes que suivait la cavalerie byzantine : d'abord, menacer d'une charge pour pousser l'ennemi à serrer les rangs ; au lieu de charger, lancer des volées de flèches dans cette masse de soldats bien serrés ; enfin, charger pour de bon, mais seulement si l'ennemi est épuisé et visiblement prêt de lâcher pied, pour susciter une déroute.

Il existait différents dispositifs de niveau opérationnel moins simples en théorie mais assez faciles à mettre en œuvre, à la condition d'avoir été suffisamment pratiqués à l'exercice, qui combinaient les actions tactiques de l'infanterie légère et lourde avec celles de la cavalerie légère et lourde.

Pour être en situation de combattre, l'infanterie lourde devait être à portée de lance de l'ennemi ; pour faire usage de ses projectiles, qu'il s'agît de petites flèches, de javelots, de pierres de fronde ou de flèches normales, l'infanterie légère devait être à portée de jet de l'ennemi – tout en exigeant une protection contre ses lances et ses épées. C'était déjà un problème très ancien à l'époque byzantine, et de nombreuses solutions avaient été tentées ; toutes constituaient des variations sur les ordres de bataille, linéaires ou non linéaires.

Dans les ordres linéaires, les deux types d'infanterie sont mêlés au sein des mêmes dispositions : « Parfois, les archers sont postés à l'arrière de chaque file en proportion du nombre d'hommes, c'est-à-dire quatre pour les seize fantassins lourds... Parfois, ils sont placés à l'intérieur des files avec une alternance d'un pour un entre fantassin et archer[39]. »

Pareils dispositifs linéaires avaient la vertu de la simplicité – une vertu très importante dans la confusion qui accompagne le combat –, mais signifiaient que les archers et autres troupes équipées d'armes de jet devaient ou bien tirer leurs projectiles par-dessus les têtes des fantassins lourds en rangs serrés postés devant eux, ou bien se passer de leur protection en se retrouvant dispersés au milieu des autres sur la ligne de front elle-même, la rendant également par là plus faible si elle devait résister à une charge ou à un assaut. Sans la présence de fantassins légers parmi eux, l'infanterie lourde pouvait former un mur de boucliers au premier rang pour repousser la cavalerie, tandis que les fantassins du deuxième rang derrière eux pouvaient lever leurs boucliers pour leur protéger la tête contre les projectiles plongeants – c'était la *testudo*. De la même manière, à l'attaque, un bloc d'infanterie lourde avait un effet de masse et une capacité d'élan supérieure à une force mixte qui comprenait de l'infanterie légère équipée de petits boucliers et dépourvue d'armure.

Dans les ordres de bataille non linéaires, on gardait séparées les unités d'infanterie légère et les unités d'infanterie lourde, afin qu'elles pussent chacune remplir leurs rôles avec les meilleurs résultats. À défaut de la protection de l'infanterie lourde, on surmontait le problème de la protection de l'infanterie légère d'une ou deux manières différentes. Très facilement s'il y avait un terrain élevé sur lequel poster en toute sécurité les unités d'infanterie légère pour qu'elles fissent pleuvoir leurs traits sur l'ennemi en contrebas – c'était la partie idéale d'une embuscade idéale sur le terrain idéal qu'offrait une passe étroite ou un défilé de montagnes ; le terrain pouvait alors pleinement compenser le manque de capacité de résistance de l'infanterie légère, et il en allait de même des murailles et des tours lors des sièges.

Dans une autre configuration, il fallait déployer bien plus d'efforts pour surmonter ce problème ancien : les unités d'infanterie légère devaient faire des allers-retours entre le front et l'arrière, en empruntant des couloirs entre les unités d'infanterie lourde. Ces dernières pouvaient accroître la longueur de leurs files pour réduire la largeur des rangs sur le front de bataille, ouvrant ainsi les couloirs, ou bien réduire leurs files pour élargir leur ligne de front, fermant ainsi les couloirs pour former un front continu.

Cela semble compliqué, mais les Byzantins le faisaient sans cesse – et il leur fallait consacrer une grande partie des exercices qui occupaient tant leurs troupes à l'apprentissage particulier de ces changements de dispositions rapides entre les unités, permettant de modifier la largeur de leur front de bataille. On pouvait réduire la ligne de front des unités afin de réduire la largeur de toute la ligne de bataille pour la faire coïncider avec celle de l'ennemi, ou pour rendre la formation plus profonde et plus élastique, ou bien encore pour ouvrir des couloirs à l'infanterie légère ou à la cavalerie.

C'était aussi un problème ancien : comment combiner la cavalerie et l'infanterie pour obtenir d'elles les meilleurs résultats en synergie au niveau opérationnel ? On peut aller jusqu'à soutenir que les combinaisons entre les seuls différents types d'infanterie ne relèvent que de la tactique, même s'ils sont compliqués.

Les efforts déployés en vue de réduire autant que possible l'attrition ne s'expliquaient pas seulement par le souci de préserver des ressources rares. Il y avait également une raison stratégique d'éviter l'attrition même quand ses coûts étaient faibles. Les Byzantins affrontèrent toujours une multiplicité d'ennemis réels ou potentiels. Ils ne furent jamais confrontés à un seul et unique ennemi dont ils pussent imaginer la destruction comme signifiant la fin du conflit – de la même manière que certains interprétèrent à tort l'acte de décès de l'Union soviétique comme la fin de l'histoire. Depuis l'arrivée des Huns, les Byzantins gardaient toujours en mémoire que derrière les ennemis déjà à leurs frontières s'en trouvaient d'autres qui attendaient leur tour pour lancer leur offensive – de telle sorte que la destruction totale d'un ennemi n'aurait pour effet que d'ouvrir la route à l'invasion d'un autre, susceptible de se révéler encore plus dangereux. En outre, l'ennemi d'hier pouvait devenir un allié immédiat précieux.

Courtiser des ennemis potentiels pour les recruter comme alliés n'était certes pas à l'origine une invention des Byzantins, mais ils en firent leur spécialité. Ils apprirent de ce fait à considérer leurs ennemis du moment de manière ambivalente en faisant la part des choses, en les évaluant non seulement comme menace immédiate qu'il fallait contrer et peut-être combattre avec la dernière dureté, mais aussi comme possibles futurs alliés. Ce qui rendait non seulement coûteuses, mais également inappropriées les tactiques d'attrition au niveau stratégique.

Il y eut certes des occasions où l'on vit l'Empire poursuivre des objectifs maximalistes, notamment sous Justinien (527-565) lorsque la puissance des Vandales en Afrique du Nord et celle des Ostrogoths en Italie furent entièrement détruites, ainsi qu'à maintes reprises lors des combats contre les Bulgares, les plus mémorables ayant été livrés sous Basile II (976-1025).

Dans ces situations – si rares dans l'histoire byzantine qu'un demi-millénaire sépare les exemples ci-dessus mentionnés –, les tactiques d'attrition eussent été parfaitement conformes au but stratégique poursuivi ; elles n'en restèrent pas moins inappropriées aux yeux des Byzantins, parce qu'elles auraient exigé des forces d'une importance proportionnelle et coûté à l'Empire des pertes également proportionnées. Tout au long des siècles, les Byzantins manquèrent des premières et ne purent se permettre ces dernières. Ainsi, au lieu d'offensives frontales et de batailles d'attrition rapides et décisives, même la guerre de Justinien en Italie et celle de Basile dans les Balkans furent pour l'essentiel livrées sous forme de campagnes de manœuvres prolongées et de sièges, qui n'étaient guère susceptibles de susciter des pertes nombreuses en raison du nombre limité des troupes byzantines engagées dans ces opérations.

Au vrai, la guerre à Byzance eut toujours pour contexte général une insuffisance aiguë de troupes prêtes au combat[40]. Malgré le dramatique effondrement démographique causé par la peste bubonique à compter de 541, ce ne fut pas un manque d'hommes en bonne santé en âge de servir qui causa cette insuffisance. La plupart des ennemis de l'Empire (à l'exception des Bédouins dispersés dans le désert) en furent affectés d'une manière comparable ; de plus, l'Empire pouvait toujours recruter au-delà de ses frontières et le faisait souvent. Même le coût élevé de la maintenance des forces militaires ne peut expliquer cette insuffisance ; l'Empire soudoyait souvent des souverains étrangers en leur versant de l'or qui eût permis de financer des troupes supplémentaires.

La contrainte critique n'était ni la ressource en main-d'œuvre ni l'argent, mais l'entraînement – ou plutôt le temps qu'exigeait l'entraînement approfondi des soldats. Avec son style de guerre, des troupes qui n'avaient reçu qu'un entraînement rudimentaire étaient d'une utilité limitée pour l'armée byzantine. Ce style de guerre exigeait en effet des soldats de haut niveau de qualification et de polyvalence, intégrés au sein d'unités soudées et bien exercées, prêtes à exécuter différentes manœuvres tactiques au commandement. Les troupes devaient s'exercer en parcourant sans cesse le répertoire des tactiques les concernant afin de parvenir à un tel niveau de compétence, et cela exigeait beaucoup de temps.

Dans les armées modernes, y compris l'armée américaine et le corps des *marines*, on peut envoyer au combat des troupes dans les six mois suivant leur recrutement, voire plus vite encore. Mais les soldats byzantins qui avaient plus d'une année de service militaire n'étaient pas encore jugés prêts à combattre. C'est de cette façon que Procope explique un épisode des combats contre les Perses durant lequel l'Empire subit de lourdes pertes :

> Huit cents autres périrent après avoir fait la preuve de leur courage... et presque tous les Isauriens tombèrent... sans même oser lever leurs armes contre l'ennemi. Ils étaient en effet complètement dépourvus d'expérience dans les affaires militaires, ayant tout récemment quitté leurs fermes pour découvrir les périls de la guerre[41].

Procope rapporte également que quatre mille hommes recrutés en Thrace par Bélisaire pour sa deuxième campagne en Italie furent jugés insuffisamment entraînés pour participer à une bataille une année plus tard – sans doute avaient-ils perdu beaucoup de temps lors du voyage, mais même la formation initiale qu'implique le *Strategikon* exigeait à elle seule certainement au moins six mois (elle dure moins de quatre semaines dans l'armée américaine contemporaine[42]).

Cela créait un problème stratégique insurmontable.

Les impôts que l'on pouvait tirer des modestes excédents d'une agriculture primitive n'étaient pas assez élevés pour financer l'entretien permanent d'un nombre suffisant de soldats bien entraînés ; une autre approche eût été de limiter le recrutement de jeunes hommes aux périodes dans lesquelles ils étaient nécessaires pour combattre l'ennemi, mais ce n'était pas non plus possible parce que leur entraînement au combat eût pris trop de temps. L'Empire devait donc se contenter d'une insuffisance chronique en nombre de soldats entraînés, et nous constatons que les tactiques du *Strategikon* se caractérisent toutes par le souci d'éviter l'attrition.

Cette orientation tactique est bien soulignée par une série de maximes :

> Lorsque l'on prend une ville populeuse, il est important de laisser les portes ouvertes afin que les habitants puissent s'échapper et ne soient pas poussés au désespoir absolu. Le même conseil s'applique également lorsque l'on prend un camp fortifié ennemi[43].

Et à nouveau :

> Lorsque l'on encercle un ennemi, il est bon d'ouvrir un espace dans nos lignes pour leur laisser une occasion de fuir[44].

Frontin donnait un conseil analogue, mais ses concitoyens romains souhaitaient normalement que leurs sièges se terminent par la destruction totale de l'ennemi et la réduction des survivants à l'esclavage ; par contraste, c'était une procédure opérationnelle standard, pour les Byzantins, que de laisser à l'ennemi une voie de sortie. Enfin, l'auteur du *Strategikon* donne une recommandation qui renferme le principe général : « Un commandant sage n'engagera pas l'ennemi en bataille rangée à moins qu'une occasion ou un avantage réellement exceptionnel ne se présente[45]. »

En d'autres termes, même si une supériorité numérique et qualitative est assurée, même si la victoire est certaine, ce n'est pas une raison suffisante pour engager une bataille.

Le rejet de l'attrition impose de définir des méthodes alternatives de combat. Tel est précisément, pour une large part, l'objet du *Strategikon* : donner aux lecteurs un catalogue raisonné des deux méthodes alternatives, les stratagèmes (ou ruses de guerre) et la « manœuvre relationnelle » faite de tactiques et de dispositions opérationnelles spécifiquement conçues pour contourner les points forts d'un ennemi donné et exploiter ses points faibles.

Les stratagèmes et la manœuvre relationnelle font l'objet de descriptions assez détaillées ; ces deux méthodes sont également résumées sous forme de maximes. Sous l'intitulé de ce que nous appellerions aujourd'hui « la dissimulation et la déception », nous lisons : « Il est très important de répandre des rumeurs chez l'ennemi laissant entendre que vous préparez une opération ; ensuite, allez-y et faites-en une autre[46] » ; « Si un espion ennemi est capturé tandis qu'il observe nos forces, il peut alors être bon de le relâcher sain et sauf si toutes nos forces sont puissantes et en bon état[47] ».

La déception constitue la « garde du corps de mensonges » protégeant la vérité, que l'on doit conserver dans le secret. Les mesures de sécurité censées interdire à l'ennemi tout accès à l'information sont nécessaires, bien sûr, mais risquent de ne pas se révéler suffisantes : s'il y a des fuites d'informations partielles, seule une histoire toute prête destinée à dissimuler la vérité peut conduire l'ennemi à mal les interpréter. En outre, la déception peut être une arme à elle seule :

> Quand une délégation arrive de la part de l'ennemi, renseignez-vous au sujet des chefs du groupe et, à leur arrivée, traitez-les très amicalement [*sic*], afin que leur propre peuple en vienne à les suspecter[48].

Et :

> Une manière de provoquer discorde et suspicion chez l'ennemi consiste à s'abstenir d'incendier ou de piller les propriétés de certains hommes de marque de leur côté et d'eux seuls[49].

Le style de guerre byzantin

Sous l'intitulé « Points à prendre en considération avant la bataille », le *Strategikon* donne cet excellent conseil au livre VII : « Ce général est un sage qui, avant d'entrer en guerre, étudie avec beaucoup d'attention l'ennemi et peut ainsi se protéger contre ses points forts et tirer profit de ses faiblesses[50]. »

C'est la condition préalable à la « manœuvre relationnelle », un style de guerre complet d'un autre ordre que l'accumulation de simples stratagèmes ; il s'agit de l'une des différences caractéristiques entre la guerre romaine et la guerre byzantine, comme on le fit remarquer : « un tournant important qui conduit de la guerre de conquête romaine vers la guérilla byzantine[51] » – à la nuance près que l'emploi du terme « guérilla » est en l'occurrence trop réducteur, car ce n'était pour les Byzantins qu'un mode de guerre parmi plusieurs.

Lorsque la manœuvre relationnelle est couronnée de succès, elle modifie l'équilibre réel des forces militaires en contournant les forces de l'ennemi et en exploitant ses faiblesses. Si, dans un combat frontal d'attrition, trois mille soldats doivent l'emporter sur mille à qualité égale, sauf circonstances extraordinaires, les méthodes ou tactiques opérationnelles relationnelles permettent d'obtenir facilement la victoire de mille soldats sur trois mille. Ou bien, avec les mêmes effectifs, la victoire de mille soldats sur mille autres mais avec bien moins de pertes, ou avec bien moins de ressources dépensées, ou les deux.

Alors pourquoi aurait-on idée de combattre autrement ?

Première raison : pour dévoiler les forces de l'ennemi à éviter et les faiblesses que l'on peut exploiter, il est indispensable de comprendre l'ennemi lui-même, ce qui exige un effort intellectuel ainsi qu'un effort émotionnel pour surmonter la haine que l'on peut nourrir à son égard ; une compréhension profonde est en effet impossible sans empathie[52].

Les Byzantins ont sans doute eux aussi haï leurs ennemis, mais, semble-t-il, pas au point de les empêcher de comprendre leurs caractéristiques. Même sans être aveuglés par la haine, les puissants comme les ignorants peuvent simplement manquer de la curiosité élémentaire nécessaire pour étudier l'ennemi. Au vrai, une puissance considérablement supérieure suscite habituellement l'ignorance en faisant paraître inutile l'étude d'un adversaire inférieur que l'on méprise.

Ce seul fait explique maintes mauvaises surprises qui survinrent à la guerre – de la destruction, en l'an 9 de notre ère, des légions XVII, XVIII et XIX de Publius Quintilius Varus par Arminius, ses Chérusques et d'autres guerriers issus de tribus germaniques tous jugés loyaux, ou complètement soumis, ou en tout cas incapables de défier l'immense puissance de trois légions entières réunies, jusqu'à de nombreuses débâcles modernes. Napoléon commit l'erreur fatale de sous-estimer l'armée russe en la jugeant composée de serfs analphabètes et d'officiers ivres en 1812, ce qui ruina irrémédiablement sa magnifique succession de victoires ; il n'avait pas jugé utile de tirer la leçon de la débâcle de son prédécesseur lui aussi auréolé de victoires magnifiques, Charles XII de Suède, vaincu par des recrues russes mal dégrossies à Poltava en 1709 ; l'erreur de Napoléon fut à son tour répétée sur une plus grande échelle par Hitler, en 1941, quand il engagea la guerre visant à détruire les armées de Staline, qu'il jugeait composées de sous-hommes de race inférieure.

Les Romains n'étaient pas racistes – ils étaient à proprement parler « culturalistes », si l'on permet cette expression qui traduit de manière exacte leur attitude –, mais ils étaient simplement trop puissants pour s'intéresser vraiment aux existences triviales des non-Romains ; à l'insigne exception de la *Germanie* de Tacite, un ouvrage de toute façon peu connu, les Romains ne suivirent pas la tradition ethnographique des Grecs qui avait commencé avec Hérodote ; c'est sur la *Géographie* du grec Ptolémée (ou Ptolemaios, Ptolemeus, 83-161) qu'ils s'appuyaient s'ils trouvaient un intérêt à ces questions.

Les Byzantins étaient tout à fait différents : leurs écrits démontrent une vive curiosité à l'égard de la culture et des modes de vie des peuples étrangers ; cette curiosité allait au-delà d'une recherche d'informations utiles concernant leur mode de gouvernement et caractéristiques militaires – on ne connaît en effet que grâce à leurs textes l'histoire ancienne et la culture de nombreuses nations, parmi lesquelles les Bulgares, les Croates, les Tchèques ou Moraves, les Hongrois et les Serbes[53].

Comme preuve de la place centrale qu'occupe la manœuvre relationnelle dans le style de guerre qu'il recommande, l'intégralité du livre XI du *Strategikon* est dédiée à l'ethnographie militaire de diverses nations – c'est la condition préalable essentielle à la conception de méthodes opérationnelles spécifiques à chaque ennemi. Qui plus est, l'auteur ne se contente pas de détails techniques : on trouve dans son analyse une dimension psychologique et une dimension sociologique qui viennent compléter les spécificités des armes, des tactiques et des habitudes ennemies sur les champs de bataille[54].

À l'époque où la lutte prolongée avec les Perses sassanides – une succession de guerres féroces interrompues par des relations amicales garanties par des traités de paix formalisés – connaissait une escalade qui devait mener au paroxysme cataclysmique du VIIe siècle, les Perses étaient naturellement les premiers à prendre en considération. Pour commencer, le texte explique qu'ils constituent des adversaires particulièrement dangereux parce qu'ils sont les seuls à bénéficier d'un haut niveau d'organisation, assez comparable à celui des Byzantins, à la différence des autres ennemis moins civilisés et davantage tournés vers l'individualisme que devait affronter l'Empire :

> Ils préfèrent atteindre leurs objectifs par la préparation et la stratégie ; ils mettent l'accent sur une approche ordonnée plutôt que courageuse et impulsive… Ils sont redoutables lorsqu'ils mettent le siège mais plus redoutables encore lorsqu'ils sont assiégés[55].

C'était un avertissement clair pour dissuader de s'engager dans une guerre de position avec eux. Civilisation avancée, la Perse des Sassanides était capable de pourvoir à l'approvisionnement de grandes armées de campagne, en leur assurant nourriture, fourrage et eau même en régions arides. À la différence des barbares, qui étaient contraints de se retirer dans un délai rapide en raison du manque de nourriture, les Perses pouvaient donc soutenir de longs sièges contre des villes fortifiées, et ils bénéficiaient également de l'équipement et de l'entraînement nécessaires pour saper et battre en brèche les remparts de villes défendues par des garnisons.

En témoigne clairement le récit détaillé du siège d'Amida en 359 par Ammien Marcellin, qui vécut lui-même l'événement comme militaire ; parmi d'autres engins, il décrit des tours mobiles bardées de fer dans lesquelles se trouvaient des lanceurs de pierres que l'on montait jusqu'à une hauteur d'où ils dominaient les murailles[56].

Autre trait que les Sassanides avaient en commun avec les Byzantins, autre signe, également de leur haut degré d'organisation, ils faisaient camper leurs armées en campagne à l'abri de fortifications, et lorsqu'une bataille était en perspective, ils construisaient un périmètre entouré d'un fossé et d'une palissade aux troncs bien taillés en pointe. D'un autre côté, comme nous l'avons vu, ils n'avaient pas adopté la tradition romaine consistant à ériger une ville de tente en rues bien ordonnées à l'intérieur des quatre espaces carrés délimités par l'intersection de la *uia principalis* et de la *uia praetoria* ; à cette organisation, les Perses préféraient laisser toute liberté dans l'emplacement des tentes à l'intérieur du périmètre fortifié, ce qui les rendait vulnérables aux attaques surprises.

Il est indiqué que les Perses portent à la fois une armure corporelle (vraisemblablement un corselet, c'est-à-dire un plastron et une protection pour le dos) et de la maille, et sont armés d'épées et d'arcs. Il n'est pas précisé si cela fait référence à la cavalerie, à l'infanterie ou aux deux, mais seuls des cavaliers sont susceptibles de porter un équipement de protection aussi lourd.

En suivant la description de l'équipement et des tactiques des Perses que donne le *Strategikon*, les faiblesses à exploiter commencent à apparaître : « Ils sont davantage exercés au tir rapide en archerie, bien que d'une puissance limitée. » Cela ne peut avoir qu'un sens : les Perses utilisent des arcs plus petits ou bien des arcs d'une force de résistance moindre dont la portée est inférieure à celle de l'archerie byzantine. « Ils sont vraiment dérangés par le temps froid, la pluie et le vent du sud, tous facteurs qui détendent les cordes de leurs arcs » – cette information utile est souvent répétée dans les manuels militaires. Les arcs composites byzantins avaient eux aussi une couche extérieure de tendons séchés qui perdait son élasticité avec l'humidité, mais comme nous l'avons vu, le traité prescrit de prévoir des fourreaux spéciaux pour leur transport, protégés contre l'eau ; par ailleurs, en attendant le retour d'un temps sec, les troupes pouvaient utiliser leurs frondes pour lancer des projectiles sous la pluie – chaque archer était censé en porter plus d'une à sa ceinture.

« Ils sont également perturbés par les formations d'infanterie alignées avec grand soin. » Cela doit refléter la prédominance, chez les Sassanides, des combats contre des ennemis moins organisés, les nomades et semi-nomades qu'ils rencontraient au-delà de l'Oxus, les Arabes bédouins vers l'ouest ainsi que les montagnards et tribus nomades d'Afghanistan et du Balouchistan. Pour eux également, Byzance était le seul ennemi d'un degré avancé de civilisation ; les Perses, peu habitués à voir leurs ennemis en rangs bien ordonnés, devaient s'en méfier comme on peut le comprendre. Les Perses craignent également « un terrain plat [pour livrer bataille] ne présentant pas d'obstacles à la charge des lanciers », parce que les fantassins sassanides étaient tous archers et n'étaient ni entraînés, ni équipés comme l'infanterie lourde pour tenir le terrain contre une charge : « ils ne font pas eux-mêmes usage des lances ni des boucliers ».

Quant à la cavalerie perse, « charger contre elle est efficace parce qu'elle est prompte à prendre au plus vite la fuite » et – à la différence des guerriers à cheval des steppes – « les cavaliers perses ne savent pas faire soudainement volte-face » pour affronter leurs poursuivants.

La raison, non mentionnée, tient au fait que la cavalerie des Perses était entraînée à combattre en formation, unité par unité, et qu'il est impossible de changer brutalement la direction d'une formation entière en faisant faire demi-tour à chacune de ses unités ; cela ne fonctionnerait en effet que si elles tournaient toutes exactement au même moment, exactement à la même vitesse – aucune force de cavalerie d'une certaine taille n'est capable de performances d'équitation d'une telle virtuosité et d'un tel degré de précision. Les nomades de la steppe y parvenaient facilement en faisant faire demi-tour à leurs chevaux à leur commandement, parce qu'ils chevauchaient toujours en ordre dispersé et avaient grande habitude de manœuvrer de manière coordonnée pour éviter les collisions et la confusion – lesquelles, si elles se produisaient, n'exerçaient de toute façon pas d'effet de rupture sur leurs dispositions, en l'absence de formations.

Pour la même raison, le *Strategikon* conseille d'éviter les tentatives de retournement soudain en cas de retraite en faisant demi-tour contre les poursuivants perses – les hommes se précipiteraient ainsi droit contre les rangs bien ordonnés des formations de cavalerie perses fondant sur eux, parce que les Perses s'efforcent de conserver leur formation serrée même en poursuite rapide. Le traité recommande une autre tactique, consistant à quitter la direction prise pendant la retraite pour tracer un demi-cercle en arrière permettant de retrouver le chemin de l'avance ennemie jusqu'à atteindre les arrières de la formation perse.

C'est leur faiblesse d'une manière générale : « [Les Perses] sont vulnérables aux attaques et aux encerclements lancés depuis une position de débordement... parce qu'ils ne postent pas suffisamment de gardes sur leurs flancs. »

Après les Perses sassanides, le *Strategikon* aborde l'examen des « Scythes », s'adonnant avec cette formulation à la passion des Byzantins pour le vocabulaire de l'Antiquité classique, mais ajoute immédiatement une précision : « c'est-à-dire des Avars, des Turcs et d'autres dont le mode de vie ressemble à celui des peuples huns ». Ces différents peuples constituaient dès cette époque une catégorie familière aux Byzantins : les nomades à cheval et archers montés de la steppe, à commencer par les Huns eux-mêmes, qui eurent finalement pour successeurs les Avars plus polyvalents, lesquels devancèrent tout juste leurs ennemis ancestraux, le premier khaganate turc[57]. Dans l'intervalle entre l'arrivée de ces deux peuples, d'autres firent également leur apparition à portée des Byzantins, notamment les Hephthalites que Procope mentionne pour la première fois. Mais, après avoir écrit que tous ces peuples étaient identiques, l'auteur les distingue en relevant que seuls les Turcs et les Avars ont des forces militaires organisées, ce qui leur donne davantage de capacité que les autres peuples de la steppe à combattre en bataille rangée.

Le texte fait bien comprendre quel est le principal ennemi à l'époque où il fut écrit : les Avars, « des gredins, retors, qui ont une très grande expérience des affaires militaires ».

Sans préciser qu'il se réfère aux Avars, l'auteur donne la liste de leurs armes : épées, arcs et lances ; avec « leurs lances suspendues sur leurs épaules et leurs arcs tenus dans leurs mains, ils utilisent les deux en fonction des besoins ». C'est exactement ce que prescrit le *Strategikon* pour la cavalerie byzantine, avec l'armure corporelle en mailles ainsi que la protection de fer ou de feutre sur le devant qu'arborent les chevaux des chefs avars. Il est également indiqué qu'ils portent l'accent sur l'entraînement à l'archerie montée – laquelle exige en effet beaucoup d'entraînement pour avoir une quelconque efficacité.

Dans la rubrique des points forts de l'ennemi à éviter, on lit un certain nombre d'avertissements. Ce qui a l'apparence d'une longue ligne de bataille dissimule des unités de tailles différentes dont la profondeur est bien cachée, comme est également bien cachée une force de réserve : « Séparés de leur formation principale, ils gardent une force supplémentaire qu'ils peuvent envoyer surprendre en embuscade un adversaire imprudent. »

Sans même tenir compte de la poussière soulevée par des milliers de sabots de cheval, même à la pleine lumière du jour, il était difficile d'estimer la capacité militaire des forces ennemies au moment de combattre des cavaliers de la steppe pour pouvoir prendre la décision appropriée : les attaquer avec audace, rester en place pour défendre le terrain avec détermination ou battre en retraite au plus vite, comme les commandants byzantins en situation d'infériorité numérique étaient enjoints de le faire par tous leurs manuels de campagne. Ce qui implique la nécessité de lancer des éclaireurs faire le tour des forces ennemies, car l'apparence de leur front de bataille sous-estime leur capacité de combat réelle.

Lorsqu'ils poursuivent des ennemis en fuite, ils ne s'arrêteront pas pour piller mais continueront leur pression jusqu'à atteindre leur destruction complète. Ce qui implique que, s'il est impossible de battre en retraite en bon ordre avec une solide arrière-garde, il vaut mieux rester sur place et combattre plutôt que battre en retraite. Le contraire est également vrai : s'ils battent en retraite ou même prennent la fuite, il faut absolument éviter toute poursuite hâtive parce qu'ils sont exercés à faire rapidement demi-tour pour contre-attaquer, ainsi qu'à attirer leurs poursuivants dans des embuscades par des retraites simulées, comme lors du célèbre combat de 484 qui vit le shah sassanide Peroz tomber sous les coups des Hephthalites.

Le *Strategikon* aborde ensuite les points de vulnérabilité à exploiter. Le premier constitue le revers de leur très grande mobilité à cheval. À la différence de la cavalerie byzantine, les guerriers de la steppe n'avaient pas seulement une monture et tout au plus une deuxième de rechange : ils chevauchaient avec de vastes troupes de chevaux qui leur fournissaient leur alimentation de base en viande et en lait, ainsi que de nombreux chevaux de remonte ; il leur était ainsi possible de revenir chercher un cheval frais même en plein combat (ils les conservaient entravés à côté de leurs tentes). Il existe une description faite par un témoin oculaire des Cumans (ou Kipchaks), qui remplacèrent les Petchenègues comme guerriers des steppes tour à tour alliés et ennemis de Byzance au XIIe siècle :

> Chacun d'eux possède au moins dix ou douze chevaux, qui doivent les suivre partout où ils souhaitent les conduire ; ils chevauchent d'abord sur l'un puis sur l'autre. Chacun de ces chevaux, quand ils sont en déplacement, porte un sac pendu à ses naseaux contenant de la nourriture, qu'il consomme tout en suivant son maître sans jamais cesser de se déplacer de nuit comme de jour. Avec des chevauchées aussi rudes, ils couvrent en une nuit et un jour des espaces que l'on mettrait au moins six, sept ou huit jours à parcourir en voyage[58].

Tous ces chevaux exigeaient des pâturages et tous ces sacs attachés aux naseaux exigeaient du fourrage, ce qui limitait la portée stratégique des guerriers de la steppe, tout particulièrement en hiver. Cela ressort des *Problemata* de Léon VI, composés d'extraits du *Strategikon* sous la forme de questions-réponses :

> Que doit fait le général si [l'ennemi] est scythe ou hun ?

> Il doit les attaquer vers le mois de février ou mars, lorsque leurs chevaux sont affaiblis par les privations de l'hiver[59].

Ce passage provient du livre VII, « Avant le jour de la bataille », bien qu'il eût également été attribué à Urbicius[60]. Leur dépendance à l'égard de pâturages et de fourrage signifiait également que les guerriers de la steppe pouvaient être affaiblis en incendiant les herbages quand le temps le permettait. Mais le remède le plus efficace était de faire campagne en les éloignant par des manœuvres des bonnes pâtures et en les attirant dans des régions aux pâtures déjà épuisées, ou manquant dès l'origine d'herbages.

Il y avait une plus grande faiblesse à exploiter, d'ordre structurel. C'étaient des cavaliers, non des fantassins ; ils n'étaient pas redoutables quand ils combattaient à pied et ils n'avaient aucun entraînement au combat en formation serrée. Leur cavalerie pouvait donc être facilement arrêtée par une infanterie en rangs bien disciplinés, pourvu que l'on eût suffisamment d'archers pour interdire aux archers des steppes de s'installer simplement en face des rangs bien serrés pour y envoyer leurs flèches. De plus, si les guerriers montés de la steppe étaient les meilleurs cavaliers, il ne s'agissait pas d'une cavalerie lourde et ils n'avaient pas d'infanterie lourde avec eux ; ils pouvaient ainsi être vaincus par des charges de la cavalerie byzantine suivies par un combat corps à corps. En conséquence, le *Strategikon* relève la nécessité de choisir un terrain plat et sans obstacles pour livrer bataille.

Cela suggère que malgré tous leurs efforts, les Byzantins ne pouvaient compter sur une archerie supérieure contre les maîtres en archerie venus des steppes et qu'ils n'étaient pas en mesure de dépasser en portée les archers montés comme c'était le cas avec leurs autres ennemis. La bonne approche était donc de réduire l'espace entre les lignes dès que possible pour ôter toute efficacité à l'archerie des deux côtés et la remplacer par le combat à l'épée, au poignard et à la masse – après que la charge de cavalerie eut exercé sa force d'impact. Le traité fait aussi remarquer que « les attaques de nuit sont également efficaces », vraisemblablement parce que, dans ce contexte, l'ennemi de la steppe n'était pas en mesure de s'appuyer sur des exercices standard pour surmonter la confusion entre les cavaliers.

Il existe également une vulnérabilité politique : « Ils sont composés de si nombreuses tribus qu'ils n'ont aucun sens de parenté ni d'unité entre eux. » La subversion se révélera donc efficace : « Si quelques-uns commencent à déserter et sont bien accueillis, de nombreux autres suivront. » Cela suppose toutefois que la fortune de la bataille ait déjà changé de camp : tout comme la victoire accroissait les rangs des Huns comme plus tard ceux des Avars de nations sujettes et de compagnons de campement, la défaite réduisait leurs troupes.

Le destin des Byzantins voulait qu'ils n'aient pas seulement à combattre avec l'Empire des Sassanides à l'est et les archers montés de la steppe au nord, mais aussi avec les guerriers de l'Europe du Nord, désignés par l'expression collective « peuples aux cheveux clairs » dans le *Strategikon*[61]. Il s'agit, comme les détaille le traité, des Francs, des Lombards « et des autres peuples qui leur ressemblent ».

Les Francs pénétrèrent en Italie en provenance du nord-ouest en 539, attaquant Milan au moment précis où les Byzantins remportaient leur victoire sur les Goths de Vitigès, assiégé à Ravenne quand il rendit les armes. Procope décrit la manière dont ils combattaient :

> À cette époque-là, les Francs, ayant appris que les Goths comme les Romains avaient subi de grands dommages du fait de la guerre,... se rassemblèrent immédiatement au nombre de cent mille hommes sous le commandement de Theudibert et se mirent en marche pour entrer en Italie : ils avaient un petit corps de cavaliers autour de leur chef, seuls de leurs guerriers armés de lances (il s'agissait de *dorata* et non de longues lances), tandis que tous les autres étaient des fantassins qui n'avaient ni arcs ni lances ; chacun avait avec lui une épée, un bouclier et une seule hache. Mais l'extrémité en fer de cette arme (la fameuse *francisca*) était épaisse et extrêmement tranchante des deux côtés, le manche de bois étant très court. Et leur coutume est de toujours envoyer ces haches au signal lors de la première charge et, ainsi, de fracasser les boucliers de l'ennemi pour tuer les soldats[62].

Les Lombards (*Langobardi* en latin) entrèrent en Italie depuis le nord-est en 568, douze ans seulement après la défaite finale des Goths en 554, mais les Byzantins avaient rencontré de nombreux autres « peuples aux cheveux clairs » longtemps avant les Francs ou les Lombards – les plus récents étaient les Vandales qu'ils défirent en Afrique du Nord, où ces migrants s'étaient finalement installés, avant d'entrer en Italie en 535, ainsi que les Gépides dont le cœur de la puissance était Sirmium

(Stremska Mitrovica, en Voïvodine, Serbie), d'où ils menacèrent les possessions byzantines jusqu'à la défaite écrasante que leur infligèrent conjointement les Lombards et les Avars en 658. Lorsque les Lombards envahirent l'Italie sous le commandement d'Alboïn, s'emparant de toutes les régions sous contrôle byzantin jusqu'à Bénévent, près de Naples, ils arrivèrent accompagnés de Gépides, de Bavarois et d'autres peuplades d'origine germanique qui suivaient leurs campements, ainsi que de Bulgars semble-t-il, mais l'assimilation de toutes ces peuplades sous une identité commune lombarde fut rapide.

L'auteur du *Strategikon* commence ses commentaires par un grand compliment : « Les races aux cheveux clairs donnent une valeur primordiale à la liberté. » Il avait plus tôt décrit les Perses comme des gens « serviles », qui « obéissent à leurs souverains par peur » – il est des constantes qui traversent les millénaires – et attribuait une forme de gouvernement monarchique (khaganate) aux peuples de la steppe, dont les souverains « les soumettent à des châtiments cruels pour leurs erreurs ».

Par contraste, les peuples aux cheveux clairs combattent librement pour leur honneur, ce qui leur donne de la force mais limite également leurs tactiques : « Ils sont téméraires et intrépides quand ils livrent bataille. Hardis et impétueux comme ils sont, ils considèrent toute forme de timidité et même une courte retraite comme un déshonneur. » Ils n'étaient donc pas susceptibles de simuler une retraite ou de faire quelque autre manœuvre que ce fût de cette nature ; leur forme d'intransigeance héroïque offrait des occasions à exploiter pour les Byzantins.

Leur plus grande faiblesse, pourtant, était leur manque de puissance de tir, comme le releva Bélisaire des Goths en Italie, car leurs armes sont « des boucliers, des [lances] et de courtes épées suspendues à leurs épaules » sans mention d'arcs – qu'ils possédaient sans aucun doute, mais en nombre limité et sans grande puissance de tir. La campagne d'Italie commença en 535 pour se prolonger par à-coups sur trois décennies ; pourtant, les Goths, et, sur ce sujet, les Francs et les Lombards qui les suivaient, n'adoptèrent pas l'arc composite des Byzantins comme ces derniers avaient imité l'archerie des Huns.

Pourquoi les « nations aux cheveux clairs » ne parvinrent-elles pas à adopter la meilleure des armes existantes ? Ce ne fut certainement pas parce qu'ils étaient trop attardés pour apprendre à sécher les couches de tendons de cheval pour former un cœur de bois, à travailler les plaques de corne pour leur donner la forme nécessaire et à préparer la colle pour maintenir ensemble les trois parties de l'arc. Premier point, nous avons conservé des témoignages d'une joaillerie spécifiquement gothique qui exigeait des aptitudes techniques bien plus élevées. Deuxième point, les « Goths » constituaient une de ces puissances combattantes improprement nommées « nation » ; ils comprenaient d'autres groupes ethniques, parmi lesquels des Romains, bien sûr, et même des guerriers de la steppe qui suivaient leurs campements.

Nous en sommes réduits à la conjecture pour expliquer ce mystère, mais, dans ce cas, elle n'a pas à s'exercer bien loin : les Goths n'ont pas adopté l'arc composite, non plus que les tactiques d'archerie qu'il autorisait, pour la même raison expliquant pourquoi l'arc long des Anglais ne fut guère imité même après ses victoires éclatantes (et les premières armes à feu, des arquebuses extrêmement grossières, furent préférées aux arcs pourtant supérieurs à la fois en portée de précision et en rythme de tir) : parce qu'il fallait un entraînement sans fin pour acquérir et conserver la compétence nécessaire à l'emploi d'arcs très puissants, qu'il s'agît de l'arc long ou de l'arc composite des Byzantins.

La liberté des peuples aux cheveux clairs ne coexistait pas encore avec la discipline, ce qui créait des vulnérabilités à exploiter : « Qu'ils soient à cheval ou à pied, ils sont impétueux et indisciplinés pendant la charge, comme s'ils étaient le seul peuple au monde qui ne fût pas lâche. Ils n'obéissent pas à leurs chefs. » On peut ainsi les attirer dans d'imprudentes avancées où des forces puissantes les attendent bien dissimulées en embuscade. Une approche susceptible d'être efficace à quelque échelle que ce fût, y compris pour remporter des batailles si l'on attire au loin une composante vitale de leur force de bataille. « On les prend facilement en embuscade sur les flancs et sur l'arrière de leur ligne de bataille, car ils ne se soucient pas du tout d'envoyer des éclaireurs ni de quelque autre mesure de sécurité. »

Les peuples aux cheveux clairs n'étaient donc véritablement redoutables que lorsque leurs effectifs et leur impétuosité pouvaient surmonter leurs points faibles, c'est-à-dire lors d'une bataille engageant toutes leurs forces à la fois. D'où le conseil suivant, assez logique : « Avant tout, donc, quand on mène une guerre contre eux, on doit éviter l'engagement en bataille rangée... Employez plutôt des embuscades bien préparées, des attaques furtives (pour exploiter l'absence de protection de leurs flancs et d'éclaireurs) ainsi que des stratagèmes. »

Le traité donne également un important conseil non tactique : il faut leur parler. « Faites semblant de vouloir trouver des accords avec eux. » Pourquoi ? Pour retarder la bataille, répond notre auteur, et amoindrir leur enthousiasme « par manque de provisions ». La plus grande vulnérabilité des adversaires les moins organisés est en effet nécessairement d'ordre logistique. À l'exception de sièges et des périodes les pires de leur histoire, les troupes byzantines purent toujours compter sur les approvisionnements assurés par l'État grâce à ses armées de collecteurs d'impôts, d'employés administratifs et de magasiniers. La plupart du temps, les guerriers aux cheveux clairs, quant à eux, ne purent s'appuyer sur aucun État pour ainsi dire mais seulement sur le commandement de la bataille.

C'était surtout au niveau supérieur – celui des opérations – que cette vulnérabilité suprême pouvait être exploitée, en contenant l'ennemi avec élasticité pour limiter autant que possible le combat réel, afin de le contraindre à épuiser ses provisions par le seul effet du temps. Les discussions donnaient également l'occasion de diviser les guerriers aux cheveux clairs, en partie parce que l'on pouvait peut-être espérer réveiller ainsi des identités ethniques profondes, mais plus vraisemblablement, comme l'auteur le soutient préalablement, parce qu'on « les corrompt facilement avec de l'argent ».

À l'époque de la rédaction du *Strategikon*, la frontière du Danube et la péninsule des Balkans qu'elle délimitait, incluant la Grèce continentale, devaient affronter les incursions, les invasions et l'établissement permanent des Slaves. Comparés aux Goths ainsi qu'au reste des peuples aux cheveux clairs, aux Sassanides ou aux Huns, les Slaves constituaient des ennemis bien plus récents. Ce qui peut expliquer la longueur nettement supérieure aux autres du chapitre consacré aux Slaves et aux Antes (*Sklavoi* ou, plus généralement, *Sklavenoi*, *Antais*, *Antes*, latin pluriel *Antae*), « ainsi qu'à leurs semblables ».

Qui étaient-ils ? On peut raisonnablement identifier les *Sklavenoi* aux Slaves, mais seulement dans la mesure où le terme, très large, couvre de nombreux peuples dont les nombreuses langues ont de nombreux éléments en commun. Toutefois, à moins que les Antes ne fussent qu'une portion particulièrement agitée des *Sklavenoi*, ils ne formaient vraisemblablement pas un groupe ethnique en tant que tel mais plutôt un rassemblement de guerriers de diverses origines, comme il en fut avec les Alains, que les témoignages évoquent comme des guerriers à cheval dans diverses régions depuis le Caucase jusqu'à la France actuelle ; les Slaves et les Antes n'avaient vraisemblablement en commun qu'une langue utilisée dans leurs campements, comme l'urdu des armées mughales en Inde.

D'un autre côté, nous disposons du témoignage de Procope, chez qui les Antes et les *Sklavenoi* se séparèrent après avoir formé un seul peuple ; sa description de leur manière de combattre semble faire référence aux Antes : « Leur majorité avance contre l'ennemi à pied avec de petits boucliers et des javelots (*akontia*) dans leurs mains, mais sans jamais porter de corselets[63]. »

Dans le *Strategikon*, les premières indications sur ces peuples évoquent irrésistiblement les images des Russes en guerre au XXᵉ siècle : « Ils sont… robustes, supportant facilement la chaleur, le froid, la pluie, la nudité et le manque de provisions. » Ils ont plusieurs points forts : « Ils savent efficacement recourir aux embuscades, aux attaques soudaines et aux raids… Leur expérience de la traversée des cours d'eau surpasse celle de tous les autres hommes » (c'est également vrai, sans aucun doute possible, des armées russes modernes). L'auteur décrit une ruse qui fut également utilisée durant la Seconde Guerre mondiale :

> Lorsqu'ils sont pris par surprise et se trouvent dans une situation difficile, ils plongent au fond d'un plan d'eau. Ils prennent là de longs roseaux, creux,… et les portent à leurs bouches, la longueur des roseaux atteignant la surface de l'eau. Allongés sur le dos au fond, ils respirent par ces roseaux et tiennent bon dans cette position pendant de nombreuses heures sans que personne ne se doute de leur présence.

Les vulnérabilités des Slaves commencent avec leurs armes – les armes de piètre qualité qui caractérisent les peuples primitifs : « Ils sont armés de courts javelots, deux par homme. Certains ont également de beaux… mais encombrants boucliers. »

Bien que souvent envahis et soumis par des archers montés, ils ne possèdent pas l'arc composite ; ils se contentent, en ce domaine, de l'arc simple de bois qui leur suffit pour chasser l'oiseau, peut-être, mais manque à l'évidence de puissance de pénétration à une certaine portée. Ils la compensent par « de courtes flèches enduites d'un poison ». Il ne s'agit pas d'une arme redoutable en guerre. Elle peut avoir quelque efficacité quand on chasse des animaux en les traquant patiemment jusqu'à leur mort, mais vraisemblablement aucune contre des troupes protégées de vêtements épais de linge ou de cuir, sans même évoquer les cottes de mailles avec capuchons prescrites pour les cavaliers dans le *Strategikon*.

On ne peut en attendre aucune sophistication tactique : « En raison de l'absence de gouvernement chez eux... ils n'ont aucune connaissance d'un quelconque ordre de bataille. Ils ne sont pas préparés à livrer bataille en restant en ordre serré. » En d'autres termes, ils ne savent pas exécuter des manœuvres de bataille en rangs et en colonnes pour arrêter les flèches en formant des murs de boucliers, pour enfoncer l'ennemi avec lance et pique, pour couvrir l'infanterie légère pendant qu'elle lance ses traits par de l'infanterie lourde placée en front ou pour combattre à l'épée côte à côte en s'appuyant mutuellement. La recommandation de l'auteur pour exploiter ce point faible est directe : « On les abat par des volées de flèches, des attaques soudaines lancées contre eux depuis plusieurs directions, le combat corps à corps. »

Mais les Slaves ne se laissent pas prendre facilement ; ils « courront alors vers les bois où ils disposent d'un avantage considérable en raison de leur habileté à combattre dans des espaces aussi restreints ».

La méthode opérationnelle recommandée pour combattre les Slaves est de réunir une armée combinant cavalerie et infanterie équipée d'un grand nombre de traits (« pas seulement des flèches, mais aussi des armes de jet ») et de matériaux pour construire des ponts, si possible de bateaux.

Le pays des Slaves comprend de nombreux cours d'eau qu'on ne peut passer à gué – de l'autre côté du bas Danube et de son delta (« Ils vivent au milieu de forêts impénétrables, de cours d'eau, de lacs et de marais ») ; en conséquence, il est conseillé de construire des ponts d'assaut à la manière des Scythes, certains hommes posant déjà les planches tandis que l'on construit encore la structure ; il faut également des radeaux en cuir de bœuf ou en peau de chèvre, notamment pour contenir l'armure et les armes de soldats traversant à la nage les cours d'eau dans le but de lancer des attaques surprises, durant l'été bien entendu. Mais l'auteur recommande en réalité les campagnes d'hiver : on peut aisément y traverser les cours d'eau sur la glace, les Slaves souffrent du froid et de la faim et ne peuvent se dissimuler dans les arbres dénudés.

Il est proposé – ce qui constituerait une contradiction lors des mois les plus froids – une opération amphibie prévoyant la disposition des navires de guerre (du type « *dromon* », comme il est précisé) le long du Danube en différents endroits bien choisis. Une *moira* de cavalerie devra se charger d'assurer la sécurité, la force tout entière restant à un jour de marche du Danube. On peut traverser les cours d'eau en envoyant une force réduite d'infanterie, composée d'archers et de fantassins lourds, la nuit précédente, afin de se mettre en ligne dos à la rivière : « Ils procurent ainsi une sécurité suffisante pour jeter un pont sur la rivière. » Quand tout est prêt, on doit traverser aussi soudainement que possible pour engager l'ennemi en force, de préférence sur terrain dégagé et plat. La formation de bataille ne doit pas être trop profonde ; il faut éviter le terrain boisé en toutes circonstances, ne serait-ce que pour protéger les chevaux contre le vol.

Une succession standard d'opérations est recommandée pour les attaques surprises : un détachement doit approcher l'ennemi frontalement pour le provoquer avant de faire demi-tour pour fuir, une deuxième force étant postée en embuscade dans l'attente des poursuivants.

Le traité recommande en fait également la division des forces pour l'offensive, même s'il n'existe qu'une seule route que l'on puisse emprunter, et ce afin de maintenir l'avance avec un corps d'armée principal tandis qu'un second se charge de piller et de ravager les établissements slaves, car « ils possèdent en abondance toutes sortes de bétail et de produits ». Même si les Byzantins n'avaient pas besoin de nourriture, il était important d'en priver les Slaves.

La subversion par les cadeaux et la persuasion doit être d'une efficacité toute particulière, car il y a de nombreux « rois » chez eux « sans cesse en désaccord les uns avec les autres ». Mais l'auteur se résigne à la nécessité du combat, comme cela apparaît dans les différentes méthodes opérationnelles qu'il fournit en ce sens, toutes reposant pour l'essentiel sur des manœuvres relationnelles.

Pourquoi le *Strategikon* consacre-t-il une telle attention à des ennemis aussi mal préparés ? Ou plutôt, comment les Slaves sont-ils devenus de si redoutables ennemis s'ils étaient si mal armés et totalement dépourvus d'organisation ? En deux mots, parce que leur pays était « très peuplé », comme l'écrit l'auteur.

Les forces des Sassanides étaient d'une taille importante, bien sûr, mais seulement au regard des standards d'armées hautement organisées – quelques milliers pour une bataille, quelques dizaines de milliers ou peut-être cent mille pour l'ensemble. Les peuples aux cheveux clairs étaient plus nombreux mais pas de beaucoup – les sources nous racontent la marche des Wisigoths d'Alaric dans leur intégralité, qui pouvaient tous se nourrir en opérant des réquisitions même dans les régions de l'Empire romain alors en décadence profonde.

Quant aux Huns et aux Avars, en laissant de côté toutes les controverses sur les effectifs de ces deux peuples en tant que tels – ce n'étaient pas de vastes hordes, bien entendu, mais seulement des élites gouvernantes –, il est indiscutable que la somme totale des archers montés dans une région donnée, quelle qu'elle fût, ne pouvait dépasser les pâturages disponibles pour leurs nombreux chevaux, ce qui limitait strictement leurs effectifs. Quel qu'il fût, leur nombre devait nécessairement décliner chaque fois que les archers montés s'aventuraient dans des territoires moins plats et moins humides, comme ils le firent en avançant au sud du Danube jusqu'aux Balkans, puis en Thrace et en Grèce. Certes toujours aussi redoutables, les archers montés ne pouvaient non plus arriver en grand nombre quand ils envahissaient ces territoires.

Il en allait tout autrement avec les Slaves, qui furent suffisamment nombreux pour se réinstaller dans une grande partie de la Grèce, et trop nombreux, par conséquent, pour que des forces byzantines bien plus modestes ne pussent les contenir. En fait, l'auteur traite brièvement la défense contre les Slaves et se consacre surtout aux opérations offensives dans leurs propres territoires, pour combattre d'autres Slaves au-delà du Danube et non ceux qui avaient déjà pénétré l'Empire sous Justinien, pour ne jamais en être délogés.

Il est aujourd'hui à la mode de se gausser de ce type de textes en les réduisant à de pures inventions colonialistes, ayant pour objet de dénigrer l'Autre, remplis de peurs imaginaires ou peut-être de désirs secrets, mais toujours motivés par le désir de dominer par des mots comme par des actes d'oppression. Peut-être, mais il semble bien que l'auteur du *Strategikon* s'efforçait de comprendre plutôt que d'inventer, car son objectif était de dévoiler des forces et des faiblesses réelles, et non imaginaires.

L'information nécessaire pour concevoir des méthodes et tactiques relationnelles constitue un obstacle qui peut être surmonté par un effort d'intelligence raisonnable tel que le recommandent les manuels. Mais il y a également un risque, que l'on ne peut éliminer si facilement. La manœuvre relationnelle peut aboutir à un succès extraordinaire mais aussi à un échec catastrophique. Pénétrer avec audace loin en profondeur derrière les lignes de l'ennemi pour atteindre ses arrières plus vulnérables, le précipiter dans la confusion et désorganiser ses approvisionnements, tout cela est bien beau – si l'ennemi s'effondre bien, comme espéré, dans le plus grand désordre. Mais si l'ennemi peut supporter une certaine confusion et garde son calme, les colonnes peuvent se retrouver prises pendant leur avance entre les forces restantes de l'ennemi qu'elles rencontrent sur les arrières et celles qui reviennent du front où s'est déroulée la pénétration pour les attaquer dans leur dos.

Le risque de voir une manœuvre audacieuse causer sa propre défaite par extension excessive constitue la raison habituelle pour laquelle on évite la plupart du temps les dispositifs relationnels. Mais il y a une autre raison : toute action militaire plus complexe qu'une attaque directe ou une défense immédiate s'en trouve davantage susceptible d'échouer par le simple fait de ce qu'on appelle la « friction » – la somme totale des nombreux retards, des écarts et des malentendus en apparence mineurs qui peuvent se cumuler pour ruiner les plans les mieux conçus. Cela est vrai de toute action militaire, mais plus encore des manœuvres qui cherchent à atteindre un effet de surprise par un calendrier d'actions très serré ou par des approches auxquelles l'ennemi ne s'attend pas, en empruntant un terrain difficile, ou encore par des pénétrations sur longue distance.

Le *Strategikon* adopte en conséquence une position intermédiaire, en donnant une grande importance à la collecte d'informations par l'intermédiaire des éclaireurs comme par les espions, mais en recommandant de mener des opérations prudentes plutôt qu'audacieuses.

L'étude des tactiques à proprement parler commence avec une critique de la ligne de bataille unique, longue et uniquement composée de cavalerie, tout particulièrement de lanciers ; l'auteur explique qu'une telle ligne serait désorganisée par un terrain accidenté, difficile à contrôler à ses extrémités, trop éloignées du commandant de campagne, et qu'il pourrait même y survenir des désertions. De plus, la ligne unique n'a aucune profondeur ni capacité de résistance et de rebond, parce qu'il n'existe aucune seconde ligne derrière elle et aucune réserve opérationnelle comme celle que conservent les Avars ; il n'existe donc aucun remède si la ligne est débordée ou brisée[64].

Mais pour quelle raison favoriserait-on une ligne de bataille unique ? Le *Strategikon* ne soulève pas la question et ne lui apporte pas de réponse pour la simple raison qu'elle est trop évidente. Ce n'est pas qu'une seule longue ligne paraît plus impressionnante que toute formation plus profonde à des ennemis qui lui font directement face sur terrain plat ou en contrebas, avec des cavaliers côte à côte à perte de vue, pour ainsi dire. Cela n'impressionnerait que des ennemis ignorant tout de la guerre contemporaine, une denrée rare que rencontrèrent parfois les Anglais dans leurs pérégrinations lointaines mais dont les Byzantins ne firent jamais état.

La raison, d'une irrésistible évidence, était tout simplement qu'une ligne de bataille unique et longue n'exige pas d'exercice préalable pour apprendre à tous les hommes comment se placer rapidement en différentes formations et comment se déplacer individuellement au commandement pour modifier la configuration de la formation entière, la rendre plus profonde avec des files plus longues et des rangs comprenant moins de soldats, ou moins profonde et plus allongée, ou lui donner une configuration encore complètement différente.

C'est la raison pour laquelle la ligne unique et longue constituait la disposition ordinaire des Romains comme des Perses, ainsi que le reconnaît l'auteur (II, 1, 20) : lorsque les deux superpuissances de l'époque s'affrontaient au combat, en effet, elles le faisaient avec la plus grande mobilisation possible de leurs forces, réunissant aussi bien les unités de la garde bien exercées à toute sorte de formations que tous les autres combattants qu'elles pouvaient rassembler, y compris de la milice (thématique) de cavalerie à temps partiel, des alliés barbares et des auxiliaires, des cavaliers et fantassins très habiles peut-être mais non entraînés à maintenir et faire évoluer des formations.

Le *Strategikon* entreprend ensuite de préconiser et d'expliquer un ordre de bataille composé de différentes formations, chacune sous son propre commandement en lieu et place d'une seule ligne de bataille informe. Exactement comme dans toutes les armées modernes, la structure des forces recommandée est triangulaire : l'unité combattante de base est le *bandon* de trois cents hommes ou plus ; trois de ces unités, avec officiers et spécialistes, constituent une *moira*, et trois de ces dernières un *meros* de six mille hommes environ.

Tout en rejetant la ligne unique et longue, l'auteur préconise une formation qui ne peut être très profonde – au vrai, il préconise une profondeur de quatre rangs.

Le texte (livre III) propose un certain nombre de formations, illustrées d'une manière détaillée avec des symboles représentant chaque type d'officier subalterne et de soldat : dans la disposition de base, à la tête de chaque file se trouve un dékarque, chef d'escouade commandant dix hommes, équipé de la lance et du bouclier (il s'agit d'infanterie lourde) ; sous sa responsabilité, dans la file, se trouve un pentarque, chef d'un groupe de cinq hommes, équipé de la lance et du bouclier ; il y a un archer en troisième position dans la file qui n'a pas de bouclier (il relève de l'infanterie légère) ; quatrième dans la file, il y a un autre archer derrière lui, mais équipé d'un bouclier dans l'éventualité d'un combat d'arrière-garde ; un archer supplémentaire est en cinquième position dans la file, sans bouclier ; derrière lui se tient un sixième soldat qui choisit ses armes.

Avec une alternance de fantassins lourds et légers, en ordre ouvert ou en ordre serré, différentes formations sont illustrées pour un seul *tagma*, puis la disposition de bataille de l'armée entière, avec ses protections de flanc, son train de bagages et sa réserve, ainsi que les différentes combinaisons d'infanterie lourde pour rester en place, tenir le terrain et s'engager en combat rapproché, avec l'infanterie légère pour affaiblir et harceler l'ennemi de ses flèches.

L'ordre de bataille le plus ambitieux décrit dans le *Strategikon*, « l'ordre de bataille appelé mixte », représente une armée complète composée d'infanterie lourde et de cavalerie avec seulement une poignée de fantassins légers à l'arrière[65]. L'infanterie lourde et la cavalerie se trouvent en files de sept hommes de profondeur, mais si chaque *meros* d'infanterie compte cinq hommes sur sa largeur, chaque *meros* de cavalerie en compte sept.

L'ordre de bataille prévoir un *meros* d'infanterie de chaque côté pour protéger les flancs, avec, à l'intérieur, un *meros* de cavalerie, un autre *meros* d'infanterie à côté de lui et, enfin, un *meros* central de cavalerie, soit un total de sept. Pour protéger l'arrière-garde, une force d'infanterie unique se tient de chaque côté, de cinq hommes de largeur également, avec de l'infanterie lourde de cinq files de profondeur et un dernier rang comprenant seulement cinq fantassins légers de chaque côté, de sorte que les deux files sur les flancs extérieurs de chaque côté ont en réalité une profondeur de treize hommes[66], mais en deux unités séparées.

Cela laisse un large espace, d'une profondeur de cinq *meroi*, à l'arrière de la formation, mais aucun ennemi n'est susceptible de s'y aventurer compte tenu de la facilité avec laquelle la cavalerie pourrait manœuvrer pour s'opposer à tout mouvement de cette nature.

On peut aisément imaginer comment combattrait une telle formation. Un ennemi à cheval, comptant sur la vitesse et la force de la charge, se heurterait à la capacité de l'infanterie lourde à tenir fermement le terrain avec ses boucliers bien serrés entre eux et ses lances fichées en terre. Un ennemi comptant sur la masse de son infanterie se précipiterait au-devant des traits tirés par les archers de la cavalerie – c'est la raison pour laquelle seuls quelques fantassins légers sont nécessaires comme arrière-garde.

Bien sûr, on ne peut compter sur la surprise si la formation est observée par avance. La cavalerie se distingue trop nettement avec sa hauteur au sol pour rester cachée, mais l'infanterie peut être dissimulée aux regards dans la poussière et la confusion. « Pour interdire toute observation trop précise de la formation à l'ennemi avant la bataille, on peut déployer un mince écran de cavalerie devant la phalange d'infanterie jusqu'à l'approche de l'ennemi[67]. »

De telles combinaisons sont susceptibles d'obtenir, au niveau opérationnel, des résultats plus importants que la force tactique de chacune des forces seule, mais il n'y a jamais de pur don à la guerre : le prix à payer est un entraînement encore plus rigoureux, ainsi que le *Strategikon* le relève comme de juste : « Ce type de formation exige un exercice permanent pour les hommes comme pour les chevaux[68]. »

La même exigence de professionnalisme concernait les hommes affectés aux flottes fluviales, dont la tâche, en sus des patrouilles de surveillance, était de faire traverser soldats, chevaux, artillerie et approvisionnements, ainsi que de réussir les traversées contre l'opposition d'ennemis postés en attente sur la rive opposée. Cela fait l'objet de cinq paragraphes intégrés dans la partie B du livre XII du *Strategikon*, que l'on cite classiquement sous l'intitulé *De fluminibus traiciendis*, « La traversée des fleuves ». Leur importance a récemment été reconnue et expliquée avec lucidité[69].

D'un point de vue stratégique, la valeur des flottes fluviales était supérieure à la valeur des flottes maritimes, parce qu'il n'exista pendant plus d'un demi-millénaire aucun ennemi de l'Empire sur mer (les Goths et leurs raids maritimes au IIIe siècle constituant l'exception notable à cette règle), sinon quelques pirates dispersés et brigands embarqués, alors qu'il y eut en permanence de dangereux barbares au-delà du Rhin et du Danube.

D'un point de vue opérationnel, combiner des offensives frontales avec des opérations de sécurité sur les arrières, d'embuscades ou de raids lancés par des forces pénétrant dans le dos de l'ennemi grâce aux flottes fluviales, était une excellente manière d'exploiter l'avantage comparatif dont bénéficiaient les Byzantins dans l'organisation et la préparation – dans les combats contre les Bulgars et les Bulgares, on fit même une procédure opérationnelle standard de l'envoi de forces par la mer Noire et le Danube destinées à attaquer leurs arrières.

Tactiquement, les traversées de fleuves contre une opposition ennemie exigeaient un entraînement spécialisé : pour débarquer sur la rive adverse contre des ennemis en alerte et déployés, il faut en effet d'abord « la dominer par le feu » pour employer un langage moderne, c'est-à-dire mettre en fuite l'ennemi avec des volées de flèches bien serrées ainsi que des lanceurs de pierres embarqués sur les navires de guerre, tout en assemblant section par section un pont de bateaux (paragraphe 5).

Le militaire bien entraîné et bien exercé décrit dans le *Strategikon* n'est pas un va-nu-pieds enrôlé d'office mais un professionnel, dont le statut social était proportionné :

> On doit certainement exiger des hommes, tout particulièrement de ceux qui reçoivent des indemnités dans ce but, qu'ils s'entourent d'ordonnances pour pourvoir à leurs besoins, qu'il s'agisse d'esclaves ou d'hommes libres, selon les règlements en vigueur (pour éviter d'être contraint d'affecter des soldats au train de bagages)...

> ... Mais si, comme cela peut aisément se produire, certains des hommes n'ont pas les moyens d'avoir des ordonnances, il sera alors nécessaire d'exiger que trois ou quatre soldats de grade inférieur contribuent ensemble à supporter le coût d'une ordonnance. On doit suivre une disposition similaire pour les animaux de bât, qui peuvent être nécessaires au transport des cottes de mailles et des tentes[70].

Il est à nouveau fait mention des ordonnances dans la partie « Sur les trains de bagages », ce qui suggère leur grand nombre :

> Avec le train de bagages se trouvent les ordonnances nécessaires aux soldats... Nous conseillons de ne pas emmener un grand nombre d'ordonnances dans la zone où l'on s'attend à livrer bataille... [mais] il doit y avoir assez d'ordonnances pour chaque escouade afin qu'elles s'occupent des chevaux... Au moment de la bataille, ces ordonnances doivent être laissées à l'arrière au camp[71].

C'était une forme de guerre très exigeante que recommandait le *Strategikon*, mais la récompense d'un entraînement individuel intensif, d'un exercice tactique soutenu et de la discipline dans l'exécution des dispositifs opérationnels prescrits était de permettre d'atteindre l'objectif fixé avec un maximum de manœuvre et un minimum d'attrition. Il s'agissait du point essentiel à éviter en toutes circonstances, avec la crainte, dans le cas contraire, que des victoires tactiques n'aboutissent à une défaite stratégique pour un Empire qui voyait sans cesse un nouvel ennemi de plus poindre à l'horizon.

Chapitre 12

APRÈS LE *STRATEGIKON*

La valeur du *Strategikon* fut amplement reconnue par les officiers militaires byzantins ainsi que par les écrivains, qui tirèrent de son texte des extraits, le paraphrasèrent, le résumèrent, le plagièrent et le mirent à jour durant les siècles suivants.

L'ouvrage que Dain désigne *De militari scientia* est l'une de ces paraphrases ; il date au plus tôt de la fin du VIIe siècle, parce que les musulmans y sont étudiés en lieu et place des Avars ou des Turcs. Il constitue un témoignage supplémentaire de la vitalité de la littérature militaire byzantine, dont d'autres exemples indiqués par Dain – que je n'ai pu consulter – incluent une version d'Élien, un extrait du *Taktikon* d'Urbicius, un autre De *fluminibus traiciendis* extrait du *Strategikon* ainsi qu'une variété de textes perdus dont nous avons connaissance par leurs traces et paraphrases dans divers ouvrages subsistants[1].

La première grande période de la littérature militaire byzantine fut le VIe siècle, époque des guerres et des conquêtes de Justinien – ce qui ne doit rien à une simple coïncidence. Ensuite survint la peste qui débuta sous Justinien, un événement de portée historique et mondiale qui entraîna la disparition d'une grande partie de la population, ruinant nécessairement par là toutes les institutions de l'Empire, y compris l'armée et la marine. Mutinerie, usurpation, invasions catastrophiques des Perses et victoire bien trop tardive des Byzantins – un retard aux conséquences désastreuses –, suivie presque immédiatement des invasions arabes, cette succession d'événements dramatiques eut pour effet une forte réduction du territoire impérial et un considérable appauvrissement de Byzance ; ces conditions ne laissaient guère de loisir pour lire et encore moins pour écrire à la fin du VIIe siècle. Mais le déclin n'aboutit pas à la chute ; bien au contraire, une période de redressement s'engagea clairement dès la fin du VIIIe siècle et prit de l'ampleur pour aboutir à une véritable renaissance économique, culturelle et militaire.

La deuxième grande période de la littérature militaire byzantine fut l'un des effets de la renaissance militaire de l'Empire, et peut-être aussi, à son tour, l'un des éléments qui contribuèrent à cette renaissance. Elle commença avec les ouvrages attribués à Léon VI, dit « le Sage » (886-912).

Son premier essai dans le domaine du manuel militaire, les *Problemata*, se contente d'extraits du *Strategikon* de Maurice présentés sous forme de réponses à des questions posées par l'auteur. À ce commencement peu convaincant – il devait avoir entre vingt et trente ans à l'époque – succéda un ouvrage bien plus substantiel, la *Tactique* (*Taktika*, ou *Tacticae constitutiones*), rédigé par étapes et édité plus tard par le fils de Léon, Constantin VII Porphyrogénète, plus épris encore que son père d'études et de travaux littéraires[2].

La « constitution » romaine n'avait pas le sens moderne que nous donnons à ce terme mais plutôt celui de loi, et plus précisément d'un décret impérial sous la forme d'une lettre personnelle contenant des instructions ou des ordres adressés à un officiel dont le nom était indiqué, ou bien au titulaire générique d'un poste donné ; dans la *Tactique*, Léon envoie des lettres à un *strategos* anonyme, un général ou un amiral. Une nouvelle édition de George T. Dennis SJ, longtemps attendue, est en préparation ; jusqu'à sa publication, nous ne disposons que de la révision faite à Florence en 1745 par J. Lami de la première édition de 1612, établie à Leyden par Joannes Meursius et plagiée dans l'immense *Patrologie grecque* publiée par Jacques-Paul Migne (volume 107, col. 669-1120), diversement citée comme éditée par Meursius, Lami ou Migne par *droit de seigneur* peut-on supposer.

Les développements qu'elle contient sont principalement des paraphrases d'anciens textes dérivés du *Strategikos* d'Onosander, de la *Taktike theoria* d'Élien « le Tacticien » et plus largement du *Strategikon*, dont Léon fait également écho à la préface en traduisant en grec son vocabulaire latin du commandement[3]. Mais ils comprennent également des parties originales qui ont une réelle valeur historique.

L'ensemble n'est pas organisé par auteurs ni par textes, mais en suivant un arrangement logique, par sujets. Constitution I : Les tactiques (il s'agit plutôt des exercices). II : Les qualités du *strategos* (« général »). III : La structure des forces et les rangs de l'armée. IV : Les conseils et les décisions militaires. V : Les armes. VI : Les armes de la cavalerie et de l'infanterie, passages pour l'essentiel tirés du *Strategikon*. VII : L'entraînement, où l'on recommande des exercices de simulations de combat avec deux camps opposés, lances et épées de bois, ainsi que flèches sans pointes ou à pointes émoussées ; il est également recommandé de pratiquer l'avance de la cavalerie contre des volées de flèches, objectif à atteindre en conservant des formations très serrées, boucliers contre boucliers à l'horizontale dans les deux premiers rangs et au-dessus de la tête à compter du troisième rang. VIII : Les punitions militaires. IX : Les marches. X : Les trains de bagages. XI : Les camps et camps de marche. XII : La préparation au combat. XIII : La veille de la bataille – un sujet d'importance lorsque l'on pouvait s'attendre à ce que le jour de la bataille fût déterminé par avance, parce que, dans cette hypothèse, il l'était de fait par accord mutuel. XIV : Le jour de la bataille. XV : La guerre de siège. XVI : Le lendemain de la bataille. XVII : Les incursions imprévues. XVIII : Les coutumes de différentes nations, des *ethnika* comparables à ceux du *Strategikon* mais pour l'essentiel consacrés aux ennemis musulmans. XIX : La guerre navale. XX : Maximes générales sur la guerre. Et épilogue.

Le combat contre les musulmans selon Léon VI

Comme dans une grande partie de la *Tactique*, la principale source que suit Léon à ce sujet est le *Strategikon* – en l'occurrence, le livre XI consacré aux caractéristiques ethniques des différents ennemis de l'Empire, point de départ de la manœuvre relationnelle avec tous ses avantages potentiels aux niveaux tactique et opérationnel. Mais Léon ajoute une matière originale, adaptée aux réalités contemporaines[4].

Le principal ennemi sur la scène à l'époque de Léon n'existait pas encore quand le *Strategikon* fut rédigé : c'étaient les musulmans, à l'origine des Arabes mais aussi, en nombre de plus en plus élevé, d'autres peuplades converties à l'islam d'origine turque ou iranienne, notamment les Kurdes et les Daylamites des montagnes en provenance de la région de la Caspienne[5]. On pouvait également les désigner sous le terme général *Sarakenoi*, « Saracènes » , nom à l'origine donné à des Bédouins de l'époque préislamique dans le nord du Sinaï, plus tard repris dans de nombreuses langues – parmi lesquelles l'italien avec les *Saracini* de mon enfance sicilienne – pour désigner les musulmans à titre individuel et collectif.

Ce qui rendait les musulmans dangereux était leur engagement idéologique, comme le texte le reconnaît pleinement. Mais les choses ne sont pas aussi simples ; si l'engagement idéologique est sincère, les conditions du jihad apportent également des occasions aux guerriers démunis qui s'y engagent dans le but d'exercer le pillage : « Ils ne se rassemblent pas pour le service militaire en utilisant une liste d'enrôlement, mais ils viennent en foule en se présentant chacun volontairement avec sa famille entière. Les riches [considèrent comme] une récompense suffisante que de mourir au nom de leur nation, les pauvres dans le seul intérêt d'acquérir du butin. Leurs compagnons de tribus, les hommes et plus particulièrement les femmes, leur fournissent les armes, comme s'ils participaient avec eux à l'expédition. » Léon ne cache pas son admiration – il n'éprouve que dédain pour la religion elle-même mais respecte l'altruisme de militant qu'elle inspire[6].

Léon s'écarte du *Strategikon* presque dès le début. L'injonction générique de fournir des armes dans le respect des règlements en vigueur est en effet suivie par cette forte recommandation : « En particulier, assurez-vous de disposer d'un grand nombre d'arcs et de flèches. Car l'archerie constitue une arme excellente et efficace contre les peuplades des Saracènes et des Kurdes qui fondent tout leur espoir de victoire sur leur archerie ». C'était vrai des Kurdes qui combattaient comme archers montés, ainsi que des Turcs dont l'importance était croissante, mais pas de la cavalerie irrégulière des Bédouins ni des Daylamites, lesquels combattaient à pied avec des javelots et des épées.

Ce qui suit en guise de conseil tactique est plutôt pertinent :

> Contre les archers eux-mêmes, sans défense au moment où ils tirent leurs flèches, ainsi que contre les chevaux de leur cavalerie, les flèches décochées par notre armée sont extrêmement efficaces... lorsque les chevaux auxquels ils tiennent tant se font anéantir par un tir d'archerie continu, avec pour résultat de démoraliser complètement les Saracènes, qui s'étaient pourtant montrés si impatients de chevaucher pour livrer bataille.

Aux yeux des guerriers qui venaient des grandes prairies de la steppe, avaient communément une douzaine de chevaux pour leur propre usage et davantage encore avec leurs familles, et gardaient leurs chevaux de remonte entravés aux alentours au combat, un cheval mort ne représentait rien de plus que son poids en viande pour la marmite. Il n'en allait pas de même pour les cavaliers de pays arides dans lesquels il fallait nourrir chaque cheval à la main pour qu'il survécût lors des mois les plus secs ; quant à leur appétit pour la viande de cheval, il était celui d'un amateur de cheval anglais moyen ; enfin, ils avaient très peu de chevaux de remonte à leur disposition, comme il en allait également, souvent, avec la cavalerie byzantine. C'est pourquoi il était si utile de viser les chevaux.

Il existait également une vulnérabilité idéologique, qui reste d'une importance capitale – de l'ordre de la transcendance – encore de nos jours : comme les musulmans « ne partent pas en campagne par servitude et service militaire obligatoire » mais plutôt pour combattre au nom de leur foi, « ils croient que Dieu est devenu leur ennemi et ne peuvent en supporter la blessure » lorsqu'ils subissent une défaite – d'où le traumatisme profond qui accompagna de récentes défaites des musulmans sous les coups de chrétiens et de juifs, ainsi que la mobilisation globale qui suivit l'apparente victoire remportée contre l'adversaire soviétique en Afghanistan.

Après cet à-côté, la constitution XVIII revient aux tactiques, à la nécessité des camps de marche et aux différents modes de poursuite, passage où sont mentionnés les *Tourkoi*, désignant les Magyars nouvellement arrivés à l'époque. Cela mène à une intéressante digression :

> Lorsque les Bulgares, après avoir violé le traité de paix, lançaient des raids dans tout le pays thrace (vers 894)... La Justice les poursuivit pour avoir rompu leur serment... Alors que nos forces étaient engagées contre les Saracènes, la divine Providence conduisit les Magyars, à la place des Romains, à faire campagne contre les Bulgares.

En l'occurrence, la divine Providence était assistée des Byzantins :

> La flotte de navires de guerre de Notre Majesté... leur fit traverser le Danube... et, comme s'ils étaient les exécuteurs publics des hautes œuvres, ils infligèrent une

défaite décisive [aux Bulgares]... de manière à ce que les Romains chrétiens ne pussent volontairement se souiller du sang des Bulgares, eux aussi chrétiens (les Magyars étaient encore païens).

La suite est une évocation du livre XI du *Strategikon* sur les coutumes militaires des « Scythes » – c'est-à-dire des guerriers montés de la steppe –, des Francs et des Lombards ainsi que des Slaves, avant de revenir à « la nation des Saracènes qui cause ces temps-ci de grands dommages à notre Empire romain ».

Sous la forme d'un passage d'histoire intégré à la narration, le texte raconte que les Arabes étaient autrefois dispersés vers la Syrie et la Palestine ; mais

> lorsque Mahomet fonda leur superstition, ils prirent possession de ces provinces par la force des armes... Ils s'emparèrent de la Mésopotamie, de l'Égypte et des autres territoires à l'époque où la dévastation des territoires romains par les Perses leur permettait de les occuper.

Viennent ensuite les coutumes concernant la guerre, ainsi que les méthodes :

> Ils utilisent des chameaux pour porter leurs bagages au lieu de chariots et d'animaux de bât, ânes et mulets. Ils ont des tambours et des cymbales dont ils jouent dans leurs formations de bataille et auxquels leurs propres chevaux s'habituent. Le vacarme et le fracas que ces instruments produisent effraient les chevaux de leurs adversaires, les poussant à faire demi-tour pour prendre la fuite. De plus, la vue des chameaux, elle aussi, terrifie les chevaux qui n'en ont pas l'habitude et les jette dans la confusion.

Voici, à l'évidence, une information utile : on peut entraîner les chevaux en conséquence. Il est certain qu'on le faisait.

Une autre remarque utile : « Ils craignent le combat nocturne et tout ce qui lui est lié, tout particulièrement quand ils lancent des raids dans un pays qui leur est étranger. » Bien sûr, tous les soldats sensés redoutent les incertitudes accrues que suscite une bataille nocturne, quand on songe aux si grandes incertitudes de la bataille même à la pleine lumière du jour ; mais Léon avait manifestement l'impression que cette répugnance à combattre de nuit allait au-delà de la normale. On en trouve une explication aisée dans la composition des armées musulmanes : leurs hommes étaient des volontaires venant de nombreux territoires différents ; ils constituaient un ensemble bien moins homogène que les Byzantins, et comme ils n'étaient pas passés au préalable par un entraînement standard, ils étaient moins susceptibles de pouvoir se coordonner spontanément quand ils se retrouvaient – littéralement – dans le noir.

Lorsque le texte passe aux caractéristiques de la stratégie de théâtre, il n'est plus question de faire écho à des textes précédents ni d'en imiter. L'auteur décrit l'arrivée annuelle de guerriers du jihad répondant à l'appel des seigneurs de guerre aux frontières et des prédicateurs militants – dès leur départ, les raids de pillage normaux reprennent : « Ils prospèrent... quand il fait beau et aux saisons les plus chaudes, rassemblant leurs forces, tout particulièrement en été, lorsqu'ils s'engagent avec les habitants de Tarse en Cilicie et partent en campagne. À d'autres périodes de l'année, seuls les hommes venant de Tarse, d'Adana et d'autres villes de Cilicie lançaient des raids contre les Romains[7]. » Le remède souverain est l'anticipation :

> Il est nécessaire de les attaquer pendant leurs marches à la recherche de pillage, tout particulièrement en hiver (c'est-à-dire de contre-attaquer pendant leurs raids de pillage). On peut y parvenir si [notre] armée reste en position à couvert, hors de leur vue... Lorsque nos hommes les observent durant leur marche, ils ont la possibilité de lancer une attaque contre eux et de les anéantir ainsi. [Nous pouvons également attaquer] lorsque toutes nos troupes se sont réunies en même temps en grand nombre, avec leur équipement au grand complet pour livrer bataille.

Mais une telle bataille, un « engagement de rencontre » dans le vocabulaire opérationnel moderne, est sujette à toutes les incertitudes possibles et doit être en conséquence évitée en l'absence d'avantage numérique – et d'un avantage très important. La suite le souligne bien : « Il est très dangereux pour quiconque, comme nous l'avons déjà maintes fois écrit, de prendre le risque d'une bataille rangée, même quand il semble parfaitement clair que [nos forces] dépassent de loin en nombre celles de l'ennemi. »

L'alternative est la « non-bataille », ou, pour le dire plus longuement, une défense élastique qui laisse l'ennemi envahir le territoire – parce qu'il est impossible de défendre solidement toutes les parties de la frontière à la fois – pour ensuite l'intercepter sur son chemin de retour vers ses foyers :

> Si d'aventure ils lancent des raids en passant dans le Taurus [chaîne de montagnes] en vue d'exercer le pillage, il vous faut les aborder dans les défilés étroits de cette région montagneuse, lorsqu'ils sont sur le chemin du retour, épuisés, peut-être embarrassés par leur butin, animaux et autres dépouilles. Vous devez alors poster des archers et des frondeurs en certains points élevés pour les atteindre en contrebas et ainsi permettre à la cavalerie de charger.

La suite comprend des développements qui firent plus tard l'objet d'une étude très détaillée dans un manuel de campagne spécifique, traditionnellement intitulé *De uelitatione*, « Des escarmouches ». Mais ce dernier se limite à l'analyse du combat sur le terrain, tandis que la constitution XVIII prend en considération la menace dans son ensemble :

> Les Saracènes qui habitent en Cilicie jugent bon de faire suivre un entraînement complet à toutes leurs forces d'infanterie pour engager les opérations militaires sur deux fronts, c'est-à-dire à terre en suivant la route qui descend des montagnes du Taurus et sur mer avec leurs navires... Quand ils ne prennent pas la mer, ils font campagne contre les villes romaines à terre.

Le remède recommandé, très intéressant, consiste à découvrir les intentions des Arabes pour ensuite faire le contraire :

> Vous... général, vous devez les surveiller au moyen d'espions de confiance... Quand ils font campagne sur mer, vous suivez une route terrestre et, si possible, lancez une offensive dans leurs propres territoires. Mais s'ils ont l'intention de faire campagne à terre, vous devez alors en avertir le commandant de la flotte [du thème] des Cibyrrhéotes pour qu'il puisse fondre sur les villes de Tarse et d'Adana, sur la côte, avec les dromons placés sous son commandement. L'armée

des barbares de Cilicie n'y est en effet pas très nombreuse, puisque les mêmes soldats font campagne à la fois sur terre et sur mer.

La logique opérationnelle est évidente : il est impossible de défendre une frontière d'une grande longueur en défendant chaque pouce de la ligne de front sur toute son extension d'une manière qui en écarte toute menace ennemie. Il peut donc se révéler nécessaire de laisser l'ennemi envahir telle ou telle partie du territoire, même si ce n'est bien sûr pas souhaitable. La réponse la plus efficace est par conséquent de lancer une contre-offensive asymétrique susceptible de créer la surprise par une attaque terrestre en réponse à une attaque maritime et vice versa.

On louera la modestie de l'impérial auteur de la *Tactique* quand il conclut : « Nous avons donné ces prescriptions à Votre Excellence. Peut-être ne contiennent-elles rien de neuf. » Modestie excessive, comme nous l'avons vu : la constitution XVIII apportait incontestablement une nouvelle réponse à une nouvelle menace.

La dimension idéologique de cette réponse reste présente tout au long du texte, avec ses invocations répétées à la divinité et sa condamnation à l'égard d'une religion mensongère. On les retrouve dans tous les manuels de campagne de cette époque, mais elles sont au cœur de deux discours d'exhortation – il s'agit de harangues à prononcer devant les troupes – attribués au fils de Léon, Constantin VII Porphyrogénète, et annexés à la *Rhetorica militaris* que nous avons déjà mentionnée. Cet empereur érudit ne conduisit pas lui-même ses hommes à la bataille, et, peut-on penser, ne les harangua pas non plus avant la bataille ; mais avant d'être retenus comme modèles de discours pour les commandants byzantins, ces textes ont fort bien pu être lus aux troupes à la conclusion de la saison de campagne, moment dans lequel on se préoccupe au plus haut point de les voir revenir en bonne forme au printemps[8].

Le premier discours fait suite à une campagne défensive victorieuse ; en conséquence, il commence par féliciter les troupes pour leurs exploits contre un ennemi bien équipé, avec des chevaux « dont la vitesse est si grande qu'elle les rend impossibles à rattraper » (il s'agit des chevaux arabes des Bédouins), un équipement « sans équivalent en puissance, ainsi qu'un équipement sans équivalent en qualité d'exécution[9] ». Mais, malgré tout cela, les adversaires de l'Empire ne pouvaient l'emporter car il leur manquait « l'avantage suprême, seul et unique, je veux dire par là le fait de mettre son espoir en Jésus-Christ », opposé à l'Esprit du mal ou Mahomet, et sèchement mis sur le même plan que le Dieu hébreu d'Ézéchiel et des Psaumes dans ses attributs les plus martiaux, qui sont ensuite cités : « Qui seul *détient la force et la puissance* », « dont *les armes sont ivres du sang de ses ennemis* », « *qui fait des villes les plus solides des tas de ruines* » – et d'autres de la même eau.

La suite dénigre l'ennemi – Saïf ad-Dawlah, déjà appelé par son nom dynastique, « l'Hamdanide » – en le qualifiant de vaniteux et de vantard :

> Il a peur... et n'a pas de force à laquelle se fier... [mais] il essaie de susciter la peur en votre esprit avec des ruses et des tromperies. Tour à tour il proclame qu'une autre force est en route pour le rejoindre et que ses alliés [arrivent]... ou...

qu'une importante somme d'argent lui a été envoyée [les contributions du jihad]. Il a fait en sorte de répandre des rumeurs exagérées partout pour jeter ceux qui les apprendront dans la consternation[10].

Passage intéressant par lui-même. Comment Saïf ad-Dawlah a-t-il pu diffuser sa propagande ? A-t-il envoyé des agents pour la disséminer ? Rien de plus probable : la frontière était manifestement poreuse, il existait de grandes communautés chrétiennes en Syrie et marchands comme pèlerins y circulaient en nombre.

Puis l'on annonce aux troupes que cette vantardise constitue elle-même une preuve de faiblesse :

> S'il était possible de lire dans l'esprit de l'Hamdanide, vous verriez alors quelle couardise, quelle peur l'accable... ne prêtez aucune attention à ses effets de théâtre, mais forts de votre confiance dans le Christ, levez-vous contre l'ennemi ! Vous savez combien il est vertueux de combattre au nom des chrétiens[11].

S'il en est ainsi, pourquoi l'empereur s'en prive-t-il ? Il souhaite ardemment combattre mais ne le peut, c'est la volonté divine :

> Quelle ardente et immense envie me possède, quel désir brûlant enflamme mon âme... Je préférerais de loin prendre mon plastron et me mettre le casque sur la tête, brandir ma lance dans ma main droite et entendre la trompette nous appeler à la bataille.

Mais Dieu lui ordonne de porter « la couronne et la pourpre » à la place du casque et du plastron[12].

Après le devoir envers Dieu et les chrétiens viennent les récompenses aux officiers et aux simples soldats : promotions, cadeaux, attributions de terres, distributions en espèces, parts de butin ; les promotions embrassent un champ très large : « Les *strategoi* en charge des thèmes les moins importants seront transférés vers de plus vastes... les commandants des *tagmata* et des autres unités qui auront combattu avec courage seront récompensés en proportion de leurs actions, certains devenant ainsi tourmarques, d'autres kleisourarques ou topotérètes[13]. »

Comment l'empereur sait-il qui mérite récompense et à quel degré ? Avant de donner la liste des récompenses, l'empereur demande une information précise : un témoignage sous serment de la part de ses commandants, ou « mieux encore, une mention par écrit que vous allez conserver ». Voilà comment la bureaucratie se mêle d'héroïsme encore de nos jours...

La *Sylloge tacticorum*

Éditée par Dain en personne, attribuée à tort à Léon VI, la *Sylloge tacticorum* constitue dans une large mesure une paraphrase résumée d'écrits militaires antérieurs, comme la *Tactique* de Léon, même si elle dérive en partie de textes différents[14]. Mais l'ouvrage comprend, en sus,

certains développements originaux de valeur, que Dain n'a inexplicablement pas su relever dans son étude.

Il s'agit tout particulièrement du chapitre 47 (p. 86-93) consacré aux
tactiques d'opérations associant forces d'infanterie et forces de cavalerie
(qui suit des chapitres précédents consacrés à chacune des deux armes
séparément) ; ce chapitre constitua la base du système tactique décrit
dans les *Praecepta militaria* de Nicéphore Phocas.

Parmi d'autres sujets d'intérêt, la *Sylloge* est « le premier texte qui
prescrit un carré comme formation de bataille standard pour l'infanterie
byzantine » – un dispositif qui allait connaître une très longue histoire
dans les armées disposant de troupes bien disciplinées. Un carré d'infanterie fermement maintenu offre une base sûre d'où les unités de cavalerie
peuvent jaillir – et vers laquelle elles peuvent revenir une fois épuisées par
une charge, vaincues ou en risque d'être vaincues, ou bien tout simplement pour y trouver repos et récupération entre deux missions difficiles[15].
De plus, la *Sylloge* inclut une information contemporaine sur les boucliers
et les armes des Romains et des Magyars[16].

Quant aux développements de la *Sylloge* dérivés de textes qui ne
recoupent pas ceux que la *Tactique* de Léon a sélectionnés, ils trouvent
leur origine, selon Dain, dans deux compilations antérieures perdues, qu'il
désigne sous les titres *Tactica perdita* et *Corpus perditum*. De la première,
la *Sylloge tacticorum* paraphrase des parties relatives aux qualités à
attendre des généraux, à la métrologie, aux différents types de combat, au
déploiement de l'armée pendant les périodes de paix dans les cantonne-
ments et les forteresses, aux mesures à prendre contre l'ennemi et à de
nombreux autres sujets. Pour Dain, qui se trompe clairement sur ce point,
la *Sylloge* tout entière provient de la bibliothèque plutôt que d'une expérience militaire contemporaine, notamment – une fois de plus – d'Onosander, d'Élien, du *Strategikon*, du *Traité anonyme*, d'un ouvrage de
métrologie et du Code théodosien (sur la manière de diviser le butin). La
reconstitution des quatre-vingt-sept parties du *Corpus perditum* à partir de
ses paraphrases dans des textes plus tardifs représenta un authentique
coup d'éclat en philologie mais n'apporta rien de neuf qui fût intéressant,
ce *corpus* étant composé de textes antérieurs recyclés que l'on connaissait
par ailleurs dans des versions plus complètes.

Héron de Byzance

« Héron de Byzance » – dans sa splendide nouvelle édition, son nom
apparaît entre guillemets – est, comme un éditeur précédent choisit de
l'appeler, l'auteur inconnu de deux traités fort intéressants du Xe siècle
consacrés à l'art des sièges et aux mesures.

Dain, dont l'ouvrage dédié à la tradition des manuscrits constitue un
monument de plus élevé à son érudition (bien que rédigé dans un style
outrageusement populaire selon ses standards – le texte n'est pas même

en latin mais en français !) –, relève que l'anonymat n'est pas synonyme de manque de personnalité[17]. Au vrai, l'écrivain avance des idées originales même si la plus grande partie de ses développements provient de manuels d'ingénierie remontant à quelque sept siècles, voire davantage, à son époque. L'auteur de la nouvelle édition, qui fait autorité, se réfère avec raison « au caractère le plus souvent statique des méthodes de fortification[18] », mais malgré un contexte global d'immobilité technologique, il y eut certaines innovations d'importance parmi lesquelles deux sont mentionnées par le texte : le trébuchet à traction, inconnu en Occident avant le VIIe siècle, ainsi que le feu grégeois (c'est-à-dire « grec »), en temps normal considéré comme une arme navale mais également utilisé durant les sièges, voire en bataille sur terrain ouvert, tiré à l'aide de siphons comme sous la forme de projectiles le contenant.

Le premier texte, *Parangelmata poliorcetica*, commence d'une manière suggérant que le lecteur auquel il s'adresse n'est pas ingénieur : « Tout ce qui concerne les machines de siège est ardu et difficile à comprendre, en raison du caractère complexe et impénétrable de leur description ainsi qu'en raison de la difficulté que l'on éprouve à en comprendre les concepts. »

Les dessins ne sont pas non plus d'une grande utilité, nous dit-on – rien ne vaut les explications des inventeurs à l'origine des machines concernées –, mais l'auteur promet des dessins en trois dimensions qui seront bien plus faciles à comprendre[19]. Il cite ensuite certaines de ses sources : le texte d'Apollodore de Damas, qui construisit le pont sur le Danube pour Trajan et écrivit un traité pour Hadrien selon l'auteur (qui se trompe sur ce point), le livre qu'Athénée écrivit pour Marcellus[20] – il s'agit là du neveu d'Auguste et non du pitoyable adversaire d'Archimède – ainsi que le traité de Biton que nous avons déjà examiné. Il donne ensuite la liste des machines nécessaires aux opérations de siège, parmi lesquelles des « tortues » – des abris d'assaut mobiles hautement protégés, parfois équipés de béliers ou bien sans bélier, mais permettant de creuser des tunnels ou de combler des fossés –, l'« invention récente » des *laisai* – des abris mobiles contre les flèches faits de branches tressées, de sarments de vigne ou de roseaux –, des tours de bois transportables « que l'on peut facilement se procurer », c'est-à-dire des tours qui ne sont pas automotrices au moyen de cabestans permettant de mettre en mouvement les roues, des échelles de reconnaissance très hautes, des instruments de sape, des « machines pour escalader les murailles sans échelles », du type *sambuca*, des ponts pour les traversées d'assaut et bien d'autres engins.

Après les excuses rituelles pour « ses lieux communs et son style plat », l'auteur donne sa version du *si uis pacem para bellum*, cité de Héron d'Alexandrie : pour vivre sans crainte d'ennemis domestiques ou étrangers, reposez-vous sur « la construction d'artillerie » et quelques autres préparatifs de guerre, parmi lesquels l'emmagasinement de « rations de longue durée ». Fait intéressant, un Byzantin les décrivit en détail : de la scille bouillie, séchée – il s'agit du bulbe, très nourrissant, et non de la fleur – et coupée très fine, avec un cinquième de graines de sésame (comme dans les rations de combat israéliennes) et un quinzième de graines de pavot, le tout « mélangé avec le meilleur miel » ; ou bien, autre recette possible, des graines de sésame, du miel, de l'huile, des amandes douces décortiquées, grillées, moulues et réduites très doucement en poudre avec une quantité égale de scille – le scoliaste décrit cette ration comme « douce et rassasiante, sans donner soif[21] ».

C'était là, bien sûr, le sujet principal dans les sièges : la nourriture, aussi bien pour les assiégés, dont les réserves de nourriture se réduisent nécessairement chaque jour s'ils sont complètement encerclés, que pour les assiégeants, qui doivent se procurer leur nourriture à des distances toujours plus lointaines avec l'épuisement des ressources locales en fourrage, pillage, réquisitions et achats.

Chaque partie s'efforçant d'affamer l'autre, les sièges prirent un caractère décousu. La *Chronique du pseudo-Joshua le Stylite,* premier texte historique en syriaque, décrit un épisode du siège d'Amida en 503 qui en dit long à ce sujet – les Perses défendaient alors la ville qu'ils avaient conquise en 502 :

> Un jour, alors que l'armée romaine tout entière était au repos et se consacrait à des activités pacifiques, un combat fut provoqué de la manière suivante. Un jeune garçon nourrissait les chameaux et les ânes et l'un des ânes avança jusqu'à la muraille en paissant. Le garçon en fut trop effrayé pour aller le chercher. Quand un des Perses le vit, il descendit le long de la muraille avec une corde dans l'intention de le tailler en pièces et d'en remonter les morceaux en guise de nourriture, car il n'y avait plus de viande du tout dans la ville. Toutefois, un des soldats romains, né en Galilée, tira son épée, prit son bouclier dans sa main gauche et se précipita vers le Perse pour le tuer. Comme il arriva juste à l'aplomb de la muraille, les Perses en poste sur ce point jetèrent une grosse pierre depuis le parapet qui heurta le Galiléen, et le Perse commença à remonter vers sa place avec l'aide de la corde. Quand il fut parvenu à mi-hauteur de la muraille, l'un des officiers romains s'approcha avec deux porteurs de boucliers devant lui ; placé entre eux, il tira une flèche qui atteignit le Perse et le fit tomber près du Galiléen. Cela suscita une tempête de clameurs des deux côtés et une grande agitation ; on se prépara à livrer bataille[22].

Cette transition accidentelle d'un jour de somnolence autour des murailles à la soudaine explosion d'un combat pour un âne est très éloignée de la dimension technique des opérations de siège, mais elle apporte un élément de contexte très réaliste à toute l'ingénierie de ces opérations.

Les préparatifs de sièges tactiques et techniques décrits dans les *Parangelmata poliorcetica* présument l'offensive – d'une manière assez appropriée, parce que Byzance au Xe siècle avançait et s'emparait de villes tenues par les Arabes dans le sud-est de l'Anatolie et dans l'actuelle Syrie.

Il faut tout d'abord reconnaître les fortifications de l'ennemi, puis effectuer des actions préliminaires de diversion en simulant des préparatifs contre certains secteurs du rempart où l'on ne prévoit pas de lancer un assaut ; pour accroître la pression sur les assiégés, on doit creuser des tranchées d'assaut en diagonale pour interdire les tirs de projectiles en enfilade.

L'ouvrage donne des explications brèves mais cohérentes sur la manière dont on doit faire avancer les différents types de tortues jusqu'au rempart de l'ennemi : des hommes progressant à l'intérieur de tortues à roues bien protégées sur leur front doivent combler les fossés, trous et dépressions aux approches du rempart ennemi, afin de permettre le déploiement aisé d'autres machines. Il est également nécessaire de tester le chemin que l'on a l'intention d'emprunter vers le rempart avec des lances à pointe de fer pour détecter des chausse-trapes dissimulées par une couche de terre sur de fragiles pots d'argile ; il faut de même protéger les semelles des soldats contre les pièges à pointes ; à la fin du creusement de tunnels pour saper le rempart ennemi, on met le feu aux pièces de bois sec et aux torches de pin disposées autour des étais de bois qui soutenaient le rempart jusqu'alors.

Autre possibilité, on peut briser les blocs de pierre à la base de la muraille ennemie en envoyant du vinaigre ou de l'urine contre eux, après les avoir fortement chauffés avec du charbon, lui-même inséré dans le rempart par endroits à l'aide de tubes en saillie depuis le front de la tortue, qui protège toutes les phases de l'opération ; la formule, d'un point de vue chimique, est certainement exacte : la réaction entre l'acide et le carbonate de calcium de la pierre devient de plus en plus forte avec la chaleur.

Des échelles gonflables « comme des outres à vin, bien enduites de graisse autour des points de suture », sont recommandées pour les attaques surprises (certains commandos modernes ont utilisé des poteaux d'escalade gonflables) ; le percement de nombreux trous dans les murs de pierre à l'aide d'une perceuse à archet (méthode encore utilisée de nos jours par les artisans indiens) peut grandement faciliter l'ouverture d'une brèche dans les murailles[23].

Entre les explications parfaitement claires qu'il donne de techniques que l'on peut parfaitement mettre en œuvre, l'auteur fait l'éloge des caractéristiques de l'antique bélier géant construit par Hégétor de Byzance : il avait 56 mètres (150 pieds) de long. En d'autres termes, il était bien trop long pour constituer une arme efficace. Mais ce passage est suivi d'une instruction plus pratique sur la manière de construire et d'utiliser de l'équipement de siège tout à fait fonctionnel, comme, par exemple, une échelle de reconnaissance équipée de protections que l'on peut sur-le-champ lever grâce à quatre jeux de cordes (certains commandos modernes en utilisent encore), faite de légers tubes d'alliage, ainsi que la même échelle sans protection.

Le texte consacre de longs développements aux tours de siège mobiles, rendant hommage sur ce point à Diadès et Charias, qui étaient au service d'Alexandre le Grand, mais donnant également toutes les caractéristiques fonctionnelles et informations détaillées nécessaires sur les dimensions, ainsi qu'une liste d'accessoires disponibles, parmi lesquels des siphons pour projeter de l'eau et éteindre les flammes causées par les incendiaires de l'ennemi, ainsi que des matelas remplis de paille trempée de vinaigre pour ralentir la propagation du feu, ou de coralline ou d'algues marines permettant d'amortir l'arrivée de projectiles tirés par des lanceurs de pierres. Nous ne connaissons pas la source de certaines de ces suggestions détaillées, ainsi que le relève le commentateur moderne du texte, mais, au lieu de spéculer sur un texte perdu, il rejoint l'opinion de Dain en les attribuant « à la propre ingéniosité de Héron[24] ».

L'auteur propose une méthode pour escalader les murailles sans échelle, une sorte de *sambuca* mais tubulaire, protégée de peaux et équipée d'une porte de protection, montée sur deux poutres verticales attachées à un chariot à quatre roues ; seul un homme en armes peut passer à l'intérieur du tube pour atteindre le sommet de la muraille ennemie, mais lorsque le tube est bien levé, sa partie basse touche le sol et d'autres soldats peuvent alors se glisser à l'intérieur pour escalader la muraille et renforcer leur vaillant camarade monté en tête[25]. La suite donne les dimensions exactes de chaque composant, tout en suggérant un dispositif plus important comprenant un tube d'un diamètre plus large – mais sans en donner les dimensions chiffrées – pour permettre à deux hommes en armes de s'y glisser, côte à côte, au lieu d'un seul.

L'auteur poursuit en faisant, sans transition, une autre suggestion : « Les portes [de protection]… ainsi que la partie frontale du tube doivent avoir une façade effrayante avec des motifs sculptés dans le bois et des peintures polychromes figurant une gueule de dragon ou de lion cracheur de feu ; cela pour porter la terreur et l'épouvante dans les rangs de l'ennemi[26]. »

Voilà qui nous remet en mémoire l'époque à laquelle le texte fut rédigé, ou peut-être quels types d'adversaires les Byzantins combattaient – des ennemis sophistiqués aussi peu susceptibles qu'eux-mêmes de s'effrayer de dragons peints, certes, mais aussi de plus primitifs que la soudaine hausse des machines, avant même de voir les bêtes sauvages soufflant le feu les attaquer, pouvait frapper d'horreur. Il s'agit d'un engin de siège, et un siège suppose une ville fortifiée, pas un campement de peuplade primitive, mais le contexte du Xe siècle est celui de la lutte pour reconquérir des villes aux musulmans ; à l'époque, c'étaient pour l'essentiel des guerriers turcs venant des steppes d'Asie centrale qui combattaient dans leurs rangs, et non des esprits sophistiqués issus de régions urbanisées.

L'ouvrage se termine par le célèbre radeau d'Apollodore, un peu plus long que la largeur du cours d'eau à franchir afin que le courant le fasse tourner jusqu'à atteindre le point prévu sur la rive opposée, dispositif que le *Traité anonyme* avait depuis longtemps écarté comme irréalisable (19, 40 et suivants). Il est ici présenté sans indication de son inventeur et en insistant sur un accessoire intelligent, un rempart de bois articulé derrière lequel les troupes doivent tirer leurs traits jusqu'au moment où, ce rempart abaissé jusqu'à l'horizontale, ils lancent leur assaut sur la rive opposée[27].

De obsidione toleranda :
un manuel sur la résistance aux sièges

L'art des sièges était important au Xe siècle, tout particulièrement au tout début et pas seulement dans un but offensif : en juillet 904, une flotte arabe sous le commandement du converti Léon de Tripoli, connu dans les sources arabes sous les noms de Ghulam (« soldat esclave ») Zurafa ou Rashik al-Wardani, s'empara de Thessalonique, la deuxième plus grande ville de l'Empire, à l'issue d'un siège de trois jours seulement. L'événement constitua une surprise stupéfiante et une défaite de première importance pour Byzance. La ville ne s'était manifestement pas préparée.

Ce désastre est mentionné dans le manuel d'instruction du Xe siècle consacré à la guerre de siège défensive, traditionnellement connu sous le titre *De obsidione toleranda*, et l'on peut même penser qu'il en a donné à l'auteur l'inspiration. Ce manuel est aujourd'hui disponible dans une édition annotée de grande qualité[28]. Tout au long de ce texte didactique, l'auteur s'adresse à un général ou *strategos* imaginaire, disposant d'une double autorité politique et militaire.

L'auteur dit tout d'abord au général qu'il n'est pas contraint de capituler même s'il anticipe un long siège – c'est-à-dire, d'une manière implicite, un siège d'une durée dépassant ses réserves en nourriture et en eau. L'ennemi peut se retrouver divisé par des querelles internes, d'autres puissances sont susceptibles d'intervenir, l'armée assiégeante peut épuiser son « blé », la peste « peut survenir quand des forces restent en grand nombre en un seul endroit pendant longtemps » et d'autres événements heureux se produire[29]. En d'autres termes, il faut d'abord avoir la volonté de résister, puis les moyens logistiques nécessaires, qui font l'objet d'un examen considérablement détaillé dans la suite du texte.

Il faut accumuler des provisions pour plus d'une année, y compris pour les non-combattants ; si cela se révèle impossible en raison du manque de ressources financières apportées par l'État pour acheter ces provisions, de mauvaises récoltes, d'un manque de moyens de transport ou du pillage ennemi, les marchands et les habitants les plus riches doivent contribuer à la distribution, destinée à l'ensemble de la population, d'approvisionnements pour un mois en blé, orge et légumineuses provenant des magasins publics et privés. Mais le plus grand remède est d'organiser l'évacuation « des vieillards, des malades, des enfants, des femmes, des mendiants » vers un lieu plus sûr et, peut-on penser, mieux approvisionné[30].

Il est également prescrit de faire périr les « bêtes de somme [ânes], les chevaux et les mulets, ainsi que tout ce qui n'est pas essentiel pour l'armée [?] », parce qu'ils deviennent « des facteurs de perte pour les villes assiégées, [en] épuisant les provisions[31] ».

Contrepartie des provisions à constituer, on doit en priver l'ennemi en moissonnant les champs « même s'il est trop tôt dans la saison, faire disparaître tout ce qui peut lui être utile… le bétail sur pied, bien sûr, mais aussi les habitants que l'on doit éloigner… et il est nécessaire d'empoisonner les cours d'eau, les lacs et les sources locales… Il est nécessaire d'empoisonner les cours d'eau en amont des camps à l'heure du repas de midi, afin que, au moment où la chaleur est la plus brûlante sur leurs corps épuisés par les fatigues et où les ennemis ont soif, l'eau… les anéantisse totalement[32] ».

Baies, racines et graines vénéneuses abondent dans les régions méditerranéennes, comme ailleurs, mais seules quelques-unes sont suffisamment toxiques pour être de quelque effet, sous forme diluée, dans l'empoisonnement d'eau ; l'une d'elles est la pseudaconitine ($C_{36}H_{49}NO$), un puissant alcaloïde que l'on trouve en fortes concentrations dans les racines des banales et jolies fleurs d'aconit.

L'auteur donne une longue liste des techniciens et artisans qui doivent rester dans la ville et commencer à fabriquer boucliers, flèches, épées, casques, lances, javelots et artillerie de siège : *tetrareai, manganika, elakatai, cheiromangana* – tous termes difficiles à interpréter d'une manière certaine mais qui doivent faire référence aux types connus d'engins lanceurs de pierres et tireurs de flèches[33]. Également nécessaires étaient les dispositifs permettant de faire tomber des pierres au bas des murailles grâce à des poutres de bois en porte à faux fixées au parapet, les grappins de fer ainsi que les *epilorika*, des surcots que nous avons déjà rencontrés, et les protections de tête en feutre épais, *kamaleukia*, que l'on utilisait pour remplacer les casques de métal plus coûteux.

La fabrication de tous ces équipements exigera des matières premières : du fer, du bronze, de la poix sèche et humide, du soufre, de l'étoupe, du lin, du chanvre, des torches en bois de pin, de la laine, du coton, de la toile de lin, des planches, des boisages, des cornouillers (essentiels pour fabriquer des piques robustes, les *menavlia*) – le texte ajoutant dans certains cas les quantités nécessaires déterminées selon des critères standard : dix javelots par lanceur de javelot ; cinquante flèches par archer (un nombre bien inférieur aux conditions en vigueur lors des campagnes, mais lors des sièges, les archers pouvaient viser de manière plus précise) et cinq lances (ici les *kontaria*, et non les plus lourdes *menavlia*) pour chaque titulaire de cette arme[34]. L'auteur suppose que l'on se trouve dans une région bien boisée, car chaque habitant est menacé de mort (!) s'il ne parvient pas à rassembler et à stocker assez de bois à brûler pour couvrir toute la durée spécifiée ; il enjoint aussi de rassembler des broussailles et des branches de saule pour tresser les *laisai*, des panneaux de protection servant d'écrans contre les flèches.

Dans cette énumération qui revient à une véritable liste de contrôle, l'auteur préconise une mesure de précaution essentielle : il faut rechercher et s'assurer de bien fermer tous les tunnels quels qu'ils soient, comme des aqueducs ou des égouts oubliés, qui pourraient compromettre la défense entière de villes fortifiées subissant un siège – les exemples de Césarée de Cappadoce, de Naples (d'après Procope) et de l'ancienne Syracuse sont ainsi mentionnés.

Par contraste, il est nécessaire de percer les remparts de nombreuses meurtrières, non seulement pour tirer des flèches mais aussi pour permettre aux défenseurs de pousser les échelles en arrière avec des hampes de lances[35].

Il faut également un fossé rempli d'eau, c'est-à-dire une douve, ou mieux, deux ou trois successives, chacune dotée de sa propre palissade et de son ouvrage avancé (constitué avec la terre rejetée en creusant le fossé), d'une utilité toute particulière en l'absence de cavalerie à l'intérieur de la ville qui ait besoin de pouvoir franchir le fossé pour effectuer des sorties.

Mais, s'il y en a une, il sera nécessaire de prévoir des solides ponts de chêne[36].

Des cloches seront disposées à l'extérieur du périmètre fortifié en guise de sonnettes d'alarme pour signaler des incursions furtives – dans l'éventualité où les gardes ne pourraient en rendre compte d'une manière discrète, par négligence ou trahison (!), une préoccupation récurrente dans ce texte. Dans l'éventualité de festivités – qui ne seraient manifestement pas entièrement consacrées à des dévotions d'une sobriété exemplaire –, le général en personne doit superviser les veilles. Un bon conseil, en effet.

Vient ensuite l'entraînement de la garnison. On y trouve un conseil analogue à celui du *Strategikon*, sinon qu'il porte bien à propos l'accent sur les projectiles : *riktaria* (javelots), pierres à envoyer à la main (assez efficaces sous l'effet de la gravité), frondes et artillerie tirant des flèches et lançant des pierres.

La guerre de siège ne doit pas seulement être menée de manière réactive, pour repousser les attaques ; l'auteur recommande de poster des groupes en embuscade à l'extérieur des portes, en profitant, comme on peut le supposer, de moments où elles ne sont pas investies de trop près par l'ennemi, et, sur une plus large échelle, de disposer des forces d'infanterie et de cavalerie à l'écart « en des endroits appropriés » – dans les montagnes, est-il plus loin précisé, qui offrent des positions bien dissimulées ainsi que des obstacles –, d'où elles peuvent descendre pour « atteindre l'ennemi et lui interdire de poursuivre le siège en toute impunité[37] ».

Ces forces peuvent également s'associer avec des alliés à l'approche ou bien attaquer les convois de l'ennemi qui apportent de la nourriture aux assiégeants. Mais si tout se passe bien au point d'être réellement en mesure d'encercler et d'attaquer le camp de l'ennemi, on retrouve alors la marque particulière qui singularise les Byzantins : au lieu de pousser à une bataille d'anéantissement dans le style romain classique, l'auteur écrit qu'« il est nécessaire de laisser à l'ennemi un espace par lequel il pourra facilement s'échapper, afin d'éviter que, complètement encerclé et ne voyant aucune possibilité de salut, il ne résiste jusqu'à la mort[38] ».

L'auteur décrit ensuite les tactiques de raids, les sorties secrètes par des tunnels pour attaquer par surprise l'ennemi, les sorties discrètes par les poternes et d'autres manœuvres de ce genre, supposant toutes un siège qui prend son temps, puis décrit comment combattre avec vaillance sur les murailles. Il aborde alors l'investissement rapproché de la ville et ses aspects beaucoup plus inquiétants : « Et s'il survient – et je prie pour que cela n'arrive jamais – que les fossés soient comblés et qu'ils fassent avancer les béliers devant le rempart, construisez un mur supplémentaire ; car il n'existe rien qui puisse résister à la force du bélier en mouvement[39]. »

Excellent conseil, en effet – s'il est possible de construire suffisamment vite un nouveau mur, de préférence précédé d'un nouveau fossé, à l'abri de lourdes protections tressées pour que les constructeurs puissent œuvrer sans être atteints par les flèches. Mais l'auteur rappelle alors les remèdes standard : des sacs remplis de paille pour absorber les impacts, des grappins de fer pour faire dévier le bélier, des cordes à crochets pour hisser la poutre du bélier, des lourdes pierres, des siphons à feu grégeois[40].

Lors de la capture de Thessalonique en 904, les remparts côté mer furent directement attaqués par des navires équipés d'artillerie et d'échelles avec mécanisme d'élévation. Face à ces dernières, l'auteur recommande les remèdes d'Archimède décrits par Polybe : de puissants engins lanceurs de pierres pour atteindre les navires à l'approche, puis de lourdes pierres que l'on fait choir depuis le haut des murailles côté mer grâce à des poutres en surplomb des murailles lorsque les navires sont arrivés à portée, des treuils avec grappins pour soulever les navires au-dessus du niveau de l'eau, et, bien entendu, des flèches contre les marins sur les ponts, divers sujets dont il a été pareillement question dans les *Parangelmata poliorcetica* de Héron[41].

L'auteur n'est nullement rebuté par le caractère antique de ces remèdes – bien au contraire, il interrompt les longues narrations tirées de Polybe (siège de Syracuse), d'Arrien (sièges de Tyr et de Sogdiana) et de Josèphe (siège de Jérusalem), pour affirmer que ces remèdes fonctionneraient encore mieux qu'aux époques anciennes où ils ont été mis en œuvre, parce que les ennemis de son temps (« les peuples étrangers de notre époque ») sont des guerriers moins accomplis que leurs prédécesseurs des temps d'Alexandre ou de Titus, qui étaient capables de monter des sièges à une échelle bien plus grande[42]. L'auteur y trouve des éléments de nature à rassurer les défenseurs contemporains de villes assiégées : malgré toute l'énergie et l'habileté déployées par les assiégeants de l'Antiquité avec leurs meilleurs efforts, les assiégés n'en furent pas moins capables de résister à maintes reprises.

À l'évidence, l'auteur cherchait avant tout à améliorer le moral. Ce qui, en soi, dénote un objectif très pratique. Il ne s'agissait pas d'un exercice littéraire, malgré les très longues citations qu'il fait d'anciens auteurs révérés ; il n'était pas non plus question de jouer aux soldats – un sentiment d'urgence se dégage de ce texte assez mal organisé.

Un texte bien plus court du Xe siècle consacré à la guerre de siège défensive, pour la première fois édité et publié par Dain sous le titre *Mémorandum inédit sur la défense des places*[43], emprunta également à la même source perdue que le *De obsidione toleranda*, d'après Dain.

Au vrai, cet ouvrage sévère à vocation strictement pratique donne tout à fait au lecteur l'impression d'être une série d'extraits d'un ouvrage plus complet. Sans prologue ni récits intercalés d'anciens sièges, il se réduit à une succession assez brute de trente-deux injonctions (« Sachez que », « Ayez bien conscience de… ») concernant un grand nombre de sujets. Parmi eux, on relève ainsi l'entraînement d'ouvriers « qui sont utiles à une ville assiégée », la préparation de l'artillerie et de réserves de flèches, l'accroissement de la hauteur des murailles sous la protection des *laisai* antiflèches, l'emploi de mâts de navires ou de grandes hampes attachées ensemble pour empêcher les navires ennemis d'approcher les remparts côté mer[44], ou encore la nécessité pour le général de faire le tour de la muraille quand elle subit une attaque, avec un contingent d'élite (« de vaillants soldats ») comme force de réserve opérationnelle personnelle « afin d'apporter de l'aide à une section en difficulté[45] ».

Nous touchons là précisément l'une des vérités éternelles de la guerre qui mérite d'être fréquemment réaffirmée, parce qu'elle va à l'encontre de l'intuition. Tout siège implique que les assiégeants constituent une force plus puissante que les assiégés ; dans le cas contraire, ces derniers sortiraient de la ville pour repousser les attaquants. Malgré cela, le général est censé affaiblir une garnison déjà faible en en retirant des soldats d'élite pour former sa réserve mobile personnelle.

Cette injonction contraire à la logique n'a de sens que dans une approche dynamique : en arrivant avec sa réserve opérationnelle sur les secteurs de la muraille soumis aux attaques les plus vigoureuses, le général peut s'opposer à la puissance concentrée de l'ennemi en améliorant l'équilibre des forces en faveur des assiégés sur le secteur concerné. Il y a également une dynamique psychologique : au moment précis où la poussée de l'ennemi contre la muraille semble sur le point de l'emporter, avec pour effet d'enhardir les attaquants et d'intimider les défenseurs – accentuant encore le déséquilibre des forces sur ce point en défaveur de ces derniers –, le général arrive avec ses vaillants soldats pour renverser la situation d'un point de vue psychologique aussi bien que matériel.

D'autres injonctions concernent les engins de siège, certains aussi simples que de lourds poteaux bien ancrés dans le sol et taillés en pointes pour « interdire l'approche des machines[46] », l'entraînement pour accoutumer les soldats au combat nocturne (à ne surtout pas tenter sans cet entraînement préalable), la nécessité de l'action offensive même sur petite échelle, l'utilité de portes de fer verticales à laisser tomber soudainement pour piéger l'ennemi au-dessous et l'attaquer, la nécessité d'enfermer les femmes dans leurs maisons « et de ne pas laisser leurs larmes affaiblir la détermination des hommes au combat ». Les sources rapportent pourtant de fréquents épisodes qui virent les femmes participer de manière active à d'anciens sièges, exécutant toutes les tâches possibles depuis le creusement de tranchées et le jet de pierres jusqu'à leur exposition directe et spontanée aux périls pour accabler de sarcasmes les attaquants.

On trouve aussi la nécessité de parer au creusement de tunnels par l'ennemi – avec la recommandation d'un procédé assez douteux reposant sur l'utilisation de fines plaques de bronze pour amplifier les bruits : « [le général] doit placer son oreille contre elles pour écouter[47]. »

Une dernière injonction concerne la nécessité de garder un œil sur les secteurs les plus résistants du périmètre – ainsi que sur les plus faibles – où les fortifications semblent les plus redoutables, « parce que de nombreuses villes ont été prises en des endroits inattendus des murailles[48] ».

Il n'existe qu'une édition moderne partielle de l'*Apparatus bellicus*, une autre compilation du Xe siècle qui inclut vingt larges extraits de Julius Africanus[49] ; ce n'était que l'un des textes qui fut écrit et, peut-on penser, lu à l'époque. La plus grande partie de leurs contenus ne sont que des extraits, des paraphrases ou des travaux préparatoires d'écrits plus anciens, mais ils n'en constituent pas moins des témoignages de la vitalité de la culture militaire byzantine.

Chapitre 13

LÉON VI ET LA GUERRE NAVALE

Pour écrire son texte consacré à la guerre navale (constitution XIX), Léon se plaignit de ne pouvoir disposer d'aucun texte ancien à imiter et d'être ainsi contraint de s'appuyer sur les connaissances pratiques de ses commandants de la flotte.

Il serait difficile de trouver un meilleur exemple de la servilité textuelle – si l'on me permet l'expression – caractérisant l'esprit byzantin, qui coexistait avec un très grand pragmatisme, voire, de fait, avec une certaine transgression. (Léon lui-même, exemple fameux dans l'histoire, prit sa concubine Zoé Carbonopsine – « aux yeux noirs comme du charbon » – pour quatrième épouse, au mépris du droit canon, afin de donner légitimité à son fils, futur Constantin VII Porphyrogénète – sans doute né dans la chambre impériale mais d'une mère non mariée.) Péché plus grand encore, peut-être, Léon revendiqua d'une manière abusive l'invention de la grenade à main, c'est-à-dire du feu grégeois en pot, sur lequel nous reviendrons plus loin dans le détail.

La substance de la constitution XIX commence avec un écho de Syrianos Magister : le commandant est invité à étudier la théorie et la pratique de la navigation, y compris l'art de prévoir les vents par l'observation du mouvement des corps célestes – une prévision précise des vents eût véritablement constitué une information des plus précieuses, mais elle était impossible à obtenir par la méthode recommandée.

Suivent des généralités sans intérêt sur la manière de construire les navires de guerre, ni trop étroits ni trop larges. Du VIe au Xe siècle et même plus tard, il s'agissait du *dromon* (littéralement « coureur ») dans l'une de ses nombreuses versions, qui avaient toutes pour caractéristiques communes un seul mât, deux ponts, une double propulsion par rame et voile et l'absence de pont au-dessus du banc de rameurs supérieur (*aphrakton*[1]).

Les modèles standard allaient de vingt-cinq à trente-six rameurs de chaque côté sur chaque pont et pouvaient même monter jusqu'à cinquante rameurs, soit jusqu'à deux cents au total ; une centaine d'autres hommes pouvaient également être à bord, pour l'essentiel des fantassins entraînés au combat sur mer (des « *marines* ») ainsi que le capitaine du vaisseau et les officiers. Il est toutefois vraisemblable qu'un navire plus petit, appelé *ousakios*, avec une centaine de rameurs, comme le suggèrent son nom et un contingent de *marines* de trente ou quarante hommes, était plus commun – cela s'expliquant surtout par le fait que les rameurs du pont supérieur étaient également en situation de combattre, à la différence des rameurs du pont inférieur, qui ne pouvaient tout au plus que pousser des lances par les sabords de nage pour endommager les coques ennemies quand elles se trouvaient à portée.

Il existait également des navires à deux ponts nettement plus légers et rapides que l'on utilisait pour la reconnaissance et les raids, ainsi que de petites galères (*galea*) avec un seul banc de rames.

Des deux côtés, les passages et les places de rameurs étaient protégés par des boucliers détachables ; les rameurs maniaient leurs rames directement au travers de la coque sans l'aide d'un porte-nage ni la protection d'un coffrage pour leur rame. À compter du VIIe siècle, on remplaça les voiles carrées par le gréement à voile latine. Il existait encore des navires à éperon d'étrave à l'époque de Léon VI, qui furent peu à peu remplacés par des éperons émergés – par lesquels les soldats de marine pouvaient passer sur les vaisseaux ennemis –, mais le combat naval se déroulait surtout par armes de jet : les soldats de marine pouvaient tirer leurs flèches du haut d'un *xylokastron* (« château de bois ») situé près du mât ; il y avait également sur chaque navire un ou plusieurs engins lanceurs de pierres, ainsi que le *hugron pur* – « feu liquide » ou « feu grégeois » (c'est-à-dire « grec ») – lancé par flacons enflammés, ou projeté par des siphons à piston, voire à pompe.

Le feu grégeois

Dans les romans historiques, et même dans une certaine historiographie de médiocre réputation, le feu grégeois apparaît comme une arme mystérieuse et des plus redoutables, une technologie secrète que les Byzantins étaient les seuls à maîtriser et que nul autre peuple ne put jamais imiter, peut-être même jusqu'à nos jours.

Certains Byzantins au moins, ou peut-être un seul, faisaient semblant de croire à ce mythe. Dans le *De administrando imperio*, le manuel sur l'art de gouverner attribué à l'empereur Constantin VII Porphyrogénète (913-959), le texte suggère de donner une réponse pompeuse et mensongère – un mensonge éhonté – s'il venait à l'esprit de quelque nation étrangère de demander communication de ce secret pour bénéficier « du feu liquide que l'on crache [par siphons] ».

> Dieu le révéla et l'enseigna par un ange au grand et saint Constantin, le premier empereur chrétien, et à ce sujet…, comme nous le savons avec certitude par le témoignage fidèle de nos pères et grands-pères, le même ange lui confia la lourde responsabilité de s'assurer qu'il ne serait fabriqué que par des chrétiens et dans la ville qu'ils gouvernent [c'est-à-dire Constantinople], et nulle part ailleurs au monde, ainsi que de s'assurer qu'il ne serait envoyé ni enseigné à aucune autre nation quelle qu'elle fût. Et pour que ces prescriptions fussent confirmées auprès de ses successeurs, ce grand empereur fit inscrire des imprécations sur l'autel sacré de l'église de Dieu [Sainte-Sophie] à l'encontre de quiconque oserait livrer ce feu liquide à une autre nation : il serait privé du droit d'être appelé chrétien et considéré comme indigne de quelque rang ou emploi que ce fût ; dans l'hypothèse où il serait titulaire d'un rang ou d'un emploi, il en serait immédiatement chassé, il serait frappé d'anathème et l'on ferait de lui un exemple à tout jamais, fût-il même empereur ou patriarche… Et il adjura tous ceux qui éprouvaient ferveur et crainte à l'égard de Dieu à être prompts à partir avec lui[2].

Il est tout à fait singulier de rencontrer une ordonnance de régicide rédigée de la main même d'un empereur, ou de celle de ses fidèles scribes ; cela semblerait apporter une confirmation supplémentaire de l'importance exceptionnelle du feu grégeois, ainsi que du monopole absolu de sa possession par les seuls Byzantins. En réalité, dès l'époque de la rédaction de ce texte, le secret était éventé.

La première utilisation du feu grégeois d'après les sources subsistantes est rapportée dans la *Chronique* de Théophane sous l'année 6164 depuis la création, c'est-à-dire 671-672. De grandes flottes arabes convergeaient alors vers Constantinople :

> Constantin, que nous avons mentionné [il s'agit de Constantin IV, 668-685], dès qu'il fut informé d'une expédition aussi considérable des ennemis de Dieu contre Constantinople, fit construire de grandes birèmes portant des chaudrons de feu et des dromones équipés de siphons [pour projeter le feu liquide[3]].

Sous l'année 6165, c'est-à-dire 673-674, Théophane aborde également les origines de l'invention :

> Kallinikos, un architecte originaire d'Héliopolis [aujourd'hui Baalbek au Liban, alors depuis peu sous domination arabe], alla trouver refuge auprès des Romains et fabriqua un feu naval avec lequel il enflamma les navires des Arabes et les incendia avec leurs équipages. De cette manière, les Romains revinrent victorieux et acquirent le feu naval[4].

Mais, à en croire la chronique en syriaque du patriarche jacobite Michel, Kallinikos – décrit comme un charpentier – fit pour la première fois usage de son invention l'année précédente en Lycie, dans le sud-est de l'Anatolie :

> [Il] conçut une substance enflammée et mit le feu aux navires arabes. Ce feu lui permit de détruire le reste de ceux qui prirent en toute confiance la mer ainsi que tous ceux qui se trouvaient à leur bord. Depuis lors, le feu inventé par Callinicus, appelé naphte (signifiant « pétrole » en arabe), est resté constamment en usage chez les Romains[5].

Si l'on met de côté tous les mythes à son sujet, y compris ceux que répètent sans esprit critique certains ouvrages modernes, cinq points sont solidement acquis concernant le feu grégeois, dont le nom a fait également l'objet d'une clarification récente au moyen de l'expérience par un éminent byzantiniste qui réussit à incendier un inoffensif bateau à voile[6].

Premier point, le feu grégeois continuait à brûler au contact de l'eau de mer. Ce point est bien connu depuis le rapport digne de foi de Liutprand de Crémone (*Antapodosis*, colonnes 833-834) ; les Rus' de Kiev qui abandonnèrent leurs navires durant l'attaque manquée du prince Igor contre Constantinople en 941, écrivit-il (lui-même se trouva sur les lieux huit ans plus tard), « brûlèrent en nageant dans les vagues ». Nul besoin de composés magiques pour l'expliquer : le pétrole brut brûlera d'une manière persistante dans l'eau si on l'a au préalable enflammé ; il n'existe aucun doute sur sa disponibilité, car il suinte à la surface sur le rivage de la Caspienne, une région tout à fait à la portée des commerçants byzantins même lorsqu'elle se trouvait au-delà des limites directes de la puissance de Byzance. Les habitants de cette région creusaient des puits peu profonds pour l'extraire plus commodément. On lit, dans le *De administrando imperio*, une liste de localités où se trouvent « des puits donnant de la *naphta* » – c'est-à-dire du pétrole brut (et non la fraction distillée légère qu'on appelle de nos jours « naphte[7] »).

De plus, il a été suggéré que le feu grégeois s'enflammait tout seul au contact de l'eau. Cela aurait pu être vrai s'il contenait plutôt du sodium pur (Na) ou du peroxyde de sodium (Na_2O_2), qui ont tous deux une réaction violente à l'eau pour former de l'hydroxyde de sodium (NaOH) tout en dégageant une chaleur intense. Les composés du sodium sont aussi communs que le sel ordinaire (NaCl), mais nous n'avons aucune preuve que la chimie byzantine était parvenue à un stade lui permettant d'extraire du sodium sous forme de métal pur ou de son peroxyde.

Il a également été suggéré que le pétrole était mélangé à de la résine de pin pour le rendre plus visqueux et « collant », constituant ainsi une forme de napalm[8]. Dans la préparation du napalm moderne – ce que l'on peut faire tranquillement chez soi –, on ajoute de l'huile de palme ou d'autres huiles aux gels de gazoline beaucoup plus légers pour rendre l'ensemble plus collant, mais le pétrole brut est déjà bien assez visqueux sans ajout nécessaire de résine.

Si la résine était utilisée, il est plus vraisemblable de penser qu'elle servait seulement à faciliter l'inflammation : si le pétrole brut dégage, une fois enflammé, des flammes très vives en brûlant, il ne s'enflamme en effet pas aussi facilement que ses fractions plus légères, comme la gazoline. Avec de la résine, en outre, la température de la flamme est plus élevée.

Deuxième point, tous les récits concordent sur le fait que le feu grégeois était principalement projeté contre ses cibles au moyen de siphons – des tubes dotés d'un piston interne poussé vers l'avant pour expulser le liquide par un tuyau. Pour y parvenir, toutefois, il fallait d'abord chauffer le liquide – confirmation qu'il consistait entièrement ou largement de pétrole brut, qui est trop visqueux pour être expulsé d'une manière efficace à moins d'être préalablement chauffé, tout comme, dans les pipelines modernes, on chauffe le pétrole pour faciliter son écoulement s'il est trop pâteux. Par conséquent, l'emploi du feu grégeois exigeait de chauffer les réservoirs le contenant par des feux entretenus à l'intérieur de la coque non loin des siphons – une affaire délicate dans des navires de bois.

Troisième point, l'association entre la portée très faible des siphons – avec la technologie d'un pistolet à eau d'enfant, une portée de 20 *yards* serait déjà élevée – et la probable nécessité d'une inflammation du fluide exigeait des mouvements d'approche précis des navires ennemis à une distance suffisamment réduite, tout en restant juste au-delà de la portée d'un abordage –, ainsi que des eaux très calmes. Là encore, le récit de Liutprand nous en apporte un témoignage (*Antapodosis*, 833 et suivants) : « Dieu… souhaita… honorer par la victoire ceux qui… le vénéraient. Il fit donc tomber les vents et apaisa la mer. Car s'il en avait été autrement, il aurait été difficile aux Grecs de lancer leur feu. »

Quatrième point, il s'ensuit que le feu grégeois était principalement efficace dans les eaux plus calmes de la mer de Marmara, et non en haute mer, tout particulièrement lorsque les Byzantins étaient dans une situation d'infériorité numérique trop marquée pour l'emporter par l'éperon, par l'envoi de projectiles ou par l'abordage. Par conséquent, le feu grégeois était principalement efficace comme arme défensive contre des ennemis suffisamment puissants pour s'attaquer au cœur de l'Empire ; il l'était beaucoup moins comme arme stratégiquement offensive en haute mer contre des ennemis plus faibles. Ce qui restreint l'importance générale du feu grégeois et son rôle dans la puissance navale des Byzantins, lesquels devaient infiniment plus à l'héritage des solides traditions romaines.

Cinquième point, enfin, le secret du feu grégeois ne fut pas longtemps conservé. Des sources arabes en font assez tôt état, et il fut employé durant la conquête arabe de la Crète vers 824-826[9]. On connaissait depuis toujours le pétrole, qui suinte à la surface du rivage de la Caspienne près de Bakou ainsi que dans la région de Kirkouk dans le nord-est de l'Irak moderne ; dès le IXe siècle, des érudits abbassides avaient traduit le traité technique remontant à l'époque hellénistique qui expliquait comment fabriquer des siphons, les *pneumatica* d'Héron d'Alexandrie. Ni le pétrole ni les siphons ne pouvaient rester un mystère pour les Arabes une fois faite la démonstration de leur utilisation en opération. Le feu grégeois comme les siphons apparaissent dans les sources comme ayant été employés par la flotte de Léon de Tripoli lors de l'assaut contre Thessalonique en 904, et sans doute étaient-ils déjà en usage auprès des Arabes longtemps auparavant[10].

Inversement, le fait que les républiques maritimes italiennes d'Amalfi, Gênes, Pise et Venise, entreprenantes et innovatrices, n'aient jamais adopté le feu grégeois constitue un indice révélateur de sa valeur militaire limitée, résultant de la portée réduite des siphons et de la difficulté à l'employer comme arme de jet.

Le dromon

Aux standards de l'époque, le *dromon* était un navire rapide et manœuvrable, grâce à son faible tirant d'eau et à sa structure légère.

Le vaisseau avait un franc-bord bas, descendant jusqu'à un mètre, et par conséquent de médiocres aptitudes à tenir la mer – des vagues de deux mètres pouvaient le submerger, ce qui n'était pas si rare en Méditerranée même lors des mois les plus chauds. Cela rendait dangereuse toute forme de traversée prolongée en haute mer à tout moment de l'année, et interdisait en pratique la navigation hivernale. La propulsion par rames pouvait être très rapide lors de courtes séquences d'effort maximal durant vingt minutes environ pour monter jusqu'à 10 nœuds, c'est-à-dire 11,15 *miles* ou 18,5 kilomètres par heure – ce qui pouvait se révéler très utile au combat. Il était possible de maintenir des vitesses de croisière à la rame allant jusqu'à 3 nœuds pendant au maximum vingt-quatre heures, en faisant se relayer les rameurs. À la voile, avec des vents arrière favorables, la vitesse était susceptible de dépasser 7 nœuds, mais l'avance était difficile en virant de bord vent debout en raison de l'absence de quille appropriée – de toute façon, avec un niveau du franc-bord et des sabords de nage aussi bas, un angle de gîte de 10 degrés suffisait à submerger le *dromon*.

Son dessin long, étroit et peu profond laissait peu d'espace à bord pour les approvisionnements, y compris l'eau, généralement nécessaire en grandes quantités. Il fallait prévoir au minimum un demi-gallon par homme et par jour, le double pour les rameurs soumis à un rythme accéléré. Il fallait aussi garder les ponts bien dégagés, ce qui interdisait d'y arrimer des réserves supplémentaires d'eau par temps chaud[11]. Compte tenu des incertitudes des vents, des courants et de l'action de l'ennemi, aucun capitaine prudent d'un *ousakios* (un *dromon* avec cent huit à cent dix rameurs et non une catégorie distincte de navire) ne pouvait quitter le rivage en emportant moins de 650 gallons d'eau, et de préférence le double. L'arrimage des réserves d'eau constituait donc la contrainte décisive pesant sur l'endurance des navires, avec une limite de dix jours à la mer au maximum, et plus souvent de sept ; dans le même temps, les Byzantins affichaient une forte préférence en faveur des routes longeant les côtes au détriment des traversées plus directes en haute mer, ce qui réduisait les distances à parcourir d'un point à un autre.

Le texte commence par une liste de contrôle de l'armement des navires (paragraphe 5), triviale mais essentielle comme le sont toujours les listes de contrôle[12] : « Il faut prévoir de rechange des gouvernes, des rames, des anneaux de nage, des cordages, des planches de bois, des mèches, de la poix, de la poix liquide et tous les outils nécessaires aux réparations à bord, parmi lesquels des haches, des forets et des scies. »

Le feu grégeois fait ensuite son apparition, mais, et c'est un point intéressant, pas parmi les éléments essentiels : le texte se contente de conseiller, comme étant opportun, d'avoir un siphon de bronze à la proue pour projeter le feu sur l'ennemi. Au-dessus du siphon, il doit y avoir une plate-forme dotée d'un parapet d'où des soldats bien entraînés peuvent combattre l'ennemi corps à corps en plus des envois de flèches normales et autres projectiles (flèches courtes, balles de fronde). Sur les grands navires, on doit également prévoir des tours de combat – et non un seul *xylokastron* – du haut desquelles les soldats peuvent projeter de grosses pierres, des masses d'arme bien aiguisées ou des pots de feu grégeois enflammé.

Dans sa définition d'un *dromon* standard pour sa marine, Léon précise qu'il faut prévoir au moins vingt-cinq bancs de rame de chaque côté sur les deux ponts, soit un total de cent rameurs. Chaque navire de guerre doit avoir son capitaine, son enseigne de vaisseau, deux pilotes et des commandants en second, ainsi qu'un assistant auprès du capitaine. L'un des deux derniers rameurs à l'arrière est en charge de la pompe, l'autre de l'ancre. Il doit y avoir un officier en armes à la proue pour diriger le combat de ce côté-là tandis que le capitaine – qui commande également la force de combat – doit rester à l'arrière, visible de tous à bord mais protégé des flèches. De cette position, il est en mesure de commander à la fois le combat et les manœuvres du navire.

On peut construire de plus grands navires avec deux cents hommes (voire davantage), comprenant cinquante rameurs sur le pont inférieur et cent cinquante hommes en armes pour combattre l'ennemi – mais ce nombre comprend vraisemblablement aussi une part de rameurs. On utilise des navires de guerre plus petits, très rapides, avec un seul banc de rame pour les opérations de reconnaissance et d'une manière générale quand la vitesse est nécessaire.

On doit armer des navires auxiliaires pour transporter cargaisons et chevaux. Ces derniers exigeaient des techniques particulières – treuils, ventrières pour éviter les blessures lors des traversées mouvementées, bandages, fourrage avec ajout d'huile d'olive –, toutes déjà très anciennes à cette époque : nous avons des témoignages de transports de chevaux spécialisés (*hippagogos*, *hippegos*) depuis 430 avant Jésus-Christ[13]. D'une manière plus générale, les vaisseaux de transport doivent emporter tout le matériel militaire afin d'éviter la surcharge des navires de guerre. Ils peuvent ainsi accueillir l'approvisionnement en nourriture, en armes (réserves de flèches en particulier) et autres articles indispensables à l'armée.

Il est nécessaire d'armer les navires auxiliaires non seulement pour la navigation, mais aussi d'arcs, de flèches et de tout ce qui peut se révéler utile à la guerre. Les rameurs du rang supérieur et tous ceux qui se trouvent près du capitaine seront armés de pied en cap avec boucliers, longues lances, arcs, différents types de flèches, épées, javelots, casques et armure corporelle ; ils doivent porter des casques de métal, des protections aux bras et un plastron, comme s'ils se trouvaient sur un champ de bataille. Ceux qui n'ont pas d'armure de fer devront fabriquer leur armure avec une double épaisseur de cuir bouilli ; ils tireront leurs flèches et lanceront leurs pierres de frondes sous la protection des soldats placés au premier rang.

Les combattants ne devront pas s'épuiser mais prendre un peu de repos entre les phases de combat, car l'ennemi s'en prendra aux soldats fatigués et les vaincra :

Les Saracènes (Arabes musulmans) commencent par résister à l'assaut. Ensuite, quand ils voient leur ennemi fatigué et à court d'armes, de flèches, de pierres ou d'autres équipements utiles au combat, ils prennent de l'audace et passent à l'attaque avec une grande force d'impulsion en formation serrée, épées et longues lances en main.

Le texte enjoint au commandant à qui il s'adresse du début à la fin de s'assurer avec vigilance que les hommes disposent d'un bon niveau d'approvisionnement – dans une situation de privation, en effet, ils pourraient se rebeller ou engager des mesures d'extorsion à l'encontre des villes et populations de l'Empire. Si possible, le commandant devra ravager le territoire de l'ennemi pour rassembler en abondance la nourriture nécessaire à ses hommes.

La justice constitue un souci majeur pour les hommes : le commandant est responsable de l'équité des chefs placés sous sa responsabilité. D'un autre côté, aucun ne doit rendre ses conditions de service plus faciles en donnant des cadeaux, pas même les présents les plus ordinaires. « Que peut-on dire de votre dignité si vous songez à des cadeaux ?, écrit Léon. N'acceptez jamais de cadeaux pour quelque raison que ce soit de la part des hommes placés sous vos ordres, qu'ils soient riches ou pauvres. »

La constitution XIX, section 22, nous apprend qu'il existait une flotte impériale basée à Constantinople, dont les commandants dépendaient d'un seul commandant en chef, ainsi que des flottes thématiques particulières. Mais leurs commandants – les drongaires du thème des Cibyrrhéotes et des autres thèmes maritimes – servaient également sous les ordres du commandant de la flotte impériale.

Léon rappelle sur ce point que les drongaires n'étaient autrefois en charge que des navires auxiliaires, mais que ce rang recouvre maintenant le commandement de l'ensemble de la flotte thématique.

Dans la meilleure tradition romaine, l'auteur préconise de vigoureux exercices d'entraînement à la guerre pour les soldats de marine avec boucliers et épées, ainsi que pour les navires en alternant lignes de bataille, formations serrées et attaques mutuelles de front : les navires devront s'exercer à toutes les manières de combattre que l'ennemi voudra adopter, afin que leurs équipages s'habituent aux cris et clameurs du combat et n'abordent pas un véritable affrontement en situation d'impréparation.

Dans la disposition du camp – les équipages devaient dormir à terre, comme nous l'avons vu, pour bénéficier d'une bonne qualité de sommeil –, l'auteur enjoint au commandant de s'assurer que les hommes prennent leur repos d'une manière ordonnée, sans crainte de l'ennemi, et sans rien toucher qui appartienne à la population indigène.

La suite se fait l'écho du conseil que donne tout manuel byzantin : le commandant doit éviter la bataille. L'ennemi doit être attaqué par raids ou incursions plutôt que par la flotte entière ou une grande partie de la flotte, sauf urgente nécessité. Il faut éviter les engagements compliqués susceptibles de mener à une grande bataille – la fortune est inconstante et la guerre est faite d'inconnues. Le commandant ne doit pas se laisser provoquer au combat. Lorsque les navires de guerre sont très proches, il est parfois impossible d'éviter le combat ; le commandant doit donc garder ses navires à une certaine distance – à moins d'être certain de sa supériorité en nombre de navires, en armes embarquées, en courage et en préparation au combat des équipages.

Si le cours de la bataille l'exige, le commandant devra déployer ses navires de guerre en ordre ouvert sur des positions dispersées. S'il est convaincu que sa force est supérieure et par conséquent cherche la bataille, le commandant ne devra pourtant pas attaquer sur son propre territoire mais plutôt près du territoire ennemi, afin que ses ennemis préfèrent prendre la fuite vers leur propre pays au lieu de combattre[14]. Léon avertit le commandant que « tout soldat est peureux quand le combat est sur le point de commencer, et tenté de chercher sécurité dans la fuite en abandonnant ses armes ». Comme l'écrit Léon sur un ton lugubre, peu de Romains ou de barbares préfèrent la mort à une fuite dans le déshonneur et la honte.

La veille de la bataille, le commandant doit décider avec ses officiers de la ligne d'action à suivre et de la stratégie qui paraît la meilleure ; il doit ensuite s'assurer que le capitaine de son navire exécutera fidèlement ses ordres. Si par la suite l'action ennemie impose de modifier le plan établi, tous tourneront leurs regards vers le navire du commandant et devront se tenir prêts à recevoir tout signal nécessaire ; au signal, tous devront s'efforcer de remplir les instructions qu'il comporte.

Le commandant doit disposer du meilleur navire, d'une taille, d'une agilité et d'une solidité supérieures à celles des autres ; des combattants d'élite en assureront la sécurité. Ce navire bien choisi sera identifié comme étant un *pamphylos*, manifestement plus grand que le *dromon* ordinaire de l'époque. De la même manière, les commandants en second devront également choisir les meilleurs hommes et les garder sur leurs navires. Tous porteront leurs regards vers le navire du commandant en chef durant le combat, et recevront de ce navire leurs ordres pour appliquer le plan de bataille.

L'équipement de signalisation devra être disposé à une certaine hauteur sur le pont, avec un drapeau, une torche ou tout autre procédé permettant de communiquer les instructions à suivre, afin que les autres soient en capacité de recevoir le signal correspondant aux manœuvres voulues, à la décision de combattre ou de se retirer du combat, à la nécessité de déployer largement la flotte à la recherche de l'ennemi ou de faire route le plus vite possible pour venir en aide à une garnison attaquée, à la nécessité de ralentir ou d'accélérer la vitesse, de préparer des embuscades ou de les éviter – tout cela permettant la bonne exécution des ordres signalés depuis le navire du commandant. Comme l'explique Léon, tout ce qui précède est nécessaire parce que, dès le début du combat, il ne sera plus possible de recevoir de commandements par la voix ni par trompette en raison des cris des hommes, des bruits de la mer et du fracas des navires.

Léon explique que le signal peut être présenté verticalement, incliné sur la droite ou sur la gauche, en mouvement, monté, descendu, enlevé ou modifié dans ses motifs et ses couleurs. Le commandant doit s'assurer que ces signaux soient bien familiers, afin que tous ses commandants subalternes (de flottille) et tous les capitaines des navires en aient une connaissance fiable, que tous comprennent la même chose au même moment et se tiennent prêts à reconnaître puis à exécuter les instructions qui leur sont signalées.

L'auteur aborde ensuite les tactiques. Le commandant doit déployer la flotte en formation de croissant de lune avec des navires de guerre de chaque côté aux cornes et les navires les plus puissants et les plus rapides en front au centre de la demi-lune. Le navire de commandement doit tout surveiller, faire passer les ordres, conduire les opérations et, si des renforts se révèlent nécessaires, envoyer du soutien à la partie concernée de la formation. La formation en croissant de lune, dit Léon, est d'une extraordinaire efficacité pour encercler l'ennemi. Parfois, le commandant sera capable de déployer la flotte pour former une ligne droite afin d'attaquer les navires ennemis à la proue et de les incendier avec les flammes des siphons à feu grégeois. Parfois, la flotte se déploiera en deux ou trois rangs en fonction du nombre de navires de guerre ; une fois l'ennemi engagé par le premier rang, le second attaquera la formation ennemie désormais plus resserrée depuis les flancs ou l'arrière, afin qu'elle ne soit pas en mesure de résister à l'attaque du premier rang.

Il faut parfois recourir à des stratagèmes. Lorsque les ennemis attaquent en voyant la taille modeste de la flotte byzantine, des navires rapides et agiles feront semblant de fuir ; l'ennemi les poursuivra à vitesse maximale sans les rattraper ; alors d'autres navires de guerre, avec des équipages frais, passeront à l'offensive et s'empareront des navires ennemis – même si les navires ennemis les mieux entraînés et les plus puissants en réchappent, on prendra ainsi au moins les plus faibles et les moins entraînés. Lorsque l'on combat jusqu'à la nuit avec l'ennemi en formation serrée, d'autres navires aux équipages frais, solides et d'excellente qualité, engageront à leur tour la bataille dans toute sa violence. Tout cela surviendra quand le commandant sera en mesure de dépasser l'ennemi en nombre comme en habileté au combat.

Suit un conseil sur la marche à suivre en situation d'infériorité numérique et qualitative – la condition normale des Byzantins sur mer à l'époque de la rédaction de l'ouvrage, car les flottes du jihad bénéficiaient des généreux financements assurés par les impôts et les dons en provenance du vaste arrière-pays passé sous la domination des musulmans.

Parfois, en faisant semblant de fuir avec des navires rapides, le commandant pourra inciter l'ennemi à les poursuivre dès qu'ils ont viré de bord. Dans l'agitation de la poursuite, l'ennemi rompra sa formation. Alors, en faisant demi-tour, le commandant attaquera l'ennemi désormais en file espacée et, avec deux ou trois navires contre chacun des navires ennemis, il l'emportera sans effort.

Le commandant, lui dit Léon, doit engager une bataille navale contre l'ennemi quand il a fait naufrage, ou se trouve affaibli par une tempête, ou encore lorsque l'on peut incendier ses navires durant la nuit ; le commandant doit attaquer quand les équipages ennemis sont partis à terre ou, plus généralement, chaque fois que les circonstances – quelles qu'elles soient – sont particulièrement favorables.

Cela revient implicitement à dire qu'en conditions normales le commandant ne doit pas engager de bataille – on retrouve là le conseil habituel aux Byzantins, tenant compte de l'impossibilité de livrer des batailles véritablement décisives. Les techniques, « mécanismes tueurs », comme on les appelle aujourd'hui, font l'objet des développements suivants. « Nombreux sont les moyens de détruire les navires de guerre et les marins que les experts de la guerre ont inventés dans le passé comme récemment, écrit Léon. Dans cette dernière catégorie se trouve le feu projeté par siphons qui incendie les navires avec flammes et fumée. » Des archers placés à la poupe et à la proue des navires peuvent également tirer de petites flèches connues sous le nom de « souris » (ou « mouches », *myes*). Certains, est-il également mentionné, conservent dans des récipients et envoient sur les navires ennemis des serpents venimeux, des scorpions et d'autres animaux dangereux qui mordront et tueront l'ennemi.

Cela n'a pas dû arriver souvent, selon toute probabilité, mais le procédé suivant est plus facile à mettre en œuvre : il consiste à envoyer des récipients remplis de chaux vive. Quand les récipients se brisent, un gaz s'en dégage qui peut suffoquer. D'autres projectiles mentionnés par Léon incluent des boules de fer garnies de clous pointus qui, envoyés sur des navires ennemis, peuvent sérieusement gêner la suite du combat. On doit envoyer sur les navires ennemis des récipients remplis de feu grégeois déjà enflammé ; en se brisant, ils allumeront des incendies sur les navires. Il est également indiqué au commandant d'utiliser des siphons manuels que les soldats peuvent cacher sous leurs boucliers de bronze ; bien remplis à l'avance de feu grégeois, ils permettent d'en projeter contre l'ennemi. Une approche différente consiste à employer des treuils pour faire tomber des charges, de la poix liquide brûlante ou d'autres matières préparées sur les navires de guerre ennemis après les avoir éperonnés.

Léon apprend au commandant qu'il peut détruire la flotte entière de l'adversaire en dirigeant une partie de ses vaisseaux tout près des navires ennemis, pour ensuite faire avancer d'autres vaisseaux qui les éperonneront par le côté opposé. La première partie de la flotte devra alors faire retraite lentement et l'abordage à l'éperon pourra ensuite envoyer par le fond les navires ennemis. Il est fortement conseillé au commandant d'être en alerte pour éviter de voir les mêmes procédés utilisés à son encontre. Les rameurs du pont inférieur peuvent également faire passer de longues lances par les sabords de nage. En outre, des outils et des pompes spéciales devront équiper les navires de guerre, avec pour objectif de remplir d'eau les navires de l'ennemi par le banc de rames inférieur.

Mais il existe des techniques plus mystérieuses que Léon ne souhaite pas préciser parce qu'elles sont trop sensibles :

> Il y a également d'autres stratégies de guerre inventées par les anciens qui, en raison de leur complexité, ne peuvent être que partiellement décrites ; et il vaut mieux ici ne pas les rappeler pour éviter qu'elles ne soient ainsi portées à la connaissance de l'ennemi, qui en ferait usage contre nous. Une fois connues, ces ruses de guerre peuvent être facilement comprises et étudiées de manière approfondie par l'ennemi.

Le texte fut, de fait, traduit en arabe[15]. Après avoir abordé dans le détail les grands navires, Léon VI expose la nécessité de disposer de petits. Il doit également y avoir des vaisseaux de guerre plus petits et plus rapides, écrit-il, en mesure de capturer les ennemis qui les poursuivent et d'échapper eux-mêmes, le cas échéant, à la capture comme aux attaques. Il faut garder ces navires en réserve pour des situations de combat particulières. Le commandant doit préparer des grands et des petits navires de guerre en fonction de l'ennemi à combattre.

Les flottes des Arabes musulmans et des Rus' de Kiev sont différentes : les Arabes utilisent des navires de guerre assez grands et lents, les Rus' des bateaux légers qui sont d'une taille modeste et agiles ; ils rejoignent en effet la mer Noire en descendant les fleuves par bateaux, ce qui leur interdit l'emploi de navires de grandes dimensions.

La suite se consacre au traitement de la main-d'œuvre, un point d'une importance toute particulière parce que les marins, et même des équipages de navires complets, peuvent facilement passer à l'ennemi – les Arabes musulmans avaient grand besoin de marins comme de soldats de marine et ils disposaient des moyens de les récompenser. À la fin de la guerre, le commandant est censé distribuer le butin d'une manière égale, et préparer repas, banquets et festins. Il doit également récompenser avec des présents et des honneurs ceux qui se sont comportés en héros, et infliger de sévères punitions à ceux qui se sont comportés d'une manière inappropriée aux militaires.

La conclusion revient une fois de plus sur l'importance du facteur humain : Léon avertit le commandant qu'un grand nombre de navires lui seront d'un faible avantage si leurs équipages manquent de courage, même si les ennemis sont, eux, peu nombreux mais vaillants. Il lui est rappelé que la guerre ne se mesure pas en nombre d'hommes : « Quels terribles maux quelques loups peuvent-ils faire subir à un troupeau de moutons ? »

La force navale dans la stratégie byzantine

Sur terre, même les troupes les mieux entraînées avec les meilleures tactiques pouvaient se faire écraser par un simple rassemblement de guerriers, s'il était d'une taille suffisante. Il n'en allait pas de même sur mer, où aucun navire de guerre ne peut avoir la moindre efficacité sans le minimum requis de travail d'équipe bien répété, et où une flotte bien exercée pouvait l'emporter contre n'importe quel nombre d'embarcations ennemies manœuvrées d'une manière incompétente ou mal équipées.

L'avantage qualitatif de la marine impériale était donc plus important que celui de l'armée – l'une et l'autre pouvaient être d'une qualité supérieure, mais seule la marine était susceptible de voir cette supériorité relative aboutir à la destruction absolue de l'ennemi.

C'était un avantage significatif parce que les grandes régions de l'intérieur des terres dans l'Empire, au premier chef l'Anatolie et les Balkans après la perte de l'Égypte, revêtaient une importance économique et politique bien inférieure aux plaines côtières ainsi qu'aux villes côtières, parmi lesquelles Constantinople bien entendu, les vastes îles de Crète, de Chypre et de Sicile, les nombreuses petites îles de la mer Égée et les promontoires montagneux d'accès très difficile sinon par la mer.

En outre, le voyage par la route terrestre le long des plaines côtières était d'une longueur interminable, en raison de tous les tours et détours des rivages avec leurs golfes, baies et bras de mer, ou parce que les distances – même linéaires – étaient tout à fait considérables : au VIe siècle, lorsque les conquêtes de Justinien avaient étendu la portion du rivage sud de la Méditerranée que détenait originellement l'Empire au-delà de Cyrène (est de la Libye actuelle) pour couvrir tous les territoires vers l'ouest jusqu'à Tingis (Tanger), lui donnant ainsi l'entière côte d'Afrique du Nord, il eût fallu au moins trois mois pour parcourir à pied les quatre mille et quelques kilomètres, et il eût été d'un coût ruineux ou simplement impossible de transporter des marchandises aussi loin par chariots ou mulet de bât. À l'exception de l'encens et des épices, des pierres précieuses et d'autres biens comparables, tout commerce dépassant une portée très locale était susceptible d'emprunter la voie maritime – et la navigation dans des conditions de sécurité raisonnable exigeait de disposer d'une marine.

Mais la sécurité était une denrée impossible à obtenir en mer. En 960, la Crète serait reprise aux musulmans par le futur empereur Nicéphore Phocas, mais deux expéditions précédentes, en 911 (probablement d'abord tournée contre la Syrie) et 949, se terminèrent par une défaite. Il se trouve que les rôles de leurs équipages sont parvenus jusqu'à nous sous la forme d'appendices au recueil aujourd'hui connu sous le titre de *Livre des cérémonies* (*De cerimoniis*), établi par Constantin Porphyrogénète ; elles nous donnent quelque idée de la capacité expéditionnaire de l'Empire à l'époque[16].

En 911 :

La flotte impériale : 12 000 marins et soldats de marine + 700 *Rhos* mercenaires de la garde (« Varègues »).

À envoyer par le stratège du thème des Cibyrrhéotes : 5 600 marins et soldats de marine + des réserves de 1 000 hommes.

À envoyer par le stratège de Samos : 4 000 hommes + réserves de 1 000 hommes.

À envoyer par le stratège des îles de la mer Égée (*Aigaion Pelagos*) : 3 000 hommes + réserves de 1 000 hommes.

Total des marins, soldats de marine et réserves : 28 300 hommes.

Navires impériaux : 60 dromons avec 230 rameurs et 70 soldats de marine chacun ; 20 grands *pamphyloi* avec 160 rameurs chacun, 20 petits *pamphyloi* avec 130 rameurs chacun[17].

Navires du thème des Cibyrrhéotes : 15 dromons du modèle indiqué ci-dessus ; 6 grands et 10 petits *pamphyloi*.

Navires du thème de Samos : 10 dromons du modèle indiqué ci-dessus ; 4 grands et 8 petits *pamphyloi*.

Navires du thème des îles de la mer Égée : 7 dromons du modèle indiqué ci-dessus ; 3 grands et 4 petits *pamphyloi*.

Du thème de l'Hellade : 10 dromons du modèle indiqué ci-dessus.

Armée des Mardaïtes : 4 087 officiers et soldats, 1 000 auxiliaires.

Le stratège des Cibyrrhéotes et le *katepano* (un rang en dessous de celui de *strategos*) des Mardaïtes doivent envoyer des navires de reconnaissance pour surveiller les ports de Syrie en vue d'apprendre au plus vite si une flotte se prépare à faire voile depuis ces bases (une flotte qui pourrait lancer une contre-attaque visant l'expédition, ou bien menacer les possessions impériales en d'autres points).

Le thème de Thrakesion doit fournir 20 000 *modioi* d'orge (également utilisé pour nourrir les chevaux), 40 000 *modioi* de blé et de biscuit, 30 000 *modioi* de vin et 10 000 animaux (moutons ?) à abattre, ainsi que d'autres approvisionnements.

Pour l'expédition de 949, on trouve une liste différente de navires et d'équipages, mais aussi une information détaillée sur l'équipement de chaque dromon qui manque dans la liste de 911 :

70 *klibania* (corselets sans manches – plastron à armure de lamelles).

12 *lorikia* (armure corporelle plus légère) pour les pilotes et les soldats affectés aux siphons à feu grégeois.

10 autres *lorikia*.

80 casques (ce qui suppose 80 soldats de marine à bord).

10 casques avec visière (pour les officiers ?).

8 paires de protections pour les bras, sous forme de tubes de métal, ainsi que pour les avant-bras (à destination des soldats affectés aux siphons à feu grégeois ?).

100 épées.

70 boucliers légers de toile.

30 boucliers de métal [*skoutaria ludiatika*[18]].

80 lances avec trident.

20 couteaux longs à lame légère pour le gréement [*longchodrepana*].

100 piques [*menavlia*].

100 lances de jet, javelots [*riktaria*].

50 arcs composés « romains ».

20 arbalètes.

10 000 flèches [il y a des réserves de flèches « impériales », en complément de l'équipement individuel ; 240 000 flèches étaient prévues pour l'expédition entière].

200 flèches courtes (« souris/mouches ») – ce chiffre est trop faible, 20 000 conviendraient mieux – utilisées pour harceler l'ennemi à une portée supérieure à celle des flèches normales.

10 000 chausse-trapes.

4 ancres avec chaînes.

50 surcots [*epilorika*] pour protéger les arcs des archers par temps humide.

50 drapeaux de signalisation [*kamelaukia*].

Équipement (carreaux, masses, chaînes…) pour l'artillerie : 12 *tetrareai, lambdareai* et *manganika*.

La suite comprend bien davantage d'informations dans les listes consacrées à l'expédition de 949, parmi lesquelles « autant de boucliers de cuir que

Dieu conseillera au saint empereur de fournir[19] », ainsi que des haches de bataille à double tranchant et à simple tranchant (à utiliser comme armes de jet), des siphons à feu grégeois, des matières travaillées – feuilles de plomb, peaux, clous, pièces de toile – et des matières brutes non travaillées pour le petit équipement qui sert tous les jours : du bronze, de l'étain, du fer, de la cire, du lin, du chanvre, des câbles à utiliser avec des outils (leviers, masses, pioches, épingles et pointes, agrafes, braseros, rondelles, colliers de serrage, mailles et d'autres encore, avec chaque fois les quantités précisées).

Le montant d'argent alloué à chaque article est également indiqué dans les listes ; il existait manifestement des bureaux administratifs au palais impérial qui disposaient de l'expertise technique nécessaire à l'établissement de listes d'inventaire très détaillées et complètes, ainsi que de l'expertise financière nécessaire pour connaître le prix de chaque article – par exemple 88 *nomismata* (frappés à 1/72 de la livre d'or) pour 122 cuirs de bœuf ou 5 *nomismata* pour l'achat de 385 rames.

La marine byzantine, avec ses galères et ses soldats embarqués, connut au cours des siècles des périodes de croissance et de décroissance selon un cycle habituel : se succédaient ainsi des périodes de sécurité maritime qui faisaient paraître superflus les coûts élevés de son entretien, l'arrivée désastreuse d'ennemis sur les mers et des efforts redoublés pour construire, armer et doter d'équipages de nouvelles galères, et ainsi de suite. Mais jusqu'à l'effondrement politique de la fin du XIIᵉ siècle, suivi de la conquête de Constantinople par les Latins en 1204, la marine byzantine traversa des cycles de grandeur et de déclin en conservant toujours une puissance suffisante dans les moments où elle était au plus haut point nécessaire.

Durant la grande crise de 626, quand les armées sassanides de Khosro II (Chosroès) avaient déjà conquis le Levant entier ainsi que l'Égypte, et menaçaient Constantinople depuis la rive asiatique, les Avars qui assiégeaient la formidable muraille de Théodose sur la rive européenne envoyèrent leurs sujets slaves avec leurs bateaux maniables dans la Corne d'Or pour attaquer le rempart côté mer et pour traverser le détroit jusqu'à la rive asiatique, dans le but de transporter des troupes sassanides pour participer à l'assaut de la muraille de Théodose. Selon Théophane, les *monoxyla*[20] des Slaves « remplirent le golfe de la Corne d'Or avec une multitude immense [de combattants slaves], innombrable, qu'ils avaient amenée du Danube[21] ».

Ils avaient dans leurs rangs des effectifs en grand nombre, mais il leur manquait la qualité. Les bateaux et leurs occupants se firent détruire par les éperons et les archers des galères byzantines. Au rapport de l'histoire arménienne de Sébéos :

Le roi des Perses... ordonna à son armée de traverser le détroit sur des navires vers Byzance. Après avoir armé [des navires], il commença à se préparer pour une bataille navale avec Byzance. Des forces navales sortirent de Byzance pour l'affronter et il se déroula une bataille sur la mer dont les Perses revinrent couverts de honte. Ils avaient perdu quatre mille hommes avec leurs navires[22].

Sébéos n'était pas un expert naval ; les Perses n'étaient pas non plus particulièrement intéressés par les sujets maritimes. Tous les véritables navires de quelque type que ce fût, par opposition aux bateaux locaux ou aux *monoxyla* slaves, auraient dû être saisis et mobilisés dans les nombreux ports du Levant et d'Anatolie dont s'étaient emparés les Perses à ce moment-là, en vue de la campagne ; mais nous ne savons pas d'une manière claire si les Perses procédèrent ainsi, ni, s'ils le firent, combien de navires furent concernés. Il est en tout cas peu vraisemblable que les Perses aient pu construire et faire entrer en opération des navires dans la mer de Marmara pendant leur marche sur Constantinople, si l'on peut dire. Le *Chronicon Pascale* contemporain décrit sous l'année 626 le sort des Slaves :

> Ils les envoyèrent par le fond et tuèrent tous les Slaves qu'ils trouvèrent dans les embarcations. Puis les Arméniens [troupes d'infanterie] sortirent eux aussi du rempart [du palais] de Blachernae et jetèrent du feu dans le portique proche de Saint-Nicolas. Alors les Slaves qui avaient échappé au désastre en sautant à l'eau de leurs embarcations pensèrent, en raison du feu, que les soldats postés au bord de la mer étaient des Avars ; lorsqu'ils sortirent [de l'eau], ils se firent massacrer par les Arméniens[23].

Durant les quatre années à compter de 674 qui virent les attaques arabes sur terre et sur mer atteindre leur intensité la plus grande, époque où le Levant était entièrement perdu, une partie de l'Anatolie envahie et une grande proportion du reste ruinée par des raids, la marine de Constantin IV (668-685) remporta une victoire colossale en 678. Selon Théophane, Constantin s'était bien préparé au combat :

> Cette année-là, les deniers du Christ armèrent une grande flotte... Constantin, dès qu'il fut informé d'une expédition aussi considérable des ennemis de Dieu contre Constantinople, fit construire de grandes birèmes portant des chaudrons de feu et des *dromones* équipés de siphons, et leur ordonna de rester en poste dans le... port de Caesarius [du côté Propontide, mer de Marmara[24]].

La supériorité tactique qui en résultait au bénéfice de la marine byzantine ne put empêcher un siège long qui causa de considérables dégâts, mais apporta une contribution d'une importance essentielle à la défaite finale de l'offensive musulmane.

Du VIIe au XIIe siècle, la flotte impériale sauva la mise à maintes reprises. C'était le *deus ex machina* qui sortait de ses bases fortifiées, bien protégées dans le renfoncement des remparts maritimes de la Corne d'Or et de la Propontide, pour attaquer les vaisseaux des envahisseurs.

Les navires de guerre ennemis furent parfois d'une qualité individuelle comparable – lorsque les Arabes attaquèrent pour la première fois Constantinople, leurs équipages de navires étaient surtout composés de chrétiens venant du Levant et de Cilicie, parmi lesquels d'anciens marins de l'Empire. Mais même bien construits et dotés d'un équipage de marins et de soldats de qualité, les navires de guerre ennemis étaient surpassés par les manœuvres de la flotte qu'ils ne parvenaient ni à vaincre ni à imiter. Ces aptitudes revêtaient une importance supérieure à celle du « feu des Grecs », malgré toute son utilité, et survécurent à l'acquisition de ses secrets par les Arabes.

Chapitre 14

LA RENAISSANCE MILITAIRE DU Xe SIÈCLE

Après des siècles le plus souvent sur la défensive, une nouvelle période s'ouvrit pour l'Empire byzantin à compter du milieu du Xe siècle avec l'organisation d'une série d'offensives stratégiques visant, dans le même temps, les musulmans vers le sud et les Bulgares sur le front nord ; elles aboutirent à de vastes gains de territoires dans les Balkans et le Levant.

Avant même de devenir empereur, Nicéphore II Phocas (963-969) fut l'un des protagonistes de cette transformation stratégique, qui se poursuivit sous son meurtrier et successeur Jean Tzimiskès (969-976) et culmina avec Basile II (976-1025), lequel étendit l'Empire dans toutes les directions et remporta une victoire complète sur les Bulgares pour reconquérir la frontière danubienne.

D'une manière ou d'une autre, Nicéphore II Phocas se trouva personnellement associé à un ensemble de manuels de campagne qui se complètent mutuellement le plus souvent fort bien, avec seulement quelques rares redondances[1] ; ces manuels foisonnent de conseils judicieux. Un point les rend particulièrement intéressants : ils révèlent incidemment de nombreuses informations sur toutes sortes de sujets, des armes byzantines à la vie quotidienne sur la frontière contestée du jihad.

Comme je l'ai appris par expérience personnelle, l'écriture de manuels de campagne peut associer différents objectifs de multiples manières dont le résultat final sera le reflet : ces objectifs peuvent être de placer la guerre dans un contexte moral à l'attention des lecteurs, à la manière dont Onosander offre un exemple ; de dominer le chaos et la confusion de la guerre en lui imposant un cadre strictement ordonné de rangs et de files, de camps parfaitement disposés et ainsi de suite, comme Hygin le Gromatique et Arrien en constituent des exemples ; ou encore d'apporter de l'information sur des techniques que l'on peut réellement utiliser au combat, ce qui semble être l'objectif des manuels du Xe siècle dont il va être question dans la suite[2].

Malgré leur caractère essentiellement pratique, qui les rend tous d'une lecture difficile, ces écrits trouvèrent leur origine dans une tradition culturelle particulière dont la figure la plus importante, et peut-être la plus passionnément littéraire, fut Constantin VII Porphyrogénète. Dans ce qui ressemble beaucoup à un texte personnel aux yeux du lecteur, nous le trouvons au travail ; il a entrepris d'écrire le mémorandum intitulé « Ce qu'il faut observer quand le grand et éminent empereur des Romains part en campagne » pour son fils Romain :

> Sans doute ce sujet a-t-il fait l'objet de rapports dans le passé et de nombreux débats jusqu'à nos jours, mais il n'a jamais été traité de manière complète par écrit, un fait que nous avons considéré comme ni juste, ni bon... Après avoir achevé un grand travail de recherche, qui ne nous a pourtant pas permis de trouver le moindre mémorandum déposé au palais, nous ne pûmes finalement découvrir qu'un seul ouvrage qui traite de ces affaires dans le monastère appelé Sigriane, où Léon le *magistros*, nommé Katakylas, avait embrassé la vie de moine. Ce magistros, en effet, coucha ces questions par écrit sur l'ordre de [l'empereur] Léon...

> Mais comme le *magistros* écrivait un grec médiocre, son ouvrage comprend de nombreux barbarismes, solécismes et fautes de syntaxe,... néanmoins, c'était un travail digne d'éloges et précis... [dans son contenu]... Puisque nous jugeons cet ouvrage composé d'une manière négligente... mettant en avant divers sujets d'une façon confuse comme s'il suivait la piste d'un fantôme, pour ainsi dire... nous avons mis ces questions par écrit à ton attention afin de te les léguer à titre de mémorandum et de guide[3].

Le document est en lui-même précieux pour l'information qu'il transmet de manière incidente, tout particulièrement sur la logistique, mais l'objet de sa description est davantage la progression d'un empereur vers une victoire certaine qu'une véritable expédition ; comme aurait pu le dire Moltke, cela n'a aucune valeur tactique. Mais c'était une pratique d'une immense valeur que de recueillir des documents instructifs, de les éditer et de les préserver – cette pratique grâce à laquelle nous pouvons en effet aujourd'hui lire les trois manuels, certes avec les barbarismes et solé-cismes qui tourmentaient Constantin, mais aussi de multiples conseils pleins de réalisme.

De uelitatione (« Des escarmouches »)

Les régions frontalières entre les Byzantins et les Arabes à l'est de l'Anatolie constituèrent le cadre géographique de l'ouvrage intitulé, dans sa publication la plus récente, *Traité sur la guérilla*, mais traditionnelle-ment connu sous le titre *De uelitatione bellica Nicephori Augusti* et dispo-nible de nos jours en traduction anglaise sous le titre *Skirmishing by the Emperor Lord Nikephoros*[4].

Il s'agit d'un ouvrage, en grande partie original, consacré à la méthode opérationnelle et aux tactiques de la guerre de frontière défensive contre les Arabes musulmans ; il ne doit rien à la bibliothèque et tout à une expérience réelle du combat – c'est ce que l'auteur en dit et nous pouvons le croire sans risque de nous tromper.

La doctrine de l'islam désignait l'intégralité du territoire impérial sous l'expression *dar al-harb*, « le pays de la guerre » dans lequel lancer des raids privés, dans la mesure où ils affaiblissaient les infidèles, était tout aussi légitime d'un point de vue religieux que de se porter volontaire pour les guerres des califes ou des potentats locaux – il s'agissait en effet de deux facettes du jihad dont la valeur était égale, susceptibles de rapporter à leurs participants la gloire (ou à tout le moins le respect) sur la terre ou bien un martyre dans la joie. Dans le même temps, les opérations de raid étaient devenues un véritable métier dans les régions frontalières, un métier bien sûr risqué mais manifestement profitable – en tout cas bien moins pénible que de cultiver la terre ou d'élever du bétail[5]. Au vrai, ces dernières activités n'étaient pas non plus dépourvues de risques, en raison des raids menés par les Byzantins.

Le pays frontalier avait ses propres religions : l'islam centré sur le jihad – il y avait un afflux soutenu de Turkmènes tout récemment convertis, qui ne connaissaient sans doute pas grand-chose d'autre de leur foi nouvelle – et ce que l'on serait tenté d'appeler la religion des croisés byzantins, longtemps avant la première croisade. Le pays frontalier avait également sa propre littérature, dont on trouve un exemple dans le poème épique (ou roman d'aventures poétique) *Digénis Akritas*, l'une des nombreuses compositions « akritiques » (de *akra*, « frontière ») auxquelles correspondaient, de l'autre côté de la frontière, les poèmes chantant les raids des Bédouins ; ces derniers poèmes cédèrent de plus en plus la place aux ballades turques – dont certaines peuvent encore être entendues à l'intérieur des cafés à musique de la rue Istiklal à Istanbul, dans les chansons traditionnelles du cycle de Bolu Bey[6].

Quant à la culture militaire des régions frontalières, l'objet même que poursuit l'auteur du *De uelitatione*, tel qu'il l'annonce, est de la préserver à une époque où elle n'était par bonheur plus nécessaire, pour le cas où elle le deviendrait de nouveau à l'avenir.

> Le Christ... a considérablement réduit la puissance et la force des descendants d'Ismaël... Néanmoins, afin que le temps... ne puisse effacer le souvenir de ces connaissances utiles... nous devons le coucher par écrit[7].

Il existe en ce domaine une méthode spécifique, dont notre auteur dit avoir été instruit par « ses inventeurs en personne ». La référence vise Bardas Phocas, *domestikos ton scholon*, commandant de campagne en chef, et ses trois fils : Constantin, qui mourut en captivité en 953, Léon, qui remporta plusieurs grandes batailles et le troisième fils qui parvint jusqu'au trône pour devenir l'empereur Nicéphore II (963-969) ; elle vise également le neveu de ce dernier, son assassin et successeur Jean Tzimiskès (969-976).

Dans le *De uelitatione*, l'objectif poursuivi est d'obtenir de grands résultats avec peu de moyens, par des raids menés avec des forces relativement modestes qui accroissent considérablement leurs capacités militaires grâce à l'effet de surprise – c'est-à-dire grâce à l'absence de réaction temporaire de l'ennemi saisi en état d'impréparation. La surprise transforme l'équilibre des forces en présence parce que tant qu'elle dure et en fonction de son degré, elle réduit l'ennemi à un simple objet inanimé qui n'est pas en situation de réagir : il est alors très facile de l'attaquer avec une grande efficacité. Si, de plus, la surprise peut être utilisée pour amoindrir la capacité de l'ennemi et le disloquer, l'opération interdit tout retour à l'équilibre des forces antérieur même lorsque la surprise cesse de produire son effet.

Les raids constituent la méthode habituelle à suivre pour atteindre l'effet de surprise, mais l'équivalent du raid en défensive est l'embuscade. Cette dernière comprend également la surprise, ainsi que la suspension de tous les facteurs de difficulté et de danger que l'on peut connaître à la guerre, quand l'ennemi réagit bel et bien aux attaques.

Dans la mesure où il est impossible d'assurer la sécurité de toute l'étendue de la frontière, la première priorité est de surveiller de près les passes de montagne pour détecter les incursions aussi tôt que possible. Dans les terrains de montagne élevés et accidentés, il faut poster des sentinelles « séparées de trois ou quatre milles[8] ». Les Byzantins, comme les Romains avant eux, savaient envoyer des signaux en utilisant le feu pendant la nuit et la fumée à la lumière du jour, mais il est parfois intéressant de conserver secrète l'information d'un danger imminent pour que les forces de pénétration ennemies ne puissent pas apprendre qu'elles ont été détectées ; d'où la recommandation d'un système de relais plutôt que de ce type de signal : « Lorsqu'ils observent l'ennemi... ils doivent partir en toute hâte pour rallier le plus vite possible le poste suivant et en faire le rapport... À leur tour, ces hommes doivent partir au grand galop pour rallier le poste suivant. » Le relais se poursuit ainsi jusqu'à rejoindre les postes de cavalerie « situés sur un terrain plus plat », dont les soldats iront à leur tour informer le général.

Nous pouvons supposer que les sentinelles sont des soldats de thème appelés au service pour de courtes périodes de quinze jours à la fois – il est prescrit aux officiers de les relever dans le respect du calendrier prévu. On attend néanmoins de ces soldats à temps partiel qu'ils servent comme éclaireurs clandestins (bien cachés) et même comme agents secrets (déguisés) : « Ils ne doivent pas rester longtemps dans le même poste mais changer et aller ailleurs... Dans le cas contraire... ils seront reconnus et pourront se faire facilement capturer par l'ennemi ». Dans les régions frontalières, les hommes devaient être intrépides pour protéger leur bétail et leurs familles contre les maraudeurs infiltrés, et assez rusés pour pratiquer eux-mêmes des opérations d'infiltration et de vol de bétail à leur profit ; sinon, tous les animaux sur pied risquaient de passer d'un seul côté de la frontière sans rien laisser à protéger de l'autre. Mais il y avait également des spécialistes, *expilatores*, un terme juridique latin désignant des auteurs de vol avec violence par opposition au vol simple, ici toutefois employé sans ambiguïté dans le sens d'« éclaireurs » – même si l'éditeur relève avec sagesse que « dans ces zones frontières, la différence entre les deux était probablement minime[9] ».

Le texte emploie des mots sévères au sujet des Arméniens, pourtant plus couramment loués pour leur valeur dans les textes militaires byzantins : « Les Arméniens remplissent leur devoir de sentinelle d'une manière médiocre et négligente. » Des rotations mensuelles, un salaire régulier et des indemnités mensuelles, l'auteur recommande tout cela, mais ajoute que « ces hommes ne sont de toute manière guère susceptibles d'exécuter la mission de sentinelle d'une manière très satisfaisante car, après tout, ils restent des Arméniens[10] ».

Ces montagnards n'avaient pas le grec comme langue maternelle ; ils n'étaient pas véritablement orthodoxes – l'Église apostolique arménienne rejeta à la fois la foi chalcédonienne et le pur monophysisme – et avaient un air d'exotisme, avec leur mode de vie mêlant des habitudes et des goûts perses. Autant de raisons qui suffisaient à justifier la défiance à leur égard du très grec et très orthodoxe auteur du traité. Mais les *Praecepta militaria* dont il sera question plus loin font leur éloge. (Une autre explication possible amènerait, par parenthèse, à repousser la date de rédaction de l'ouvrage après 976 : Jean Tzimiskès, qui tua et remplaça Nicéphore II Phocas sur le trône, puis mourut en 976, était d'origine arménienne ; il en allait ainsi de toute la famille Phocas, que l'auteur admirait grandement, mais Tzimiskès, dérivé d'un mot arménien signifiant « de petite taille », n'était arménien que depuis une période plus récente.)

Quoi qu'il en soit, une bonne information est la clé du succès et l'auteur recommande d'utiliser à la fois des espions et des éclaireurs rapides à cheval – les *trapezitai* ou *tasinarioi* (appelés ailleurs *tasinakia*), capables de capturer des prisonniers pour les faire interroger tout en menant leurs propres opérations de raid et de dévastation[11].

Quand on peut anticiper des incursions, l'armée doit sortir de ses bases pour aller occuper les passes et ainsi dissuader l'ennemi, ou le repousser avec des forces combinées d'infanterie lourde pour bloquer les défilés étroits, d'archers et d'infanterie légère armée de javelots et de frondes en embuscade en terrain plus élevé ; une deuxième ligne doit se tenir derrière la première. Il faut accorder une attention particulière au blocage des chemins de moindre importance, que l'ennemi pourrait emprunter pour atteindre les arrières de ces forces défensives, comme le firent d'une manière mémorable les Perses aux Thermopyles, ainsi que d'innombrables autres – parce que l'avantage en apparence formidable qu'offre un terrain montagneux aux défenseurs constitue très souvent un piège, chaque fois que l'ennemi affiche assez de détermination pour contourner des positions en franchissant un terrain supposé infranchissable.

L'auteur nous dit que si tout est convenablement préparé, l'ennemi sera vaincu, ou bien conduit à tenter une autre route, un détour qui épuisera ses capacités militaires, ou bien encore démoralisé et contraint de faire retraite.

Il était rarement possible de prédire avec succès le calendrier et la direction des incursions ennemies, de mobiliser les forces à temps partiel des thèmes et de les déployer à temps sur leurs positions assignées avant l'arrivée de l'ennemi.

La solution romaine à l'époque impériale, en tout cas de la fin du Ier siècle au IVe siècle, consista à protéger chaque segment de la frontière sur toute sa longueur de la Bretagne à la Mésopotamie – par le *limes* qui prit alors une dimension physique – avec des murs dotés de défenseurs, des palissades, des lignes fluviales surveillées ou encore des chaussées parcourues de patrouilles en fonction du terrain, tous éléments renforcés de forts élevés à intervalles rapprochés abritant des cohortes d'infanterie auxiliaire et des « *alae* » de cavalerie ; ces dernières pouvaient être à leur tour renforcées par l'infanterie lourde aux solides armures et l'artillerie des légions de chaque province frontière, elles-mêmes éventuellement renforcées, si nécessaire, de détachements (*uexillationes*) envoyés par des légions stationnées dans d'autres provinces, proches ou lointaines. Cette magnifique stratégie de théâtre, une stratégie de défense permanente et dissuasive, permit longtemps à l'Empire de prospérer en tenant à l'écart les maraudeurs ainsi que les envahisseurs, mais elle exigeait un entretien beaucoup trop coûteux pour l'Empire byzantin et ses ressources considérablement diminuées.

À défaut d'une défense dissuasive permanente mobilisant des troupes jour et nuit, et année après année, la meilleure approche consistait à mettre en place une défense dissuasive *réactive*, permettant à des forces suffisantes pour tenir des incursions à distance d'être chaque fois déployées comme garnison sur le segment particulier de la frontière menacé par l'ennemi, et ce avant son arrivée. Mais même cette variante plus économique eût encore exigé bien davantage d'espions et d'éclaireurs pour anticiper le calendrier et la direction de chaque incursion ennemie, ainsi que davantage de troupes à temps plein en sus des soldats-paysans de thème, afin d'être en situation de pourvoir en soldats tous les segments menacés de la frontière suffisamment vite.

De plus, même cette approche n'eût été qu'une stratégie purement défensive se contentant d'attendre l'offensive de l'ennemi et lui concédant l'initiative, sans la moindre possibilité d'exercer préalablement une influence sur l'offensive.

Par conséquent, dans cette situation, même avec l'aide de tous les espions et de toutes les troupes supplémentaires, des Arabes engagés dans une opération de raid gardaient encore la possibilité d'approcher le territoire impérial, de découvrir par leurs propres éclaireurs et espions que les Byzantins étaient prêts à repousser une attaque et de réagir ensuite en annulant le raid, ou en faisant route ailleurs pour s'en prendre à un segment tout à fait différent de la longue frontière s'étendant de la Méditerranée au Caucase. Ces deux choix eussent également imposé des coûts aux troupes engagées dans le raid – mais, avec le temps, une stratégie de théâtre réactive en eût imposé de plus lourds encore aux Byzantins, qui ne pouvaient continuer à mobiliser leurs soldats-paysans à temps partiel et à les maintenir loin de leurs foyers, de leurs champs et de leur bétail sur toute la durée nécessaire face aux forces de raid arabes rassemblées près de la frontière et prêtes à l'invasion.

L'auteur recommande donc une autre stratégie de théâtre, une stratégie de défense *élastique* avec un objectif de dissuasion : au lieu d'essayer d'interdire les incursions – entreprise bien trop difficile –, il faut piéger les colonnes ennemies sur leur chemin de retour vers leurs foyers. Au prix d'une exposition du territoire impérial aux destructions et déprédations, cette stratégie contournait l'insoluble problème que posait la prédiction du calendrier et de la direction des incursions ennemies : il était bien plus facile de prédire quelles routes les forces de raid allaient emprunter pour repasser en territoire musulman. Cette stratégie évitait également le problème que posaient la mobilisation, le rassemblement et le déploiement des forces de thème par avance, avec le risque de les maintenir mobilisées loin de leurs foyers sans que rien ne survînt. Au lieu de quoi les troupes de thème pouvaient n'être appelées qu'au moment nécessaire, et avec le temps de se déployer tranquillement en position pour intercepter les colonnes ennemies au moment où elles s'en retournaient vers leurs foyers, avec leurs prisonniers et leur butin :

> Au lieu d'affronter l'ennemi sur le chemin de son invasion de la Romanie, il est à bien des égards plus avantageux de les surprendre quand ils s'en retournent de notre pays vers le leur. Ils seront alors... chargés d'une masse de bagages, de prisonniers et d'animaux [pris durant leur raid]. Les soldats et leurs chevaux seront si fatigués qu'ils se désintégreront durant la bataille[12].

Les forces byzantines, par contraste, auront eu le temps de se mobiliser, de se rassembler – en provenance même de beaucoup plus loin – et de se déployer d'une manière appropriée.

Une défense de théâtre élastique au point de ne rien protéger du tout coûtait cher, certes, mais ses coûts pouvaient être amoindris : l'auteur relève, plus tôt, qu'au signal d'alarme des incursions ennemies, la population civile « peut trouver refuge avec ses animaux à l'abri de positions fortifiées ». Les forces de raid essayaient en temps normal de prendre les villes fortifiées d'assaut ou par siège, car les villes pouvaient rapporter assez de butin et de prisonniers pour justifier le temps, les efforts et les pertes nécessaires ; mais seules des forces de raid véritablement affamées assiégeaient des fortifications rustiques en hautes montagnes pour s'emparer du bétail qu'elles protégeaient – même si les esclaves avaient aussi leur valeur, bien sûr.

La meilleure protection pour les populations frontalières souvent victimes de raids et laissées sans défense, tout particulièrement lorsque leurs représentants mâles physiquement capables de servir se trouvaient mobilisés dans des unités de thème appelées à d'autres missions ailleurs, était d'ordre situationnel, pour ainsi dire : elle consistait à établir villes et villages sur des positions inaccessibles, même si cela signifiait de longues marches deux fois par jour pour aller cultiver des terres peut-être éloignées en contrebas.

On pouvait également dessiner des circuits de murailles virtuelles, avec des maisons sur le cercle extérieur bâties côte à côte sans laisser de passages entre elles, aux murs extérieurs particulièrement épais et sans ouvertures au niveau du sol ; ou bien encore des tracés denses qui ne laissaient que d'étroits passages entre les constructions, dans lesquels des cavaliers n'osaient pas s'aventurer et que l'on pouvait facilement bloquer.

Les traces, vestiges et ruines de villes et villages arméniens et grecs dans les régions qui constituent aujourd'hui l'est de la Turquie comprennent de très nombreux exemples de ces trois dispositifs de protection caractéristiques ; on peut encore les voir de nos jours parce que les établissements plus récents des Oghouzes et autres Turkmènes, Yörüks, Tatars, Kurdes et Zazas depuis le XIIe siècle sont pour la plupart situés en terrain bas près de cours d'eau, pour avoir été au départ des campements semi-nomades[13].

Les populations frontalières avaient également d'autres moyens de limiter les dommages, même si chacun avait ses coûts implicites : une préférence pour le bétail sur pied au détriment des récoltes que les forces de raid pouvaient brûler ; une préférence pour les récoltes moissonnées au printemps au lieu des mois d'été et du début de l'automne dont les forces de raid aimaient profiter pour mener leurs opérations ; d'ingénieuses organisations camouflées, non seulement pour les possessions mais aussi pour les villageois eux-mêmes ; enfin, là où les montagnes étaient suffisamment hautes, le déplacement de toute la population du village au lieu de la seule transhumance de leur bétail sur pied vers les pâtures d'été en haute montagne.

Sans pareilles mesures destinées à limiter les dommages, la stratégie de théâtre de défense élastique se serait effondrée par manque de ressources humaines, car les dégâts cumulés infligés par les raids successifs auraient poussé la population civile à abandonner la région, laissant les unités de thème sans soldats à temps partiel susceptibles d'être appelés au service. C'est exactement ce qu'il se passa finalement, mais à l'époque de la rédaction du texte la stratégie était encore capable d'atteindre ses objectifs en exerçant un effet de dissuasion cumulatif : « Les attaquer sur leur chemin de retour… leur inspirera la crainte de nous voir occuper les passes chaque fois qu'ils auront l'intention de nous envahir ; au bout d'un certain temps, ils finiront peut-être par restreindre leurs incursions constantes[14]. »

Trois défaites d'« Ali, le fils d'Hamdan », c'est-à-dire de Saïf ad-Dawlah, sont données comme exemples de ce que l'on peut obtenir : en 950, il tomba dans une embuscade dressée par Léon Phocas pendant sa retraite à l'issue d'un raid de pillage couronné de succès qui l'avait mené au-delà de l'Halys (aujourd'hui Kizilirmak) au cœur de l'actuelle Anatolie centrale ; en 958, il fut vaincu par le futur empereur Jean Tzimiskès, qui s'empara dans la foulée de Samosate (la Samsat de Turquie, jusqu'à sa disparition sous les eaux du barrage Ataturk) ; en 960, une nouvelle défaite lui fut infligée par Léon Phocas, dont le frère aîné Nicéphore faisait alors campagne avec succès pour reconquérir la Crète.

Léon Phocas avait des troupes peu nombreuses. Son frère avait mobilisé une grande force expéditionnaire pour son heureuse offensive, raison pour laquelle, peut-être, Saïf ad-Dawlah prit la décision d'envahir une fois de plus l'Empire, deux années seulement après sa défaite face à Jean Tzimiskès. Nous disposons à ce sujet d'un récit de l'historien Léon le Diacre, qui témoigne d'une bonne compréhension de la bataille ; peut-être ce récit fut-il sur ce point influencé – ou simplement coloré – par la propre expérience de son auteur sur le théâtre de la débâcle assez similaire de Basile II en 986 à la Porte de Trajan, en Bulgarie – Basile lui aussi faisait alors retraite après avoir envahi avec succès le pays ennemi, pour finir par tomber dans une embuscade.

Léon le Diacre explique de quelle manière Léon Phocas déploya ses forces :

> [Comme] il n'avait sous ses ordres qu'une faible armée aux effectifs peu nombreux... Léon prit la décision... d'occuper les positions les plus stratégiques dominant les escarpements abrupts, afin de s'y tenir en embuscade et de défendre les routes offrant une échappatoire[15].

La suite du récit de Léon le Diacre décrit de manière classique l'approche inconsciente d'un Saïf ad-Dawlah irréfléchi et totalement dénué de sérieux. On pourrait y voir un exemple parfait de l'*hybris* chevauchant tranquillement avant la chute, pour reprendre un proverbe qui trouverait là une application littérale, sinon qu'il en existe une confirmation apparente venant de la partie adverse dans un poème du célèbre al-Mutanabbi, présent sur les lieux aux côtés de son protecteur :

> [Ibn] Hamdan, plein de confiance et d'orgueil à la vue de la multitude qui le suivait... fanfaronnant sur la quantité de butin pillé et le nombre de prisonniers... passait son temps à chevaucher précipitamment ici et là, un moment à l'arrière de l'armée, un autre en tête, brandissant son épée, l'envoyant en l'air avant de la rattraper avec un grand moulinet[16].

La suite des événements correspond aux souhaits de l'auteur du *De uelitatione*/« Sur les escarmouches » : une situation tactique dans laquelle un homme peut en vaincre dix, et dont les gains militaires devaient compenser les coûts d'une stratégie de théâtre qui n'était pas capable de défendre le territoire impérial mais seulement de dissuader l'ennemi de lancer de nouvelles attaques :

> Les barbares durent se serrer les uns contre les autres en des passages très étroits et accidentés, rompant ainsi leurs formations, et franchir chacun du mieux possible la partie escarpée. Le général donna alors l'ordre aux trompettes de donner le signal de la charge pour engager la bataille ; les troupes surgirent de leurs positions d'embuscade et attaquèrent les barbares[17].

Il en résulta un massacre – avantage supplémentaire, les Byzantins étaient bien reposés alors que leurs ennemis étaient épuisés par leur marche. Saïf ad-Dawlah perdit tout le fruit de ses pillages et faillit se faire capturer ; le récit mentionne le coup habituel des pièces d'argent et d'or répandues un peu partout pour se débarrasser des poursuivants.

Le texte donne des recommandations particulières sur la manière de mettre en œuvre la stratégie, à commencer par la nécessité d'interdire à l'ennemi tout ravitaillement de son armée en eau en contrôlant chaque source dans les défilés et passes où l'on dresse l'embuscade.

La suite aborde les tactiques[18]. Contre les fréquents raids menés par des cavaliers seuls (*monokoursoi*), des éclaireurs expérimentés sont indispensables pour estimer leurs effectifs d'après les empreintes de sabots et les traces de passage sur l'herbe, ainsi que pour connaître par conjecture leur direction ; il faut ensuite des officiers et des troupes de grande compétence, disposant de bons chevaux, pour rattraper et attaquer l'ennemi en route.

Il s'agissait généralement de raids pour en ramener du butin et des esclaves sous une vague étiquette de jihad, quand on se préoccupait même de leur donner une justification ; l'auteur recommande toutefois également de se préparer contre des opérations de jihad sur large échelle, menées par des volontaires – selon toute vraisemblance, des *moudjahidin* (signifiant « ceux qui luttent ») animés de motivations religieuses :

> En [août], ils venaient en grand nombre d'Égypte, de Palestine, de Phénicie et du sud de la Syrie pour se rendre en Cilicie, dans la région d'Antioche ou à Alep, et avec l'ajout d'Arabes [bédouins] à leur force... envahissaient le territoire romain en septembre[19].

C'était un changement capital : on comptait de plus en plus de Turcs parmi les guerriers du jihad, au détriment des Arabes. Nombre de ces Turcs étaient des *ghilman* (*ghulam* au singulier).

Dans le Coran (52, 24 ; 56, 17 ; 76, 19), *ghilman*, ou *wuldan*, fait référence aux « divins jeunes hommes, à la jeunesse éternelle, beaux comme des perles » dont les prestations intimes, comme celles des concubines de sexe féminin (*houris*), constituent les récompenses du ciel aux musulmans justes, aux guerriers morts au jihad et de nos jours aux auteurs d'attentats suicides ; mais le terme en vint plus tard à décrire non les Ganymèdes mais les guerriers turcs, ceux que l'on surnommait les « soldats esclaves » – un statut particulier d'engagement contractuel à long terme qui pouvait être compatible avec la richesse et la puissance. L'empire des Ghaznavides au Xe siècle fut fondé par le *ghulam* Abou Mansour Sebuk Tegin, né vers 942 et vendu encore enfant à Bouchara ; le turc kipchak Baïbars, réduit à l'esclavage, passa de garde du corps à commandant de la garde vers 1250 puis devint sultan d'Égypte et de Syrie en 1260 sous le nom d'Al-Malik az-Zâhir Rukn ad-Din Baybars al-Bunduqdari, célébré pour ses victoires sur les croisés et sur les Mongols[20].

Face à ces rassemblements périodiques de jihadistes pour attaquer la frontière, le renseignement permettant de disposer d'informations en amont jouait un rôle clé ; en sus des espions, éclaireurs et patrouilles de cavalerie légères déjà mentionnés, on doit envoyer des marchands de l'autre côté de la frontière pour découvrir ce qu'ils peuvent.

Vient ensuite la subversion : le calife se trouvait loin de là, à Bagdad, et dès cette époque réduit à l'impuissance ; même un ennemi très actif comme Saïf ad-Dawlah était loin derrière la frontière, à Alep. Il faut donc envoyer des lettres et des « paniers de cadeaux » aux « émirs locaux qui contrôlent les forteresses frontalières[21] ».

On doit par la suite pister les forces ennemies durant leur avance, jusqu'à pouvoir repérer l'endroit où elles vont installer leur camp. Revêtues de surcots spéciaux d'une couleur sombre pour dissimuler leurs armures corporelles, les troupes du corps d'armée principal doivent approcher le campement ennemi en envoyant des éclaireurs en reconnaissance, afin qu'ils puissent continuer à surveiller l'avance de l'armée ennemie quand elle se remettra en route en abandonnant son lieu de campement[22]. L'auteur présume manifestement que les effectifs de l'ennemi sont trop nombreux pour que le camp puisse être utilement attaqué – pas même de nuit, où l'on peut bénéficier d'un effet de surprise.

On doit employer une méthode particulière pour surveiller l'avance de l'ennemi avec efficacité. Trois groupes d'éclaireurs bien choisis sont nécessaires : l'un qui reste à proximité immédiate de l'ennemi au point que ses membres puissent entendre le murmure des voix de ses troupes massées, le deuxième qui garde ses distances tout en conservant le premier à portée de vue, le troisième faisant pareil à son tour. Les trois groupes doivent tous consacrer leur attention à la surveillance de l'ennemi, sans se préoccuper de faire le rapport de leurs découvertes au tourmarque – le plus haut rang militaire après le *strategos*, nominalement en charge d'une *tourma* (ou *meros*) de deux mille hommes ou davantage, mais ici employé pour désigner le commandant adjoint de l'opération. Le tourmarque doit obtenir ses informations des trois équipes de traque au moyen d'unités de quatre hommes qui restent à leur tour à portée de vue entre elles, et envoient deux de leurs membres au rapport dès que nécessaire.

De cette manière, le stratège peut ralentir, accélérer ou modifier l'itinéraire de marche de sa force dédiée à pister l'ennemi pour épouser les mouvements de l'ennemi[23]. Il est dangereux de se contenter de suivre l'ennemi : ils savent parfaitement comment laisser des arrière-gardes bien dissimulées derrière eux pour dresser des embuscades aux poursuivants.

Tout cela suppose, nous l'avons noté, une force ennemie trop importante pour qu'on l'attaque dans sa totalité. Mais l'un des objectifs que l'on doit avoir en pistant de si près l'incursion est d'être prêt à lancer une attaque rapide si des forces de raid s'aventurent assez loin de la « formation de bataille de l'émir » et en nombre assez élevé pour laisser cette formation de bataille en situation de vulnérabilité. Ce qui réclame nécessairement des mouvements de nuit au préalable : dans le cas contraire, en effet, les envahisseurs distingueront les nuages de poussière dégagés par la force de traque et s'abstiendront de séparer leurs unités en vue de lancer des raids.

Même si tout se passe au mieux, la « formation de bataille de l'émir » peut fort bien rester trop puissante ; dans ce cas, on peut attaquer l'une ou plusieurs des bandes de guerriers qui se sont détachées de la formation principale pour mener des raids.

Si ces bandes disposent de leur propre force de protection pour assurer leurs arrières pendant qu'elles se livrent au pillage – le mot employé dans le texte est *foulkon*, terme d'origine germanique désignant un mur de boucliers dressé par une infanterie de style romain, mais ici plutôt tout détachement non absorbé par les opérations de pillage –, l'officier commandant doit diviser ses troupes en deux groupes pour engager le combat avec le *foulkon* avec l'un tandis que lui-même, à la tête du second, attaque les pilleurs « avec grande célérité et ardeur, clameurs et cris de guerre[24] ». Cela ne fonctionnerait pas contre les troupes du *foulkon* déployées en ordre de bataille, mais pourrait frapper de panique celles qui se trouvent dispersées pour faire du butin et des prisonniers, les jeter dans une fuite désordonnée et, par là, les exposer aux coups de leurs poursuivants.

L'auteur explique pourquoi il va encore plus loin dans le détail des tactiques : « Nous n'hésiterons pas le moins du monde à coucher par écrit ce que nous avons observé dans la réalité[25]. »

Suivent des variations détaillées sur différents thèmes : comment pister l'ennemi, fondre sur lui, le prendre en embuscade, le bloquer – tout ce que l'on peut imaginer à l'exception de la bataille frontale d'attrition, force principale contre force principale, laquelle, que l'on gagne ou que l'on perde, coûte nécessairement de lourdes pertes. L'Empire ne disposait pas d'hommes à sacrifier ; il n'avait que de précieux soldats-paysans qui formaient les garnisons de la zone frontière en vivant sur place avec leurs familles, ainsi que des soldats professionnels encore moins nombreux que l'on ne pouvait remplacer par de nouvelles recrues jusqu'à ce que ces dernières fussent convenablement entraînées. Le combat d'aujourd'hui sera suivi du combat de demain ; les pertes d'aujourd'hui manqueront donc à la ligne de bataille de demain.

Par contraste, les *moudjahidin*, qui pouvaient atteindre leur but en trouvant la mort au combat, étaient susceptibles d'être facilement remplacés par des volontaires frais issus des profondeurs des territoires de l'islam dans lesquels la proportion réelle de guerriers engagés dans le jihad était faible, autorisant de nombreuses recrues potentielles. Même Saïf ad-Dawlah et son groupe de bataille pouvaient être remplacés, parce que les *moudjahidin* en quête de gloire ou de martyre ainsi que les maraudeurs en quête de pillage et d'esclaves trouveraient assez vite un autre chef à suivre.

Il était donc nécessaire de vaincre l'ennemi principal sur le terrain, Saïf ad-Dawlah et son groupe de bataille en l'occurrence, mais l'éliminer complètement n'apporterait pas d'avantage réel parce qu'il serait assez vite remplacé par un autre émir avec un autre groupe de bataille. Ce qui ôtait tout intérêt à l'attrition : les pertes subies étaient en effet irréparables à court terme, et préjudiciables même à la longue en poussant les survivants à quitter la zone frontière, alors que les pertes infligées à l'ennemi seraient, elles, rapidement remplacées par un nouvel afflux de volontaires et de pillards.

À la place de l'attrition, le texte recommande la manœuvre pour disloquer et rompre l'organisation de l'ennemi au lieu de détruire ses unités et ses hommes les uns après les autres en combat direct. Et tout cela relève de la *manœuvre relationnelle*, visant un ennemi particulier avec des forces particulières à contourner et des faiblesses particulières à exploiter.

Par exemple, lorsque les forces de l'ennemi se divisent parce que des cavaliers partent chevaucher en avant de l'armée en quête de pillage, laissant derrière elles les fantassins, il peut être avantageux d'attaquer ces derniers ; lorsque l'on peut gagner de vitesse des bandes de pillards quand elles marchent ou chevauchent vers des destinations faciles à prévoir car il n'existe pas d'autres cibles plausibles dans la direction concernée, des forces de cavalerie peuvent s'y rendre en avance, bien s'y cacher et attendre que les envahisseurs se dispersent pour piller, moment idéal pour les abattre ou les capturer ; autre possibilité, ou complément éventuel, on peut aussi dresser des embuscades sur la route vers ce type de destinations prévisibles, ou sur le chemin du retour pour donner le coup de grâce aux bandes ennemies dans leur fuite.

Lorsque des attaques limitées et des embuscades ont infligé suffisamment de dommages, le temps est venu d'engager la « ligne de bataille » ennemie, sa force principale. Pour ce faire, la cavalerie ne suffit pas ; l'infanterie est elle aussi nécessaire, à la fois pour lancer des traits et pour engager le combat rapproché. Si les manœuvres de la cavalerie les ont laissées en arrière, les troupes d'infanterie doivent s'efforcer de les rattraper avant l'engagement de la bataille. Si cela se révèle impossible parce que la distance qui les sépare est trop grande, il faut donner à certains cavaliers « capables » l'ordre de descendre de cheval pour combattre à pied avec arcs et frondes, ainsi que lances et boucliers.

Pendant que l'on prépare les troupes pour la bataille, le stratège se prépare en faisant dresser son propre camp de tentes avec ses bagages en vue de l'ennemi pour susciter « consternation et désespoir » dans ses rangs par cette manifestation d'assurance et de confiance.

L'auteur a également des suggestions à faire pour une force en situation d'infériorité numérique très sérieuse. Cette force n'est pas en mesure d'attaquer le groupe de bataille principal de l'ennemi en combat ouvert, mais elle peut l'emporter en dressant une embuscade contre les colonnes ennemies contraintes de franchir des défilés de montagnes. L'infanterie a une importance essentielle ; il faut la dissimuler des deux côtés de la route. La force étant modeste, elle pourrait se laisser démoraliser par le spectacle de l'armée ennemie dans son avance. L'officier commandant peut rassurer les hommes par sa seule présence s'il reste serein. Il doit se tenir juste derrière l'infanterie, « tout près derrière elle... sa position doit être presque dans les derniers rangs de l'infanterie[26] ».

Les embuscades peuvent échouer simplement parce que l'ennemi prend une autre direction. Il existe un remède contre ce risque, l'embuscade dynamique : une force de cavalerie s'échappe du combat pour attirer l'ennemi dans une poursuite. L'ennemi se précipite sur le terrain préparé à l'avance pour sa destruction, qui peut consister en une double embuscade dressée par de l'infanterie bien cachée dans une partie du passage de montagne, avec de la cavalerie dissimulée en attente dans la suivante pour abattre les ennemis en retraite rescapés de l'embuscade d'infanterie. S'il est possible de la dissimuler, la cavalerie peut dresser une embuscade même s'il n'existe ni défilé, ni passage pour canaliser l'ennemi, parce que toute colonne est vulnérable à une charge contre son flanc, et davantage encore si les hommes comme les chevaux sont épuisés par leur poursuite de la force d'appât.

La contre-mesure fiable consiste à s'abstenir de poursuivre des ennemis en fuite, mais c'est précisément dans la poursuite que la cavalerie peut se révéler la plus efficace, en abattant des soldats réduits au rôle de simples fugitifs.

Prédire avec précision les mouvements de l'ennemi constitue le plus grand succès des opérations de renseignement en campagne. Mais ces opérations peuvent aussi aboutir à un échec total. L'attaque « soudaine et concentrée » de l'ennemi peut surprendre le stratège quand il n'a que quelques troupes disponibles, sans disposer du temps nécessaire pour mobiliser, rassembler et déployer ses forces de thème. La population civile se fait elle aussi prendre en situation d'impréparation, encore dans ses lieux d'habitation habituels au lieu des positions d'évacuation fortifiées de la région. Point intéressant, les civils en danger constituent la première priorité. Le stratège doit envoyer des officiers « avec grande célérité » pour devancer l'incursion de l'ennemi, dans le but d'« évacuer les habitants des villages avec leurs troupeaux pour leur trouver refuge[27] ». Après quoi il est temps de lancer des opérations de contre-offensives par raids, pour amoindrir la capacité militaire de l'ennemi.

Mais cela aussi risque d'aboutir à un échec. L'ennemi peut rester prudemment en formation de bataille, prêt à repousser les attaques, et s'abstenir d'envoyer au loin des bandes de soldats au pillage qui affaiblissent à l'excès sa force principale. Dans ce cas, il reste possible de passer à l'action, en détachant de petits groupes (« trois cents cavaliers prêts au combat, ou même moins ») pour dresser une embuscade à l'ennemi pendant son avance avant de se retirer prudemment vers le corps principal, lequel doit être mis à l'abri derrière des fortifications si possible (« s'il y a aussi une forteresse dans le voisinage »). Les fantassins qui ne peuvent trouver sécurité dans une retraite rapide pour échapper à des poursuivants à cheval ont besoin d'une position fortifiée pour les protéger, dont ils peuvent sortir si nécessaire pour mener une action combinée avec la cavalerie.

Au minimum, il y aura des occasions d'embuscade contre de petits corps de troupes ennemies, par exemple des bandes envoyées en avant pour choisir et mesurer les emplacements des futurs camps destinés à l'armée principale en marche. Même pour ces opérations limitées, les meilleures garanties se trouvent dans l'ordre : le corps principal doit être prêt au combat et à proximité immédiate ; de cette manière, si la bande envoyée en avant de l'armée par l'ennemi est suffisamment forte pour contre-attaquer et poursuivre les troupes d'embuscade à cheval, ces dernières seront en situation de se mettre en sécurité en laissant à la force principale le soin d'écraser les poursuivants « avec une noble et courageuse charge » ; et si cela n'est pas encore suffisant, parce que la bande ennemie est composée de troupes nombreuses et non seulement de quelques géomètres, l'infanterie peut sortir de sa forteresse pour participer au combat.

Pour pister, gagner de vitesse et fondre sur l'ennemi, l'armée défensive doit être hautement mobile au sens de ses capacités de transport, tout autant qu'agile d'un point de vue tactique. L'agilité tactique est une question d'entraînement et de qualité de commandement, mais la mobilité repose sur une bonne organisation et de solides procédures.

Le train de bagages (*touldon*) avec ses chariots et ses mulets est absolument indispensable – l'armée ne peut en effet rester longtemps en opération sans la nourriture, les réserves de flèches, les javelots, les cottes de rechange, les armures et les boucliers, ainsi que les divers outils de réparation et de terrassement qu'ils transportent. Le fourrage est trop encombrant pour être transporté de manière efficace, même si une partie au moins serait d'une importance essentielle dans des régions extrêmement arides. Mais le train de bagages est trop lent et doit être séparé de la force combattante pour rester à l'abri d'une forteresse ; on désigne des cavaliers prêts au combat afin qu'ils puissent escorter les chariots et mulets qui sortent de la forteresse pour rejoindre une position précise où réapprovisionner la force combattante. On peut transporter deux ou trois jours de fourrage sur des « mulets rapides » et dans les sacoches de selle de la cavalerie[28].

Il existe de nombreux procédés auxquels on peut recourir pour dissimuler, déguiser, faire paraître plus modestes ou au contraire plus importantes les forces dont on dispose. Ainsi, la cavalerie peut chevaucher vers la fin de la soirée, quand les nuages de poussière qu'elle soulève ne se distinguent plus. Les commandants et les éclaireurs doivent examiner de près le terrain pour trouver des positions camouflées pour les forces d'embuscade, ou plus largement pour toutes les forces dont on doit dissimuler la présence à l'ennemi sur le champ de bataille (ce qui n'est pas le cas lorsque l'on souhaite dissuader l'ennemi d'attaquer). Des troupes en nombre peuvent réduire leur signature en chevauchant très tranquillement en ordre serré, tandis que certains soldats peuvent se déguiser en paysans, têtes découvertes, armes bien cachées et pieds nus, avec de véritables paysans et éleveurs dans leurs rangs comme leurres pour attirer les poursuivants dans des embuscades. Des troupes aux effectifs modestes peuvent, au contraire, fortement accroître leur signature en traînant des branches derrière elles pour soulever davantage de poussière.

À des procédés de cette nature correspondent également des contre-mesures, à commencer par l'envoi d'unités de cavalerie légère pour provoquer des embuscades en avant de la force principale, plus vulnérable, ou, au contraire, pour forcer l'ennemi à révéler ses capacités militaires ; il y a aussi le *saka* si souvent mentionné, désignant l'arrière-garde qui protège les chariots et mulets vulnérables du *touldon* à l'arrière de la colonne de l'armée, mais qui constitue aussi une force d'interception en permanence nécessaire contre les raids qui visent les arrières – toujours moins alertes – d'une armée regardant droit devant elle.

On doit éviter l'attrition, mais s'il y a dans le même temps une grande armée ennemie et une grande armée romaine sur le terrain, on ne peut pas se contenter de laisser l'ennemi se livrer à volonté au pillage : il faut l'engager. S'il envoie loin de son armée des colonnes de raids, on peut les prendre en embuscade comme on l'a vu, avec une combinaison d'une force d'embuscade modeste, d'une force de cavalerie de réserve plus nombreuse et d'infanterie venant de forteresses à proximité si l'on en a à disposition. Mais si l'ennemi ne le fait pas, il faut engager la bataille.

Si les capacités militaires de l'ennemi sont trop importantes, le stratège peut chercher refuge derrière les remparts de la ville fortifiée (*kastron*) la plus proche, mais seulement après avoir veillé à la sécurité de l'ensemble de ses troupes, ainsi que des civils avec leur bétail également –

toute autre attitude serait en effet déshonorante, digne de mépris, et conduirait à la destruction du pays et de sa population[29].

Tout ce qui précède présume des troupes particulièrement bien entraînées, plus strictement disciplinées et d'un bien meilleur moral que les troupes de ligne ordinaires, car cette forme de guerre était beaucoup plus exigeante à l'égard du soldat individuel que la bataille bien organisée en rangs ordonnés. Dans les armées modernes, l'infanterie légère et ses unités d'élite dérivées ont permis de conserver cette distinction.

La première tâche du stratège est d'entraîner ses soldats et d'exercer ses unités. Cela comprend, bien sûr, le développement des aptitudes individuelles et collectives, mais aussi une bonne part d'endurcissement :

> Il n'existe pas d'autre méthode possible... à suivre dans votre préparation à la guerre que de commencer par exercer et entraîner l'armée placée sous votre commandement. Vous devez habituer et entraîner vos soldats à manipuler leurs armes et les rendre capables d'endurer des épreuves et des peines rigoureuses et fatigantes[30].

La guerre de frontière comportait des marches à pied extrêmement longues ainsi que d'interminables journées à cheval. Le moral joue un rôle très important dans toutes les formes de combat, mais plus encore dans la guerre de frontière, parce qu'une grande partie des actions doit être menée dans une forte indépendance par des soldats à deux, à quatre ou en très petites unités, loin du regard autoritaire des officiers supérieurs.

L'entretien du moral commence avec la discipline pour réprimer la paresse, la nonchalance et l'ivresse, mais il faut également prévoir des stimulants : salaires payés à temps et allocations de nourriture fournies au moment prévu, mais aussi présents et gratifications allant au-delà de « ce qui est pratiqué d'ordinaire ou stipulé », afin que les soldats puissent disposer des meilleurs chevaux et équipements, et servir « dans un état d'esprit joyeux[31] ».

Les soldats-paysans de thème doivent également être respectés ; il faut les protéger des humiliations, *a fortiori* des violences physiques, infligées par

> ces méprisables petites personnes [les collecteurs d'impôts] qui ne contribuent pas le moins du monde au bien commun, mais dont la seule et unique intention est... de pressurer les pauvres gens pour les laisser sans ressources ; de leur injustice et des flots de sang qu'ils versent chez les pauvres gens, ils tirent des talents d'or qu'ils accumulent en nombre.

Les soldats de thème recevaient à la fois des salaires et des lopins de terre, mais devaient payer les taxes foncières ; en conséquence, ils étaient traités comme n'importe quel autre contribuable par les collecteurs d'impôts de l'Empire, c'est-à-dire très mal s'il faut en croire le texte. Pires encore étaient la délégation de la collecte d'impôts aux grands propriétaires fonciers ainsi que la responsabilité collective au niveau du village dans le paiement des impôts[32]. Les juges de thème doivent également se montrer plus respectueux : les soldats-paysans ne doivent pas être « traînés de force hors de chez eux comme des prisonniers ni fouettés, enchaînés, ni – horreur ! – mis au pilori ».

Apparemment, des juges civils avaient eu à traiter des affaires et prononcé des jugements d'une grande dureté typiques de la manière byzantine, concernant l'activité agricole des soldats-paysans ; point sur lequel insiste notre auteur dans le même temps, ce sont leurs officiers qui doivent les juger en tant que soldats, sous l'autorité du stratège nommé par le saint empereur en personne. Mais il n'écarte pas toute coopération avec les juges civils et les fonctionnaires, pourvu qu'ils se soumettent à l'autorité militaire « comme c'est précisé par la loi ». Cette partie s'achève par une péroraison sur « l'enthousiasme, le bonheur et l'élan d'espoir » que susciterait l'élimination par l'empereur de « ces éléments qui entraînent les gens dans la pauvreté ».

La suite consacre de plus longs développements aux méthodes opérationnelles à l'échelle d'un théâtre, particulièrement au cas très intéressant de « défensive-offensive » montée dans l'espoir de contraindre l'ennemi à se retirer lorsque son armée est trop puissante pour que l'on puisse l'affronter directement, même avec toute l'ingéniosité possible.

L'auteur cite les prescriptions plus anciennes de la *Tactique* de Léon (*Taktika*, ou *Tacticae constitutiones*), XI, 25, avant de décrire lui-même les événements qui survinrent quand, vers l'an 900, une colossale armée de jihadistes envahit l'Empire depuis la Cilicie, assiégea Mistheia (Claudiocaesarea) et étendit très loin au-delà ses dévastations. Les stratèges des thèmes d'Anatolikon et d'Opsikion restèrent en arrière pour défendre « du mieux possible » les territoires pendant que Nicéphore Phocas, le commandant de campagne en chef et ancêtre du futur empereur éponyme, lança une profonde invasion en Cilicie avec une puissante armée mobile en direction de la cité fortifiée d'Adanes, l'actuelle Adana. La garnison – ce qu'il en restait après le départ de l'armée du jihad – sortit de la ville à la rencontre de la force byzantine. Ses soldats vaincus, elle prit la fuite pour se réfugier derrière les remparts de la ville et les traînards se firent tuer ou capturer.

Nicéphore n'investit pas Adana mais préféra suivre les principes que prescrit la doctrine du *De uelitatione* en détruisant les structures agricoles de la ville, faisant ainsi abattre les arbres fruitiers et les vignes et raser les « élégantes et magnifiques » propriétés établies à l'extérieur des remparts. Le lendemain, il conduisit son armée sur la côte, capturant « une multitude de prisonniers et de nombreux troupeaux », puis fit demi-tour pour atteindre à environ quarante kilomètres les rives du Kydnos (ou Hierax, aujourd'hui Tarsus Çay). Il ne voulut pas attaquer la ville de Tarse à l'embouchure du fleuve et préféra s'en retourner vers le territoire impérial en franchissant les Portes de Cilicie (actuelle passe de Gülek) qui relient les plaines côtières au haut plateau d'Anatolie centrale.

Lorsque les guerriers du jihad encore en train d'assiéger Mistheia apprirent cette incursion dévastatrice au cœur de leur propre territoire, ils firent demi-tour et « perdirent sur les deux tableaux », parce qu'ils ne purent rejoindre Nicéphore Phocas au moment où il conduisait son armée au travers des montagnes sur le chemin du retour[33].

Ce fut un modèle d'opération réussie : tout se passa pour les Byzantins exactement comme ils l'avaient souhaité. C'était une opération sur une très large échelle, correspondant à l'ampleur des raids, mais le concept essentiel qu'elle illustrait pouvait s'appliquer à n'importe quelle échelle et s'appliqua souvent : il est plus difficile de défendre que d'attaquer, parce que les défenseurs doivent avoir une capacité de résistance suffisante pour s'opposer à l'offensive de l'ennemi ; s'ils passent eux-mêmes à l'offensive, ils sont en mesure de sélectionner leurs cibles pour attaquer les points de faiblesse de l'ennemi, comme le fit Nicéphore Phocas. Ce faisant, on peut même contraindre l'ennemi à annuler la vaste offensive à laquelle la défense était trop faible pour résister.

Il est remarquable que Phocas, le premier du nom à remporter des victoires, n'ait pas même tenté d'investir Adana ni Tarse, deux villes riches en butin et en esclaves potentiels mais protégées de solides fortifications, comme toutes les villes de Cilicie l'étaient par nécessité. Ses hommes ne disposaient vraisemblablement pas des aptitudes requises, ni son train de bagages des outils nécessaires à la fabrication d'engins de siège (aucune force de raid aux mouvements rapides ne pouvait en transporter), mais le contraire eût été inconséquent : les soldats byzantins engagés dans ce raid ne pouvaient en effet se permettre de perdre du temps à assiéger des villes, compte tenu du retour imminent des guerriers du jihad ainsi mis en échec.

Lorsque l'auteur se tourne vers les opérations de siège, ce sont les sièges dressés par l'ennemi contre les villes byzantines qu'il a en tête[34]. Il affirme sur un ton péremptoire que de nombreuses villes fortifiées sont inexpugnables et n'ont donc aucune raison de redouter un siège – sans doute songe-t-il aux places dénuées de ressources qu'il serait à la fois sans intérêt de prendre et difficile d'attaquer en raison de leurs positions inaccessibles, une description qui s'applique à de nombreuses villes de la zone frontière.

Quant aux villes à la fois plus riches et plus accessibles, qu'il vaut par conséquent la peine d'assiéger, l'auteur insiste sur la nécessité de prévoir des stocks de nourriture pour au moins quatre mois et de se préoccuper comme il convient des citernes à eau. Pour le reste, toutefois, l'auteur renvoie le lecteur aux ouvrages antérieurs consacrés à la guerre de siège ; il se limitera, déclare-t-il, à aborder les opérations d'escarmouche qui se déroulent dans le cadre des sièges : sorties pour attaquer les campements de l'ennemi autour des villes assiégées pendant la nuit, actions de diversion pour réapprovisionner les villes soumises à un siège, destruction complète de tout ce qui peut être d'une quelconque aide aux assiégeants, y compris des maisons édifiées au-delà du circuit des remparts.

La guerre de frontière pouvait être épique, mais elle n'était pas chevaleresque – notre auteur nous dit à un moment que dans l'hypothèse où une force doit progresser avec célérité, on doit tuer les prisonniers si l'on ne peut les envoyer en avant de l'armée avec une escorte. Cet ouvrage de grande qualité se termine sans récapitulatif, par une simple invocation à la Trinité et ces derniers mots : « Avec l'aide de Dieu, fin du *taktikon*. »

De re militari *(L'Organisation des campagnes)*

Le *De uelitatione* était consacré aux opérations défensives contre les Arabes musulmans sur le front « est » de l'Anatolie ; un manuel diamétralement opposé, mais tout aussi pratique, fut consacré aux opérations offensives contre les Arabes musulmans une fois encore, mais davantage tourné vers le « front nord » pour affronter les Bulgares, les Petchenègues et les proto-Russes de la Rus' de Kiev. Précédemment publié sous l'intitulé *De re militari* et avec le titre de *Traité anonyme sur la tactique*, donné aux manuscrits, ce traité a fait l'objet d'une nouvelle édition sous le titre *L'Organisation des campagnes*[35].

Il comprend des références aux « anciens », mais le *De re militari* est lui aussi un ouvrage largement original. L'empereur est décrit comme présent et à la tête d'une armée expéditionnaire ; notre auteur lui donne des conseils sur un ton qui n'a clairement rien de servile. L'éditeur, qui fait autorité, se range à la suggestion antérieure – controversée – qui identifiait l'empereur en question à Basile II (976-1025), futur conquérant des Bulgares mais alors encore dans ses jeunes années, moins riches en victoires, vers 991-995. Tous les éléments indiqués dans le texte s'accordent avec une date de rédaction de l'ouvrage à l'extrême fin du Xe siècle ou au début du XIe.

Le manuel commence avec l'établissement d'un camp temporaire destiné à une vaste force expéditionnaire de seize bataillons (chacun commandé par un taxiarque) – quelque seize mille hommes à effectifs complets. Sont présents aussi bien les soldats des unités de thème à temps partiel que les *tagmata* à temps complet. Les bataillons d'infanterie comprennent cinq cents fantassins lourds (*hoplitai*) équipés d'épées et de boucliers[36], deux cents « lanceurs de javelots » et trois cents archers.

L'éditeur note que les auteurs byzantins étaient portés à préférer l'idéal platonicien à la réalité banale ; le camp décrit pourrait bien être de cette nature – parfait et parfaitement imaginaire[37]. Peut-être, mais les Romains avaient pour procédure opérationnelle standard la construction de camps de marche protégés d'une manière encore plus élaborée, même pour n'y passer qu'une seule nuit.

Des directives détaillées prescrivent la disposition du camp (le carré est privilégié) pour assurer à l'armée une protection contre toute atteinte extérieure et éviter les phénomènes d'encombrement à l'intérieur, en cas d'appel urgent aux armes ; il est essentiel de disposer d'un très bon géomètre – l'auteur utilise un mot latin incorrect, *mensurator*, au lieu du *mensor* de la légion romaine.

Au centre se trouve le camp intérieur de l'empereur, avec ses gardes du palais et les forces d'élite[38] : les « immortels » (*athanatoi*), levés à l'origine par Jean Tzimiskès (969-976), nommés en souvenir de leurs prédécesseurs achéménides qui combattirent aux Thermopyles presque mille cinq cents ans plus tôt, mais désormais composés de cavalerie ; le premier régiment de la garde appelé *megale* (« grande ») *hetaireia* – littéralement « association de compagnons » –, par opposition à la *mese* (« moyenne ») *hetaireia* et à la *mikre* (« petite ») *hetaireia*, ainsi que le *tagma* des *scholai*, les plus anciens gardes du palais.

Les cercles restreints ont leur propre cercle restreint, en l'occurrence les gardes du corps personnel de l'empereur : les *manglavitai*, nommés d'après la masse qu'ils utilisaient – avec délicatesse peut-on espérer – dans leur mission normale consistant à libérer le passage pour l'empereur quand il parcourait à pied les salles et couloirs du palais encombrés de courtisans empressés et de solliciteurs[39]. Il est également précisé qu'un large espace doit être laissé libre autour de la tente impériale afin de permettre aux soldats restant de service la nuit de pouvoir patrouiller tout autour – une mesure de sécurité appropriée, et pas seulement contre les éléments infiltrés de l'ennemi.

Le camp de l'empereur constituait également sa cour impériale lorsqu'il faisait campagne. Deux de ses plus hauts officiels sont nommés : il y a une tente pour le *protovestiarios*, l'eunuque en charge des robes, et l'*epi tes trapezes*, l'eunuque en charge de la table de banquet, l'un et l'autre tenant leur puissance de leur proximité à l'égard de l'empereur. On peut sans risque supposer que d'autres officiels de haut rang, non désignés dans le texte, y sont également présents, dans le désir ardent de rester proches du pouvoir impérial ou bien contraints de le faire. La fonction d'empereur ne relevant pas d'une légitimité dynastique offrant toute garantie, ni d'une légitimité élective, mais d'une légitimité d'« occupation », les empereurs savaient qu'il fallait garder leurs amis tout proches et leurs ennemis plus proches encore, afin qu'ils ne pussent comploter dans leur dos à Constantinople. Les élégantes tentes ottomanes exposées de nos jours dans les musées de Berlin, Cracovie et Vienne, butin du siège avorté de Vienne en 1683, avaient fait partie d'un camp comparable qui faisait fonction de cour.

Des guides (*doukatores*) étaient nécessaires à proximité, pour permettre à l'empereur d'obtenir ses informations de première main ; mais ce n'étaient pas ses propres gardes du palais et ils devaient parcourir de grands espaces, lointains, pour remplir leurs missions, entrant peut-être en contact avec l'ennemi ou les ennemis de l'empereur. L'auteur en tire une suggestion, cette fois clairement non platonicienne, qui témoigne d'un sens aigu de la prudence : « On doit installer les *doukatores* avec le *proximos* – un officier d'état-major du palais – ou avec quelque autre personne en laquelle le saint empereur a toute confiance[40]. »

Le manuel aborde ensuite les camps militaires en général, prescrivant « comme c'était la coutume chez les anciens » des campements par unités, et non mixtes. Comme barrière d'obstacles, chaque fantassin devait avoir environ huit chausse-trapes et chaque unité de dix hommes (commandée par un dékarque) un piquet de fer auquel attacher la corde reliant les chausse-trapes ; des petits trous au fond planté de pointes de fer, le type de piège « que l'on appelle brise-pieds », ainsi qu'un périmètre de cordes à cloches étaient également recommandés[41]. La troisième partie, sur les postes de gardes la nuit, n'a d'intérêt que par l'instruction qu'elle comprend concernant l'*hoplitarches*, terme signifiant littéralement « officier en chef de l'infanterie » : cet officier doit superviser les dispositifs de garde contre les infiltrations ou les raids de l'ennemi ; il était placé au-dessus des taxiarques en tant qu'inspecteur en chef au sein de l'état-major en charge d'un service, comme on le désignerait en langage moderne, et non en tant que commandant de combat opérationnel ; ce dernier type de poste regroupait en effet nécessairement la cavalerie et l'infanterie[42].

La thématique du camp se poursuit dans la quatrième partie, consacrée aux avant-postes (l'éditeur les appelle « postes de garde »), des avant-postes d'infanterie aux effectifs limités à quatre hommes et des avant-postes de cavalerie avec six cavaliers installés plus loin. À la lumière du jour, seuls sont nécessaires les avant-postes de cavalerie, bien plus éloignés. La suite comprend de plus longs développements consacrés aux dimensions du camp, avec des calculs complémentaires pour une proportion plus faible de cavalerie (cinquième partie), pour une force expéditionnaire ne comprenant que douze bataillons commandés par des taxiarques au lieu de seize (sixième partie) et pour les situations dans lesquelles le terrain impose deux camps, afin d'éviter à la fois les phénomènes d'encombrement à l'intérieur et une position en contrebas de hauteurs « desquelles on peut facilement faire pleuvoir les traits sur les tentes » (septième partie).

Dans cette partie de l'ouvrage, les calculs sont reproduits d'une manière qui rappelle la précision et la régularité d'un rite, avec simplement des chiffres qui varient, mais ce n'est pas nécessairement un indice de stratégie en chambre – bien au contraire, c'est le type même d'activité à laquelle se livrent souvent les militaires professionnels lorsqu'ils restent à contempler, sans rien faire, des tableaux présentant différents schémas d'organisation et de capacités militaires. La huitième partie en constitue un exemple parfait : « Si la force de combat montée compte huit mille deux cents hommes, il faut la diviser en vingt-quatre unités allant jusqu'à trois cents hommes chacune... [qui] doivent constituer quatre groupements... chacun composé de six unités de combat[43]. » Il y a un objectif tactique, celui de couvrir l'arrière et les côtés, ce qui ne laisse que trois unités pour la ligne de front. Des forces de cavalerie réduites doivent se traduire par des unités moins nombreuses plutôt que plus petites – un bon conseil –, mais il y a une limite à la réduction : « L'empereur ne doit pas se mettre en route pour faire campagne avec une force aussi réduite. »

Les deux parties suivantes comprennent des signes d'expériences de combat récentes contre des ennemis à l'est comme au nord, qui ne doivent rien à d'anciennes sources : il est question du mouvement de l'armée entière quittant le camp, avec, pour commencer, le démantèlement des tentes selon une méthode précise et graduelle, celles de l'empereur étant traitées les premières, puis de la marche de l'expédition elle-même.

Au lieu de textes recyclés d'origine attique, nous y lisons des informations concernant le *saka*, une arrière-garde (de l'arabe *saqat*) placée sous le commandement d'un officier supérieur d'un rang assez élevé pour recevoir ses ordres directement de l'empereur. Laisser passer des troupes pour ensuite les attaquer depuis l'arrière peut en effet se révéler une technique de combat hautement efficace. Plus loin dans le texte, et plus tard dans l'expédition, l'auteur suggère une disposition particulière pour relever les unités affectées à la mission du *saka*, parce qu'elles « ont à endurer davantage que leur part de difficultés », tout en laissant en place leur commandant à la solide expérience du combat pour instruire et diriger les unités nouvellement affectées à cette mission.

« Pour parer les assauts très téméraires des Arabes (c'est-à-dire des Bédouins) et des *Tourkoi* (il ne s'agit pas des Turcs mais des Magyars, futurs Hongrois, dont la spécialité, comme celle des Bédouins, était de lancer des raids de cavalerie légère). C'est une bonne idée d'affecter environ cent cinquante archers à pied... à chacune des douze unités de bataille à l'extérieur[44]. » L'empereur doit lui aussi être attentif, car les guerriers de raid sont capables de pénétrer même des forces puissantes une fois qu'elles se trouvent espacées dans leur marche : « Que l'empereur ait avec lui autant d'archers qu'il le souhaite. Qu'il ait également quelques *Rhos* (Varègues de la garde) et *malartioi* » ; ces derniers étaient vraisemblablement porteurs d'une arme particulière dont leur nom était tiré, au moins à l'origine (comme il en alla, par exemple, des grenadiers de la Garde), mais ni cette arme ni ces soldats qui l'utilisaient ne sont par ailleurs connus ni même seulement identifiables[45].

Cette partie s'achève avec un excellent conseil adressé à l'empereur en campagne : à la fin de la journée de marche, « à moins que d'autres tâches n'exigent son attention », l'empereur avec son entourage ne doit pas se rendre dans l'espace qui lui est réservé à l'intérieur du camp mais bien plutôt surveiller avec le plus grand soin toutes les unités qui y font leur entrée, jusqu'à l'arrivée du *saka*.

Il n'y a pas que l'action : la réaction est également nécessaire, car l'ennemi passe lui aussi à l'action. Le mieux est de prendre en embuscade les forces qui ont l'intention d'attaquer le camp de nuit pendant qu'elles progressent, mais à proximité du camp – c'est plus prudent. Quand on les a repoussées – peu importe la manière dont on l'a fait –, il faut éviter de les poursuivre, car ce serait inutile et risqué. Des forces ennemies peuvent également attaquer l'armée dans sa marche ; si elles sont très importantes, il ne faut pas les repousser tout en continuant à progresser : il faut au contraire arrêter la marche pour poser les bagages et aligner les troupes dans l'ordre de bataille approprié.

Une grande attention est nécessaire lorsque l'expédition traverse des zones dans lesquelles on ne trouve pas d'eau : « C'est une épreuve terrible de devoir engager deux batailles. Je veux dire ainsi la bataille contre l'ennemi et la bataille contre la chaleur quand on manque d'eau[46]. »

Un meilleur choix sera d'emprunter une route bien plus longue si on peut y trouver de l'eau. L'auteur se souvenait, sans aucun doute, de la défaite cataclysmique subie par l'armée byzantine dans la chaleur torride de juillet 636 sur le Yarmouk, une rivière d'ailleurs. Les ennemis de Byzance à l'est, les Perses sassanides et plus tard les Arabes musulmans, les Turcs seldjoukides et finalement les Ottomans, avaient une bien plus grande habitude de la guerre du désert que ne pouvaient en avoir les soldats venant de Constantinople ; la ville dispose en effet d'un arrière-pays exceptionnellement bien arrosé et regarde la partie la plus verte de l'Anatolie.

L'auteur aurait approuvé l'adage de l'armée britannique disant que « le temps consacré à la reconnaissance est rarement perdu ». Il réclame des guides expérimentés et intelligents (*doukatores*), qui doivent être très bien traités – et non comme des hommes de rang modeste – et connaître non seulement le terrain, mais aussi la manière d'évaluer les mouvements et besoins de l'ennemi sur ce terrain. Les guides ne peuvent qu'observer, ils ne peuvent pas sonder les forces de l'ennemi et leurs missions en tant qu'éclaireurs ne peuvent d'une manière sûre pénétrer très loin en profondeur le territoire ennemi.

Faire cela, et s'assurer des capacités militaires de l'ennemi en lançant de mini-attaques de test (des opérations de reconnaissance, en termes modernes), c'est le rôle des petites unités de cavalerie légère rapide appelées *trapezitai* ou *tasinarioi* (terme d'origine arménienne), ou encore, plus communément, *chosaroi*. Ce nouveau mot grec fut créé à partir du mot *huszar* des Magyars, lui-même créé à partir du serbe ancien *husar*, lui-même dérivant du grec *prokoursator* ou de son précurseur latin *procursator*, « celui qui se porte vers l'avant » – une bonne définition de la cavalerie légère (le mot fit ainsi un tour complet pour revenir au grec après un long voyage vers l'ouest sous le dérivé *hussar* – toujours utilisé de nos jours pour désigner des troupes de reconnaissance blindées).

Pour aller encore plus loin en profondeur que ne le peut même la cavalerie légère la plus agile, il faut avoir des espions. L'auteur n'ajoute aucune suggestion sur la manière de les gérer, à la différence du *De re strategica* (42, 20), mais précise qu'ils sont nécessaires « non seulement chez les Bulgares [proches de l'Empire], mais aussi chez tous les autres peuples voisins, par exemple en *Patzinakia* (le domaine en changement permanent des Petchenègues), en *Tourkia* (le domaine des Magyars) et en *Rosia* (la Rus' de Kiev), afin qu'aucun de leurs plans ne nous reste inconnu[47] ». Si l'on capture des prisonniers avec leurs familles, on peut les renvoyer espionner leurs camarades pour racheter les otages.

Le traité conseille la prudence dans la traversée des passages de montagne même s'ils ne sont pas occupés par l'ennemi. Ce point avait dû être identifié comme le principal danger dans les opérations de combat contre les Bulgares depuis la catastrophique défaite de l'empereur Nicéphore Iᵉʳ et de sa grande armée en 811. Les Bulgares réussissaient en effet à se déplacer d'une manière exceptionnellement rapide en coupant à travers leur pays pour occuper et bloquer les passages montagneux dans le dos des forces ennemies pendant leur avance, afin de leur interdire toute retraite[48].

De bons conseils tactiques sont ensuite donnés par l'auteur, à commencer par plusieurs jours de reconnaissance menée par « des guides, des espions et des hussards », suivis par une garde avancée avec davantage d'archers et de lanceurs de javelots que n'en compte l'infanterie lourde moins agile. Lorsque les rangs commencent à pénétrer le passage, le commandant doit s'emparer des positions les plus élevées en avant de l'armée afin de surprendre, depuis cet observatoire, de possibles approches latérales de sa ligne durant son avance. La force principale ne s'engage dans le passage qu'une fois ce dernier exploré par les éclaireurs, sécurisé et surveillé depuis une position dominante. Deux bataillons d'infanterie commandés par des taxiarques doivent marcher en avant de la cavalerie, avec des outils pour faciliter la progression sur la route. Chaque fois qu'ils atteignent un passage particulièrement difficile dont un ennemi en opération d'infiltration pourrait s'emparer, certains fantassins doivent rester en arrière pour tenir la position jusqu'à ce que l'armée entière ait pu le traverser.

Il faut effectuer bien plus de préparatifs encore si le passage est occupé par l'ennemi. Si ses forces sont puissantes, la meilleure solution est tout simplement de se rendre ailleurs, pour poursuivre l'avance en traversant un autre passage, même s'il est éloigné. Dans le cas contraire, le seul remède est d'attaquer en grand nombre, avec l'espoir de précipiter la fuite de l'ennemi mais en étant prêt à lui livrer bataille, après l'avoir affaibli par des attaques de traits tirés par les archers, les lanceurs de javelots et les frondeurs.

Sur la guerre de siège, l'auteur est une fois encore bien informé, et loin d'être optimiste[49]. Il prédit l'échec à ceux qui voudraient prendre des villes solidement fortifiées sans avoir commencé par détruire leur base d'approvisionnement en produits agricoles, par une campagne prolongée de raids destinés à abattre les arbres fruitiers et les vignes, à incendier les récoltes et à s'emparer du bétail sur pied, afin qu'il n'en reste rien après le passage des assiégeants ; ces derniers ne peuvent au plus transporter avec eux que vingt-quatre jours de ravitaillement en orge pour les chevaux. Seul un passage des trains de mulets et, « si possible, des chariots », assuré dans de bonnes conditions de sécurité par de fortes escortes contre les propres raids en profondeur de l'ennemi, peut donner aux assiégeants une supériorité en ravitaillement et leur permettre de l'emporter par la faim.

Un premier contexte précis est ici explicitement identifié : celui de la lutte pour reprendre les villes de Syrie aux Arabes musulmans, un pays naturellement fertile mais dévasté par la guerre ; un deuxième est le « pays des Bulgares », dans lequel « on ne trouve rien de ce qui est nécessaire à l'armée » – à l'évidence en raison de l'arrêt complet de toute activité agricole depuis déjà très longtemps, et non d'un manque de fertilité de ses ressources naturelles.

La plus grande ville tenue par les Arabes qui put être prise d'assaut fut Antioche, le 28 octobre 969, sous le règne de Nicéphore II Phocas (963-969). Lequel, alors encore officier, avait en 962 déjà pillé et brièvement occupé la capitale de Saïf ad-Dawlah, Alep, l'ancienne Beroia, future Aleppo et actuelle Halab. Avec Antioche furent également prises quelque soixante villes de moindre importance par les Byzantins dans la zone de guerre qui s'étendait dans tout le nord de la Syrie, de l'est de l'Anatolie à la Mésopotamie, suscitant une réaction des guerriers du jihad :

> La prise d'Antioche et des autres villes… constitua un affront à l'égard des Saracènes (c'est-à-dire des Arabes musulmans – le terme « Arabe » signifiait « Bédouin ») dans le monde entier ainsi qu'à l'égard des autres nations qui partageaient leur religion : les Égyptiens, les Perses, les Arabes, les Élamites (c'est-à-dire les Kurdes), ainsi que les habitants de l'Arabie heureuse et de Saba (Yémen). Ils trouvèrent un accord et nouèrent une alliance, qui leur permit de rassembler une grande armée venant de toutes parts, placée sous le commandement des Carthaginois (actuelle Tunisie). Leur commandant était

Zochar, un homme de grande énergie et de talent militaire avec une intelligence précise des opérations terrestres et maritimes. Une fois toutes ces forces rassemblées, elles se mirent en marche contre les Romains, totalisant cent mille combattants. Ils approchèrent d'Antioche depuis Daphné (un parc boisé et baigné de cours d'eau) et l'assiégèrent avec vigueur, mais ceux qui la défendaient leur opposèrent leur courage et la plus grande détermination, au point que le siège s'éternisa. Quand l'empereur apprit cette concentration de peuples, il envoya immédiatement des courriers [pour ordonner la mobilisation de renforts afin d'engager] la myriade des barbares, [qui furent] mis en fuite et dispersés en une seule bataille[50].

On devait faire des tentatives pour attirer les défenseurs hors des murs et les vaincre en bataille sur terrain ouvert. À défaut, les assiégeants avaient besoin de leurs propres tranchées de protection et remparts contre les sorties de l'ennemi. On envoyait des groupes au fourrage – littéralement pour chercher du fourrage, c'est-à-dire des plantes pour les chevaux – et il était nécessaire de les protéger, ainsi que les chevaux au pâturage, contre les sorties de l'ennemi ; on pouvait également attirer l'ennemi hors des murailles avec des soldats déguisés en palefreniers non armés.

Raids et contre-raids accompagnent les sièges.

Dans le rassemblement d'une vaste force destinée à lancer un raid contre une troupe ennemie venant au secours de la ville assiégée à une journée de distance, on comptait ainsi des cavaliers, des lanceurs de javelots, des archers, de l'infanterie lourde montée – sur « de meilleurs chevaux », est-il précisé d'une manière significative – ainsi que des *Rhos* à cheval, une nouvelle fois choisis pour diriger la colonne. Manifestement, les *Rhos*, c'est-à-dire les Scandinaves composant les Varègues de la garde, étaient alors considérés comme des soldats d'élite, et même comme les meilleurs parmi plusieurs gardes d'élite différentes.

L'auteur aborde enfin les opérations de siège proprement dites contre les fortifications. À ce stade, seules ont été mentionnées la nécessité de précautions particulières pour protéger les machines de siège contre les raids de l'ennemi, ainsi que la nécessité d'installer le camp au-delà de la portée des lanceurs de pierres (*petroboloi*) ennemis.

Après avoir déclaré que les opérations de siège exigent « une grande inventivité », l'auteur donne la liste des dispositifs nécessaires : sape, béliers, tortues, machines de jet de pierres – les *petroboloi* une nouvelle fois évoqués sans précision sur le modèle (sans doute des trébuchets à traction simples mais puissants, plus vraisemblablement que des catapultes à tension ou des engins à torsion encore plus complexes) –, cordes, tours de bois, échelles et rampes de terre. « On construit » des engins, mais l'auteur ne nous dit pas lesquels ni comment on les construit, parce que « les anciens auteurs qui font autorité en ce domaine ont écrit d'excellents textes, très pratiques, dans leurs ouvrages[51] ».

Quand il en vient à l'entraînement militaire, l'auteur en appelle, comme de coutume, à l'autorité des anciens : « Les anciens nous ont transmis la nécessité d'entraîner et d'organiser l'armée… Ils n'entraînaient pas seulement l'armée en tant qu'unité, ils formaient aussi chaque soldat individuel et l'exerçaient au maniement de son arme avec toutes les aptitudes requises. En combat réel, alors, le courage associé à l'expérience et aux aptitudes acquises dans le maniement de son arme devait le rendre invincible. Sans contredit, les exercices et une attention soignée accordée aux armes sont nécessaires. Car nombre de Romains et de Grecs des temps anciens, avec des armées peu nombreuses aux soldats entraînés et expérimentés, ont mis en fuite des armées de dizaines de milliers d'hommes de troupe[52]. »

Il y a un air de désenchantement dans ce texte ; l'auteur laisse entendre qu'à son époque, les troupes byzantines n'étaient pas du tout entraînées. Cela dépendait en réalité de la géographie, de sa profondeur stratégique, de la sécurité quotidienne et du sens de l'urgence qui en résultait au sujet de l'entraînement militaire, ou de son absence.

L'auteur se plaint que les soldats de thème à temps partiel ne s'entraînent plus et préfèrent « vendre leur équipement de combat et leurs meilleurs chevaux pour s'acheter des vaches », au point qu'en cas d'attaque ennemie, « on ne trouvera personne pour remplir les tâches d'un soldat » ; il poursuit immédiatement en reconnaissant que ceux qui vivent dans les régions frontalières « et ont nos ennemis comme voisins » sont « vigoureux et courageux. Eu égard à leur entraînement et à leur participation aux campagnes… il est approprié de leur devoir des honneurs particuliers comme défenseurs des chrétiens ». Une différence des plus naturelles, donc, entre la vie dans des régions sûres à l'arrière qu'aucun ennemi n'a jamais pénétrées de mémoire d'homme, et où l'entraînement est regardé avec négligence comme une corvée inutile, et la zone frontière où les soldats-paysans s'entraînent à fond. Il en va de même en Israël de nos jours, où les unités de défense locale composées de soldats trop âgés libérés des obligations de la réserve n'ont pratiquement plus aucune activité dans les villes, mais restent très présents et sur le qui-vive sur les frontières.

Il est possible que l'auteur de ce traité soit Nicéphore Ouranos. Il remporta lui-même de nombreux succès comme général au service de l'empereur de combat Basile II, tout aussi heureux à la guerre – Nicéphore Ouranos infligea ainsi une défaite complète aux Bulgares sur le Sperchios en 997 et participa à la reconquête du nord de la Syrie sur les Arabes musulmans. Que l'auteur en fût ou non le protagoniste, ces succès ne furent pas remportés par de misérables paysans armés de gourdins et de frondes mais par des soldats parfaitement entraînés, réunissant à la fois les soldats de thème à temps partiel sur les frontières qui devaient rester prêts à résister à de constants raids et à de fréquentes offensives, et les troupes d'élite à temps plein, salariées, des *tagmata*.

À l'époque, ces dernières constituaient à elles seules une force substantielle, composée des *scholai* à cheval, des *Exkoubitoi* et de la Vigla, tous d'anciens gardes à pied reconvertis en cavaliers, des plus récents *hikanatoi* (« honorables ») ainsi que de l'infanterie des gardes à pied, des gardes des murailles de Constantinople et des *noumera*, qui exerçaient la double responsabilité de gendarmes et de gardiens de prison[53]. Si l'auteur n'était pas Nicéphore Ouranos, il devait en tout cas être son contemporain, et comme tel instruit de l'entraînement très poussé de l'armée, sans lequel ses victoires contemporaines décisives sur les Arabes musulmans comme sur les Bulgares n'auraient pas été possibles.

L'auteur propose ensuite un rare aperçu de l'administration militaire byzantine – le département du personnel – au travail. Il s'agit d'écritures, bien sûr, favorisées par la disponibilité de véritable papier par opposition au vélin bien plus cher. L'armée entière doit être enregistrée dans des listes exhaustives (*katholika*) pour connaître précisément le nombre d'hommes disponibles dans la revue des troupes, le nombre d'hommes laissés chez eux, le nombre d'hommes qui se sont enfuis, le nombre d'exemptés pour cause de faiblesse et le nombre de morts.

Les listes passent alors à des considérations d'ordre qualitatif, supposant des évaluations systématiques : le nombre d'hommes qui gardent leurs chevaux et leur équipement de combat en bonne condition ; les plus énergiques et les paresseux ; le nombre de soldats vaillants – car « des hommes qui ont bravé la mort et la captivité ne doivent pas être mis en ligne avec des paresseux et des indolents[54] ». Chacun doit ensuite recevoir sa juste récompense.

L'ouvrage s'achève sans enjolivure de conclusion. À la place, on trouve un très intéressant à-côté : « Nous avons également souhaité donner des explications sur les raids et la façon de les conduire dans le pays des Agarènes [c'est-à-dire des Arabes], et mettre en avant les manières appropriées et efficaces à suivre pour dévaster leur pays. Mais... nous considérons superflu d'écrire sur un sujet que tout le monde connaît déjà bien[55]. »

Les Praecepta militaria *de Nicéphore II Phocas*

Le manuel de campagne traditionnellement connu sous le titre *Praecepta militaria*, dont le titre grec signifie littéralement « Présentation et composition sur la guerre de l'empereur Nicéphore », est en effet bien attribué à l'empereur de combat Nicéphore II Phocas (963-969) par son éditeur le plus récent, qui fait autorité[56].

Le contexte est celui de la guerre offensive contre les musulmans, plus précisément contre Ali ibn Hamdan, surnommé « Saïf ad-Dawlah », souverain indépendant d'un territoire couvrant l'actuelle Syrie et au-delà sous l'autorité nominale du calife des Abbassides et, à cette époque, de moins en moins victorieux. Après avoir connu de très nombreux succès comme commandant du jihad dont les forces de raids pénétraient profondément l'Anatolie, Saïf ad-Dawlah subit une série de défaites infligées par Nicéphore et par son commandant de campagne et successeur Jean Tzimiskès, perdant par là les terres fertiles de Cilicie et l'importante ville d'Antioche.

Cet ouvrage constitue donc l'exact pendant du *De uelitatione*, qui avait le même cadre géographique dans l'est de l'Anatolie et la Cilicie, une région d'une très grande fertilité, ainsi que les mêmes antagonistes, mais dont l'orientation était entièrement défensive d'un point de vue stratégique, même s'il proposait de vigoureuses tactiques offensives.

Les *Praecepta militaria* commencent par prescrire le nécessaire pour l'infanterie – c'est-à-dire l'infanterie « lourde » destinée au combat rapproché, désignée par le terme *hoplitai* dans le texte : des recrues romaines ou arméniennes de moins de quarante ans et d'une grande stature qui s'entraînent comme il convient avec boucliers et lances, et servent sous les ordres d'officiers commandant dix hommes (dékarques), cinquante hommes (pentékontarques) et une centaine d'hommes (hékatontarques). Ces derniers peuvent être comparés aux commandants de compagnie modernes ou plutôt aux sergents ; ils sont d'un niveau assez élevé d'ailleurs, comme il ressort du contexte général.

L'auteur se préoccupe avec à-propos de la cohésion des unités : les hommes doivent rester avec leurs amis et parents dans les mêmes *kontoubernia*, désignant dans l'ancienne armée romaine les groupes de huit hommes vivant sous la même tente, et qui connurent chez les Byzantins des variations entre cinq et seize hommes ; peu importe le nombre, l'essentiel est que les hommes doivent vivre, marcher et combattre ensemble.

L'auteur a en tête une armée de campagne bien particulière alignant exactement onze mille deux cents fantassins lourds, sans compter l'infanterie légère. Leur équipement est peu coûteux, au vrai même médiocre, comprenant des tuniques rembourrées (*kabadia*) au lieu de plastrons de métal ou à tout le moins de cuir bouilli, des bottes hautes « si possible » ou, à défaut, « des sandales, c'est-à-dire des *mouzakia* ou *tzerboulia* », les chaussures très légères connues pour être celles des gens misérables, des femmes et des moines[57]. Il n'y a aucun casque de métal, seulement une capuche de feutre épais – cette infanterie « lourde » particulière n'est ainsi définie qu'au regard de ses tactiques et ne porte pas la moindre armure, par opposition aux troupes légionnaires romaines par exemple.

Mais il n'est fait aucune économie sur les armes. Les forces hamdanides que cette armée devait affronter comprenaient beaucoup de cavalerie, à la fois de la cavalerie légère pour les opérations d'escarmouches et de raids (les *Arabitai*, nom dérivé de leur origine bédouine) et de la cavalerie en armure (*kataphraktoi*) pour la charge. En conséquence, les *Praecepta militaria* prescrivent d'armer l'infanterie lourde de lances larges, solides et longues [*kontaria*] de quelque 25 à 30 *spithamai* (soit 5,85 à 7,02 mètres[58]). L'éditeur juge pareilles longueurs « improbables[59] ». Commentaire certainement justifié pour le haut de la fourchette, mais comme il en était de la *sarissa* de Philippe et Alexandre, la longueur des lances pouvait constituer la meilleure manière de tenir les charges de cavalerie en échec ; il était possible de limiter l'embarras causé par cette arme pendant la marche comme on le faisait avec la sarisse, en l'assemblant à partir de deux moitiés fixées par des attaches dans un collier de serrage – dispositif auquel le terme *kouspia* pourrait également faire référence dans le texte[60].

La liste des armes prescrites se poursuit avec « des épées ceintes à la taille, des haches ou des masses de fer, de telle manière qu'un homme combatte avec une arme, le suivant avec une autre en fonction des aptitudes de chacun[61] ». Il est également précisé qu'ils doivent avoir des frondes à leurs ceintures, afin de pouvoir effectuer des tirs de harcèlement à une certaine distance avant de venir à portée de combat rapproché avec leurs lances ou épées ; les frondes complétaient généralement les arcs de l'infanterie de jet et se révélaient particulièrement utiles par temps humide. L'auteur prescrit de grands boucliers « de 6 *spithamai* » (soit 1,4 mètre) « et si possible... encore plus grands ». Ce qui reflète le manque d'armure corporelle et le besoin d'assurer aux soldats une protection contre les pluies de flèches que les hommes de Saïf ad-Dawlah étaient susceptibles de tirer.

Avec tout cet équipement, l'infanterie lourde serait en effet lourde, trop lourde même. En conséquence, comme le prescrit le texte, « chaque groupe de quatre [fantassins lourds] doit avoir un homme (*anthropos*) dont la responsabilité est, en période de bataille, de surveiller leurs animaux, bagages et provisions[62] ».

Aux côtés des onze mille deux cents fantassins lourds, l'armée aura quatre mille huit cents « archers experts ». Les *Praecepta militaria* mettent sur le même plan l'infanterie légère et les archers, des archers experts est-il même précisé ; le texte ajoute que ces archers doivent avoir « deux carquois chacun, l'un avec quarante flèches, l'autre avec soixante, ainsi que deux arcs chacun, quatre cordes d'arc et de petits boucliers à poignée, des épées ceintes à la taille et des haches ; ils doivent de plus porter des frondes à leurs ceintures[63] ».

Malgré son sens apparent, ce passage décrit sans doute l'équipement prévu de manière générale par homme et non celui que les hommes étaient réellement censés porter avec eux au combat – avec une épée et une hache, deux arcs et cent flèches de 3 pieds de long à porter à la fois, le fantassin ne serait en effet guère léger ni agile. Il est bien plus vraisemblable de penser qu'une partie de l'équipement était transportée par les animaux de bât et les assistants du train de bagages.

L'auteur cite, à ce moment du texte, une disposition tactique mêlant cavalerie et infanterie en usage depuis l'Antiquité, dans laquelle douze formations séparées d'infanterie laissent des couloirs entre elles pour permettre à de petites unités de cavalerie de dix à quinze hommes de faire des sorties et de revenir dans les rangs. En outre, s'il y a des lanceurs de javelots – des recrues étrangères, comme noté plus haut, peu coûteuses à sacrifier est-il sous-entendu –, ils peuvent se tenir derrière un carré d'infanterie prêts à bloquer un couloir contre la cavalerie ennemie. Les archers et les frondeurs – qui ne sont pas facultatifs mais obligatoires, car leur absence interdirait toute capacité de jet – se tiennent derrière l'infanterie lourde de chaque formation.

D'un point de vue dynamique, quand la cavalerie ennemie poursuit la cavalerie byzantine en passant entre les formations, les lanceurs de javelots doivent quitter leur position et bloquer l'ennemi avec le soutien des traits tirés par les archers et les frondeurs. Cela permet à la cavalerie byzantine d'attaquer sans souci de sa propre défense, car l'infanterie se charge de sa protection si nécessaire.

Les files qui constituent chaque formation ont sept rangs de profondeur, avec trois archers intercalés entre deux fantassins lourds à une extrémité et deux à l'autre, permettant à la formation ainsi alignée de faire face des deux côtés. Les taxiarques (commandant un millier d'hommes) comptent une centaine de ces files dans leur formation, les trois cents autres se répartissant en deux cents lanceurs de javelots et frondeurs – une infanterie légère moins coûteuse et moins qualifiée équipée d'armes bon marché – et cent hommes qui relèvent de la catégorie d'infanterie strictement opposée, des soldats choisis avec grand soin et équipés d'une arme qui avait une importance particulière dans le passé de l'époque romaine : la lance lourde destinée à enfoncer l'ennemi, ou pique, appelée *hasta* en latin et *menavlion* en grec (*menavlia* au pluriel[64]).

Sa fonction particulière était de protéger les formations d'infanterie contre les charges de cavalerie – un rôle que les piquiers devaient conserver dans les régiments d'infanterie européens jusqu'à l'introduction de la baïonnette.

D'une manière plus générale, sa fonction était de servir d'arme solide à des hommes eux-mêmes d'une constitution particulièrement solide, formés en unités de *menavlatoi* pour tenir la ligne soumise à une attaque sévère de l'ennemi, ou, au contraire, à l'offensive, pour enfoncer une ligne ennemie qui oppose une forte résistance. Comme tel, ainsi que la pique le serait également, le *menavlion* était l'arme de soldats d'élite – des hommes qui faisaient face avec courage pour affronter les charges de cavalerie lourde –, qui pouvaient aussi avoir une position sociale plus élevée que les autres soldats.

C'était également souvent le cas des piquiers. Dans *Henri V* de Shakespeare, le grand buveur Pistol demande à Henri V, déguisé, qui il est. « Je suis un gentilhomme d'une compagnie », répond-il, voulant dire par là un volontaire gentilhomme. « Brandis-tu la puissante pique ? » demande alors Pistol. Le roi réplique : « Précisément. » C'était l'arme des hommes les plus sérieux, qui bénéficia longtemps d'un prestige supérieur à celui des armes à feu.

Comme *hasta*, elle avait armé les troupes les plus expérimentées constituant le troisième échelon (*triarii*) des légions de la République, il y avait de cela longtemps. Sous le terme parfaitement classique – bien que trompeur – de *sarissa*, on la retrouve mentionnée comme arme prévue pour l'infanterie au vi[e] siècle[65]. Mais les *Praecepta militaria* lui accordent une place beaucoup plus importante, précisant que le *menavlion*

> ne doit pas être fabriqué avec des pièces de bois mais avec un jeune chêne, un jeune cornouiller ou cet arbre que l'on appelle *atzekidia* d'un seul tenant. Si l'on ne peut en trouver, il faut alors les faire fabriquer avec des pièces de bois mais en choisissant du bois dur et d'une épaisseur allant jusqu'au diamètre maximal permettant de manier l'arme. Les *menavlatoi* eux-mêmes doivent être courageux et robustes[66].

La longueur des armes est donnée au chapitre 56 de la *Tactique* encyclopédique de Nicéphore Ouranos : de 1,5 à 2 *orguiai* pour la hampe, de 1,5 à 2 *spithamai* pour le fer de lance, ou pointe, c'est-à-dire respectivement 2,7 à 3 mètres et 35 à 47 centimètres[67]. On l'a vu, l'objet particulier à cette arme était de permettre de résister aux charges de cavalerie lourde, en l'occurrence de la cavalerie lourde de l'armée hamdanide ; les passages des *Praecepta* où il est question du *menavlion* mettent incidemment en évidence la différence entre cette arme plus solide et les lances ordinaires [*kontaria*] :

> Les *menavlatoi* doivent prendre leur place sur la ligne de front de l'infanterie... s'il arrive, et nous espérons que cela ne soit pas le cas, que... les [lances] de l'infanterie soient fracassées par les *kataphraktoi* de l'ennemi, les *menavlatoi* fermement installés tiennent leur terrain avec courage pour recevoir la charge des *kataphraktoi* et les repousser[68].

L'objet de cette arme était, plus généralement, de renforcer les capacités militaires de l'armée dans les attaques frontales – la « poussée à la pique » qui put encore se révéler décisive au cours de la guerre civile anglaise –, ou de stabiliser des formations d'infanterie entières en circonstances défavorables :

> Quand s'engage le combat... [les unités] peuvent se former en rangs sans encombre ni entrave [derrière la protection des *menavlatoi*]... D'un autre côté, les hommes épuisés de fatigue ainsi que les blessés reviennent trouver du repos derrière [leur] protection[69].

Tout cela permet une nouvelle fois de bien comprendre que le *menavlion* servait à menacer et à enfoncer l'ennemi, et non d'arme de jet, ce qui le différenciait radicalement du *pilum* romain classique, une lance de jet lourde, sans même parler des javelots sous quelque nom qu'on les désignât. Il y a des distinctions qu'on ne doit pas manquer de faire entre les armes longues d'enfoncement trop lourdes pour servir d'armes de jet (piques, *menavlion*, *hasta*), les traits trop fragiles pour enfoncer la ligne ennemie ou servir d'arme de dissuasion contre les charges de cavalerie (javelots, *akontia*, *monocopia*), les lances de cavalerie destinées à transpercer l'ennemi (*contus*, etc.) et la lance de jet lourde à courte portée des légions (*pilum*), qui pouvait également avoir une utilisation marginale pour enfoncer l'ennemi, pour la seule raison que dans ces circonstances le *gladium* – l'épée – était trop court[70].

Dans l'ordre de bataille prescrit, seuls trois hommes sur dix sont archers, et l'armée envisagée compte quatre mille huit cents archers contre onze mille deux cents fantassins lourds – c'est la même proportion que dans le campement envisagé par le traité sur *L'Organisation des campagnes*.

Il s'agit manifestement de forces structurées pour l'offensive, des forces principalement lancées par l'action de choc de la cavalerie, rendant l'archerie bien moins utile qu'au sein de forces sur la défensive. Dans l'armée impériale romaine, l'archerie ne tenait qu'une place marginale pour la même raison, et ne disposait pas d'un arc réellement puissant, comme on le sait. L'archerie jouait un rôle nettement inférieur dans l'armée byzantine du Xe siècle à celui qu'elle occupait dans l'armée du VIe siècle ; elle conservait toutefois suffisamment d'importance pour justifier des dispositions spécifiques concernant le réapprovisionnement en flèches. Si l'on considère les rythmes de tir d'archers bien entraînés, les cent flèches transportées par chaque archer ne pouvaient en effet durer longtemps. En conséquence, il est nécessaire de transporter quinze mille flèches supplémentaires, ou cinquante par archer, sur les animaux qui suivent les forces à la bataille (et non sur le train de bagages principal) ; fait révélateur, l'auteur enjoint à un chiliarque (signifiant « commandant d'un millier d'hommes »), officier d'un rang correspondant à celui de lieutenant-colonel en termes modernes, de

> les compter au préalable et de les lier ensemble par lots de cinquante, puis de les remettre dans leurs rangements... On doit affecter huit à dix hommes dans chaque unité (sur un millier) à l'approvisionnement des archers en flèches, afin d'éviter de leur faire quitter leur [position dans la bataille[71]].

Cinquante flèches supplémentaires par archer semblent constituer une réserve modeste, si l'on considère les cent déjà distribuées, mais tous les archers n'étaient pas en situation de tirer sans cesse leurs flèches d'une manière utile en pleine bataille – pour ce faire, ils devaient en effet se trouver à des emplacements leur permettant d'avoir l'ennemi à portée de tir, ce qui n'était pas nécessairement le cas pour certains, voire peut-être pour nombre d'entre eux. Les quinze mille flèches supplémentaires pouvaient donc représenter une réserve importante si on les allouait aux seuls archers en situation de tirer d'une manière utile, au lieu de simplement les distribuer par lots de cinquante à tous les archers.

La suite nous instruit des armes spéciales dont le commandant de l'armée doit également disposer : « de petits *cheiromangana*, trois *elakatia*, un tube à pivot avec du feu liquide et une pompe à main ». Ces armes ne sont pas équivalentes comme armes de soutien aux mitrailleuses et mortiers modernes, armes tout aussi polyvalentes que les fusils ; il faut plutôt les comparer à des armes comme les lance-roquettes antichars et les lance-grenades, cantonnées à un champ bien particulier, très utiles en certaines circonstances mais la plupart du temps non employées en bataille, dans l'attente du moment où elles se révéleront nécessaires.

Le feu grégeois, que l'eau ne pouvait éteindre, était ainsi en mesure de brûler et de terroriser les ennemis dans la limite de la portée – très courte – de siphons ou de lanceurs à pompe manuelle, disons dix mètres tout au plus ; on ne pouvait donc l'employer que lorsque l'ennemi à l'attaque était sur le point d'atteindre la ligne de bataille – et même, alors, il ne touchait que ceux qui entraient dans sa portée de tir très courte.

Quant au *cheiromanganon*, l'éditeur moderne du texte, avec une certaine hésitation, le définit comme un lanceur de flèches portables, semblable au *gastraphetes*, ou arbalète lourde[72]. Mais la nomenclature de l'artillerie romaine et byzantine était instable, chacun le sait. Durant le IVe siècle, la catapulte passa ainsi de « lanceur de pierres » à « tireur de flèches » tandis que la baliste changea de sens en empruntant la trajectoire inverse, si l'on permet ce jeu de mots. Il s'agissait plus vraisemblablement d'un petit trébuchet à traction mobile[73].

L'expression française plus tardive « trébuchet à traction » avait l'avantage de la spécificité, ce qui lui valut de devenir la désignation conventionnelle d'un dispositif que les textes byzantins décrivent en employant une variété de noms ; certains de ces noms sont des survivances de l'artillerie à torsion ou à tension des anciens ingénieurs, très différente d'un point de vue mécanique, que le trébuchet rendit largement obsolète : *helepolis, petrobolos, lithobolos, alakation, lambdarea, manganon, manganikon petrarea, tetrarea* ainsi que le *cheiromanganon* lui-même. Les trébuchets pouvaient être d'une taille suffisante pour détruire les murs de pierre les mieux bâtis à des distances tactiquement utiles de 200 mètres et plus, bien au-delà des tirs à l'arc, ou de modèles suffisamment petits pour qu'on pût facilement les mouvoir et qu'un seul homme les mît en opération, comme il en était très probablement du *cheiromanganon* lui-même. La meilleure autorité sur le sujet a suggéré que les Byzantins comprirent l'utilité des *cheiromangana* petits et mobiles après la bataille d'Anzen en juillet 838, durant laquelle les forces des Abbassides eurent recours à des trébuchets à traction pour projeter des pierres sur les troupes byzantines et les disperser dans la panique, après une tempête de pluie qui avait interdit l'usage de l'arc à leurs archers montés turcs[74].

Quelle que fût sa taille, cette arme consistait en une poutre qui pivotait sur un axe soutenu par un cadre relativement élevé, avec deux bras de longueur inégale, l'un long et l'autre court. Le projectile était disposé dans un réceptacle à l'extrémité du bras le plus long, ou à l'intérieur d'une poche souple attachée à l'extrémité du bras le plus long, tandis que l'on attachait des cordes à traction au bras le plus court. Pour lancer un projectile, on tirait brutalement vers le bas le bras court par la force de traction humaine, par la force de gravité en libérant un contrepoids ou par une association des deux. On pense généralement que les trébuchets byzantins du Xe siècle étaient des modèles déclenchés par traction ou des modèles hybrides et que les trébuchets à gravité, plus puissants, furent pour la première fois construits et utilisés de manière habituelle par Jean II Comnène (1118-1143)[75].

Ce fut le résultat d'une très longue évolution, ou plutôt d'une très lente diffusion s'il est vrai que les Chinois utilisèrent des trébuchets longtemps auparavant – les Avars, responsables du premier usage de ces armes dont nous ayons connaissance, ont en réalité fort bien pu apprendre des Chinois à les construire avant leur arrivée en Occident, bien que Théophylacte Simocatta rapporte l'histoire d'un soldat byzantin capturé, un certain Busas, qui apprit aux Avars à construire une *helepolis*, terme que l'autorité en la matière traduit par « trébuchet[76] ». Mais ce terme pourrait désigner n'importe quel engin de guerre, y compris l'*helepolis* originale, une tour de siège mobile. De plus, Simocatta dépeint les Avars comme dénués de toute compétence technique, alors que le *Strategikon*, nous l'avons vu, conseille à maintes reprises l'utilisation de la technologie des Avars.

En tout cas, les Avars firent usage de cinquante trébuchets avec des effets dévastateurs durant leur siège de Thessalonique en 597, première attestation de leur existence dans le célèbre mémoire de son archevêque Jean Ier :

Ces *petroboloi* [« lanceurs de pierres », c'est-à-dire trébuchets] reposaient sur des châssis quadrilatéraux qui étaient plus larges à la base et se rétrécissaient progressivement vers la partie la plus haute. Il y avait, fixés à ces machines, des axes épais recouverts de fer aux extrémités, sur lesquels étaient clouées des pièces de bois ressemblant aux poutres d'une grande maison. Suspendues à la partie arrière de ces pièces de bois, il y avait des poches et, suspendues à la partie avant, de solides cordes ; en tirant ces cordes vers le bas pour libérer le contenu de la poche, ces machines propulsaient très haut les pierres avec un grand bruit. Ainsi déchargées, elles envoyaient de nombreuses pierres d'une taille considérable au point que ni la terre ni aucune construction humaine ne pouvaient résister à leurs impacts.

Ils recouvraient également ces *petroboloi* de forme quadrilatérale avec des planches sur trois côtés, afin que les servants postés à l'intérieur pour les utiliser ne fussent pas blessés par les tirs de flèches des soldats postés sur les remparts de la ville. Comme l'une d'elles fut incendiée avec ses planches par une flèche enflammée, ils firent demi-tour en enlevant les machines. Le lendemain, ils revinrent avec ces trébuchets [*petroboloi*] recouverts de peaux fraîchement détachées et de planches, les disposèrent plus près des remparts de la ville et, par leurs tirs, projetèrent des montagnes et des collines entières contre nous. Quel autre nom, en effet, pourrait-on donner à des pierres d'une taille aussi colossale[77] ?

L'auteur revient ensuite aux hoplites, l'infanterie lourde, pour relever que chaque paire de soldats doit avoir un mulet pour transporter leurs boucliers, lances et provisions, et que chaque groupe de quatre doit disposer d'un homme (*anthropos* : ni une ordonnance ni un soldat) pour surveiller ces biens quand les soldats sont au combat. Le commentaire qui suit rappelle que les batailles doivent être livrées là où se trouve une source d'eau[78]. Ces observations un peu dispersées sont typiques d'un texte qui se borne à un ensemble de notes pratiques laissées par un praticien à l'attention de ses successeurs.

La cavalerie du Xe siècle que mentionne le texte n'est pas une arme aussi dominante que la cavalerie du VIe siècle dans le *Strategikon*. La raison en est simple : une armée structurée pour gagner et occuper des territoires, plutôt que pour l'emporter par la manœuvre et contenir l'ennemi, doit avoir de l'infanterie lourde qui puisse tenir son terrain. De plus, la cavalerie du Xe siècle était considérablement diversifiée, par comparaison avec la cavalerie d'archers-lanciers du *Strategikon*, laquelle était certainement polyvalente mais aussi d'une grande homogénéité. Là encore, la raison en est simple : à l'est, les Byzantins affrontaient un ennemi dont la propre cavalerie comprenait des catégories nettement différenciées. Il y avait des cavaliers légers bédouins armés d'épées et de lances d'une grande agilité dans les opérations de raids, que l'on pouvait également utiliser, mais avec une moindre fiabilité, comme éclaireurs et en opérations de reconnaissance ; il y avait également des archers montés turcs qui évinçaient de plus en plus les Arabes et leurs compagnons bédouins comme protagonistes du jihad ; il y avait aussi une cavalerie en armure issue de l'armée sassanide, que les Romains avaient en leur temps imités avec leurs *clibanarii*.

Le premier type de cavalerie mentionné dans les *Praecepta militaria* est constitué des *prokoursatores* ; c'était le mot d'usage courant désignant la cavalerie légère à laquelle étaient confiées des missions d'éclaireur, de raid et de reconnaissance – ainsi que des missions de riposte contre les tentatives ennemies dans ces mêmes domaines. Il est précisé qu'ils doivent porter les *klibania*, un mot dont le sens a manifestement changé au cours des siècles : au lieu des plaques de métal, lamelles ou toute autre forme d'armure lourde, les *klibania* dont il est ici question doivent en effet avoir été fabriqués en cuir, en toile tissée d'une manière très serrée ou de toute autre manière offrant une protection légère, car les *prokoursatores* sont définis comme n'étant « pas recouverts d'une lourde armure ni embarrassés par le poids de leur équipement, mais légers et agiles[79] ».

Par définition, les opérations d'éclaireurs se limitent à l'observation en évitant tout combat intentionnel ; c'était un rôle qui convenait bien aux *prokoursatores*, un rôle implicite quoique important. Mais il leur revenait aussi le rôle beaucoup plus exigeant de mener les opérations de reconnaissance en termes modernes, c'est-à-dire l'engagement délibéré – même si la prudence était requise – de forces ennemies pour les forcer à se révéler, pour tester leurs capacités militaires, pour capturer des prisonniers destinés à l'interrogatoire et pour les affaiblir avec des attaques surprises ou des embuscades. Un autre rôle leur incombant était de repousser les *prokoursatores* de l'ennemi engagés eux-mêmes dans des opérations d'éclaireurs ou de reconnaissance.

À chaque fois, dans l'hypothèse d'une confrontation avec une capacité ennemie supérieure ou toute forme d'action militaire aux conditions bien déterminées du type bataille rangée, ils avaient pour tâche de ne pas risquer leur vie en acceptant le combat mais de se dégager eux-mêmes du péril et de revenir vers l'armée ; ils pouvaient en effet être bien plus utiles, en synergie avec les autres soldats, en permettant à l'armée de rester bien informée tout en laissant l'ennemi lui-même moins bien informé.

Nous pouvons considérer ces différents points comme assurés en raison de l'organisation et de l'équipement que prescrit l'auteur pour les *prokoursatores*. Il envisage une force totale de cinq cents hommes, parmi lesquels cent dix à cent vingt doivent être des archers experts équipés d'une protection corporelle et de casques (*klibania* ou *lorikia*) ainsi que d'épées et de masses d'armes, les autres étant tous des lanciers – l'arme idéale pour les cavaliers de raid légers. Chacun doit avoir un cheval supplémentaire présent à ses côtés lorsqu'il est en opération de raid (et non lors des batailles rangées) ; on retrouve là une pratique apprise longtemps auparavant des nomades de la steppe et particulièrement utile pour s'échapper après un combat. L'auteur définit une véritable formation tactique susceptible de combattre de temps en temps en effectifs complets sous les ordres d'un commandant unique, et non une simple entité administrative – et de fait, il note que si l'armée est d'une taille plus réduite, les *prokoursatores* doivent réunir trois cents hommes, y compris soixante archers[80].

Le deuxième type de cavalerie comprend les *kataphraktoi* encore plus spécialisés, des cavaliers en armure sur des chevaux eux aussi protégés, structurés en masse compacte pour produire un effet de choc. Le texte recommande, si l'armée est assez grande, une formation triangulaire en forme de coin de cinq cent quatre hommes avec des files de douze rangs de profondeur comprenant vingt cavaliers au premier rang, vingt-quatre au deuxième, vingt-huit au troisième, trente-deux au quatrième, trente-six au cinquième et ainsi de suite jusqu'au douzième rang comprenant soixante-quatre cavaliers, pour un total de cinq cent quatre. Si les *kataphraktoi* sont moins nombreux, il est précisé comment les former en un coin plus petit de trois cent quatre-vingt-quatre cavaliers.

Il ne s'agit pas d'effectifs modestes, car il ne s'agit pas de troupes ordinaires. Ces cavaliers protégés de coûteuses armures montés sur de grands chevaux eux aussi très coûteux constituent l'équivalent de véhicules blindés en termes modernes – à la date d'écriture de ces lignes, l'armée britannique tout entière n'aligne que trois cent quatre-vingt-deux chars. Sur terrain favorable, une charge déterminée de cinq cent quatre cavaliers en armure, ou de trois cent quatre-vingt-quatre tout aussi bien, pouvait être terrifiante et disperser tout ennemi – sinon le plus déterminé – par un effet de choc purement psychologique, sans même en venir au fracas des armes.

Mais les *kataphraktoi* étaient également pleinement équipés pour le combat le plus rapproché, car la toute première arme citée dans la liste de leur équipement n'est pas la lance mais l'arme classique de la mêlée :

> des masses de fer [*sidirorabdia*, désignant des bâtons recouverts de fer] avec des extrémités toutes en fer – les extrémités doivent avoir des angles bien tranchants... – ou bien d'autres masses [droites], ou des sabres [*parameria*]. Tous ces cavaliers doivent avoir des épées [*spathia*]. Ils doivent tenir leurs masses de fer ou leurs sabres dans leurs mains et avoir d'autres masses de fer à leurs ceintures ou à leurs selles... La première ligne, c'est-à-dire le front de la formation, la deuxième, la troisième et la quatrième ligne doivent avoir le même équipement complémentaire, mais à compter de la cinquième ligne jusqu'à l'arrière les *kataphraktoi* placés sur les flancs doivent se disposer comme suit : un homme armé d'une lance et un homme armé d'une masse, ou bien l'un des hommes portant un sabre[81].

Tout ce qui précède est parfaitement sensé d'un point de vue tactique ; ces développements reviennent, de fait, à proposer une ébauche de combinaison d'armes différentes en synergie. Les lourdes masses de fer, dotées en effet de rebords aux angles aigus, sont destinées au combat corps à corps avec des ennemis qui pouvaient eux aussi être équipés d'une lourde armure, et ainsi protégés contre les coups moins violents.

Les « autres masses » constituent des variantes plus légères mais dotées de lames profondément insérées, qu'il était également possible de lancer (*vardoukion*, *matzoukion*) ; elles pouvaient se révéler de redoutables armes dans les mains de soldats très expérimentés ; peut-être ont-elles également été utilisées de manière habituelle pour la chasse à cheval, vraisemblablement en terrain couvert (une scène du *Skylitzès* de Madrid, le fameux manuscrit illustré du XIIe siècle contenant le texte de l'historien, dépeint Basile Ier en train de tuer un loup lors d'une chasse avec un *vardoukion* qui lui fend la tête). C'est la raison pour laquelle il est prescrit que les hommes ne se limitent pas à une seule masse à leur ceinture ou à leur selle ; si ces masses ne pouvaient être lancées, une seule suffirait en effet et il serait insensé d'en transporter plusieurs avec soi.

Les sabres, *parameria*, à un seul tranchant pour taillader les chairs et probablement recourbés pour limiter l'encombrement, étaient destinés aux cavaliers qui ne se sentaient pas à l'aise avec la masse lourde et ne disposaient pas des aptitudes particulières requises pour utiliser la masse de jet.

Tous devaient avoir des épées, *spathia*, un mot qui désignait systématiquement une arme longue d'au moins 1 *yard*, et par conséquent également ment utile pour charger.

Les lances [*kontaria*] ne sont nulle part ailleurs mentionnées, mais elles étaient sans doute distribuées à tous : c'était en effet l'arme *par excellence* de la charge, qui plus est d'un poids et d'un encombrement limités – le *Strategikon* les décrit comme suffisamment légères pour être portées attachées avec une courroie dans le dos.

Les *kataphraktoi* n'ont eux-mêmes pas d'autres projectiles que quelques masses de jet, mais on eût à l'excès limité leurs capacités militaires en laissant leur formation dépourvue de projectiles. L'auteur prescrit donc d'intégrer des archers montés – c'était le troisième type de cavalerie – au nombre de cent cinquante pour la formation de cinq cent quatre *kataphraktoi*, ou de quatre-vingts pour la formation de trois cent quatre-vingt-quatre. Il faut les protéger en les positionnant derrière le quatrième rang de cavaliers en armure[82]. De cette manière, la formation pouvait participer à la bataille avant l'étape du combat corps à corps – par exemple en faisant avancer avec elle les archers qu'elle protégeait jusqu'à trouver une portée de tir efficace, tandis que les cavaliers dans les premiers rangs étaient eux-mêmes protégés des traits de l'ennemi par leur armure.

Telle est la vertu des forces blindées à toutes les époques de la guerre : une mobilité supérieure *sur le champ de bataille*, c'est-à-dire la capacité à se déplacer malgré le feu ennemi, en l'occurrence des flèches, qui permettait à des cavaliers en armure physiquement plus lents d'avancer plus vite que des cavaliers légers qu'aucun équipement lourd n'embarrassait, car ces derniers étaient contraints de rester en arrière hors de la portée efficace des flèches ennemies ; il en va de même aujourd'hui avec les chars lents, qui peuvent avancer plus vite que les véhicules légers les plus rapides sous le vol des balles.

L'armure en question est définie d'une manière très précise dans le texte. Chaque homme doit porter un *klibanion* dont les manches descendent jusqu'aux coudes, des jupes et des protections aux bras faites « de la plus grande épaisseur possible de couches de soie grossière ou de coton cousues ensemble », recouvertes de *zabai*, désignant l'armure à écailles[83]. Il est évident que ces *klibania* sont constitués d'armure de métal, avec lamelles ou selon un autre procédé de fabrication, car le texte recommande également les *epilorika* sans manches faits de soie grossière ou de coton ; et ce non pas simplement parce que le mot lui-même signifie « par-dessus l'armure » – ce ne serait pas une preuve fiable compte tenu des changements de sens permanents de ce type de vocabulaire –, mais parce qu'il s'agit d'une armure de métal qui exige une protection contre la rouille par temps humide.

Les casques sont de fer et lourdement renforcés afin de couvrir leurs visages avec des *zabai* de deux ou trois couches d'épaisseur, « de telle sorte que seuls leurs yeux apparaissent » ; des jambières sont également prescrites avec les boucliers. Une protection par l'armure n'avait pas à être parfaite ni complète pour se révéler précieuse au combat, car une protection même de faible épaisseur pouvait permettre d'éviter les blessures causées par des flèches tirées à longue portée dont la vitesse et la force d'impact étaient réduites ; la protection par l'armure constituait un écran contre les flèches plus puissantes qui s'accroissait progressivement avec son épaisseur.

Le cavalier en armure était capable de combattre à pied pour se défendre, mais le sens même de son action – l'offensive – exigeait des chevaux en vie : il fallait donc eux aussi les protéger des flèches ; de fait, leurs membres supérieurs devaient être « recouverts d'une armure » de feutre et de cuir bouilli descendant jusqu'aux genoux, ne laissant que « les yeux et les naseaux » exposés, avec une protection facultative de poitrail faite de peaux de bison – il s'agissait du bison d'Europe, ou aurochs, *bison bonasus*, que l'on trouvait alors encore communément dans le Caucase ainsi que dans les forêts de toute l'Europe[84].

Naturellement, une armure plus réduite est prescrite pour les archers – ils doivent absolument se tenir à l'écart du combat rapproché pour faire usage de leurs armes avec efficacité –, mais il leur faut aussi porter des *klibania* et des casques et leurs chevaux doivent être protégés de toiles rembourrées (*kabadia*).

L'auteur envisage différentes combinaisons des trois types de cavalerie, lesquels font encore l'objet d'une distinction supplémentaire parce qu'au sein des *kataphraktoi*, seuls certains cavaliers sont capables d'assumer le rôle de lanciers. Pour tous les cavaliers, l'unité de combat de base – et le bloc permettant de construire de plus grandes formations tactiques – est le *bandon* de cinquante hommes, rassemblés en fonction de leurs liens de parenté et d'amitié, « qui doivent partager les mêmes quartiers et la routine quotidienne dans tous les aspects possibles[85] ».

Comme tout chef militaire sérieux, l'auteur sait que cinquante hommes avec une forte cohésion d'unité produisent une puissance de combat plusieurs fois supérieure à celle de cinquante guerriers individualistes ; il sait également comment entretenir et renforcer cette cohésion, en partageant la vie de tous les jours pour le meilleur ou pour le pire. Cinquante, soit dit en passant, se rapproche assez précisément du nombre le plus élevé permettant de créer entre les hommes le sentiment d'appartenir à une même famille et d'obtenir la plus forte cohésion – dans toutes les armées modernes, l'unité de combat de base est le peloton de trente hommes environ. Il est évidemment important de conserver l'unité comme un tout solidaire, même si son effectif n'est pas parfaitement ajusté aux besoins réels, quand ces derniers requièrent un peu plus ou un peu moins d'hommes.

Premier point, la cohésion. Si l'auteur recommande différentes dispositions tactiques pour différentes circonstances, les blocs de construction des formations restent toujours les *banda* de cinquante hommes ; la propre force de bataille du commandant, identifiée ici comme dans le *De uelitatione* par le terme germanique *foulkon*, doit ainsi compter cent cinquante hommes, soit trois *banda* sur une force totale de cinq cents hommes ; si la force totale n'est que de trois cents hommes, le *foulkon* comptera cent hommes – soit deux *banda*[86]. Dans les deux cas, tous les autres hommes, ou plutôt *banda*, seront affectés à la reconnaissance : comme les effectifs de tous côtés étaient en temps normal trop modestes pour permettre de défendre des fronts continus, les armées byzantines et leurs ennemis consacraient la plus grande partie de leurs journées de campagne à se chercher mutuellement.

De même, dans la définition de l'ordre de bataille principal, les forces de débordement sur la droite devront compter cent hommes, des lanciers et des archers, soit deux *banda* manifestement ; l'aile gauche aura également ment cent hommes « pour parer les tentatives de débordement ennemies » ; les blocs principaux aligneront chacun cinq cents hommes, trois cents lanciers et deux cents archers, soit respectivement six et quatre *banda*[87]. Seule la formation de cataphractaires composée de cinq cent quatre cavaliers ne respecte pas exactement la règle des cinquante.

L'homogénéité dans les unités de combat, chacune d'entre elles se concentrant sur une seule et unique spécialité dans l'intérêt de la cohésion de l'unité, coexiste dans l'armée des *Praecepta militaria* avec l'hétérogénéité de ses formations d'infanterie lourde et légère, de cavalerie légère, d'archers montés et de cavalerie en armure, unités dont la différenciation même crée des occasions de synergies puissantes.

Par exemple, le redoutable coin triangulaire des cinq cent quatre *kataphraktoi* peut charger l'ordre de bataille de l'ennemi, réussissant peut-être à briser ses rangs, à susciter une fuite panique de sa cavalerie, que seuls les rapides *prokoursatores* peuvent réellement exploiter en poursuivant les hommes, en les abattant de leurs lances et en les tailladant de leurs sabres. Si l'infanterie de l'ennemi part aussi en courant, les *kataphraktoi* eux-mêmes peuvent alors en faire un grand massacre de leurs épées et de leurs masses, tandis que les archers montés peuvent utiliser leurs propres épées longues.

Ces actions constitueraient vraiment de splendides succès à l'actif des *kataphraktoi* et ils furent obtenus en d'importantes occasions. Mais ces occasions eurent chaque fois un caractère exceptionnel – comme ont toujours, bien sûr, les victoires écrasantes.

Bien plus communément, les cinq cent quatre *kataphraktoi* – ou trois cent quatre-vingt-quatre d'ailleurs – pouvaient toutefois obtenir un résultat plus prosaïque mais néanmoins très utile : ils étaient en mesure de contraindre l'ennemi à rester en formations très serrées avec piques et lances dressées pour repousser la charge, ou plutôt dissuader ses cavaliers, car les cavaliers ne chargeaient normalement pas contre une solide disposition d'infanterie d'apparence robuste avec ses longues armes pointées droit vers eux. Plus serrées étaient les formations de l'ennemi, plus belle était la cible pour les archers (sauf à affronter une *testudo* romaine de boucliers levés parfaitement constituée) : les archers n'avaient plus besoin de pause pour viser des cibles individuelles et pouvaient à la place tirer de rapides volées de flèches, à une portée efficace allant jusqu'à 200 *yards* pour les meilleurs arcs composites réflexes et archers – des tirs qui, à cette distance, tuaient peu mais blessaient beaucoup, et infligeaient également de graves blessures à de nombreux chevaux ; à des portées allant jusqu'à 100 *yards*, les meilleurs arcs et les meilleures flèches pouvaient percer la plupart des formes d'armures, ce qui accroissait considérablement la mortalité.

L'auteur du texte – Nicéphore Phocas II ou qui que ce fût d'autre – avait une bonne compréhension de la psychologie du combat. C'est souvent une bonne idée d'effrayer l'ennemi avec « des clameurs et des cris de guerre », comme il est recommandé dans un cas particulier par le *De uelitatione*. Tambours, trompettes, pétards (par les Chinois) et cris perçants étaient souvent utilisés pour effrayer l'ennemi dans les anciennes batailles – et même pendant la Seconde Guerre mondiale, le vacarme incessant des explosions assourdissantes et des détonations de tir rapide n'était pas encore suffisant pour certains : la Luftwaffe allemande équipa certains de ses bombardiers en piqué Junker 87 Sturzkampfflugzeug (le « Stuka ») de sirènes à vent qui produisait un son ressemblant à une affreuse plainte lugubre ; quant aux fusées « Katiouchas » de l'armée rouge, elles tombaient toutes accompagnées d'une sorte de cri perçant que les troupes allemandes apprirent à haïr.

Le bruit effraie, et peut ainsi contribuer à briser le moral de l'ennemi. Mais le silence aussi, dans les bonnes circonstances, quand il se fait silence de mort. C'est ce que prescrit le texte : « Quand l'ennemi se rapproche, [l'armée] entière doit prononcer la prière invincible propre aux chrétiens : « Seigneur Jésus-Christ, notre Dieu, aie pitié de nous, amen » ; et que les soldats commencent de cette manière leur avance contre l'ennemi, par une progression calme en formation au rythme prescrit, sans la moindre agitation ou le plus léger bruit[88]. » On peut fort bien en imaginer l'effet produit : une force de cavaliers en armure avançant en ordre parfait et dans le silence le plus total n'en paraîtra que plus inexorable.

Les *Praecepta militaria* contiennent l'expression la plus concentrée du style de guerre byzantin. Ce n'est ni le combat homérique au nom de la gloire personnelle, ni la grande guerre héroïque d'Alexandre, ni la destruction implacable de l'ennemi typique de la guerre romaine classique. Le commandant de campagne byzantin que dépeint le texte n'est ni un adepte de la guerre sainte qui trouve égale satisfaction dans une victoire glorieuse ou un martyre glorieux, ni un aventurier espérant le succès. Son devoir est de faire campagne avec succès, à l'occasion en livrant des batailles mais la plupart du temps sans en livrer ; il n'est censé livrer que des batailles victorieuses, un but que l'on peut atteindre en évitant soigneusement tout ce qui ressemble à un beau combat loyal classique : « Évite non seulement une force ennemie d'une capacité supérieure mais aussi une force de capacité égale[89]. »

Éclaireurs, espions et cavaliers légers en reconnaissance doivent faire l'objet d'un emploi large et maintes fois répété pour estimer les capacités matérielles et morales de l'ennemi, ces dernières étant – comme toujours – plus importantes, trois fois plus importantes selon Napoléon, avec lequel l'auteur eût été en accord. Les stratagèmes et les embuscades constituent les alternatives aux batailles que l'on ne doit pas livrer : il n'y a rien de mieux, en effet, pour démoraliser l'ennemi avec le temps, ce qui permet d'engager en fin de compte la bataille pour remporter une victoire certaine[90].

La Tactique de Nicéphore Ouranos

Nicéphore Ouranos, l'auteur incontesté du dernier des ouvrages marquant la renaissance militaire du Xe siècle, ne fut pas empereur à la différence des auteurs de manuels de campagne que nous avons jusqu'ici examinés, mais il fut tout de même une personnalité assez éminente. La première mention le concernant le fait apparaître comme conseiller militaire à la cour (*vestes*) envoyé à Bagdad pour négocier l'extradition du prétendant au trône Bardas Sklèros, qui avait pris la fuite chez les Arabes après sa défaite en 979[91].

Nicéphore Ouranos se fit piéger par une interminable négociation qui se termina par son propre emprisonnement, dont il fallut le sortir en payant une rançon en 986 ; malgré cet échec, il bénéficia d'une promotion et ce fut comme *magistros* (général en chef) au très haut poste de *domestikos ton scholon* pour l'Occident – signifiant littéralement commandant des gardes mais en réalité commandant de campagne – qu'il remporta une victoire spectaculaire sur le fleuve Sperchios en 997. Pendant deux ans, le tsar Samuel avait conduit ses Bulgares lors d'expéditions de pillage couronnées de succès en Grèce, descendant jusqu'en Attique après avoir écrasé la garnison byzantine de Thessalonique ; il se trouvait dans la situation du conquérant sur le chemin du retour, chargé de butin, quand il fit camper son armée près du fleuve encore de nos jours appelé Sperchios en Thessalie, dans le centre de la Grèce.

Les troupes byzantines commandées par Nicéphore atteignirent la rive opposée du fleuve par marches forcées :

> Une pluie torrentielle tombait du ciel ; comme le fleuve débordait et sortait de son lit, il n'était pas question qu'un engagement se déroulât. Mais le *magistros* [Nicéphore] parcourut le fleuve en amont et en aval, et trouva un endroit où il pensa possible de le franchir [c'est-à-dire un gué]. Il réunit son armée de nuit, traversa le fleuve et lança une attaque complètement inattendue contre les troupes endormies de Samuel. La plus grande partie de ces troupes se fit massacrer, personne n'osant songer à une quelconque résistance. Samuel et son fils Romain reçurent tous deux de sérieuses blessures et ne purent s'échapper qu'en se cachant parmi les morts[92].

Comme le nota Dain, c'était le type d'action que les manuels de campagne ne cessaient de recommander, une manœuvre habile pour atteindre un effet de surprise complet qui paralyse temporairement l'ennemi, et peut ainsi annuler même de grandes différences en effectifs comme en puissance de combat ; mais les manuels ne promettaient que des avantages tactiques, alors que Nicéphore Ouranos remporta sur le Sperchios une victoire stratégique[93]. Les pertes des Bulgares furent en effet si lourdes que la Grèce ne fut plus jamais menacée par Samuel ; cette défaite affaiblit ce dernier d'une manière décisive, même si ses capacités militaires et son royaume ne furent définitivement détruits que dix-sept ans plus tard lors de la bataille de la passe de Kleidion en juillet 1014.

L'ouvrage de Nicéphore Ouranos embrassait un champ tout aussi vaste que les conséquences stratégiques de sa grande victoire : pas moins de cent soixante-dix-huit chapitres, ce qui ferait cinq cents grandes pages en texte grec – mais aucune en anglais, l'ouvrage en version intégrale n'ayant jamais été publié, bien que Dain en eût reconstitué le texte à partir de dix-huit manuscrits différents remontant à diverses époques à compter de 1350.

L'un d'eux, le *Constantinopolitanus Graecus 36*, qui contient trente-trois chapitres, ne fut révélé au monde qu'en 1887 par l'érudit allemand Frederick Blass ; il le trouva mal rangé dans le *Topkapi Sarayi*, le *Sérail* de tous les fantasmes enfiévrés sur le harem, en réalité simple résidence et quartier général des sultans ottomans jusqu'en 1853 (ce fut leur départ vers le palais moderne de Dolmabahce qui permit à un érudit étranger de procéder à des recherches dans toute la bibliothèque[94]). De ce manuscrit particulier fut tiré le titre *Taktika*, « Tactique », premier mot d'un titre aussi long qu'un paragraphe qui donne la liste des sujets traités par l'ouvrage.

La première partie, comprenant les chapitres 1 à 55, est une paraphrase des *Tacticae constitutiones* de Léon VI « le Sage » (886-912) que nous avons abordées plus haut, recueil lui-même pour une large part fondé sur des ouvrages plus anciens ; le début de la *Tactique* de Nicéphore Ouranos consacré aux qualités d'un bon général repose ainsi sur la constitution II de Léon, elle-même dérivée du *Strategikos* (« Traité du général ») d'Onosander que nous avons également mentionné plus haut, ainsi que Dain le met clairement en évidence dans un tableau à quatre colonnes[95].

Les chapitres 56 à 74 sont des paraphrases des *Praecepta militaria*, dont seuls six chapitres ont survécu ; le texte perdu peut être reconstitué en partie d'après Nicéphore Ouranos, dont il existe une édition moderne des chapitres 56 à 65 et une autre des chapitres 63 à 74[96]. Ils décrivent l'infanterie, la cavalerie et tout particulièrement les cataphractaires, la cavalerie en armure, avant de passer aux prescriptions d'opérations militaires d'un style bien connu : escarmouches, raids, sièges – et instructions sur la manière de remporter les batailles, parce qu'il est impossible d'éviter complètement les batailles frontales sur terrain ouvert.

La troisième partie de la *Tactique* de Nicéphore Ouranos, la plus longue, comprend les chapitres 75 à 175 ; on y trouve les chapitres 112-118 sur les manières de correspondre secrètement, les chapitres 119-123 sur la guerre navale publiés par Dain lui-même en 1943 dans ses *Naumachica*, et les chapitres 123-171 qui contiennent une interminable succession d'exemples anciens de ruses de guerre, dont l'origine remontait aux *Strategika* de Polyen.

En 999, Nicéphore Ouranos fut nommé commandant de la Cilicie et de la Syrie toute proche avec son siège à Antioche, moderne Antakya, qui avait autrefois été la troisième ville en importance de l'Empire romain et avait été conquise sur les Arabes en 969. Grâce à des capacités militaires considérablement accrues, les Byzantins n'avaient plus à redouter les invasions annuelles du jihad connues dans le passé, mais la frontière ne connaissait pour autant pas la paix en raison de raids, de raids de contre-offensive et d'incursions plus vastes. Ces sujets sont abordés dans les chapitres 63-65 de la *Tactique*, qui reflètent les connaissances militaires pratiques d'un commandant de campagne expérimenté.

Les raids diffèrent des offensives car ils ne sont pas destinés à des gains de territoire, mais tout comme les offensives générales sur grande échelle, ils exigent une préparation elle aussi sur grande échelle pour rassembler toute l'information nécessaire ; les forces de raid sont en effet réduites et, par conséquent, d'une vulnérabilité inhérente à ce type d'opération, leur survie dépendant de leur capacité à surprendre l'ennemi sans jamais elles-mêmes se faire surprendre. Ce qui exige une connaissance supérieure de l'ennemi et de ses dispositions :

> Le commandant de l'armée doit d'abord procéder à des investigations au moyen d'espions, de prisonniers et de [transfuges], et ainsi découvrir dans quelle situation se trouve chaque zone de l'ennemi, ses villages et forteresses ainsi que la taille et la nature de ses forces [de guerre[97]].

Après avoir réuni toute l'information nécessaire et arrêté son plan, en tenant comme il se doit compte du climat subtropical de la région, dont il faut éviter les zones de plaine les plus chaudes en été et dont les torrents interdisent le passage au printemps, la discrétion constitue la priorité absolue de la suite des opérations.

On parle toujours de l'importance de la discrétion tout en la compromettant habituellement pour rassembler une capacité militaire supérieure – il est en effet souvent préférable d'avoir des forces supplémentaires sur la ligne de bataille même si leur mouvement pour prendre position sur le front ne peut être entièrement soustrait au regard de l'ennemi. L'ennemi, ainsi prévenu de ce renfort, est certes susceptible d'infliger des pertes plus lourdes, mais les forces supplémentaires peuvent faire pencher la balance et ainsi assurer la victoire.

Les opérations de raid et d'incursion sont différentes. On n'y fait pas de compromis de cette nature : si un ennemi bénéficie d'une connaissance préalable suffisante pour préparer une embuscade d'une capacité militaire appropriée sur le chemin emprunté par l'armée durant son avance, l'armée sera très probablement détruite dans sa totalité. La discrétion absolue n'est donc pas simplement un but que l'on se fixe, comme dans les opérations plus vastes, mais une exigence absolue.

Il est essentiel de ne rien exprimer, mais cela ne suffit pas, car on peut toujours repérer des préparatifs et deviner des intentions ; des actions de déception sont donc nécessaires pour détourner l'attention de l'information exacte ou pour obscurcir sa signification en suggérant des interprétations erronées (*suppressio ueri, suggestio falsi*) ; et la déception exige à son tour une surveillance particulière :

> [Le commandant] doit absolument s'assurer de ne divulguer ni ses intentions, ni le nom de la région qu'il est sur le point d'envahir à quiconque, pas même à ceux avec lesquels il partage [en temps normal] ses secrets. Il doit, bien au contraire, laisser se diffuser la nouvelle qu'il prépare un départ vers quelque autre destination et doit entreprendre la marche de l'armée comme s'il se dirigeait vers la région qu'il a annoncée, tout en gardant secrètes ses intentions réelles. Quand il voit que personne n'accorde la moindre attention à ses mouvements, il doit alors faire tous les préparatifs appropriés et se mettre soudain en route en toute hâte vers la destination où il a l'intention de se rendre[98].

Pour structurer une incursion de grande ampleur, on doit placer l'infanterie et le train des bagages à l'arrière, sous la seule protection de cavaliers en armure (cataphractaires) en nombre relativement peu élevé. Les unités de cavalerie légère avec leurs archers montés constituent la force principale de l'incursion. Elle ne doit donc pas être diminuée en retenant une partie de la cavalerie à l'arrière pour protéger l'infanterie ; il faut même accroître ses effectifs :

> [Le commandant] doit donner des instructions aux officiers pour que chacun d'entre eux détache impérativement cent ou cent cinquante de ses fantassins légers pour en faire des cavaliers [*kaballarioi*], qui accompagneront la force de cavalerie... Pareillement, quarante ou cinquante des *kataphraktoi* doivent être isolés de leur unité ; ils laisseront leur lourde armure, ainsi que celle de leurs chevaux, avec le train de bagages, et marcheront en tête avec les autres cavaliers légers[99].

La raison avancée par le texte est de pouvoir ainsi partager le butin d'une manière plus équitable, mais le schéma tactique expliquant ces décisions était de disposer du plus grand nombre de soldats possible au sein de la cavalerie légère pour piller et faire des prisonniers – le but immédiat de l'incursion –, tandis que l'infanterie et les cataphractaires relèvent des « coûts nécessaires à supporter pour faire des affaires », si l'on peut employer cette expression : ils fournissent une force de bataille principale pour soutenir la cavalerie légère quand c'est nécessaire.

Si les cavaliers de raid rencontrent une opposition déterminée qui met un coup d'arrêt à leur progression, la force de bataille principale peut faire mouvement en tête pour forcer le passage en combat rapproché ; si l'ennemi contre-attaque, la cavalerie légère peut chercher protection auprès de la force de bataille principale, laquelle protège également les mulets et les chariots du train de bagages avec ses réserves de flèches, d'équipements de rechange et de nourriture.

Le renseignement a joué un rôle essentiel dans la préparation de l'incursion, mais le renseignement immédiat est indispensable dès qu'elle commence :

> Quand l'armée approche de la région ennemie... le *doukator* [commandant] doit avant tout se montrer rapide et vigilant en envoyant des hommes en avant... [pour capturer des langues], afin d'acquérir les connaissances précises nécessaires. Les invasions lancées de manière inattendue contre un territoire ennemi font fréquemment peser de nombreux risques sur l'armée. Car il arrive

souvent qu'un jour ou deux avant le lancement du raid, un corps de troupes provenant de quelque autre direction vienne renforcer l'ennemi[100].

Un événement de cette nature remet en cause toute l'information préalablement rassemblée, même si cette information ne datait que d'une semaine ou de quatre jours. Ce type d'événement n'a rien d'accidentel : lorsque l'armée se met en mouvement, l'ennemi l'apprend et envoie des renforts pour accroître les capacités de défense sur le chemin présumé de son avance.

Si l'incursion avec ses cavaliers de raid est un succès et si l'ennemi, après l'incursion, ne réussit pourtant pas à mobiliser ses forces pour les envoyer à temps dans la région attaquée, un deuxième raid – ou raid « de retour » – est à lancer sur-le-champ. Les animaux comme les hommes doivent commencer par prendre au moins trois jours de repos. L'armée de Byzance doit ensuite poursuivre son voyage sur le chemin qui conduit à sa base de départ, pour dissiper les soupçons, avant que ne vienne le moment de faire demi-tour en toute hâte pour relancer l'attaque.

L'incursion est une opération offensive, mais elle doit elle aussi prendre une dimension défensive pour assurer sa sécurité : il doit y avoir des cavaliers légers assurant la garde sur le front et sur les flancs pour protéger les troupes pendant les opérations de pillage, la force de bataille principale suivant la cavalerie légère en retrait mais en empruntant la même direction, prête à envoyer des renforts aux forces de cavalerie légère sous pression, le cas échéant. La force de bataille principale restera en ordre serré pour faciliter les communications rapides, afin que des détachements puissent être au plus vite envoyés vers l'avant pour se joindre à l'action si cela se révèle nécessaire.

Prendre du butin et des prisonniers constituait un important stimulant au combat pour les soldats ; comme le prescrit Nicéphore Ouranos, à juste titre, il faut que le butin soit partagé d'une manière équitable par les pilleurs, afin de récompenser également les troupes restées en retrait pour veiller à la sécurité de leurs arrières, du camp et du train de bagages.

Mais l'objectif stratégique de l'incursion était de démoraliser les Arabes et de les affaiblir d'un point de vue matériel, notamment en se livrant à des actes de vandalisme contre le socle agricole de leur économie : « Sur votre route traversant un territoire hostile, vous devez... incendier les habitations, les récoltes et les pâturages[101]. » C'était une manière d'en interdire l'usage à l'ennemi, les pâturages occupant une place particulièrement importante en raison de la prédominance de la cavalerie dans les armées de l'époque d'un côté comme de l'autre.

L'absence de pâturages, ou leur destruction par le feu, signifiait tout simplement l'impossibilité d'avoir des chevaux, c'est-à-dire d'avoir une armée à cette époque-là. L'infanterie jouait en effet un rôle très nettement secondaire, alors que la cavalerie n'était pas en mesure de transporter plus de deux jours de fourrage, et encore, en remplissant les sacoches de selle et en chargeant au maximum les chevaux de rechange et les mules.

À ce stade, l'auteur a considéré comme acquise la surprise stratégique, mais il peut bien entendu arriver que l'ennemi anticipe l'incursion :

> Si l'ennemi est proche du campement, si [son] armée est [d'une taille importante] et… cherche la bataille, il n'est pas bon pour notre armée de lever le camp et de se mettre en marche. Notre armée doit au contraire rester dans le camp et les unités d'infanterie… se prépareront pour la bataille… Les unités de cavalerie doivent sortir du campement et se déployer pour la bataille… Les lanceurs de javelots, les archers et les frondeurs qui sont à pied doivent se tenir derrière les unités de cavalerie, mais pas à une trop grande distance de l'infanterie [lourde[102]].

Si l'ennemi reste immobile et se trouve en situation de faiblesse, il n'est pas nécessaire de garder l'infanterie en arrière pour assurer la sécurité du camp ; l'armée entière peut en sortir pour engager l'ennemi et le disperser. Si l'ennemi est en situation de faiblesse et reste à une certaine distance, sa présence ne doit alors pas détourner l'armée de la ligne qu'elle a prévu de suivre dans son avance. Mais il faut néanmoins conduire sa marche d'une manière sûre, en postant des troupes en avant-garde, sur les flancs et en arrière-garde (on retrouve là le *saka*), pour former un véritable périmètre défensif en mouvement comme protection permanente contre les attaques soudaines suivies d'une fuite rapide autour de la force de bataille principale, ainsi, peut-on présumer, qu'autour du train de bagages (qui n'est pas mentionné).

La partie extérieure de ce périmètre défensif est formée d'unités de cavalerie légère, bien entendu, l'infanterie formant la partie intérieure. Ce faisant, l'infanterie ne devra pas être chargée des armures personnelles ni des armes les plus lourdes, qui seront à charger sur les ânes, chevaux ou mulets d'accompagnement. Durant leurs mouvements, les soldats doivent marcher avec leur propre unité, chacune sous les ordres de son commandant de dix, cinquante ou cent hommes (dékarque, pentékontarque, hékatontarque) :

> ainsi, en cas d'attaque soudaine… chaque homme se trouvera au poste qui lui est assigné… les soldats prendront très vite leur équipement et se tiendront tous dans leurs formations, prêts au combat, chacun à sa place[103].

Dans ce cas de figure, l'ennemi est dans une situation de faiblesse : une faiblesse trop accentuée pour inciter l'armée à modifier sa trajectoire dans son avance, mais toutefois pas au point de ne pouvoir lancer d'attaques soudaines, susceptibles d'infliger des pertes douloureuses, si l'on négligeait de prendre les précautions appropriées. Des patrouilles de cavalerie légère et des postes de surveillance sont donc nécessaires tout autour de la colonne en marche pour détecter les attaques ennemies et les intercepter si possible, tout en avertissant le corps d'armée principal de prendre position en vue de livrer bataille en pleine marche.

L'auteur prescrit des précautions spéciales pour la traversée des passages étroits, même en l'absence de signe de l'ennemi. Point essentiel, l'infanterie doit à la fois assurer l'entrée et la sortie du passage avant que la cavalerie ne s'y aventure, car cette dernière est, par sa nature même, plus vulnérable aux embuscades. C'est évidemment beaucoup plus difficile si l'ennemi défend réellement un passage de montagne que l'on ne peut éviter. On peut présumer qu'en cas de présence d'une armée ennemie, sa force de bataille principale composée d'infanterie et de cavalerie combattra devant le passage – elle ne peut le faire à l'intérieur, où elle ne dispose pas de l'espace pour se déployer et où, de toute façon, la cavalerie est d'une faible utilité. Si cette force de bataille principale est vaincue et mise en fuite, la force secondaire en position à l'intérieur du passage ou en hauteur pour surveiller les routes qui le traversent risque fort de faire demi-tour pour prendre elle aussi la fuite. Dans le cas contraire, on ne pourra éviter un combat difficile :

> Si [les troupes de l'ennemi] se tiennent en hauteur sur des crêtes escarpées d'où elles surveillent les routes en contrebas, envoyez des lanceurs de javelots, des archers et des frondeurs (c'est-à-dire l'infanterie légère), et si possible, quelques-uns des *menavlatoi* pour encercler ces positions escarpées et les approcher directement depuis les zones situées en bas, sur terrain plat[104].

L'objectif est de forcer l'ennemi à faire retraite pour éviter l'encerclement, abandonnant ainsi des positions tactiquement supérieures mais isolées, qui deviendront de toute façon autant de pièges pour lui si les Byzantins peuvent traverser le passage, ou le contourner.

Quant aux *menavlatoi*, ils ne semblent pas à leur place sur des crêtes escarpées, leur rôle principal étant de manier la pique contre les charges de cavalerie, mais ces soldats robustes dotés d'armes elles aussi robustes ont également leur utilité en combat de montagne : quelques-uns suffisent à tenir contre nombre d'adversaires en cas d'attaque soudaine contre l'infanterie légère sur un terrain où la cavalerie ne peut chevaucher à leur secours ; et les *menavlatoi*, avec leur impressionnante apparence, peuvent renforcer les forces d'encerclement destinées à susciter la fuite des défenseurs.

Mais si les troupes ennemies tiennent fermement leur terrain, ou plutôt si elles persistent à occuper leurs positions escarpées solidement défendues par des obstacles naturels, on ne doit pas lancer d'attaques frontales : « Ne vous hâtez pas pour vous précipiter vers la bataille et ne les engagez pas imprudemment, car le terrain constitue une aide pour les forces ennemies, mais dirigez-vous vers elles depuis différents points et brisez leur unité avec les lanceurs de javelots, les archers et les frondeurs précités[105]. » Une fois de plus, c'est par la manœuvre plutôt que par l'attrition des engagements frontaux que l'on répond – mais si la manœuvre elle aussi échoue, il n'y a d'autre alternative que d'engager le combat jusqu'au bout avec les unités d'infanterie, avec l'aide de Dieu bien entendu.

Les opérations de siège constituent le sujet du chapitre 65, bien plus long que les précédents. Même si le texte emploie le terme générique *kastron*, on comprend de manière implicite que la cible concernée n'est pas une simple place forte mais plutôt une forteresse d'importance majeure, ou plus vraisemblablement une ville fortifiée. Si la forteresse est solidement bâtie et dispose d'une garnison très nombreuse, il ne faut pas lancer d'attaque immédiate. À la place, l'auteur recommande une campagne de raids pour incendier les moissons et détruire les récoltes dans un périmètre d'un à deux jours de marche de la forteresse. Ces opérations doivent se poursuivre jusqu'à ce que la forteresse se trouve affaiblie par le manque de provisions et par le déclin de sa garnison en résultant. Alors seulement, l'armée doit s'approcher de la forteresse pour recevoir sa reddition, ou la prendre d'assaut.

Toutes ces opérations se déroulent dans le nord de la Syrie, où les Byzantins sont à l'offensive contre les Arabes musulmans ; Nicéphore Ouranos donne instruction aux *strategoi* de la frontière – c'est-à-dire les officiers en charge des différents secteurs – de parer à tout afflux d'approvisionnements à l'ennemi. Même si l'on est bien loin de l'enthousiasme d'antan, le jihad reste d'actualité, et d'autant plus intense même dans une guerre défensive :

> Car les ennemis, accablés par le manque de provisions, envoient des messagers aux régions intérieures de la Syrie, aux villes et aux communautés, proclament aux fidèles [*matabadas*, de l'arabe *muta'abida* ou, au pluriel, *muta'abiddun*], dans les mosquées, les calamités qui leur sont survenues et les souffrances qui les accablent en raison du manque de nourriture... Ils leur tiennent des propos comme : « Si notre forteresse tombe aux mains des Romains, ce sera la ruine de toutes les possessions des Saracènes. » Après quoi les Saracènes se mobilisent pour la défense de leurs frères et de leur foi... et ils rassemblent la « donation », comme ils l'appellent, c'est-à-dire de l'argent, de grandes quantités de grains et d'autres provisions... – en particulier, ils envoient à leurs frères menacés de grandes sommes d'argent[106].

L'argent constitue la principale menace : si on les paie assez, « 1 *nomisma* (4,5 grammes d'or) pour 2 ou 3 *modia* de grains, ou même juste un seul *modion* (12,8 kilos) », même les bons chrétiens vivant à l'intérieur des frontières impériales, y compris de haute condition sociale, trouveront les moyens de faire passer du grain à la dérobée dans la ville fortifiée, du fromage aussi ainsi que des moutons, et en grandes quantités. L'auteur suggère l'intimidation et de sévères sanctions pour décourager ce commerce de trahison ; il faut dans le même temps intercepter diligemment, avec les forces de frontière, les caravanes qui apportent des denrées alimentaires depuis les régions intérieures de la Syrie.

La corruption est également un problème – le texte nous permet de comprendre que même des officiers byzantins étaient susceptibles de s'y livrer ; comme remède, l'auteur ne suggère pas d'invoquer la fidélité à la foi, mais bien plutôt de surenchérir sur l'ennemi :

> Il est nécessaire de soutenir le moral des officiers en charge de la surveillance des routes ainsi que celui de leurs subordonnés, de leur faire des promesses, de leur offrir des récompenses et des présents afin que tous travaillent sans la moindre réserve... de crainte que les hommes surveillant les routes... ne laissent passer des denrées alimentaires... Ceux qui font le contraire des tâches prescrites, par sympathie pour l'ennemi ou par négligence, seront passibles de sévères sanctions et châtiments[107].

Nous pouvons en déduire qu'il y a aussi des loyautés partagées. La forteresse est une ville ou une cité dans laquelle se trouve une population chrétienne substantielle, voire majoritaire, sous domination musulmane ; elle aussi est affamée par le blocus. Les troupes de thème byzantines surveillant les routes sont également des habitants de la région ; ils peuvent avoir des parents de l'autre côté, ou en tout cas éprouver une certaine empathie à l'égard de la population assiégée.

La forteresse est importante et l'on s'attend à un siège prolongé ; il faut donc prendre des précautions contre des attaques venant de l'extérieur, menées par des forces ennemies qui viennent au secours des assiégés.

Si l'on s'attend à une attaque ennemie majeure, on ne peut laisser les troupes dispersées tout autour de la forteresse assiégée. Il doit y avoir un camp bien organisé disposant d'un approvisionnement en eau et d'un périmètre retranché, si possible encore renforcé contre les charges de cavalerie par des chausse-trappes et des obstacles à trois branches (*triskelia*) dotés de petites pointes acérées (*tzipata*). Ces obstacles sont analogues aux chevaux de frise utilisés pendant très longtemps et même encore pendant la guerre civile américaine, sous la simple forme de tronçons de bois transpercés de deux séries de pointes formant un angle de 90 degrés, de sorte que deux pointes sur quatre soient toujours dressées avec un angle de 45 degrés.

Si un contingent de secours ennemi est à l'approche, on fera une ultime tentative pour obtenir la reddition de la forteresse avec une démonstration de force et une déclaration. D'abord, chaque formation, unité et sous-unité (*thema*, *tagma*, *tourma*, *bandon*), sera exposée aux yeux des assiégés sur la position qui lui aura été assignée autour de la forteresse. Ensuite viendra la proposition : « Si vous êtes disposés à nous livrer la forteresse de votre propre initiative, vous conserverez vos biens. Les personnalités de premier plan parmi vous recevront des présents de notre part. Si vous n'acceptez pas notre proposition [immédiatement] et y consentez par la suite, votre requête ne sera pas acceptée ; au contraire, l'armée romaine s'emparera à la fois de vos biens et de vos personnes comme esclaves[108]. »

Pour accroître la pression, on fera une nouvelle annonce : « Tous les *Magaritai*, Arméniens et Syriens présents dans cette forteresse qui n'en sortiront pas pour venir nous rejoindre avant la prise de la forteresse seront décapités. » En toute logique, ces catégories destinées à la décapitation plutôt qu'à l'esclavage devaient être des chrétiens coupables de trahison plutôt que des jihadistes – qui pouvaient toujours se racheter en venant rejoindre les assiégeants ; dans les documents subsistants, le premier d'entre eux étant un célèbre papyrus gréco-arabe de l'an 642 aujourd'hui à Vienne[109], le mot *Magaritai* désigne des guerriers musulmans qui n'étaient pas nécessairement des anciens chrétiens convertis ; ce terme a sans aucun doute changé de sens avec le temps. Nicéphore Ouranos avait bien trop d'expérience pour attendre grand-chose de simples mots, mais, même en l'absence de reddition, cette annonce comportait un deuxième effet bénéfique possible : susciter « désaccord et dissension parmi les assiégés ».

Les opérations de siège exigent un équipement spécialisé ainsi que de l'artillerie, et il est évident qu'on ne pouvait les apporter dans le train de bagages, en raison, bien sûr, du volume et du poids que cela eût représenté. L'armée doit donc fabriquer sur place ce dont elle a besoin, à commencer par les *laisai* dont les sarments de vigne et les branches tressées offrent une protection contre les flèches, comme nous l'avons déjà évoqué plus haut ; l'auteur les souhaite ici sous la forme plus élaborée de véritables maisons avec des toits pointus, un portique protégé et deux portes « pour quinze ou vingt hommes », plutôt que de simples écrans de protection plats. Le texte mentionne même des *laisai* d'un modèle encore plus élaboré à quatre portes, mais il faut veiller à ce que ces protections restent faciles à transporter – elles le seraient, du reste, malgré leur taille, grâce aux sarments de vignes et branches minces qui les constituaient. Ces protections n'étaient capables de réellement arrêter les flèches qu'en fin de course, une fois leur force et leur vitesse déjà très réduites, mais elles avaient aussi l'avantage de dissimuler les soldats individuels pour interdire aux archers ennemis de les viser, tout en déviant bien sûr la plupart des flèches.

On transportera ces maisons portables directement jusqu'aux remparts – à une distance de 5 à 10 *orguiai*, c'est-à-dire de 9 à 18 mètres, ce qui semble très proche, trop proche même –, afin que les troupes postées à l'intérieur puissent attaquer les défenseurs avec leurs arcs et leurs frondes. D'autres troupes utiliseront les lanceurs de pierres (trébuchets) contre les remparts ou les attaqueront directement à coups de masse et de bélier.

On doit également engager le creusement de sapes sous les remparts de la forteresse pour les effondrer. Le tunnel doit être profond pour se garder des opérations de contre-sape de l'ennemi. Si l'on creuse en terre meuble, il faut assurer le plafond du tunnel avec des clayonnages soutenus par des poteaux. On emploiera la méthode standard pour effondrer le rempart de la forteresse au bon moment : avec cette méthode, on commence par enlever les pierres de fondation du rempart pour les remplacer par d'épais poteaux de bois ; on remplit ensuite la cavité de bois sec auquel on peut mettre le feu quand tout est prêt, pour incendier les poteaux et faire tomber le rempart. L'assaut doit se poursuivre vingt-quatre heures sur vingt-quatre, jour et nuit, en divisant l'armée en trois équipes, deux prenant du repos à la fois pendant que la troisième continue le combat.

Nicéphore Ouranos avait manifestement une bonne connaissance des textes classiques sur l'art des sièges, qui décrivent les équipements élaborés de l'époque hellénistique, tours mobiles, échelles de siège sur pivot, tortues et bien d'autres encore « que notre génération n'a même jamais vus ». Mais après avoir ajouté – d'une manière assez incohérente – que tous ces procédés ont récemment été mis à l'épreuve, il affirme que la sape leur est supérieure en efficacité si on l'effectue convenablement.

Si tout se passe bien avec les opérations de siège, l'ennemi assiégé cherchera à obtenir une reddition sous conditions, livrant la forteresse mais la quittant sans être inquiété. Cette proposition ne doit être acceptée que si une armée de secours est à l'approche et la garnison nombreuse et puissante. Si ce n'est pas le cas, il faudra prendre la forteresse d'assaut afin de démoraliser les défenseurs des autres forts et forteresses : « La nouvelle circulera partout et d'autres forteresses de Syrie que vous avez l'intention d'attaquer... [se rendront]... sans combat[110]. »

Ensuite, au chapitre 66, Nicéphore Ouranos examine les tactiques de l'infanterie légère : archers, lanceurs de javelots et frondeurs que l'on poste généralement derrière l'infanterie lourde, afin qu'ils bénéficient de sa protection et dans le même temps la soutiennent avec leurs projectiles. Mais on peut aussi disposer l'infanterie légère sur le flanc pour parer les tentatives d'encerclement, occuper un terrain accidenté ou s'en emparer selon le cas. On placera également les fantassins légers sur un flanc ou sur les deux si l'infanterie lourde est en files profondes, pour éviter que des projectiles tirés par les fantassins légers depuis l'arrière ne puissent causer des pertes parmi leurs frères d'armes. Enfin, l'infanterie légère peut rapidement se porter en avant de l'infanterie lourde pour repousser la cavalerie de l'ennemi avec ses projectiles[111].

Il y a un choix tactique clé dans la disposition de la cavalerie pour la bataille : le ratio rang/file. Un déploiement étroit et profond peut dissimuler la taille réelle de la troupe de cavalerie et faciliter une attaque de percée contre la ligne ennemie ; ainsi formée, elle peut également franchir les passages resserrés d'une manière plus discrète. Une formation sans profondeur, composée d'une ligne unique, est utile pour faire des prisonniers et piller des places non défendues, mais elle n'a aucune utilité en bataille[112].

Nous rencontrons les *viglatores* dans le texte, désignant de simples gardes dans ce cas plutôt que des membres du régiment de la garde impériale appelé *Vigla* (terme dérivé des *uigiles*, les gardes municipaux et pompiers de Rome, qui ne faisaient alors clairement pas partie des forces d'élite). Ces gardes doivent allumer des feux à une bonne distance du camp, afin de pouvoir rester eux-mêmes tout près du camp dans l'obscurité et repérer de loin les approches de l'ennemi ; ils doivent disposer de chevaux châtrés, qui sont plus calmes. Comme les gardes se trouvent, de par leur fonction même, à l'extérieur du camp, ils peuvent faire l'objet d'opérations de l'ennemi visant à les capturer ; il faut donc les préparer à cela[113].

Il arrive très rarement que des batailles se terminent parce que le perdant est physiquement détruit, ou l'ennemi encerclé avec pour seul choix la reddition ou la mort. Dans la plupart des cas, c'est le perdant qui décide de l'issue des batailles en choisissant de se retirer pour éviter des pertes plus lourdes, quand toute forme de succès lui semble désormais interdite.

C'est le scénario le plus vraisemblable lorsque la bataille a duré un certain temps, que les forces des deux côtés sont durement affectées par les pertes et l'épuisement et que l'une des parties bénéficie soudainement d'un renfort inattendu de forces fraîches, même peu nombreuses. (Un exemple moderne en fut la bataille d'arrêt épique livrée par la septième brigade israélienne contre l'avance de quatre divisions syriennes successives lors de la guerre d'octobre 1973 : après quelque soixante-dix heures de combat continu, les Syriens commencèrent soudain à se retirer quand un renfort de sept simples chars arriva du côté des Israéliens, lesquels n'étaient alors même plus en état de rester éveillés...)

Ce qui fait pencher la balance est parfois d'ordre matériel et parfois d'ordre psychologique, mais plus souvent les deux. C'est pourquoi tous les généraux avisés gardent systématiquement une force en réserve, si modeste soit-elle, même si cela affaiblit le reste de la force de bataille. L'entrée de forces fraîches dans le combat, tout particulièrement si elle est inattendue, peut en effet permettre d'obtenir de bien meilleurs résultats que si l'on avait gardé ces mêmes forces en action depuis le début de l'engagement.

Nicéphore Ouranos recommande un stratagème qui se fonde sur cette différence pour en tirer parti. Si le stratège (ici le commandant de l'armée) attend des renforts qui n'arrivent pas, il doit détacher un contingent et l'envoyer subrepticement à une certaine distance. En pleine bataille, on peut rappeler le détachement pour engager le combat « avec ardeur ». L'ennemi pensera que des renforts sont arrivés et se retirera peut-être du combat[114].

Le conseil donné au général à la veille de la bataille fait écho à la composition littéraire d'Onosander, mais passée au filtre de l'expérience exceptionnelle que l'auteur avait du combat. Pendant la nuit, le stratège doit envoyer certaines unités de cavalerie (le texte emploie le terme *tagmata*, mais manifestement au sens de « détachements ») à l'arrière de l'ennemi : en les voyant au matin, l'adversaire en sera déconfit[115].

Le Strategikon *de Kekaumenos*

D'après Dain et de Foucault, le dernier ouvrage ici examiné, le *Strategikon* de Kekaumenos écrit au XIe siècle, n'appartient pas au canon des stratégistes byzantins : il relève d'un autre genre, celui des livres de conseils à tout faire, n'étant qu'en partie consacré à des sujets militaires[116]. Cela est exact. Le titre, qui fait référence à la stratégie, fut ajouté par le premier éditeur moderne du texte et ne figure pas sur son seul et unique manuscrit[117].

L'absence d'autres témoignages de ce texte est particulièrement regrettable, car le manuscrit fut copié par un moine qui ne comprenait manifestement pas ce qu'il écrivait ; de ce fait, les éditeurs successifs du texte y ont été confrontés à de nombreuses erreurs grossières et même à des suites de caractères dénués de sens[118].

La composition du texte est en elle-même également problématique, car elle dessine des méandres d'un thème à l'autre, avec de multiples retours en arrière et répétitions ; dans le même temps, il est rédigé dans le grec parlé de son époque, allégé du classicisme forcé de si nombreux textes byzantins avec les obscurités y afférentes.

Mais la plus intéressante caractéristique de cet ouvrage est le point de vue qu'il adopte : comme d'autres manuels, certes, il s'adresse au stratège, qu'il s'agisse d'un commandant de campagne ou d'un commandant de thème, mais – et c'est ce qui le rend unique – son souci premier n'est pas la puissance ni la gloire de l'Empire, c'est bien plutôt la carrière et l'honneur personnels du stratège ; l'ouvrage se présente comme un ensemble de conseils avunculaires à un jeune homme, parent de l'auteur[119].

Par exemple, sa version de l'homélie familière commence de manière conventionnelle. Oui, bien sûr, le stratège doit être prudent, mais on ne doit pas chercher excuse à sa pusillanimité en faisant valoir le souci de la sécurité des troupes. « Si vous vouliez assurer la protection de votre armée, pourquoi donc êtes-vous parti en territoire ennemi[120] ? »

Mais le conseil ici proposé n'est pas de chercher une voie intermédiaire entre la prudence et l'audace – conseil de sûreté d'Onosander et d'autres auteurs comparables. Il est bien plutôt, pour le stratège, de se concentrer sur ce qui importe vraiment : sa réputation personnelle et son honneur[121]. Le stratège doit éviter qu'on puisse lui reprocher d'être trop timoré ou trop audacieux, en montant des opérations en apparence risquées mais habilement conçues qui lui donneront la réputation d'un homme à redouter. On comprend implicitement qu'il s'agirait d'opérations mineures, le gros des troupes restant manœuvré avec grande précaution.

Abordant ensuite la manière dont le stratège, quand il est nommé en charge d'un thème, doit tenir son rôle dans les affaires non militaires, Kekaumenos est à nouveau catégorique : « N'acceptez jamais un poste dont les obligations incluent la collecte des impôts – vous ne pouvez servir à la fois Dieu et Mammon[122]. » Mais c'était l'Empire qui avait besoin des impôts !

On retrouve cette même motivation quand Kekaumenos donne ses suggestions de lecture : « Lisez des livres, des histoires, des textes ecclésiastiques. Et n'opposez pas à ce conseil l'objection « Quel avantage un soldat peut-il bien retirer des dogmes et des livres de l'Église ? » – ils se révéleront en effet certainement utiles. » Kekaumenos relève alors que la Bible fourmille de conseils stratégiques, et que l'on trouve même dans le Nouveau Testament des préceptes en ce domaine. Puis il passe au mobile véritable : « Je veux que vous suscitiez l'admiration de tous pour votre courage, votre prudence et votre culture[123]. »

Kekaumenos n'avait pas le cynisme des Lumières mais celui des Byzantins. Le texte contient ainsi sa pleine part d'invocations bien senties et certainement sincères à la divinité, mais l'état d'esprit de son auteur ne fait aucun doute : il le rédige en toute sérénité comme si le destin de l'empire était moins important que le succès personnel de son élève – et il en est tout à fait conscient : « On ne trouve ces conseils dans aucun autre traité stratégique[124]. »

L'explication en est peut-être personnelle, mais elle pourrait également être liée aux circonstances, reflétant l'état de déchéance de l'Empire. L'éditeur le plus récent place la date de rédaction du texte dans une période bien définie, entre 1075 et 1078, car l'auteur fait référence à Michel VII Doucas (1071-1078) comme empereur régnant et au patriarche de Constantinople Xiphilin (1065-1075) comme déjà décédé[125].

Un demi-siècle plus tôt, quand il mourut en 1025, Basile II laissait un Empire largement victorieux qui s'était étendu dans toutes les directions, au nord et à l'ouest dans les Balkans et en Italie, à l'est en Mésopotamie et dans le Caucase – une invasion de la Sicile était même en perspective. Mais cinquante années représentent une très longue durée en politique internationale, particulièrement pour les Byzantins qui étaient éternellement exposés aux dernières arrivées en provenance d'Asie centrale.

Pendant des siècles, les nations turques avaient fait mouvement vers l'ouest dans le corridor de steppe au nord de la mer Noire, menaçant et envahissant parfois la frontière du Danube. Mais en des temps plus récents, elles avaient fait mouvement vers le sud, en direction des richesses de l'Iran et de la Mésopotamie, se convertissant à l'islam sur leur chemin. Certains avaient rejoint le jihad contre l'Empire chrétien comme mercenaires, *ghilman* – « soldats esclaves » – ou authentiques enthousiastes sous commandement arabe. Mais alors arriva une relève de la garde : les chefs-guerriers turcs s'emparèrent peu à peu du pouvoir auparavant détenu par les souverains arabes dans tous les territoires centraux de l'islam, de l'Afghanistan à l'Égypte. Alp Arslan, issu de la famille régnante seldjoukide d'origine turque oghouze, dominait déjà l'Iran et la Mésopotamie, de l'Oxus (Amou-Daria) à l'Euphrate, quand il défit et captura Romain IV Diogène (1067-1071) à Manzikert en août 1071, ouvrant la voie vers le cœur de l'Anatolie aux très nombreux Turcs qui suivaient ses campements.

Si la datation 1075-1078 est correcte, Kekaumenos écrivait donc en des temps de catastrophe, car l'Anatolie *était* l'Empire dans une large mesure, et à l'exception de ses bordures occidentales, elle était passée sous la domination des Seldjoukides[126].

Malgré son style sans contredit possible dénué de tout caractère littéraire, l'ouvrage de Kekaumenos n'est peut-être que de la littérature elle-même dérivée de littérature, et non de la vie de l'auteur. Mais à compter des premiers passages ouvrant sa partie stratégique (en 24), le livre semble refléter une réelle expérience militaire : nous y lisons ainsi que le renseignement sur les capacités et les intentions de l'ennemi est absolument essentiel – sans lui, il est en effet impossible d'atteindre de bons résultats.

Le stratège en charge de l'armée est donc enjoint, tout d'abord, d'engager un grand nombre d'espions « fiables et dynamiques ». Le terme employé est *korsarioi*, tiré de *cursatores* ou *prokoursatores*, désignant des cavaliers légers éclaireurs ou de raid dans les textes plus anciens, mais ici des hommes également supposés agir comme agents secrets. De fait, la suite du texte précise que chacun doit travailler de manière individuelle, sans avoir connaissance des autres, pour éviter que tous ne soient perdus par la capture (et l'interrogatoire efficace) de l'un d'entre eux[127]. Les espions ne suffisent pas, il faut également avoir des éclaireurs (*sinodikoi*) par unités de huit, neuf, dix ou plus. Seuls les espions ont l'espoir de pouvoir pénétrer les quartiers généraux de l'ennemi ou le palais du souverain pour voler ou au moins surprendre des plans de guerre, mais il faut des éclaireurs pour détecter, surveiller et rapporter les actions de l'ennemi sur le terrain qui sont déjà en cours. L'auteur conseille au stratège d'être généreux avec les présents qu'il donnera à ses éclaireurs pour récompenser leurs succès, et de leur parler souvent – afin d'observer qui parmi eux est loyal et qui ment. Mais il ne doit pas partager ses plans avec eux.

Le conseil suivant reflète l'expérience d'une amère déception, incluant la défaite de Manzikert – même si ce furent la trahison et la défection qui décidèrent du cours de la bataille, l'armée y souffrit en effet également d'un manque d'information :

> Faites tout votre possible pour découvrir, jour après jour, où se trouve l'ennemi et ce qu'il fait.

Conseil suivi d'un deuxième tout aussi lugubre :

> Même si l'ennemi n'est pas d'une grande habileté, ne le sous-estimez pas – agissez comme s'il était ingénieux[128].

Quand il aborde la méthode opérationnelle à suivre en guerre, Kekaumenos se montre d'une stricte orthodoxie, répétant le conseil de tous les manuels de campagne précédents depuis le *Strategikon* de Maurice, le conseil qui contient l'essence même du style de guerre caractérisant les Byzantins : rassemblez constamment et partout tous les renseignements disponibles, faites campagne avec vigueur mais ne combattez que de manière très mesurée, en évitant les batailles générales en vue d'une victoire décisive, car cela n'existe tout simplement pas – on ne peut espérer qu'un bref répit jusqu'à l'arrivée de l'ennemi suivant, moment où l'on regretterait *des deux côtés* les pertes d'hier.

Mais une fois la bataille engagée, on ne doit pas faire retraite car cela démoraliserait les troupes. Par conséquent, il faut sonder et tester l'ennemi avant la bataille avec de petites attaques, à la fois pour déterminer ses capacités militaires et pour découvrir sa manière de combattre, car il s'agit peut-être d'un ennemi entièrement nouveau que l'Empire n'a jamais affronté auparavant – un autre écho de Manzikert. Kekaumenos connaissait bien les classiques militaires et attendait de ses lecteurs qu'ils les connaissent également ; c'est en tout cas la raison qu'il avance pour justifier son souhait de ne pas traiter les dispositions de bataille[129].

Au lieu de quoi il encourage le stratège à découvrir l'origine ethnique de l'ennemi avant de déployer ses forces, car certains peuples combattent traditionnellement avec une disposition en phalange unique, d'autres en deux phalanges, d'autres encore en ordre ouvert. L'auteur écrit que la meilleure formation de bataille est la romaine, mais sans donner le moindre argument en appui de ce jugement, très vraisemblablement parce que la supériorité romaine dans tous les domaines militaires était considérée comme un point acquis.

Le ton employé par l'auteur du début à la fin de l'ouvrage est empreint de bonhomie, à l'exception d'un point qui suscite un propos féroce : il s'exprime en faveur de la peine de mort contre un commandant qui se fait surprendre par une incursion de l'ennemi contre son campement. Il faut poster de nombreuses sentinelles tout autour, même quand l'attaque semble très improbable, car le stratège ne doit jamais être contraint de dire : « Je n'attendais pas une attaque sur cette partie [du périmètre] » ; une excuse à laquelle on répondra : « Vous aviez un ennemi ? Si c'était le cas, comment avez-vous pu oublier que le pire pouvait toujours survenir[130] ? » Ce passage fait écho à des manuels antérieurs, mais peut également refléter une expérience personnelle (comme c'est le cas en ce qui me concerne) : il est plus facile de se contenter de poster des sentinelles que de s'assurer réellement qu'elles restent bien éveillées nuit après nuit, même s'il n'arrive jamais rien – sauf, bien sûr, durant la seule nuit où les sentinelles se sont endormies.

Suit une série d'injonctions (32-33) : « Ne sous-estimez pas l'ennemi au motif que ce sont des barbares [*ethnikoi* dans le texte, et non *barbaroi*], car eux aussi bénéficient de la puissance de la raison, ils ont une sagesse innée et sont habiles » ; « Lors d'une rencontre inopinée, comportez-vous avec bravoure pour donner courage à vos subordonnés. Si vous vous laissez vaincre par la panique, qui sera capable de diriger et d'encourager l'armée ? » Quant au traitement des envoyés ennemis en visite dans le campement, Kekaumenos se fait l'écho des procédures familières aux Byzantins :

> Ils doivent installer leur camp sur une position en contrebas, et un homme de confiance doit rester avec eux afin qu'ils ne puissent pas espionner notre armée. Ils ne doivent pas flâner çà et là, ni parler à quiconque sans permission. De plus, s'il se trouve quelque chose de réellement important dans le camp, ne les laissez pas entrer du tout ; lisez plutôt leur lettre, donnez votre réponse et renvoyez-les avec de magnifiques présents... ils feront votre éloge[131].

Ce ne sont là que thèmes très familiers, mais on trouve également un appel très intéressant en faveur d'une réflexion originale – c'est le pire des lieux communs pour un esprit moderne auquel on ne cesse de vanter la nécessité de sans cesse tout réinventer pour prouver son intelligence, certes, mais une rareté tout à fait exceptionnelle dans la culture byzantine :

> Si vous êtes sûr que le chef [*archegos*] de la peuplade contre laquelle vous combattez est d'une grande habileté, soyez sur vos gardes contre ses artifices diaboliques. Vous devez vous aussi trouver des contre-mesures – et pas seulement celles que vous avez apprises des anciens : vous devez en inventer de nouvelles. Et ne me faites pas l'objection que cela n'a pas été transmis par les anciens.

Kekaumenos respectait les anciens autant que quiconque mais jugeait manifestement nécessaire de désensorceler ses lecteurs[132].

Kekaumenos s'en prend une fois de plus à des anciens qu'il ne mentionne pas – il ne s'agit pas cette fois d'Onosander –, lorsqu'il s'oppose au conseil disant qu'une armée ayant pris la fuite au cours d'une bataille doit être tenue à l'écart de la guerre pendant trois ans :

> Je dis à la place : « Si immédiatement, le même jour que la débâcle, vous pouvez rassembler ne serait-ce qu'un quart de votre armée, ne soyez pas peureux comme un lapin, prenez ceux que vous aurez pu rassembler et jetez-vous sur l'ennemi. Pas frontalement, bien sûr, mais en commençant depuis l'arrière ou le flanc, à la fois ce jour-là et cette nuit-là. »

Voilà un excellent conseil, car, ainsi que le remarque Kekaumenos, l'ennemi qui vient de remporter la bataille ne se tiendra pas sur ses gardes ; on peut ainsi le prendre par surprise et transformer par là une défaite en victoire[133]. (C'est de cette manière que l'armée allemande, de plus en plus dominée en puissance de feu et en effectifs à compter de 1943, réussit à prolonger sa résistance contre l'avance de l'armée rouge. Tout comme le prescrivait Kekaumenos, elle avait l'habitude de contre-attaquer immédiatement après avoir subi des défaites. Rien n'est plus difficile d'un point de vue matériel ou psychologique – les troupes sont en effet démoralisées, les unités désorganisées, les approvisionnements épuisés –, mais rien n'est plus efficace, parce qu'une telle manœuvre coupe son élan à l'ennemi. Les troupes de l'armée rouge se précipitant droit devant elles après une percée se heurtaient soudain à des contre-attaques de la part de troupes qu'elles avaient dernièrement vues fuir dans la panique. Des officiers, pistolet au poing, formaient leurs troupes en retraite en *Alarmheiten* dans l'improvisation pour monter des contre-attaques qui infligeaient souvent des pertes disproportionnées. C'est ainsi que les excellents officiers de l'armée allemande gagnèrent un peu plus de temps au bénéfice de leurs collègues des services en charge de l'extermination, qui tuèrent la plus grande partie de leurs victimes lors de la dernière année d'une guerre prolongée par la pure habileté tactique.)

Ce conseil montre à lui seul que Kekaumenos, quel qu'il fût et qu'il eût ou non une expérience militaire, comprenait véritablement les dynamiques du combat.

Le réalisme un peu glacé qui anime ces pages trouve sa meilleure illustration dans le conseil que donne l'auteur sur la manière de traiter les envoyés de l'ennemi venus demander de l'or sous menace d'attaque : payez-les, car la perte sera moindre que les dommages potentiels pour le territoire impérial en cas d'attaque et, de plus, la bataille est toujours une affaire de chance[134].

Comme nous l'avons vu, même lorsqu'ils étaient très puissants, les Romains étaient toujours disposés à acheter leurs ennemis si cela se révélait moins coûteux que de les combattre – ils ne risquaient pas d'adopter le slogan du député américain Robert Goodloe Harper, « Des millions pour la défense mais pas un cent pour le tribut » ; depuis sa proclamation le 18 juin 1798, quelques millions ont en effet été dépensés... Les Romains et les Byzantins étaient sans doute moins romantiques, mais Kekaumenos va encore plus loin : « Opposez un refus à l'ennemi qui vous demande d'abandonner un territoire, à moins... qu'il n'accepte de devenir votre vassal et de payer un tribut » – un cas de subsidiarité féodale, si l'on permet cette expression –, ou bien (de mal en pis !) « en cas de nécessité pressante ». En d'autres termes, faites ce que vous pouvez[135].

Kekaumenos est bien plus optimiste sur l'offensive, lorsque l'ennemi reste blotti à l'abri d'une ville fortifiée : « Si vous ne connaissez pas l'importance de ses forces, croyez-moi, il a peu d'hommes et des forces insuffisantes. » Il conseille d'envoyer des *korsarioi* – la dernière évolution en date des bons vieux *cursatores/prokoursatores* que nous avons déjà rencontrés – pour trouver un passage permettant de pénétrer à l'intérieur de la ville fortifiée. « Et n'accordez aucun crédit à quiconque vous affirme qu'il n'existe aucun passage – comment un espace aussi vaste pourrait-il être maintenu partout sous surveillance ? » Une fois le passage trouvé, ne vous y rendez pas mais restez en ordre face à l'ennemi, tout en y envoyant quelques hommes bien commandés qui, une fois à l'intérieur, se signaleront par de la fumée ou du feu. Alors, lancez l'attaque[136].

Parmi les stratégistes byzantins, Kekaumenos est sans doute un auteur d'importance mineure, mais, malgré tous ses méandres, son livre montre qu'il y avait encore une culture militaire bien vivante dans laquelle des hommes aux affaires étaient supposés lire des traités militaires, voire en écrire un. Ce qui donnait aux Byzantins un avantage réel face aux vicissitudes de leurs guerres sans fin : un champ de procédures, tactiques et méthodes opérationnelles à leur disposition bien plus vaste que celui de leurs ennemis, grâce auquel ils se faisaient moins souvent surprendre par leurs ennemis et pouvaient eux-mêmes plus souvent les surprendre, en ayant recours à une tactique de plus, à une méthode opérationnelle ou à un stratagème inconnu d'eux.

Chapitre 15

LA MANŒUVRE STRATÉGIQUE :
HÉRACLIUS DÉFAIT LA PERSE

La manœuvre de théâtre la plus profonde et la plus audacieuse de toute l'histoire de Byzance fut lancée dans des circonstances désespérées pour sauver l'Empire d'une destruction imminente. Elle se termina par la défaite totale de la Perse sassanide.

En 603, Khosro II (Chosroès) (590-628) avait engagé la plus ambitieuse de toutes les offensives jamais engagées par les Sassanides ; cette offensive leur avait apporté les plus grands succès de leur histoire.

Toutes les guerres précédentes depuis l'établissement de la dynastie sassanide en 224 par Ardashir, petit-fils du prêtre zoroastrien Sassan, avaient été livrées pour le contrôle des régions frontalières entre les deux empires : l'Arménie historique, de nos jours pour sa plus grande part dans le nord-est de la Turquie, les pays du Caucase ainsi que la haute Mésopotamie – région d'une importance majeure pour les deux empires –, sur les deux rives du Tigre et de l'Euphrate, dans l'actuel sud-est de la Turquie. Sur le front de Mésopotamie, les villes commerçantes puissamment fortifiées d'Édesse (moderne Şanliurfa, Urfa), Nisibis (Nusaybin), Dara (Oğŭz) et Amida (Diyarbakir) changèrent ainsi de mains à plusieurs reprises de guerre en guerre. Mais la plupart des preuves tendent à mettre en évidence qu'en dépit des vantardises et des prétentions exprimées – d'après Ammien Marcellin, Chapour II (309-379) écrivit ainsi à Constance II pour revendiquer l'extension du contrôle perse jusqu'au Strymon et aux frontières de la Macédoine en application d'un antique droit de conquête –, la plupart des souverains sassanides étaient en réalité modérés dans leurs buts de guerre[1].

En dépit d'une profonde méfiance à leur égard, ils reconnaissaient eux aussi les Empires romain et byzantin comme leurs voisins civilisés qui n'étaient pas à détruire – aussi se contentaient-ils le plus souvent de gains limités en Mésopotamie, lorsqu'ils partaient en guerre.

Mais Khosro II avait des ambitions totalement différentes et bien plus élevées.

Son but déclaré était de déposer et de remplacer l'empereur Phocas (602-610), qu'il condamnait en tant que parvenu et usurpateur – ce qu'il était incontestablement, ayant pris le pouvoir par mutinerie quand il n'était que simple *hekatontarchos*, commandant d'une centaine d'hommes, en termes modernes un capitaine ou peut-être un sergent-major de compagnie. La vengeance constituait un autre mobile déclaré, en souvenir du meurtre du prédécesseur de Phocas, Maurice (582-602), que Khosro considérait et appelait son protecteur personnel et père en politique, une fois encore non sans raison : jeune homme, il avait trouvé abri à la cour impériale de Constantinople contre les intrigues mortelles de la politique de palais chez les Sassanides. Enfin, Khosro s'était également fixé le but – fièrement proclamé – de propager l'ancienne religion zoroastrienne de la Perse et d'Iran, le culte dualiste d'Ahura Mazda, « Dieu de la Lumière et de la Bonté », qui avait autrefois été le rival le plus sérieux du christianisme au sein de l'Empire romain durant la période d'extinction progressive des anciens cultes païens.

L'échelle des victoires de Khosro fut au niveau de ses ambitions.

En 610-611, des armées sassanides pénétrèrent la Syrie et conquirent Antioche, l'une des plus grandes villes de l'Empire[2]. Elles avaient alors déjà pris la riche place de commerce d'Édesse – ses églises, dit-on, rapportèrent un butin de 112 000 livres d'argent[3]. En 613, les Sassanides s'emparèrent

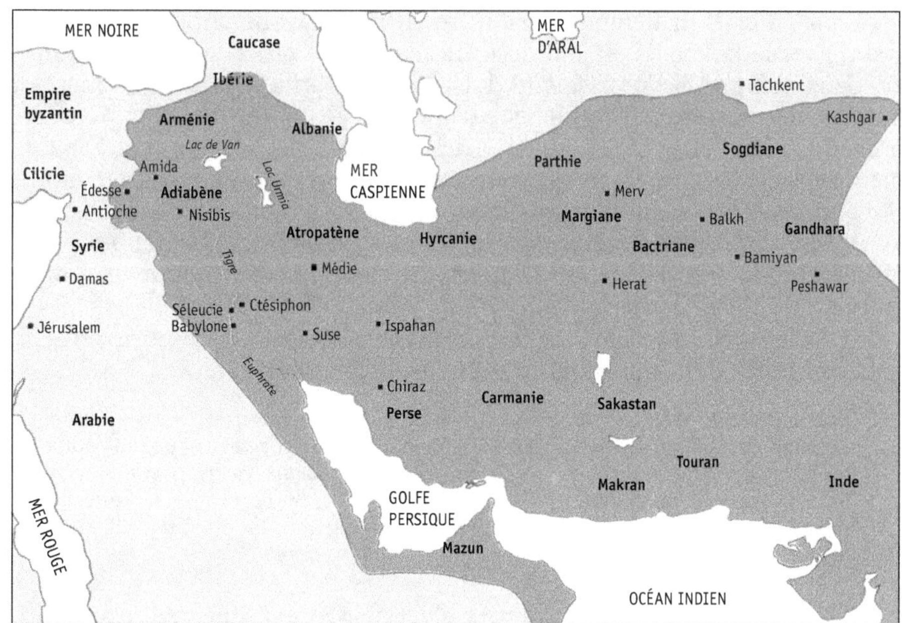

Carte 12. L'Empire sassanide, *ca.* 226-*ca.* 651.

d'Émèse (Homs, Hims) et de Damas, puis descendirent pour prendre Jérusalem en mai 614, où ils s'emparèrent d'un célèbre fragment de la « vraie Croix ». L'Égypte suivit. Elle représentait la source unitaire de revenus fiscaux et d'approvisionnements en grains la plus importante de Byzance. La chute d'Alexandrie, dès 619, marqua la fin de la conquête du pays.

Les armées sassanides menacèrent encore plus directement encore la survie de l'Empire en pénétrant au cœur de son territoire, l'Anatolie. Dès 611, elles remportèrent une victoire majeure à Césarée de Cappadoce (Kayseri) ; en 626, une armée sassanide, après avoir traversé toute l'Anatolie vers l'ouest, parvint sur le rivage asiatique droit en face de Constantinople de l'autre côté du Bosphore, à moins de 1 *mile* de distance sur ce point.

Les Byzantins n'étaient pas en mesure de concentrer toutes leurs forces contre les Perses en raison de l'avancée d'un autre ennemi redoutable par les Balkans jusqu'en Thrace et à sa péninsule, sur laquelle s'élève Constantinople elle-même. La muraille de Théodose avait été bâtie deux siècles plus tôt en réponse aux incursions des Huns pour protéger la ville avec son fossé, ses remparts et ses tours aux multiples postes de combat. Barrière insurmontable pour de nombreux envahisseurs jusqu'à cette date, la muraille de Théodose n'offrait plus la même garantie contre l'ennemi qui installa son camp face à elle en juillet 626.

Le khaganate des Avars avait déjà vaincu plusieurs armées de campagne byzantines et pris des villes solidement fortifiées avant d'envahir la Thrace en 618-619 ; leur départ avait déjà été acheté par les Byzantins en 620 et 623 avant qu'ils n'attaquent Constantinople, une fois de plus, en 626.

Comme les Huns avant eux, les archers montés avars pouvaient pénétrer des cibles à de longues distances avec leurs arcs composites réflexes, mais ils étaient bien davantage que de simples cavaliers légers ; ils savaient en effet également combattre comme cavaliers lourds, en chargeant avec la lance. Ils étaient donc en mesure de procéder à des attaques en deux temps : ils poussaient d'abord leurs ennemis à se former en masses bien serrées par la menace d'une charge ou par une charge réelle, puis utilisaient leurs arcs pour tirer des volées de flèches dans cette masse bien dense. De plus, ils ne se contentèrent pas d'apporter des améliorations majeures aux équipements et tactiques de la cavalerie des Huns, que les Byzantins imitèrent avec la plus grande attention ; ils démontrèrent également leur expertise dans la guerre de siège, la construction et la mise en opération d'artillerie, ou en tout cas de très efficaces trébuchets.

Le *Chronicon Pascale* contemporain des événements rapporte en effet qu'au siège de Constantinople en 626, les Avars déployèrent

> une multitude d'engins de siège proches les uns des autres... Il [le « khagan abhorré de Dieu »] fit lier ensemble ses lanceurs de pierres (pour leur stabilité dans les tirs les plus lourds) et les fit couvrir de peaux sur la partie extérieure (comme protection contre les flèches), il fit aussi... préparer douze hautes tours de siège (mobiles) qu'ils avancèrent presque jusqu'aux ouvrages de défense avancés, et il les fit couvrir de peaux.

Les défenseurs de Constantinople déployèrent une contre-mesure face à ce type de tours de siège : des équipages de la marine s'étaient joints aux défenseurs du rempart et l'un d'eux « construisit un mât auquel il suspendit une embarcation, dans l'intention d'incendier par ce moyen les tours de siège de l'ennemi[4] ».

Nous apprenons plus loin, de la même source, que les Avars construisirent également une palissade pour constituer une forme de circonvallation, destinée à interdire aux assiégés toute occasion de lancer de faciles contre-attaques, et érigèrent des mantelets, c'est-à-dire des panneaux de bois couverts de peaux, comme protection contre les traits les assiégeants[5]. Ce qui suffit à prouver qu'à la différence de la plupart des nomades, les Avars disposaient de la technologie nécessaire pour triompher de fortifications.

De plus, comme Attila avant lui et bien d'autres potentats de la steppe également heureux à la guerre après lui, le khagan des Avars parvenu devant les remparts de Constantinople en 626 avait rassemblé, autour du noyau de ses cavaliers avars d'élite, une masse bien plus nombreuse d'autres guerriers, en l'occurrence des Gépides de Germanie et des multitudes de Slaves. Enfin, le khagan ne manquait manifestement pas lui-même de talent dans les domaines du renseignement et de la diplomatie : il arriva en effet pour attaquer Constantinople depuis le côté européen au moment précis où une armée sassanide, après avoir traversé toute l'Anatolie jusqu'à sa bordure occidentale, venait d'installer son camp sur le rivage asiatique exactement de l'autre côté du Bosphore, face à la ville.

Le *Chronichon Pascale* rapporte en effet que lorsqu'une délégation de la ville vint négocier avec les Avars,

> le khagan installa bien en vue de nos envoyés trois Perses habillés de pure soie venus auprès de lui de la part de Salbaras (Shahrbaraz, chef de cette armée sassanide), et il fit en sorte qu'ils soient assis en sa présence, alors que nos envoyés furent contraints de rester debout. Et il dit : « Voyez, les Perses m'ont envoyé une ambassade et sont prêts à me donner trois mille hommes dans le cadre d'une alliance. Par conséquent, si chacun de vous à [Constantinople] est disposé à n'emporter avec lui qu'un manteau et une chemise, nous passerons accord avec Salbaras, car il est mon ami : traversez le détroit pour le rencontrer et il ne vous fera aucun mal ; livrez-moi votre ville et vos biens. Car si vous ne le faites pas, tout salut vous sera impossible (dans la mesure où les Avars et les Perses contrôlaient tout le pays des deux côtés du Bosphore) à moins de vous transformer en poissons pour vous échapper par la mer, ou en oiseaux pour vous envoler dans le ciel[6]. »

Depuis qu'il s'était emparé du pouvoir pour remplacer Phocas en 610, Héraclius n'avait cessé de tenter de combattre les offensives de Khosro II ; il remporta parfois des batailles, en perdit d'autres et se trouva deux fois contraint à une retraite complète par la nécessité d'aller affronter les Avars. Au bilan, dès 622, en plus de sa capitale, de la Grèce et des parties non envahies de l'Anatolie, il ne restait plus de l'Empire que des îles dispersées, des régions côtières et des villes aux maigres garnisons en Afrique du Nord, en Sicile, en Italie et sur la côte de Dalmatie – aucune de ces possessions n'ayant vraiment de valeur comme source de revenus ou de nouvelles recrues. Il en résulta un épuisement du trésor impérial, encore accentué par de vaines tentatives pour satisfaire le khagan des Avars avec un tribut. En présence de la menace mortelle et immédiate que faisait peser l'attaque combinée contre Constantinople par les Avars accompagnés de leurs masses de guerriers slaves et les Perses sassanides, l'Empire n'avait plus l'argent nécessaire pour continuer le combat.

Sous l'année 6113 depuis la création (622 après Jésus-Christ), la *Chronique* de Théophane rapporte les mesures exceptionnelles prises par Héraclius en ces circonstances extrêmes :

> Il fit saisir à titre de prêt tout l'argent disponible dans les établissements religieux, ainsi que les candélabres, récipients et autres objets dédiés au saint ministère de la Grande Église, pour les fondre et en tirer une grande quantité de pièces d'or et d'argent (les *nomismata* en or, au 1/72 de la livre d'or, et les *milaresia* en argent, avec un taux d'échange de 12 *milaresia* pour un *nomisma*[7]).

Depuis le début de l'invasion sassanide dix-neuf ans auparavant en 603, les forces byzantines avaient connu de nombreux revers successifs, subissant des défaites, des retraites et l'effondrement complet des défenses de la frontière et des villes fortifiées. Mais il se trouva manifestement des unités subsistantes, des fragments d'unités, des vétérans individuels et de nouvelles recrues pour se rallier autour d'Héraclius, dont la capacité à les mener à la victoire restait entièrement à prouver, mais la capacité à les payer était en tout cas certaine :

> Comme il n'avait alors trouvé dans l'armée que fainéantise, couardise, indiscipline et désordre au plus haut point, le tout dispersé en de multiples endroits de la terre, il rassembla au plus vite tout l'effectif disponible[8].

Héraclius ne manqua pas l'occasion de redresser le moral des soldats à la manière habituelle, en présentant l'ennemi comme perdu de vices, s'il faut en croire Théophane qui cite l'empereur s'adressant aux troupes dans un style très familier, inhabituel à ce niveau ; il espérait au moins, par là, les aiguillonner en suscitant leur ressentiment religieux :

> Vous voyez, mes frères et enfants, de quelle manière les ennemis de Dieu ont piétiné notre pays, dévasté nos villes, incendié nos sanctuaires... et... de quelle manière ils profanent nos églises de leurs plaisirs débridés.

Mais l'entraînement était la première priorité, avec l'apprentissage des aptitudes individuelles au combat conduisant à des exercices de bataille sur grande échelle, impliquant les formations complètes. Le caractère réaliste de ces exercices fit manifestement une forte impression sur la source d'information de Théophane – à moins qu'il ne relaie des exercices dont il fut lui-même témoin, menés par l'armée de son temps (il mourut en 818), laquelle s'exerçait certainement d'une manière tout aussi proche des conditions réelles de la bataille :

> [Héraclius]... forma deux contingents armés et les sonneurs de trompettes, les rangs des porteurs de boucliers et les hommes en armes se tinrent prêts. Une fois les deux [côtés] fermement rangés en ordre de bataille, il leur donna l'ordre de s'attaquer mutuellement : il y eut de violents heurts... et l'on vit un semblant de guerre. On put ainsi observer un spectacle effrayant, un spectacle pourtant qui ne devait pas faire craindre de danger : ce furent en effet des fracas meurtriers sans effusion de sang[9].

Plus tard au cours de cette même année 622, la nouvelle armée d'Héraclius remporta quelques batailles mineures – ou peut-être seulement des escarmouches –, en affrontant les forces sassanides dans le sud-est de l'Anatolie. Mais une nouvelle avance des Avars contre Constantinople en 623 contraignit Héraclius à revenir en arrière – avec pour seul résultat de faillir se faire capturer lui-même quand il tenta de négocier avec le khagan des Avars.

Les Avars ravagèrent par leur pillage les faubourgs de la ville et instaurèrent certainement un blocus du pays, mais ne lancèrent pas d'assauts déterminés, à notre connaissance, contre les murailles. En tout cas, le 25 mars 624, Héraclius se mit en route pour engager sa première contre-offensive sérieuse contre la Perse des Sassanides.

À ce stade, toutes les autres voies avaient été essayées, y compris une tentative de trouver un arrangement avec la Perse en situation dominante, sous la forme d'une reddition négociée. Selon le *Chronichon Pascale*, en 615, après une défaite majeure devant les remparts d'Antioche, la perte de la Syrie et la chute de Jérusalem, une première incursion des Perses traversant l'Anatolie avait atteint le rivage de la mer de Marmara face à Constantinople ; une lettre fut alors envoyée à Khosro II qui revenait pratiquement à accepter sa suzeraineté, Byzance devenant un État client sous le système de souveraineté indirecte traditionnel des Perses :

> Nous,... en toute confiance... en Dieu et en Votre Majesté, [vous] avons envoyé vos esclaves Olympius, le très glorieux ancien consul, patrice et préfet du prétoire, Leontius le très glorieux ancien consul, patrice et préfet de la ville, et Anastasius, le très aimé de Dieu prêtre [de Sainte-Sophie] ; nous demandons en suppliants qu'ils puissent être reçus de la manière appropriée par votre immense Puissance. Nous prions également votre Clémence de bien vouloir considérer Héraclius, notre empereur très pieux, comme un vrai fils, un fils qui désire ardemment remplir ses devoirs au service de votre Sérénité en toutes choses[10].

Selon la chronique arménienne attribuée à Sébéos, Héraclius en personne envoya sa propre lettre adressée à Shahin, qui commandait l'armée sassanide concernée, y affirmant son consentement à accepter l'autorité de quelque personne que ce fût nommée par Khosro : « S'il devait dire : "J'installerai un roi pour vous gouverner", qu'il installe qui bon lui semble et nous l'accepterons[11]. »

Ces initiatives de paix échouèrent, mais il n'y eut pas d'attaque contre Constantinople en 615 car les armées de Khosro furent dirigées ailleurs pour aller envahir l'Égypte, d'une valeur économique bien supérieure à la capitale assiégée et battue en brèche ; l'Égypte était aussi bien plus facile à conquérir que Constantinople.

Nos sources n'évoquent pas avant 622 une soi-disant réponse de Khosro. Le texte que contient l'histoire arménienne de Sébéos semble avoir pour objet de susciter une indignation religieuse ; peut-être fut-il délibérément altéré – sinon purement et simplement inventé – par Héraclius lui-même à des fins de propagande, pour donner davantage de force à la résistance des Byzantins.

Nous pouvons penser qu'il s'agissait bien de propagande, ou tout au moins que cette lettre contenait des éléments de désinformation, à la lecture des citations d'Isaïe et des Psaumes que l'on y trouve – un langage que Khosro était bien peu susceptible d'avoir lui-même employé. Khosro avait en effet donné à sa guerre une très forte dimension religieuse en la présentant comme la lutte des fidèles zoroastriens d'Ahura Mazda, « le Dieu de la Lumière », contre l'Empire chrétien[12] :

> [Khosro], honoré parmi les dieux, seigneur et roi de la terre entière et descendant du grand Aramazd [Ahura Mazda], à Héraclius notre stupide et très humble serviteur...

> Après avoir rassemblé une armée de brigands, vous ne me laissez aucun repos. Vous prétendez avoir confiance en votre dieu. Pourquoi n'a-t-il donc pas empêché Césarée [de Cappadoce], Jérusalem et la grande Alexandrie [d'Égypte] de tomber entre mes mains ? Ne savez-vous pas que j'ai soumis à ma puissance la mer et la terre ? Constantinople se trouvera-t-elle par conséquent la seule ville que je ne serai pas capable d'effacer[13] ?

La suite de la lettre rend l'hypothèse d'une pure et simple invention encore un peu plus vraisemblable ; elle semble en effet destinée à renforcer l'autorité d'Héraclius comme chef de guerre, car l'offre généreuse qu'elle contient à son attention laisse supposer que ses efforts pour faire campagne sont désintéressés :

> Pourtant, je vous pardonnerai toutes vos offenses. « Levez-vous, prenez votre femme et vos enfants et venez me rejoindre. Je vous donnerai des terres, des vignobles et des oliviers qui vous permettront de vivre [Isaïe, 36, 16-17] »... Ne laissez pas votre vaine espérance vous abuser[14].

Après l'échec de la diplomatie, après l'échec, également, des opérations défensives qui permit aux forces des Avars et des Sassanides de converger vers Constantinople, Héraclius se mit en route le 25 mars 624 avec son armée depuis peu bien entraînée, pour lancer une contre-offensive.

L'ordre des opérations le plus sûr eût été de repousser les armées sassanides par étapes successives sur toute la profondeur de l'Anatolie pour les rejeter en Mésopotamie – sinon que tous les candélabres et autres objets précieux du culte venant des églises de Constantinople n'auraient pu suffire à financer une armée capable d'avancer, par sa seule puissance, dans une offensive frontale.

De plus, même si elle avait pu remporter des succès dans les premiers temps – ce qui n'est guère vraisemblable compte tenu du déséquilibre des forces favorable aux Sassanides –, une offensive frontale n'aurait pu les prolonger sur longue durée parce qu'elle aurait donné à Khosro, en toute connaissance de cause, le temps nécessaire pour rappeler les garnisons sassanides dispersées en Égypte et en Syrie, en renfort de ses armées affrontant Héraclius.

Héraclius accepta de prendre le risque considérable de laisser à Constantinople le soin de se défendre seule et conduisit ses forces dans une offensive de pénétration profonde, ou, si l'on préfère, un raid stratégique vers l'est en traversant toute l'Arménie de l'époque – actuel nord-est de la Turquie –, pour atteindre le cœur du territoire d'origine des Sassanides – actuel nord-ouest de l'Iran. En récompense de cette audace extraordinaire, Héraclius bénéficia d'un effet de surprise complet.

L'armée d'Héraclius semble avoir rencontré quelque modeste résistance en passant par Theodosiopolis (Erzurum) et l'actuelle province d'Ayrarat, prenant et pillant Dvin ; elle atteignit ensuite et détruisit le grand temple zoroastrien de Takht-i Suleiman, où elle éteignit le feu éternel de *Vshnasp*, comme Sébéos l'appelle, ou plus exactement Atur Gushnasp, près de Ganzak, la Gazaca des Grecs, capitale de la Médie Atropatène, située non loin de Takab dans l'Azerbaïdjan de l'Ouest moderne, aujourd'hui encore en territoire iranien[15].

Cet acte constituait sans aucun doute une vengeance de l'incendie des églises de Jérusalem en 614, mais on ne peut s'empêcher de penser qu'il s'agissait également d'un calcul destiné à pousser Khosro à réagir dans la colère et la précipitation, par une opération mal préparée, car Atur Gushnasp représentait avant tout à ses yeux le sanctuaire de sa dynastie[16]. C'est bien ce qu'il se passa : Khosro envoya des armées sassanides séparées et non coordonnées pour intercepter Héraclius ; les soldats d'Héraclius défirent au moins l'une de ces armées, placée sous les ordres de Shahrbaraz, le plus distingué des commandants de campagne sassanides, avant de prendre leurs quartiers d'hiver.

En mars 625, Héraclius fit rapidement retraite d'Arménie vers les plaines plus chaudes du sud-est de l'Anatolie, traversant pour ce faire le passage montagneux des Portes de Cilicie (de nos jours Gülek Boğazi, en Turquie). Il fut pendant un temps à nouveau sous la poursuite de Shahrbaraz, mais toutes les tentatives d'actions combinées montées par les Perses contre son armée de campagne hautement mobile aboutirent à des échecs. La méthode opérationnelle recommandée par le manuel *Peri strategikes* – examiné au chapitre 10 – en situation d'infériorité numérique trouva, dans ces opérations, une application exceptionnelle par son intensité, sa durée et son succès.

Cette guerre de mouvement fut menée à l'intérieur de l'Anatolie, c'est-à-dire en territoire impérial[17]. Une bonne partie en est constituée de montagnes, mais entrecoupées de vallées fertiles et bien arrosées ; par ailleurs, le sud de l'Anatolie offrait les riches plaines côtières de Cappadoce et de Cilicie. Cela explique comment l'armée d'Héraclius put tout simplement survivre. Ce n'était clairement pas le trésor public conservé à Constantinople, privé des revenus de l'Empire, qui pouvait assurer la subsistance de ses armées, mais les impôts collectés localement, les contributions des églises et des monastères dans ces régions et, sans aucun doute, des réquisitions forcées. De plus, toutes les sources concordent sur le fait que les marches et les combats arrivaient des deux côtés à leur terme, chaque année, avec l'approche de l'hiver. Il peut être très rigoureux en Anatolie, non seulement dans les zones de montagne accidentées mais également dans les plaines, au moins à l'intérieur des terres où les plaines mêmes sont surtout des plateaux assez élevés.

On pouvait endurcir les troupes pour faire campagne l'hiver ; des commandants romains le firent parfois, ce qui leur valut une réputation de grande rigueur en matière de discipline pour avoir gardé les hommes sous la tente par tous les temps. Ce n'était pourtant pas une pratique qu'était susceptible d'imiter Héraclius s'il pouvait l'éviter : Maurice (582-602), son prédécesseur autrefois déposé – que l'on peut valablement considérer comme son prédécesseur légitime direct –, avait été renversé et exécuté par des mutins après avoir ordonné à l'armée de se mettre en route pour une campagne d'hiver contre les Avars et les Slaves, après de longs mois de combat. Leur chef, Phocas (602-610), s'empara du pouvoir impérial comme nombre d'autres avant lui, mais manqua du talent politique nécessaire pour créer autour de lui un climat général de légitimité, suscitant par là des troubles internes ; Khosro profita de l'occasion ainsi offerte pour lancer son offensive.

Dans la situation d'infériorité numérique qu'il connaissait, et sous la menace des Perses qui le poursuivaient avec plusieurs armées, Héraclius ne pouvait se contenter de mettre un terme à ses opérations avec l'arrivée du froid, sauf si les troupes sassanides en avaient fait autant avant lui. Elles l'ont probablement fait. Non qu'elles fussent moins endurcies que les troupes byzantines, mais parce que leurs chevaux avaient besoin de fourrage pour survivre après le mois d'octobre, quand les verts pâturages s'épuisent dans les parties montagneuses de l'Anatolie ; elles devaient donc faire retraite pour installer leurs quartiers d'hiver où elles avaient entreposé du fourrage et y rester plus ou moins à demeure jusqu'au printemps.

Ce détail logistique se révéla un facteur d'importance considérable pour la suite des événements. Les Sassanides s'attendaient en effet à ce que l'armée Héraclius, quels que fussent ses projets, fît retraite vers le territoire impérial en Anatolie pour y trouver abri dans des quartiers bien approvisionnés avant l'installation de l'hiver – tout comme elle l'avait fait en 624 puis, à nouveau, en 625.

Héraclius avait ainsi créé une attente, et, par là même, les conditions d'une surprise stratégique en 627 quand il poursuivit son avance pendant tout l'hiver. Les chevaux des Byzantins ne différaient pas des chevaux des Sassanides, mais il existait bel et bien des chevaux très différents dans le monde qui allaient bientôt faire leur apparition sur la scène de la manière la plus dramatique possible.

Héraclius était encore loin de Constantinople, le 29 juin 626, lorsque la ville se trouva menacée par l'attaque convergente des Avars avec leurs engins de siège, des Slaves qui les suivaient et de l'armée sassanide de Shahrbaraz. Selon le *Chronichon Pascale* :

> [Certains Avars] s'approchèrent de la vénérable église des Saints-Macchabées (à Galata, de l'autre côté de la Corne d'Or, face à Constantinople) ; ils se firent alors voir des Perses, qui s'étaient rassemblés dans la région de Chrysopolis (Üsküdar, sur la partie du rivage asiatique qui fait directement face à Constantinople). Les Avars et les Perses se signalèrent mutuellement leur présence au moyen de signaux transmis par des feux[18].

Les Avars comme les Perses étaient déjà venus en ces lieux, mais séparément. Il est probable qu'ils se concertèrent dans leurs mouvements en 626 pour attaquer la ville en même temps ; Théophane, en tout cas, l'affirme : « Quant à Sarbaros [c'est-à-dire Shahrbaraz], il [Khosro] l'envoya avec le reste de son armée contre Constantinople en vue de nouer une alliance avec les Huns de l'Ouest [Avars] et les... Slaves, et d'ainsi avancer contre la ville pour l'assiéger[19]. »

Même si les deux parties s'étaient parfaitement coordonnées au niveau politique, on n'en vit aucun effet sur la coordination opérationnelle des deux armées ; ce furent en effet principalement des armées qui attaquèrent la ville maritime de Constantinople, en avancée sur la mer avec un côté regardant vers l'intérieur des terres qui était à la fois étroit et trop puissamment fortifié : ni les Sassanides ni les Avars n'avaient de navires à leur disposition, sans même parler de navires de guerre.

La solution du khagan fut d'envoyer ses sujets slaves dans leurs petites embarcations, les *monoxyla* (signifiant « d'un seul arbre », c'est-à-dire creusées dans un tronc d'arbre), à l'attaque du côté maritime de la ville qui fait face à la Corne d'Or ; il y avait là un rempart de protection le long de la mer, mais bien moins puissant que la triple muraille de Théodose. Les mêmes petites embarcations devaient transporter les troupes sassanides pour traverser le détroit. « Ils remplirent le golfe de la Corne d'Or avec une multitude immense, innombrable, qu'ils avaient amenée du Danube en [*monoxyla*[20]]. »

Les embarcations des Slaves n'étaient pas de force à lutter contre les galères et les autres bateaux de la marine byzantine, avec leurs équipages très qualifiés et leurs archers embarqués. Toutes les défaites catastrophiques dont les effets avaient été de priver Byzance de ses possessions les plus précieuses, ainsi que d'une grande partie de son armée, n'avaient pu produire des dommages aussi graves à la marine d'un Empire qui conservait encore des possessions côtières en Afrique du Nord, dans le sud de l'Espagne, en Sicile, en Italie, en Crète, à Chypre et dans nombre d'îles de la mer Égée.

La marine byzantine connut des périodes de croissance et de décroissance, mais elle avait encore assez de puissance pour faire face entre le 29 juillet et le 7 août 626, jour où les Avars et les Sassanides levèrent tous deux leur siège. Nous lisons ainsi dans le *Chronichon Pascale* : « Soixante-dix de nos bateaux firent voile vers Chalae, malgré le vent contraire, dans le but d'interdire aux [*monoxyla*] de traverser le détroit[21]. » Ces bateaux n'étaient pas des navires de guerre, mais avaient tout de même une certaine taille ; il ne s'agissait pas non plus de yoles ordinaires, bateaux à rames à fond plat. Détail révélateur, le fait de faire voile contre le vent suppose des équipages très qualifiés et d'excellents gréements, ainsi qu'une capacité de combat avec des archers.

L'histoire arménienne de Sébéos rapporte « une bataille sur mer dont les Perses revinrent couverts de honte. Ils avaient perdu quatre mille hommes avec leurs navires[22] ». Le *Chronichon Pascale* décrit le destin des Slaves :

Ils envoyèrent [les embarcations] par le fond et tuèrent tous les Slaves qu'ils y trouvèrent. Puis les Arméniens [troupes d'infanterie] sortirent eux aussi du rempart [maritime]… et jetèrent du feu dans le portique proche de Saint-Nicolas. Alors les Slaves qui avaient échappé au désastre en sautant à l'eau de leurs embarcations pensèrent, en raison du feu, que les soldats postés au bord de la mer étaient des Avars ; lorsqu'ils sortirent [de l'eau],… ils se firent massacrer par les Arméniens[23].

Après l'abandon du siège, les troupes sassanides de Shahrbaraz firent retraite dans l'est de l'Anatolie pour poursuivre une fois de plus Héraclius ;

le khagan, de son côté, démantela ses engins de siège en application d'une trêve tout en menaçant de revenir, malgré le départ en cours de nombre de ses Slaves qui quittaient son alliance ; comme nous l'avons vu, les Byzantins ont sans doute encouragé et récompensé les Slaves pour obtenir cette rupture.

Les Avars et les Slaves n'étaient pas parvenus à s'emparer de la ville et avaient certainement épuisé toutes les ressources en nourriture disponibles aux alentours durant ce siège long de plusieurs mois ; il leur fallait donc lancer ailleurs leurs raids pour trouver de quoi se nourrir. Dans des circonstances normales, les armées byzantines en mouvement étaient en mesure de faire venir des convois de chariots chargés de nourriture, comme les Romains l'avaient fait avant eux, ce qui leur permettait de soutenir de longs sièges pendant des mois, même après avoir consommé toutes les ressources des environs.

Les Avars, eux, ne disposaient pas d'une telle logistique, qui reposait sur la collecte des impôts – ils dépendaient en effet entièrement du tribut et de l'extorsion pure et simple. Cette situation ne leur causa manifestement aucune difficulté ; de plus, avec leurs nombreux chevaux destinés aux guerriers, aux membres de leurs familles et à leurs assistants, ils avaient la possibilité de rayonner assez loin pour trouver du fourrage permettant de soutenir de longs sièges. Les Slaves avaient moins de chevaux – ils en avaient très peu, semble-t-il – et ils étaient bien trop nombreux pour se nourrir de dons de nourriture à titre expiatoire de la part des assiégés. Ils partirent donc, et ce seul fait eût contraint le khagan à abandonner le siège, car les Avars, malgré leur domination tactique suffisante pour intimider une multitude de Slaves, étaient trop peu nombreux pour assiéger à eux seuls les six kilomètres de la muraille de Théodose.

La guerre de mouvement qu'avait conduite Héraclius sans interruption depuis mars 624 connut un changement radical à l'automne 627[24].

Une fois encore, il avançait vers l'est dans le Caucase et les Perses s'attendaient sans aucun doute à le voir, une fois encore, faire retraite à l'approche de l'hiver. Mais il ne s'agissait pas, cette fois, d'un raid, si « stratégique » fût-il ; c'était une offensive de pénétration profonde d'une très grande envergure.

Ce qui la rendit possible fut le puissant renfort que reçut l'armée d'Héraclius, une armée désormais expérimentée, hautement mobile mais qui restait nécessairement d'une taille modeste : chevauchant de petits chevaux robustes qui avaient fait leur première apparition avec les Huns et reviendraient en Europe pour la dernière fois six cents ans plus tard avec les Mongols, des archers montés venant des territoires de la steppe étaient arrivés par les plaines de la Caspienne, « quarante mille hommes courageux » selon Théophane, au cours de l'année 6117 depuis la création[25].

À leur tête se trouvait un khagan turc d'une dimension bien supérieure à son équivalent chez les Avars : Théophane le nomme « Ziebel », mais il s'agit sans aucun doute de Tong yabghu. Tong yabghu était le souverain en chef du khaganate occidental au sein du vaste empire des Turcs qui s'étendait de la Chine à la mer Noire et se trouvait alors en cours de désintégration, à moins qu'il ne fût déjà le chef de l'empire qui lui succéda et était alors en cours de constitution, le khaganate des Khazars – ou encore le chef des deux à la fois, les Khazars étant certainement issus du khaganate plus vaste en désintégration[26].

Quoi qu'il en fût, le peuple de Tong yabghu était anciennement allié et alors ennemi de la Perse des Sassanides, dont l'influence en Asie centrale se heurtait naturellement aux intérêts des Turcs quel que fût leur nom – c'était la rivalité ancestrale (et permanente jusqu'à nos jours) entre l'Iran et le Touran. De plus, ils étaient les ennemis héréditaires des Avars, qui avaient à l'origine gouverné les Turcs et les avaient ensuite fuis vers l'ouest. Pour les Turcs, les Avars qui venaient d'échouer dans leur tentative de prendre Constantinople étaient « des esclaves... qui avaient fui leurs maîtres... [tout juste bons à se faire] piétiner sous les sabots de nos chevaux, comme des fourmis[27] ».

Même cette offensive audacieuse, la plus audacieuse de toutes les offensives byzantines, ne pouvait se réduire à une simple opération militaire. En prévision de l'offensive, pour l'accompagner, pour la rendre possible ainsi que pour lui faire suite, on déploya de grands efforts pour se ménager des alliés et diviser les ennemis par tous les moyens possibles.

L'arrivée des archers montés n'était pas un événement fortuit. Les Byzantins avaient été en négociation avec le khaganate occidental des Turcs pendant des décennies par l'intermédiaire d'ambassadeurs qui faisaient de longs et périlleux voyages. Et le *De administrando imperio* affirme que les envoyés d'Héraclius jouèrent un rôle déterminant dans la séparation politique des futurs Serbes et Croates issus de la masse indifférenciée des Slaves qui suivaient les Avars ; les futurs Serbes et Croates se laissèrent alors convaincre de s'opposer de manière active aux Avars avant de prendre la fuite loin d'eux vers le nord, jusqu'aux régions où ils résident encore de nos jours[28].

Héraclius était manifestement un très grand commandant de campagne, mais il aurait difficilement pu gagner la guerre qu'il avait entreprise sans les efforts de persuasion, d'incitation et de dissuasion qu'il déploya simultanément. Il ne parvint pas à apaiser Khosro ni le khagan des Avars, mais il obtint un bien meilleur résultat en incitant les tribus des Serbes et des Croates à faire défection en quittant les Avars, et surtout en recrutant le khagan Tong yabghu.

D'après Théophane, Héraclius obtint mieux encore en réussissant à convaincre de changer de camp Shahrbaraz, le premier des généraux de Khosro, lorsqu'il se trouvait facile à atteindre durant le siège de Constantinople[29]. La suite des événements, toutefois, nous laisse dans l'incertitude sur la loyauté de Shahrbaraz ; l'intrigue un peu embrouillée que rapporte Théophane peut donc fort bien tenir du roman.

Avec des milliers de redoutables archers montés venus renforcer ses forces, Héraclius était à l'évidence en situation de manœuvrer bien plus librement, car les forces sassanides à sa poursuite allaient plus vraisemblablement se dérober que combattre dans une situation désormais aussi défavorable. Les alliés turcs amenaient également un autre avantage avec eux ou, plutôt, le chevauchaient : alors que les chevaux des cavaliers byzantins et sassanides devaient obligatoirement être nourris, au moins durant l'hiver, les petits chevaux mongols des Turcs étaient capables de survivre sur à peu près n'importe quel terrain avec n'importe quelle végétation, même sous la mince couche de neige glacée typique de la steppe balayée par les vents durant l'hiver – ainsi que des paysages de collines au nord-ouest de l'Iran, vers lequel se dirigeait Héraclius.

Héraclius se mit en route pour quitter Tbilissi – aujourd'hui capitale de la Géorgie – en septembre 627. Il conduisit sa petite armée, accompagnée de ses redoutables alliés, dans un vaste mouvement tournant passant par le lac Urmia, dans le nord-ouest de l'Iran actuel, pour faire ensuite mouvement vers le sud, franchir le Grand Zab et atteindre Ninive sur la rive du Tigre, l'ancienne grande capitale des Assyriens mentionnée dans la Genèse (aujourd'hui Mossoul en Irak, une ville très populeuse et assez rébarbative).

Khosro avait envoyé une grande armée sous le commandement de Roch Vehan à la poursuite d'Héraclius ; pourtant, les Perses ne purent rattraper les Byzantins pour les contraindre à livrer bataille. Le 12 décembre 627, ce fut Héraclius qui choisit de donner bataille, faisant soudain demi-tour pour affronter l'armée des Sassanides. L'histoire arménienne de Sébéos offre un aperçu de la bataille, suffisant pour reconnaître le style tactique d'Héraclius comme commandant de campagne – une première manœuvre pour troubler l'ennemi afin d'obtenir un effet de surprise, et, seulement après, l'attaque :

> Rassemblant leurs forces, [les Sassanides] poursuivirent Héraclius. Mais Héraclius les entraîna jusqu'à la plaine de Ninive ; alors, il fit demi-tour pour les attaquer avec la plus grande vigueur. Il y avait du brouillard dans la plaine et l'armée perse ne se rendit pas compte qu'Héraclius avait fait demi-tour pour les affronter, jusqu'à la rencontre soudaine des deux armées... [les Byzantins] les massacrèrent jusqu'au dernier[30].

Il était important d'épuiser ainsi les capacités militaires des Sassanides, mais la nouveauté décisive n'était pas là : c'était le fait que les forces d'Héraclius avaient pénétré en profondeur les arrières du territoire immensément étendu conquis par les armées de Khosro, et se trouvaient en mesure de porter leurs coups aux centres vitaux de la puissance sassanide, dans l'actuel centre de l'Irak.

L'Empire était sous claire domination des Perses, mais la capitale des Sassanides était en Mésopotamie, à Ctésiphon sur le Tigre, sise à moins de 20 miles au sud de la moderne Bagdad. C'était certainement l'une des plus vastes cités du monde, sinon la plus vaste – et voilà qu'elle se trouvait exposée à l'attaque des Byzantins ! Les victoires et conquêtes passées de Khosro avaient en effet créé un problème stratégique impossible à résoudre : des armées sassanides étaient dispersées sur un arc immense allant de l'Égypte reculée à la Syrie et jusqu'aux lointaines régions de l'Anatolie – toutes bien trop éloignées pour revenir à temps et intervenir suffisamment vite pour arrêter Héraclius, avant qu'il n'infligeât davantage de dommages. Si les Sassanides n'avaient pas été absolument certains qu'Héraclius ferait une fois de plus retraite en hiver, comme il l'avait fait chaque année auparavant, ils auraient sans aucun doute pu retirer assez de troupes d'Égypte et de Syrie pour défendre le cœur de leur territoire.

Pour Héraclius, la victoire remportée à Ninive représentait avant tout la solution à tous ses problèmes logistiques. Khosro n'avait pas un ou deux palais, mais de multiples, une habitude des Sassanides qui réapparut avec Saddam Hussein et pour la même raison : chacun constituait un simulacre de puissance destiné à intimider les alentours. De plus, les palais de Khosro étaient construits dans le style perse classique, avec de vastes jardins paradisiaques (les bâtiments eux-mêmes n'étant pas particulièrement étendus) comprenant des parcs zoologiques abritant de très nombreux animaux exotiques et domestiques – autant de viande sur pied pour des troupes affamées :

> Il trouva à l'intérieur [du palais], dans une seule enceinte, trois cents autruches nourries au blé, dans une autre à peu près cinq cents gazelles nourries au blé, dans une autre encore cent ânes sauvages [onagres] nourris au blé ; il donna tous ces animaux à ses soldats. Ils célébrèrent ensuite sur place le 1ᵉʳ janvier [différent de notre 1ᵉʳ janvier]. Ils trouvèrent également des moutons, des cochons et des bœufs sans nombre, et l'armée entière prit du repos avec contentement[31].

Héraclius poursuivit ensuite sa route au sud vers Ctésiphon, la capitale, franchissant le Petit Zab vers la fin du mois de janvier 628 puis avançant sur quelque 200 *miles* au-delà de la Diyala pour s'emparer d'un autre palais, bien plus vaste, à Dastagard. Théophane savoure le résultat :

> Dans son palais de [Dastagard], l'armée romaine trouva trois cents étendards romains que les Perses avaient pris à différentes époques. Ils trouvèrent également... une grande quantité d'aloès... beaucoup de soie et de poivre. Plus de chemises de lin qu'on ne pourrait compter, du sucre, du gingembre et de nombreux autres biens... Ils trouvèrent aussi dans ce palais un nombre infini d'autruches, de gazelles, d'onagres, de paons et de faisans, et dans le parc destiné à la chasse d'énormes lions et tigres vivants[32].

Une autre preuve de la rapidité des mouvements d'Héraclius et de l'ampleur de la surprise qu'il réussit à obtenir nous est donnée par Théophane, lorsqu'il rapporte la capture de nombreux officiels dans les palais.

En elles-mêmes, comme événements purement militaires, la défaite de Ninive et même l'avance consécutive de l'armée byzantine le long de la vallée du Tigre vers Ctésiphon n'étaient pas nécessairement catastrophiques pour Khosro. Il disposait encore de forces nombreuses et intactes à ses ordres qui occupaient toujours les vastes territoires nouvellement gagnés, lesquels exigeaient à l'évidence de substantielles garnisons. Son commandant de campagne Shahrbaraz se trouvait ainsi en Syrie avec une grande armée, qui aurait pu revenir en arrière pour protéger la capitale, Ctésiphon.

Comme le montre la suite des événements, la guerre incessante qui avait duré un quart de siècle avait fini par épuiser les capacités de tolérance de l'élite gouvernante des Sassanides et de la propre famille de Khosro. Héraclius contribua peut-être directement à cette évolution, en lui envoyant une lettre proposant la paix à des fins de propagande, une lettre que Khosro, dit-on, rejeta : « Je vous poursuis avec le même empressement que je cherche la paix. Car ce n'est pas de mon libre arbitre que j'incendie la Perse, mais sous votre contrainte. Posons donc nos armes, même en ces circonstances, et embrassons la paix. Éteignons le feu avant qu'il ne consume tout. » « Mais Chosroès, continue Théophane, n'accepta pas ces propositions, soulevant ainsi la haine du peuple perse à son égard[33]. »

Au lieu d'accepter la paix, Khosro mobilisa les derniers « membres de sa suite, nobles et domestiques », envoyant ces non-combattants de palais affronter les vétérans hautement expérimentés d'Héraclius. C'était un ultime coup de dés. Le 23 février 628, selon Théophane, alors qu'Héraclius semblait sur le point d'entrer à Ctésiphon et d'en finir avec l'empire, Khosro fut renversé et exécuté dans un coup d'État mené par son propre fils Kavad Shiroyé, qui ouvrit des négociations de paix et offrit un échange de prisonniers.

La suite ne fut pas une capitulation mais une négociation – il y avait en effet encore de grandes armées sassanides sur le terrain dont le retour aurait pu renverser la balance. Au lieu de faire son entrée dans Ctésiphon – avec quelque 30 kilomètres carrés, la seule taille de la ville était sans doute assez intimidante pour sa modeste armée –, Héraclius fit mouvement et partit à plus de 300 *miles* au nord-est pour revenir sur le terrain plus familier de Takht-i Suleiman (aujourd'hui Ganzak), sur les contreforts des montagnes du Zagros, en avril 628[34].

Ces événements ne mirent pas un coup d'arrêt à la succession mortelle des intrigues politiques de palais à Ctésiphon – si un homme pouvait s'emparer du trône, pourquoi pas un autre ? Kavad Shiroyé fut à son tour renversé par Shahrbaraz dans un coup d'État militaire – le même Shahrbaraz, commandant de campagne, avec lequel Héraclius avait plus d'une fois été en contact dans le passé. Shahrbaraz engagea, comme il se devait, des négociations sur les conditions de la paix et finit par trouver un accord. Toutes les provinces perdues, de l'Égypte à la Syrie et à la Cilicie en Anatolie, revinrent dans le giron de l'Empire byzantin, mais les Sassanides, semble-t-il, conservèrent leurs toutes premières conquêtes de leur côté du fleuve – il s'était en réalité agi de reconquêtes à l'époque, car ces territoires avaient autrefois été sassanides[35].

Héritier lui-même expérimenté d'une culture impériale déjà ancienne, Shahrbaraz savait comment négocier : la conversion au christianisme faisait partie de ses concessions prévues par le compromis – une conversion qu'il s'empressa bien sûr d'annuler.

Héraclius avait accédé au pouvoir quand l'Empire était menacé d'une disparition immédiate sous les coups des invasions de Khosro, qui avaient pénétré bien plus loin en profondeur que toutes les invasions sassanides survenues au cours des quatre siècles précédents de guerre intermittente, et sous les offensives des Avars qui attaquèrent directement Constantinople à l'été 626. Il ne disposait pas des capacités militaires qui eussent été nécessaires pour repousser les Sassanides ou les Avars avec les tribus qui suivaient leurs campements, *a fortiori* les deux à la fois. Il disposait de capacités à peine suffisantes, sur terre et sur mer, pour simplement résister à leurs assauts terrestres sur les remparts mêmes de Constantinople, et juste devant la ville à leurs assauts maritimes – des capacités bien insuffisantes pour espérer rétablir la situation d'un Empire submergé de forces ennemies. Il n'est ni exagéré ni extravagant de soutenir que juillet 626 aurait pu être mai 1453, quand les défenseurs assiégés de Constantinople attendaient la fin.

La solution imaginée par Héraclius allia diplomatie et subversion (au sein des deux camps ennemis) avec une manœuvre *relationnelle* hautement risquée à l'échelle d'un théâtre d'opérations – une rareté par elle-même historique. Sa dimension « relationnelle », qui fut aussi exploitée avec grand profit, tenait au fait que les raids saisonniers successifs menés par Héraclius avaient habitué Khosro et ses conseillers à attendre des raids audacieux, profonds mais sans résultat final concluant, susceptibles de durer quelques mois jusqu'à l'hiver sans effet sur la situation stratégique.

Certes, les dommages infligés par ces opérations étaient parfois douloureux, comme ce fut le cas avec la destruction du temple zoroastrien de Takht-i Suleiman, un coup violent porté au prestige de Khosro et de sa dynastie. Cette dernière prétendait en effet bénéficier de l'autorité sacerdotale – son nom même était tiré de Sassan, ou Sasan, grand prêtre du temple d'Anahita et grand-père du fondateur Ardashir – et les souverains qui en étaient issus se faisaient consacrer devant ce même feu « royal » d'Atur Gushnasp que fit éteindre Héraclius.

Mais Khosro décida manifestement que même des raids infligeant de très sérieux dégâts ne justifiaient pas le coût du seul remède auquel il pût pleinement se fier pour s'en protéger : retirer les forces sassanides des nouvelles conquêtes de Syrie et d'Égypte pour les installer en surveillance des anciennes frontières de l'empire et du territoire qui en constituait le cœur, en Mésopotamie. Cela aurait signifié l'abandon du chef-d'œuvre de Khosro, ses conquêtes sans précédent d'immenses territoires byzantins.

Pour l'essentiel, en cette cruciale année 627, les Sassanides ne se retirèrent pas de l'Ouest parce qu'ils étaient certains qu'une fois son opération de raid achevée, Héraclius se retirerait à nouveau de l'Est. Il ne le fit pas. Il en résulta la fin d'une dynastie et d'un empire qui avaient duré plus de quatre siècles.

La suite des événements vit la perte du Levant, de l'Égypte et finalement de l'Afrique du Nord au bénéfice des conquérants musulmans, mais cela n'efface absolument pas la victoire épique remportée par Héraclius : c'était en effet l'Empire lui-même que Khosro avait voulu obtenir et avait revendiqué en se présentant comme le vengeur de son bienfaiteur Maurice, et pas seulement les terres perdues, puis récupérées avec pour seul résultat d'être une fois encore perdues.

Alors que l'Empire entrait dans l'époque la plus malheureuse de son histoire, il restait dans les ténèbres la lumière que faisait briller le souvenir des exploits accomplis par l'armée expéditionnaire d'Héraclius. Nous en avons le témoignage de notre source principale, Théophane, qui mourut en 818 : comme sa prose le manifeste clairement, le souvenir de ces événements glorieux avait gardé la même intensité malgré le passage de deux siècles.

Conclusion

LA GRANDE STRATÉGIE
ET LE « CODE OPÉRATIONNEL » BYZANTIN

Tous les États ont une grande stratégie, consciemment ou non. Il ne peut en être autrement, car la grande stratégie constitue simplement le niveau auquel la connaissance et la persuasion, ou en termes modernes le renseignement et la diplomatie, entrent en interaction avec la capacité d'action militaire pour déterminer les résultats dans un monde composé d'autres États, déployant eux-mêmes leurs propres « grandes stratégies ».

Tous les États ont nécessairement une grande stratégie, mais toutes les grandes stratégies ne sont pas d'un niveau égal. La cohérence et l'efficacité supposent que la persuasion et la force soient chacune bien guidées par un renseignement précis et s'allient ensuite dans une parfaite synergie pour produire la plus grande puissance possible à partir des ressources disponibles. On fait plus souvent, peut-être, un constat d'incohérence : les résultats heureux obtenus par la persuasion sont ruinés par une force mal guidée, les succès que la force a difficilement remportés sont gâchés par une diplomatie maladroite qui éveille l'antagonisme des neutres, enhardit les ennemis et décourage les alliés.

Les Byzantins n'avaient pas de services de planification centraux pour produire des rapports à la manière dont nous les connaissons, comprenant la récente innovation des exposés formels sur la « stratégie nationale » avec leurs tentatives de définition des « intérêts », des moyens de les protéger et de les accroître, ainsi que des voies permettant d'aligner ces deux objectifs en termes rationnels ou à tout le moins rationalisés. Les Byzantins n'ont jamais employé l'expression « grande stratégie » – le simple terme « stratégie » n'est qu'un mot de consonance grecque qui ne fut pas utilisé par les Grecs des époques ancienne et byzantine. Mais ils avaient, sans contredit possible, une grande stratégie ; sans doute ne fut-elle jamais exposée d'une manière explicite – cette habitude des exposés formels est *très* moderne et d'un intérêt en vérité assez douteux –, mais elle fut assurément appliquée d'une manière si répétée que l'on peut même en tirer un « code opérationnel » byzantin.

Il faut toutefois d'abord définir deux sujets : l'identité des protagonistes et la nature de la stratégie, ou plutôt de la logique paradoxale de la stratégie.

L'identité des protagonistes

L'élite gouvernante des Byzantins regardait le monde extérieur et ses dangers sans fin avec un avantage stratégique qui n'était ni d'ordre diplomatique ni d'ordre militaire, mais plutôt d'ordre psychologique : la puissante capacité morale de confiance et d'espoir, si rassurante, que leur donnait leur triple identité. Cette identité était plus intensément chrétienne que ne peuvent aisément l'imaginer la plupart des esprits modernes, et plus précisément chalcédonienne par sa doctrine ; elle était également hellénique par sa culture, heureuse propriétaire du païen Homère, de l'agnostique Thucydide comme de poètes irrévérencieux – bien que le terme *Hellene* fût un mot longtemps évité, car il signifiait « païen » ; elle était aussi fièrement romaine et se reconnaissait dans le terme *Romaioi*, les Romains vivants, non sans justification car les institutions romaines durèrent longtemps, au moins symboliquement[1].

Mais jusqu'à la conquête des musulmans qui fit perdre à l'Empire le Levant et l'Égypte, cette triple identité était également une source de désaffection locale à l'égard de l'élite gouvernante constantinopolitaine, car seule l'identité romaine, sur les trois, était universellement acceptée.

Pour commencer, les populations parlant l'araméen de l'ouest et le copte, qui représentaient la plus grande partie des habitants de Syrie et d'Égypte, y compris les juifs dans leur territoire et au-delà, ne partageaient pas la culture hellénique – à l'exception de leurs propres élites séculières, qui participaient aux organes du régime byzantin et faisaient même souvent l'objet d'attaques locales, dénoncées comme « hellénisantes » par les partisans d'une politique plus exclusive en faveur des natifs. Pour le reste, les masses ne connaissaient pas même l'existence d'Homère ou bien se laissaient facilement pousser par d'incultes prêtres fanatiques à haïr, avec la dernière virulence, ce qu'ils étaient trop ignorants pour aimer.

De plus, la partie de l'Empire qui rejetait l'hellénisme, comme elle avait rejeté l'habitude romaine des bains jugée trop sensuelle, rejetait également la définition chalcédonienne, excessivement intellectuelle, de la double nature du Christ, à la fois humaine et divine, et défendait fermement la conception plus purement monothéiste de la nature unique, divine, du Christ.

C'est la foi monophysite encore de nos jours professée par les chrétiens des Églises coptes d'Égypte et de Syrie, des Églises orthodoxes d'Éthiopie et d'Érythrée, des Églises orthodoxes jacobites et malankares d'Inde, et d'une manière beaucoup plus nuancée par l'Église apostolique orthodoxe d'Arménie. À notre époque d'œcuménisme, les chrétiens orthodoxes n'ont plus l'engagement profond qui était le leur dans la défense de leur camp au titre de la controverse chalcédonienne, mais l'Empire byzantin des vi[e] et viie siècles était dangereusement divisé par la persécution menée par les chalcédoniens, d'un côté, et, de l'autre, par la véhémence des monophysites, qui rejetèrent toutes les tentatives impériales de compromis doctrinal, notamment le monoénergisme et le monothélisme d'Héraclius.

Rien de tout cela n'aurait en principe dû affecter la bonne disposition des chrétiens monophysites à combattre au nom de l'Empire contre les non-chrétiens, mais ce fut le cas, et ce pour de bonnes raisons : la plupart des non-chrétiens qui attaquèrent l'Empire n'étaient pas doctrinalement antichrétiens, et plusieurs ennemis païens se convertirent au christianisme, notamment les Bulgars, les Magyars, les Rus' de Kiev, les Serbes et les Croates ; d'un autre côté, les musulmans, eux-mêmes doctrinalement antichrétiens, étaient tout aussi purement monothéistes que les juifs, et davantage que les chalcédoniens.

La conquête musulmane sauva l'Empire de ces divisions profondes en lui retirant ses dissidents les plus véhéments. L'Empire n'avait aucune homogénéité linguistique et la conquête musulmane n'y changea rien – il comptait en effet de nombreux arménophones à l'est et de nombreux slavophones à l'ouest, tandis qu'entre les deux survécurent longtemps des langues autochtones, comme le thrace, ou besse, parlé à portée de regard de la muraille de Théodose et mentionné comme étant utilisé chez les moines en lcur scin. Mais rien de tout cela n'empêchait ceux qui le souhaitaient de participer à la culture hellénique, et une langue originale différente ne portait en elle-même aucun des facteurs de désunion de la fracture doctrinale. On pourrait donc dire que la perte de la Syrie et de l'Égypte, à la différence de la perte de l'Afrique du Nord latinophone et chalcédonienne, constitua au fond une calamité mitigée pour l'Empire : elle lui apporta en effet les bienfaits de l'harmonie religieuse et renforça son unité culturelle.

La conquête musulmane trouva un Empire très vaste mais désuni, qui aurait pu connaître une désintégration complète, avec une once de malchance supplémentaire, et laissa un Empire moins étendu, bien moins riche mais plus uni et raffermi pour résister avec succès à six siècles de guerres. (Il y a de bonnes raisons pour ne pas abuser du terme croisade quand on veut qualifier la guerre byzantine, mais elle avait bien une dimension de guerre sainte, en tout cas certainement sur la frontière comme elle est décrite dans le *De uelitatione*.)

Cela rend compte, également, de l'immense résilience de la classe gouvernante impériale en périodes de crise aiguë, ainsi que dans les périodes prolongées, angoissantes, d'extrême insécurité : quand tout semblait triste et sans espoir, la foi chrétienne, la culture de l'ancienne Grèce

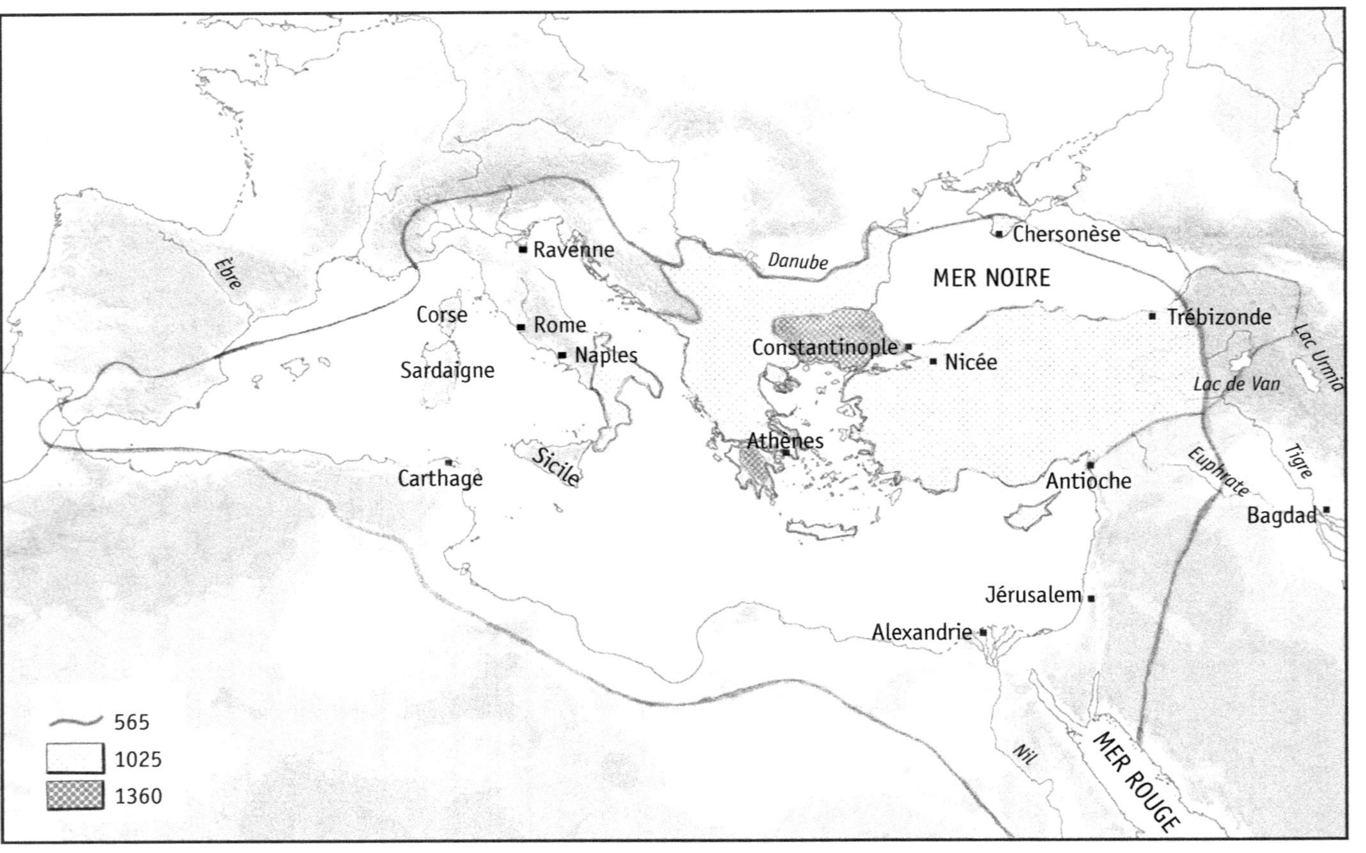

Carte 13. L'Empire en 525, 1025 et 1360.

et la fierté romaine s'alliaient pour rejeter tout esprit de soumission et inspirer une résistance obstinée[2].

La logique de la stratégie

« Stratégie » est l'un de ces mots grecs que les Grecs n'ont jamais connus ; le mot stratégie utilisé dans tout le monde occidental (*strategie, strategia*, etc.) tire en effet son origine de *strategos*, souvent mal traduit par « général », signifiant en réalité historiquement une responsabilité de chef alliant domaine politique et domaine militaire, et se prêtant ainsi mieux que tout autre mot à désigner une activité qui est tout aussi large. Mais la logique de la stratégie n'est pas tout à fait aussi simple.

« [Les hommes] ne savent pas comment le différent concorde avec lui-même, il est une harmonie contre tendue comme pour l'arc[3]... » Ainsi s'exprima Héraclite d'Éphèse, jugé d'une grande obscurité par les anciens mais, à nos yeux, d'une parfaite limpidité après l'expérience des paradoxes de la dissuasion nucléaire, selon lesquels les pacifiques devaient être en permanence prêts à l'attaque en représailles, les agresseurs devaient se comporter avec prudence et humilité et les armes nucléaires ne pouvaient se révéler utiles qu'à la condition de ne pas être utilisées. La dissuasion permit à tout le monde de découvrir la logique paradoxale de la stratégie avec ses apparentes contradictions, faisant de l'« harmonie contre-tendue » qui unit les contraires un simple lieu commun, sauf pour les naïfs incurables incapables de comprendre que la sécurité pouvait être la vigoureuse fille de la terreur.

Avec ce principe, le propos d'Héraclite, qui fut au sein du monde occidental le premier penseur de la stratégie (« Conflit est le père de tous les êtres, le roi de tous les êtres. Aux uns il a donné forme de dieux, aux autres d'hommes, il a fait les uns esclaves, les autres libres[4] »), trouva enfin sa pleine justification, même si de nombreux combattants habiles avaient, longtemps avant lui, remporté des victoires en appliquant instinctivement la logique paradoxale de la stratégie pour surprendre leurs ennemis, ce qui suppose de renoncer délibérément aux manières de combattre les meilleures, au motif qu'elles correspondent aux attentes. En présence d'un ennemi en situation de réagir, la chaussée la plus droite, la plus large et la mieux pavée constitue la pire des routes à emprunter pour lancer une attaque, justement parce que c'est la meilleure, alors qu'une mauvaise route pourrait être bonne. La même logique d'action dynamique et de réaction fait que les victoires d'une armée qui avance peuvent apporter la défaite une fois dépassé le point culminant du succès ; la victoire même *devient* défaite par le jeu des mécanismes les plus prosaïques d'une trop grande extension. De la même manière, la guerre elle-même peut engendrer la paix en consumant entièrement les capacités et la volonté indispensables à la poursuite du combat.

Au vrai, toute forme et toute fabrication sortie du creuset du conflit finit par se changer en son contraire, à la seule condition de persister assez longtemps – c'est une version dynamique de la *coincidentia oppositorum* de Nicolas de Cues (ou de Cusa). Il n'est pas nécessaire d'être enclin à la philosophie pour en comprendre la logique, pas plus qu'il n'est nécessaire d'en connaître l'existence pour l'appliquer – mais aucun de ceux qui bâtirent jamais un empire à la guerre, comme le firent les Romains, ou qui en conservèrent un au cours des siècles, comme le firent les Romains d'Orient, n'aurait pu y parvenir autrement qu'en obéissant à cette logique. Elle commence par la contradiction simple, statique, du *si uis pacem para bellum* (« si tu veux la paix, prépare la guerre »), et conduit à des contradictions dynamiques : si vous défendez chaque pouce d'un périmètre, vous ne défendez pas le périmètre ; si vous remportez une victoire trop complète, détruisant l'ennemi, vous faites de la place à un autre ; et ainsi de suite.

La seule complication supplémentaire tient au fait que le conflit se déroule sur plusieurs niveaux séparés – le niveau de la grande stratégie, le niveau de la stratégie de théâtre, le niveau opérationnel, le niveau tactique –, qui s'interpénètrent de haut en bas bien plus facilement que de bas en haut.

Pour en citer un exemple moderne, Adolf Hitler ne fit pas le choix des bons alliés ni des bons ennemis en grande stratégie : il avait à ses côtés l'Italie et le Japon, l'Amérique, la Russie et l'Empire britannique contre lui ; l'erreur que constitua ce choix ne pouvait pas être réparée par les nombreuses victoires allemandes remportées au niveau tactique, au niveau opérationnel et même en stratégie de théâtre, notamment sur la France en 1940 ; le résultat final n'aurait pu être modifié même par de plus larges victoires sur le champ de bataille. Même si les débarquements du Jour J avaient été repoussés, l'Allemagne aurait perdu la guerre : simplement, la première cible de la bombe à fission aurait été Berlin au lieu d'Hiroshima. Et même sans bombe à fission, les Américains, les Russes et l'Empire britannique auraient tout de même gagné la guerre, en quelques années de plus. La tactique la plus brillante, l'ingéniosité opérationnelle et même les victoires remportées en stratégie de théâtre ne peuvent pas exercer une influence plus déterminante sur le résultat final qu'une grande stratégie imparfaite – les effets de cette dernière l'emportent toujours. Par contraste, une grande stratégie cohérente n'exige qu'une simple adéquation en stratégie de théâtre, dans les méthodes opérationnelles et les tactiques.

En disposant d'une supériorité écrasante, qu'elle soit matérielle, qu'elle soit morale ou qu'elle associe les deux de quelque manière que ce soit, on peut gagner les guerres et maintenir la paix sans avoir besoin de stratégie. Des antagonistes trop faibles pour réagir d'une manière significative se réduisent, en réalité, à de simples objets. La guerre peut certes toujours présenter de considérables difficultés, liées à la distance, au terrain et ainsi de suite, mais pour surmonter des problèmes de nature physique, ce n'est pas la logique paradoxale de la stratégie qui est exigée mais plutôt la logique « linéaire » d'un solide bon sens et des procédures de fonctionnement.

C'est pourquoi ce sont les combattants de l'impossible, à armes inégales, en infériorité numérique, les assiégés et les ambitieux démesurés prêts à tout parier qui tentèrent d'exploiter la logique de la stratégie jusqu'au bout et dans toutes ses dimensions et acceptèrent les risques en résultant – remportant parfois des victoires disproportionnées à leurs ressources, s'effondrant parfois dans l'ignominie générale. Naturellement, par conséquent, les grands noms de la stratégie ont le plus souvent fini par connaître la chute – Napoléon tout particulièrement. Héraclius connut le succès, comme nous l'avons vu ; l'ingénieux Bélisaire, longtemps couronné de succès, finit par un échec. Mais la plupart des commandants byzantins, tout en admirant les deux, préféraient les manières prudentes de faire la guerre illustrées dans les manuels, où la logique paradoxale était exploitée mais seulement jusqu'à la limite des risques que l'on pouvait accepter dans le respect de la prudence.

Nous avons vu à quel point les Byzantins se préoccupaient de la nécessité de tirer le maximum d'effets de tout avantage tactique et opérationnel possible, tout en essayant avec soin de ne pas dépendre des capacités de la force militaire plus qu'ils n'y étaient contraints.

Dans toute leur infinie variété, on peut comparer les grandes stratégies en fonction du degré selon lequel elles s'appuient sur une force coûteuse par opposition à l'exploitation qu'elles font du levier de la force *potentielle* par la diplomatie (la « persuasion armée »), les diverses formes d'encouragements (subsides, présents, honneurs), la déception et la propagande. Plus faible est le volume de force réelle, plus grande la possibilité de dépasser la stricte balance des capacités militaires matérielles pour obtenir davantage avec moins de moyens.

Les Byzantins avaient en ce domaine de nombreux prédécesseurs, mais ils en devinrent les maîtres sans rivaux – et peut-être le restèrent-ils. Avant de trouver la mort au retour d'une tentative téméraire d'invasion de l'Inde, Alexandre s'était déjà couvert d'une gloire millénaire en conquérant l'Iran des Achéménides, la seule superpuissance pour les Grecs. Sa grande stratégie se conformait certainement à la logique paradoxale : alors que ses tactiques étaient « dures » – des attaques frontales menées par la phalange d'infanterie et des charges de cavalerie au maximum de leur puissance –, la diplomatie d'Alexandre était « douce » et tournée vers l'intégration, comme l'illustra d'une manière symbolique l'encouragement aux mariages entre les Macédoniens et les Iraniens, afin de l'emporter sur les résistances des satrapes achéménides et des peuples vassaux. Seule la tentative d'étendre à l'Inde cette nouvelle forme d'empire consensuel qu'il avait inventée outrepassa le point culminant de ses succès, car sa puissance militaire reposait toujours sur une base d'origine macédonienne qui s'en retrouva, dès lors, excessivement diluée.

Comme nous l'avons vu, l'Empire romain d'Orient que nous appelons byzantin était beaucoup moins romain dans sa stratégie – c'est en tout cas une certitude après la tentative de reconquête totale opérée par Justinien. Successivement menacés depuis l'est par les Perses sassanides, les Arabes musulmans et finalement les Turcs seldjoukides et ottomans, depuis le nord par des vagues d'envahisseurs de la steppe, les Huns, les Avars, les Bulgars, les Petchenègues, les Magyars et les Cumans, ainsi que depuis l'ouest, dès le IXe siècle, les Byzantins ne pouvaient espérer soumettre ni anéantir tous les arrivants à la manière romaine classique.

Consumer leurs propres forces, pour l'essentiel constituées de coûteux cavaliers, dans l'objectif de détruire complètement l'ennemi immédiat n'aurait eu comme seul résultat pour les Byzantins que d'ouvrir la voie à la vague suivante d'envahisseurs. Le génie de la grande stratégie byzantine fut de faire de la multiplicité même de ses ennemis un avantage, en recourant à la diplomatie, à la déception, aux versements d'argent et à la conversion religieuse pour les conduire à se combattre mutuellement au lieu de combattre l'Empire.

Seule l'image d'uniques défenseurs de la seule vraie foi, qu'ils ne cessèrent jamais d'avoir d'eux-mêmes, préserva leur équilibre moral dans toutes les circonstances. Dans l'ordre des choses vu par les Byzantins, la capacité d'action militaire était subordonnée à la diplomatie et non l'inverse, et principalement employée pour contenir, punir ou intimider plutôt que pour attaquer ou défendre en mobilisant toute la force disponible.

Le « code opérationnel » byzantin

Les Byzantins avaient pour séduisante habitude d'exprimer et de transmettre ce que l'on ne saurait appeler « méthodologie » sous la forme directe de vives injonctions ou bien même de conseils avunculaires – sur le modèle « faites ceci, ne faites pas cela », ce qui exige des phrases moins nombreuses et un style moins lourd qu'un discours exhortatif à la troisième personne.

C'est le format de présentation que j'utilise ci-après pour définir de la manière la plus succincte possible les normes essentielles de la culture stratégique byzantine. Nulle source byzantine ne donne de ces normes une vue d'ensemble aussi complète que ce qui suit, mais on peut les attribuer à bon droit aux Byzantins en se fondant sur l'observation de leurs comportements comme sur les diverses recommandations de leurs guides et manuels de campagne examinés dans le présent ouvrage. Un résumé normatif qui réduit au minimum les répétitions est l'une des manières de définir un code opérationnel[5].

I. *Évitez la guerre par tous les moyens possibles dans toutes les circonstances possibles, mais agissez toujours comme si elle pouvait commencer à tout moment.* Entraînez à la fois les recrues individuelles et les formations complètes d'une manière intense, exercez les unités les unes contre les autres, préparez les armes et les approvisionnements pour être en situation de pouvoir livrer bataille à tout moment – mais ne vous précipitez pas au combat.

Le but ultime que l'on doit se fixer en se préparant du mieux possible au combat est de renforcer la probabilité de ne pas être contraint de combattre du tout.

II. *Rassemblez toute l'information possible sur l'ennemi et sa mentalité, et ne cessez jamais de surveiller ses mouvements.* Patrouiller et sonder l'ennemi par des actions de reconnaissance menées avec des unités de cavalerie légère constituent toujours des opérations nécessaires, mais non suffisantes. Vous devez disposer d'espions à l'intérieur du territoire ennemi pour qu'ils vous avertissent très tôt des menaces de guerre, ou tout au moins vous informent de préparatifs de guerre et vous aident ainsi à deviner les intentions de l'ennemi. Entre la reconnaissance menée par des unités de combat et l'espionnage en tenue civile, l'approche moyenne de la collecte du renseignement est souvent la plus productive : les éclaireurs clandestins (c'est-à-dire dissimulés dans la nature), chargés d'observer de manière passive et de revenir au rapport. Les efforts déployés pour surveiller l'ennemi par des éclaireurs et interdire à l'ennemi l'utilisation de ses propres éclaireurs sont rarement des efforts gaspillés.

III. *Faites campagne avec vigueur, à l'offensive comme à la défensive, mais attaquez surtout avec de petites unités ; mettez l'accent sur les patrouilles, les raids et les escarmouches plutôt que sur les attaques mobilisant tous vos moyens.* Évitez la bataille, et tout particulièrement la bataille sur grande échelle, sauf circonstances très favorables – et même en ces circonstances, évitez-la si possible, à moins que l'ennemi ne soit d'une manière ou d'une autre tombé dans une situation d'infériorité complète ou que sa flotte n'ait été sérieusement endommagée par des tempêtes.

IV. *Remplacez la bataille d'attrition par la « non-bataille » de la manœuvre.* Sur la défensive, n'affrontez pas des forces qui vous sont grandement supérieures ; au lieu de les affronter, conservez une distance rapprochée avec les armées d'invasion, restez juste au-delà de la portée de leurs armes pour fondre aussi vite que possible en situation de supériorité numérique sur les détachements, les trains de bagages et les bandes isolées occupées au pillage. Préparez des embuscades sur grande et petite échelle le long du chemin emprunté par les forces ennemies et attirez-les dans des embuscades par des retraites simulées. À l'offensive, montez des opérations de raid ou, mieux encore, de test pour sonder l'ennemi avec retraite immédiate si elles rencontrent une solide résistance. Appuyez-vous sur une activité constante, même si chacune de vos actions se déroule sur petite échelle, pour démoraliser et affaiblir matériellement l'ennemi avec le temps.

V. *Efforcez-vous de terminer les guerres avec succès en recrutant des alliés dont l'intervention puisse modifier en votre faveur la balance globale de la puissance entre les parties.* La diplomatie est par conséquent encore plus importante *pendant la guerre* qu'en période de paix – les Byzantins n'auraient jamais fait leur l'aphorisme absurde disant que « lorsque les canons parlent, les diplomates doivent se taire ». Dans le recrutement d'alliés pour attaquer l'ennemi, les recrues les plus utiles sont ses propres alliés, parce qu'ils offrent l'avantage de leur proximité et de leur connaissance sans égale des manières de combattre les forces de l'ennemi. Les commandants ennemis que l'on a réussi à faire changer de camp par des opérations de subversion, pour qu'ils servent les intérêts de l'Empire, sont des alliés encore meilleurs, et l'on trouverait les meilleurs de tous à la cour même de l'ennemi, voire au sein de sa famille. Mais il faut recruter même des alliés périphériques dont l'aide potentielle reste limitée, si cela se révèle possible.

VI. *La subversion est la meilleure voie vers la victoire.* Son coût est tellement faible, en comparaison des coûts et des risques d'une bataille, qu'il est indispensable de toujours la tenter, même avec les cibles les moins prometteuses en raison de leur profonde hostilité ou de leur ardeur religieuse. Quand il fait face à une offensive de jihad imminente, il est conseillé au *strategos* de se comporter en ami des émirs qui tiennent les châteaux forts des frontières, en leur envoyant des « paniers de cadeaux[6] ». Nulle exception à prévoir pour les fanatiques bien connus : dès le Xe siècle, c'est une certitude, les Byzantins s'étaient rendu compte que les fanatiques religieux peuvent eux aussi se laisser corrompre, et souvent même avec davantage de facilité que les autres – ils ne manquent pas de créativité, en effet, quand il s'agit d'inventer des justifications religieuses pour se laisser corrompre (« la victoire finale de l'islam est de toute façon inévitable »).

VII. *Lorsque la diplomatie et la subversion ne suffisent pas et que le combat est inévitable, on doit le livrer avec des tactiques et méthodes opérationnelles « relationnelles » qui contournent les points forts les plus marqués de l'ennemi et exploitent ses faiblesses.* Pour éviter de consumer les principales forces de combat, il peut se révéler nécessaire d'éroder patiemment le moral et les capacités matérielles de l'ennemi. Cela peut exiger un temps très long. Mais il n'y a aucune urgence : dès qu'un ennemi disparaît, en effet, on peut être certain qu'un autre prendra sa place car tout est soumis à un changement continuel avec la grandeur et la décadence des souverains et des nations. Seul l'Empire est éternel.

Note : le code opérationnel ici esquissé ne tient pas compte de l'évolution historique. Ayant affirmé au début que la construction de l'esprit ici appelée « stratégie byzantine » fut inventée durant le Ve siècle en réponse aux circonstances spécifiques de l'époque, je reconnais bien volontiers que les circonstances très différentes des siècles postérieurs ont imprimé leurs marques sur la stratégie byzantine. Après tout, les Byzantins apprenaient par l'expérience aussi bien que n'importe lequel d'entre nous : ils pouvaient bien faire la même erreur deux, trois ou quatre fois, mais ne recommençaient vraisemblablement pas cette même erreur par la suite, ou en tout cas pas de la même manière. Je prétends simplement qu'il y avait une continuité suffisamment marquée pour permettre de définir un « code opérationnel ». Et d'éminents prédécesseurs me rassurent dans cette entreprise qui réunit ainsi huit siècles d'histoire[7].

Appendice

LA STRATÉGIE, UN CONCEPT PERTINENT
POUR L'ÉPOQUE BYZANTINE ?

L'un de mes ouvrages précédents, qui fait encore aujourd'hui l'objet d'une attention immodérée, reçut louanges mais aussi critiques pour avoir attribué une grande stratégie aux Romains des trois premiers siècles de notre ère[1]. Relevant l'absence de personnels militaires ou civils en charge de la planification, ainsi que de conditions requises aussi élémentaires que des cartes précises, certains allèrent jusqu'à contester l'idée même que les Romains aient pu avoir la moindre pensée stratégique, voire définir leurs frontières d'une manière cohérente[2]. Le manque de cartes précises, en tout cas, ne constituait pas un obstacle considérable : les techniques de relevé sur grande échelle étaient d'un usage habituel, tandis que les itinéraires pouvaient être d'une grande précision – il existait même des machines à mesurer les distances[3].

Quant à la question plus vaste de la pertinence même du concept de stratégie aux époques romaine et byzantine, l'argument repose sur la manière dont on définit la stratégie. Les sceptiques la voient manifestement comme une activité essentiellement bureaucratique et moderne, résultat de calculs explicites et de décisions méthodiques au sein d'un véritable système, destinée à une application tout aussi systématique. La manière dont ils insistent sur l'importance des connaissances géographiques suggère même qu'ils font une confusion entre la stratégie et la pseudoscience – tombée en déconsidération – appelée « géopolitique », de Hausofer et de ses disciples[4]. Je soutiens que la stratégie ne traite pas des armées en mouvement, comme sur des tables de jeu, mais comprend l'ensemble des aspects de la lutte de forces antagoniques, laquelle peut fort bien n'avoir aucune dimension spatiale, comme il en est de l'éternelle concurrence entre les armes et les contre-mesures. Au vrai, la dimension spatiale de la stratégie est assez marginale de nos jours, et l'a toujours été à certains points de vue.

C'est la lutte de forces antagoniques qui est à l'origine de la logique paradoxale de la stratégie, laquelle est diamétralement opposée à la logique linéaire de sens commun que nous connaissons dans la vie de tous les jours. En stratégie, les contradictions sont partout présentes : les mauvaises routes sont bonnes parce que l'ennemi ne s'attend pas que nous les empruntions, les victoires se transforment en défaites par le simple fait d'une extension démesurée, et l'on pourrait en citer bien d'autres encore de la même veine. D'où il découle que la stratégie n'est pas d'une compréhension facile et ne l'a jamais été, mais elle détermine toujours les résultats, que les hommes connaissent ou non son existence[5].

Ceux qui ne la pratiquent pas, par contraste, semblent accepter la version officielle assez réconfortante qui présente la stratégie comme une forme de réflexion collective systématique guidée par des choix rationnels, reflétant un ensemble d'« intérêts nationaux » dont les résultats sont ensuite détaillés dans des documents officiels. Il est exact que l'on rationalise de nos jours de cette manière des décisions conduites par la logique paradoxale, façonnées par la culture et motivées par les dynamiques de la puissance, mais cela ne va pas plus loin.

La pratique de la stratégie n'est pas non plus la simple application de techniques qui pourraient être appliquées n'importe où et par n'importe qui ; c'est toujours l'expression d'une culture, dans tous ses aspects. C'est pourquoi j'ai essayé, dans ce livre, d'évoquer la culture stratégique de Byzance – qui, à mon sens, peut en partie encore s'appliquer même de nos jours, ou peut-être surtout de nos jours.

LES EMPEREURS
DE CONSTANTIN Ier À CONSTANTIN XI

306-311	Constantin Ier Galère Licinius Maximin Daïa
311-324	Constantin Ier et Licinius
324-337	Constantin Ier
337-340	Constantin II, Constance II et Constant
340-361	Constance II
361-363	Julien
363-364	Jovien
364-375	Valentinien Ier et Valens, avec Gratien à compter de 367
375-378	Valens, Gratien et Valentinien II
378-395	Théodose Ier
378-383	Théodose Ier avec Gratien et Valentinien II
383-392	Théodose Ier avec Valentinien II et Arcadius
392-395	Théodose Ier avec Arcadius et Honorius

L'Empire d'Occident

395-423	Honorius
425-455	Valentinien III
455	Pétrone Maxime
455-456	Avitus
457-461	Majorien
461-465	Libius Severus (Sévère III)
467-472	Anthémius
472	Olybrius
473-474	Glycerius

474-475	Julius Nepos
475-476	Romulus Augustule

L'Empire d'Orient

395-408	Arcadius
408-450	Théodose II
450-457	Marcien
457-474	Léon Ier
474	Léon II
474-491	Zénon
491-518	Anastase Ier
518-527	Justin Ier
527-565	Justinien Ier
565-578	Justin II
578-582	Tibère II
582-602	Maurice
602-610	Phocas
610-641	Héraclius
641-668	Constant II
668-685	Constantin IV
685-695	Justinien II (banni)
695-698	Léonce
698-705	Tibère III
705-711	Justinien II (restauré)
711-713	Bardane
713-716	Anastase II
716-717	Théodose III
717-741	Léon III
741-775	Constantin V
775-780	Léon IV
780-797	Constantin VI
797-802	Irène
802-811	Nicéphore Ier
811	Staurace
811-813	Michel Ier
813-820	Léon V
820-829	Michel II
829-842	Théophile
842-867	Michel III
867-886	Basile Ier
886-912	Léon VI
913	Léon VI et Alexandre III
913-920	Constantin VII Porphyrogénète
920-944	Romain Ier Lécapène
945-959	Constantin VII Porphyrogénète (seul)
959-963	Romain II

963-1025	Basile II et Constantin VIII
963	Régence de Théophano
963-969	Nicéphore II Phocas
969-976	Jean Tzimiskès
1025-1028	Constantin VIII (seul)
1028-1034	Romain III Argyre
1034-1041	Michel IV
1041-1042	Michel V
1042	Zoé et Théodora
1042-1055	Constantin IX Monomaque
1055-1056	Théodora (seule)
1056-1057	Michel VI Bringas
1057-1059	Isaac Ier Comnène
1059-1067	Constantin X Doucas
1068-1071	Romain IV Diogène
1071-1078	Michel VII Doucas
1078-1081	Nicéphore III Botaniatès
1081-1118	Alexis Ier Comnène
1118-1143	Jean II Comnène
1143-1180	Manuel Ier
1180-1183	Alexis II
1183-1185	Andronic Ier
1185-1195	Isaac II
1195-1203	Alexis III
1203-1204	Isaac II avec Alexis IV
1204	Alexis V Doucas Murzuphle

13 avril 1204   *Chute de Constantinople*

Dynastie des Lascaris à Nicée

1204-1222	Théodore Ier Lascaris
1222-1254	Jean III Doucas Vatatzès
1254-1258	Théodore II Lascaris
1258-1261	Jean IV Lascaris

1261   *Reprise de Constantinople*

1259-1282	Michel VIII Paléologue
1282-1328	Andronic II
1328-1341	Andronic III
1341-1376	Jean V Paléologue
1347-1354	Jean V Paléologue avec Jean VI Cantacuzène
1341-1354	Jean VI Cantacuzène
1376-1379	Andronic IV
1379-1391	Jean V (restauré)
1390	Jean VII

1391-1425	Manuel II
1425-1448	Jean VIII
1449-1453	Constantin XI Dragasès

29 *mai 1453*   *Chute de Constantinople*

GLOSSAIRE

AG = ancien terme grec encore en usage littéraire
L = ancien terme latin encore en usage littéraire

Agarenoi : Agarènes, c'est-à-dire Arabes musulmans, ainsi désignés d'après le nom
de la concubine d'Abraham, Agar (voir également *Hagarènes*)
agens in rebus : officiel en début de carrière, parfois courrier, et non « agent »
akontion : javelot, lance de jet (AG)
akontistes : lanceur de javelot (AG)
akritas : guerrier de frontière ; guerrier participant à des opérations de raid ; éclaireur ; voleur
akropolis : point le plus élevé et citadelle d'une ville (AG)
ala, alae (au pluriel) : unité(s) de cavalerie auxiliaire (L)
Alains : guerriers montés d'origine iranienne
Alanie : région du Caucase, partiellement dans l'actuelle Géorgie (Ossétie)
Albanie : région du Caucase, principalement située dans l'actuel Azerbaïdjan
Anatolie : Asie mineure ; région aujourd'hui comprise dans la partie asiatique de
la Turquie (AG)
Anatolikon : thème byzantin
Antae, Antes : peuple probablement slave, qui migra vers l'ouest depuis la steppe
du Pont avec les Avars
anthypatos : titre donné du IXe au XIIe siècle, et non poste fonctionnel
Arabe : jusqu'au XIIe siècle, nom désignant un Bédouin, un nomade
Arabitai : cavaliers légers bédouins ; cavaliers participant à des opérations de raid ;
cavaliers participant à des escarmouches ; voleurs
archonte : terme générique pour « souverain », tiré du terme classique désignant
un officiel municipal de haut rang (AG)

arien : adepte de la doctrine de la substance terrestre du Christ

arithmos : traduction du latin *numerus*, désignant une unité ; également utilisé pour le *tagma* de la Vigla

Arménie : région du Caucase aux vastes frontières

a sekretis : *a secretis*, secrétaire impérial

Asie : province romaine dans l'ouest de l'Anatolie

Athinganoi : secte judaïsante, particulièrement présente en Phrygie

augustus : terme latin correspondant au grec *sebastos*, utilisé pour désigner un empereur régnant, avec ou sans empereur(s) associé(s)

autocéphale : « se dirigeant soi-même », « ne relevant de personne » ; qualifie les évêchés de l'Église orthodoxec

autokrator : l'empereur était *basileus kai autokrator* (correspond au latin *imperator*)

ballista : artillerie à mécanisme de torsion

bandon : terme tiré du germain pour désigner une unité – dans le *Strategikon*, il s'agit d'une unité de trois cents hommes

brachialion : ouvrage extérieur de défense, au-delà du rempart principal

boukellarios : catégorie de soldat, à l'origine au service personnel d'un commandant

caesar/kaisar : titre réservé au fils d'un empereur

calife : de *khalifa*, signifiant « celui qui occupe la place », « successeur », « représentant » le prophète décédé Mahomet

candidatus : membre de la garde impériale

Cappadoce : région d'Anatolie centrale, principalement d'une assez grande aridité

carat : 1/24 de 1 *solidus* ou *nomisma*

chalcédonien : adepte de la doctrine de la double nature du Christ, issue du concile de Chalcédoine en 451

chausse-trape : obstacle à pointes multiples, souvent utilisé contre la cavalerie

cheiromanganon : engin d'artillerie lançant des flèches

chelandion : à l'origine, navire transporteur de chevaux ; plus tard utilisé pour désigner tout navire de transport

chiliarque : commandant d'une unité d'un millier d'hommes

chrysobulle : document cacheté du sceau en or de l'empereur ; décret de l'empereur

Cibyrrhéotes : *Kibyrrhaiotai*, nom d'un thème côtier dans le sud-ouest de l'Anatolie

codex : livre relié avec des pages, par opposition à un rouleau

cohors : cohorte, unité d'infanterie auxiliaire ; au pluriel, *cohortes*

comes/komes : littéralement, « compagnon » (de l'empereur), grade d'un officier de campagne

consulat : magistrature durant un an ; après 541, magistrature réservée à l'empereur

defensores : fantassins lourds, utilisés en rangs serrés pour tenir le terrain

dékarque : officier subalterne en charge de dix soldats

domestikos : rang très élevé, civil ou, plus souvent, militaire

domestikos ton scholon : commandant des unités de la garde impériale (L. : *scholae*)

doraton : lance de jet, javelot

doukatores : éclaireurs, terme dérivé du latin *duces*, ceux qui guident et montrent le chemin

doux : latin *dux* ; commandant, à l'origine à la tête d'une province, plus tard de niveau inférieur

dromon : navire de guerre équipé d'un pont pour le combat, au-dessus de la coque ; *dromones* au pluriel

dromos : nom du service de relais de poste impérial

droungarios : drongaire, commandant de l'armée de terre ou de la marine

droungarios tou ploimou : commandant de la flotte de Constantinople

dualiste : adepte de la croyance dans le conflit entre les divinités du bien et du mal

ektaxis : ordre de bataille

eparchos : préfet de la ville, responsable de l'ordre public

epilorikon : pardessus léger de coton, ou de soie, porté au-dessus de l'armure

exarchos : plénipotentiaire (vice-roi) ; à Carthage et à Ravenne

exkoubita : littéralement « hors de la chambre à coucher » ; nom d'une unité de la garde du palais

federati : à l'origine, troupes barbares ; unité du thème d'Anatolikon

gastald : gouverneur de ville lombard

gastraphetes : littéralement « arc ventral », nom d'un arc de grande taille équipé d'un dispositif de recharge, arbalète lourde (AG)

genikon : direction en charge de la fiscalité, sous la responsabilité du *logothetes tou genikou*

gladius : glaive, épée courte du légionnaire, destinée au combat rapproché

Hagarènes : désigne les Arabes musulmans, terme tiré d'Agar, concubine d'Abraham (voir également Agarènes)

hagia : sainte, sacrée

Hebdomon : faubourg de Constantinople, sur la mer de Marmara

hékatontarque : officier en charge d'une centaine de soldats

hetaireia : compagnie chargée de l'escorte, unité de *tagma* au palais

hikanatoi : unité de *tagma* au palais

hippagogos : navire transporteur de chevaux

hippotoxotes : archer monté (AG)

hoplites : hoplite, fantassin équipé d'une armure corporelle et/ou d'un bouclier lourd (AG)

hypatos : en grec, consul

hypostrategos : littéralement, « sous-général », titre militaire de rang élevé

Ibérie : région du Caucase, au sein de l'actuelle Géorgie

icône : littéralement, « portrait », image religieuse

iconoclasme : destruction des images idolâtriques, aux VIIIe et IXe siècles

iconodule : défenseur de l'usage des icônes dans la liturgie

indiction : année fiscale, de septembre à août, dans un cycle de quinze ans

Isaurie : région du sud-ouest de l'Anatolie

ismaélien : désigne un Arabe musulman, terme signifiant « descendant d'Ismaël », nom du fils d'Agar

jacobite : monophysite (église, doctrine), terme tiré de Jacob Baradaeus

kabadia : tunique de feutre épais ou vêtement long porté pour se protéger

kandidatos : à l'origine, garde du corps impérial, plus tard titre non associé à une fonction

karabisianoi : marins ou soldats de marine

katalogos : liste d'enrôlement (AG)

kataphraktos : cavalier équipé d'une armure

katepano : désigne, à compter du IXe siècle, un officiel civil ou militaire ; plus tard, un gouverneur

khagan : dérivé de « qagan », désigne chez les Turcs un « chef des chefs » (le terme « khan », ou « qan », désignant un chef)

Khazars : peuple à la tête d'un vaste domaine centré sur le Caucase du Nord, du VIIe au Xe siècle

kleisoura : défilé ou passage de montagne ; désigne un commandement situé sur un défilé ou passage de montagne

klibanion : cuirasse sans manches, faite d'une armure à écailles ou à lamelles

kontos : lance pour enfoncer la ligne ennemie, pique ou lance de cavalerie (AG)

kontoubernium : terme tiré du latin *contubernium*, désignant un groupe de soldats vivant sous la même tente ; unité de dix hommes, synonyme de dékarquie

koubikoularios : littéralement « de la chambre à coucher » (impériale) ; eunuque de rang élevé

kouropalates : titre de rang élevé destiné aux parents de l'empereur, ainsi qu'aux princes étrangers

laisa : barrière ou abri contre les flèches, fait de sarments de vigne entrelacés ou de minces branches d'arbres

lithobolos : engin d'artillerie lanceur de pierres ; désignation générique de l'artillerie (AG)

liturgie : fonction attribuée par désignation ; service du culte à l'église

logothetes : officiel, à l'origine dans le domaine fiscal ; désigne plus tard le plus haut rang administratif

logothetes tou dromou : officiel à l'origine en charge du service de poste (*dromos*) ; plus tard, en charge de nombreuses autres fonctions

logothetes ton angelon : officiel en charge des écuries, des troupes de chevaux et des chevaux de remonte

lorikion : vêtement ou cuirasse à cottes de mailles, ou autre forme de plastron

Macédoine : région entre l'Épire, sur la mer Adriatique, et la Thrace

Magaritai : guerriers musulmans, chrétiens apostats

magister militum : littéralement « maître des soldats », désignant le plus haut commandant militaire

magister militum per Armeniam : commandant des forces postées dans le nord-est de l'Anatolie

magister militum per orientem : commandant des forces postées face à la Mésopotamie, ainsi qu'en Mésopotamie

magister militum per Thracias : commandant des forces postées en Thrace, et au-delà

magister militum praesentalis : commandant des forces postées à Constantinople ou à proximité, armée de campagne impériale

menavlatos : fantassin lourd d'élite, armé d'un *menavlion*

menavlion : pique

manichéen : adepte du dualiste Mani

maronite : église du Levant en communion avec Rome ; liturgie syriaque

melkites (églises) : églises chalcédoniennes orientales, orthodoxes et catholiques

meros : formation de trois *moirai*, six mille à sept mille hommes dans le *Strategikon*

milion : borne de Constantinople, à partir de laquelle on mesurait les distances

miliaresion : pièce d'argent valant 1/12 de solidus (ou *nomisma*)

minsouratores : terme issu du latin *mensuratores*, désignant des géomètres militaires

moira : formation de trois *banda*, composée de mille à deux mille hommes dans le *Strategikon*

monophysites : adeptes de la doctrine de la nature unique, divine, du Christ ; les « jacobites » et les Coptes en font également partie

monothélisme : compromis christologique n'attribuant qu'une seule volonté au Christ, d'une nature non précisée

naumachia : bataille navale ; tactiques navales (AG)

nomisma : pièce d'or byzantine, ayant succédé au *solidus*

Opsikion : thème du centre de l'Anatolie, autour d'Ancyre (Ankara)

Optimates : thème du nord-ouest de l'Anatolie, autour de Nicomédie (Kocaeli)

orguia : unité de mesure de longueur, représentant 1,8 mètre

palatin : littéralement « du palais », adjectif utilisé, par exemple, pour les unités de gardes du palais

parakoimomenos : eunuque de haut rang, chef du personnel en charge de la chambre à coucher impériale

patriarche : de Rome, de Constantinople, d'Alexandrie, d'Antioche ou de Jérusalem

patrikios, patricius : patrice, terme désignant un très haut rang, plus tard rabaissé à un niveau inférieur à celui *d'anthypatos*

pentékontarque : commandant d'infanterie à la tête de cinquante hommes

phoulkon (ou *foulkon*) : terme d'origine germanique désignant une force de bataille, escorte du commandant

phylarque : chef de tribu, le plus souvent arabe ; commandant d'auxiliaires

Pont (*steppe du*) : désigne l'intérieur des terres à partir du rivage nord de la mer Noire

porphyrogénète : signifie littéralement « né dans la pourpre [de la chambre à coucher] », adjectif désignant un descendant d'empereur

Porte d'Or : porte de la muraille de Théodose, élevée au point où se terminait la Via Egnatia

praepositus sacri cubiculi : surveillant de la chambre à coucher ; le plus haut rang des officiels du palais

praipositos : même terme en grec, désignant un eunuque officiel de haut rang

proskynesis : prosternation rituelle complète devant l'empereur

prokoursatores : terme d'origine latine signifiant littéralement « ceux qui vont vers l'avant », désignant des cavaliers éclaireurs légers ou des cavaliers d'escarmouche

protektor : garde du corps ; plus tard sous la responsabilité du *domestikos ton scholon*

protospatharios : rang militaire ; à compter du VIIIe siècle, titre de rang élevé associé à l'appartenance au Sénat

Rhos, Rhosoi : habitants, à l'origine scandinaves, puis slaves, de la *Rhosia*, la Rus' de Kiev

Saracènes : à l'origine, membres d'une tribu du Sinaï ; désigne, à compter du VIIe siècle, les Arabes musulmans

sarissa : sarisse, désignant une longue lance, arme de base de la phalange macédonienne (AG)

scholai : terme d'origine latine (*scholae palatinae*), désignant les unités de la garde impériale basées à Constantinople ; unités mobiles, à temps plein, des *tagmata*

Scythie : steppe du Pont et au-delà ; province romaine tardive

spatharios : signifie littéralement « homme portant une épée », terme désignant un garde du corps impérial, et plus tard un titre

sphendone : fronde (AG)

spithame : unité de mesure de longueur, représentant 23,4 centimètres

strategos : commandant ; commandant en chef d'un thème

stratelates : terme grec désignant un rang élevé, équivalent à *magister militum* ; plus tard, titre

stylite : ascète chrétien qui vivait tout en haut d'un pilier

tagma/tagmata (pluriel) : formation(s) de cavalerie, à temps plein, ne relevant pas des thèmes ; unité(s) d'élite

taktika : listes officielles des fonctions et des titres, aux IXe et Xe siècles

tasso : verbe grec signifiant « disposer », « déployer des troupes en ordre » (AG)

Tauroscythes : à l'origine, habitants de la Crimée ; terme littéraire désignant, plus tard, les habitants de la Rus' de Kiev

taxiarque : officier commandant un millier d'hommes

tétrarque : grade désignant un commandant de quatre hommes, équivalant à un caporal

thema/themata (au pluriel) : district(s) militaire(s) et administratif(s) dont les garnisons étaient composées d'effectifs à temps partiel

toparches : souverain de petit État

topoteretes : signifie littéralement « lieutenant », commandant adjoint d'un *tagma*

tourma : unité militaire d'une taille importante ; les thèmes en comprenaient souvent trois chacun

tribun : commandant d'un *bandon*, équivalant à un *comes, komes*

tzerboulia : chaussures montantes, destinées aux fantassins

vexillatio : à l'origine, détachement légionnaire ; plus tard, formation au sein d'une armée

vigla : du latin *vigiles*, désignant les troupes de veille ; unité de garde tagmatique à Constantinople

vizir : terme d'origine iranienne, désignant l'administrateur en chef des souverains musulmans

voïvode : chef ou « prince » slave du Sud

zabai : anneaux de mailles portés comme armure supplémentaire

zupan/zoupan : souverain slave du Sud

NOTES

Chapitre premier

ATTILA ET LA CRISE DE L'EMPIRE

1. Comme l'a démontré avec vigueur Bryan Ward-Perkins, *The Fall of Rome and the End of Civilization*, 2005. Pour une analyse approfondie des éléments du débat, on pourra se reporter à Guy Halsall, *Barbarian Migrations and the Roman West, 376-568*, 2007, p. 17-18, 422-447.

2. Il y avait vingt-cinq à trente légions de 5 500 à 6 000 hommes chacune, avec à peu près autant d'auxiliaires (infanterie légère et cavalerie), soit un total compris entre 275 000 et 360 000 hommes ; il existait également plusieurs flottes. *Cf.* H. M. D. Parker, *The Roman Legions*, 1938/1985 ; G. L. Chessman, *The Auxilia of the Roman Imperial Army*, 1914/1975.

3. Cf. Hugh Elton, *Warfare in Roman Europe, A.D. 350-425*, 1997, p. 199 et suivantes ; Edward N. Luttwak, *The Grand Strategy of the Roman Empire : From the First Century A.D. to the Third*, 2007, notamment l'appendice sur la grande stratégie et ses opposants.

4. Voir les analyses de Charalambos Papasotiriou, « Byzantine Grand Strategy », 1991, p. 93 et suivantes, Mark Whittow, *The Making of Byzantium, 600-1025*, 1996, p. 15-37, et John H. Pryor, *Geography, Technology and War : Studies in the Maritime History of the Mediterranean, 646-1571*, 1988, p. 1-24.

5. Ze'ev Rubin, « The Sassanid Monarchy », 2001, p. 638 et suivantes. Mais il donne lui-même, dans ce même article, la liste de toutes les guerres engagées par les Sassanides. Voir également A. D. Lee, *Information and Frontiers : Roman Foreign Relations in Late Antiquity*, 1993, p. 21 et suivantes.

6. D'après une inscription de Chapour Ier (240-270), citée par Touraj Daryaee, « Ethnic and Territorial Boundaries in Late Antique and Early Medieval Persia (Third to Tenth Century) », 2005, p. 131.

7. H. Grégoire, « Imperatoris Michaelis Palaeologi *De uita sua* », 1959-1960, p. 462. Michele Amari, dans *La Guerra del Vespro Siciliano*, 1851, fit peu de cas des « prétendues intrigues » de Giovanni da Procida, préférant accorder crédit à une initiative locale (p. 90). En ce qui me concerne, je suis Steven Runcimann, *The Sicilian Vespers*, 1960, p. 226-227 (voir également, p. 313, ses reproches – modérés – au grand Amari).

8. Sur les déficiences des Romains dans leur conception cartographique de l'espace, on pourra se reporter à Pietro Janni, *La mappa e Il periplo : cartografia antica e spazio odologico*, 1984.

9. Voir les éléments du débat chez Lee, *Information and Frontiers*, p. 81 et suivantes. L'armée romaine disposait d'itinéraires : voir ainsi les « *itineraria prouinciarum* » chez Végèce, traduction N. P. Milner, *Vegetius : Epitome of Military Science*, 1996, III, 6.

10. *Excerpta de legationibus Romanorum ad gentes*, 14, *in The History of Menander the Guardsman*, traduction anglaise par R. C. Blockley, 1985, p. 175.

11. *Cf.* Michael F. Hendy, *Studies in the Byzantium Monetary Economy, c. 300-1450*, 1985, p. 157 et suivantes.

12. *Cf.* J. F. Haldon, *Byzantium in the Seventh Century : The Transformation of a Culture*, 1990, p. 173 et suivantes, à comparer à Salvatore Cosentino, « Dalla tassazione tardoromana a quella bizantina : Un avvio al medioevo », 2007, p. 119-133.

13. *Cf.* Nicolas Oikonomides, « The Role of the Byzantine State in the Economy », 2002, p. 973-1058.

14. *Chronique*, 303, AM 6113 (*The Chronicle of Theophanes Confessor, A.D. 274-813*, 1997, traduction anglaise par Cyril Mango *et al.*, p. 435-436).

15. Jordanès, *Histoire des Goths* (*De origine actisbusque Getarum*), 261 ; *cf.* Charles C. Mierow, *The Gothic History of Jordanes*, 1915, traduction anglaise, p. 126. On peut trouver le texte latin en ligne sur le site Internet www.thelatinlibrary.com/iordanes1.html.

16. La plus belle analyse en reste celle de Denis Van Berchem, *L'Armée de Dioclétien et la Réforme constantinienne*, 1952.

17. Pour une analyse du contexte général, on pourra se reporter à Fergus Millar, *A Greek Roman Empire : Power and Belief under Theodosius II* (408-450), 2007.

18. *Houhanshu [Livre des Han à la fin de leur empire]*, traduction partielle par John E. Hill disponible en ligne sur le site Internet http://depts.washington.edu/silkroad/texts/hhshu/hou_han_shu.html.

19. Voir l'indispensable ouvrage de Peter B. Golden, *Introduction to the History of the Turkic Peoples : Ethnogenesis and State Formation in Medieval and Early Modern Eurasia and the Middle East*, 1992, p. 87 et suivantes. Le 23 mars 2008, le professeur Golden m'a repris sur mon analyse qui rejetait toute relation entre les deux peuples, s'appuyant sur Miklós Érdy, « Hun and Xiongnu Type Cauldron Finds throughout Eurasia », 1995, p. 3-26, ainsi que sur Étienne de La Vaissière, « Huns et Xiongnu », 2005, p. 3-26.

20. *Cf.* Henry Yule et A. C. Burnell, *Hobson-Jobson : A Glossary of Colloquial Anglo-Indian Words and Phrases*, édition revue par E. Crooke, 1985, p. 947.

21. Pour un aperçu synthétique des très nombreux écrits consacrés à l'ethnogenèse, voir Halsall, *Barbarian Migrations*, p. 14-16, 457-470 ; Halsall est du même avis que Walter Pohl, tel que ce dernier l'expose (d'une manière synthétique) dans son article publié en 1998 « Conceptions of Ethnicity in Early Medieval Studies », p. 15 et suivantes. Sur les origines du concept d'ethnogenèse, on pourra se reporter à Peter B. Golden, « Ethnicity and State Formation in Pre-Cinggisid Turkic Eurasia », 2001.

22. Otto J. Maenchen-Helfen, *The World of the Huns*, 1973, p. 386 et suivantes. Il fait subir le même sort aux conjectures d'Altheim (p. 385, note 82).

23. *Contre Eutrope*, I, 250 : *Taurorum claustra, paludes flos Syriae seruit.* *Cf.* Averil Cameron, *Claudian : Poetry and Propaganda at the Court of Honorius*, 1970, p. 124 et suivantes.

24. Théodoret, évêque de Cyrrhus, en Syrie, de 423 à 457. Je n'ai pu moi-même consulter cette source, citée par Maenchen-Helfen, *The World of the Huns*, p. 58-59.

25. *Cf.* Golden, *History of the Turkic Peoples*, p. 108.

26. Pour une analyse synthétique générale, on pourra se reporter à C. R. Whittaker, *Frontiers of the Roman Empire*, 1994, p. 132 et suivantes.

27. *Liber Pontificalis*, 47, 7. Traduction anglaise par Raymond Davis, *The Book of Pontiffs*, 1989, p. 39. Il fallut payer pour cela.

28. Ambroise, *Expositio Euangelii secundum Lucam*, X, 10 ; Migne, *Patrologia Latina*, volume 15, colonnes. 1806-1809.

29. *Wulfhere sohte ic ond Wyrmhere…*, tiré du *Livre d'Exeter*, écrit vers 975. *Cf.* Kemp Malone (éd.), *Widsith*, 1936/1962, p. 118-121.

30. *Cf.* Theodore M. Anderson, *A Preface to the Nibelungenlied*, 1987.

31. *Cf.* E. A. Thompson, *The Huns*, 1996 (ainsi p. 47 : « En ce qui concerne leur civilisation matérielle, [les Huns] appartenaient au Stade Inférieur du Pastoralisme » – l'emploi des majuscules trahit l'influence de la doctrine marxiste) ; Otto J. Maenchen-Helfen,

The World of the Huns, 1973, p. 226. Peter Heather formule ses objections dans son *Fall of the Roman Empire*, 2006, p. 300 et suivantes.

32. XXXI, 2, 1. Disponible en traduction anglaise par John C. Rolfe, 1935.

33. *Peri Ktismaton, De aedificis* (*Sur les monuments*), IV, 5, 1-7. Traduction anglaise par H. B. Dewing (avec G. Downey) disponible sous le titre *Buildings*, 1971, p. 266-267.

34. *Cf.* Peter B. Golden, *Introduction to the History of the Turkic Peoples : Ethnogenesis and State Formation in Medieval and Early Modern Eurasia and the Middle East*, 1992, p. 92.

35. Sur les chevaux : *duris quidem sed deformibus*, rapporte Ammien Marcellin, XXXI, 2, 6.

36. *Ibid.*, XXXI, 2, 9 (édition Rolfe, p. 385).

37. Maenchen-Helfen, *The World of the Huns*, p. 240, cite de nombreux exemples parmi lesquels, chez Josèphe, *La Guerre des Juifs*, VII, 4, 249-250, la tentative de capture (évitée d'extrême justesse) de Tiridate Ier d'Arménie par des guerriers alains, vers 72 apr. J.-C.

38. *Panégyrique d'Anthémius*, 266-269. Traduction anglaise par W. B. Anderson, *Sidonius*, 1963, tome II, p. 31.

39. *Panégyrique d'Avitus*, 236 ; Anderson, *Sidonius*, p. 139 ; Maenchen-Helfen fait valoir que Sidoine fait ici écho à Claudien, chez qui *iacula* signifie « flèches ».

40. *Cf.* Gad Rausing, *The Bow*, 1967, p. 140 et suivantes. Je remercie Hans et Marit Rausing qui eurent la gentillesse de m'en confier l'exemplaire original de la main même de l'auteur.

41. *Cf.* Heather, *Fall of the Roman Empire*, p. 156 (130 centimètres).

42. « Magnifique instrument », dit E. W. Marsden, *Greek and Roman Artillery*, 1969, p. 8-10, avant de le décrire.

43. Un maître artisan allemand, Markus Klek, a montré toute la complexité de ce processus en fabriquant lui-même un véritable arc composite de tendons et d'os. Voir le site Internet http://www. primitiveways.com/pt-composite_bow.html.

44. Maenchen-Helfen, *The World of the Huns*, p. 226.

45. *Cf.* « La chute de Hervör et le rassemblement de l'armée d'Angantyr », quatorzième partie de la *Saga de Hervör et du roi Heidrek le Sage*. Traduction anglaise par Peter Tunstall, 2005. Voir le site Internet http://www.northvegr.org/lore/oldheathen/018.php.

46. Homère, *Odyssée*, chant XXIV, 167-178, traduction française par Victor Bérard, 1924, tome III, p. 177. Traduction anglaise par A. T. Murray, 1946, tome II, p. 415.

47. Comme me l'a fait remarquer Hans Rausing lors de l'un de nos échanges personnels, le 9 janvier 2008.

48. *Cf.* Fred Isles, « Turkish Flight Arrows », 1961. Cet article est disponible en ligne sur le site Internet http://www.atarn.org/mongolian/mongol_1.htm.

49. Voir le site Internet http://www.hermitagemuseum.org/html_En/12/b2003/hm12_3_1_5.html. Pour une opinion contraire, voir Gongor Lhagvasuren, sur le site Internet http://www.atarn.org/mongolian/mongol_1.htm.

50. *Cf.* McLeod, « The Range of the Ancient Bow », 1965, p. 8 ; « The Range of the Ancient Bow : Addenda », 1972, p. 80. Sur les types d'armures, on pourra se reporter à A. D. H. Bivar, « Cavalry Tactics and Equipment on the Euphrates », 1972, p. 283.

51. *Cf.* Edward N. Luttwak, « The Operational Level of War », hiver 1980-1981, p. 61-79 ; *Strategy*, 2001, p. 112 et suivantes.

52. XXXI, 2, 6 : *uerum equis prope affixi* (p. 383 de l'édition Rolfe).

53. *Panégyrique d'Anthémius*, 262-266 (p. 31 de l'édition Anderson).

54. XXXI, 2, 8 (p. 385 de l'édition Rolfe).

55. Dans la traduction allègrement non littérale que donne H. D. F. Kitto de 6 D 5 W (« Thrace » pour *Saian*), *The Greeks*, 1951, p. 88 ; ce passage est précédé de l'inestimable « Je hais une femme aux chevilles lourdes ».

56. *Cf.* John Haldon, *Warfare, State and Society in the Byzantine World, 565-1204*, 1999, p. 163-165. Sur les chariots légers, voir *The Oxford Dictionary of Byzantium*, 1991, tome 1, p. 383-384, *s.v.* « Carts ».

57. *Cf.* Procope, *Histoire secrète*, XXX, 4-7 (édition et traduction anglaise par H. B. Dewing, *Procopius*, 1969, tome 6, p. 347-349).

58. D'après Adrian Keith Goldsworthy, *The Roman Army at War, 100 BC-AD 200*, 1996, p. 293, et le tableau n° 5. Plus largement, voir John F. Haldon, « The Organization and Support of an Expeditionary Force : Manpower and Logistics in the Middle Byzantine Period », 2007, p. 422 et suivantes ; « Introduction : Why Model Logistical Systems ? », 2005, p. 6 et suivantes.

59. *Cf.* Donald R. Morris, *The Washing of the Spears*, 1966, p. 312-313, avec des informations relatives à l'Afrique du Sud concernant les chariots à bœufs (celles de Goldsworthy viennent de l'Inde). Mon expérience personnelle en Bolivie tropicale (www.amazonranch.org) confirme les informations de Morris.

60. *Cf.* Haldon, *Warfare, State and Society*, p. 164.

61. *Cf. War Department, Handbook on German Military Forces*, 1945/1990, p. 297.

62. *Cf.* Maurice, *Strategikon*, XII, 2, 9 (voir notre troisième partie *infra*).

63. Le *De uelitatione* (voir notre troisième partie *infra*).

64. *Cf.* Jordanès, *Histoire des Goths*, XLII, 221, au sujet du siège d'Aquilée en 452 (traduction anglaise par Charles C. Mierow, *The Gothic History of Jordanes*, 1915, p. 113). Sur les machines de guerre particulières déployées à Naissus (Nish, Serbie) en 447, voir Priscus de Panium, VI, 2 (*in* R. C. Blockley, *The Fragmentary Classicizing Historians of the Later Roman Empire*, 1983, tome 2, p. 230-233).

65. Sur la chronologie, controversée, voir Constantine Zuckerman, « L'Empire d'Orient et les Huns », 1994, p. 165-168. Mais Maenchen-Helfen, *The World of the Huns*, p. 108 et suivantes, donne de multiples preuves d'une série de conquêtes échelonnées de 441 à 447, qui restent convaincantes. Cette position est également soutenue, pour l'essentiel, par Blockley, *Fragmentary Classicizing Historians*, tome 1, p. 168, note 48.

66. Lettre LXXXVII, 8, « *ad Oceanum de morte Fabiolae* ». Traduction anglaise disponible *in Selected Letters of St. Jerome*, par F. A. Wright, 1954, p. 328-331.

67. *Cf.* Maenchen-Helfen, *The World of the Huns*, p. 57-58.

68. Extrait du *Liber Chalifarum*, que nous n'avons pu consulter (cité par Maenchen-Helfen, *The World of the Huns*, p. 58).

69. *Histoire des Goths*, XXXV, 180. Les Wisigoths, précédemment appelés Tervinges, ou *Vesi*, reçurent ce nom de Cassiodore qui cherchait une appellation proche d'Ostrogoths.

70. *Excerpta de legationibus Romanorum ad gentes*, V, 40-65 (*in* Blockley, *Fragmentary Classicizing Historians*, tome 2, p. 284-285).

71. *Ibid.*, 376-378 (*in* Blockley, *Fragmentary Classicizing Historians*, tome 2, p. 264-265).

72. *Ibid.*, 378-385 (*in* Blockley, *op. cit.*, tome 2, p. 265-267). Sur le nom, voir Maenchen-Helfen, *The World of the Huns*, p. 388-389.

73. Thompson, *The Huns*, p. 226.

74. *Excerpta de legationibus Romanorum ad gentes*, V, 585-618 (*in* Blockley, *Fragmentary Classicizing Historians*, tome 2, p. 276-279).

75. Il s'agit de l'interprétation la plus répandue du récit de Priscus, qui rapporte avoir voyagé sur une « route plate » dans une plaine et avoir traversé les « fleuves navigables » Drecon, Tigas et Tiphesas. Chez Jordanès (XXXIV, 178), il est question des *ingentia si quidem flumina, id est Tisia Tibisiaque et Dricca*. Voir Thompson, *The Huns*, Appendice F, « The Site of Attila's Headquarters », p. 276-277 ; à comparer avec Robert Browning, « Where Was Attila's Camp ? », 1953, p. 143-145, qui place le camp au-delà du moyen Danube en Valachie ; mais Blockley, *Fragmentary Classicizing Historians*, tome 2, p. 384, note 43, rejoint la position de Thompson.

76. [Flavius] Areobindos, futur *magister militum*. Argagisklos est identique à Arnegisklos.

77. *Chronique*, 103, AM 5942 (*The Chronicle of Theophanes Confessor, A.D. 284-813*, traduction anglaise par Cyril Mango *et al.*, 1997, p. 159).

78. *Cf.* Constantine Zuckerman, « L'Empire d'Orient et les Huns », 1994, p. 169. Zuckerman, par ailleurs, conteste la chronologie de Maenchen-Helfen.

79. Quinzième indiction, consulat d'Ardabur et Calepius [Mommsen 447]. Disponible en traduction anglaise par Brian Coke, *The Chronicle of Marcellinus Comes*, 1995, p. 19 et p. 89 pour 447, 5.

80. Voir, à ce sujet, les éléments du débat chez Heather, *Fall of the Roman Empire*, p. 334 et suivantes.

81. Exemple d'historien éminent : J. B. Bury en personne, « Justa Grata Honoria », 1919, p. 1-13. Maenchen-Helfen, *The World of the Huns*, p. 130, l'écarte en revanche sèchement. Thompson, lui, y croit et lui accorde même une grande importance, *The Huns*, p. 145 et suivantes. Pour Heather, *Fall of the Roman Empire*, p. 335, ce n'est qu'un croustillant ragot de cour.

82. *Histoire des Goths*, XXXV, 182.

83. Sidoine Apollinaire, *Panégyrique d'Avitus*, 319-330 (édition Anderson, 1963, tome 1, p. 145-147).

84. Sur le rôle d'Aetius, voir, parmi les travaux les plus récents, Peter Heather, « The Western Empire, 425-476 », 2001, p. 5 et suivantes. Dans cet article, Heather accorde cré-

dit à l'histoire des fiançailles d'Honoria. Voir également A. H. M. Jones, *The Later Roman Empire, 284-602*, 1973, tome 1, p. 176-177.

85. *Histoire des Goths*, XXXVI, 191.

86. *Ibid.*, XL, 212.

87. *Ibid.*, XLI, 216.

88. *Cf.* Thompson, *The Huns*, p. 155, 156-157 ; Maenchen-Helfen, *The World of the Huns*, p. 132, conteste vigoureusement cette analyse.

89. Le chapitre de Thompson est intitulé « Les défaites d'Attila » (*The Huns*, p. 137).

90. *Histoire des Goths*, XLI, 217. Maenchen-Helfen, *The World of the Huns*, p. 132, évoque de très lourdes pertes, tout particulièrement parmi les Huns – sans la moindre preuve, bien entendu.

91. Les témoignages qui sont nous parvenus des actes de ce Concile sont cités par Maenchen-Helfen, *The World of the Huns*, p. 131, notes 613-615 (je n'ai pu moi-même les consulter directement).

92. XXI, 11, 2 ; 12,1.

93. Hérodien, VIII, 4, 6-7 (édition Edward C. Echols, *Herodian of Antioch's History of the Roman Empire*, 1961, p. 203-204 ; également disponible en ligne sur le site www.tertullian.org/fathers/herodian_08_book8.htm).

94. *Histoire des Goths*, XVII, 221.

95. *Cf.* Maenchen-Helfen, *The World of the Huns*, p. 137-139 ; Thompson, *The Huns*, p. 161 – la haine de classe qu'il profère à l'endroit d'Avienus, disparu depuis quelque neuf cents ans en 1948, est à la fois absurde et hilarante.

96. Maenchen-Helfen, *The World of the Huns*, p. 141 ; Thompson, *The Huns*, p. 161-163, a la même analyse.

97. *Histoire des Goths*, XLIII, 225 ; Priscus, *Excerpta de legationibus Romanorum ad gentes*, 6, *in* Blockley, *Fragmentary Classicizing Historians*, tome 2, p. 315-317.

Chapitre 2
L'ÉMERGENCE DE LA NOUVELLE STRATÉGIE

1. Pour une vue d'ensemble de la question, on pourra se reporter à A. D. Lee, « The Eastern Empire : Theodosius to Anastasius », 2001, p. 34 et suivantes.

2. *Cf.* R. C. Blockley, *East Roman Foreign Policy*, 1992, p. 56 et suivantes.

3. *Cf.* C. Toumanoff, « Armenia and Georgia », 1966, p. 593 et suivantes.

4. Théophane, *Chronique*, 82, AM 5906 (*The Chronicle of Theophanes Confessor, AD 284-813*, disponible en traduction anglaise par Cyril A. Mango *et al.*, 1997, p. 128).

5. *Cf.* Avril Cameron, « Vandal and Byzantine Africa », 2001, p. 553 et suivantes.

6. *Marcellinus Comes*, traduction anglaise par Brian Coke, 1995, p. 17.

7. Théophane, 101, AM 5941 (édition Mango *et al.*, p. 157).

8. *Ibid.*, 103, AM 5942 (édition Mango *et al.*, p. 159).

9. *Liber Pontificalis*, XLVII, 6 (*in* Raymond Davis, *The Book of Pontiffs*, 1989, p. 39).

10. Otto J. Maenchen-Helfen, *The World of the Huns*, 1973, p. 125.

11. Au sein d'une immense littérature consacrée à ces sujets, voir Anatoly M. Khazanov, *Nomads and the Outside World*, 194, p. 69 et suivantes, sur la « non-autarcie de l'économie pastorale ».

12. *Excerpta de legationibus gentium ad Romanos*, 3, *in* R. C. Blockley, *The Fragmentary Classicizing Historians of the Later Roman Empire*, 1983, tome 2, p. 237-239.

13. *Cf.* E. A. Thompson, *The Huns*, 1996, p. 214.

14. *Excerpta de legationibus gentium ad Romanos*, 6, *in* R.C. Blockley, *The Fragmentary Classicizing Historians of the Later Roman Empire*, tome 2, p. 423.

15. Paul Stephenson a corrigé ma propre interprétation de ce passage, qui était mauvaise, à l'occasion d'une communication privée le 16 février 2008.

16. *Cf.* John [F.] Haldon, « Blood and Ink : Some Observations on Byzantine Attitudes towards Warfare and Diplomacy », 1992, p. 281 et suivantes.

17. Au sein d'une vaste littérature consacrée à ces sujets, l'ouvrage fondateur reste celui de A. H. M. Jones, *The Later Roman Empire*, 1973, tome 1, p. 608 et suivantes.

18. Procope, *Histoire des guerres : La guerre contre les Perses*, I, 1, 8-15 (édition et traduction anglaise par H. B. Dewing, *Procopius*, 1962-1978, tome 1, p. 6-7).

19. La question des « pseudo-Avars » (*in* Théophylacte Simocatta, VII, 7, 10 et suivants, qui peut s'interpréter comme une version romancée du fragment 19, 1 de Ménandre) est d'un intérêt limité ; voir ainsi Peter B. Golden, *Introduction to the History of the Turkic Peoples*, 1992, p. 109 et suivantes. Le professeur Golden fut plus catégorique lors d'une conversation que nous eûmes, le 23 octobre 2003, sur les relations entre les Avars et les *Jou-jan*. Voir également Walter Pohl, *Die Awaren*, 2002, p. 158.

20. *Excerpta de legationibus gentium ad Romanos*, 1, *in* R. C. Blockley, *The History of Menander the Guardsman*, traduction anglaise, 1985, p. 49.

21. Le grec *Outrigouroi* vient d'*Utur* ou *Otur Oghur*, signifiant « les trente Ogours » (clans ou tribus) ; *Koutrigouroi* vient de *Quturghur*, lequel vient de *Toqur Oghur*, signifiant « les neuf Ogours » (ces informations m'ont été données par le professeur Peter B. Golden lors de l'un de nos échanges personnels, le 15 avril 2008).

22. VIII, 3, 2-6 (*The History of Theophylact Simocatta*, édition et traduction anglaise par Michael Whitby et Mary Whitby, 1986, p. 212).

23. Voir Walter Emil Kaegi Jr, « The Contribution of Archery to the Turkish Conquest of Anatolia », 2007, p. 237-267.

24. *Cf.* Nike Koutrakou, « Diplomacy and Espionage : Their Role in Byzantine Foreign Relations 8-10th Centuries », 2007, p. 137, article paru à l'origine in *Graeco-Arabica*, tome 6, p. 125-144.

25. *Histoire secrète*, XXX, 12-16 (édition et traduction anglaise par Dewing, *Procopius*, 1969, tome 6, p. 351-353).

26. *Cf.* II, 2 : « Comme Chrysaphius avait demandé de l'or [pour sa nomination], Flavien lui envoya des vases sacrés pour l'humilier » (Michael Whitby, traduction anglaise, *The Ecclesiastical History of Evagrius Scholasticus*, 2000, p. 61).

27. *Excerpta de legationibus gentium ad Romanos*, 5 (*in* Blockley, *Fragmentary Classicizing Historians*, tome 2, p. 245).

28. Théophane le Confesseur, très hostile à Chrysaphius, décrit ses techniques *in* AM 5940, 98-100 (édition Mango *et al.*, p. 153-155).

29. *Excerpta de legationibus Romanorum ad gentes*, 3 (*in* Blockley, *Fragmentary Classicizing Historians*, tome 2, p. 255). Les barbares contemporains d'Iran, sous l'ère postérieure au shah, n'ont pas adopté un comportement aussi civilisé.

30. *Ibid.*, tome 2, p. 295.

31. *Cf.* Cyril Mango, « The Water Supply of Constantinople », 1995, p. 13.

32. *Ibid.*, p. 16.

33. *Cf.* J. Durliat, « L'approvisionnement de Constantinople », 1995, p. 20.

34. *Cf.* Gilbert Dagron, « Poissons, pêcheurs et poissonniers de Constantinople », 1995, p. 59 ; la limite imposée par Dioclétien (certainement non respectée) était de 24 *denarii* par livre de poisson frais de première qualité.

35. Leur collation la plus récente se trouve dans l'ouvrage de John H. Pryor et Elizabeth M. Jeffreys, *The Age of the Dromon : The Byzantine Navy ca. 500-1204*, 2006 ; à comparer avec l'ouvrage plus ancien d'Hélène Ahrweiler, *Byzance et la mer : La marine de guerre, la politique et les institutions maritimes de Byzance aux VIIᵉ-XVᵉ siècles*, 1966.

36. Édition Coke, p. 19.

37. Pour une vue générale qui, incidemment, corrige diverses idées fausses très courantes sur ce sujet, voir Paul E. Chevedden, « Artillery in Late Antiquity », 1999, p. 131-173.

38. *Cf.* J. F. Haldon, « Strategies of Defense, Problems of Security : The Garrisons of Constantinople in the Middle Byzantine Periode », 1995, p. 146.

39. *S.v.* « Long Wall », *The Oxford Dictionary of Byzantium*, édité par Alexander P. Kazhdan *et al.*, 1991, tome 2, p. 1250. Voir également J. G. Crow, « The Long Walls of Thrace », 1995, p. 109 et suivantes. Il en subsiste des vestiges considérables. *Cf.* James Crow, Alessandra Ricci et Richard Bayliss, *University of Newcastle Anastasian Wall Project*, sur le site internet http://longwalls.ncl.ac.uk/AnastasianWall.htm.

40. III, 38 (édition Whitby, p. 183).

41. *Cf.* novelle 26, *De Praetore Thraciae : Praefatio* : « *In longo enim muro duos quosdam sedere uicarios.* » Les vicaires étaient, en réalité, des sous-préfets prétoriens (informations tirées du site Internet http://web.upmf-grenoble.fr/Haiti/Cours/Ak/Corpus/Novellae.htm).

42. *Cf.* Golden, *History of the Turkic Peoples*, p. 98-100 (éléments d'information auxquels le professeur Golden apporta des compléments lors d'un échange privé que nous eûmes le 23 mars 2008).

43. *Guerres*, V, 27, 27-29 (édition Dewing, tome 3, p. 261).

44. Voir, en comparaison, l'appréciation d'Averil Cameron, « Justin I and Justinien », 2001, p. 67 et suivantes (j'ai rédigé le passage concerné avant de lire l'article de Cameron).

45. *Cf.* Procope, *Guerres*, III, 11, 2 (édition Dewing, tome 2, p. 101 et suivantes).

46. *Ibid.*, V, 27 (édition Dewing, tome 3, p. 261).

47. *Ibid.*, V, 9, 12 (édition Dewing, tome 3, p. 87 et suivantes).

48. *Ibid.*, V, 14, 1, 2 (édition Dewing, tome 3, p. 141 et 142).

49. *Cf.* John Haldon, *The Byzantine Wars : Battles and Campaigns of the Byzantine Era*, 2001, p. 37-44.

50. Novelle 30, *De Proconsule Cappadociae*, XI, 2.

51. Voir *infra* pour le Long Mur et Dara. Pour les 320 000 livres d'or, *cf. Histoire secrète*, XIX, 7 (édition Dewing, tome 6, p. 229).

52. *Cf. Monuments*, I, 1, 24 et suivants (édition Dewing, tome 7, p. 11).

53. John Moorhead, « The Byzantines in the West in the Sixth Century », 2005, p. 127.

54. Pas même le livre très récent d'Halsall, *Barbarian Migrations and the Roman West, 376-568*, 2007, où il est écrit que la peste « sape peu à peu le moral ». Mais on dispose désormais de l'ouvrage édité par Lester K. Little, *Plague and the End of Antiquity : The Pandemic of 541-750*, 2006.

55. *Cf.* édition Dewing, tome 1, p. 451-465.

56. *Cf.* édition Dewing, tome 1, p. 465.

57. Chapitres 48 et 49 (édition Charles Forster Smith, *Thucydides : History of the Peloponnesian War*, 1951, tome 1, p. 343 et 345).

58. Tout particulièrement par J. Durliat, « La peste du Ve siècle, pour un nouvel examen des sources byzantines », 1989, p. 107-119. Sur le contexte historiographique, on se reportera à Lester K. Little, « Life and Afterlife of the First Plague Pandemic », 2006, p. 3-32 (sur Durliat, *cf.* p. 17).

59. Voir, par exemple, P. Allen, « The "Justinianic" Plague », 1979, p. 5-20.

60. Édition Whitby, *Euagrius Scholasticus*, p. 229-231.

61. Pseudo-Denis de Tell-Mahre, *Chronique*, 3 (*Chronicle, Known Also as the Chronicle of Zuqnin*, traduction anglaise par Witold Witakowski, 1996, p. 74-75).

62. *Ibid.*, p. 80-81.

63. Michael Whitby, « Recruitment in Roman Armies from Justinian to Heraclius (c. 565-615) », 1995, p. 93.

64. Cameron, « Justin I and Justinian », p. 76 et 77 (dans l'ordre inverse).

65. Un biovar analogue à *Orientalis* : voir I. Wiechmann et G. Grupe, « Detection of *Yersinia pestis* in Two Early Medieval Skeletal Finds from Aschheim (Upper Bavaria, 6th century A.D.) », 2005, p. 48-55. On supposait auparavant qu'il s'agissait du biovar *antiqua* (ainsi nommé d'après la pandémie de 541), à la mortalité bien moindre, qui existe encore de nos jours.

66. Selon William F. Ruddiman, « l'ère de la serre anthropogénique commença il y a des milliers d'années » : http://courses.eas.ualberta.ca/eas457/Ruddiman2003.pdf. Voir également les éléments du débat exposés dans *Real Climate*, 5 décembre 2005, « Debate over the Early Anthropogenic Hypothesis », disponible en ligne sur le site Internet http://www.realclimate.org/index.php/archives/2005/12/early-anthropocene-hypothesis/. En ce qui concerne les prédateurs, le dernier lion fut tué en Anatolie en 1870 ; le dernier tigre de la Caspienne en 1959 ; il reste encore quelques guépards.

67. Hugh N. Kennedy, « Justinianic Plague in Syria and the Archaeological Evidence », 2006, p. 95.

68. Richard Alston, « Managing the Frontiers : Supplying the Frontier Troops in the Sixth and Seventh Centuries », 2002, p. 417, considère le récit de Procope, dans l'*Histoire secrète*, XXIV, 12, comme à la fois malveillant (ce qui est exact) et exagéré (ce qui ne l'est pas).

69. *Histoires*, V, 2. On pardonnera à J. B. Bury (né en 1861), que nous suivons ici avec bonheur, de s'être laissé émoustiller – c'est la plus longue citation du volume (*cf. History of the Later Roman Empire : From the Death of Theodosius I to the Death of Justinien*, 1958, tome 2, p. 305).

70. *Excerpta de legationibus Romanorum ad gentes*, 1, 13-30 (*in* Blockley, *History of Menander*, p. 43-45). Sur les Koutrigours et les Outrigours, voir Golden, *History of the Turkic Peoples*, p. 98-100.

71. IV, 13, 7-13 (*cf.* Whitby et Whitby, *History of Theophylact Simocatta*, 1986, p. 121-122). Voir Walter E. Kaegi, *Byzantium and the Early Islamic Conquests*, 1992, p. 32.

Chapitre 3

AMBASSADEURS

1. Pour des vues d'ensemble sur ce sujet, voir Alexander Kazhdan, « The Notion of Byzantine Diplomacy », p. 17, et Jonathan Shepard, « Byzantine Diplomacy, AD 800-1204 : Means and Ends », p. 42-45, édités *in* Shepard et Franklin, *Byzantine Diplomacy*, 1992.

2. Byzantiniste par coïncidence, Mabillon (1632-1707) était un élève de Charles du Fresne, sieur Du Cange (1610-1688), le plus grand des premiers érudits en histoire byzantine.

3. *Cf.* Garrett Mattingly, *Renaissance Diplomacy*, 1988, p. 61.

4. Kok ne vient pas de « Gok », qui est un mot de turc moderne, ni de bleu = le ciel = Tengri Ulgen, chamanique « Dieu du Ciel », chéri des nationalistes séculiers passionnés par le monde turc préislamique (*cf.* Peter B. Golden, *Introduction to the History of the Turkic Peoples*, 1992, p. 17, complété d'informations communiquées lors d'un échange personnel le 6 décembre 2007 : « Kok turc n'est jamais employé au sujet du khaganate turk occidental »).

5. *Cf.* Ménandre le Protecteur, édition et traduction anglaise par R. C. Blockley, *The History of Menander the Guardsman*, 1985, p. 116-117.

6. Sur les relations entre les Byzantins et les Sassanides, se reporter à R. C. Blockley, *East Roman Foreign Policy : Formation and Conduct from Diocletian to Anastasius*, 1992, p. 121-127, ainsi qu'à James Howard-Johnston, « The Two Great Powers in Late Antiquity : A Comparison », 1995, tome 3, p. 157-226.

7. *Cf.* Golden, *History of the Turkic Peoples*, p. 129 ; Blockley, *History of Menander*, p. 264, note 129. Blockley penche pour la vallée de la Tekes, où se situaient peut-être les Ch'ien Ch'uan (« Mille Sources ») des sources chinoises.

8. *Excerpta de legationibus Romanorum ad gentes*, 8 (*in* Blockley, *History of Menander*, p. 119).

9. *Ibid.*, p. 121-123.

10. *Excerpta de legationibus Romanorum ad gentes*, 9 (*in* Blockley, *History of Menander*, p. 127).

11. *Cf.* Blockley, *History of Menander*, p. 153.

12. Anonyme byzantin *Sur la stratégie*, 43 (autrefois connu sous le titre *Peri strategikes* ou, plus communément, *De re strategica*). *Cf. Three Byzantine Military Treatises*, édition et traduction anglaise par George T. Dennis, 1985, p. 125-127.

13. Prosperi Tironis, *Epitoma chronicon*, 1892/1980, tome 1, p. 465.

14. *Vita Germani*, 28. Tiré de l'ouvrage d'Andrew Gillett, *Envoys and Political Communication in the Late Antique West, 411-533*, 2003, p. 121.

15. *Carmina*, VII, 308-311. « *saeuum tua pagina regem lecta domat ; iussisse sat est te, quod rogat orbis ; credent hoc umquam gentes populique futuri ? Littera Romani cassat quod, barbare, uincis.* » Édition W. B. Anderson, *Sidonius : Poems and Letters*, 1963, tome 1, p. 144.

16. *Excerpta de legationibus gentium ad Romanos*, 3 (*in* Blockley, *History of Menander*, p. 51).

17. *Ibid.*, 1 (*in* Blockley, *History of Menander*, p. 49).

18. *Chronichon Paschale*, onzième indiction, année 13 [623]. Édition et traduction anglaise par Michael Whitby et Mary Whitby, *Chronichon Paschale, 284-628 A.D.*, 1989, p. 165.

19. Théophane, 302, AM 6110 (édition Mango *et al.*, p. 434).

20. *Excerpta de legationibus gentium ad Romanos*, 7 (*in* Blockley, *History of Menander*, p. 115).

21. *Patzinakitai* dans les sources grecques contemporaines ; *cf.* Golden, *History of the Turkic Peoples*, p. 264 et suivantes.

22. *De administrando imperio*, édition Gy. Moravcsik, traduction anglaise par R. J. H. Jenkins, 1967. Ce traité fit l'objet d'une relecture malicieuse de la part d'Ihor Sevcenko, « Re-reading Constantine Porphyrogenitus », 1992, p. 167 et suivantes.

23. *De administrando imperio*, tome 2 : *Commentary*, édition R. J. H. Jenkins *et al.*, 1962, 8, p. 55-57. On peut rapprocher le terme « zakana » (8-17) du terme russe moderne *zakon* qui signifie « loi », dérivé de l'archaïque *kon* désignant la « frontière », la « limite » (*cf. De administrando imperio, Commentary*, 38, note d'introduction, p. 145-146).

24. *Excerpta de legationibus Romanorum ad gentes*, 3, 305-390 (*in* Blockley, *History of Menander*, p. 71-75).

25. *Ibid.*, 408-423 (*in* Blockley, *op. cit.*, p. 77). Je suis l'avis de Blockley (p. 255, note 47) : ce texte n'est pas un « doublet » mais la description d'une procédure authentique – et assurément prudente.

26. *Cf.* Code théodosien VI, *De agentibus in rebus*, 27, 23 ; Code Justinien XII, 20, 3.

27. *Cf.* Otto Seeck, *Notitia Dignitatum : accedunt Notitia urbis Constantinopolitanae et laterculi prouinciarum*, 1876, p. 31-33. Je rejoins l'interprétation sceptique de Peter Brennan – voir ainsi « Mining a Mirage », l'un des sous-titres de son introduction à son édition (à venir) de la *Notitia*, dont il a eu l'amabilité de m'envoyer le texte le 31 mars 2008.

28. Cinq dans le diocèse d'*Oriens* ; trois en *Pontica* ; un en *Asiana* ; deux dans le diocèse des deux Thraces ; quatre dans le diocèse d'*Illyricum*.

29. *Cf.* J. B. Bury, « The Imperial Administrative System in the Ninth Century with a Revised Text of the Kletorologion of Philotheos », 1911, p. 32.

30. *Histoire secrète*, XXX, 4-7 (édition et traduction anglaise par H. B Dewing, *Procopius*, 1962-1978, tome 6, p. 347-349).

31. *Cf.* Louis Bréhier, *Les Institutions de l'empire byzantin*, 1949/1970, p. 263-268 ; il existait également un télégraphe optique (*cf.* p. 268-270).

32. Informations tirées d'un papyrus publié par Hunt qui se trouve à la John Ryland Library, mais je suis ici Peter Heather, *The Fall of the Roman Empire : A New History of Rome and the Barbarians*, 2006, p. 105.

33. II, 10, 5.

34. *Cf.* N. J. E. Austin et N. B. Rankov, *Exploratio : Military and Political Intelligence in the Roman World from the Second Punic War to the Battle of Adrianople*, 1995, p. 152.

35. *Cf.* D. A. Miller, « The Logothete of the Drome in the Middle Byzantine Period », 1966, p. 438-470.

36. *Cf.* C. D. Gordon, « The Subsidization of Border Peoples as a Roman Policy of Imperial Defense », 1948.

37. *Cf.* Michael F. Hendy, *Studies in the Byzantium Monetary Economy, c. 300-1450*, 1985, p. 261.

38. *Cf.* Blockley, *East Roman Foreign Policy*, p. 149-150 ; « Subsidies and Diplomacy : Rome and Persia in Late Antiquity », printemps 1985, p. 62-74.

39. *Cf.* Blockley, *East Roman Foreign Policy*, p. 151 et suivantes.

Chapitre 4
RELIGION ET HABILETÉ POLITIQUE

1. *Cf.* John Meyendorff, *Byzantium and the Rise of Russia*, 1989, p. 173 et suivantes. Philothée Kokkinos fut pour la première fois nommé patriarche une décennie plus tôt, mais rapidement muté ailleurs.

2. Robert de Clari, *La Prise de Constantinople*, 1873/1966, chapitre 73, p. 57-58.

3. *Monuments*, I, 1, 61-64 (édition et traduction anglaise par H. B. Dewing, *Procopius*, 1962-1978, tome 7, p. 33).

4. *Cf.* Saxo Grammaticus, *Gesta Danorum*, XII, 7, 4, disponible en ligne sur le site Internet http://www2.kb.dk/elib/lit//dan/saxo/lat/or.dsr/index.htm.

5. Titre de l'essai d'Ioli Kalavrezou *in* Henry Maguire (éd.), *Byzantine Court Culture from 829 to 1204*, 1997, p. 53-79.

6. Sur le nombre de reliques à Constantinople, voir Kalavrezou, « Helping Hands », p. 53, citant O. Meinardus, « A Study of the Relics of the Greek Church », *Oriens Christianus*, n° 54, 1970, p. 130-133.

7. *Chronique de Nestor* en français (note du traducteur).

8. Samuel H. Cross et Olgerd P. Sherbowitz-Wetzor, *The Russian Primary Chronicle : Laurentian Text*, 1953, p. 111.

9. *Ibid.*, année 6495 (987) ; édition Cross et Sherbowitz-Wetzor, p. 112.

10. « Tsar », contraction de « tsesar », venait du titre d'origine romaine *caesar* et non de son dérivé byzantin *kaisar* dont la signification était bien moins forte, désignant le subordonné du *basileus* (ou empereur au sens propre) comme le *caesar* de la fin de la période romaine s'était trouvé subordonné à *augustus* dans la tétrarchie de Dioclétien (293-306), avec deux empereurs de rang supérieur (*augusti*) et deux empereurs de rang subalterne (*caesares*) ; à compter du IXe siècle, le titre *kaisar* fut supplanté, dans la hiérarchie, par *despotes* et *sebastokrator*.

11. Édition Cross et Sherbowitz-Wetzor, p. 112.

12. Texte de Skylitzès, « Basile II le Tueur de Bulgares », chapitre 17, p. 181, *in* John Wortley, *Ioannis Scylitzes : A Synopsis of Histories (811-1057 AD), a Provisional Translation*, texte dactylographié non publié, Centre for Hellenic Civilization, University of Manitoba, Winnipeg ; le professeur John Wortley a eu l'amabilité de me prêter ce texte.

13. *Cf.* Sigfus Blondal, *The Varangians of Byzantium*, 1978, p. 43 et suivantes. Dans la Rus' de Kiev également, « Varègue » signifiait « recrue étrangère ». *Cf.* Simon Franklin et Jonathan Shepard, *The Emergence of Rus, 750-1200*, 1996, p. 197.

14. *Cf.* Dimitri Obolenskly, *The Byzantine Commonwealth : Eastern Europe, 500-1453*, 1972, à compter de p. 72, « factors in cultural diffusion ».

Chapitre 5

COMMENT TIRER PARTI DU PRESTIGE DE L'EMPIRE

1. *Histoire des Goths* (*Getica : De origine actibusque Getarum*), XXVIII, 142 ; 143 (*The Gothic History of Jordanes*, 1915, traduction anglaise par Charles C. Mierow, p. 91).

2. Tout cela fut tourné en ridicule, d'une manière célèbre, par Liutprand de Crémone. Voir Gerard Brett, « The Automata in the Byzantine "Throne of Solomon" », juillet 1954.

3. Cet ouvrage fit l'objet d'une mise à jour partielle sous Nicéphore II Phocas (963-969). Il est disponible sous la référence Constantin VII Porphyrogénète, *De cerimoniis aulae byzantinae*, dans le *Corpus scriptorum historiae byzantinae*, édité par J. Reiske, 1829.

4. On pourra se reporter sur ce point à l'admirable étude d'Eric McGeer, *Sowing the Dragon's Teeth : Byzantine Warfare in the Tenth Century*, 1995, p. 233-236.

5. *Cf.* édition Reiske, p. 571 et suivantes ; mais nous suivons ici Arnold Toynbee, *Constantine Porphyrogenitus and His World*, 1973, p. 500 et suivantes.

6. Sur la manière dont les robes reflétaient le rang, voir Elisabeth Piltz, « Middle Byzantine Court Costume », 1997, p. 39-51.

7. *Cf.* Toynbee, *op. cit.*, p. 502 (je ne suis pas parvenu à retrouver dans l'édition Reiske ses références aux pages qu'il cite).

8. *Cf.* David Ayalon, *Eunuchs, Caliphs and Sultans : A Study in Power Relationships*, 1999, Appendice F, p. 347.

9. *Ibid.*, Appendice J, p. 345-346.

10. *Cf.* Liliana Simeonova, « In the Depth of Tenth-Century Byzantine Ceremonial : The Treatment of Arab Prisoners of War at Imperial Banquets », 2007, p. 553.

11. *Cf.* Toynbeee, *op. cit.*, p. 503.

12. *Cf.* Nadia Maria El-Cheikh, « Byzantium Viewed by the Arabs », 1992, p. 173 et suivantes.

13. *Cf.* Paul Magdalino, « In Search of the Byzantine Courtier », 1997, p. 141-165.

14. *Cf.* Alexander P. Kazhdan et Michael Mcormick, « The Social World of the Byzantine Court », 1997, p. 167-197.

15. *Histoire secrète*, VI, 2 (édition et traduction anglaise par Dewing, tome 6, p. 69).

16. *Cf.* Snorri Sturluson, *Heimskringla : The Chronicle of the Kings of Norway*, 1907.

17. *Cf.* Nicolas Oikonomides, « Title and Income at the Byzantine Court », 1997, p. 199-215.

18. Constantin lui-même a fini par reconnaître qu'il ne s'agissait que d'un stupide « baragouin » par l'intermédiaire de son médium, Ihor Sevcenko, « Re-reading Constantine Porphyrogenitus », 1992, p. 182.

19. *De administrando imperio*, 13.

20. II, 46-47 (édition Reiske, tome 1, p. 679-686, mais nous tirons ces informations du site Internet de Paul Stephenson : http://homepage.mac.com/paulstephenson/trans/decer2.html).

21. II, 46-47 (édition Reiske, tome 1, p. 680 et suivantes, mais nous tirons ces informations du site Internet de Paul Stephenson).

22. *Cf.* Walter Emil Kaegi Jr, « The Frontier : Barrier or Bridge ? », 2007, p. 269-293, avec des indications bibliographiques très nombreuses et riches en sources arabes.

Chapitre 6

MARIAGES DYNASTIQUES

1. *Cf.* Ruth Macrides, « Dynastic Marriages and Political Kinship », 1992, p. 263 et suivantes.

2. *Chronique*, 410, AM 6224 (*The Chronicle of Theophanes Confessor, AD 284-813*, traduction anglaise par Cyril A. Mango *et al.*, 1997, p. 567).

3. *Livre des cérémonies*, I, 17. Référence citée par Elisabeth Piltz, « Middle Byzantine Court Costume », 1997, p. 42.

4. 13 (édition Gy. Moravcsik, trad. R. J. H. Jenkins, 1967, lignes 105-170, p. 70-71 ; voir également volume 2, *Commentary*, 1962, p. 67, 13/107 et 13/121-122).

5. *Vita Karoli Magni*, 28 (traduction anglaise disponible sur le site Internet http://www.fordham.edu/halsall/basis/einhard.html1No.Charlemagne). Sur le contexte, se reporter à Robert Folz, *The Coronation of Charlemagne, 25 December 800*, 1974, p. 132 et suivantes.

6. Théophane, *Chronique*, 473, AM 6288 (édition Mango *et al.*, p. 649).

7. *Ibid.*, 475, AM 6293 (édition Mango *et al.*, p. 653).

8. *Cf.* Folz, *Coronation of Charlemagne*, p. 174.

9. *Relatio de legatione Constantinopolitana* (« Récit de l'ambassade à Constantinople »), *in* F. A. Wright, traduction anglaise, *The Works of Liutprand of Cremona*, 1930.

10. Skylitzès, « Jean Tzimiskès », chap. 21, (*cf. Ioannis Scylitzes : A Synopsis of Histories*, traduction anglaise par John Wortley, p. 168).

11. Pour une vue d'ensemble, se reporter à David Morgan, *The Mongols*, 1986, ainsi qu'à John J. Saunders, *The History of the Mongol Conquests*, 1971.

12. Je dois ces informations à Peter B. Golden, lors d'un échange privé que nous eûmes le 23 mars 2008.

13. « L'Histoire secrète des Mongols », rédigée en 1240 avant les grandes conquêtes, ne dit rien des États gengisides mais beaucoup sur la mentalité des Mongols en prose et en poésie lyrique. Voir Marie-Dominique Even et Rodica Pop, *Histoire secrète des Mongols = Mongghol-un ni'uca tobciyan : Chronique mongole du XIIIe siècle*, 1964 ; en anglais, Igor de Rachewiltz, *The Secret History of the Mongols : A Mongolian Epic Chronicle of the Thirteenth Century*, 2 volumes, 2004, ainsi que l'anachronique et suranné, mais admirable, *Secret History of the Mongols* de Francis Woodman Cleaves, volume 1, 1982.

Chapitre 7

LA GÉOGRAPHIE DE LA PUISSANCE

1. L'orientaliste amateur et propagandiste politique Edward Saïd a lancé une mauvaise mode en ce domaine : voir par exemple François Hartog, *The Mirror of Herodotus : The Representation of the Other in the Writing of History*, 1988, et Edith Hall, *Inventing the Barbarian*, 1989 : l'« Autre » est toujours « inventé », d'une manière naturellement préjudiciable. Si l'on veut savoir ce qu'il en fut véritablement, on se reportera à Gilbert Dagron, « Ceux d'en face : les peuples étrangers dans les traités militaires byzantins », 1987, p. 207-232.

2. II, 48 (*in* J. Reiske (éd.), *Corpus scriptorum historiae byzantinae*, 1829, tome 1, p. 686-692). Mais nous suivons ici la traduction de Paul Stephenson, disponible en ligne sur son site Internet : http://homepage.mac.com/paulstephenson/trans/decer2.html.

3. *Cf.* Gilbert Dagron, « Byzance et ses voisins : étude sur certains passages du livre des cérémonies », 2000, II, p. 15 et 46-48, ainsi que la carte p. 357.

4. Sur le contexte du Xe siècle et son arrière-plan historique, voir Bernadette Martin-Hisard, « Constantinople et les archontes du monde caucasien dans le *Livre des cérémonies* », 2000, II, p. 48.

5. *Cf.* C. Toumanoff, « Armenia and Georgia », 1967, p. 593-637.

6. *Cf.* G. Dagron, « Byzance et ses voisins ».

7. Pour un aperçu de ce sujet, voir Eckard Muller-Mertens, « The Ottonians as Kings and Emperors », 1999, p. 233-254.

8. En hébreu, *Kuzari, Kuzarim* au pluriel ; en persan et en arabe, *Xazar, Qazar* ; en slave, *Khozar* ; en chinois, *Ho-sa, K'o-sa* mais invariablement accompagnés du qualificatif

de *Tujue* (Turc) = *Tujue Kesa*. *Cf.* Peter B. Golden, *Introduction to the History of the Turkic Peoples : Ethnogenesis and State Formation in Medieval and Early Modern Eurasia and the Middle East*, 1992, p. 233-244 ; *Khazar Studies : An Historio-Philological Inquiry into the Origins of the Khazars*, 1980.

9. À comparer avec Thomas Noonan, « Byzantium and the Khazars : A Special Relationship ? », 1992, p. 109, ainsi que p. 129 : « Le choc qui semblait imminent entre les Khazars et les Byzantins dans le sud du Caucase n'eut jamais lieu ».

10. *Cf.* 315, AM 6117 (édition Mango *et al.*, p. 446).

11. *Cf.* Jie Fei, Jie Zhou et Yongjian Hou, « Circa A. D. 626 Volcanic Eruption, Climatic Cooling, and the Collapse of the Eastern Turkic Empire », avril 2007. Les auteurs se fondent sur le *Jiu Tang Shu* (« Ancien livre des Tang ») de Liu Xu, rédigé vers 945, consacré à l'histoire de la dynastie des Tang.

12. *Cf.* R. J. H. Jenkins *et al.* (éd.), *De administrando imperio*, volume 2 : *Commentary*, 1962, *s.v.* « 9/I », p. 20-23. La même remarque s'applique à l'État que les Rus' établirent.

13. *Annales de Saint Bertin* (vers 839), édition G. Waitz, 1883, p. 19-20. Cf. Simon Franklin et Jonathan Shepard, *The Emergence of Rus, 750-1200*, 1996, p. 29-32.

14. Dans sa *Bibliotheca* ou *Myrobiblion* (« Mille livres »), Photios rédigea le compte rendu et le résumé de 279 livres (édition en ligne en cours sur le site www.ccel.org/p/pearse/morefathers/photius_03bibliotheca.htmNo.34). L'extrait vient de Cyril Mango, traduction anglaise, *The Homilies of Photius*, in Deno John Geanakoplos, *Byzantium : Church, Society, and Civilization Seen through Contemporary Eyes*, 1984, p. 351.

15. *Cf.* Andras Rona-Tas, *Hungarians and Europe in the Early Middle Ages : An Introduction to Early Hungarian History*, 1999, p. 139 et suivantes ; Golden, *History of the Turkic Peoples*, p. 258 ; voir également le résumé de ce sujet chez Peter B. Golden, « The Peoples of the Russian Forest Belt », 1990, p. 229-248, qui présente le célèbre ouvrage de Gyula Németh, *A honfoglaló magyarság kialakulása* (j'en possède un exemplaire, provenant de mes parents, dans ma bibliothèque personnelle).

16. *Cf.* Rona-Tas, *op. cit.*, p. 311.

17. Au fur et à mesure que d'autres tribus s'intégraient à l'identité des Magyars ; seuls les Székelys, ou Szeklers, en Roumanie, parlent le magyar mais ne le sont pas, conservant encore leurs coutumes distinctives.

18. *Cf.* Golden, *History of the Turkic Peoples*, p. 264 et suivantes.

19. 1, lignes 15 et suivantes (édition Gy. Moravcsik, traduction anglaise R. J. H. Jenkins, 1967, p. 48-49).

20. *Ibid.*, 2 (édition Moravcsik et Jenkins, p. 49-50).

21. *Ibid.*, 2 (édition Moravcsik et Jenkins, p. 50).

22. *Ibid.*, 3 (édition Moravcsik et Jenkins, p. 51).

23. *Ibid.*, 8 (édition Moravcsik et Jenkins, p. 57).

24. *Ibid.*, 5 (édition Moravcsik et Jenkins, p. 53).

25. *Ibid.*, 7 (édition Moravcsik et Jenkins, p. 55).

26. *Ibid.*, 6 (édition Moravcsik et Jenkins, p. 53).

27. *Ibid.*, 7 (édition Moravcsik et Jenkins, p. 55).

28. *Ibid.*, 37 (édition Moravcsik et Jenkins, p. 167 ; sur le contexte, voir *Commentary*, *s.v.* « 37 », p. 143).

29. *Ibid.*, 4 (édition Moravcsik et Jenkins, p. 51).

30. Ils se firent plus tard engloutir par la vague mongole. *Cf.* Golden, *History of the Turkic Peoples*, p. 270 et suivantes.

31. *Cf.* John F. Haldon, *The Byzantine Wars : Battles and Campaigns of the Byzantine Era*, 2001, p. 112-127.

32. Les chants épiques des Oghouzes sont encore connus de nos jours parmi les Turcs de la Turquie moderne et de l'Iran (sous la désignation officielle d'« Azéris »).

33. VIII, 5 [204-205]. Traduction anglaise par Elizabeth A. Dawes, Londres, 1928, disponible en ligne sur le site Internet http://www.fordham.edu/halsall/basis/annacomnena-alexiad08.html.

34. 31 (édition Moravcsik et Jenkins, p. 149). Cette formulation a suscité un certain scepticisme : *cf. Commentary*, 31/8-9, p. 124.

35. 32 (édition Moravcsik et Jenkins, p. 153 ; toutefois, sur l'interprétation de ce passage, se reporter au *Commentary*, p. 131).

36. 30 (édition Moravcsik et Jenkins, p. 145 ; *cf. Commentary*, 30/90-93, p. 120-122).

37. On pourra se reporter à la reconstitution des événements proposée par Charles R. Bowlus, *Franks, Moravians and Magyars : The Struggle for the Middle Danube, 788-907*, 1995.

38. *Cf. The Oxford Dictionary of Byzantium*, édité par Alexander P. Kazhdan *et al.*, 1991, tome 1, p. 310-311.

39. *Cf.* J. Innes Miller, *The Spice Trade of the Roman Empire, 29 BC to AD 641*, 1969. Cette date de fin dans le titre de l'ouvrage correspond à la mort d'Héraclius et à la chute d'Alexandrie.

40. *Cf. Guerres*, VIII, 17, 1-8 (cf. *Procopius*, édition et traduction anglaise par H. B. Dewing, 1962-1978, tome 5, p. 227-231).

41. *Cf.* Lin Yin, « Western Turks and Byzantine Gold Coins Found in China », juillet 2003, disponible en ligne sur le site Internet http://www.transoxiana.org/0106/lin-ying_turks_solidus.html.

42. En particulier le *Jiu Tang shu*, « Ancien livre des Tang », attribué à Liu Xu, rédigé vers 945.

43. Tiré de l'ouvrage de Friedrich Hirth, *China and the Roman Orient : Researches into Their Ancient and Mediaeval Relations as Represented in Old Chinese Records*, 1885, p. 65-67. Édité par J. S. Arkenberg et disponible sur le recueil de sources historiques relatives à l'Asie orientale établi par Paul Halsall sur son site Internet, http://www.fordham.edu/halsall/eastasia/1372mingmanf.html.

Chapitre 8

BULGARS ET BULGARES

1. On pourra se reporter aux excellentes analyses de Paul Stephenson, *Byzantium's Balkan Frontier : A Political Study of the Northern Balkans, 900-1204*, 2000, et Florin Curta, *Southeastern Europe in the Middle Ages, 500-1250*, 2006, p. 147-179.

2. *Cf.* Peter B. Golden, *Introduction to the History of the Turkic Peoples : Ethnogenesis and State Formation in Medieval and Early Modern Eurasia and the Middle East*, 1992, p. 244 et suivantes.

3. CXX, 47 ; 48. Extrait de R.H. Charles, *The Chronicle of John, Bishop of Nikiu*, 1916. Disponible en ligne sur le site Internet http://www.tertullian.org/fathers/index.htmNo. John_of_Nikiu.

4. *Cf.* Golden, *History of the Turkic Peoples*, p. 246.

5. Théophane, *Chronique*, 374, AM 6196 (édition Cyril A. Mango *et al., The Chronicle of Theophanes Confessor, AD 284-813*, p. 374).

6. *Ibid.*, 375, AM 6198 (édition Mango, p. 523).

7. Nicéphore, patriarche de Constantinople, *Histoire de Constantinople* [*Breuiarium Historicum*], 2 (*Short History*, édition et traduction anglaise par Cyril A. Mango, 1990, p. 103-105) ; Théophane, 376, AM 6200 (édition Mango *et al.*, p. 525).

8. Théophane, 376, AM 6200 (édition Mango *et al.*, p. 525).

9. *Cf.* Nicéphore, *Histoire*, 45 : « Il demanda une nouvelle fois de l'aide à Terbelis, chef des Bulgares, qui lui envoya trois mille hommes ». *Cf.* édition Mango, p. 111.

10. Théophane, 382, AM 6204 (édition Mango *et al.*, p. 532).

11. *Ibid.*, 387, AM 6209 (édition Mango *et al.*, p. 546).

12. *Cf.* Andrew Palmer, *The Seventh Century in the West-Syrian Chronicles*, 1993, texte n° 13, 158, p. 215.

13. *Ibid.*, 159-160 (Palmer, *op. cit.*, p. 216).

14. *Ibid.*, texte n° 12 (Palmer, *op. cit.*, p. 80).

15. Sur Kroum, voir Florin Curta, *Southeastern Europe in the Middle Ages, 500-1250*, 2006, p. 149-153.

16. 490-492, AM 6303 (édition Mango *et al.*, p. 672-674).

17. *Scriptor incertus*, fragment 1, édité par I. Dujcev, 1965, 205-254 à 210-216.

18. *Cf. De thematibus*, édition et traduction par Agostino Pertusi, 1952 ; Agostino Pertusi, « La formation des thèmes byzantins », 1958, I, p. 1-40. L'*Oxford Dictionary of Byzantium*, édité par Alexander P. Kazhdan *et al.*, 1991, tome 3, p. 2034-2035, présente la bibliographie consacrée à ce sujet.

19. Selon la traduction révisée qu'en a faite Paul Stephenson, datée de novembre 2004 et disponible sur son site Internet http://homepage.mac.com/paulstephenson/trans/scriptor1.html.

20. *Cf.* John Haldon, *Byzantine Praetorians : An Administrative, Institutional and Social Survey of the Opsikion and Tagmata, c. 580-900*, 1984, p. 209 et suivantes.

21. Ce passage doit faire référence à la capitale de Kroum, Pliska, à environ 200 *miles* de Constantinople ; le 26 juillet, en effet, Nicéphore en avait terminé avec ses conquêtes et devait s'avouer lui-même conquis.

22. « La guerre défensive en montagne ». Édition Michael Howard et Peter Paret, *On War*, 1976, p. 417 et suivantes.

23. Skylitzès, *Synopsis historion*, « Constantin VII », 3 (*Synopsis of Histories*, p. 110) ; *Oxford Dictionary of Byzantium*, s.v. « Symeon of Bulgaria », tome 3, p. 1984.

24. Nicolas Ier, patriarche de Constantinople, Lettre 19 (*Letters*, édition et traduction anglaise par R. J. H. Jenkins et L. G. Westerink, 1973, p. 216).

25. Paul Stephenson, *Byzantium's Balkan Frontier : A Political Study of the Northern Balkans, 900-1204*, 2000, p. 18, n'est pas de cet avis.

26. *Cf.* J. Darrouzes, *Épistoliers byzantins du xe siècle*, 1960, lettres 5-7, p. 94 et suivantes.

27. *Théophane continué*, 10 (*Theophanes Continuatus*, édité par I. Bekker, 1838, p. 388-390), texte disponible en ligne avec une traduction anglaise de Paul Stephenson sur son site Internet http://homepage.mac.com/paulstephenson/trans/theocont2.html.

28. *Cf.* Paul Stephenson, *The Legend of Basil the Bulgar-Slayer*, 2003, p. 12 et suivantes. Pour la suite, je me fonde sur l'analyse nouvelle, magistrale, qu'il donne des événements dans cet ouvrage.

29. X, 8, *in* Alice-Mary Talbot et Denis F. Sullivan, traduction anglaise, *The History of Leo the Deacon : Byzantine Military Expansion in the Tenth Century*, 2005, p. 214-215.

30. Skylitzès, « Basile [II] et Constantin [VIII] », 26 (*Synopsis of Histories*, p. 184).

31. Stephenson, *Legend of Basil*, reste sceptique sur le caractère annuel des raids de Basile II et doute que ce dernier ait souhaité l'anéantissement de la Bulgarie.

32. *Ibid.*, p. 13.

33. Skylitzès, « Basile [II] et Constantin [VIII] », 35 (*Synopsis of Histories*, p. 187).

34. *Cf.* Stephenson, *op. cit.*, p. 4-6. Il relève comme de juste que le *Strategikon* de Kekaumenos corrobore l'histoire qu'il déconstruit d'une manière persuasive ; mais au moment où Kekaumenos écrivait, l'Empire avait grand besoin de se souvenir de ses belles victoires. *Cf.* Kekaumenos, *Raccomandazioni e consigli di un galantuomo : Strategikon*, édition et traduction italienne par Maria Dora Spadaro, 1998, p. 19 et suivantes.

35. La suite s'appuie entièrement sur l'ouvrage de N.G. Wilson, *Scholars of Byzantium*, édition revue, 1996, p. 3-4. Le texte se fonde sur le manuscrit Patmos 178.

36. *Cf.* Paul Stephenson, *Byzantium's Balkan Frontier : A Political Study of the Northern Balkans, 900-1204*, 2000, p. 18.

Chapitre 9

LES ARABES ET LES TURCS MUSULMANS

1. Il en existe cinq : la profession de foi (*shahada*), « Il n'existe d'autre dieu que Dieu et Mahomet est le messager de Dieu » ; les cinq prières quotidiennes (*salat*) ; la charité (*zakat*) ; le jeûne dans la journée durant le ramadan (*sawm*) ; le pèlerinage à La Mecque (*hajj*), qui permit de réconcilier les habitants de La Mecque avec la nouvelle religion en perpétuant le pèlerinage préislamique à la Pierre noire, la *Ka'ba*.

2. Au sein d'une vaste littérature sur ces questions, on pourra se reporter, parmi les publications les plus récentes, à Michael Bonner, *Jihad in Islamic History : Doctrines and Practice*, 2007. À comparer avec Valeria F. Piacentini, *Il Pensiero Militare nel Mondo Mussulmano*, 1996, p. 191-221, 290-301.

3. Les Alevis sont surtout Bektashi ; leur chiisme est principalement nominal, tandis que leurs pratiques distinctives sont principalement chamanistes.

4. C'est la vision classique. Aujourd'hui, on soutient plus souvent que la division intestine minait de manière fatale la souveraineté des Byzantins ; voir ainsi Walter E. Kaegi Jr, *Byzantium and the Early Islamic Conquests*, 1992, p. 47 et suivantes.

5. *Cf.* High Kennedy, *The Armies of the Caliphs*, 2001, p. 19 et suivantes.

6. *Cf.* Kaegi, *op. cit.*, p. 119.

7. Sur les impôts byzantins, *cf.* J. F. Haldon, *Byzantium in the Seventh Century : The Transformation of a Culture*, 1990, p. 173 et suivantes.

8. Pour une rapide vue d'ensemble, on pourra se reporter à A. H. Jones, *The Later Roman Empire, 284-602 : A Social and Economic Survey*, 1973, tome 1, p. 411 et suivantes.

9. Evagrius Scholasticus, III, 38, *in* Michael Whitby, traduction anglaise, *The Ecclesiastical History of Evagrius Scholasticus*, 2000, p. 183.

10. Année des Séleucides 809 (497/498 de notre ère), 31 (*cf. The Chronicle of Pseudo-Joshua the Stylite*, traduction anglaise par Frank R. Trombley et John W. Watt, 2000, p. 30-31).

11. *Cf.* Procope, *Histoire secrète*, XIX, 7 (édition et traduction anglaise par H.B. Dewing, *Procopius*, 1962-1978, tome 6, p. 229).

12. Théophane, *Chronique*, 303, AM 6113 (*cf. The Chronicle of Theophanes Confessor, AD 284-813*, traduction anglaise par Cyril A. Mango *et al.*, 1997, p. 435).

13. *Nedarim*, 46 b. On peut très facilement en prendre connaissance en ligne sur le site Internet www.come-and-hear.com/nedarim/nedarim_46.html. Rassuré par la lecture de Maurice Sartre, *D'Alexandre à Zénobie : Histoire du Levant antique, IVe siècle avant Jésus-Christ-IIIe siècle après Jésus-Christ*, 2001, je me risque à accorder davantage de poids au Talmud comme témoignage historique que ne le fait Ze'ev Rubin dans son article « The Reforms of Khusro Anushirvan », 1995, p. 232 et suivantes.

14. Pour Ze'ev Rubin, toujours péremptoire, le sujet prête pourtant à controverse. *Cf.* Rubin, « Reforms », p. 231.

15. Sous le titre « Mention des détenteurs du pouvoir dans le royaume de Perse après Ardashir b. Babak », sous-titre « Reprise de l'histoire de Kisra Anoushirvan », 960-962, *in* C. E. Bosworth, *The History of al-Tabari*, 1999, tome 5, p. 256-257.

16. *Al-Tawbah* (« le repentir »), sourate 9, 29.

17. « L'infidèle reste debout... tête baissée et dos courbé. L'infidèle doit placer l'argent sur les plateaux, tandis que le collecteur le tient par la barbe et lui frappe les deux joues » (Al-Nawari) ; ou bien « Les juifs, les chrétiens et les majians doivent payer la *jizya*... en offrant la *jizya*, le dhimmi doit baisser la tête tandis que le fonctionnaire se saisit de sa barbe et frappe [le dhimmi] sur l'os protubérant situé sous l'oreille [c'est-à-dire la mandibule] » (Al-Ghazali). On pourra se reporter au site Internet http://en.wikipedia.org/wiki/Dhimmi Sec. 4.7.1.

18. Pour les dénigrer, les monophysites les appelaient « melkites » – c'est-à-dire adeptes du *malko*, terme syriaque signifiant « empereur », spécifiquement Marcien (450-457) qui présida le concile. Au XVIIIe siècle, l'insulte se transforma en nom officiel – on emploie l'expression « Églises grecques melkites catholiques », qui conservent la liturgie byzantine mais font allégeance au pape.

19. *Cf.* pseudo-Denis de Tell-Mahre, *Chronique*, 3 (*Chronicle, Known Also as the Chronicle of Zuqnin*, traduction anglaise par Witold Witakowski, 1996, p. 19-21).

20. *Cf.* Andrew Palmer, *The Seventh Century in the West-Syrian Chronicles*, 1993, texte 13, 53, p. 148.

21. *Cf.* Walter E. Kaegi, *Heraclius : Emperor of Byzantium*, 2003, p. 269-271.

22. L'Église maronite du Liban fut longtemps la seule Église monothélite, distinction qui la rendait unique – jusqu'à ce que l'affiliation chalcédonienne à la papauté protégée par la France fût devenue précieuse avec l'ascension de l'influence française durant le XIXe siècle.

23. *Chronique*, CXX, 72 et CXXI, 1, *in* R. H. Charles, *The Chronicle of John, Bishop of Nikiu*, 1916. Disponible en ligne sur le site Internet http://www.tertullian.org/fathers/index.htmNo.John_of_Nikiu.

24. Martin Luther réagit avec davantage de furie encore, appelant à la destruction des juifs par le feu, lorsqu'ils refusèrent inexplicablement de devenir luthériens...

25. *Doctrina Jacobi nuper baptizati*, édition et traduction V.V. Déroche, 1991, p. 70-218.

26. *Cf. Encyclopedia Judaica*, 1973, *s.v.* « Pumbedita », tome 13, p. 1383.

27. *Cf.* Frederick C. Conybeare, « Antiochus Strategos' Account of the Sack of Jerusalem (614) », juillet 1910. Sur le contexte plus général de ces événements, *cf.* Kaegi, *Byzantium*, p. 220 et suivantes.

28. Code théodosien XVI, 18, 24. Texte latin et traduction anglaise disponibles par Amnon Linder, *The Jews in Roman Imperial Legislation*, 1987, 45, p. 281-282.

29. *Ibid.*, 46, p. 284-285. Le texte de XVI, 8 est désormais accessible en ligne sur le site Internet : http://ancientrome.ru/ius/library/codex/theod/liber16.htm8.

30. Code Justinien, I, 5, 13, *in* Linder, *The Jews*, 56, p. 356 et suivantes.

31. On pourra se reporter à la synthèse de Haldon, qui fait autorité, *Byzantium in the Seventh Century*, p. 63-64, ainsi qu'à l'analyse plus ancienne de George Ostrogorsky, *History of the Byzantine State*, 1969, p. 123-125.

32. Théophane, *Chronique*, 354 (édition Mango *et al.*, p. 493-494).

33. *Ibid.*, 355 (édition Mango *et al.*, p. 496).

34. Palmer, *West-Syrian Chronicles*, texte 13, 161 ; 162 ; 163 (p. 217-218).

35. Le débat soutenu consacré à la « désurbanisation » s'éclaire peu à peu à la lumière des trouvailles archéologiques ; cf. Haldon, *Byzantium in the Seventh Century*, p. 93 et suivantes. Sur Constantinople, *cf. The Oxford Dictionary of Byzantium*, édité par Alexander P. Kazhdan *et al.*, 1991, tome 1, p. 511, colonne 1.

36. *Cf.* Peter B. Golden, *Introduction to the History of the Turkic Peoples : Ethnogenesis and State Formation in Medieval and Early Modern Eurasia and the Middle East*, 1992, p. 216 et suivantes ; l'épopée de *Dede Qorqut* des Oghouzes est le plus ancien texte littéraire des Turcs contemporains, qui en sont en partie les descendants.

37. *Cf.* Walter Emil Kaegi Jr, « The Contribution of Archery to the Turkish Conquest of Anatolia », 2007.

38. Leur capitale ancestrale et ultime réduit Ghazna a conservé un trait caractéristique d'une capitale d'empire : c'est la ville la plus multiethnique d'Afghanistan à l'exception de Kaboul.

39. Dans la province de Kars en Turquie moderne, à la limite de l'Arménie. Mais ce furent les déprédations des nomades kurdes qui ruinèrent la ville plusieurs siècles plus tard.

40. On pourra ainsi se reporter, dans le Coran, à la sourate 52 (At-Tur), 17 : « Quant aux pieux, ils seront dans des jardins et le bonheur » ; 18 : « Se réjouissant de la félicité que leur Seigneur leur aura donnée » ; 19 : [il leur sera dit :] « Mangez et buvez, dans la sérénité et la santé, en récompense de vos [bonnes] actions » ; 20 : « Ils se reposeront confortablement sur des lits bien rangés ; et Nous leur ferons épouser des houris aux grands et magnifiques yeux noirs » ; 22 : « Nous les pourvoirons abondamment des fruits et des viandes qu'ils désireront » ; 24 : « Et parmi eux circuleront de beaux et jeunes garçons à leur service, pareils à des perles bien conservées ».

41. *Cf. The Oxford Dictionary of Byzantium*, tome 2, p. 739, colonne 2.

42. L'auteur de ces lignes assista un jour à une erreur de navigation qui envoya une unité heurter d'une manière imprévue un poste de commande ennemi, lui causant par là d'importants dommages.

43. *Cf. The Oxford Dictionary of Byzantium*, tome 2, p. 739, colonne 2.

44. *Ibid.*, tome 1, p. 658, colonne 1.

45. *Cf.* Haldon, *The Byzantine Wars*, p. 126.

46. *Cf. The Oxford Dictionary of Byzantium*, tome 1, p. 63, colonne 1.

47. *Cf.* Golden, *History of the Turkic Peoples*, p. 223.

48. Jean Cinname, *Faits et gestes de Jean et Manuel Comnène*, V, 3 (cf. *Deeds of John and Manuel Comnenus*, traduction anglaise par Charles M. Brand, 1976, p. 156-157).

49. *Cf.* Haldon, *The Byzantine Wars*, p. 139 et suivantes.

Chapitre 10

L'HÉRITAGE CLASSIQUE

1. I. *Cf.* George T. Dennis (éd.), *Das Strategikon des Maurikios*, traduit par Ernst Gamillscheg, 1981, ainsi que l'ouvrage plus ancien de Haralambie Mihăescu, éditeur et traducteur, *Arta militară : Mauricius*, 1970. Passage tiré de la traduction de George T. Dennis, *Maurice's Strategikon Handbook of Byzantine Military Strategy*, 1984, p. 16.

2. *Cf.* G. L. Chessman, *The Auxilia of the Roman Imperial Army*, 1914/1975, p. 90-92.

3. L'examen des divers ouvrages par Alphonse Dain reste indispensable en la matière : *cf.* « Les stratégistes byzantins », édité par J. A. de Foucault, 1967, p. 371-392.

4. Publius Flavius Vegetius Renatus, *Epitoma rei militari*. « Intratexte » latin (texte avec concordance) publié sur le site Internet http://www.intratext.com/X/LAT0189.HTM par Eulogos SpA – souhaitons bonne chance à cette entreprise. Traduction anglaise disponible par N. P. Milner, *Vegetius : Epitome of Military Science*, 1996 (cf. p. XXXVII-XLI sur la datation).

5. I, 15 (*cf.* édition Milner, p. 15).

6. *Cf.* Sextus Julius Frontinus, *Strategemata*, traduction anglaise par C. E. Bennett, 1980, p. 7.

7. IV, 7 (édition Bennett, p. 309).

8. Édition Bennett, p. 3.

9. *Ruses de guerre*, I, 6-8 (Peter Krentz et Everett L. Wheeler, édition et traduction anglaises, *Stratagems of War : Polyaenus*, 1994, tome 1, p. 5, paragraphe 1). La préface nous informe que Wheeler dédie l'ouvrage à son chat J. B., « qui aime lire le grec ».

10. Une entreprise des plus louables visant à mettre en ligne les 30 000 et quelques entrées de la *Souda* d'une manière qui facilite les recherches est actuellement en cours sur le site Internet http://www.stoa.org/sol-bin/search.pl.

11. Disponible avec texte grec et traduction anglaise par James G. DeVoto, *Flavius Arrianus*, 1993.

12. Voir ainsi l'édition Meursius, *Cl. Aeliani et Leonis Imp. tactica siue de instruendis aciebus*, 1613.

13. *Ala I Augusta Colonorum, ala I Ulpia Dacorum, ala II Gallorum, ala II Ulpia Auriana.*

14. *Cohors IIII Raetorum equitata, cohors III Augusta Cyrenaica sagittariorum equitata, cohors I Raetorum equitata, cohors Ituraeorum sagittariorum equitata, cohors I Numidiarum equitata.*

15. *Cf.* E. A. Thompson, *A Roman Reformer and Inventor : Being a New Translation of the Treatise De Rebus Bellicis*, 1952

16. *Cf.* Frank Granger, *Vitruvius on Architecture*, 1983, p. XV.

17. La signification des deux termes fut plus tard inversée : on employa le terme catapulte pour les engins lançant des pierres, le terme baliste pour les engins tirant des flèches.

18. *Hygini Gromatici liber de munitionibus castrorum*, 1887/1972, avec une analyse (« *Die Lagerordnung* ») à compter de p. 16. On pourra également se reporter à un précieux « infratexte » sur le site Internet http://www.intratext.com/X/LAT0347.html, ainsi qu'à une traduction anglaise récente par Catherine M. Gilliver dans l'article « The *de munitionibus castrorum* », *Journal of Roman Military Equipment Studies* 4, 1993, p. 33-48 (je n'ai pu moi-même la consulter).

19. Voir également John Earl Wiita, *The Ethnika in Byzantine Military Treatises*, 1977, p. 101.

20. *Cf. Aeneas Tacticus, Asclepiodotus, Onasander*, édition et traduction anglaise par W. A. Oldfather, 1977.

21. Pyrrhus, Alexandros, Cléarque, Pausanias, Evangelos, Eupolemos, Iphicratès, Posidonius, Bryon. *Cf.* Dain, « Les stratégistes byzantins », p. 321.

22. « Biton's Construction of War Engines and Artillery », texte disponible *in* E. W. Marsden, *Greek and Roman Artillery : Technical Treatises*, 1971, p. 67 et suivantes.

23. *Histoires*, VIII, 4, 4-9 (traduction anglaise par W. R. Paton, 1979, tome 3, p. 455).

24. *Cf.* Marsden, *Artillery : Technical Treatises*, p. 107 et suivantes.

25. *Ibid.*, diagramme 9, p. 179 ; sur les arbalètes à répétition chinoises, voir p. 178, note 106.

26. *Cf.* Dain, « Les stratégistes byzantins », édité par J. A. de Foucault, 1967.

27. *Ibid.*, p. 206.

28. Voir l'analyse de Stephen Edward Cotter, « The Strategy and Tactics of Siege Warfare in the Early Byzantine Period : From Constantine to Heraclius », 1995, à compter de p. 99.

29. *Cf.* Oldfather, *Aeneas Tacticus, Asclepiodotus, Onasander*, à compter de p. 229.

30. *Cf.* « Les stratégistes byzantins », p. 328-329.

31. Édition Oldfather, p. 389.

32. *Cf.* Jean-René Vieillefond, *Les « Cestes » de Julius Africanus : Étude sur l'ensemble des fragments avec édition, traduction et commentaires*, 1970. Traduction anglaise avec commentaire : Francis C. R. Thee, *Julius Africanus and the Early Christian View of Magic*, 1984. On pourra également se reporter aux différentes perspectives dessinées par Martin Wallraff *et al.*, *Julius Africanus und die christliche Weltchronistik*, 2006.

33. Livre VII, 1, 20. Je suis ici Giovanni Amatuccio, *Peri Toxeias l'arco di guerra nel mondo bizantino e tardo-antico*, 1996, p. 34, 51-53.

34. Le texte est intégré d'une manière absurde sous le titre *Ourbikioi Epitedeuma* (« Adaosul lui Urbicius ») dans l'ouvrage de Haralambie Mihăescu, éditeur et traducteur, *Arta militară : Mauricius*, 1970, à compter de p. 368 ; voir également Dain, « Les stratégistes byzantins », p. 341.

35. *Cf.* Dain, *op. cit.*, p. 342. L'édition faisant autorité est celle de Dain, *Naumachica*, 1943, mais je me suis fondé sur F. Corazzini, *Scritto sulla tattica navale, di anonimo greco*, 1883 ; tiré de Roma Aeterna/Domenico Carro, www.romaeterna.org. Il existe désormais un texte meilleur chez Pryor et Jeffreys, *Age of the Dromon*, p. 457-481.

36. *Cf.* George T. Dennis, édition et traduction anglaise, *Three Byzantine Military Treatises*, 1985, p. 11 et suivantes ; Dain, « Les stratégistes byzantins », p. 343.

37. 565-895 constituent les deux limites extrêmes. Salvatore Cosentino, « The Syrianos's "Strategikon" : A 9th Century Source ? », 2000, p. 266, propose une bonne synthèse des éléments du débat et favorise un Syrianos tardif.

38. V. Kucma et Col. O. Spaulding Jr, cités par Dennis, *Three Byzantine Military Treatises*, p. 3.

39. Quatrième partie, *in* Dennis, *Three Byzantine Military Treatises*, p. 21.

40. *Cf. The Oxford Dictionary of Byzantium*, édité par Alexander P. Kazhdan *et al.*, 1991, tome 1, p. 588, colonne 1 ; Procope attribue à tort ses principales structures à Justinien dans ses *Monuments*, II, 1, 4 et suivants (*cf.* Dewing, édition et traduction anglaise, *Procopius*, 1962-1978, tome 7, p. 99 et suivantes).

41. Extrait d'un fragment de l'ouvrage perdu *De temporum qualitatibus et positionibus locorum* joint à l'édition Mommsen de la *Chronique de Marcellinus* [*Comes*], *in* Brian Coke, traduction anglaise, *Marcellinus Comes*, 1995, p. 40.

42. *Cf.* Dennis, *Three Byzantine Military Treatises*, p. 3, 47, note 1.

43. *Cf.* Sébéos, 127, 39 (*The Armenian History Attributed to Sebeos*, traduction anglaise par R. W. Thompson, 1999, tome 1, p. 84).

44. *Peri strategikes*, 19, 38-51 (Dennis, *Three Byzantine Military Treatises*, p. 63-65).

45. *Ibid.*, 24, 10-11 (édition Dennis, p. 79).

46. *Ibid.*, 33, 42-47 (édition Dennis, p. 105).

47. *Ibid.*, 36, 4-8 (édition Dennis, p. 109).

48. *Ibid.*, 39 (édition Dennis, p. 117).

49. *Ibid.*, 42, 20 et suivants (édition Dennis, p. 123).

50. D'après Diodore de Sicile (II, 5, 3), qui savourait tellement le fantasme des femmes dominantes, bien que mutilées, qu'il le fit également renaître avec d'imaginaires Libyennes dont les époux, « comme nos femmes mariées, passaient leurs journées à la maison à exécuter les ordres que leur donnaient leurs épouses » et qui, bien sûr, brûlaient les seins de leurs petites filles. On pourra se reporter à la traduction de C. H. Oldfather, *Diodorus of Sicily*, 1935, tome 2, p. 33 et 249.

51. *Peri strategikes*, 46, « L'entraînement à la puissance de tir » (*in* Dennis, *Three Byzantine Military Treatises*, p. 133).

52. *Cf. Peri Toxeias L'arco di guerra*, p. 78, 79.

53. *La Guerre contre les Perses*, I, 18, 32-34 (Dewing, *Procopius*, tome 1, p. 169-171).

54. *Peri strategikes*, 47 (*in* Dennis, *Three Byzantine Military Treatises*, p. 135).

55. Dain, « Les stratégistes byzantins », p. 344.

56. Selon Eric McGeer, lors d'un échange personnel que nous eûmes le 14 janvier 2008 ; pour ma part, j'avais suivi Dain, « Les stratégistes byzantins », sans esprit critique ; voir également Gilbert Dagron, « Byzance et le modèle islamique au Xe siècle », avril-juin 1983, p. 219-224.

57. *Cf.* Eric McGeer, « Two Military Orations of Constantine VII », *in* John W. Nesbitt (éd.), *Byzantine Authors : Literary Activities and Preoccupations*, 2003, p. 112.

Chapitre 11

LE *STRATEGIKON* DE MAURICE

1. Comme, par exemple, l'édition parisienne de 1535 avec 120 illustrations aussi étranges qu'élégantes (le texte de Végèce y est accompagné de ceux de Frontin, Élien et Modestus). *Renati Fl. Vegetii uiri illustris de re militari libri quattuor*, 1535.

2. *Arriani tactica et Mauricii artis militaris libri duodecim*, 1664. *Cf.* Alphonse Dain, « Les stratégistes byzantins », édition J. A. de Foucault, 1967, p. 344.

3. *Cf.* George T. Dennis, *Maurice's Strategikon : Handbook of Byzantine Military Strategy*, 1984, p. 8.

4. *Ibid.*, p. XVI.

5. *Cf.* Henrik Zilliacus, *Zum Kampf der Weltsprachen im oströmischen Reich*, 1935, p. 134-135 ; le régiment portrait le nom de *Kronprinsens husarer* (p. 137, note).

6. « B. Formations d'infanterie », XII, 16, 14 (édition Dennis, p. 146, 145).

7. *Ibid.*, I, 1 (édition Dennis, p. 11).

8. Procope, *Guerres*, I, 1, 13-15 (H. B. Dewing, édition et traduction anglaise, *Procopius*, 1962-1978, tome 1, p. 7).

9. Caroline Sutherland, « Archery in the Homeric Epics », 2001, disponible sur le site Internet http://www.ucd.ie/cai/classics-ireland/2001/sutherland.html.

10. *Iliade*, XI, 385-392 (traduction Robert Flacelière, 1955). Traduction anglaise par E.V. Rieu, 1950, p. 207.

11. I, 1, 5. Haralambie Mihăescu, édition et traduction, *Arta militară*, 1970, p. 51, traduit *kontarion* par le roumain *sulita*, c'est-à-dire javelot, ce qui est une erreur ; « *spear* » (comme le traduit Dennis, p. 11) impliquerait également une arme de jet, mais il s'agit du *kontos* qui se plante, l'arme familière à la cavalerie lourde romaine qui était à l'origine une arme des Sarmates.

12. I, 2 (édition Dennis, p. 13).

13. *Corpus Inscriptionum Latinarum*, VIII, 18042 (= Dessau, *Inscriptiones Latinae Selectae*, 2487). Tiré de Naphtali Lewis et Meyer Reinhold, traduction anglaise, *Roman Civilization Source Book II : The Empire*, 1966, p. 509.

14. XII, B, « Formations d'infanterie », 2 (édition Dennis, p. 138).

15. *Ibid.*, 3 (édition Dennis, p. 138).

16. *Cf.* Taxiarchis G. Kolias, *Byzantinische Waffen : Ein Beitrag zur byzantinischen Waffenkunde von den Anfängen bis zur lateinischen Eroberung*, 1988.

17. *Cf.* la novelle 85 de Justinien, datée de l'an 539, *caput* V : *contos et quolibet modo uel figura factas lanceas, et quae apud Isauros nominantur monocopia*.

18. *Cf.* D. Nishimura, « Crossbow, Arrow-Guides, and the Solenarion », 1988, p. 422-435. À comparer avec G. T. Dennis, « Flies, Mice, and the Byzantine Crossbow », 1981, p. 1-5.

19. Giovanni Amatuccio cite une illustration possible d'un *solenarion* à Bari ; *cf.* « Lo Strano arciere della porta dei Leoni », 2005, article disponible en ligne sur le site Internet http://www.arcosophia.net/database/N1/amatuccio_leoni.htm_edn6.

20. John Haldon, *Warfare, State and Society in the Byzantine World, 565-1204*, 1999, p. 216.

21. I, 2 (édition Dennis, p. 12).

22. Sur le trébuchet, voir Paul E. Chevedden, « The Invention of the Counterweight Trebuchet : A Study in Cultural Diffusion », 2000, p. 72-116, et, plus récemment, Stephen McCotter, « Byzantines, Avars and the Introduction of the Trebuchet », 2003, article disponible en ligne sur le site Internet http://www.deremilitari.org/resources/articles/mccotter1.htm. Sur les *skala*, cf. *Strategikon*, I, 2 (édition Dennis, p. 13).

23. Maurice Keen, *Chivalry*, 1986, p. 23.

24. *Cf.* R. P. Alvarez, « Saddle, Lance and Stirrup », 1998.

25. *Cf.* Peter Connolly et Carol Van Dricl-Murray, « The Roman Cavalry Saddle », 1991, p. 33-50 ; je dois cette référence à Eric McGeer.

26. On pourra se reporter au précieux intratexte sur le site Internet http://www.intratext.com/X/LAT0212.htm.

27. *Cf.* J. W. Eadie, « The Development of Roman Mailed Cavalry », 1967, p. 161-173.

28. *Cf. Medieval Technology and Social Change*, 1966.

29. I, 2 (édition Dennis, p. 12).

30. *Cf.* A. Pertusi, édition et traduction italienne, *De thematibus*, 1952, p. 133-136. Sur les *federati*, voir également A. H. Jones, *The Later Roman Empire, 284-602 : A Social and Economic Survey*, 1973, tome 1, p. 665-667.

31. *Cf.* Jones, *op. cit.*, tome 1, p. 663-666.

32. *In* Eric McGeer, *Sowing the Dragon's Teeth : Byzantine Warfare in the Tenth Century*, 1995, tome 1, p. 51-52 ; p. 15, paragraphe 6.

33. VII, 15 (édition Dennis, p. 69).

34. *Ibid.*, I, 2 (édition Dennis, p. 69).

35. Procope, *Guerres*, II, 27, 33-35 (édition Dewing, tome 1, p. 511).

36. *Cf.* Code Justinien, XI, 47, qui interdisait tout usage d'armes non autorisées par l'empereur (*Ut armorum usus inscio principe interdictus sit*) et reprenait une loi déjà comprise dans le Code théodosien (XV, 151) remontant à Valentinien et Valens en 364.

37. X, 33 et 34. Traduction anglaise disponible par Betty Radice, *Pliny Letters and Panegyricus*, 1975, tome 2, p. 206-209.

38. VII, « Avant le jour de la bataille » (édition Dennis, p. 69).

39. *Cf.* édition Dennis, p. 143-144.

40. *Cf.* Michael Whitby, « Recruitment in Roman Armies from Justinian to Heraclius (c. 565-615) », 1995, tome 3, p. 61-124.

41. *Guerres*, I, 18, 39, 40 (édition Dewing, tome 1, p. 173).

42. *Cf.* Giorgio Ravegnani, *Soldati di Bizanzio in Eta Giustinianea*, 1988, p. 53.

43. VIII, 1, 25 (édition Dennis, p. 81).

44. *Ibid.*, 2, 92 (édition Dennis, p. 91).

45. *Ibid.*, 86 (édition Dennis, p. 90).

46. *Ibid.*, 1, 8 (édition Dennis, p. 80).

47. *Ibid.*, 2, 29 (édition Dennis, p. 85).

48. *Ibid.*, 1, 17 (édition Dennis, p. 80).

49. *Ibid.*, 1, 20 (édition Dennis, p. 81).

50. VII (édition Dennis, p. 64).

51. Gilbert Dagron, « Ceux d'en face : les peuples étrangers dans les traités militaires byzantins », 1987, p. 209.

52. En 1973, l'état-major général égyptien, par ailleurs non dénué de compétences, choisit comme date de lancement de son attaque surprise bien préparée le 6 octobre, onzième jour du septième mois de Tishri dans le calendrier juif, Yom Kippour, le jour du Grand Pardon – et le tout meilleur jour de l'année pour une mobilisation d'urgence parce que tous les réservistes se trouvent à la maison ou en prière, avec une interdiction de circulation. Les Égyptiens firent tout leur possible pour retarder le déploiement des forces de réserve israéliennes mobilisées sur le front – mais, manifestement, personne ne connaissait chez eux le Yom Kippour.

53. A. D. Lee, *Information and Frontiers : Roman Foreign Relations in Late Antiquity*, 1993, p. 101-102, présente le contraste entre les deux approches.

54. *Cf.* Dagron, « Ceux d'en face », p. 209.

55. XI, 1 (édition Dennis, p. 113-115).

56. XIX, 7, 2 (édition Rolfe, tome 1, p. 503).

57. XI, 2 (édition Dennis, p. 116 et suivantes).

58. Robert de Clari, *La conquête de Constantinople*, passage cité par John Earl Wiita, *The Ethnika in Byzantine Military Treatises*, 1977, p. 144.

59. Édition Dennis, p. 65.

60. Par E. A. Thompson, *The Huns*, édition révisée par Peter Heather, 1996, p. 65, citant l'édition Dain des *Leonis VI Sapientis problemata* (1935) ainsi que (p. 287, note 57) Urbicius, VII, 1, tiré de l'édition 1664 d'Arrien et Maurice, *Arriani tactica et Mauricii artis militaris libri duodecim*.

61. XI, 3 (édition Dennis, p. 119-120).

62. *Guerres*, VI, 25, 1-4 (édition Dewing, tome 4, p. 85).

63. *Ibid.*, VII, 14, 25-26 (édition Dewing, tome 4, p. 85).

64. II, 1 (édition Dennis, p. 23-24).

65. XII, à compter de A, 1 (édition Dennis, p. 127 et suivantes).

66. Soit sept fantassins lourds sur chaque côté du corps de bataille principal + cinq fantassins lourds à l'arrière-garde et un fantassin léger au tout dernier rang, comme le représente bien le schéma de cet « ordre de bataille mixte » donné par le *Strategikon* – *cf.* édition Dennis, p. 128 (note du traducteur).

67. *Ibid.*, 7 (édition Dennis, p. 134).

68. *Ibid* (édition Dennis, p. 135).

69. L'article de Salvatore Cosentino, « Per una nuova edizione dei *Naumachica* ambrosiani : *Il De fluminus traiciendis* (Strat. XII B, 21) », 2001, p. 63-105, inclut le texte et une traduction italienne.

70. I, 2 (édition Dennis, p. 13-14).

71. *Ibid.*, V, 1 (édition Dennis, p. 58).

Chapitre 12

APRÈS LE *STRATEGIKON*

1. A. Dain, « Les stratégistes byzantins », édition J. A. de Foucault, 1967, mentionne un *antipoliorceticum* consacré aux moyens de résister aux sièges (p. 349), un *corpus nauticum*, une *tactica perdita* (p. 350), et cite *Le Corpus perditum* de Dain, publié en 1939.

2. *Cf.* Dain, « Les stratégistes byzantins », p. 354, pour les *Problemata* et à compter de p. 354 pour la *Tactique*.

3. *Cf.* Henrik Zilliacus, *Zum Kampf der Weltsprachen im oströmischen Reich*, 1935, p. 134-135 (« Kommandoworte bei der Reiterei und Fussvolk »).

4. George T. Dennis a eu la grande bonté d'en montrer une version dactylographiée à l'auteur du présent ouvrage ; son édition est attendue avec impatience.

5. *Cf.* Eric McGeer, *Sowing the Dragon's Teeth : Byzantine Warfare in the Tenth Century*, 1995, p. 233-236.

6. Bien que Gilbert Dagron (« Byzance et le modèle islamique au Xe siècle : à propos des Constitutions tactiques de l'empereur Léon VI », avril-juin 1983, p. 220) juge le texte mal informé : « [Il] trahit une assez mauvaise information » ; voir également Dagron, « Ceux d'en face : les peuples étrangers dans les traités militaires byzantins », 1987, p. 223.

7. À comparer avec le *De uelitatione*, 7.

8. *Cf.* Eric McGeer, « Two Military Orations of Constantine VII », 2003, p. 113, 116-117, où l'auteur mentionne la campagne de 964 d'une manière plausible.

9. *Ibid.*, p. 117.

10. *Ibid.*, p. 119.

11. *Ibid.*

12. *Ibid.*, p. 20.

13. *Ibid.*

14. *Cf.* Alphonse Dain, édition, *Sylloge tacticorum*, 1938, p. 116 et suivantes.

15. *Cf.* Eric McGeer, « Infantry versus Cavalry : The Byzantine Response », *in* John F. Haldon, édition, *Byzantine Warfare*, 2007, p. 336-337. Même si j'ai par la suite consulté le texte de Dain, mon attention a été appelée sur cette référence par la bienveillance d'Eric McGeer lors d'un échange privé que nous eûmes le 14 janvier 2008.

16. *Cf.* John F. Haldon, « Some Aspects of Early Byzantine Arms and Armour », *in* Haldon, *Byzantine Warfare*, p. 375, ainsi qu'une réimpression tirée de David Nicolle (éd.), *A Companion to Medieval Arms and Armor*, 2002, p. 65-87.

17. *Cf.* Alphonse Dain, *La Tradition du texte d'Héron de Byzance*, 1933.

18. *Cf.* Denis F. Sullivan, *Siegecraft : Two Tenth-Century Instructional Manuals by* « Heron of Byzantium », 2000, p. VII.

19. On pourra examiner les différences entre les dessins a, b et c chez Sullivan, *Siegecraft*, p. 281 et suivantes. Denis F. Sullivan a lui-même attiré mon attention sur ce point lors d'un échange personnel que nous eûmes le 29 mars 2008.

20. *Cf.* Athenaeus Mechanicus, *On Machines*, édition et traduction anglaise par David Whitehead et P. H. Blyth, 2004.

21. Chapitre 2 (Sullivan, *Siegecraft*, p. 29, 33, note 1).

22. *Chronique du pseudo-Joshua le Stylite*, 296-297 (*The Chronicle of Pseudo-Joshua the Stylite*, traduction anglaise par Frank R. Trombley et John W. Watts, 2000, p. 89).

23. 12 et 16 (Sullivan, *Siegecraft*, p. 45 et 61).

24. *Ibid.*, 39 et 30 (édition Sullivan, p. 85 et p. 208 pour son commentaire sur l'ingéniosité de Héron).

25. *Ibid.*, 50 et 51 (édition Sullivan, p. 100-101).

26. *Ibid.*, 52 (édition Sullivan, p. 103-104).

27. *Ibid.*, 55-57 (édition Sullivan, p. 109-113, commentaire p. 241-243).

28. *Cf.* Denis F. Sullivan, « A Byzantine Instructional Manual on Siege Defense : The *De obsidione toleranda* », 2003, p. 140-266. La précédente édition du texte était celle de Hilda Van Den Berg, *Anonymous de obsidione toleranda*, 1947.

29. *Cf.* Sullivan, « Byzantine Instruction Manual », p. 151.

30. *Ibid.*, p. 153-154.

31. *Ibid.*, p. 177.

32. *Ibid.*, p. 179.

33. *Ibid.*, p. 157.

34. *Ibid.*, p. 161.

35. *Ibid.*, p. 163.

36. *Ibid.*, p. 165.

37. *Ibid.*, p. 179.

38. *Ibid.*, p. 181.

39. *Ibid.*, p. 197-199.

40. *Ibid.*, p. 201.

41. *Ibid.*, p. 225.

42. *Ibid.*, p. 229.

43. *Cf.* Alphonse Dain, « Mémorandum inédit sur la défense des places », 1940, p. 123-136 ; je cite toutefois ici le texte d'après Sullivan, « Byzantine Instructional Manual ».

44. Denis F. Sullivan corrigea mon interprétation sur ce point lors d'un échange personnel que nous eûmes le 29 mars 2008.

45. *Cf.* Sullivan, « Byzantine Instructional Manual », p. 147.

46. *Ibid.*, injonction 18 (Sullivan, p. 147).

47. *Ibid.*, injonction 30 (Sullivan, p. 148).

48. *Ibid.*, p. 149.

49. Sur les trois textes, *cf.* Alphonse Dain, *Les Stratégistes byzantins*, 2000, p. 359-361. Les *Praecepta imperatori* sont annexés au premier volume (à compter de p. 444) du *Livre des cérémonies*, tome 1, p. 444-454.

Chapitre 13

LÉON VI ET LA GUERRE NAVALE

1. Pour un résumé de ces questions, *cf.* John H. Pryor et Elizabeth M. Jeffreys, *The Age of the Dromon : The Byzantine Navy, ca. 500-1204*, 2006, p. 448 ; sur les débuts, voir p. 123 et suivantes ; pour les informations relatives au Xe siècle, voir p. 175 et suivantes.

2. *De administrando imperio*, 13, lignes 73 et suivantes (édition Gy. Moravcsik, traduction anglaise par R. J. H. Jenkins, 1967, p. 69-70 ; ligne 73, *siphonon* est inexplicablement traduit par « tubes »).

3. *Chronique*, 353, AM 6164 (*The Chronicle of Theophanes Confessor, AD 284-813*, traduction anglaise par Cyril A. Mango et Roger Scott avec Geoffrey Greatrex, 1997, p. 493). *Cf.* John Haldon, Andrew Lacey et Colin Hewes, « Greek Fire Revisited : Recent and Current Research », 2006, p. 291-325. Sur son utilisation par les Arabes et les Latins, on pourra se reporter à Pryor et Jeffreys, *Age of the Dromon*, appendice 6, p. 607-631.

4. *Chronique*, 354, AM 6165 (édition Mango, Scott et Greatrex, p. 494).

5. *Cf.* Andrew Palmer, *The Seventh Century in the West-Syrian Chronicles*, 1993, 2, p. 194, note 476.

6. *Cf.* Haldon *et al.*, « Greek Fire Revisited », p. 297-316.

7. *Cf. De administrando imperio*, 53 (édition Moravcsik et Jenkins, p. 493-510), cité par Haldon *et al.*, *op. cit.*, p. 292.

8. *Cf.* J. Haldon et M. Byrne, « A Possible Solution to the Problem of Greek Fire », 1977, p. 91-100 ; position aujourd'hui dépassée depuis Haldon *et al.*, « Greek Fire Revisited », p. 310.

9. On pourra se reporter aux éléments du débat chez Pryor et Jeffreys, *Age of the Dromon*, p. 609-612.

10. *Ibid.*, p. 612, avec une citation de Jean Kaminiatès, *De expugnatione Thessalonicae*, 34, 7.

11. On pourra se reporter aux calculs de J. F. Guilmartin, *Gunpowder and Galleys : Changing Technology and Mediterranean Warfare at Sea in the Sixteenth Century*, 1975, p. 62-63.

12. Il existe désormais un texte et une traduction d'une qualité supérieure dans l'ouvrage de Pryor et Jeffreys, *Age of the Dromon* (*Naumakia Leontos Basileos*, p. 485-519), que je n'ai pas utilisés.

13. *Cf.* Lionel Casson, *Ships and Seamanship in the Ancient World*, 1995, p. 93.

14. Conseil analogue aux « ponts d'or » condamnés par Clausewitz dans le but de rendre la guerre fondamentalement plus destructrice.

15. *Cf.* Vassilios Christides, « Naval Warfare in the Eastern Mediterranean (6th-14th Centuries) : An Arabic Translation of Leo VI's *Naumachica* », 1984, p. 137-148.

16. Tiré de John Haldon, « Theory and Practice in Tenth-Century Military Administration : Chapters II, 44 and 45 of the Book of Ceremonies », 2000, et de la version qu'on en trouve dans l'appendice 4 de Pryor et Jeffreys, *Age of the Dromon*, p. 188-192.

17. La terminologie des différents types de navires était instable ; *cf.* Pryor et Jeffreys, *Age of the Dromon*, p. 188-192.

18. Kolias, *Byzantinische Waffen*, 1988, p. 95, note à ce sujet « lydischen Waffenproduktion » ; d'une manière caractéristique de l'auteur, nous n'apprenons rien de plus du *Schild* en question dans l'ouvrage.

19. *Ibid.*, p. 554 et suivantes.

20. Terme signifiant « simple tronc ». Mais il ne s'agissait pas de pirogues, qui eussent été trop lourdes à transporter – en l'occurrence jusqu'à la Corne d'Or ; ces embarcations disposaient d'une quille taillée dans le bois et une ligne de coque très basse, avec un bordé rapporté sur chaque côté.

21. 316, AM 6117 (édition Mango *et al.*, p. 447).

22. *Cf. The Armenian History Attributed to Sebeos*, traduction anglaise par R. W. Thompson, 1999, tome 1, p. 79.

23. Quatorzième indiction, année 16, soit 626 ; *cf. Chronicon Pascale, 284-628*, traduction anglaise par Michael Whitby et Mary Whitby, 1989, p. 178.

24. 353, AM 6164 (édition Mango *et al.*, p. 493).

Chapitre 14
LA RENAISSANCE MILITAIRE DU Xe SIÈCLE

1. Eric McGeer va même plus loin : « Nicéphore Phocas composa lui-même les *Praecepta militaria*, la rédaction du *De uelitatione* reposa sur ses notes et son appel en faveur d'un traité sur la manière de mener campagne à l'ouest inspira le *De re militari* » (*Sowing the Dragon's Teeth : Byzantine Warfare in the Tenth Century*, 1995, p. 178).

2. *Cf.* « Tradition et modernité dans le corpus de tacticiens », *in* Gilbert Dagron et Haralambie Mihăescu, *Le Traité sur la guérilla (De uelitatione) de l'empereur Nicéphore Phocas (963-969)*, 1986, à compter de p. 139.

3. *Cf.* John Haldon, édition et traduction anglaise, *Constantine Porphyrogenitus : Three Treatises on Imperial Military Expeditions*, 1990, p. 95-97. La reconstitution du processus éditorial que fait Haldon (p. 53) est pleinement convaincante.

4. *De uelitatione, in* George T. Dennis, édition et traduction anglaise, *Three Byzantine Military Treatises*, 1985. Alphonse Dain, « Les stratégistes byzantins », 1967, p. 369, conclut ainsi son évocation de l'ouvrage : « Il mériterait une traduction et un commentaire ». Dennis fournit comme de juste une traduction ; Dagron et Mihăescu ajoutèrent un commentaire détaillé à leur nouvelle édition du texte.

5. Pour une vue d'ensemble, *cf.* Ralph-Johannes Lilie, « The Byzantine-Arab Borderland from the Seventh to the Ninth Century », *in* Florin Curta (éd.), *Borders, Barriers, and Ethnogenesis : Frontiers in Late Antiquity and the Middle Ages*, 2005.

6. Le livre de Clinton Bailey, *Bedouin Poetry from Sinai and the Neguev*, 1991, à compter de p. 253, inclut des poèmes de guerre modernes de Bédouins.

7. *Cf.* Dennis, *Three Byzantine Military Treatises*, p. 147.

8. *De uelitatione*, 1 (édition Dennis, p. 151, note 1 : 1 mille byzantin = 1 574 mètres, soit 0,978 *mile* anglais).

9. *Ibid.*, 2 (édition Dennis, p. 153 ; commentaire p. 153, note 1). On pourra se reporter au *Digeste* de Justinien, XLVII, 18, *de effractoribus et expilatoribus*.

10. *De uelitatione*, 2 (édition Dennis, p. 153). Sur les thèmes arméniens, *cf.* Dagron et Mihăescu, *Le Traité sur la guérilla*, à compter de p. 247.

11. *De uelitatione*, 2 (édition Dennis, p. 153).

12. *Ibid.*, 4 (édition Dennis, p. 157-158).

13. *Cf.* Jak Yakar, *Ethnoarchaeology of Anatolia : Rural Socio-Economy in the Bronze and Iron Ages*, 2000.

14. *De uelitatione*, 4 (édition Dennis, p. 157-159).

15. II, 2 (Alice-Mary Talbot et Denis F. Sullivan, traduction anglaise, *The History of Leo the Deacon : Byzantine Military Expansion in the Tenth Century*, 2005, p. 72).

16. *Ibid.*, p. 76, note 26.

17. II, 4 (édition Talbot et Sullivan, p. 74-75).

18. Dagron et Mihăescu, *op. cit.*, à compter de p. 198, proposent même des illustrations des méthodes opérationnelles et tactiques recommandées (« dispositifs de combat »).

19. *De uelitatione*, 7 (édition Dennis, p. 163).

20. Pour une vue d'ensemble, *cf.* Daniel Pipes, *Slave Soldiers and Islam : Genesis of the Military System*, 1981.

21. *De uelitatione*, 7 (édition Dennis, p. 163).

22. Les surcots sombres sont ici appelés *epanoklibana*, *epilorika* ailleurs, c'est-à-dire ce qui vient au-dessus du *klibanion*, désignant à l'origine un plastron, plus tard toute

armure corporelle, ou *lorika*, qu'il s'agît comme à l'origine d'une armure à écailles cousues (*lorica squamata*), d'une armure à lamelles articulées ou d'une cotte de mailles (*lorica hamata*). *Ibid.*, p. 167, note 2.

23. *Ibid.*, 9 (édition Dennis, p. 169).

24. *Ibid.* (édition Dennis, p. 173). *Cf.* Philip Rance, « The Fulcum, the Late Roman and Byzantine *Testudo* : The Germanization of Roman Infantry Tactics ? », 2004, p. 265-326.

25. *De uelitatione*, 10 (édition Dennis, p. 175).

26. *Ibid.*, 11 (édition Dennis, p. 183).

27. *Ibid.*, 12 (édition Dennis, p. 187).

28. *Ibid.*, 16 (édition Dennis, p. 201).

29. *Ibid.*, 17 (édition Dennis, p. 206-207).

30. *Ibid.*, 19 (édition Dennis, p. 215).

31. *Ibid.* (édition Dennis, p. 217).

32. *Cf.* H. J. Scheltema, « Byzantine Law », *in* J. M. Hussey (éd.), *The Cambridge Medieval History*, volume 4 : *The Byzantine Empire*, deuxième partie, 1967, à compter de p. 73.

33. *De uelitatione*, 20 (édition Dennis, p. 221).

34. *Ibid.*, 21 (édition Dennis, p. 223).

35. *Cf. Campaign Organization* (précédemment *De re militari*), *in* George T. Dennis, édition et traduction anglaise, *Three Byzantine Military Treatises*, 1985. Voir également Rudolf Vary, *Incerti scriptoris Byzantini Liber de re militari*, 1901.

36. Ligne 12 du texte grec, édition Dennis, p. 246 ; terme traduit par « soldats réguliers » dans l'édition Dennis, *Three Military Byzantine Treatises*, p. 247.

37. *Cf.* Dennis, *Three Military Byzantine Treatises*, p. 242.

38. À compter de la ligne 99 du texte grec (édition Dennis, p. 250) ; *Campaign Organization*, 1 (édition Dennis, p. 251).

39. *Cf.* Dennis, *Three Byzantine Military Treatises*, p. 256, note 12. Harald III Sigurdsson, surnommé « Hardråde », reçut le titre de *manglavites* de Michel IV le Paphlagonien (1034-1041) en récompense de ses exploits en Sicile.

40. Alpha 121 ; *Campaign Organization*, 1 (édition Dennis, p. 253).

41. Bêta, à compter de 18 ; *ibid.*, p. 263.

42. « L'hoplitarque semble avoir commandé l'infanterie en campagne », écrivit pourtant l'éminent éditeur (p. 265, note 1).

43. *Op. cit.*, 8 (édition Dennis, p. 275).

44. Iota (zêta est répétée), 31 (*op. cit.*, 10 ; édition Dennis, p. 281), ainsi que lambda alpha, 5-9 (31 ; édition Dennis, p. 325).

45. Il ne s'agit pas tout à fait d'un *hapax legomenon* : l'éditeur peut en effet citer (p. 283, note 2) un autre exemple – un seul – dans un document de 1079 qui ne nous aide guère : ce texte met sur le même plan *malartioi* et *kontaratoi* (« porteurs de lances »), mais dans le sens de « soldats » en général.

46. *Op. cit.*, 13 (édition Dennis, p. 285).

47. Iota êta, à partir de 22 (*op. cit.*, 18 ; édition Dennis, p. 293).

48. *Ibid.*, 19 (édition Dennis, p. 293-295).

49. *Ibid.*, 21 (édition Dennis, à compter de la p. 303).

50. Jean Skylitzès, « Jean Tzimiskès », 4 (*A Synopsis of Histories, 811-1057 AD*, traduction anglaise par John Wortley, p. 155).

51. *L'Organisation des campagnes*, 27 (édition Dennis, p. 317-319).

52. *Ibid.*, 28 (édition Dennis, p. 319-321).

53. *Cf.* John F. Haldon, *Byzantine Praetorians : An Administrative, Institutional and Social Survey of the Opsikion and Tagmata, c. 580-900*, 1984, à compter de p. 256.

54. *L'Organisation des campagnes*, 29 (édition Dennis, p. 321).

55. Lambda bêta, à partir de 16 ; *op. cit.*, 32 (édition Dennis, p. 327). La référence peut viser le *De uelitatione*.

56. *Cf.* Eric McGeer, *Sowing The Dragon's Teeth*, p. 178 (texte p. 13 et suivantes, avec un commentaire et une analyse précieuse). Ce texte n'était précédemment disponible que dans une édition de 1908 du seul manuscrit existant (*Mosquensis Graecus 436*), par le byzantiniste J. A. Kulakovsky, manuscrit aujourd'hui réclamé – non sans raison – par les Ukrainiens.

57. *Cf.* Eric McGeer, *Sowing The Dragon's Teeth*, p. 62 notes 20-23 ; *tzerboulianoi* devint un terme péjoratif.

58. 1 *spithame* représentant 23,4 centimètres.

59. McGeer, *Sowing The Dragon's Teeth*, p. 63, notes 29-31.

60. *Ibid.*, p. 63, note 32.

61. *Praecepta*, I, 25-26, *in* McGeer, *Sowing The Dragon's Teeth*, p. 15, paragraphe 3.

62. *Ibid.*, II, 2-4, *in* McGeer, *op. cit.*, p. 23, paragraphe 1.

63. *Ibid.*, I, 33-38, *in* McGeer, *op. cit.*, p. 15, paragraphe 4.

64. *Ibid.*, I, 62 et suivants, *in* McGeer, *op. cit.*, p. 17. Les notes de McGeer, à compter de la note 83 p. 64, sont indispensables pour permettre de bien comprendre le texte, par endroits corrompu ; par exemple, la longueur des *menavlia* est énoncée comme étant de 2 ou 2,5 *spithamai* (soit 0,46 ou 0,58 mètre), ce qui est bien trop faible.

65. *Cf.* Giorgio Ravegnani, *Soldati di Bizancio in Eta Giustinianea*, 1988, p. 46.

66. *Praecepta*, I, 119-125, *in* McGeer, *op. cit.*, p. 19, paragraphe 11.

67. *Tactique*, 56, 82-85, *in* McGeer, *op. cit.*, p. 93 et 210, où l'auteur permet de mieux comprendre le texte.

68. *Praecepta*, I, 116-119, *in* McGeer, *op. cit.*, p. 19, paragraphe 10.

69. *Praecepta*, I, 75 et suivants, *in* McGeer, *op. cit.*, p. 17, paragraphe 14.

70. Pour un avis contraire, *cf.* M. P. Anastasiadis, « On Handling the Menavlion », 1994, p. 1-10, cité p. 349, note 86. Mais voir J. F. Haldon, *Byzantium in the Seventh Century : The Transformation of a Culture*, 1990, p. 218.

71. *Praecepta*, I, 137, *in* McGeer, *op.cit.*, p. 21, paragraphe 14.

72. *Cf.* McGeer, *Sowing the Dragon's Teeth*, p. 65, 150-155 notes.

73. *Cf.* Paul E. Chevedden, « Artillery in Late Antiquity : Prelude to the Middle Ages », 2007, p. 137.

74. *Cf.* Paul Chevedden, « The Invention of the Counterweight Trebuchet : A Study in Cultural Diffusion », 2000, p. 72-116 ; sur l'identification des *cheiromangana* dans les *Praecepta militaria*, cf. p. 79 ; voir également p. 10, note 144.

75. *Ibid.*, p. 114.

76. II, 16, 10-11. Cf. Michael Whitby et Mary Whitby, *The History of Theophylact Simocatta*, 1986 ; Chevedden, « The Invention of the Counterweight Trebuchet : A Study in Cultural Diffusion », p. 75 et note 9.

77. Passage que l'on peut lire dans ses *Miracles de saint Démétrius*. Ici tiré (dans une forme à peine remaniée) de l'article de Chevedden, « Artillery in Late Antiquity », p. 74, lui-même ayant puisé chez P. Lemerle (éd.), *Les plus anciens recueils des miracles de saint Démétrius et la pénétration des Slaves dans les Balkans*, 1979, tome 1, p. 154.

78. *Praecepta*, II, 2-13, *in* McGeer, *Sowing the Dragon's Teeth*, p. 23, paragraphes 1-2.

79. *Ibid.*, II, 20-23, *in* McGeer, *op. cit.*, p. 23, paragraphe 3.

80. *Ibid.*, IV, 7-11, *in* McGeer, *op. cit.*, p. 39, paragraphes 1-2.

81. *Ibid.*, III, 53 et suivants, *in* McGeer, *op. cit.*, p. 37, paragraphe 7.

82. *Ibid.*, III, 46-53, *in* McGeer, *op. cit.*, p. 37, paragraphe 6.

83. Terme traduit avec une certaine hésitation par « mailles » (« chain-mail ») *in* McGeer, *op. cit.*, p. 70, note 29, ainsi que dans le glossaire p. 370, mais la toile de soie ou de coton sert à l'évidence de support à l'armure à écailles, car les cottes n'ont pas besoin de support (III, 27-30 ; *op. cit.*, p. 35, paragraphe 4). Pour un autre point de vue, cf. Timothy Dawson, « Kremasmata, Kabadion, Klibanion : Some Aspects of Middle Byzantine Military Equipment Reconsidered », 1998, p. 38-50.

84. *Praecepta*, III, 36-46, *in* McGeer, *op. cit.*, p. 37, paragraphes 4-6.

85. *Ibid.*, IV, 1, *in* McGeer, *op. cit.*, p. 39, paragraphe 1.

86. *Ibid.*, IV, 17-22, *in* McGeer, *op. cit.*, p. 41, paragraphe 2.

87. *Ibid.*, IV, 29 et suivants, *in* McGeer, *op. cit.*, p. 41, paragraphe 3.

88. *Ibid.*, IV, 106 et suivants, *in* McGeer, *op. cit.*, p. 45, paragraphe 11.

89. Lignes grecques 204-205 dans le texte original, *in* McGeer, *op. cit.*, p. 50 (texte en traduction anglaise p. 51, paragraphe 19).

90. Le nouvel éditeur des *Praecepta militaria*, qui fait autorité, a encore renforcé l'importance de sa contribution par une analyse tactique précieuse dans laquelle il reconstitue avec grand soin les modalités particulières d'exploitation des synergies suivant les prescriptions du texte. *Cf.* McGeer, *op. cit.*, particulièrement à compter de p. 294.

91. *Cf.* Alphonse Dain, *La « Tactique » de Nicéphore Ouranos*, 1937, p. 134.

92. Skylitzès, « Basile II le Bulgaroctone », 23, p. 183.

93. « À la suite d'une habile manœuvre dont il pouvait voir le thème dans les manuels de tactique qui lui étaient familiers... », Dain, *La « Tactique » de Nicéphore Ouranos*, p. 135.

94. Blass établit la liste de tous les textes classiques qu'il y trouva : « Die grie. und lat. Handschriften in alten Serail zu Konstantinopel », 1887, p. 219-233, parmi lesquels le *Constantinopolitanus Graecus 36* (p. 225).

95. Il ajoute la *Sylloge tacticorum* ; *cf.* Dain, *op. cit.*, p. 42-43.

96. Pour les chapitres 56-65, *cf.* McGeer, *Sowing the Dragon's Teeth*, p. 79-163 ; les chapitres 63-74 ont été édités et traduits par J.-A. de Foucault, « Douze chapitres inédits de la Tactique de Nicéphore Ouranos », 1973, p. 286-311.

97. *Tactique*, à compter de 63, 1, *in* McGeer, *op. cit.*, p. 143, avec une adaptation.

98. *Ibid.*, 63, 12 (*in* McGeer, *op. cit.*, p. 143).

99. *Ibid.*, à compter de 63, 24 (*in* McGeer, *op. cit.*, p. 143).

100. *Ibid.*, 63, 5 (*in* McGeer, *op. cit.*, p. 145), où l'expression « capturer des langues » est qualifiée de « sinistre » (p. 165, note 36) ; « capturer des langues » était également l'expression employée par l'Armée rouge pour désigner la capture de troupes allemandes destinées aux spécialistes des interrogatoires.

101. *Ibid.*, 63, 84 (*in* McGeer, *op. cit.*, p. 147).

102. *Ibid.*, 64, 3 (*in* McGeer, *op. cit.*, p. 147).

103. *Ibid.*, 64, 42 (*in* McGeer, *op. cit.*, p. 149).

104. *Ibid.*, 64, 94 (*in* McGeer, *op. cit.*, p. 153).

105. *Ibid.*

106. Le terme *Saracenoi*, désignant à l'origine une tribu du nord du Sinaï chez Ptolémée, remplace ici *Agarenoi* (descendants d'Agar, la concubine répudiée d'Abraham) pour décrire les Arabes – car le terme *Arabioi* signifiait généralement « bédouins » à l'époque, et encore longtemps après chez les Arabes eux-mêmes. *Ibid.*, 65, 20-33, *in* McGeer, *op. cit.*, p. 155.

107. *Ibid.*, 65, 55-64 (*in* McGeer, *op. cit.*, p. 157).

108. *Ibid.*, 65, 73-79 (*in* McGeer, *op. cit.*, p. 158-159).

109. Il s'agit du papyrus Erzherzou Rainer 558.

110. *Tactique*, 65, 162-165 (*in* McGeer, *op. cit.*, p. 163).

111. *Tactique*, 66 (*in* de Foucault, « Douze chapitres », p. 302-304).

112. *Ibid.*, 68 (*in* De Foucault, *op. cit.*, p. 306-307).

113. *Ibid.*, 69 (*in* De Foucault, *op. cit.*, p. 306-307).

114. *Ibid.*, 72 (*in* De Foucault, *op. cit.*, p. 308). D'après la reconstitution de Dain (*La « Tactique »*, p. 21), ce passage fait écho à un passage des *Praecepta militaria*, lui-même dérivé d'Onosander, 22.

115. *Ibid.*, 73 (*in* De Foucault, *op. cit.*, p. 308-310).

116. *Cf.* Alphonse Dain, « Les stratégistes byzantins », édité par J.-A. de Foucault, 1967, p. 373.

117. Il s'agit du *Mosquensis Graecus 436*, acheté en 1654 au monastère d'Iviron sur le mont Athos et conservé à Moscou depuis cette date.

118. Je me fonde ici sur la dernière édition publiée, celle de Maria Dora Spadaro, édition et traduction italiennes, *Kekaumenos : Raccomandazioni e consigli di un galantuomo : Strategikon*, 1998. Les premiers éditeurs (B. Wassiliewsky et V. Jernstedt, *Cecaumeni « strategikon » et incerti scriptoris « de officiis regiis libellus »*, Saint-Pétersbourg, 1896) appartenaient à la première vague d'érudits russes en études byzantines, qui s'acheva avec la révolution bolchevique ; le deuxième éditeur (G. G. Litavrin, *Sovety I rasskazy Kekavmena Socinenie vizantijskogo polkovodka XI ueka*, Moscou, 1972) faisait partie du renouveau postérieur à 1945.

119. *Cf.* Alexios G. C. Savvides, « The Byzantine Family of Kekaumenos », 1986-1987, p. 12-27.

120. 26, 36-37 (édition Spadaro, p. 88).

121. *Cf.* Paul Magdalino, « Honour among the Romaioi : The Framework of Social Values in the World of Digenes Akrites and Kekaumenos », 1989, p. 183-218.

122. 52, 4-5 (édition Spadaro, p. 88).

123. 54, 19-24 (édition Spadaro, p. 88).

124. 54, 26-27 (édition Spadaro, p. 88).

125. *Ibid.*, p. 88.

126. Pour une perspective beaucoup plus large (*Cecaumeno e la societa' bizantina*), on pourra se reporter à l'édition Spadaro, *Kekaumenos*, à compter de p. 19.

127. 24 (édition Spadaro, p. 65).

128. 25 (édition Spadaro, p. 67).

129. 28 (édition Spadaro, p. 69).

130. 30 (édition Spadaro, p. 70).

131. 36 (édition Spadaro, p. 75).
132. 34 (édition Spadaro, p. 73-74).
133. 41, 14-42, 29 (édition Spadaro, p. 78-79).
134. 46 (édition Spadaro, p. 83).
135. 47 (édition Spadaro, p. 83).
136. 49 (édition Spadaro, p. 85).

Chapitre 15
LA MANŒUVRE STRATÉGIQUE :
HÉRACLIUS DÉFAIT LA PERSE

1. *Cf.* Ammien Marcellin, VII, 5 ; sur la modération des Sassanides, on pourra se reporter aux éléments du débat exposés par A. D. Lee, *Information and Frontiers : Roman Foreign Relations in Late Antiquity*, 1993, à compter de p. 21.

2. Je suis la chronologie donnée dans l'ouvrage de Walter E. Kaegi Jr., *Heraclius : Empereur of Byzantium*, 2003, résumée p. 324-326.

3. *Cf.* Andrew Palmer, *The Seventh Century in the West-Syrian Chronicles*, 1993, texte 13 ; p. 133-134 pour le texte reconstitué de Denis ; Michel le Syrien donne 120 000 livres (p. 134, note 303).

4. Indiction 14, année 16. *Cf. Chronichon Pascale, 284-628 AD*, traduction anglaise par Michael Whitby et Mary Whitby, 1989, p. 174.

5. *Cf. Chronichon Pascale*, édition Whitby, p. 179.

6. *Ibid.*, p. 173.

7. 303 (*The Chronicle of Theophanes Confessor, AD 284-813*, traduction anglaise par Cyril A. Mango *et al.*, 1997, p. 435) ; 304 (édition Mango *et al.*, p. 436).

8. *Ibid.*, 303 (édition Mango *et al.*, p. 436).

9. *Ibid.*, 304 (édition Mango *et al.*, p. 436).

10. *Chronichon Pascale*, édition Whitby, p. 161.

11. 38, 122 (*The Armenian History Attributed to Sebeos*, traduction anglaise par R. W. Thompson, volumes 1-2, 1999, tome 1, p. 78-79).

12. *Ibid.*, tome 2, p. 214.

13. 38, 123 (édition Thompson, tome 1, p. 79-80).

14. 38, 123 (édition Thompson, tome 1, p. 80).

15. 38, 124 (édition Thompson, tome 1, p. 81 ; tome 2, p. 215). Cf. Kaegi, *Heraclius*, à compter de p. 12.

16. *Cf.* Mary Boyce, « Adur Gušnasp », 1985 ; Kaegi, *Heraclius*, p. 122 et *passim*.

17. *Cf.* Kaegi, *op. cit.*, p. 122 et *passim*.

18. *Chronichon Pascale*, édition Whitby, p. 171.

19. 315, AM 6117 (édition Mango *et al.*, p. 446).

20. *Ibid.*, 316, AM 6117 (édition Mango *et al.*, p. 447).

21. Édition Whitby, p. 178.

22. I, édition Thompson, p. 79.

23. *Chronichon Pascale*, p. 178.

24. *Cf.* Kaegi, *Heraclius*, à compter de p. 156.

25. 316, AM 6117 (édition Mango *et al.*, p. 447).

26. *Cf. ibid.*, p. 158, où il est question du yabghu xak'an et du « kok » turc ; mais voir Peter B. Golden, *An Introduction to the History of the Turkic Peoples*, 1992, p. 135 et 236 (passages complétés d'une communication personnelle).

27. Ménandre, *Excerpta de legationibus Romanorum ad gentes*, 14, fragment 19, *in* R. C. Blockley, traduction anglaise, *The History of Menander the Guardsman*, 1985, p. 175.

28. *De administrando imperio*, 31 (édition Moravcsik et Jenkins, p. 149).

29. 324, AM 6118 (édition Mango *et al.*, p. 452-453).

30. Sébéos, I (édition Thompson, tome 1, p. 84).

31. Théophane, 321, AM 6118 (édition Mango *et al.*, p. 451).

32. *Ibid.*, 322, AM 6118 (édition Mango *et al.*, p. 451).

33. *Ibid.*, 325, AM 6118 (édition Mango *et al.*, p. 453). On pourra se reporter à la reconstitution convaincante et fascinante que fait Kaegi de la campagne, *Heraclius*, p. 156 et suivantes et p. 172 pour la période postérieure à la victoire de Ninive. Kaegi relève que

Théophane a fort bien pu inventer l'histoire – les règles prescrivent en effet toujours une occasion de salut rejetée avant que la ruine ne survienne.

34. *Cf.* Kaegi, *op. cit.*, p. 177-178.

35. *Cf.* Sébéos, édition Thompson, tome 2, p. 224.

CONCLUSION

1. Parmi d'innombrables écrits, j'ai trouvé particulièrement utiles les ouvrages suivants : Agostino Pertusi, *Il pensiero politico bizantino*, édité par Antonio Carile, 1990, avec une division en trois périodes (la période de Justinien, la période postérieure à Justinien et la période qui s'ouvrit après la reconquête de 1261) ; Alexander Kazhdan et Giles Constable, *People and Power in Byzantium : An Introduction to Modern Byzantine Studies*, 1982, tout particulièrement sur la religion, à compter de p. 76 ; Cyril Mango, *Byzantium : The Empire of New Rome*, 1980, tout particulièrement sur l'hellénisme et ses limites géographiques, à compter de p. 13.

2. Tia M. Kolbaba, « Fighting for Christianity : Holy War in the Byzantine Empire », 2007, p. 43-70, mentionne mais n'aborde pas frontalement la dimension idéologique de la guerre de frontière – le jihad était bien réel malgré tous les actes de brigandage qui se perpétraient des deux côtés ; à comparer avec G. T. Dennis, « Defenders of the Christian People : Holy War in Byzantium », 2007, p. 71-79.

3. Fragment 51 *in* H. A. Diels et Rev. W. Kranz, *Die Fragmente der Vorsokratiker*, 2004, ou fragment 27 dans la prodigieuse édition de M. Marcovich, *Heraclitus : Greek Text with Commentary*, 1967, à bon droit qualifiée d'*editio maior*. Traduction française par J.-P. Dumont, 1988. Traduction de Jean Voilquin, 1964 : « Ils ne comprennent pas comment ce qui lutte avec soi-même peut s'accorder : mouvements en sens contraire, comme pour l'arc... »

4. Fragment 53 *in* Diels et Kranz, *Die Fragmente* ; fragment 29 *in* Marcovich, *Heraclitus*. Traduction française par J.-P. Dumont, 1988. Traduction de Jean Voilquin, 1964 : « La guerre est le père de toutes choses et le roi de toutes choses ; de quelques-uns elle a fait des dieux, de quelques-uns des hommes ; des uns des esclaves ; des autres des hommes libres ».

5. « Code opérationnel » signifie ici un ensemble de normes de comportement observées et attribuables (définition tirée de l'ouvrage de Natan Constantin Leites, *The Operational Code of the Politburo*, 1951). On pourra examiner en parallèle le problème du « Byzantine agreement » en science de l'informatique : *cf.* L. Lamport, R. Shostak et M. Pease, « The Byzantine Generals Problem », 1982.

6. *Cf. De uelitatione*, 7, *in* George T. Dennis, *Three Byzantine Military Treatises*, 1985, p. 162.

7. George T. Dennis dans ses articles « Some Reflections on Byzantine Military Theory », 2007, et « Byzantium at War (9th-12th C.) », 1997, ainsi que Water Emil Kaegi Jr., *Some Thoughts on Byzantine Military Strategy*, 1983. *Note* : Charalambos Papasotiriou, « Byzantine Grand Strategy », 1991, propose une division en plusieurs périodes : une première période consacrée à la conquête de Justinien, jugée d'une ambition démesurée et conditionnée par des équilibres internes trouvés avec les monophysites ; une deuxième période allant d'Héraclius au deuxième siège des Arabes – une stratégie d'endiguement mise en œuvre avec la nouvelle organisation par thèmes ; une période suivante de reconquête territoriale suivie d'une consolidation, puis d'une expansion modérée rendue possible grâce aux ressources du redressement démographique et économique ; le « triomphe de la diplomatie, 843-959 », période comprenant l'alliance avec les Khazars et ses succès – à une époque où l'Europe occidentale subissait les attaques simultanées des raids maritimes scandinaves (les « Vikings »), des incursions de la cavalerie des Magyars, des corsaires et des envahisseurs arabes. Suivit alors « le triomphe de la force, 959-1025 », rendu possible par le déclin de la puissance arabe et l'intervalle de tranquillité relative qui en résulta jusqu'à l'arrivée des Seldjoukides, ainsi que par des forces de campagne de très haut niveau. Je n'ai rien à redire sur cette analyse, mais je maintiens que les fondements de la stratégie byzantine étaient en place avant Justinien.

APPENDICE

1. *The Grand Strategy of the Roman Empire : From the First Century AD to the Third*, 1976/2007.

2. Favorables à l'existence d'une grande stratégie romaine : P. A. Brunt ; Ernst Badian ; Stephen L. Dyson, *The Creation of the Roman Frontier*, 1985. Critiques détaillées : John C. Mann, « Power, Force and the Frontiers of the Empire », 1979 ; d'une manière plus développée, Benjamin Isaac, *The Limits of Empire : The Roman Army in the East*, 1990, à compter de p. 372. Également, parmi de nombreux autres, Luigi Loreto, « La Storia della grand strategy un dibattito Luttwak ? », 2006, et « Il paradosso Luttwakiano power projection, low intensity e funzione del limes », 2006 ; Mickaël Guichaoua, « Lecture critique de Luttwak : La Grande Stratégie de l'Empire romain », 2004 ; Karl-Wilhem Welwei, « Probleme römischer Grenzsicherung am Beispiel der Germanienpolitik des Augustus », 2004, à compter de p. 675. Opposés, parmi d'autres : C. R. Whittaker, *Frontiers of the Roman Empire : A Social and Economic Study*, 1994 ; Susan P. Mattern, *Rome and the Enemy : Imperial Strategy in the Principate*, 1999. Aucun des deux n'accepte l'autonomie de l'histoire militaire, ni la conséquentialité de l'action militaire – une posture assez commune mais pas parmi les praticiens ni les érudits à la vision plus large.

3. *Cf.* Moritz Cantor, *Die römischen Agrimensoren und ihre Stellung in der Geschichte der Feldmesskunst : Eine historisch-mathematische Untersuchung*, 1875.

4. *Cf.* A. D. Lee, *Information and Frontiers : Roman Foreign Relations in Late Antiquity*, 1993, p. 87 et note 29.

5. *Cf.* Edwark N. Luttwak, *Strategy : The Logic of War and Peace*, 2001.

OUVRAGES CITÉS

Cl. Aeliani et Leonis Imp. tactica siue de instruendis aciebus, édition Meursius, Lugduni Batauorum [Leyden] : Ludouicum Elzeuirium, 1613.

Aeneas Tacticus, Asclepiodotus, Onasander, édition et traduction anglaise par W. A. Oldfather, Cambridge, Massachusetts, Harvard University Press, 1977.

Ahrweiler, Hélène, *Byzance et la mer. La marine de guerre, la politique et les institutions maritimes de Byzance aux VIIe-XVe siècles*, Paris, Presses universitaires de France, 1966.

Allen, Pauline, « The "Justinianic" Plague », *Byzantion*, n° 49, 197, p. 5-20.

Alston, Richard, « Managing the Frontiers : Supplying the Frontier Troops in the Sixth and Seventh Centuries », in Paul Erdkamp (éd.), *The Roman Army and the Economy*, Amsterdam, J. C. Gieben, 2002.

Alvarez, R. P., « Saddle, Lance and Stirrup », *International Newsletter for the Fencing Collector*, 4, n° 3-4, 15 juillet 1998.

Amari, Michele, *La guerra del vespro siciliano*, Turin, Pomba, 1851.

Amatuccio, Giovanni, *Peri Toxeias l'arco di guerra nel mondo bizantino e tardo-antico*, Bologne, Planetario, 1996.

Amatuccio, Giovanni, « Lo Strano arciere della porta dei Leoni », *Arcosophia*, 1, supplément à Arco, 1, n° 1, 2005, disponible en ligne sur le site Internet http://www.arcosophia.net.

Ambrosii [Saint Ambroise], Expositio Euangeli secundum Lucam X, 10, in Migne, *Patrologia Latina*, volume 15, colonnes 1806-1809.

Ammien Marcellin, 3 volumes, traduction anglaise par John C. Rolfe, Cambridge, Massachusetts, Harvard University Press, 1935.

Andersson, Theodore M., *A Preface to the Nibelungenlied*, Stanford, Stanford University Press, 1987.

Annales Bertiniani (vers 839), in G. Waitz, *Monumenta Germaniae historica : scriptores rerum Germanicarum in usum scholarum*, Hanovre, Hahn, 1883.

Anonymous Byzantine Treatise on Strategy (The), autrefois connu sous les titres *Peri strategikes* ou *De re strategica*, in George T. Dennis, édition et traduction anglaise, *Three Byzantine Military Treatises* (« The Anonymous Byzantine Treatise on Strategy », p. 1-135), Washington D. C., Dumbarton Oaks, 1985.

Arriani tactica et Mauricii artis militaris libri duodecim, Uppsala, Joannes Schefferus, 1664.

Arrien, Flavius, The Expedition against the Alans (Acies contra Alanos), in James G. DeVoto (éd.), *Flavius Arrianus*, Chicago, Ares, 1883.

Athénée le Mécanicien, *On Machines*, édition et traduction anglaise par D. Whitehead et P. H. Blyth, Historia Einzelschriften, 182, Stuttgart, Franz Steiner, 2004.

Austin, N. J. E., et N. B. Rankov, *Exploratio : Military and Political Intelligence in the Roman World from the Second Punic War to the Battle of Adrianople*, Londres, Routledge, 1995.

Ayalon, David, Eunuchs, *Caliphs and Sultans : A Study in Power Relationships*, Jérusalem, Magnes Press, 1999.

Bivar, A. D. H., « Cavalry Equipment and Tactics on the Euphrates Frontier », *Dumbarton Oaks Papers*, n° 26, 1972, p. 271-291.

Blockley, R. C., *East Roman Foreign Policy : Formation and Conduct from Diocletian to Anastasius*, Leeds, F. Cairns, 1992.

Blockley, R. C., *The Fragmentary Classicizing Historians of the Later Roman Empire : Eunapius, Olympiodorus, Priscus and Malchus*, deux volumes, Liverpool, Liverpool University Press, 1983.

Blockley, R. C., *The History of Menander the Guardsman*, Liverpool, F. Cairns, 1985.

Blockley, R. C., « Subsidies and Diplomacy : Rome and Persia in Late Antiquity », *Phoenix*, 39, n° 1, printemps 1985, p. 62-74.

Bonner, Michael, *Jihad in Islamic History : Doctrines and Practice*, Princeton, Princeton University Press, 2007.

Bowlus, Charles R., Franks, *Moravians and Magyars : The Struggle for the Middle Danube, 788-907*, Philadelphie, University of Pennsylvania Press, 1995.

Boyce, Mary, « Adur Gušnasp », in Y. Yarshater (éd.), *Encyclopaedia Iranica*, volume 1, Costa Mesa, Californie, Eisenbrauns, 1985.

Brennan, Peter, « Mining a Mirage », in *Notitia*, Liverpool, Liverpool University Press, ouvrage à paraître.

Bréhier, Louis, *Les Institutions de l'Empire byzantin*, Paris, Albin Michel, 1970 (première édition en 1949).

Brett, Gerard, « The Automata in the Byzantine « Throne of Solomon » », *Speculum*, 29, n° 3, juillet 1954, p. 477-487.

Browning, Robert, « Where Was Attila's Camp ? », *Journal of Hellenic Studies* 73, 1953, p. 143-145.

Bury, J. B., *History of the Later Roman Empire : From the Death of Theodosius I to the Death of Justinian*, New York, Dover, 1958.

Bury, J. B., *The Imperial Administrative System in the Ninth Century with a Revised Text of the Kletorologion of Philotheos*, Oxford, British Academy, 1911.

Bury, J. B., « Justa Grata Honoria », *Journal of Roman Studies*, 9, 1919, p. 1-13.

Cameron, Averil (éd.), *The Byzantine and Early Islamic Near East*, 3 volumes, Princeton, Darwin Press, 1995.

Cameron, Averil, Claudian, *Poetry and Propaganda at the Court of Honorius*, Oxford, Clarendon Press, 1970.

Cameron, Averil, « Justin I and Justinian », in A. Cameron, B. Ward-Perkins et M. Whitby (éd.), *Late Antiquity : Empire and Successors, A. D. 425-600*, volume 14 de la Cambridge Ancient History, Cambridge, Cambridge University Press, 2001.

Cameron, Averil, « Vandal and Byzantine Africa », in A. Cameron, B. Ward-Perkins et M. Whitby (éd.), *Late Antiquity : Empire and Successors, A. D. 425-600*, volume 14 de la Cambridge Ancient History, Cambridge, Cambridge University Press, 2001.

Cameron, Averil, B. Ward-Perkins et M. Whitby (éd.), *Late Antiquity : Empire and Successors, A. D. 425-600*, volume 14 de la Cambridge Ancient History, Cambridge, Cambridge University Press, 2001.

Campaign Organization (autrefois connu sous le titre *De re militari*), in George T. Dennis, traduction anglaise, *Three Military Byzantine Treatises*, Washington D. C., Dumbarton Oaks, 1985.

Cantor, Moritz, *Die römischen Agrimensoren und ihre Stellung in der Geschichte der Feldmesskunst : Eine historisch-mathematische Untersuchung*, Leipzig, Teubner, 1875, disponible en ligne sous format PDF auprès de la Harvard Online library.

Casson, Lionel, *Ships and Seamanship in the Ancient World*, Baltimore, Johns Hopkins University Press, 1995.

Charles, R. H., *The Chronicle of John, Bishop of Nikiu*, Translated from Zotenberg's Ethiopic Text, 1916, ouvrage disponible en ligne sur le site Internet http://www.tertullian.org/fathers/index.htmNo.John_of_Nikiu.

Chessmann, G. L., *The Auxilia of the Roman Imperial Army*, Oxford, Clarendon Press, 1914 ; réimpression, Chicago, Ares, 1975.

El-Cheikh, Nadia Maria, « Byzantium Viewed by the Arabs », mémoire, Harvard University, 1992 ; Cambridge, Massachusetts, Distribution Harvard University Press pour le Center for Middle Eastern Studies of Harvard University, 2004.

Chevedden, Paul E., « Artillery in Late Antiquity », in A. Corfis et M. Wolfe (éd.), *The Medieval City under Siege*, Woodbridge, Grande-Bretagne, Bydell and Brewer, 1999.

Chevedden, Paul E., « The Invention of the Counterweight Trebuchet : A Study in Cultural Diffusion », *Dumbarton Oaks Papers*, n° 54, p. 72-116, Washington D. C., 2000.

Christides, Vassilios, « Naval Warfare in the Eastern Mediterranean (6th-14th Centuries) : An Arabic Translation of Leo VI's Naumachica », *Graeco-Arabica* 3, 1984, p. 137-148.

Chronicle of Pseudo-Joshua the Stylite (The), traduction anglaise par Frank R. Trombley et John W. Watt, Liverpool, Liverpool University Press, 2000.

Chronichon Paschale, 284-628 A. D., traduction anglaise par Michael Whitby et Mary Whitby, Liverpool, Liverpool University Press, 1989.

Cl. Aeliani et Leonis Imp. tactica siue de instruendis aciebus, édition Meursius, Lugduni Batauorum [Leyden] : Ludouicum Elzeuirium, 1613.

Clausewitz, Carl von, *On War*, édition et traduction anglaise par Michael Howard et Peter Paret, Princeton, Princeton University Press, 1976.

Cleaves, Francis Woodman, *The Secret History of the Mongols*, volume 1, Cambridge, Massachusetts, Harvard University Press, 1982.

Code théodosien, disponible en ligne sur le site Internet http://www.ancientrome.ru/ius/library/codex/theod/liber16.htm.8.

Connolly, Peter, et Carol van Driel-Murray, « The Roman Cavalry Saddle », *Britannia* 22, 1991, p. 33-50.

Constantin Porphyrogénète, *De administrando imperio*, édition Guy Moravcsik, traduction anglaise par R. J. H. Jenkins, Washington D. C., Dumbarton Oaks Center for Byzantine Studies/Harvard University Press, 1967.

Constantin Porphyrogénète, *De cerimoniis aulae byzantinae*, in J. Reiske (éd.), *Corpus scriptorum historiae byzantinae*, Bonn, Weber, 1829.

Constantin Porphyrogénète, *De thematibus : Introduzione, testo critico, commento*, édition et traduction italienne par Agostino Pertusi, Cité du Vatican, Biblioteca apostolica vaticana, 1952.

Conybeare, Frederick C., « Antiochus Strategos'Account of the Sack of Jerusalem (614) », *English Historical Review* 25, n° 99, juillet 1910, p. 502-517, article disponible en ligne sur le site Internet http://www.fordham.edu/halsall/source/strategos1.html.

Corazzzini, F., *Scritto sulla Tattica Navale, di anonimo Greco*, Leghorn, Pia Casa del Refugio, 1883, ouvrage disponible auprès de Domenico Carro en ligne sur le site Internet, www.romaeterna.org.

Cosentino, Salvatore, « Della tassazione tardoromana, a quella bizantina : Un avvio al medioevo », in M. Kajava (éd.), *Gunnar Mickwitz nella storiografia europea tra le due guerre : Acta Institutum Romanum Finlandiae*, Rome, 34, 2007, p. 119-133.

Cosentino, Salvatore, « Per una nuova edizione dei Naumachica ambrosiani : Il De fluminibus traiciendis (Strat. XII B, 21) », *Bizantinistica, ser.* 2, année 2, 2001, p. 63-105.

Cosentino, Salvatore, « The Syrianos's « Strategikon » : A 9th Century Source ? », *Bizantinistica*, ser. 2, année 2, 2000, p. 243-280.

Cotter, Stephen Edward, « The Strategy and Tactics of Siege Warfare in the Early Byzantine Period : From Constantine to Heraclius », thèse (Ph. D.), Queen's University, Belfast, 1995.

Cross, Samuel H., et Olgerd P. Sherbowitz-Wetzor, The Russian Primary Chronicle : Laurentian Text, *Harvard Studies and Notes in Philology and Literature*, n° 108, Cambridge, Massachusetts, Medieval Academy of America, 1953.

Crow, James G., « The Long Walls of Thrace », in Cyril A. Mango et Gilbert Dagron (éd.), *Constantinople and Its Hinterland*, Aldershot, Grande-Bretagne, Variorum, 1995.

Curta, Florin (éd.), *Borders, Barriers, and Ethnogenesis : Frontiers in Late Antiquity and the Middle Ages*, Turnhout, Belgique, Brepols, 2005.

Curta, Florin, *Southeastern Europe in the Middle Ages, 500-1250*, Cambridge, Cambridge University Press, 2006.

Dagron, Gilbert, « Byzance et le modèle islamique au Xe siècle : à propos des constitutions tactiques de l'empereur Léon VI », *Comptes rendus de l'Académie des inscriptions et belles-lettres*, avril-juin 1983, p. 219-243.

Dagron, Gilbert, « Byzance et ses voisins : étude sur certains passages du livre des cérémonies », *Travaux et mémoires du Centre de recherche d'histoire et civilisation byzantine*, n° 13, p. 353-357, Paris, De Boccard, 2000.

Dagron, Gilbert, « Ceux d'en face : les peuples étrangers dans les traités militaires byzantins », *Travaux et mémoires du Centre de recherche d'histoire et civilisation byzantine*, n° 10, p. 207-232, Paris, De Boccard, 1987.

Dagron, Gilbert, « Poissons, pêcheurs et poissonniers de Constantinople », in Cyril A. Mango et Gilbert Dagron (éd.), *Constantinople and Its Hinterland*, Aldershot, Grande-Bretagne, Variorum, 1995.

Dagron, Gilbert, et Haralambie Mihăescu, *Le Traité sur la guérilla (De uelitatione) de l'empereur Nicéphore Phocas (963-969)*, Paris, Éditions du Centre national de la recherche scientifique, 1986.

Dain, Alphonse, *Leonis VI Sapientis Problemata*, Paris, Les Belles Lettres, 1935.

Dain, Alphonse, « Memorandum inédit sur la défense des places », *Revue des études grecques*, 53, 1940, p. 123-136.

Dain, Alphonse, *Naumachica*, Paris, Les Belles Lettres, 1943.

Dain, Alphonse, « Les stratégistes byzantins », édité par J.-A. de Foucault, *Travaux et mémoires du Centre de recherche d'histoire et civilisation byzantine*, n° 2, p. 317-392, Paris, De Boccard, 2000.

Dain, Alphonse (éd.), *Sylloge tacticorum* (autrefois connue sous le titre *Inedita Leonis tactica*), annotations en latin, Paris, Les Belles Lettres, 1938.

Dain, Alphonse, *La Tradition du texte d'Héron de Byzance*, Paris, Les Belles Lettres, 1933.

Darrouzes, J., *Épistoliers byzantins du Xe siècle*, Archives de l'Orient chrétien 6, Paris, Institut français d'études byzantines, 1960.

Daryaee, Touraj, « Ethnic and Territorial Boundaries in Late Antique and Early Medieval Persia (Third to Tenth Century) », in Florin Curta (éd.), *Borders, Barriers, and Ethnogenesis : Frontiers in Late Antiquity and the Middle Ages*, Turnhout, Belgique, Brepols, 2005.

De administrando imperio, édition Guy Moravcsik, traduction anglaise par R. J. H. Jenkins, Washington D. C., Dumbarton Oaks Center for Byzantine Studies/Harvard University Press, 1967.

de Clari, Robert, *La Conquête de Constantinople*, Paris, Flammarion, 1956.

de Clari, Robert, « La prise de Constantinople », chapitre 73 in Charles Hopf (éd.), *Chroniques gréco-romanes inédites ou peu connues*, 1873 ; réimpression, avec une traduction de D. C. Munro, Bruxelles, Culture et Civilisation, 1966.

de Foucault, J.-A., « Douze chapitres inédits de la Tactique de Nicéphore Ouranos », *Travaux et mémoires du Centre de recherche d'histoire et civilisation byzantine*, n° 5, Paris, De Boccard, 1973.

de La Vaissière, Étienne, « Huns et Xiongnu », *Central Asiatic Journal*, 49, n° 1, 2005, p. 3-26.

Dennis, G. T., « Byzantium at War (9th-12th c.) », International Symposium, 4, National Hellenic Research Foundation, Institute for Byzantine Research, Athènes, Fondation Goulandri-Horn, 1997.

Dennis, G. T., « Defenders of the Christian People : Holy War in Byzantium », in John Haldon (éd.), *Byzantine Warfare*, Aldershot, Grande-Bretagne, Ashgate, 2007.

Dennis, G. T., « Flies, Mice, and the Byzantine Crossbow », *Byzantine and Modern Greek Studies*, 7, 1981, p. 1-5.

Dennis, G. T., traduction anglaise, *Maurice's Strategikon Handbook of Byzantine Military Strategy*, Philadelphia, University of Pennsylvania Press, 1984.

Dennis, G. T., « Some Reflections on Byzantine Military Theory », in R. S. Calinger et Thomas R. West (éd.), *John K. Zender : A Festschrift*, Indianapolis, Perspectives Press, 2007.

Dennis, G. T. (éd.), *Das Strategikon des Maurikios*, traduction allemande par Ernst Gamillscheg, Corpus fontium historiae byzantinae, 17, Vienne, Verlag der österreichischen Akademie der Wissenschaft, 1981.

Dennis, G. T., *Three Byzantine Military Treatises*, Washington D. C., Dumbarton Oaks, 1985.

De re strategica, in George T. Dennis, *Three Byzantine Military Treatises* (p. 1-36 : « The Anonymous Byzantine Treatise on Strategy »), Washington D. C., Dumbarton Oaks, 1985.

De temporum qualitatibus et positionibus locorum, fragment, in Brian Coke, traduction anglaise, *The Chronicle of Marcellinus Comes*, Byzantina australiensia, 7, Sydney, Australian Association for Byzantine Studies, 1995.

De uelitatione, in George T. Dennis, *Three Byzantine Military Treatises* (p. 137-239 : « Skirmishing »), Washington D. C., Dumbarton Oaks, 1985.

Dewing, H. B., édition et traduction anglaise, *Procopius*, 7 volumes, Loeb Classical Library, Cambridge, Harvard University Press, 1962-1978.

Diels, H. A., et Rev. W. Krantz, *Die Fragmente der Vorsokratiker*, Hildesheim, Weidmann, 2004.

Diodore de Sicile, *Diodorus of Sicily*, 12 volumes, traduction anglaise par C. H. Oldfather, Cambridge, Massachusetts, Harvard University Press, 1935.

Doctrina Jacobi nuper baptizati, édition et traduction V. Dé Roc, Travaux et mémoires du Centre de recherche d'histoire et civilisation byzantine, n° 11, p. 70-218, Paris, De Boccard, 1991.

Durliat, J., « L'approvisionnement de Constantinople », in Cyril A. Mango et Gilbert Dagron (éd.), *Constantinople and Its Hinterland*, Aldershot, Grande-Bretagne, Variorum, 1995.

Durliat, J., « La peste du Ve siècle, pour un nouvel examen des sources byzantines », in J. M. Lefort et al. (éd.), *Hommes et richesses dans l'Empire byzantin*, volume 1 : IVe-VIIe siècles, Paris, P. Lethielleux, 1989.

Dyson, Stephen L., *The Creation of the Roman Frontier*, Princeton, Princeton University Press, 1985.

Eadie, J. W., « The Development of Roman Mailed Cavalry », *Journal of Roman Studies*, 57, 1967, p. 161-173.

Echols, Edward C., *Herodian of Antioch's History of the Roman Empire from the Death of Marcus Aurelius to the Accession of Gordian*, Berkeley, University of California Press, 1961.

Einhard, *Vita Karoli Magni*, traduction anglaise disponible en ligne sur le site Internet de Paul Halsall consacré aux sources médiévales, http://www.fordham.edu/halsall/basis/einhard.htmlNo.Charlemagne.

Elton, Hugh, *Warfare in Roman Europe, A. D. 350-425*, Oxford, Clarendon Press, 1997.

Encyclopedia Judaica, éditée par Cecil Roth, 16 volumes, Jérusalem, Keter, 1973.

Érdy, Miklós, « Hun and Xiongnu Type Cauldron Finds throughout Eurasia », *Eurasian Studies Yearbook*, 67, 1995, p. 3-26.

Evagrius Scholasticus, The Ecclesiastical History of Evagrius Scholasticus, traduction anglaise par Michael Whitby, Liverpool, Liverpool University Press, 2000.

Even, Marie-Dominique, et Rodica Pop (éd.), *Histoire secrète des Mongols = Mongghol-un ni'uca tobciyan : Chronique mongole du XIIIe siècle*, Paris, Gallimard, 1994.

Fan, Ye, *Houhanshu* (pinyin : Hòuhànsh?, signifiant « Livre des Han à la fin de leur empire ») ; traduction anglaise partielle par John E. Hill, disponible en ligne sur le site Internet http://depts.washington.edu/silkroad/texts/hhshu/hou_han_shu. html.

Fei, Jie, Zhou Jie et Hou Yongjian, « Circa A. D. 626 Volcanic Eruption, Climatic Cooling, and the Collapse of the Eastern Turkic Empire », *Climatic Change*, 81, n° 3-4, avril 2007, p. 469-475.

Folz, Robert, *The Coronation of Charlemagne, 25 December 800*, traduction anglaise par J. E. Anderson, Londres, Routledge and Kegan Paul, 1974.

Franklin, Simon, et Jonathan Shepard, *The Emergence of Rus, 750-1200*, New York, Longman, 1996.

Frontin, Sextus Julius, *Strategemata*, traduction anglaise par C. E. Bennett, Cambridge, Massachusetts, Harvard University Press, 1980.

Geanakoplos, Deno John (éd.), *Byzantium : Church, Society, and Civilization Seen through Contemporary Eyes*, Chicago, Chicago University Press, 1984.

Gillett, Andrew, *Envoys and Political Communication in the Late Antique West*, 411-533, Cambridge, Cambridge University Press, 2003.

Gilliver, Cathrine M., « The de munitionibus castrorum », *Journal of Roman Military Equipment Studies*, 4, 1993, p. 33-48.

Golden, Peter B., « Ethnicity and State Formation in Pre-Cinggisid Turkic Eurasia », *Central Eurasian Studies Lectures*, volume 1, Bloomington, Indiana University Press, 2001.

Golden, Peter B., *An Introduction to the History of the Turkic Peoples : Ethnogenesis and State-Formation in Medieval and Early Modern Eurasia and the Middle East*, Wiesbaden, Harrasowitz, 1992.

Golden, Peter B., Khazar Studies : *An Historio-Philological Inquiry into the Origins of the Khazars*, Budapest, Akademia Kiado, 1980.

Golden, Peter B., « The Peoples of the Russian Forest Belt », in D. Sinor (éd.), *The Cambridge History of Early Inner Asia*, Cambridge, Cambridge University Press, 1990.

Goldsworthy, Adrian Keith, *The Roman Army at War, 100 B.C.-A.D. 200*, Oxford, Clarendon Press, 1996.

Gordon, C. D., « The Subsidization of Border Peoples as a Roman Policy of Imperial Defense », thèse (Ph. D.), University of Michigan, 1948.

Granger, Frank, *Vitruvius on Architecture*, 2 volumes, Cambridge, Massachusetts, Harvard University Press, 1983.

Guichaoua, Mickaël, « Lecture critique de Luttwak : « La Grande Stratégie de l'Empire romain » », *Enquêtes et Documents, Revue du Centre de recherches en histoire internationale et atlantique (CRHIA)* 30, 2004.

Guilmartin, J. F., *Gunpowder and Galleys : Changing Technology and Mediterranean Warfare at Sea in the Sixteenth Century*, Cambridge, Cambridge University Press, 1975.

Haldon, John F., « Blood and Ink : Some Observations on Byzantine Attitudes towards Warfare and Diplomacy », in Jonathan Shepard et Simon Franklin (éd.), *Byzantine Diplomacy : Papers from the Twenty-fourth Spring Symposium of Byzantine Studies*, Aldershot, Grande-Bretagne, Variorum, 1992.

Haldon, John F., *Byzantine Praetorians : An Administrative, Institutional and Social Survey of the Opsikion and Tagmata, c. 580-900*, Bonn, Dr Rudolf Habelt, 1984.

Haldon, John F. (éd.), *Byzantine Warfare*, Aldershot, Grande-Bretagne, Ashgate, 2007.

Haldon, John F., *The Byzantine Wars : Battles and Campaigns of the Byzantine Era*, Charleston, South Carolina, Tempus, 2001.

Haldon, John F., *Byzantium in the Seventh Century : The Transformation of a Culture*, Cambridge, Cambridge University Press, 1990.

Haldon, John F., édition et traduction anglaise, Constantine Porphyrogenitus : *Three Treatises on Imperial Military Expeditions*, Vienne, Verlag der österreichischen Akademie der Wissenschaft, 1990.

Haldon, John F., « Introduction : Why Model Logistical Systems ? », in John Haldon (éd.), *General Issues in the Study of Medieval Logistics : Sources, Problems, Methodologies*, Leyden, Brill, 2005.

Haldon, John F., « The Organization and Support of an Expeditionary Force : Manpower and Logistics in the Middle Byzantine Period », in J. F. Haldon (éd.), *Byzantine Warfare*, Aldershot, Grande-Bretagne, Ashgate, 2007. Article disponible en ligne sur le site Internet http://www.deremilitari.org/resources/articles/haldon1.htm#_ftn10.

Haldon, John F., « Some Aspects of Early Byzantine Arms and Armour », in David Nicolle (éd.), *A Companion to Medieval Arms and Armor*, Woodbridge, Grande-Bretagne, Bydell and Brewer, 2002.

Haldon, John F., « Strategies of Defence, Problems of Security : The Garrisons of Constantinople in the Middle Byzantine Period », in Cyril A. Mango et Gilbert Dagron (éd.), *Constantinople and Its Hinterland*, Aldershot, Grande-Bretagne, Variorum, 1995. Article disponible en ligne sur le site Internet http://www.deremilitari.org/resources/articles/haldon2.htm.

Haldon, John F., « Theory and Practice in Tenth-Century Military Administration : Chapters 2, 44 and 45 of the Book of Ceremonies », *Travaux et mémoires du Centre de recherche d'histoire et civilisation byzantine*, n° 13, p. 201-352, Paris, De Boccard, 2000.

Haldon, John F., *Warfare, State and Society in the Byzantine World*, 565-1204, Londres, UCL Press, 1999.

Haldon, John F., et M. Byrne, « A Possible Solution to the Problem of Greek Fire », *Byzantinische Zeitsschrift*, 70, 1977, p. 91-100.

Haldon, John F., Andrew Lacey et Colin Hewes, « Greek Fire Revisited : Recent and Current Research », in Elizabeth Jeffreys (éd.), *Byzantine Style, Religion and Civilization : In Honour of Sir Steven Runciman*, Cambridge, Cambridge University Press, 2006.

Halsall, Guy, *Barbarian Migrations and the Roman West, 376-568*, Cambridge, Cambridge University Press, 2007.

Hartog, François, *The Mirror of Herodotus : The Representation of the Other in the Writing of History*, traduction anglaise par Janet Lloyd, Berkeley, University of California Press, 1988.

Heather, Peter, *The Fall of the Roman Empire : A New History of Rome and the Barbarians*, Oxford, Oxford, University Press, 2006.

Heather, Peter, « The Western Empire, 425-476 », in A. Cameron, B. Ward-Perkins et M. Whitby (éd.), *Late Antiquity : Empire and Successors, A. D. 425-600*, volume 14 de la Cambridge Ancient History, Cambridge, Cambridge University Press, 2001.

Hendy, Michael F., *Studies in the Byzantium Monetary Economy, c. 300-1450*, Cambridge, Cambridge University Press, 1985.

Hirth, Friedrich, *China and the Roman Orient : Researches into Their Ancient and Mediaeval Relations as Represented in Old Chinese Records*, Shanghai et Hong Kong, 1885 ;

ouvrage édité par J. S. Arkenberg et disponible en ligne sur le site Internet http://www.fordham.edu/halsall/eastasia/1372mingmanf.html.

Homère, *Iliade*, traduction anglaise par E. V. Rieu, Harmondsworth, Grande-Bretagne, Penguin Books, 1950.

Homère, *Odyssée*, traduction anglaise par A. T. Murray, Cambridge, Massachusetts, Harvard University Press, 1946.

Howard-Johnston, James, « The Two Great Powers in Late Antiquity : A Comparison », in Averil Cameron (éd.), *The Byzantine and Early Islamic Near East*, Princeton, Darwin Press, 1995.

Hygini Gromatici liber de munitionibus castrorum (pseudo-Hygin, Des fortifications du camp), von s. Hirzel, Leipzig, 1887 ; réimpression, Hildesheim, H. A. Gestenberg, 1972. Texte latin disponible en ligne sur le site Internet http://www.intratext.com/X/LAT0347.html.

Isaac, Benjamin, *The Limits of Empire : The Roman Army in the East*, Oxford, Clarendon Press, 1990.

Isles, Fred, « Turkish Flight Arrows », *Journal of the Society of Archer-Antiquaries*, 4, 1961, article disponible en ligne sur le site Internet http://margo.student.utwente.nl/sagi/artikel/turkish/.

Janni, Pietro, *La Mappa e Il Periplo : Cartografia antica e spazio odologico*, Rome, Giorgio Bretschneider, 1984.

Jenkins, R. J. H. (éd.), avec F. Dvornik, B. Lewis, Gy. Moravcsik, D. Obolensky et S. Runciman, *De Administrando Imperio*, volume 2 : Commentary, Londres, Athlone Press, 162.

Jérôme, *Selected Letters of St. Jerome*, traduction anglaise par F. A. Wright, Cambridge, Massachusetts, Harvard University Press, 1954.

Jiu Tang shu (signifiant « Ancien livre des Tang », de Liu Xu/Hsü), Taipei, Tai wan shang wu yin shu guan, 1983.

Jones, A. H. M., *The Later Roman Empire, 284-602 : A Social and Economic Survey*, Oxford, Basil Blackwell, 1973.

Jordanès, *Histoire des Goths (Getica : De origine actibusque Getarum*, traduction anglaise par Charles C. Mierow sous le titre The Gothic History of Jordanes, Cambridge, Speculum Historiale, 1915. Texte latin disponible en ligne sur le site Internet http://www.thelatinlibrary.com/iordanes1.html.

Josèphe (Flavius), *The Jewish War*, disponible en ligne sur le site Internet www.guternberg.org/files/2850/2850.txt.

Justinien, *Novelles*, textes latins disponibles en ligne sur le site Internet http://web.upmf-grenoble.fr/Haiti/Cours/Ak/Corpus/Novellae.htm.

Kaegi, Walter E., Jr, *Byzantium and the Early Islamic Conquests*, Cambridge, Cambridge University Press, 1992.

Kaegi, Walter E., Jr, « The Contribution of Archery to the Turkish Conquest of Anatolia », in John Haldon (éd.), *Byzantine Warfare*, Aldershot, Grande-Bretagne, Ashgate, 2007.

Kaegi, Walter E., Jr, « The Frontier : Barrier or Bridge ? », in John Haldon (éd.), *Byzantine Warfare*, Aldershot, Grande-Bretagne, Ashgate, 2007.

Kaegi, Walter E., Jr, *Heraclius : Emperor of Byzantium*, Cambridge, Cambridge University Press, 2003.

Kaegi, Walter E., Jr, *Some Thoughts on Byzantine Military Strategy*, The Hellenic Studies Lecture, Brookline, Massachusetts, Hellenic College Press, 1983.

Kazhdan, Alexander, « The Notion of Byzantine Diplomacy », in Jonathan Shepard et Simon Franklin, éditeurs, *Byzantine Diplomacy*, Aldershot, Grande-Bretagne, Variorum, 1992.

Kazhdan, Alexander, et Giles Constable, *People and Power in Byzantium : An Introduction to Modern Byzantine Studies*, Washington D. C., Dumbarton Oaks, 1982.

Kazhdan, Alexander, et Michael Mcormick, « The Social World of the Byzantine Court », in Henry Maguire (éd.), *Byzantine Court Culture from 829 to 1204*, Washington D. C., Dumbarton Oaks Research Library/Harvard University Press, 1997.

Keen, Maurice, *Chivalry*, New Haven, Yale University Press, 1986.

Kekaumenos, *Raccomandazioni e consigli di un galantuomo : Strategikon*, édition et traduction italienne par Maria Dora Spadaro, Alexandrie, Edizioni dell'Orso, 1998.

Kennedy, Hugh, *The Armies of the Caliphs : Military and Society in the Early Islamic State*, New York, Routledge, 2001.

Kennedy, Hugh, « Justinianic Plague in Syria and the Archaeological Evidence », in Lester K. Little (éd.), *Plague and the End of Antiquity : The Pandemic of 541-750*, Cambridge, Cambridge University Press, 2006.

Khazanov, Anatoly M., *Nomads and the Outside World*, deuxième édition, Madison, University of Wisconsin Press, 1994.

Kinnamos, John (Jean Cinname), *Deeds of John and Manuel Comnenus*, traduction anglaise par Charles M. Brand, New York, Columbia University Press, 1976.

Kitto, H. D. F., *The Greeks*, Hardmondsworth, Grande-Bretagne, Penguin Books, 1951.

Klek, Markus, « Making an Asiatic Composite Bow », article disponible en ligne sur le site Internet http://www.primitiveways.com/pt-composite_bow. html.

Kolbala, Tia M., « Fighting for Christianity : Holy War in the Byzantine Empire », in John Haldon (éd.), *Byzantine Warfare*, Aldershot, Grande-Bretagne, Ashgate, 2007.

Kolias, Taxiarchis G., *Byzantinische Waffen : Ein Beitrag zur byzantinischen Waffenkunde von den Anfängen bis zur lateinischen Eroberung*, Vienne, Verlag der österreichischen Akademie der Wissenschaften, 1988.

Koutrakou, Nike, « Diplomacy and Espionage : Their Role in Byzantine Foreign Relations, 8-10th Centuries », *Graeco-Arabica* 6, 1995, p. 125-144.

Lamport, L., R. Shostak et M. Pease, « The Byzantine Generals Problem », *ACM Transactions on Programming Languages and Systems* 4, 1982, p. 382-401.

Lee, A. D., « The Eastern Empire : Theodosius to Anastasius », in A. Cameron B. Ward-Perkins et M. Whitby (éd.), *Late Antiquity : Empire and Successors, A. D. 425-600*, volume 14 de la Cambridge Ancient History, Cambridge, Cambridge University Press, 2001.

Lee, A. D., *Information and Frontiers : Roman Foreign Relations in Late Antiquity*, Cambridge, Cambridge University Press, 1993.

Leites, Natan Constantin, *The Operational Code of the Politburo*, New York, McGraw-Hill, 1951.

Lewis, Naphtali, et Reinhold Meyer, *Roman Civilization : The Empire*, New York, Harper Torchbooks, 1966.

Liber Pontificalis, traduction anglaise par Raymond Davis sous le titre *The Book of Pontiffs : The Ancient Biographies of the First Ninety Roman Bishops to A. D. 715*, Liverpool, Liverpool University Press, 1989.

Linder, Amnon, *The Jews in Roman Imperial Legislation*, Detroit, Wayne State University Press, 1987.

Little, Lester K. (éd.), *Plague and the End of Antiquity : The Pandemic of 541-750*, Cambridge, Cambridge University Press, 2006.

Liutprand de Crémone, *Relatio de legatione Constantinopolitana* (« Récit de l'ambassade à Constantinople »), traduction anglaise par F. A. Wright sous le titre *The Works of Liutprand of Cremona*, New York, Dutton, 1930.

Loreto, Luigi, « Il paradosso Luttwakiano power projection, low intensity e funzione del limes », in Luigi Loreto (éd.), *Per la storia militare del mondo antico*, p. 84-92, Naples, Jovene, 2006.

Loreto, Luigi, « La storia della grand strategy un dibattito Luttwak ? », in Luigi Loreto (éd.), *Per la storia militare del mondo antico*, p. 67-81, Naples, Jovene, 2006.

Luttwak, Edward N., *The Grand Strategy of the Roman Empire : From the First Century A. D. to the Third*, Baltimore, John Hopkins University Press, 1976 ; nouvelle édition, 2007.

Luttwak, Edward N., « The Operational Level of War », *International Security*, 5, n° 3, hiver 1980-981, p. 69-79.

Luttwak, Edward N., *Strategy : The Logic of War and Peace*, Cambridge, Belknap Press of Harvard University Press, 2001.

Lydus, Jean (Jean le Lydien), *On the Magistracies of the Roman Constitution*, traduction anglaise par T. F. Carney, Sydney, Wentworth Press, 1965.

Macrides, Ruth, « Dynastic Marriages and Political Kinship », in Jonathan Shepard et Simon Franklin (éd.), *Byzantine Diplomacy*, Aldershot, Grande-Bretagne, Variorum, 1992.

Maenchen-Helfen, Otto J., *The World of the Huns : Studies in Their History and Culture*, édition Max Knight, Berkeley, University of California Press, 1973.

Magdalino, Paul, « In Search of the Byzantine Courtier », in Henry Maguire (éd.), *Byzantine Court Culture from 829 to 1204*, Washington D. C., Dumbarton Oaks Research Library/ Harvard University Press, 1997.

Maguire, Henry (éd.), *Byzantine Court Culture from 829 to 1204*, Washington D. C., Dumbarton Oaks Research Library/Harvard University Press, 1997.

Mango, Cyril A., *Byzantium : The Empire of New Rome*, New York, Scribner's, 1980.

Mango, Cyril A., « The Water Supply of Constantinople », in Cyril A. Mango et Gilbert Dagron (éd.), *Constantinople and Its Hinterland*, Aldershot, Grande-Bretagne, Variorum, 1995.

Mango, Cyril A. et Gilbert Dagron (éd.), *Constantinople and Its Hinterland*, Aldershot, Grande-Bretagne, Variorum, 1995.

Mann, John C., « Power, Force and the Frontiers of the Empire », *Journal of Roman Studies*, 69, 1979, p. 175-183.

Marcellinus Comes, traduction anglaise par Brian Coke, *Byzantina Australiensia*, 7, Sydney, Australian Association for Byzantine Studies, 1995.

Marcovich, M. (éd.), *Heraclitus : Greek Text with a Short Commentary*, Merida, Venezuela, Los Andes University Press, 1967.

Marsden, E. W., *Greek and Roman Artillery : Historical Development*, Oxford, Clarendon Press, 1969.

Marsden, E. W., *Greek and Roman Artillery : Technical Treatises*, Oxford, Clarendon Press, 1971.

Martin-Hisard, Bernadette, « Constantinople et les archontes du monde caucasien dans le Livre des cérémonies », *Travaux et mémoires du Centre de recherche d'histoire et civilisation byzantine*, n° 13, Paris, De Boccard, 2000, p. 361-521.

Mattingly, Garrett, *Renaissance Diplomacy*, New York, Dover, 1988.

McCotter, Stephen, « Byzantines, Avars and the Introduction of the Trebuchet », Mémoire, Queen's University of Belfast, 2003, article disponible en ligne sur le site Internet http://www.deremilitari.org/resources/articles/mccotter1.htm.

McGeer, Eric, « Infantry versus Cavalry : The Byzantine Response », *Revue des études byzantines* 46, 1988, p. 135-145.

McGeer, Eric, *Sowing the Dragon's Teeth : Byzantine Warfare in the Tenth Century*, Washington D. C., Dumbarton Oaks, 1995.

McGeer, Eric, « Two Military Orations of Constantine VII », in John W. Nesbitt (éd.), *Byzantine Authors : Literary Activities and Preoccupations ; Texts and Translations Dedicated to the Memory of Nicolas Oikonomides*, Leyden, Brill, 2003.

McLeod, Wallace, « The Range of the Ancient Bow », *Phoenix*, 19, 1965, p. 1-14.

McLeod, Wallace, « The Range of the Ancient Bow : Addenda », *Phoenix*, 26, n° 1, 1972, p. 78-82.

Ménandre le Protecteur, *The History of Menander the Guardsman*, traduction anglaise par R. C. Blockley, Liverpool, F. Cairns, 1985.

Mihăescu, *Haralambie*, édition et traduction roumaine, *Arta militară : Mauricius*, Bucarest, Academiei Republicii Socialiste Romania, 1970.

Mihăescu, *Haralambie*, avec Gilbert Dagron, *Le Traité sur la guérilla (De uelitatione) de l'empereur Nicéphore Phocas (963-969)*, Paris, Éditions du CNRS, 1986.

Millar, Fergus, *A Greek Roman Empire : Power and Belief under Theodosius II (408-450)*, Berkeley, University of California Press, 2006.

Miller, D. A., « The Logothete of the Drome in the Middle Byzantine Period », *Byzantion*, n° 36, 1966, fascicule 2, p. 438-470.

Miller, J. Innes, *The Spice Trade of the Roman Empire, 29 B.C. to A. D. 641*, Oxford, Clarendon Press, 1969.

Milner, N. P., traduction anglaise, *Vegetius : Epitome of Military Science*, deuxième édition, Liverpool, Liverpool University Press, 1996.

Moravcsik, Gy. (éd.), *De Administrando Imperio*, traduction anglaise par R. J. H. Jenkins, Washington, D. C., Dumbarton Oaks Center for Byzantine Studies/Harvard University Press, 1967.

Morgan, David, *The Mongols*, Oxford, Blackwell, 1986.

Moorhead, John, « The Byzantines in the West in the Sixth Century », in Paul Fouracre (éd.), *The New Cambridge Medieval History*, vol. 1 : *c. 500-c. 700*, Cambridge, Cambridge University Press, 2005.

Morris, Donald R., *The Washing of the Spears*, Londres, Jonathan Cape, 1966.

Muller-Mertens, Eckhard, « The Ottonians as Kings and Emperors », in Timothy Reuter (éd.), *The New Cambridge Medieval History*, vol. 3 : c. 900-c. 1024, Cambridge, Cambridge University Press, 1999.

Nicéphore, patriarche de Constantinople, *Short History* [*Breuiarum Historicum*], édition Cyril A. Mango, Washington D. C., Dumbarton Oaks, 1990.

Nicolas Ier, patriarche de Constantinople, *Letters*, édition et traduction anglaise par R. J. H. Jenkins et L. G. Westerink, Washington D. C., Dumbarton Oaks, 1973.

Nishimura, D., « Crossbow, Arrow-Guides, and the Solenarion », *Byzantion*, n° 58, 1988, p. 422-435.

Noonan, Thomas, « Byzantium and the Khazars : A Special Relationship ? », in Jonathan Shepard et Simon Franklin (éd.), *Byzantine Diplomacy*, Aldershot, Grande-Bretagne, Variorum, 1992.

Oikonomides, Nicolas, « The Role of the Byzantine State in the Economy », in Angeliki E. Laiou (éd.), *The Economic History of Byzantium : From the Seventh through the Fifteenth Century*, Washington D. C., Dumbarton Oaks Research Library and Collection, 2002.

Oikonomides, Nicolas, « Title and Income at the Byzantine Court », in Henry Maguire (éd.), *Byzantine Court Culture from 829 to 1204*, Washington D. C., Dumbarton Oaks Research Library/Harvard University Press, 1997.

Oldfather, C. H., traduction anglaise, *Diodorus of Sicily*, 12 volumes, Cambridge, Massachusetts, Harvard University Press, 1935.

Ostrogorsky, George, *History of the Byzantine State*, édition révisée, traduction anglaise par Joan Hussey, New Brunswick, Rutgers University Press, 1969.

Oxford Dictionary of Byzantium (The), édité par Alexander P. Kazhdan et Alice-Mary Talbot, avec Anthony Cutler, Timothy E. Gregory et Nancy P. Sevcenko, New York, Oxford University Press, 1991.

Palmer, Andrew, traduction anglaise, *The Seventh Century in the West-Syrian Chronicles*, Liverpool, Liverpool University Press, 1993.

Papasotiriou, Charalambos, « Byzantine Grand Strategy », thèse (Ph. D.), Stanford University, 1991.

Parker, H. M. D., *The Roman Legions*, Oxford, Clarendon Press, 1928 ; réimpression, Chicago, Ares, 1985.

Pertusi, Agostino, « La formation des thèmes byzantins », *Berichte zum XI Internationalen Byzantinisten-Kongress*, Munich, 1, 1958, p. 1-40.

Pertusi, Agostino, *Il pensiero politico bizantino*, édition Antonio Carile, Bologne, Pàtron Editore, 1990.

Pertusi, Agostino, édition et traduction italienne, *De Thematibus : Introduzione, testo critico, commento*, Cité du Vatican, Biblioteca apostolica vaticana, 1952.

Photios, Bibliotheca, ou Myrobiblion, disponible en ligne sur le site Internet www.ccel.org/p/p/pearse/morefathers/photius_03bibliotheca. htm. No.34.

Photios, *The Homilies of Photius I, Saint, Patriarch of Constantinople*, traduction anglaise par Cyril A. Mango, Cambridge, Massachusetts, Harvard University Press, 1958.

Piacentini, Valeria F., *Il pensiero militare nel mondo mussulmano*, Milan, FrancoAngeli, 1996.

Piltz, Elisabeth, « Middle Byzantine Court Costume », in Henry Maguire (éd.), *Byzantine Court Culture from 829 to 1204*, Washington D. C., Dumbarton Oaks Research Library/Harvard University Press, 1997.

Pline le Jeune, *Pliny Letters and Panegyricus*, 2 volumes, traduction anglaise par Betty Radice, Cambridge, Massachusetts, Harvard University Press, 1975.

Pohl, Walter, « Conceptions of Ethnicity in Early Medieval Studies », in Lester K. Little et Barbara H. Rosenwein, éditeurs, *Debatting the Middle Ages : Issues and Readings*, Oxford, Blackwell, 1998.

Pohl, Walter, *Die Awaren : Ein Steppenwolk in Mitteleuropa, 567-822* n. Chr., Munich, C. H. Beck, 2002.

Polybe, *The Histories*, 6 volumes, traduction anglaise par W. R. Paton, Cambridge, Massachusetts, Harvard University Press, 1979.

Polyen, *Stratagems of War : Polyaenus*, 2 volumes, édition et traduction anglaise par Peter Krentz et Everett L. Wheeler, Chicago, Ares, 1994.

Praecepta imperatori, Appendice à J. Reiske (éd.), *Corpus scriptorum historiae byzantinae*, livre 1, p. 397-430, Bonn, Weber, 1829.

Procope, *De aedificiis*, œuvres complètes, volume 7, traduction anglaise par H. B. Dewing avec G. Downey sous le titre Buildings, Cambridge, Massachusetts, Harvard University Press, 1971.

Procope, *Histoire secrète (Anekdota)*, œuvres complètes, volume 6, traduction anglaise par H. B. Dewing sous le titre *Anecdota*, Cambridge, Massachusetts, Harvard University Press, 1969.

Procope, *Guerres*, œuvres complètes, volumes 1-4, traduction anglaise par H. B. Dewing sous le titre *Wars*, Cambridge, Massachusetts, Harvard University Press.

Prosper d'Aquitaine, *Epitoma chronicon* (*Prosperi Tironis*), in T. Mommsen (éd.), *Monumenta Germaniae historica : chronica minora saec. IV, V, VI, VII*, volume 1, p. 341-501, Berlin, Weidmann, 1892 ; réimpression, Hanovre, Hahnsche Buchhandlung, 1980.

Pryor, John H., *Geography, Technology and War : Studies in the Maritime History of the Mediterranean, 646-1571*, Cambridge, Cambridge University Press, 1988.

Pryor, John H., et Elizabeth M. Jeffreys, *The Age of the Dromon : The Byzantine Navy ca. 500-1204*, Leyden, Brill Academic, 2006.

Pseudo-Denis de Tel-Mahre, Pseudo-Dionysius of Tel-Mahre, *Chronicle : Known Also as the Chronicle of Zuqnin*, troisième partie, traduction anglaise par Witold Witakowski, Liverpool, Liverpool University Press, 1996.

Rachewitz, Igor de, *The Secret History of the Mongols : A Mongolian Epic Chronicle of the Thirteenth Century*, 2 volumes, Leyden, Brill, 1204.

Rance, Philip, « The Fulcum, the Late Roman and Byzantine Testudo : The Germanization of Roman Infantry Tactics ? », *Greek, Roman and Byzantine Studies*, n° 44, 2004, p. 265-326.

Rausing, Gad, « The Bow : Some Notes on its Origins and Development », *Acta Archaeologica Lundensia*, séries 8, n° 6, Bonn, Rudolf Habelt Verlag, Lund, CWK Gleerups Forlag, 1967.

Ravegnagni, Giorgio, *Soldati di Bizanzio in Eta Giustinianea*, Rome, Jouvence, 1988.

Róna-Tas, András, *Hungarians and Europe in the Early Middle Ages : An Introduction to Early Hungarian History*, Budapest, Central European University Press, 1999.

Rubin, Ze'ev, « The Reforms of Khusro Anushirvan », in Averil Cameron (éd.), *The Byzantine and Early Islamic Near East*, volume 3, Princeton, Darwin Press, 1995.

Rubin, Ze'ev, « The Sassanid Monarchy », in A. Cameron, B. Ward-Perkins et M. Whitby (éd.), *Late Antiquity : Empire and Successors, A. D. 425-600*, volume 14 de la Cambridge Ancient History, Cambridge, Cambridge University Press, 2001.

Runciman, Steven, *The Sicilian Vespers*, Harmondsworth, Grande-Bretagne, Penguin Books, 1960.

Saga of Hervor and King Heidrek the Wise (The), traduction anglaise par Peter Tunstall, 2005, disponible en ligne sur le site Internet http://www.northvegr.org/lore/oldheathen/018/php.

Sartre, Maurice, *D'Alexandre à Zénobie : histoire du Levant antique, IVe siècle avant Jésus-Christ-IIIe siècle après Jésus-Christ*, Paris, Fayard, 2001.

Saunders, John J., *The History of the Mongol Conquests*, Philadelphia, University of Pennsylvania Press, 1971.

Scriptor incertus, Fragment 1, édité par I. Dujcev, *Travaux et mémoires du Centre de recherche d'histoire et civilisation byzantine*, n° 1, p. 205-254, traduction anglaise par Paul Stephenson, Paris, De Boccard, 1965 ; traduction révisée en novembre 2004, disponible en ligne sur le site Internet http://homepage.mac.com/paulstephenson/trans/scriptor1.html.

Sebeos, *The Armenian History Attributed to Sebeos*, traduction anglaise par R. W. Thompson, volumes 1-2, Liverpool, Liverpool University Press, 1999.

Seeck, Otto, *Notitia Dignitatum : accedunt Notitia urbis Constantinopolitanae et laterculi prouinciarum*, Berolini, Apud Weidmannos, 1876.

Sevcenko, Ihor, « Re-reading Constantine Poorphyrogenitus », in Jonathan Shepard et Simon Franklin (éd.), *Byzantine Diplomacy*, Aldershot, Grande-Bretagne, Variorum, 1992.

Sidoine Apollinaire, Sidonius, *Poems and Letters*, 2 volumes, traduction anglaise par W. B. Anderson, Cambridge, Harvard University Press, 1936.

Simeonova, Liliana, « In the Depths of Tenth-Century Byzantine Ceremonial : The Treatment of Arab Prisoners of War at Imperial Banquets », in John F. Haldon (éd.), *Byzantine Warfare*, Aldershot, Grande-Bretagne, Ashgate, 2007 ; première publication dans les *Byzantine and Modern Greek Studies*, n° 22, 1998, p. 75-104.

Sinor, Denis (éd.), *The Cambridge History of Early Inner Asia*, Cambridge, Cambridge University Press, 1990.

Skylitzès, Jean, Ioannis Scylitzes, *A Synopsis of Histories, 811-1057 A. D.*, traduction anglaise par John Wortley, texte dactylographié non publié, Winnipeg, University of Manitoba, Centre for Hellenic Civilization.

Stephenson, Paul, « Byzantine Diplomacy, A. D. 800-1204 : Means and Ends », in Jonathan Shepard et Simon Franklin (éd.), *Byzantine Diplomacy*, Aldershot, Grande-Bretagne, Variorum, 1992.

Stephenson, Paul, *Byzantium's Balkan Frontier : A Political Study of the Northern Balkans, 900-1204*, Cambridge, Cambridge University Press, 2000.

Stephenson, Paul, *The Legend of Basil the Bulgar-Slayer*, Cambridge, Cambridge University Press, 2003.

Sturluson, Snorri, *Heimskringla : The Chronicle of the Kings of Norway Saga of Harald Hardrade*, Londres, Norroena Society, 1907 ; édition électronique par Douglas B. Killings DeTroyes, 1996, disponible en ligne sur le site Internet Online Medieval and Classical Library, envoi n° 5, http://omacl.org/heimskringla/hardrade1.html.

Souda, Suda On Line, *Byzantine Lexicography*, disponible en ligne sur le site Internet http://www.stoa.org/sol-bin/search.pl.

Sullivan, Denis F., « A Byzantine Instructional Manual on Siege Defense : The De obsidione toleranda ; Intro., English translation and annotations », in John W. Nesbitt (éd.), *Byzantine Authors : Literary Activities and Preoccupations ; Texts and Translations Dedicated to the Memory of Nicolas Oikonomides*, Leyden, Brill, 2003.

Sullivan, Denis F., Siegecraft : *Two Tenth-Century Instructional Manuals by « Heron of Byzantium »*, Washington D. C., Dumbarton Oaks, 2000.

Sutherland, Caroline, « Archery in the Homeric Epics », *Classics Ireland*, 8, 2001, article disponible en ligne sur le site Internet http://www.ucd.ie/cai/classics-ireland/2001/sutherland.html.

al-Tabari, *The History of al-Tabari*, volume 5, traduction anglaise par Ann. C. E. Bosworth, Albany, State University Press of New York Press, 1999.

Talbot, Alice-Mary, et Denis F. Sullivan, traduction anglaise, *The History of Leo the Deacon : Byzantine Military Expansion in the Tenth Century*, Washington D. C., Dumbarton Oaks, 2005.

Thee, Francis C. R., *Julius Africanus and the Early Christian View of Magic*, traduction anglaise, *Hermeneutische Untersuchungen zur Theologie*, volume 19, Tubingen, J. C. B. Mohr, 1984.

Théophane, *Chronique, The Chronicle of Theophanes Confessor, A. D. 284-813*, traduction anglaise par Cyril A. Mango et Roger Scott, avec Geoffrey Greatrex, Oxford, Clarendon Press, 1997.

Théophane continué, Theophanes Continuatus, édité par Immanuelis Bekker, Bonn, E. Weber, 1838 ; traduction anglaise, par Paul Stephenson, disponible en ligne sur le site Internet http://homepage.mac.com/paulstephenson/trans/theocont2.html.

Thompson, E. A., *The Huns*, révision par Peter Heather, Oxford, Blackwell, 1996.

Thompson, E. A., *A Roman Reformer and Inventor : Being a New Translation of the Treatise De Rebus Bellicis*, Oxford, Oxford University Press, 1952.

Thucydide, *History of the Peloponnesian War*, 4 volumes, traduction anglaise par Charles Forster Smith, Cambridge, Harvard University Press, 1951.

Travaux et mémoires du Centre de recherche d'histoire et civilisation byzantine, Paris, De Boccard.

Toumanoff, C., « Armenia and Georgia », in J. M. Hussey (éd.), *The Cambridge Medieval History*, volume 4 : The Byzantine Empire, première partie, Cambridge, Cambridge University Press, 1967.

Toynbee, Arnold, *Constantine Porphyrogenitus and His World*, Londres, Oxford University Press, 1973.

Urbicius, Ourbikioi Epitedeuma (*Adaosul lui Urbicius*), in Haralambie Mihăescu, édition et traduction roumaine, *Arta militară : Mauricius*, Bucarest, Academiei Republicii Socialiste Romania, 1970.

U. S. War Department, *Handbook on German Military Forces*, 15 mars 1945 ; réimpression, Baton Rouge, Louisiana State University Press, 1990.

Van Berchem, Denis, *L'Armée de Dioclétien et la Réforme constantinienne*, Institut français d'archéologie de Beyrouth, Bibliothèque archéologique et historique, 56, Paris, Librairie orientaliste Paul Geuthner, 1952.

Van den Berg, Hilda, traduction anglaise, *Anonymous de obsidione toleranda*, Leyden, Brill, 1947.

Végèce (Publius Flavius Vegetius Renatus), *Epitoma rei militaris*, intratexte latin disponible en ligne sur le site Internet http://www.intratext.com/IXT/LAT0189.HTM auprès d'Eulogos SpA – souhaitons bonne chance à cette entreprise.

Végèce (Publius Flavius Vegetius Renatus), *Viri illustris de re militari libri quattuor*, Bâle, Christian Wechel, 1535.

Vieillefond, Jean-René, *Les « Cestes » de Julius Africanus : étude sur l'ensemble des fragments avec édition, traduction et commentaires*, Publications de l'Institut français de Florence, série 1, volume 20, Paris, Sansoni, 1970.

Wallraff, Martin, *et al.*, *Julius Africanus und die christliche Weltchronistik, Texte und Untersuchungen zur Geschichte der altchristlichen Literatur*, volume 15, Berlin, de Gruyter, 2006.

Ward-Perkins, Bryan, *The Fall of Rome and the End of Civilization*, Oxford, Oxford University Press, 2005.

Welwei, Karl-Wilhelm, « Probleme römischer Grenzsicherung am Beispiel der Germanienpolitik des Augustus », in Mischa Meier et Meret Strothmann (éd.), *Res publica und Imperium : Kleine Schriften zur römischen Geschichte, Historia Einzelschriften*, 177, p. 25-263, Stuttgart, Franz Steiner Verlag, 2004.

Whitby, Michael, « Recruitment in Roman Armies from Justinian to Heraclius (c. 565-615) », in Averil Cameron (éd.), *The Byzantine and Early Islamic Near East*, volume 3, Princeton, Darwin Press, 1995.

Whitby, Michael, traduction anglaise, *The Ecclesiastical History of Evagrius Scholasticus*, Liverpool, University Press, 2000.

Whitby, Michael, et Mary Whitby, *The History of Theophylact Simocatta*, Oxford, Clarendon Press, 1986.

Whitby, Michael, traduction anglaise, *Chronichon Pascale, 284-628 A. D.*, Liverpool, Liverpool University Press, 1989.

White, Lynn, Jr, *Medieval Technology and Social Change*, Oxford, Clarendon Press, 1966.

Whitehead, David, et P. H. Blyth, édition et traduction anglaise, *On Machines, by Athenaeus Mechanichus, Historia Einzelschriften*, 182, Stuttgart, Franz Steiner, 2004.

Whittaker, C. R., *Frontiers of the Roman Empire : A Social and Economical Study*, Baltimore, Johns Hopkins University Press, 1994.

Whittow, Mark, *The Making of Byzantium, 600-1025*, Berkeley, University of California Press, 1996.

Widsith, édité par Kemp Malone, Londres, Methuen, 1936 ; édition révisée, Copenhague, Rosenkilde and Bayyer, 1962.

Wiechmann, I., et G. Grupe, « Detection of Yersinia pestis in Two Early Medieval Skeletal Finds from Aschheim (Upper Bavaria, 6th Century A. D.) », *American Journal of Physical Anthropology*, n° 126, 2005, p. 48-55.

Wiita, John Earl, « The Ethnika in Byzantine Military Treatises », thèse (Ph. D.), University of Minnesota, 1977.

Wilson, N. G., *Scholars of Byzantium*, édition révisée, Londres, Duckworth, 1996.

Yin, Lin, « Western Turcs and Byzantine Gold Coins Found in China », *Transoxiana* 6, juillct 2003, article disponible en ligne sur le site Internet http://www.transoxiana.org/0106/lin-ying_turcs_solidus. html.

Xu (Hsü), Liu, *Jiu Tang shu* (signifiant « Ancien livre des Tang »), Taipei, Tai wan shang wu yin shu guan, 1983.

Yule, Henry, et A. C. Burnell, *Hobson-Jobson : A Glossary of Colloquial Anglo-Indian Words and Phrases*, nouvelle édition révisée par E. Crooke, Londres, Routledge and Kegan Paul, 1985.

Yakar, Jak, *Ethnoarchaeology of Anatolia : Rural Socio-Economy in the Bronze and Iron Ages*, Tel Aviv, Tel Aviv University, 2000.

Zilliacus, Henrik, *Zum Kampf der Weltsprachen im oströmischen Reich*, Helsinki, Mercators Tryckeri Aktiebolag, 1935.

Zuckerman, Constantine, « L'Empire d'Orient et les Huns », *Travaux et mémoires du Centre de recherche d'histoire et civilisation byzantine*, n° 12, p. 165-168, Paris, De Boccard, 1994.

INDEX

TABLE

DU MÊME AUTEUR
CHEZ ODILE JACOB

Le Paradoxe de la stratégie, 1989.
Le Rêve américain en danger, 1995.
Coup d'État, mode d'emploi, 1996.
Le Turbo-capitalime, 1999.
Le Grand Livre de la stratégie, de la paix et de la guerre, 2002.

Imprimé par Lightning Source France
1 avenue Gutenberg
78310 Maurepas

N° d'édition : 7381-2521-Y